Straßenplanung

von
Prof. Dr.-Ing. Bernhard Bösl und
Prof. Dipl.-Ing. Andreas Appelt

10. Auflage

Reguvis

Bibliografische Information der Deutschen Nationalbibliothek
Die Deutsche Nationalbibliothek verzeichnet diese Publikation in der Deutschen Nationalbibliografie; detaillierte bibliografische Daten sind im Internet über http://dnb.dnb.de abrufbar.

Reguvis Fachmedien GmbH · Amsterdamer Straße 192 · 50735 Köln
Internet: www.reguvis.de

Beratung und Bestellung:
Ralf Heitmann
Tel.: +49 221 97668-306
Fax: +49 221 97668-236
E-Mail: bau-immobilien@reguvis.de

ISBN (Print): 978-3-8462-1361-2

Coverbild: Prof. Dipl.-Ing. Andreas Appelt
Satz: Reemers Publishing Services GmbH, Krefeld
Druck und buchbinderische Verarbeitung: Medienhaus Plump, Rheinbreitbach

Printed in Germany

Vorwort zur 10. Auflage

Der Verfasser der 9. Auflage dieses Buches, unser Kollege Prof. Dipl.-Ing. Andreas Bracher, ist nunmehr in den wohlverdienten Ruhestand getreten. Damit haben wir die Aufgabe übernommen, das Buch zu überarbeiten. Unser Ziel ist es, einerseits das Werk in seinem Sinne weiterzuführen und andererseits das geänderte Regelwerk für die Planung von Straßen in das Buch zu integrieren. Im Jahr 2019 sind die „Richtlinien für den Lärmschutz an Straßen" vorgestellt worden. Eine Überarbeitung war erforderlich, da u. a. die Emissionsannahmen der Fahrzeuge auf Untersuchungen aus den 70er Jahren basierten. Mit Änderung der 16. BImSchV (Verkehrslärmschutzverordnung) im November 2020 wurde die RLS-19 verbindlich eingeführt. Das Kapitel 7 wurde deshalb vollständig überarbeitet und berücksichtigt nun die aktuellen Regelungen im Bereich des Lärmschutzes an Straßen. Bereits in der 9. Auflage ist das im Jahr 2015 vorgestellte Handbuch für die Bemessung von Straßenverkehrsanlagen (HBS) aufgenommen worden. Wegen des Umfangs dieses Regelwerkes sind nur ausgewählte Inhalte zur Verkehrsqualität von Strecken auf Autobahnen und Landstraßen sowie zur Kapazität von Kreisverkehren im Außerortsbereich enthalten.

Die grundlegende Zielrichtung der „Straßenplanung" bleibt unverändert bestehen. Studierende des Bauingenieurwesens und Berufseinsteiger sollen in die Lage versetzt werden, Straßen im Hinblick auf Linienführung und Querschnittsausbildung zu planen und dabei die Probleme und Hindernisse zu berücksichtigen, die eine nachhaltige und umweltgerechte Planung erfordern. Die früher einschlägigen Tabellenwerke für Klothoidenberechnungen, in denen der Übergangsbogen und das Arbeiten damit beschrieben waren, stehen nicht mehr zur Verfügung. Dafür hat der Praktiker im Planungsbüro ausgereifte Software an der Hand, um auch komplizierte und umfangreiche Planungsaufgaben schnell und sicher erledigen zu können. Auch in Zeiten des modellbasierten Planens mit der Entwicklung zum Building Information Modeling (BIM) sind Computerprogramme weiterhin nur eine Hilfe für die Planung und die zeichnerische Darstellung und können nicht das ingenieurmäßige Denken und Verstehen ersetzen. Dieses Buch soll dem Planenden helfen, die Trassierungselemente und deren Grenzen in der Anwendung zu verstehen. Zudem sollte es auch im Zeitalter der digitalen Planung weiterhin möglich sein, mit einfachen Hilfsmitteln, d. h. mit Lineal, Kurvenschablone und Taschenrechner ohne intensives Einarbeiten in die einschlägige Software, eine Straße erfolgreich zu planen, da nur so das grundlegende Verständnis für die richtige Verwendung der Trassierungselemente entsteht. Weiterhin soll das Studium dieses Buches den Leser befähigen, Ergebnisse einer Planung, die mit entsprechender Software durchgeführt wurde, abzuschätzen und zu bewerten. Ferner werden die Details und die vielfältigen Randbedingungen aufgezeigt, die bei einer fachgerechten Straßenplanung heutzutage zu beachten sind.

Wir hoffen, dass dieses Buch auch künftig dem Lehrenden, dem Lernenden sowie dem bereits berufstätigen Bauingenieur einen umfassenden Überblick über das Wissensgebiet der Straßenplanung vermittelt.

Oktober 2022 B. Bösl, A. Appelt

Inhaltsverzeichnis

3 Trassierung

4 Querschnittsgestaltung

5 Knotenpunkte

6 Sonstige Anlagen für Straßenfahrzeuge

7 Der Umweltschutz in der Straßenplanung

8 Straßenverkehrsunfälle

1 Aufgabe und Bedeutung der Straßen und des Straßenverkehrs

1.1 Einleitung

Die Geschichte der Straßen ist so alt wie die Menschheit selbst – vom Trampelpfad zwischen den Höhlen, vom Saumweg der Karawanen und vom Passweg bis hin zu den endlosen Straßen, auf denen ganze Völker aus dem Dunkel der Geschichte heraus die Kontinente durchzogen haben. Straßen verbinden nicht nur geographische Punkte. Straßen sind die Lebensadern der Zivilisation. Sie erschließen Landschaften und können Schicksale ganzer Völker bestimmen – wie die königlichen Inkastraßen, die die Voraussetzung für die Schaffung des großen Inkareiches gebildet und später zu dessen Untergang beigetragen haben.

Das Wort Straße stammt vermutlich von „via lapidipus strata", der mit Steinen bestreute, befestigte Weg. Obwohl schon die Ägypter, Babylonier, Perser u. a. vor ungefähr 4.000 Jahren Straßen angelegt haben, müssen die Römer als die eigentlichen Meister des Straßenbaus im Altertum angesehen werden.

An den römischen Schulen gab es regelrechte Straßenbaukurse, und die römischen Straßenbauer verfügten über ein solides technisches Wissen. Mehr als 80.000 km betrug die Gesamtlänge des mit Steinen fest ausgebauten Straßennetzes. Diese Straßenzüge sind auch in Deutschland zu finden, und manche sind, durch mehrfache Deckenüberbauten unsichtbar, unter heutigen Straßen noch vorhanden.

Mit dem Untergang des Römischen Reiches zerfiel auch das vorhandene Straßennetz, und die Straßenbaukunst geriet in Vergessenheit. Erst der gegen Ende des 18. Jahrhunderts einsetzende vermehrte Verkehr bedingte eine Verbesserung der Straßen und damit ein langsames Wiederaufleben der Straßenbautechnik. Schließlich gab die Erfindung des Kraftwagens Ende des vorigen Jahrhunderts den Anstoß zu verstärktem Straßenbau und zur Weiterentwicklung der Straßenbautechnik.

Auch in unserer Zeit ist die Bedeutung der Straße ungebrochen. Wer Menschen an einem anderen Ort besuchen will, wer zur Arbeit muss oder wer einen Einkauf tätigen möchte und wer nach Hause zurückkehren will, kommt nicht umhin, zunächst die Straße zu betreten, selbst wenn er anschließend etwa die Bahn zur Weiterfahrt wählt. Güter werden vom Produktionsort zum Konsumenten oder zur Weiterverarbeitung auf Straßen und Autobahnen transportiert, und in den Siedlungen dienen Straßen, Wege und Plätze nicht zuletzt auch der Kommunikation.

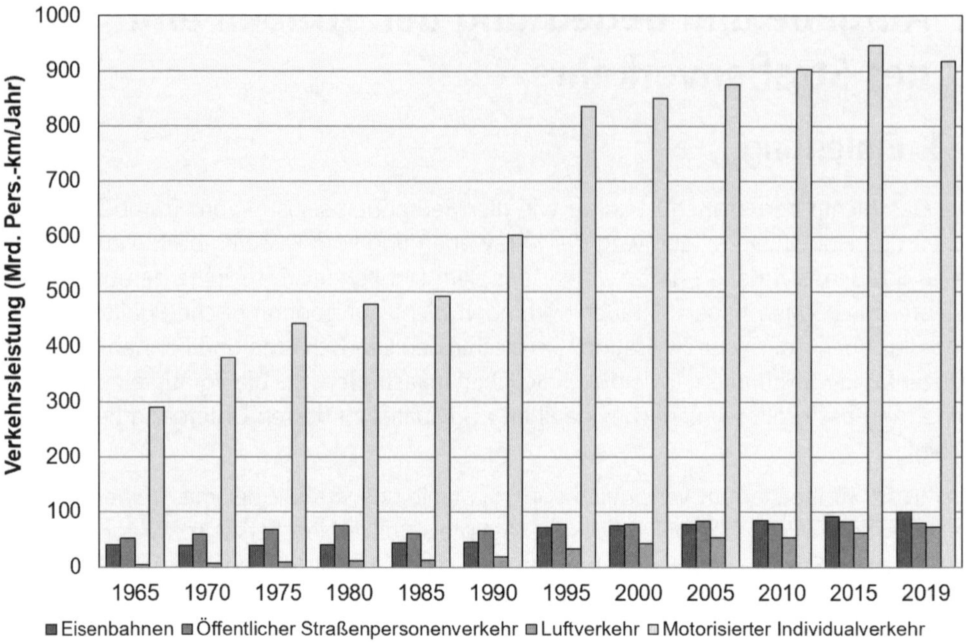

Abb. 1.1 Entwicklung der Personenverkehrsleistung von 1965 bis 2019 [1]

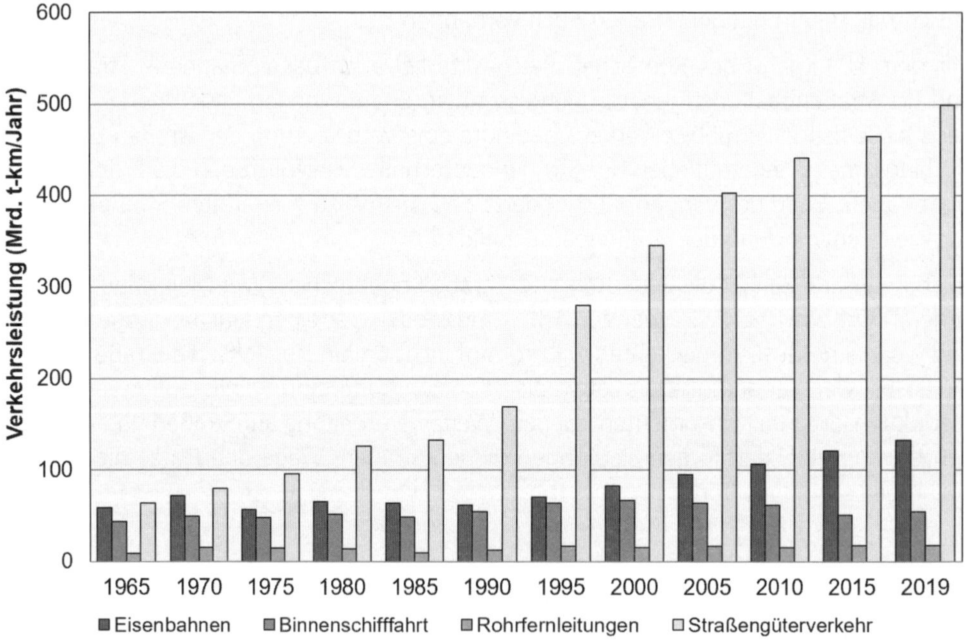

Abb. 1.2: Entwicklung der Güterverkehrsleistung von 1965 bis 2019 [1]

In der modernen Industrie- und Dienstleistungsgesellschaft bilden sämtliche Verkehrs- und Nachrichtensysteme ein komplexes Ganzes, für das das Herausbrechen einzelner Bausteine gravierende Folgen haben müsste. Ob man es akzeptieren will oder nicht: Die Straße in all ihren Formen von der Autobahn bis hin zum Güterweg ist und bleibt das wichtigste Element des gesamten Verkehrs- und Transportsystems. Fast 90 % des motorisierten Personenverkehrs und über 70 % der binnenländischen Transportleistung mit Gütern spielen sich in Deutschland auf der Straße ab – viel zu viel, wenn man die immer häufigeren Staus und Behinderungen im Verkehrsfluss bedenkt.

An der Entwicklung der Verkehrsleistungen ist bemerkenswert, dass die anderen Verkehrsträger nichts von ihrem Aufkommen verloren, sondern teilweise sogar hinzugewonnen haben. Nur die Zuwächse sind überwiegend in den Straßenverkehr gegangen, sodass sich dessen Marktanteile in der Relation zu dem viel beklagten Übergewicht verschoben haben.

Im Jahr 2019 betrug das Bruttoanlagevermögen, d. h. der Wiederbeschaffungswert aller Wirtschaftsbereiche in Deutschland ohne Grundbesitz, etwa 20.800 Mrd. €. Ein Großteil dieser Anlagegüter mit einem Wiederbeschaffungswert von etwa 16.900 Mrd. € sind Bauten. [2] Davon wiederum entfielen auf Straßen rund 640 Mrd. €. [1]

Die Einnahmen im Straßenwesen aus Mineralölsteuer, die neuerdings als Energiesteuer bezeichnet wird, und Kraftfahrzeugsteuer betrugen im Jahr 2019 etwa 50 Mrd. €. Hinzu kommen weitere Steuereinnahmen wie die Mehrwertsteuer auf die Mineralölsteuer, die Versicherungssteuer oder die Lkw-Maut.

Selbstverständlich muss es auch und gerade im Verkehrswesen eine Maxime sein, dass sich der Mensch durch sein technisches Handeln und Wirken nicht selbst seiner natürlichen Lebensgrundlagen beraubt. Umweltbewusstsein ist gerade im Verkehrsbau gefordert, denn besonders Verkehrswege verlaufen zwischen den Zentren der Wirtschaft und der Zivilisation ja meistens durch weniger belastete Landschaften und können somit den Anlass zu unerwünschten Belastungen von Natur und Landschaft bis hin zur Zerstörung geben.

Um diese Zielkonflikte auszugleichen, die sowohl beim Ausbau als auch bei der Neuanlage der Verkehrswege entstehen, ist ein breites Fachwissen, aber auch fachübergreifendes Wissen erforderlich. Der Umweltschutz erfordert somit nicht weniger, sondern im Gegenteil vertiefte Kenntnisse und Fähigkeiten des Straßen- und Verkehrsingenieurs, damit intelligente Lösungen mit minimierten Auswirkungen auf die Umwelt zum Einsatz kommen können.

Darüber hinaus erfordert die stürmische technische Entwicklung, die auch im Straßenbau Platz greift – man denke nur an die elektronische Datenverarbeitung –, eine gründliche Aus- und eine stetige Weiterbildung des Straßenbauingenieurs. Im Straßenbau werden die Grundlagen aus vielen anderen Wissensgebieten benötigt, so etwa aus der Mathematik und der Geometrie, der Physik und der Baustoffkunde, der Bodenmechanik, der organischen und anorganischen Chemie, der Biologie und Ökologie, der Wasserwirtschaft, der Demoskopie u. v. a. m. In diesem Buch soll der Teilaspekt, der sich mit der Planung von Straßen, Wegen und Plätzen bis hin zu den Autobahnen befasst, näher beleuchtet werden.

1.2 Das deutsche und das ausländische Straßennetz

Alle Straßen eines Gebietes bilden zusammen ein Netz. Da diese Straßen aber verschiedene Aufgaben erfüllen müssen und auch unterschiedliche Bedeutung haben – man denke nur an die Funktion als weiträumige, regionale oder örtliche Verbindung, an die Funktion der Erschließung oder aber auch an die Funktion des Aufenthalts –, erfolgt eine entsprechende Einteilung. In Deutschland gibt es Autobahnen, Bundesstraßen, Landesstraßen, Kreisstraßen und Gemeindestraßen. Eine ähnliche Klassifizierung wird in den meisten anderen Staaten getroffen. Fast immer richtet sich die Einteilung nach der verwaltungsmäßigen und finanziellen Zuständigkeit.

In Deutschland gehören die Fernstraßen nach dem Bundesfernstraßengesetz dem Bund als Straßenbaulastträger. Nach Jahren der Auftragsverwaltung durch die Länder hat im Jahr 2021 der Bund Planung, Bau, Betrieb, Erhaltung und vermögensmäßige Verwaltung der Bundesautobahnen von den Ländern übernommen. Dazu hat der Bund „Die Autobahn GmbH des Bundes" als 100-prozentige Bundesgesellschaft gegründet und das Fernstraßen-Bundesamt (FBA) als neue Bundesbehörde eingerichtet. Die Bundesstraßen werden von den Bundesländern in Auftragsverwaltung betreut. Die Landesstraßen (in einigen Bundesländern auch Staatsstraßen genannt), Kreisstraßen, Gemeindestraßen sowie die öffentlichen Feld- und Waldwege unterliegen nach den Länderstraßengesetzen der Straßenbaulast der Länder, Landkreise und Städte oder Gemeinden. Die Bundesfernstraßen, Landes- und Kreisstraßen bilden das Netz der höher klassifizierten Straßen.

Nach dem Stand vom 1. Januar 2020 hatte das Netz der höher klassifizierten Straßen im Bundesgebiet einschließlich der neuen Bundesländer eine Länge von 229.776 km, davon entfielen auf:

Bundesautobahnen	13.183 km	= 5,7 %
Bundesstraßen	37.842 km	= 16,5 %
Landes- und Staatsstraßen	86.923 km	= 37,8 %
Kreisstraßen	91.828 km	= 40,0 %

Zu diesen Straßen kommen noch die Gemeindestraßen mit einer Gesamtlänge von 457.171 km hinzu. Es ist bemerkenswert, dass rd. 67 % des Gesamtnetzes Orts- und Gemeindeverbindungsstraßen sind. Nur rd. 0,8 % der Fläche Deutschlands sind Außerortsstraßen.

Solche Zahlen ändern sich geringfügig von Jahr zu Jahr, bei den Bundesautobahnen besonders durch Neubauten, bei den anderen Straßenklassen auch durch Auf- und Abstufungen. Die Zahlen werden jeweils vom Bundesverkehrsministerium bekannt gegeben und in „Der Elsner" [1] abgedruckt.

Höher klassifizierte Straßen erhalten einen Kennbuchstaben, und die einzelnen Strecken werden nummeriert. Die Bundesautobahnen haben den Buchstaben A und je nach Bedeutung eine ein- bis dreistellige Nummerierung. Von Nord nach Süd verlaufende Strecken sind durch ungerade und West-Ost-Strecken durch gerade Nummern gekennzeichnet

(z. B. A 1 Fehmarn – Hamburg – Bremen – Köln – Saarbrücken; A 6 Metz – Saarbrücken – Mannheim – Nürnberg – Amberg – Pilsen; A 45 Dortmund – Gießen – Aschaffenburg – Stuttgart).

Die Bundesstraßen werden mit dem Kennbuchstaben B und bis zu dreistelligen Nummern bezeichnet, beispielsweise die B 1 Neuss – Dortmund – Braunschweig – Magdeburg – Berlin – Küstrin-Kietz. Die Landesstraßen werden mit den Kennbuchstaben L bzw. St (für Staatsstraßen) und die Kreisstraßen mit dem Buchstaben K bzw. den Anfangsbuchstaben der Kfz-Kennzeichen benannt.

Bei den Gemeindestraßen unterscheidet man Gemeindeverbindungsstraßen, die der Verbindung von Ortschaften untereinander oder der Anbindung von Ortsteilen an das übergeordnete Netz dienen, und Ortsstraßen mit überwiegender Erschließungs- oder Aufenthaltsfunktion. Nach der Definition der Forschungsgesellschaft für Straßen- und Verkehrswesen differenziert man bei den Ortsstraßen nach anbaufreien und angebauten Hauptverkehrsstraßen und nach Erschließungsstraßen, die sich wiederum in Sammelstraßen und Anliegerstraßen unterteilen lassen.

Bei der heutigen weiträumigen Verflechtung des Verkehrs ist es unumgänglich, die Straßenbaupläne der verschiedenen Staaten aufeinander abzustimmen. Die derzeit geltende Vereinbarung der Europäischen Wirtschaftskommission über die internationalen Hauptverkehrsstraßen datiert von 1992. Aktuell umfasst das Netz der Europastraßen etwa 81.000 km. Man unterscheidet A-Klassen-Straßen mit zwei Nummern sowie B-Klassen-Straßen mit dreistelligen Nummern. Die Europastraßen sind durch grüne Schilder mit weißen Ziffern gekennzeichnet. In der erwähnten Vereinbarung sind die Merkmale über Ausbildung, Konstruktion, Ausrüstung und Erhaltung der Europastraßen festgelegt.

1.3 Die Gliederung der deutschen Straßenverwaltung

Oberste Behörde der Straßenverwaltung ist das Bundesministerium für Digitales und Verkehr. Für die verschiedenen Aufgaben hat das Ministerium mehrere Abteilungen, so unter anderem die für Straßenbau (StB). Die Abteilung Straßenbau mit Sitz in Bonn ist in drei Unterabteilungen mit den entsprechenden Fach- bzw. Gebietsreferaten unterteilt.

Dem Ministerium ist die „Bundesanstalt für Straßenwesen" (BASt) mit Sitz in Bergisch Gladbach bei Köln angegliedert. Sie hat folgende Aufgaben:

1. Sammlung und Auswertung der Erkenntnisse des In- und Auslandes und Austausch von Erfahrungen auf allen Gebieten des Straßenwesens in Zusammenarbeit mit den Stellen des Auslandes, die gleichwertige Ziele verfolgen
2. Wissenschaftliche, insbesondere angewandte Forschung auf allen Gebieten des Straßenwesens
3. Nutzbarmachung der wissenschaftlichen Erkenntnisse in der Praxis. Vorbereitung von Entscheidungen und Weisungen, insbesondere von Vorschriften, im Straßenwesen
4. Prüfung und Zulassung von Baustoffen, Bauteilen und Gegenständen der Straßenausrüstung

5. Beratung der Verwaltung des Bundes, der Länder und sonstiger interessierter Stellen in allen Fragen des Straßenwesens
6. Verbreitung von Erfahrungen und Erkenntnissen, insbesondere durch Fortbildung des Straßenbaupersonals und durch Veröffentlichungen

In den verschiedenen Bundesländern ist die Organisation der Straßenbaubehörden, die neben den eigenen Landes- bzw. Staatsstraßen entsprechend einer grundgesetzlichen Bestimmung auch die Bundesstraßen im Auftrag des Bundes verwalten, sehr uneinheitlich geregelt. In einigen Ländern gehört die Straßenbauverwaltung in den Bereich des Wirtschaftsministeriums, in anderen in den Bereich des Verkehrs- oder Entwicklungsministeriums, in Bayern zum Staatsministerium für Wohnen, Bau und Verkehr. In den Stadtstaaten gibt es eigene Baubehörden, die damit auch für den Straßenbau zuständig sind.

Den ministeriellen Straßenbaudienststellen der größeren Bundesländer (Oberbehörden) unterstehen in der Regel Mittelbehörden, z. B. in Form von Landesämtern für den Straßenbau oder Straßenbauabteilungen bei den Regierungspräsidien. In mehreren Bundesländern wurden in jüngster Vergangenheit auf dieser Stufe Landesbetriebe für Straßenbau gebildet.

Auf der unteren Verwaltungsstufe werden die eigentlichen Planungs-, Bau- und Erhaltungsaufgaben von den Straßenbauämtern, neuerdings auch Niederlassungen, wahrgenommen. In letzter Zeit werden die Aufgaben der Straßenbauverwaltung teilweise auch auf private Institutionen zu übertragen, so z. B. die Planung und Bauüberwachung neuer bzw. den Umbau bestehender Straßen bis hin zur Straßenerhaltung.

Den Straßenbauämtern bzw. Niederlassungen sind die Straßen- und die Autobahnmeistereien zugeordnet, die vor Ort für die Reinigung, die bauliche Unterhaltung, den Winterdienst und die Pflege des Straßenbegleitgrüns zuständig sind. Die Vergabe dieser Aufgaben an Private birgt allerdings die Gefahr in sich, dass einmal zu einem bestimmten Preis vergebene Tätigkeiten nur mit minimiertem Aufwand erledigt werden, denn anders als beim Bau ist etwa der Umfang einer erfolgten Reinigung nach kurzer Zeit kaum mehr festzustellen.

In den Landkreisen sind die Tiefbauämter oder -abteilungen für den Straßenbau zuständig. Viele Landkreise haben diese Aufgaben den Länderstraßenbauverwaltungen ähnlich der Auftragsverwaltung der Bundesstraßen durch Vereinbarung übertragen.

Die Städte und Gemeinden führen ihre Straßenbauaufgaben in eigener Verantwortung durch. Vom Bund und vom jeweiligen Land werden dazu finanzielle Beihilfen gewährt, besonders bei der Sanierung von Stadtgebieten und bei der Anlage unterirdischer Verkehrswege.

Für die einzelnen Straßenklassen sind somit folgende Behörden als Baulastträger zuständig:

Bundesfernstraßen:	
• Autobahnen	Bundesverkehrsministerium vertreten durch Die Autobahn GmbH des Bundes und das Fernstraßenbundesamt
• Bundesstraßen	Bundesverkehrsministerium sowie in Auftragsverwaltung die Straßenverwaltungen der Länder, in Einzelfällen die Autobahn GmbH des Bundes und das Fernstraßenbundesamt
Landes- bzw. Staatsstraßen	Straßenverwaltungen der Länder
Kreisstraßen	Kreisverwaltungen, z. T. in Auftragsverwaltung die Straßenverwaltungen der Länder
Gemeindestraßen: Gemeindeverbindungs- und Ortsstraßen	Städte und Gemeinden

1.4 Die Straßenverkehrsmittel

Autobahnen, Straßen, Wege und Plätze werden im Rahmen ihrer Widmung, die der jeweilige Baulastträger in einem förmlichen Verfahren ausspricht, dem öffentlichen Verkehr zum Gemeingebrauch zur Verfügung gestellt. Ausnahmen bilden die Privatstraßen (z. B. die Roßfeldstraße bei Berchtesgaden, die dem Bund gehört), private Stellplatzflächen der Supermärkte oder privat finanzierte Mautstraßen. Die Erhebung von Straßenbenutzungsgebühren für einzelne besonders wichtige Straßen oder bestimmte Teile des Netzes („Road-Pricing") erscheint aus folgenden Gründen problematisch:

1. Sie benachteiligt weniger wohlhabende Bevölkerungsschichten.
2. Ein nicht unbeträchtlicher Teil der Einnahmen wird für den Verwaltungsaufwand benötigt.
3. Verkehr weicht auf das sekundäre Netz aus, das dafür weniger geeignet ist. Die Umweltbelastung, die volkswirtschaftlichen Kosten und die Unfallzahlen nehmen in der Gesamtsumme zu.

Die Verkehrswege werden von den unterschiedlichsten Straßenverkehrsmitteln, zu denen auch Fußgänger und Tiere gehören, benutzt. Straßenverkehrsmittel sind: Kraftfahrzeuge für den Personen- und Güterverkehr, Straßenbahnen, Radfahrer, bespannte Fahrzeuge und selbstfahrende oder gezogene Maschinen.

Da die verschiedenen Straßenverkehrsmittel teilweise sehr unterschiedliche Anforderungen an den Verkehrsweg stellen, ist anzustreben, jeweils getrennte Wege oder Fahrstreifen innerhalb eines Verkehrsweges anzulegen, z. B. Geh- und Radwege oder auch Langsamfahrstreifen.

1.4.1 Einteilung der Straßenverkehrsmittel

Über die vorhandenen Straßenverkehrsmittel und deren Benutzung werden in allen Staaten und bei überstaatlichen Organisationen umfangreiche statistische Unterlagen geführt. Amtliche Stelle für die Kraftfahrzeugstatistik in Deutschland ist das Kraftfahrt-Bundesamt in Flensburg. Es gibt monatlich statistische Mitteilungen heraus und unterscheidet dabei folgende Gruppen von Fahrzeugen:

- **Krafträder (Krd);** dazu gehören Motorräder, Motorroller, Mopeds und Fahrräder mit Hilfsmotor. Die Unterteilung erfolgt nach dem Hubraum, der zulässigen Höchstgeschwindigkeit und der Leistung. Motorräder und Motorroller werden auch mit Beiwagen benutzt.
- **Personenkraftwagen (Pkw);** hierzu zählen außerdem verschiedene Spezialfahrzeuge wie Krankenwagen, Messwagen der Post usw. Die Unterteilung erfolgt nach dem Hubraum.
- **Lastkraftwagen (Lkw);** diese lassen sich weiter untergliedern in Lieferwagen, normale Lastkraftwagen, Sattellastkraftwagen, Straßenzugmaschinen mit oder ohne eigene Ladefläche und Lastkraftwagen mit Lastanhänger als Lastkraftwagenzug. Die wichtigste Unterteilung erfolgt nach der zulässigen Nutzlast. Wegen der verschiedensten Verwendungszwecke und der dafür benutzten Aufbauten untergliedert man auch wie folgt: z. B. Pritschenwagen, Kesselwagen für flüssige und staubförmige Stoffe, Kühlfahrzeuge, Tieflader, Behälterwagen usw.
- **Kraftfahrzeuganhänger (Anh);** sie können eine oder mehrere Achsen und je nach Verwendungszweck unterschiedliche Aufbauten haben. Die Unterteilung erfolgt ebenfalls nach der Nutzlast. Einachsanhänger werden auch an Personenkraftwagen angehängt, z. B. als Wohnanhänger.
- **Kraftomnibusse (Bus oder Obus);** sie werden je nach ihrem Verwendungszweck als Linien- oder Reisebusse ausgestattet. Die Unterteilung erfolgt nach der Zahl der zulässigen Sitzplätze. Eine besondere Art des Linienbusses ist der Oberleitungsbus. Er ist an die Fahrleitung gebunden, kann aber, im Gegensatz zur Straßenbahn, seitlich in bestimmten Grenzen ausweichen.
- **Zugmaschinen (Zgm);** sie werden in starkem Umfang von der Landwirtschaft benutzt und sind deshalb wegen ihrer geringen Geschwindigkeit besonders auf Straßen in ländlichen Gebieten zu berücksichtigen. Die Unterteilung erfolgt nach ihrer Leistung.
- **Sonstige Kraftfahrzeuge;** hierher gehören selbstfahrende Ernte- oder Baumaschinen, Kranwagen, Straßenkehrmaschinen, Elektrokarren, Kettenfahrzeuge usw. Diese Fahrzeuge sind zahlenmäßig am Gesamtverkehr gering beteiligt, jedoch können sie diesen wegen ihrer Fahrweise stark behindern.

Darüber hinaus sind noch am Straßenverkehr beteiligt:

- **Straßenbahnen** als öffentliche Massenverkehrsmittel in Städten. Ihre Gleise liegen entweder in der Straße, wobei die Verkehrsfläche auch von nichtschienengebundenen Fahrzeugen benutzt werden kann, oder auf einem besonderen Gleiskörper. Straßenbahnen fahren als Einzelwagen oder als Züge.

- **Radfahrer** sind besonders im Flachland in wachsender Zahl vorhanden und müssen dann sowohl bei Land- als auch bei Stadtstraßen beachtet werden. Gesonderte Radwege auch über Kreuzungen hinweg sind gegenüber abmarkierten Fahrradstreifen zu bevorzugen.

1.4.2 Entwicklung des motorisierten Individualverkehrs (MIV)

Für die Dimensionierung von Straßen und Knotenpunkten ist eine Abschätzung der künftigen Belastung unerlässlich. Sie wird im Wesentlichen aus der Entwicklung der Fahrleistungen im MIV (Motorisierten Individualverkehr) bestimmt und ergibt sich sowohl aus der Zunahme des Kfz-Bestandes als auch aus der durchschnittlichen Fahrleistung eines Fahrzeugs, i. d. R. bezogen auf ein Jahr.

Eine andere Betrachtungsweise stellt die Ermittlung der durchschnittlichen Anzahl der Fahrten dar, die sich aus der spezifischen Fahrthäufigkeit und der Einwohnerzahl eines Gebiets ergibt. Über den sog. „Modal Split", das ist die Aufteilung der Verkehrsnachfrage auf den MIV und den öffentlichen Personennahverkehr (ÖPNV), kann man unter Berücksichtigung der durchschnittlichen Fahrtweite im betrachteten Gebiet ebenfalls auf das Verkehrsaufkommen schließen. Diese Methode hat den Vorteil, dass Veränderungen der Fahrgewohnheiten berücksichtigt werden können, z. B. in Richtung auf eine stärkere Benutzung des ÖPNV.

In der Praxis allerdings stellt sich der erwünschte Verlagerungseffekt meist sehr viel geringer ein, als die oft ideologisch begründeten Wunschvorstellungen vorgeben. Aus verschiedenen deutschen Städten ist bekannt, dass die Verbesserungsmaßnahmen für den ÖPNV und rigorose Restriktionen des MIV, z. B. durch Ausweisung von Busfahrstreifen, Reduzierung der Parkmöglichkeiten oder gar Fahrverbote, nur geringe Zuwächse für den ÖPNV gebracht haben. Die Frage erscheint berechtigt, ob der Schaden – die Vertreibung der Geschäftskunden aus der City in die Großmärkte „auf der grünen Wiese" – nicht größer ist als der „ökologische" Nutzen in den Städten. (Ökologie bedeutet eigentlich die Lehre von den Beziehungen der Lebewesen zur Umwelt.)

Im Vergleich zu den anderen Verkehrsträgern erhält der Schienenverkehr erhebliche steuerliche Förderungen. *Pällmann* führt aus: „Von einer Benachteiligung der Schiene gegenüber der Straße kann bei unideologischer Betrachtung keine Rede sein. Der Abstieg der Bahn und der Aufstieg von Pkw und Lkw sind Ergebnis eines Evolutionsprozesses im Verkehrswesen in Verbindung mit dem wirtschaftlichen Aufschwung der Bundesrepublik – vergleichbar der Verkehrs- und Wirtschaftsrevolution durch die Eisenbahn im 19. Jahrhundert. Der Straßenbau erfolgte nicht, um die Bahn zu verdrängen. Vielmehr wurde der explodierenden Nachfrage hinterher gebaut – übrigens nicht nur in der Bundesrepublik, sondern in allen Industrienationen weltweit." [3]

Dem Straßenbau wird oft der Satz entgegengehalten: „Wer Straßen baut, wird Verkehr ernten." Tatsächlich ist der Straßenbau nicht Selbstzweck, sondern folgt stets nur einer bereits entstandenen Verkehrsnachfrage – wie bei neuen U-Bahnlinien auch.

Die starken Erhöhungen der Mineralöl-Besteuerung durch die „Ökosteuer" haben in jüngster Vergangenheit zu erheblichen Verzerrungen im Verkehrssektor geführt. Augenscheinlich sind sie mit einer gewissen Verringerung der Jahresfahrleistungen im Straßenpersonenverkehr einhergegangen. Es ist aber nicht geklärt, wie weit an dieser Entwicklung die wirtschaftliche Stagnation beteiligt war oder ob gar die Verteuerung der Transporte die wirtschaftliche Stagnation mit verursacht hat. In der Vergangenheit hat sich nämlich ein eindeutiger Zusammenhang zwischen der Entwicklung des Bruttoinlandsprodukts und derjenigen des Verkehrs herausgestellt. Andererseits gehen der deutschen Wirtschaft und den Finanzministern durch das erhebliche Preisgefälle an den offenen Grenzen zu den EU-Nachbarländern jährliche Einnahmen in Milliardenhöhe verloren („Tanktourismus").

Im Rückblick hat sich der Bestand an Kraftfahrzeugen, ausgehend von einem theoretischen Nullpunkt etwa zur Zeit der Gründung der Bundesrepublik Deutschland, relativ konstant bis zur Wiedervereinigung erhöht. Die in regelmäßigen Abständen veröffentlichten Prognosen der Deutschen Shell AG, denen jeweils die größte Seriosität nachgesagt wurde, wurden durch die Wirklichkeit allerdings stets beträchtlich übertroffen. Seit der Wiedervereinigung im Jahr 1991, die sich im Kfz-Bestand mit einem sprungartigen Anstieg in der Statistik bemerkbar macht, verläuft die Entwicklung wieder sehr stetig.

Die Gesamtentwicklung des Straßenverkehrs setzt sich aus den Teilbereichen Güterverkehr und Personenverkehr zusammen. Für den Güterverkehr wird in allen Prognosen für die kommenden Jahrzehnte ein erhebliches Wachstum in einer Größenordnung von mindestens 30 % vorhergesagt, welches aber weniger aus einer Zunahme der Binnennachfrage resultiert als vielmehr aus der zentralen Lage Deutschlands in einem zusammenwachsenden Europa ohne den Verkehr behindernde Grenzen. Diese Verkehrszunahme wird sich sehr stark auf die überregionalen Straßen konzentrieren.

Die Verkehrsprognose von 2014 [4] als Grundlage für den neuen Bundesverkehrswegeplan geht von einer leicht rückläufigen Einwohnerzahl in Deutschland bis zum Jahr 2030 aus. Dabei sinkt der Anteil der Kinder und Jugendlichen erheblich, während der Anteil der Personen über 65 Jahre überproportional stark ansteigt. Damit verbunden ist eine Zunahme des Pkw-Bestandes von 2010 bis 2030 von 42,3 Mio. Pkw auf 45,9 Mio. Pkw oder um etwa 8,5 % zu erwarten. Der Anteil des motorisierten Individualverkehrs wird sich bis 2030 geringfügig auf 83,3 % erhöhen. Wegen des überproportionalen Anstiegs der längeren Fahrten wird sich seine Verkehrsleistung deutlich stärker erhöhen. Da der expandierende Luftverkehr und der ebenfalls zunehmende Bahnverkehr an der Verkehrsleistung einen erheblichen Anteil besitzen, wird der motorisierte Individualverkehr anteilig geringfügig abnehmen. Auch im Güterverkehr wird davon ausgegangen, dass sich wegen der wachsenden Transportweiten die Transportleistung wesentlich stärker erhöhen wird als das Transportaufkommen. Sowohl auf der Schiene wie auf der Straße wird eine Zunahme der Transportleistung von 2010 bis 2030 um etwa 40 % erwartet.

Der neue Bundesverkehrswegeplan 2030 (BVWP 2030) wurde im August 2016 durch das Bundeskabinett beschlossen.

In diesem Zusammenhang wurde festgestellt, dass die Mautgebühren für den Güterverkehr auf den deutschen Autobahnen stellenweise zu einer Verlagerung auf parallel verlaufende Landstraßen geführt haben. In der Folge wurde die Mautgebühr für den Güterverkehr deshalb auch auf den Bereich der Bundesstraßen ausgedehnt. Unzweifelhaft sind die Autobahnen nicht nur die schnellsten, sondern auch die leistungsfähigsten und sichersten Straßen. Beobachtungen im Ausland zeigen ebenfalls, dass unter entsprechenden Voraussetzungen Schwerverkehrsanteile auf das regionale kostenfreie Netz ausweichen und dass sich in der Folge die Verkehrsqualität in diesem Netz, die Immissionsbelastungen in den Ortsdurchfahrten und die Unfallzahlen verschlechtern.

Eingriffe in das Verkehrswesen etwa in Form von Steuern und Abgaben erzeugen in aller Regel unerwünschte Auswirkungen an anderer Stelle. Besonders dort, wo zwei oder auch drei Länder mit verschiedenartigen Regelungen aneinanderstoßen, ergeben sich unvorhergesehene und meistens unerwünschte Effekte. Die Politik ist daher aufgefordert, in den zusammenwachsenden Staaten Europas nicht ständig neue voneinander abweichende Regelungen und Restriktionen zu erfinden, sondern eine Harmonisierung zu suchen, die den freien Warenaustausch und Personenverkehr im Interesse des gesamtwirtschaftlichen Wachstums erleichtert.

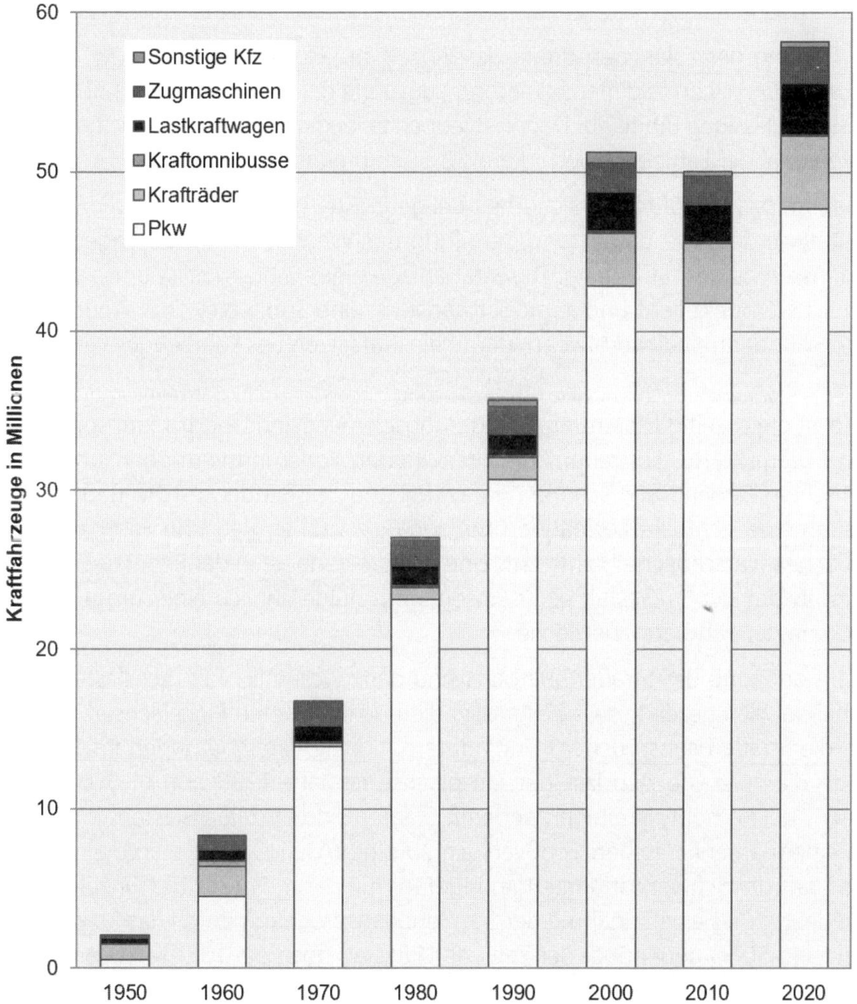

Abb. 1.3: Kraftfahrzeugbestand nach Fahrzeugen in der Bundesrepublik Deutschland (ab 2000 einschließlich der neuen Bundesländer, bis 2000 zum 1.7., nach 2000 zum 1.1. des Jahres, ab März 2007 ohne vorübergehend stillgelegte Fahrzeuge)

1.4.3 Fahrzeugabmessungen und Achslasten

Die Abmessungen und Gewichte der Kraftfahrzeuge sind in § 32 und § 34 der Straßenverkehrszulassungsordnung (StVZO) vorgeschrieben. Sie betragen:

maximale Breite		2,55 m
	in Sonderfällen	2,60 m
maximale Länge	Einzelfahrzeug	12,00 m
	Sattelkraftfahrzeug	16,50 m*
	Busse als Gelenkfahrzeug	18,75 m
	Züge	18,75 m*

* unter Einhaltung bestimmter Teillängen.

Durch die Erhöhung der zulässigen Breite des Einzelfahrzeugs auf 2,55 m bzw. 2,60 m weicht die für die Querschnittsdimensionierung zugrunde gelegte Breite von 2,50 m jetzt von der größten zulässigen Breite ab. Dabei ist jedoch zu bedenken, dass die weitaus überwiegende Mehrzahl der Fahrzeuge weniger als 2,50 m breit ist.

Im Straßenbau muss auf größte Fahrsicherheit bei geringster Beanspruchung der Straßendecke geachtet werden. Die Bauart und Bereifung des Wagens und seine Lage auf der Straße beeinflussen beides nachhaltig. Die Straßenlage eines Fahrzeugs ist umso sicherer, je tiefer sein Schwerpunkt liegt und je größer Radstand und Spurweite sind. Andererseits muss genügend Bodenfreiheit verbleiben, damit ein Aufsetzen des Fahrzeuges vermieden wird.

Die Bereifung ist gleichzeitig Lastenträger, Federungselement und Übertragungsorgan für Antriebs- und Bremskräfte. Luftreifen mit ihrem hohen Federungsvermögen und niedrigem spezifischem Bodendruck schonen Fahrzeug und Straßendecke. Die Radlast erzeugt im Reifen eine sichtbare Formänderung, sodass zwischen Rad und Fahrbahn eine Berührungsfläche („Latschfläche") entsteht. Eine weitere geringe, in der Regel unsichtbare Formänderung bildet sich in Gestalt einer Einsenkungsmulde ähnlich einer umgedrehten flachen Glocke in der Fahrbahnoberfläche.

Für die Dimensionierung des Straßenoberbaus sind ganz wesentlich die Achslasten maßgebend. Dabei hat sich gezeigt, dass besonders die hochbelasteten Einzelachsen mit Einzelbereifung die Straße beanspruchen. Durch internationale Vereinbarungen im Rahmen der EU wurde die zulässige Achslast der Einzelachse im Jahr 1986 auf 11,0 t und im Jahr 1990 auf 11,5 t erhöht. In einigen anderen Staaten sind Einzelachslasten von 13,0 t zulässig. Da einem amerikanischen Großversuch zufolge (AASHO road test) die straßenschädigende Kraft der Schwerlastfahrzeuge ungefähr mit der 4. Potenz der Einzelachslast anwächst, bedeutet dies eine Zunahme der Straßenbeanspruchung durch das Schwerlastfahrzeug um rund 50 % gegenüber der Zeit vor 1986, als noch die 10,0-t-Achse zulässig war. Eine weitere Verschärfung der Straßenbeanspruchung wird eintreten, wenn sich der Super-Single-Reifen durchsetzt – ein Einzelreifen mit relativ hohem Innendruck. Allgemein ist zu sagen, dass einzelne überladene Fahrzeuge mit hohen Reifendrücken besonders in der Sommerhitze eine außerordentliche straßenschädigende Wirkung ausüben können.

Für die Belastungsnachweise von Straßen- und Wegebrücken war bis zum Jahr 2003 die DIN 1072 zu beachten. Mit der Einführung des DIN-Fachberichtes 101 wurde die DIN 1072 im Wesentlichen ersetzt. Allerdings gibt es in anderen Normen immer noch Verweise auf die DIN 1072.

1.4.4 Fahrdynamische Grundlagen

Für den Entwurf von Straßen müssen die physikalischen Größen und Bedingungen bekannt sein, unter denen sich die Fahrzeuge fortbewegen. Aus den Wechselwirkungen zwischen Fahrzeug und Straße sind die erforderlichen Parameter für die Lage- und Linienführung abzuleiten. Fahrdynamische Untersuchungen dienen dazu, aus dem Fahrverhalten der Fahrzeuge auf folgende Kennwerte zu schließen:

1. Festlegung der **Entwurfselemente** (Steigungen, Krümmungen, Querneigungen, Sichtweiten, Länge von Langsamfahr-, Beschleunigungs- und Verzögerungsstreifen u. a. m.)
2. Rekonstruktion des **Fahrtablaufs** und Auswertung von Bremsspuren bei örtlichen Unfalluntersuchungen
3. Ermittlung der **Betriebskosten** (Fahrzeit und Brennstoffverbrauch) der Fahrzeuge auf bestehenden oder geplanten Straßen bei der Errechnung der Jahresverkehrskosten oder Durchführung einer Kosten-Nutzen-Rechnung. Häufigstes Anwendungsgebiet ist der volkswirtschaftliche Vergleich mehrerer Trassenvarianten.

Die Fahrdynamik baut auf den Grundkenntnissen der Physik auf und ist ein wichtiger Teil der Straßenverkehrstechnik. Eine eingehende Behandlung dieser Thematik ist im Buch von *Mensebach:* „Straßenverkehrsplanung – Straßenverkehrstechnik" zu finden. [5]

2 Grundlagen der Straßenplanung

2.1 Das Abwägungsgebot

In einem hochtechnisierten, dichtbesiedelten Land kann sich der Straßenbau nicht darauf beschränken, zwischen zwei Anknüpfungspunkten die kürzeste bzw. bautechnisch günstigste Trasse zu finden. Bereits im ersten Vorstadium der Linienbestimmung müssen die Erfordernisse der Wirtschaft einfließen wie etwa die Erschließung und Anbindung benachteiligter Gebiete, aber auch die Verknüpfung mit dem übrigen Straßen- und Verkehrsnetz.

Neben dem Zwang zur Minimierung der Bau-, Betriebs- und Erhaltungskosten hat die Optimierung des volkswirtschaftlichen Nutzens eine wichtige Bedeutung. Allgemeinwirtschaftliche Mehrkosten und somit volkswirtschaftliche Verluste können z. B. durch Zeitverluste infolge umwegiger Führungen, Steigungsstrecken oder aber auch Stau mit erhöhtem Treibstoffverbrauch und Verschleiß am Fahrzeug sowie durch erhöhte Unfallkosten und -folgen entstehen. Letztendlich können niedrige Kosten für den Baulastträger, z. B. in Form schmaler Querschnitte, höhere Kosten durch Stau und Unfälle für das Kollektiv der Straßenbenutzer verursachen.

Bereits in der Vorplanung sind ökologische Gesichtspunkte sowie Aspekte des Denkmal- und Immissionsschutzes besonders zu beachten. Die Schutzgüter Boden, Wasser, Luft sind nicht beliebig vermehrbar und zwingen oft zu Abweichungen von der planungstechnisch besten Lösung. Natur- und Landschaftsschutzgebiete, Naturdenkmale sowie die europaweit bedeutsamen FFH-Gebiete (Flora-Fauna-Habitat) bilden Zwangspunkte, welche die Linienführung einer Straße beeinflussen. Zweckmäßig ist es, in sensiblen Bereichen das betrachtete Gebiet für die verschiedenen Schutzgüter in Raster unterschiedlicher Belastbarkeit aufzuteilen und dann den Korridor mit der geringsten Empfindlichkeit zu bestimmen – s. Abschn. 7.2.

Aus all dem ist zu erkennen, dass die Einbindung in die Topographie bei Weitem nicht mehr den alleinigen Gesichtspunkt für eine Straßenplanung darstellt. Alle in Frage kommenden öffentlichen und privaten Belange umfassend in den Planungsprozess einzubringen, zu gewichten und vor der Entscheidung entsprechend abzuwägen, ist heute Voraussetzung für eine einwandfreie Planung, für die Erlangung des Baurechts und für die Rechtsbeständigkeit in einem eventuell anschließenden Verwaltungsgerichtsverfahren.

2.2 Das technische Regelwerk für das Straßenwesen

Die Fahrbahnbänder der Straßen sind langgestreckte Bauwerke, die zwischen den Knotenpunkten oft über weite Strecken und auch über Grenzen hinwegführen. Trotzdem erwartet der Benutzer immer und überall etwa die gleichen Merkmale einer Straße. Diese Stetigkeit dient im besonderen Maße nicht zuletzt der Sicherheit und Leichtigkeit des Verkehrsflusses.

Um für die Planung und Baudurchführung straßeneinheitliche Regeln aufzustellen, hat die Forschungsgesellschaft für das Straßen- und Verkehrswesen (FGSV) ein geschlossenes technisches Regelwerk aufgestellt. Es umfasst vier Kategorien von abgestufter Bedeutung; dabei wird zwischen den Kategorien R 1, R 2, W 1 und W 2 unterschieden. Der Buchstabe R steht für Regelwerke, der Buchstabe W für Wissensdokumente, während die Ziffern für die 1. bzw. 2. Kategorie stehen. So handelt es sich bei R 1-Dokumenten um Vertragsgrundlagen, wie z. B. ZTV (Zusätzliche Technische Vertragsbedingungen) oder TL (Technische Lieferbedingungen) und um Richtlinien von hoher Verbindlichkeit, z. B. für integrierte Netzgestaltung (RIN). R 2-Veröffentlichungen umfassen Merkblätter und Empfehlungen, die den aktuellen Stand der Technik wiedergeben. Bei W 1-Veröffentlichungen handelt es sich um innerhalb der FGSV abgestimmte Hinweise und bei W 2 um Arbeitspapiere der zuständigen Gremien.

Die ersten Straßen, die nach einheitlichen Richtlinien entstanden sind, waren die Autobahnen. Das übrige gewachsene Straßen- und Wegenetz wurde erst später in das technische Regelwerk einbezogen.

Zunächst hat es deshalb unterschiedliche Richtlinien für Autobahnen, Landstraßen und Stadtstraßen gegeben. In den 50er Jahren wurden zuerst die Richtlinien für Autobahnen und Landstraßen in eine einheitliche Landstraßen-Richtlinie zusammengeführt. Neben diesen „Richtlinien für die Anlage von Landstraßen (RAL)" gab es deswegen anfänglich noch die „Richtlinien für die Anlage von Stadtstraßen (RASt)".

In den 80er Jahren war man dann bestrebt, auch die RAL und die RASt zu einheitlichen „Richtlinien für die Anlage von Straßen (RAS)" zu vereinigen. Ein Teil der heutigen Straßenrichtlinien geht auf diese Phase zurück. Bereits im Jahr 1985 empfand man die RAS für den Bereich des Städtebaus als zu starr, sodass hier neben den RAS eine Reihe von „Empfehlungen" zu beachten waren. Zwischenzeitlich hat die FGSV, wie o.a. ein neues geschlossenes Regelwerk aufgestellt. Die neuen Richtlinien für integrierte Netzgestaltung (RIN), für die Anlage von Autobahnen (RAA), für die Anlage von Landstraßen (RAL) und für die Anlage von Stadtstraßen (RASt) sind nun eingeführt und daher im vorliegenden Buch eingearbeitet.

Das weitergehende technische Regelwerk der Forschungsgesellschaft befasst sich überwiegend mit den Bereichen der Stadtplanung und der Verkehrsplanung und -technik, mit den Baustoffeigenschaften sowie mit der Bauausführung von Straßen und soll somit nicht Gegenstand dieses Buches sein.

Die für die Planung von Straßen wichtigsten Regelwerke sind:

Richtlinien für die Anlage von Straßen, Teile:

→ Entwässerung mit Bemessungshilfen, Ausgabe 2021 REwS

→ Landschaftspflege mit folgender Untergliederung:

– Abschnitt 3: Lebendverbau, Ausgabe 1984 RAS-LG 3

– Abschnitt 4: Schutz von Bäumen, Vegetationsbeständen und Tieren bei Baumaßnahmen, Ausgabe 1999 RAS-LP 4

Richtlinien

→ für integrierte Netzgestaltung, Ausgabe 2008	RIN
→ für die Anlage von Autobahnen, Ausgabe 2008	RAA
→ für die Anlage von Stadtstraßen, Ausgabe 2006	RASt
→ für die Anlage von Landstraßen, Ausgabe 2012	RAL
→ für Lichtsignalanlagen an Straßen, Ausgabe 2015	RiLSA
→ für die Markierung von Straßen, Teile 1 und 2	RMS-1 und -2
→ zum Planungsprozess und für die einheitliche Gestaltung von Entwurfsunterlagen im Straßenbau, Ausgabe 2012	RE 2012
für die einheiltiche Gestaltung von Erhaltungsentwürfen im Straßenbau, Ausgabe 2019	RE Erhaltung
→ Handbuch für die Bemessung von Straßenverkehrsanlagen, Ausgabe 2015	HBS
→ für die landschaftspflegerische Begleitplanung im Straßenbau, Ausgabe 2012	RLBP
für das Sicherheitsaudit von Straßen, Ausgabe 2019	RSAS

Empfehlungen für

→ die Sicherheitsanalyse von Straßennetzen, Ausgabe 2003	ESN
→ Radverkehrsanlagen, Ausgabe 2010	ERA
→ Anlagen des ruhenden Verkehrs, Ausgabe 2005	EAR 05
→ Rastanlagen an Straßen, Ausgabe 2011	ERS
→ Straßenraumgestaltung innerhalb bebauter Gebiete, Ausgabe 2011	ESG
→ Wirtschaftlichkeitsuntersuchungen an Straßen, Ausgabe 1997	EWS
→ die Einbindung von Straßen in die Landschaft, Ausgabe 2003	ESLa
→ Zum Schutz vor Unfällen mit Aufprall auf Bäume, Ausgabe 2006	ESAB

Regelwerke für den Umweltschutz

→ Richtlinien für den Lärmschutz an Straßen, Ausgabe 2019	RLS-19
→ Richtlinie zur Ermittlung der Luftqualität an Straßen ohne oder mit lockerer Randbebauung, Ausgabe 2021	RLuS 2021
→ Merkblatt zur Umweltverträglichkeitsstudie in der Straßenplanung, Ausgabe 2001	M UVS

Diese Regelwerke bilden die Grundlage für eine funktionsgerechte und verkehrssichere Ausbildung von Straßen. Alle Angaben sind durch theoretische Überlegungen, Forschungsergebnisse und durch praktische Bewährung abgesichert und entsprechen damit dem derzeitigen Stand der Technik. Obwohl die getroffenen Regelungen vorrangig die Gestaltung des Fahrbahnbandes betreffen, wird durch eine differenzierte Festlegung von Entwurfselementen den Belangen

- der Raumordnung und Landesplanung
- der Stadtplanung und Straßenraumgestaltung
- der Wirtschaftlichkeit von Bau und Betrieb
- der Energieeinsparung
- des Immissionsschutzes
- des Naturschutzes und der Landschaftspflege

Rechnung getragen. Ihre Anwendung soll sowohl die Einheitlichkeit gleichartiger Verkehrsanlagen fördern als auch durch unterschiedliche Regelungen für verschiedene Straßenkategorien ungleichartige Verkehrsanlagen deutlich unterscheidbar machen.

Die Richtlinien fordern nach ihrem Inhalt und ihrer Zielsetzung keine starre Anwendung, sondern lassen einen Ermessensspielraum, der bei der gebotenen Abwägung aller Belange ausgenutzt werden soll. Darum machen die in den Richtlinien getroffenen Feststellungen grundsätzlich eine sorgfältige planerische Überlegung im Einzelfall nicht entbehrlich, insbesondere dann nicht, wenn es sich um die Berücksichtigung von Belangen der Umwelt und deren Abwägung mit Sicherheitserfordernissen und Wirtschaftlichkeitsaspekten handelt. In solchen Fällen ist die planerische Aufgabe gerade darin zu sehen, Konfliktsituationen zwischen der Verkehrsnachfrage und sonstigen Belangen zu analysieren und unter Abwägung der verschiedenen Zielvorstellungen geeignete Lösungsmöglichkeiten zu erarbeiten. Die Begründung für die gewählte Planung darf niemals sein, „die Richtlinien ließen keine andere Wahl zu". Gegebenenfalls muss als Begründung die Aussage der Richtlinie wiederholt werden.

Zwangsbedingungen können auch Abweichungen von den fahrdynamisch begründeten Grenzwerten erfordern. Solche Abweichungen bewirken eine Minderung des verkehrstechnischen Standards und können damit zu einer Minderung der Verkehrssicherheit führen. Bei Straßen der Kategoriengruppen VS und HS (s. Abschn. 2.4.2) sind solche Minderungen des verkehrstechnischen Standards wegen städtebaulicher Zwangsbedingungen oft nicht zu vermeiden. Bei derartigen Abweichungen ist nach Abwägung der sich aus der Örtlichkeit ergebenden Konflikte und Lösungsmöglichkeiten zu begründen, dass die gewählte Lösung den konkurrierenden Belangen besser gerecht wird und hinsichtlich der Verkehrssicherheit vertretbar ist.

2.3 Straßennetz

Für alle Transportaufgaben, die durch die Wechselbeziehungen zwischen den verschiedenen Lebensbereichen (Wohnen, Arbeiten, Versorgen, Erholen usw.) entstehen, müssen entsprechende Verkehrssysteme zur Verfügung stehen. Die Verkehrssysteme sind wesentliche Elemente der Raumordnung, und deshalb muss jedes Raumordnungsprogramm Aussagen über den Umfang, die Verteilung und die Bewältigung der Transportaufgaben enthalten. Das trifft für alle Verkehrswege und Verkehrsträger zu. Während die Verkehrswege Schiene, Wasser und Luft überwiegend dem Linienverkehr dienen, kommt bei den Straßen noch die flächenhafte Verkehrserschließung dazu. Dafür ist ein entsprechendes Straßennetz notwendig. (Die Schiene ist im Übrigen als flächenerschließendes Netz ungeeignet; sie kann derartige Aufgaben bestenfalls in Großstädten übernehmen.)

Die Straßennetzgestaltung stellt eine wichtige Fachplanung für jeden Raum dar. Sie erfordert eine ständige Abstimmung mit den Planungen anderer Fachplanungsträger. Zweck der Planung ist es, Entscheidungsgrundlagen für den Bau und Betrieb der einzelnen Verkehrssysteme in Zusammenarbeit mit allen Beteiligten und Betroffenen zu erarbeiten. Dabei sollen ausgehend von den europäischen Planungsebenen die Planungsebenen des Bundes, der Länder, der Regionen und der Kommunen im Rahmen der Netzgestaltung aufeinander abgestimmt werden. Die Grundsätze für die Netzgestaltung sind in den RIN enthalten.

Der Planungsraum wird im Allgemeinen durch Verwaltungsgrenzen bestimmt. Da der Verkehr an diesen Grenzen aber nicht Halt macht, müssen auch die darüber hinausgehenden Verkehrsbeziehungen berücksichtigt werden. Dabei sollen Planungen für bestimmte Räume mit Auswirkungen auf die Netzgestaltung mit den Planungen der benachbarten Räume koordiniert werden. Wichtig sind hierbei eine aufeinander abgestimmte Planung aller Verkehrsnetze und der Aufbau systemübergreifender Verbindungen mit der Verknüpfung der Verkehrssysteme. Eine integrierte Netzgestaltung bewertet die Wirkungen von Veränderungen eines Verkehrsnetzes auf alle Verkehrssysteme, wobei die Möglichkeiten der Koordination, Funktionsergänzung und Verkehrsverlagerung ausgeschöpft werden.

Deshalb sollen auch die Planungsgrenzen nicht zu eng gefasst werden. Dafür sind die Planungsräume in möglichst viele Verkehrszellen zu unterteilen, um das Verkehrsaufkommen und weitere Strukturdaten zu erfassen. Das Ergebnis muss bei weitgehender Schonung der Umwelt eine Verbesserung der Lebensbedingungen der Menschen sein.

Die Planung soll sich mindestens über einen Zeitraum von 15 bis 20 Jahren erstrecken, wobei ein 5-Jahres-Rhythmus (2025, 2030 usw.) angestrebt wird. Auf diese Jahreszahlen sind die Daten, z. B. beim Bundesverkehrswegeplan, festzulegen und der tatsächlichen Entwicklung anzupassen. Den aktuell gültigen Bundesverkehrswegeplan hat die Bundesregierung im August 2016 beschlossen. Er ist ein Investitionsrahmenplan und Planungsinstrument, jedoch kein Finanzierungsplan oder -programm. Für den Zeitraum 2016 bis 2030 ergibt sich nach der Finanzierungs- und Investitionsstruktur des BVWP 2030 für die drei Verkehrsträger Schiene, Straße und Wasserstraße ein Finanzvolumen in der Größenordnung von 270 Mrd. €. Hierin sind die aus der LKW-Maut und aus den Schifffahrtsabgaben verfügbaren Investitionen für die Verkehrsinfrastruktur enthalten.

Die Planungsziele für die Gestaltung des Straßennetzes werden durch die sich ändernden gesellschaftspolitischen Wertvorstellungen bestimmt. Grundlagen des Planungszieles sind die Aufgaben und Funktionen, die das Straßennetz zu erfüllen hat. Dabei muss die Straße verkehrliche ebenso wie nicht verkehrliche Funktionen übernehmen. Die Straßennetz- und die Straßenraumgestaltung haben die Aufgabe, Konflikte zwischen den Funktionsbereichen unter Beachtung der Verkehrssicherheit, der Umweltverträglichkeit und der Kosten zu lösen.

Wegen der negativen Auswirkungen des motorisierten Straßenverkehrs auf die Umwelt ist eine sehr sorgfältige Abwägung der beiden Interessen erforderlich. Besonders wichtig ist es, die Verkehrsgefahren, den Landschaftsverbrauch, die Eingriffe in den Naturhaushalt und das Landschafts- und Stadtbild sowie die Lärm- und Schadstoffimmissionen zu minimieren. Eine angestrebte Verbesserung der Straßennetzgestaltung in und zwischen den Siedlungsgebieten hat dies zu beachten bzw. zu berücksichtigen.

Unser bestehendes Straßennetz ist zur Befriedigung der Verkehrsbedürfnisse entstanden, die sich aus der räumlichen Siedlungsstruktur, der Flächennutzung und der Geographie ergeben haben. In Zukunft wird die Straßennetzgestaltung sich nicht nur auf den sicheren und bedarfsgerechten Verkehrsablauf ausrichten, sondern mehr als bisher an der Schonung der Lebensgrundlagen und der Begrenztheit der Ressourcen. Daraus können sich sowohl Ausbaunotwendigkeiten als auch Rückbaumöglichkeiten ergeben, vgl. Abschn. 7.

2.4 Einteilung der Straßen in Kategorien

2.4.1 Funktionale Gliederung des Straßennetzes

Die Straßennetzgestaltung hat zu unterscheiden zwischen verkehrlichen Funktionen (Verbindung und Erschließung) und nicht verkehrlichen Funktionen (Aufenthalt bzw. Funktionen, die sich zusätzlich zur reinen Erschließung aus der Rand- und Umfeldnutzung ergeben). Auf einzelnen Straßenabschnitten können sich verkehrliche und nicht verkehrliche Funktionen in vielfältiger Weise überlagern. Dies ist innerhalb bebauter Gebiete der Regelfall. Außerhalb bebauter Gebiete treten überwiegend Verbindungsfunktionen auf, während die Erschließung dort meist nur der landwirtschaftlichen Nutzung dient. Sind mehrere Funktionen gleichzeitig bedeutungsvoll, so entstehen Konflikte, deren Lösung wesentlicher Inhalt der Straßennetz- und der Straßenraumgestaltung ist. Werden an mehrere Funktionsbereiche hohe Qualitätsansprüche gestellt, dann kommt es zu schwerwiegenden Nutzungskonflikten.

Im Rahmen der funktionalen Gliederung der Verkehrsnetze wird jedem Netzabschnitt eine bestimmte Kategorie zugeordnet. Diese ergibt sich aus der Bedeutung der Verbindungen, die über die Netzelemente eines Netzabschnitts verlaufen, und je nach betrachtetem Verkehrssystem aus der Verkehrsart, der Art, der Lage und dem Umfeld des Verkehrsweges einschließlich etwaiger Nutzungsansprüche anderer Verkehrssysteme in den einzelnen Netzelementen.

Die Verbindungsbedeutung wird nach Verbindungsfunktionsstufen (Abschn. 2.4.3) differenziert. Zur Unterscheidung der Art des Verkehrsweges und seiner Interaktion mit dem Umfeld werden die Netzabschnitte nach Kategoriengruppen (Abschn. 2.4.2) gegliedert.

Gemeinden werden nach ihrer raumordnerischen Bedeutung in zentrale Orte unterschiedlicher Stufe und in Gemeinden ohne zentralörtliche Aufgaben gegliedert. Zentrale Orte sind Städte und Gemeinden, die über den Bedarf ihrer Wohnbevölkerung hinaus Versorgungsfunktionen für die Bevölkerung im Versorgungsbereich wahrnehmen sollen. Sie sind bevorzugte Standorte für öffentliche und private Dienstleistungseinrichtungen und Wirtschafts-, Arbeitsplatz- und Ausbildungsstandorte. Gemeinden ohne zentralörtliche Aufgaben sind auf das Versorgungsangebot der Orte mit zentralörtlicher Funktion angewiesen.

Je nach Bedeutung der zentralen Versorgungsfunktionen und der Größe des Versorgungs- bzw. Ausstrahlungsbereiches unterscheiden die RIN Zentren verschiedener Stufen:

- Metropolregionen (MR) mit internationaler bzw. nationaler Ausstrahlung;
- Oberzentren (OZ), als Verwaltungs-, Versorgungs-, Kultur- und Wirtschaftszentren für die höhere spezialisierte Versorgung;
- Mittelzentren (MZ), als Zentren zur Deckung des gehobenen bzw. des selteneren spezialisierten Bedarfes und als Schwerpunkte für Gewerbe, Industrie und Dienstleistungen;
- Grundzentren (GZ), Unter- und Kleinzentren dienen als Zentren der Grundversorgung der Deckung des täglichen Bedarfes für den jeweiligen Nahbereich;
- Gemeinden (G), alle übrigen Gemeinden ohne zentralörtliche Funktion.

Zur Herstellung gleichwertiger Lebensverhältnisse in allen Teilräumen sind in den RIN konkrete Zielgrößen für die Erreichbarkeit zentraler Orte von den Wohnstandorten aus angegeben. Die Zielgrößen enthalten die Zu- und Abgangszeiten und gelten für Zeiten geringer Verkehrsnachfrage. Durch die Einhaltung dieser Zielgrößen soll die flächendeckende Versorgung der Bevölkerung mit zentralen Einrichtungen sichergestellt werden. Die Zielgrößen für die Erreichbarkeit geben Hinweise auf mögliche raumordnerische Defizite oder auf Defizite in der Verkehrserschließung oder bei der Verkehrsqualität.

zentraler Ort	**Reisezeit in Minuten**	
	mit dem Pkw	**mit dem ÖPNV**
Grundzentrum	≤ 20	≤ 30
Mittelzentrum	≤ 30	≤ 45
Oberzentrum	≤ 60	≤ 90

Abb. 2.1: Zielgrößen für die Erreichbarkeit zentraler Orte von den Wohnstandorten

In Städten und Gemeinden werden die Verkehrsnetze nur durch die zwischengemeindlichen Verbindungen beschrieben. Bei der funktionalen Gliederung sind daher die zwischengemeindlichen Verbindungen um die innergemeindlichen Verbindungen zu erweitern.

Die funktionale Gliederung der innergemeindlichen Verbindungen wird aus der Bedeutung der städtebaulichen Konzentrationsbereiche mit öffentlichen Einrichtungen und wichtigen privaten Einrichtungen (Dienstleistungen und Einzelhandel) hergeleitet.

Städtebauliche Konzentrationsbereiche lassen sich nach den innergemeindlichen Zentralitäten Hauptzentrum, Stadtteil- oder Ortszentren, Ortsteilzentrum und Ladengruppe (Kleinzentrum) gliedern. Diese werden entsprechend der Abb. 2.2 dann hinsichtlich ihrer verkehrlichen Bedeutung den zentralen Orten zugeordnet. Dabei wird in der Regel das Hauptzentrum eines zentralen Ortes um eine Zentralitätsstufe tiefer als der zentrale Ort selbst eingestuft, da das Hauptzentrum eine geringere Bedeutung hat als der zentrale Ort als Ganzes. So werden Stadtteil- und Ortszentren dementsprechend jeweils um eine Zentralitätsstufe tiefer eingestuft.

Mit dieser Vorgehensweise wird ein System innergemeindlicher Zentralitäten aufgebaut, das sich bezüglich seiner verkehrlichen Bedeutung in das System der zentralen Orte einfügt. So kann es sich bei Verbrauchermärkten, Einkaufszentren, Großunternehmen, Veranstaltungseinrichtungen und Erholungsgebieten um städtebauliche Konzentrationsbereiche handeln.

zentraler Ort	**Innergemeindliche Zentralitäten**		
	Hauptzentren	Stadtteil-/Ortszentren	Ortsteilzentren
Metropolregion	OZ	MZ	GZ
Oberzentrum	MZ	GZ	G
Mittelzentrum	GZ	G	G

Abb. 2.2: Innergemeindliche Zentralitäten

2.4.2 Kategoriengruppen

Zur Charakterisierung der Lage und der verschiedenen Nutzungsansprüche werden unterschiedlich lange Straßenabschnitte in Kategoriengruppen eingeordnet. Die Richtlinien für integrierte Straßenplanung (RIN), für die Anlage von Autobahnen (RAA), für die Anlage von Landstraßen (RAL) und für die Anlage von Stadtstraßen (RASt) unterscheiden nach ihrer Lage und Zweckbestimmung fünf Kategoriengruppen.

Mit der neuen Definition in den RIN entfällt die bisher abschnittsweise Bestimmung einer planerisch maßgebenden Funktion mit zum Teil schwerwiegenden Nutzungskonflikten im Erschließungs- und/oder Aufenthaltsbereich bei Straßenabschnitten mit höheren Verbindungsfunktionsstufen. Damit ist eine eindeutigere Differenzierung von Hauptverkehrs- und Erschließungsstraßen sowie von Qualitätsvorgaben für Autobahnen und Landstraßen möglich.

Straßen und Wege für den Kfz-Verkehr werden nunmehr abschnittsweise nach folgenden Merkmalen unterschieden:

- Autobahn/Landstraße/Stadtstraße,
- außerhalb bebauter Gebiete/im Vorfeld bebauter Gebiete/innerhalb bebauter Gebiete,
- anbaufrei/angebaut und
- Hauptverkehrsstraße/Erschließungsstraße.

Ein Netzabschnitt gilt als innerhalb bebauter Gebiete liegend, wenn für den Straßennutzer die Bebauung als zusammenhängend erscheint. Das ist in der Regel dann gegeben, wenn die angrenzenden Gebäude auf mindestens der Hälfte des Abschnitts (Summe beider Richtungen) weniger als 50 m von der Straße entfernt sind. Ein Netzabschnitt gilt als im Vorfeld bebauter Gebiete liegend, wenn für den Straßennutzer die Bebauung als locker zusammenhängend interpretiert wird. Dies ist in der Regel dann gegeben, wenn die Straße aufgrund der Bebauung in dichter Folge mit dem übrigen Straßennetz verknüpft ist.

Die Straßenklassen Autobahn, Bundesstraße, Landes- bzw. Staatsstraße, Kreisstraße, Gemeindeverbindungs- und Ortsstraße sowie Wirtschaftsweg werden nach ihrer Bedeutung und Netzfunktion einer bestimmten Kategoriengruppe zugeordnet. Innerörtliche Straßen werden in Hauptverkehrsstraßen (anbaufrei/angebaut) und Erschließungsstraßen untergliedert. Ähnlich wie bisher erfolgt die Einteilung gleicher Straßenabschnitte nach Funktion und Bedeutung in eine der in Abb. 2.3 dargestellten Kategoriengruppen.

Die **Kategoriengruppe AS** umfasst die anbaufreien, zweibahnig mehrstreifigen und durchgehend planfrei geführten Straßen (Autobahnen) innerhalb und außerhalb bebauter Gebiete, die nur für den schnellen Kraftfahrzeugverkehr bestimmt sind. In der Regel gibt es keine Geschwindigkeitsbeschränkung. Eine Zufahrt ist nur über spezielle Anschlussstellen möglich. Die Beschilderung nach der Straßenverkehrsordnung und die straßenrechtliche Widmung stellen indessen kein Kriterium für die Einstufung in die Kategoriengruppe dar. Trotzdem handelt es sich im Wesentlichen um Autobahnen mit blauer Wegweisung, aber auch um Kraftfahrstraßen mit gelber, manchmal auch weißer Wegweisung (Stadtautobahnen). Bei Stadtautobahnen ist die Geschwindigkeit grundsätzlich auf 80 km/h oder 100 km/h beschränkt.

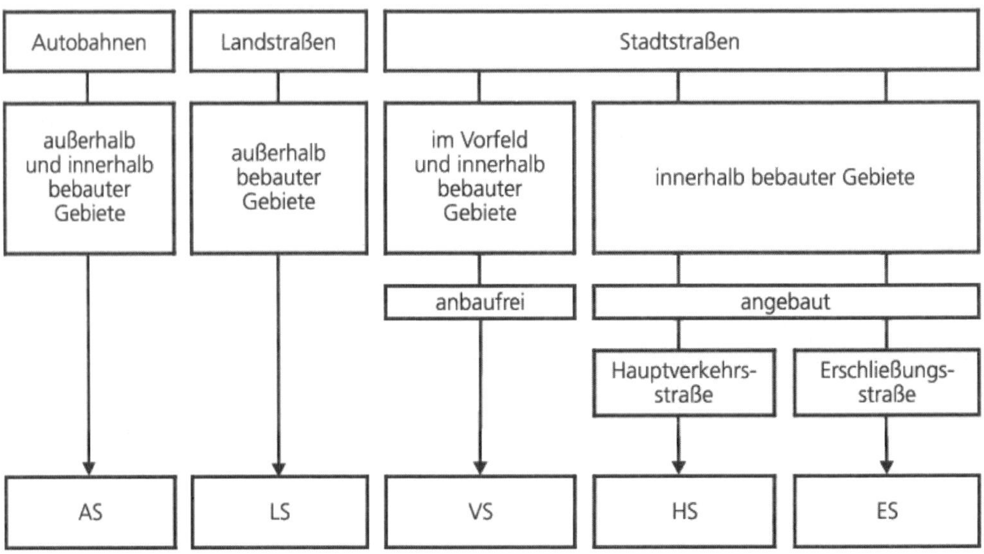

Abb. 2.3: Kategoriengruppen für Verkehrswege nach RIN

Die **Kategoriengruppe LS** umfasst anbaufreie einbahnige Straßen mit plangleichen und planfreien Knotenpunkten außerhalb bebauter Gebiete. Hinsichtlich der straßenrechtlichen Widmung kann es sich um Bundes-, Landes-, Staats-, Kreis- und Gemeindestraßen handeln. Auch kurze anbaufreie zweibahnige Straßenabschnitte im Zuge solcher Straßen gelten als Landstraßen. Mit zunehmender Bedeutung sollen die Landstraßen möglichst nicht der Erschließung von Grundstücken dienen. Die zulässige Höchstgeschwindigkeit ist in der Regel auf 100 km/h oder weniger beschränkt. Grenzen unmittelbar an die Straße Gebäude mit den damit verbundenen Zufahrten an, dann übernehmen diese Straßen auch in sehr geringem Maße Erschließungsaufgaben. Bei häufigen Zufahrten infolge einer längeren straßenseitigen Bebauung kann die Zuordnung eines Abschnitts zur Kategoriengruppe VS zweckmäßig sein.

Die **Kategoriengruppe VS** umfasst anbaufreie Straßen im Vorfeld und innerhalb bebauter Gebiete. Bei der ersten Gruppe handelt es sich um die Fortsetzung von Landstraßen bei der Annäherung an größere zusammenhängend bebaute Gebiete. Die Straßenseitenräume sind häufig geprägt von einer lockeren Bebauung. Lediglich ein geringer Teil der Bebauung wird unmittelbar von der Straße erschlossen. Mit der Randbebauung verbunden sind im Allgemeinen fahrbahnseitige Verkehrsflächen für den nicht motorisierten Verkehr. Die Straßen der Gruppe VS sind einbahnig oder zweibahnig ausgebildet. Die zulässige Höchstgeschwindigkeit beträgt vorzugsweise 70 km/h. Die Verknüpfung mit dem nachgeordneten Straßennetz erfolgt überwiegend durch plangleiche Knotenpunkte mit Lichtsignalanlagen (LSA) oder Kreisverkehre.

Die **Kategoriengruppe HS** umfasst angebaute Straßen innerhalb bebauter Gebiete. Sie bilden das System des innerörtlichen Hauptverkehrsstraßennetzes und übernehmen in der Regel auch die Linien des öffentlichen Nahverkehrs. Sie können auch Bestandteile zwischengemeindlicher Verbindungen sein (Ortsdurchfahrten). Hinsichtlich der straßenrechtlichen Widmung kann es sich um Bundes-, Landes-, Kreis- oder Gemeindestraßen handeln. Die Straßen der Gruppe HS sind einbahnig oder zweibahnig ausgebildet. Die zulässige Höchstgeschwindigkeit beträgt in der Regel 50 km/h. Die Verknüpfung mit Straßen der gleichen Kategoriengruppe erfolgt im Allgemeinen durch plangleiche Knotenpunkte mit Lichtsignalanlage oder Kreisverkehre. Da die angrenzenden baulichen Nutzungen unmittelbar von der Straße aus erschlossen werden, sind die Straßen durch die für diese Erschließung erforderlichen Flächen des ruhenden Verkehrs gekennzeichnet.

Die **Kategoriengruppe ES** umfasst angebaute Straßen innerhalb bebauter Gebiete, die im Wesentlichen der unmittelbaren Erschließung der angrenzenden bebauten Grundstücke oder dem Aufenthalt dienen. Darüber hinaus übernehmen diese Straßen die flächenhafte Erschließung der durch Wohnen, Arbeiten und Versorgung geprägten Ortsteile. Sie sind grundsätzlich einbahnig und werden untereinander mit plangleichen Knotenpunkten ohne Lichtsignalanlage verknüpft. Die Verknüpfung mit Straßen der Kategoriengruppe HS erfolgt durch plangleiche Knotenpunkte mit und ohne LSA bzw. Kreisverkehre. Die zulässige Höchstgeschwindigkeit beträgt vielfach 30 km/h. Die Straßen sind in der Regel als Gemeindestraßen gewidmet.

2.4.3 Verbindungsarten

Wie aus den Ausführungen über die Kategoriengruppen zu ersehen ist, handelt es sich bei den Straßen der Kategoriengruppen AS und LS mehr oder minder ausschließlich um Verbindungsstraßen. Auch die Kategoriengruppe VS ist noch beträchtlich mit der Funktion der Verbindung von Verkehrsquellen und -zielen behaftet (s. Abschn. 2.4.4). Es ist indessen leicht einzusehen, dass allein die Einteilung in Kategoriengruppen zur Beschreibung der Qualitätsanforderungen an die netzbildenden Verbindungsstraßen nicht ausreicht. Übergeordnete Verbindungen über weite Entfernungen und zwischen wichtigen Orten müssen grundsätzlich eine höhere Ausbau- und Verkehrsqualität haben als nachrangige Verbindungen über kurze Entfernungen.

Aus der gewünschten Verkehrsqualität, d. h. aus Reisegeschwindigkeit und Gleichmäßigkeit der Fahrt, ergeben sich die Anforderungen an den Straßenentwurf im Hinblick auf Linienführung, Querschnittsausbildung und Knotenpunktgestaltung. Nach sorgfältiger planerischer Abwägung mit den Erfordernissen der Verkehrssicherheit, der Raumordnung, des Städtebaus, der Landschaftsgestaltung und des Umweltschutzes bestimmen sie wesentlich die maßgebenden Entwurfsgrundsätze. Die Bedeutung einer Straße mit überwiegender Verbindungsfunktion hängt wesentlich von der Bedeutung der Orte ab, die sie verbindet. Naturgemäß hat auch die Stärke der Verkehrsbeziehungen Einfluss darauf.

Zur Festlegung der Bedeutung einer Verbindung werden in Abb. 2.6 sechs **Verbindungsfunktionsstufen** definiert. Dabei ergibt sich die Verbindungsbedeutung aus der Größe und Bedeutung der Zentren, die miteinander verbunden werden. Zudem wird unterschieden, ob die Verbindungen der Versorgungsfunktion eines Zentrums dienen oder ob sie den Austausch zwischen den Zentren ermöglichen. Die Verbindungsfunktionsstufen gelten grundsätzlich für alle Verkehrssysteme, soweit sie für das jeweils betrachtete Verkehrssystem relevant sind.

Für innergemeindliche Zentralitäten (Abb. 2.2), die allgemein mit der ihnen zugeordneten Zentralitätsstufe einbezogen werden, ist eine Berücksichtigung in der Regel erst ab der Verbindungsfunktionsstufe III erforderlich.

Für jede Verbindungsfunktionsstufe lassen sich Verbindungen zwischen den Zentren in Luftliniennetzen darstellen. Hier sollten grafische Darstellungen aus Gründen der Übersichtlichkeit auf die jeweils benachbarten Zentren beschränkt bleiben. Bei der Aufstellung der Luftliniennetze sind zunächst die Verbindungen von einem Zentrum einer Stufe zu dem nächst und übernächst benachbarten Zentrum der gleichen Stufe zu betrachten (Austauschfunktion). Dabei gelten nach den RIN die zentralen Orte als benachbart, welche mit ihren Versorgungsbereichen aneinandergrenzen (sog. „Erster Kranz"). Übernächst benachbart sind diejenigen zentralen Orte, die einen gemeinsam dazwischen liegenden benachbarten zentralen Ort aufweisen („Zweiter Kranz").

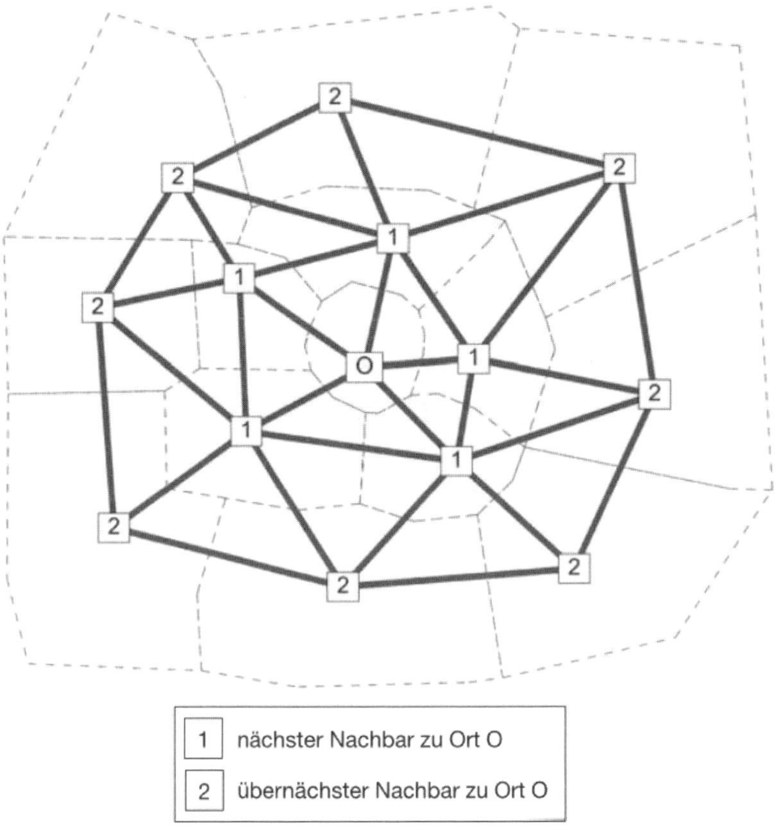

Abb. 2.4: Dreiecksnetz zur Ermittlung der Luftliniennetze

Für die Ermittlung der Luftliniennetze einer Verbindungsfunktionsstufe bietet es sich an, in einem ersten Schritt sogenannte Dreiecksnetze aufzubauen. Dabei werden die zentralen Orte einer Zentralitätsstufe so mit benachbarten Orten gleicher Zentralität verbunden, dass sich die Verbindungslinien nicht überschneiden. In diesen Dreiecksnetzen können für jeden zentralen Ort O die nächsten und übernächsten Nachbarn bestimmt werden (Abb. 2.4). Bei Untersuchungen an bestehenden Netzen hat sich gezeigt, dass es sinnvoll ist, für die Luftliniennetze der Verbindungsfunktionsstufe 0 alle Metropolregionen (MR) miteinander zu verbinden. So erhält man für jede Verbindungsfunktionsstufe eine Luftlinienmatrix, die symmetrisch ist. Das heißt, es existiert für jede Richtung eine Luftlinienverbindung.

Die Zuordnung der Luftliniennetze erfolgt für jede Verbindungsfunktionsstufe getrennt. Begonnen wird mit der Verbindungsfunktionsstufe, die den höchsten Rang hat. Die Verbindungslinie von einem zentralen Ort zum nächsten Ort der höheren Zentralität ist in der Regel automatisch Bestandteil der jeweiligen Luftliniennetze. Falls das nicht der Fall ist, genügt es, im Anschluss an die Zuordnung der Luftliniennetze zum Verkehrsnetz für jeden zentralen Ort zu prüfen, ob er angemessen an das Verkehrsnetz der nächsthöheren Verbindungsfunktionsstufe angebunden ist.

Bei der Festlegung einer Verbindungsfunktionsstufe kann die Stärke der Verkehrsbeziehung zwischen zwei Zentren eine nicht unerhebliche Rolle spielen. Stark ausgeprägte verkehrliche Verflechtungen oder ein hoher Anteil an Transitverkehr können dafür sprechen, die sich aus der Raumordnung ergebende Verbindungsfunktionsstufe um eine Stufe aufzuwerten. Schwach ausgeprägte verkehrliche Verflechtungen oder ein bestehendes bzw. geplantes gutes Angebot anderer Verkehrssysteme können Gründe darstellen, die Verbindung um eine Stufe abzuwerten. Die Verbindungsfunktionsstufen für Verbindungen und Anbindungen enthält die Abb. 2.5. Hier ist auch ersichtlich, wie Verbindungen einer niedrigeren Stufe an Verkehrswege höherrangiger Verbindungsfunktionsstufen angebunden und dort weitergeführt werden.

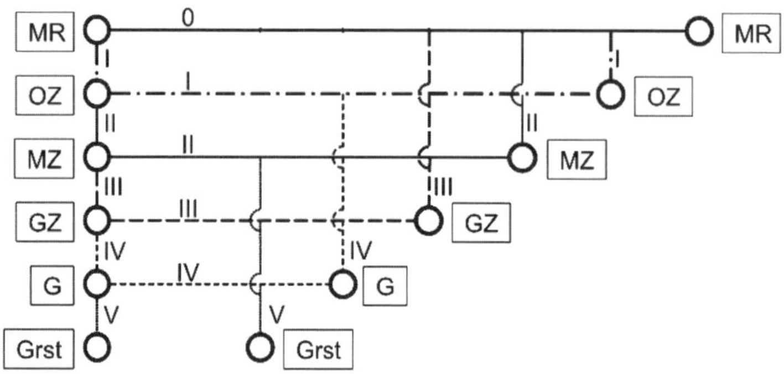

Abb. 2.5: Verbindungsfunktionsstufen in Verkehrsnetzen (Legende: siehe Abb. 2.6)

Der Wechsel zu einer niedrigeren Verbindungsfunktionsstufe erfolgt in der Regel an Knotenpunkten im Verkehrsnetz (siehe Abb. 2.5). So auch am Rand von Orten, wo sich die auf die zentralen Orte gerichteten Verkehrsströme auf verschiedene Verbindungen aufteilen, um unterschiedliche Einrichtungen und Nutzungen eines zentralen Ortes zu erreichen.

Die Verbindungsfunktionsstufen werden in der Regel in die bestehenden Verkehrsnetze übertragen. Dabei können geplante Straßen mit einbezogen werden. Als Kriterien für die Übertragung gelten die Direktheit der Verbindung, die Reisegeschwindigkeit, die Verkehrssicherheit, die Bündelung von Verkehrsströmen und die Entlastung bebauter oder sonstiger schützenswerter Gebiete. Die Verbindungsfunktionsstufe zwischen zwei zentralen Orten endet wegen der mehr oder minder großen räumlichen Ausdehnung der Orte auf Grund der unterschiedlichen Nutzungsansprüche grundsätzlich am Rand der zu verbindenden Orte.

Verbindungs-funktionsstufe		**Einstufungskriterien**		**Beschreibung**
Stufe	**Bezeichnung**	**Versorgungs-funktion**	**Austausch-funktion**	
0	kontinental	–	MR – MR	Verbindung zwischen Metropolregionen
I	großräumig	OZ – MR	OZ – OZ	Verbindung von Oberzentren zu Metropolregionen und zwischen Oberzentren
II	überregional	MZ – OZ	MZ – MZ	Verbindung von Mittelzentren zu Oberzentren und zwischen Mittelzentren
III	regional	GZ – MZ	GZ – GZ	Verbindung von Grundzentren zu Mittelzentren und zwischen Grundzentren
IV	nahräumig	G – GZ	G – G	Verbindung von Gemeinden ohne zentralörtliche Funktion zu Grundzentren und Verbindung zwischen Gemeinden ohne zentralörtliche Funktion
V	kleinräumig	Grst. – G	Grst – Grst	Verbindung von Grundstücken zu Gemeinden ohne zentralörtliche Funktion

Legende:		
	MR	Metropolregion
	OZ	Oberzentrum
	MZ	Mittelzentrum, auch innergemeindliches Mittelzentrum
	GZ	Grundzentrum, Unter- und Kleinzentren, auch innergemeindliches Grundzentrum
	G	Gemeinde ohne zentralörtliche Funktion
	Grst	Grundstück
	-	Nicht vorhanden

Abb. 2.6: Verbindungsfunktionsstufen für Verbindungen

Die Verbindungsfunktionsstufen erlauben es nun, jeden Straßenabschnitt einer Straßenkategorie bzw. Verkehrswegekategorie innerhalb der Kategoriengruppe (Abschn. 2.4.2) zuzuordnen. Dabei gibt die Verbindungsfunktionsstufe die verkehrliche Bedeutung des Straßenabschnitts im Netz an, während die Kategoriengruppe die Anforderungen kennzeichnet, die dem Straßenabschnitt aus der Nutzung des Straßenumfeldes erwachsen. Die Straßenkategorie wird durch Verknüpfung der Verbindungsfunktionsstufe mit der Kategoriengruppe bestimmt. Sie gilt jeweils für einen Abschnitt im Straßennetz (Abb. 2.7).

2.4.4 Straßenkategorien

Theoretisch wären aus sechs Verbindungsfunktionsstufen und fünf Kategoriengruppen 30 Straßenkategorien bzw. Verkehrswegekategorien (nach RIN) möglich. Da sich indessen die genannten Funktionsstufen auf das Kriterium „Verbindung" und nicht auf die Funktionen „Erschließung" bzw. „Aufenthalt" beziehen, ist eine Zuordnung der höheren Funktionsstufen mit den Attributen „kontinental", „großräumig" oder „überregional" zu den Kategoriengruppen VS, HS und ES nicht sinnvoll. So kommen beispielsweise großräumige Straßenverbindungen mit Aufenthaltsfunktion genau so wenig vor wie Autobahnen, die regional oder nah- und kleinräumig sind. Eine Reihe von Kombinationen ergibt jedoch aufgrund ihrer Funktionsmischung befriedigende Lösungen sowohl in baulicher wie auch in betrieblicher Hinsicht. Letztendlich verbleiben 14 sinnvolle Straßenkategorien, deren planerisch erwünschte Bezeichnungen in Abb. 2.7 zusammengestellt sind.

In Fällen, in denen zwischen den verkehrlichen und den nicht verkehrlichen Nutzungsansprüchen so gravierende Konflikte entstehen, dass sie durch straßengestalterische Maßnahmen nicht oder nur sehr schwer gelöst werden können, ist eine Trennung der in Nutzungskonkurrenz stehenden Funktionsbereiche „Verbindung, Erschließung und Aufenthalt" anzustreben.

Straßen mit höherer Verbindungsbedeutung verlaufen fast immer über größere Entfernungen und damit über mehrere Netzabschnitte. Bei derartigen Streckenabschnitten ist außerhalb bebauter Gebiete wegen der Verkehrssicherheit, falls nicht Gründe der Topographie oder der Schutz von Landschaft und Naturhaushalt entgegenstehen, eine Kontinuität im Ausbau, d. h. eine einheitliche Streckencharakteristik anzustreben. Mit **Streckencharakteristik** werden alle baulichen Merkmale einer Straße bezeichnet, die den Verkehrsablauf beeinflussen. Hiervon sind im Zusammenhang mit der Straßennetzgestaltung wichtig: Linienführung, Querschnitt, ausreichende Anzahl von Fahrstreifen an Steigungsstrecken, Gestaltung und Abstände der Knotenpunkte, Zulässigkeit von Zufahrten, ausreichender Raum für den Betriebsdienst, Verkehrsführung während der Bau- und Unterhaltsmaßnahmen. Unvermeidbare Wechsel der Streckencharakteristik sind aus Sicherheitsgründen für den Kraftfahrer rechtzeitig und deutlich erkennbar auszubilden.

Kategoriengruppe		Autobahnen	Landstraßen	anbaufreie Hauptverkehrsstraßen	angebaute Hauptverkehrsstraßen	Erschließungsstraßen
Verbindungsfunktionsstufe		**AS**	**LS**	**VS**	**HS**	**ES**
kontinental	**0**	**AS 0**		–	–	–
großräumig	**I**	**AS I**	**LS I**		–	–
überregional	**II**	**AS II**	**LS II**	**VS II**		–
regional	**III**	–	**LS III**	**VS III**	**HS III**	
nahräumig	**IV**	–	**LS IV**	–	**HS IV**	**ES IV**
kleinräumig	**V**	–	**LS V**	–	–	**ES V**
einschlägige Richtlinie		**RAA**	**RAL**	**RASt**		

AS I vorkommend, Bezeichnung der Straßenkategorie

▭ problematisch

– nicht vorkommend oder nicht vertretbar

Abb. 2.7: Verknüpfungsmatrix zur Ableitung von Straßenkategorien

Am Übergang von der freien Strecke zur Ortsdurchfahrt ergibt sich stets eine deutliche Änderung der Streckencharakteristik. Bei Straßen der Verbindungsfunktionsstufe I entstehen kaum lösbare Nutzungskonflikte. Solche Straßen sind deswegen, wenn irgend möglich, ortsfern anzulegen. Bei anderen Funktionsstufen ist je nach der Bedeutung der unterschiedlichen Nutzungsansprüche eine Ortsumgehung oder zumindest eine Verlegung des Verkehrs auf andere Straßenzüge zweckmäßig. Ist dies nicht möglich, so ist die Ortsdurchfahrt durch geeignete Maßnahmen wie Geschwindigkeitsreduzierungen, bessere Überquerbarkeit usw. der städtebaulichen Situation anzupassen.

Die Forderung nach gleichwertigen Lebensbedingungen hat für die Verkehrswege die Konsequenz, dass die Zielorte in angemessener Zeit erreichbar sein müssen. Aus den unterschiedlichen Reisezeiten, in denen jeweils die Metropolen, Ober-, Mittel- und Grundzentren sowie die Gemeinden erreicht werden sollen, ergeben sich nach den RIN die Zielgrößen für die Reisegeschwindigkeit, die als Vorgaben in die Bemessung einer Straße nach dem Handbuch für die Bemessung von Straßenverkehrsanlagen (HBS) eingehen. Sie bilden gleichzeitig einen Anhalt für die Wahl der Entwurfsklasse nach den RAL bzw. den RAA und der sich daraus ergebenden Geschwindigkeit. Die Reisegeschwindigkeiten sollen auch bei starkem Verkehrsaufkommen erreichbar sein (vgl. Abschn. 2.7.3).

Weiter bedingen die angestrebten Reisegeschwindigkeiten und damit die Qualität des Verkehrsablaufs grundlegende Vorgaben für den Ausbaustandard einer Straße, besonders im Hinblick auf die Linienführung, die Querschnittswahl und die Knotenpunktgestaltung.

Desgleichen sind die Belange und Ziele der Raumordnung, des Städtebaus sowie von Natur und Umwelt entsprechend zu würdigen.

Kategoriengruppe		Straßenkategorie (Verkehrswegekategorie) mit Bezeichnung		Standard-entfernungs-bereich[1] (km)	Ange-strebte Pkw-Fahrt-geschwin-digkeit[2] (km/h)
AS	Autobahnen	AS 0/I	Fernautobahn	40–500	90–110
		AS II	überregionale Autobahn,	10–70	80–100
			Stadtautobahn		70–90
LS	Landstraßen	LS I	Fernstraßen	40-160	80-90
		LS II	überregionale Straße	10–70	60–70
		LS III	regionale Straße	5–35	50–60
		LS IV	Nahbereichsstraße	0–15	40–50
		LS V	Anbindungsstraße	–	keine
VS	anbaufreie Hauptverkehrs-straßen	VS II	anbaufreie Hauptverkehrs-straße	-	40-60
		VS III	anbaufreie Hauptverkehrs-straße	–	30–50
HS	angebaute Hauptverkehrs-straßen	HS III	Ortsdurchfahrt, gemeindliche Hauptverkehrs-straße	-	20-25
		HS IV		–	15–20
ES	Erschließungs-straßen	ES IV	Sammelstraße	-	keine
		ES V	Anliegerstraße	–	keine

1) Der Standardentfernungsbereich kennzeichnet diejenigen Straßenentfernungen, innerhalb deren 90 % aller Verbindungen liegen.

2) Liegt die maßgebende Entfernung nahe der oberen Grenze des Standardentfernungsbereichs, so sind im Allgemeinen die höheren Werte anzustreben; liegt die maßgebende Entfernung nahe der unteren Grenze, so genügen die niedrigen Werte.

Abb. 2.8: Straßenkategorien und angestrebte mittlere Pkw-Geschwindigkeiten

2.4.5 Entwurfsklassen

Aus Gründen der Verkehrssicherheit und der Verkehrsqualität sind Autobahnen und Landstraßen möglichst so auszubilden, dass sie von Kraftfahrern gleichmäßig und mit einer der Netzfunktion angemessenen Geschwindigkeit befahren werden. Dabei leitet sich die Höhe der Geschwindigkeit aus der Kategorie der Straße und den damit im Regelfall verbundenen Fahrtweiten ab.

Um dem Verkehrsteilnehmer die Einheitlichkeit vergleichbarer Netzfunktionen und die damit verbundene Verkehrsbedeutung von Straßen zu veranschaulichen, werden Autobahnen und Landstraßen in verschiedene Entwurfsklassen eingeteilt. Hierbei soll das Erscheinungsbild der Straßen innerhalb einer Entwurfsklasse möglichst einheitlich sein. Dagegen sollen sich Straßen unterschiedlicher Entwurfsklassen in ihrem Erscheinungsbild deutlich voneinander unterscheiden. Die Unterscheidung erfolgt bei den Bundesautobahnen (BAB) bzw. Autobahnen nach den Entwurfsklassen **EKA** (**E**ntwurfs**K**lasse für **A**utobahnen) sowie bei Landstraßen nach den Entwurfsklassen **EKL** (**E**ntwurfs**K**lasse für **L**andstraßen).

Maßgebliche Größen zur Bestimmung der Entwurfsklasse bei Autobahnen sind die Straßenkategorie, die Lage zu bebauten Gebieten und die Widmung (Abb. 2.9). Damit werden die raumordnerische und die verkehrliche Bedeutung der Autobahn sowie die Ansprüche aus dem Umfeld berücksichtigt. Falls eine klare Abgrenzung in Einzelfällen aufgrund von Überlagerung der jeweiligen verkehrlichen Funktionen nicht möglich ist, sind die Festlegungen in den RIN maßgebend.

Autobahnen der Kategorien AS 0 und AS I außerhalb und innerhalb bebauter Gebiete (Fernautobahnen) sowie Autobahnen der Kategorie AS II außerhalb bebauter Gebiete (Überregionalautobahnen) werden nach der Entwurfsklasse EKA 1 entworfen. Zur angemessenen Berücksichtigung der Verbindungsbedeutung (Verbindungsfunktionsstufe) erfolgt noch eine Differenzierung in die EKA 1 A (AS 0 und I) und die EKA 1 B (AS II). Daraus ergibt sich eine abgestufte Zuordnung der Entwurfselemente für die Linienführung (vgl. Abschn. 3).

Autobahnähnliche Straßen mit der maßgebenden Entwurfsklasse EKA 2 sind überwiegend für mittlere oder kürzere Verbindungen mit geringeren Anforderungen an die Reisegeschwindigkeit vorgesehen. Die EKA 2 hat daher niedrigere Grenzwerte bei den Entwurfselementen und erlaubt somit gegenüber der EKA 1 eine flexiblere Trassierung.

Straßenkategorie	**AS 0/AS I**		**AS II**		
Lage zu bebauten Gebieten	außerhalb oder innerhalb		außerhalb oder innerhalb	außerhalb	innerhalb
Straßenwidmung	BAB	keine BAB	BAB	keine BAB	alle
Bezeichnung	Fern-autobahn	Autobahn-ähnliche Straße	Über-regionale Autobahn	Autobahn-ähnliche Straße	Stadt-autobahn
Entwurfsklasse	**EKA 1 A**	**EKA 2**	**EKA 1 B**	**EKA 2**	**EKA 3**

Abb. 2.9: Entwurfsklassen für Straßen der Kategorie AS

Autobahnen der Kategorie AS II innerhalb bebauter Gebiete (Stadtautobahnen) führen weitgehend durch bebautes städtisches Gebiet. Sie sind in der Regel Bestandteil des städtischen Hauptstraßennetzes und können als Verbindung vom städtischen Straßennetz zum übergeordneten Fernverkehrsnetz in das Netz der Fern- oder Überregionalautobahnen integriert sein. Sie unterliegen fast immer Restriktionen aus dem bebauten Umfeld und werden daher nach der Entwurfsklasse EKA 3 entworfen.

Eingangsgröße zur Bestimmung der Entwurfsklasse für Landstraßen ist die Straßenkategorie gemäß den RIN (Abb. 2.7). Dies gilt sowohl für den Neubau sowie den Um- und Ausbau von Straßen als auch für die Zuordnung der damit verknüpften Straßen im Bestand.

Straßenkategorie	LS I	LS II	LS III	LS IV	LS V
Entwurfsklasse	EKL 1	EKL 2	EKL 3	EKL 4	RLW*)

*) Bei der Straßenkategorie LS V handelt es sich um Gemeindeverbindungsstraßen, die i. d. R. nach Arbeitsblatt DWA-A 904; Richtlinien für den ländlichen Wegebau (2005) geplant werden.

Abb. 2.10: Entwurfsklassen für Landstraßen

Falls die Verkehrsbelastung einer Straße einer bestimmten Kategorie außergewöhnlich hoch ist, kann die Straße auch mit einer höherrangigen Entwurfsklasse, als in Abb. 2.10 ausgewiesen, geplant werden. Zum Beispiel wird eine Kreisstraße der EKL 3 dann in der EKL 2 geplant. Genauso kann eine Straße einer bestimmten Kategorie auch mit einer niederrangigen Entwurfsklasse geplant werden, wenn die Verkehrsbelastung dieser Straße außergewöhnlich gering ist. Detaillierte Anhaltswerte für Auf- und Abstufungen enthalten die RAL.

Die Entwurfsklasse sollte grundsätzlich über längere Abschnitte gleich bleiben. Bei Autobahnen ergeben sich allenfalls Wechsel in der Kategorie AS II für die Entwurfsklasse EKA 2 bei Änderung ihrer Lage zu bebauten Gebieten. In solchen Fällen dürfen Wechsel nur in Autobahnknotenpunkten vorgenommen werden.

2.4.6 Gestaltungsmerkmale bei zweibahnigen Straßen

Die Straßenkategorie und die Entwurfsklasse legen die Merkmale sowie die Grenz- und Richtwerte für die Entwurfs- und Betriebselemente fest (siehe Abb. 2.12). Dadurch ergeben sich für Autobahnen und autobahnähnliche Straßen unterschiedliche Streckencharakteristiken.

Bei Autobahnen werden von der Entwurfsklasse unmittelbar bestimmt:

- Regelquerschnitte,
- Grenz- und Richtwerte der Entwurfselemente,
- Grundformen und Abstände der Knotenpunkte,
- ggf. Anordnung einer zulässigen Höchstgeschwindigkeit.

Autobahnen der EKA 1 werden so geplant, dass in der Regel keine Beschränkung der zulässigen Höchstgeschwindigkeit erforderlich ist. Es gilt die Richtgeschwindigkeit 130 km/h. Werden bei den EKA 1 und EKA 2 bei ansonsten großzügiger Trassierung einzelne

Kurvenradien in der Nähe der Grenzwerte trassiert, so ist in Abstimmung mit der Verkehrsbehörde die Anordnung einer Geschwindigkeitsbeschränkung bei Nässe zu prüfen. Diese ist meist nicht erforderlich, wenn eine Autobahn über längere Strecken mit Elementen im Bereich der Grenzwerte trassiert ist. Die Grenzwerte der Entwurfselemente sind aus Abb. 3.114 ersichtlich.

Entwurfsklasse	**EKA 1 A**	**EKA 1 B**	**EKA 2**	**EKA 3**
Bezeichnung	Fern-autobahn	Über-regionale Autobahn	Autobahn-ähnliche Straße	Stadt-autobahn
Lage zu bebauten Gebieten	außerhalb oder innerhalb		außerhalb oder innerhalb	innerhalb
Beschilderung	Z 330 StVO (Autobahn)		Z 331 StVO (Kraftfahrt-straße)	Z 330 oder Z 331 StVO
Wegweisung	blau		gelb	blau, gelb
zulässige Höchstgeschwindigkeit	keine		keine	≤ 100 km/h
empfohlene Knotenpunktabstände	> 8.000 m	> 5.000 m	> 5.000 m	keine
Verkehrsführung in Arbeitsstellen vierstreifiger Straßen	4+0 in der Regel erforderlich[*)]		4+0 nicht zwingend erforderlich[*)]	

[*)] Das heißt, auf der einen Fahrbahn sind vier Fahrstreifen, während auf der anderen Baumaßnahmen laufen.

Abb. 2.11: Zuordnung von Entwurfsklassen und Gestaltungsmerkmalen bei zweibahnigen Straßen (Autobahnen)

2.4.7 Gestaltungsmerkmale bei einbahnigen Straßen

Die wesentlichen Merkmale der einzelnen Entwurfsklassen bei den Landstraßen sind in Abb. 2.12 zusammengestellt.

Straßen der Entwurfsklasse **EKL 1** sind dreistreifige Straßen des Regelquerschnitts RQ 15,5. Sie werden in den Knotenpunkten planfrei geführt. Beide Fahrtrichtungen sind durchgängig durch einen verkehrstechnischen Mittelstreifen voneinander getrennt. Durch den ständigen Wechsel von zwei- und einstreifigen Abschnitten besteht auf etwa 40 % jeder Fahrtrichtung eine verkehrsrechtlich eindeutige, gesicherte Überholmöglichkeit. Straßen der EKL 1 sollen als Kraftfahrstraßen betrieben werden. Landwirtschaftlicher und nicht motorisierter Verkehr werden dann auf einem gesonderten Wegenetz geführt. In den planfreien und teilplanfreien Knotenpunkten zur Verknüpfung mit dem gleichrangigen oder nachgeordneten Netz erfolgen nur Aus-/Einfädelungsvorgänge. Aufgrund der Netzfunktion und der damit im Regelfall verbundenen hohen Fahrtweiten sowie der durchgängigen verkehrsrechtlichen Trennung der beiden Fahrtrichtungen wird dem Entwurf eine Planungsgeschwindigkeit von 110 km/h zugrunde gelegt. Die Anordnung einer zulässigen Höchstgeschwindigkeit auf dieses Maß kann zweckmäßig sein. Wegen der angestrebten Fahrgeschwindigkeiten soll die Linienführung möglichst sehr gestreckt ausgebildet werden.

Straßen der Entwurfsklasse **EKL 2** sind zweistreifige Straßen des Regelquerschnitts RQ 11,5+, bei denen die zweistreifigen Teilstrecken abschnittsweise durch einen zusätzlichen Überholfahrstreifen dreistreifig aufgeweitet sind. Beide Fahrtrichtungen sind in der Regel durch zwei Fahrstreifenbegrenzungslinien (ununterbrochene Doppellinie) verkehrsrechtlich voneinander getrennt. Dies gilt für die dreistreifigen Abschnitte immer und für die zweistreifigen Abschnitte dann, wenn durch eine hinreichende Anzahl von dreistreifigen Abschnitten dem Überholbedürfnis entsprochen werden kann. Durch die fahrtrichtungsbezogene Anlage von Überholabschnitten steht auf mindestens 20 % oder mehr jeder Fahrtrichtung eine verkehrsrechtlich eindeutige, gesicherte Überholmöglichkeit zur Verfügung. Ist dies in zu begründenden Ausnahmefällen nicht möglich, kann in übersichtlichen zweistreifigen Abschnitten durch eine doppelte Warnlinie das Überholen unter Nutzung des Fahrstreifens für den Gegenverkehr ermöglicht werden. Bei Straßen der EKL 2 soll landwirtschaftlicher Verkehr nach Möglichkeit auf gesonderten Wegen geführt werden. Diese Straßen können dann auch als Kraftfahrstraßen betrieben werden. Nicht motorisierter Verkehr soll auf der Fahrbahn ausgeschlossen und stattdessen auf gesonderten Wegen, straßenunabhängig oder fahrbahnbegleitend geführt werden.

Aufgrund der Netzfunktion und der damit im Regelfall verbundenen mittleren bis hohen Fahrtweiten sowie der regelmäßigen verkehrstechnischen Trennung der beiden Fahrtrichtungen wird dem Entwurf eine Planungsgeschwindigkeit von 100 km/h zugrunde gelegt. Wegen der angestrebten Fahrgeschwindigkeiten soll die Linienführung möglichst gestreckt sein. Verknüpfungen mit dem gleichrangigen oder nachgeordneten Straßennetz sollten vorzugsweise als teilplangleiche Knotenpunkte oder als (ggf. versetzte) Einmündungen jeweils mit Lichtsignalanlage ausgebildet werden, anderenfalls als plangleiche Kreuzungen mit Lichtsignalanlage. Dies bedingt gemäß den VwV-StVO eine Beschränkung der zulässigen Höchstgeschwindigkeit in den Knotenpunktbereichen auf 70 km/h. In zu begründenden Ausnahmefällen sind auch Kreisverkehre möglich.

Straßen der Entwurfsklasse **EKL 3** sind zweistreifige Straßen des Regelquerschnitts RQ 11. Die Fahrbahn wird durch eine Leitlinie gegliedert. Überholen ist unter Nutzung des Fahrstreifens für den Gegenverkehr bei entsprechenden geometrischen und verkehrlichen Voraussetzungen möglich. Wegen der im Allgemeinen kurzen bis mittleren Fahrtweiten auf Straßen dieser Entwurfsklasse sind jedoch keine expliziten Anforderungen an einen bestimmten Streckenanteil mit ausreichenden Überholmöglichkeiten vorgesehen. Stattdessen kann dem Überholbedürfnis durch die vereinzelte Anlage von Überholfahrstreifen Rechnung getragen werden (vgl. Ziffer 3.5.4). Aus Sicherheitsgründen ist es erforderlich, diejenigen Abschnitte zu ermitteln, in denen aus Gründen fehlender Sichtweiten nicht gefahrlos überholt werden kann. Dort ist das Überholen zu unterbinden (vgl. Ziffer 3.5.4). Landwirtschaftlicher Verkehr ist auf diesen Straßen zugelassen.

Aus Gründen der Verkehrssicherheit ist zu prüfen, ob wegen der Verkehrsstärke des Kfz-Verkehrs bzw. der Stärke oder der Netzfunktion des Rad-/Fußgängerverkehrs eine gesonderte Führung über fahrbahnnahe Rad-/Gehwege oder geeignete Wirtschaftswege angezeigt ist.

Die Verknüpfung mit dem gleichrangigen oder nachgeordneten Straßennetz erfolgt durch Kreisverkehre oder plangleiche Einmündungen/Kreuzungen. Bei plangleichen Einmündungen/Kreuzungen ist zu prüfen, ob der Verkehr aus Gründen der Verkehrsbelastung oder der Verkehrssicherheit durch eine Lichtsignalanlage geregelt werden soll. Aufgrund der Netzfunktion und der damit im Regelfall verbundenen kurzen bis mittleren Fahrtweiten sowie der relativ dichten Folge von plangleichen Knotenpunkten wird dem Entwurf eine Planungsgeschwindigkeit von 90 km/h zugrunde gelegt. Eine entsprechende Beschränkung der zulässigen Höchstgeschwindigkeit kann zweckmäßig sein. Wegen der angestrebten Fahrgeschwindigkeit soll sich die Linienführung im Lage- und Höhenplan möglichst dem Gelände anpassen.

Straßen der Entwurfsklasse **EKL 4** sind einbahnige Straßen des Regelquerschnitts RQ 9. Durch Verzicht auf eine Leitlinie in der Fahrbahnmitte soll auf eine langsamere Fahrweise hingewirkt werden. Stattdessen wird durch zwei seitliche Leitlinien eine Kernfahrbahn gekennzeichnet, die regelmäßig vom Pkw-Verkehr genutzt werden soll. Bei Begegnungsfällen – insbesondere mit Schwerverkehrsfahrzeugen – muss die gesamte befestigte Fläche in Anspruch genommen werden. Dies bedingt für die Kraftfahrer erhöhte Aufmerksamkeit und wechselseitige Abstimmung.

Wegen der geringen Verkehrsbelastung ist die Verknüpfung mit dem gleichrangigen und nachgeordneten Straßennetz durch plangleiche Einmündungen/Kreuzungen ohne Lichtsignalanlage ausreichend. Der Einsatz von Kreisverkehren ist im Allgemeinen nicht erforderlich.

Diese Straßen werden grundsätzlich vom landwirtschaftlichen Verkehr und vom nicht motorisierten Verkehr mitbenutzt, gesonderte Geh- und Radwege sind im Allgemeinen entbehrlich. Ferner sollte die Linienführung im Lage- und im Höhenplan möglichst sehr eng an das umgebende Gelände bzw. an die vorhandenen Nutzungsstrukturen angepasst werden.

Aufgrund der Netzfunktion und der damit im Regelfall verbundenen kurzen Fahrtweiten, sowie der schmalen Fahrfläche und der besonderen Begegnungssituation wird dem Entwurf eine Planungsgeschwindigkeit von 70 km/h zugrunde gelegt. Eine entsprechende Beschränkung der zulässigen Höchstgeschwindigkeit kann zweckmäßig sein.

Entwurfsklasse		EKL 1	EKL 2	EKL 3	EKL 4
Entwurfs- und Betriebsmerkmale	**Planungsgeschwindigkeit**	110 km/h	100 km/h	90 km/h	70 km/h
	Betriebsform	Kraftfahrstraße	allg. Verkehr	allg. Verkehr	allg. Verkehr
	Querschnitt	RQ 15,5	RQ 11,5+;	RQ 11	RQ 9
	gesicherte Überholabschnitte	40 %	≥ 20 %	keine	keine
	Führung des Radverkehrs	straßenunabhängig	straßenunabhängig oder fahrbahnbegleitend	fahrbahnbegleitend oder auf der Fahrbahn	auf der Fahrbahn
Führung auf der Strecke	**Linienführung**	sehr gestreckt	gestreckt	angepasst	sehr angepasst
	empfohlener Radienbereich	≥ 500 m	400–900 m	300–600 m	200–400 m
	Höchstlängsneigung max s	4,5 %	5,5 %	6,5 %	8,0 %
	empfohlener Kuppenhalbmesser H_K	≥ 8.000 m	≥ 6.000 m	≥ 5.000 m	≥ 3.000 m
Führung im Knotenpunkt	**bevorzugte Lösung**	Ein-/Ausfädeln	Ein-/Abbiegen mit Lichtsignalanlage	Kreisverkehr	Ein-/Abbiegen sowie Kreuzen ohne LSA

Abb. 2.12: Wesentliche Merkmale der einzelnen Entwurfsklassen bei den Landstraßen

Straßen der EKL 1 bis EKL 3 mit sehr hohen Verkehrsbelastungen

Insbesondere in der Nähe von größeren Siedlungsräumen oder wegen der abschnittsweisen Bündelung von Netzverbindungen auf einem Straßenzug kann bei Straßen der EKL 1 bis EKL 3 die Verkehrsnachfrage auf kurzer Streckenlänge (bis etwa 15 km) die Anlage von zwei Fahrstreifen je Richtung erforderlich machen. In diesem Fall sind die beiden Fahrtrichtungen durch die Wahl des RQ 21 (Abb. 4.16) durchgängig mit einem baulichen Mittelstreifen voneinander getrennt. Die Gestaltungsmerkmale (Linienführung, Knotenpunktart) und die Betriebsform werden nach der höherrangigen Entwurfsklasse der angrenzenden Abschnitte, mindestens jedoch nach Entwurfsklasse EKL 2 ausgebildet. Zweibahnige Straßen mit einer Streckenlänge von über 15 km sind grundsätzlich nach den RAA zu planen.

2.4.8 Gestaltungsmerkmale bei innerörtlichen Straßen

Die Gestaltungsmerkmale bei innerörtlichen Straßen ergeben sich nach den RASt aus der Differenzierung von Stadtstraßen nach verkehrlichen und städtebaulichen Merkmalen. Dabei werden die entwurfsrelevanten verkehrlichen Merkmale bestimmt durch

- die Erschließungsfunktion von Grundstücken (Zahl der Wege von Personen mit allen Verkehrsmitteln, die dort beginnen oder enden; Häufigkeit und Dauer von Liefer- und Ladevorgängen)
- die Verbindungsfunktion als wichtiges verkehrliches Merkmal von Hauptverkehrsstraßen (zentralörtliche Bedeutung der Orte, die verbunden werden; Entfernung zwischen diesen Orten; Stärke der Verkehrsbeziehungen)
- die Verkehrsbelastungen des fließenden Verkehrs (Unterschiede bei der Verkehrsstärke und zeitlichen Verteilung des Ziel- und Quellverkehrs sowie des Durchgangsverkehrs bei allen Verkehrsmitteln)

Die entwurfsrelevanten städtebaulichen Merkmale werden bestimmt durch

- den Gebietscharakter (städtebaulich historische Bezüge; städtebauliche Leitbilder)
- die Art und das Maß der Umfeldnutzungen sowie der Aufenthaltsfunktion (Grundstücks-, Gebäude- und Freiraumnutzung entlang einer städtischen Straße; Zusammenhänge zwischen beiden Straßenseiten und angrenzenden Quartieren; Bevölkerungsentwicklung u. a.)
- die straßenräumliche Situation (Begrenzung, Breite und Verlauf des Straßenraums mit Auswirkung auf die Gestaltung und Verteilung der Flächen mit Raumbildung bzw. Raumgliederung unter Berücksichtigung von Nutzungsansprüchen)

Die städtebaulichen Merkmale sind besonders zu beachten, weil sie kaum veränderbar und daher entwurfsprägend sind. So ergeben sich aus dem Gebietscharakter erste Anhaltspunkte für den ganzheitlichen Entwurf von innerstädtischen Straßen. Bei der Erstellung eines Straßenentwurfs von Stadtstraßen ist die straßenräumliche Situation eine wesentliche Grundlage für die Flächendisposition von Nutzungsansprüchen im Straßenraum. Diese wird geprägt durch die Begrenzung der Breite des Straßenraums sowie den Verlauf des Straßenraums.

Die systematische Verknüpfung aller verkehrlichen und städtebaulichen Merkmale führt zu einer für den Planer nicht mehr überschaubaren Vielfalt von Kombinationen (Abb. 2.13). Aus der und für die Entwurfspraxis lassen sich jedoch Typische Entwurfssituationen definieren, die im Wesentlichen die straßenräumlichen und verkehrlichen Gegebenheiten in innerörtlichen Bereichen von dörflich bis großstädtisch bei einen Großteil der in der Praxis vorkommenden Entwurfsaufgaben abdecken. Die Abb. 2.14 zeigt die Zuordnung der Typischen Entwurfssituationen zu den Straßenkategorien bzw. den Verkehrswegekategorien der RIN.

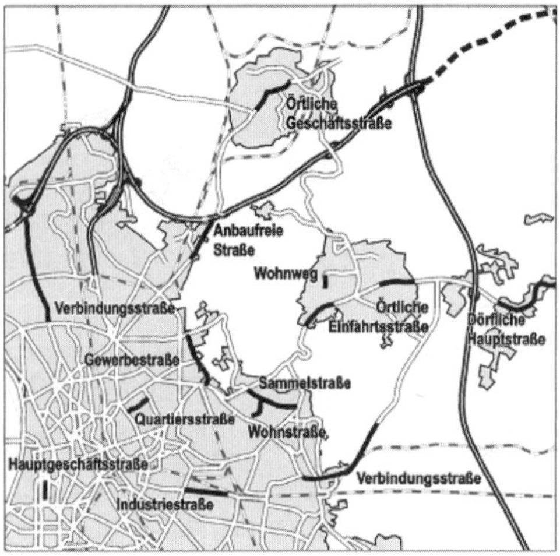

Abb. 2.13: Typische Entwurfssituationen

Typische Entwurfssituation	Straßenkategorie
Wohnweg	ES V
Wohnstraße	ES V
Sammelstraße	ES IV
Quartierstraße	ES IV, HS IV
Dörfliche Hauptstraße	HS IV, ES IV
Örtliche Einfahrtstraße	HS III, HS IV
Örtliche Geschäftsstraße	HS IV, ES IV
Hauptgeschäftsstraße	HS IV, ES IV
Gewerbestraße	ES IV, ES V, (HS IV)
Industriestraße	ES IV, ES V, (HS IV)
Verbindungsstraße	HS III, HS IV
Anbaufreie Straße	VS II, VS III

Abb. 2.14: Zuordnung der Typischen Entwurfssituationen zu Straßenkategorien

2.5 Planungsablauf im Straßenbau

2.5.1 Übersicht über den Planungsprozess

Sowohl das Bundesfernstraßengesetz als auch die Länderstraßengesetze sehen im Straßenbau eine öffentliche Verpflichtung, sämtliche Grundstücke an das öffentliche Netz anzubinden, die Gleichheit der Lebensbedingungen in allen Landesteilen herzustellen und die Sicherheit und Leichtigkeit des Verkehrs zu gewährleisten. Was dabei unter „Straßenbau" zu verstehen ist, bleibt in diesem Zusammenhang offen. Nach der Systematik der staatlichen bzw. kommunalen Haushalte wird unterschieden zwischen den Begriffen:

- Neubau
- Verlegung
- Ausbau
- Instandsetzung
- Erneuerung und Verstärkung
- Umbau
- Rückbau

Der **Neubau** einer Straße schafft zusätzlich zu den vorhandenen Netzbestandteilen eine völlig neue Trasse mit einer neuen Straßenbezeichnung, wie das etwa beim Autobahnbau, aber auch bei der Erstellung neuer Siedlungsstraßen der Fall ist. Im Gegensatz dazu entsteht durch eine **Straßenverlegung** keine völlig neue Straßenverbindung, sondern es wird lediglich die vorhandene Trasse durch eine neue ersetzt und in der Folge abgestuft oder eingezogen. Typisch gehört dazu der Bau einer Ortsumgehung, nach deren Fertigstellung die vorhandene Ortsdurchfahrt als Ortsstraße oder Fußgängerzone bestehen bleibt. Der Planungsablauf unterscheidet sich beim Neubau und bei der Verlegung nicht wesentlich voneinander.

Beim **Ausbau** wird eine vorhandene Straße lediglich in ihrer Linienführung, im Querschnitt oder in ihrer Verknüpfung mit dem übrigen Straßennetz verändert. Durch einen Straßenausbau werden die Verkehrsströme nur insofern beeinflusst, als sich durch eventuelle Zeitvorsprünge und den besseren Fahrkomfort möglicherweise Verkehrsanteile verlagern. Der Ausbau wird je nach der Intensität, in der er erfolgt, unterteilt in die Begriffe Vollausbau, Teilausbau und Zwischenausbau.

- Der **Vollausbau** ist der entwurfsmäßige, bautechnisch und verkehrstechnisch endgültige Ausbau der Straße nach dem einschlägigen technischen Regelwerk.
- Der **Teilausbau** oder stufenweise Ausbau entspricht einem Vollausbau, von dem jedoch einzelne Teile der bau- und verkehrstechnischen Gesamtanlage vorerst zurückgestellt bleiben. Typisch ist dafür der vorgezogene Bau zunächst nur einer Fahrbahn einer späteren Vollautobahn. Ein Teilausbau ist so durchzuführen, dass beim späteren endgültigen Ausbau nur geringe verlorene Aufwendungen entstehen.
- Der **Zwischenausbau** ist ein vereinfachter Ausbau von Straßen durch Verbreiterung, Profilierung und Verstärkung des Oberbaus bei weitgehender Beibehaltung der Linienführung. Besondere Gefahrenstellen, wie etwa zu kleine Kurvenradien und Kuppenhalbmesser, sind jedoch zu beseitigen. Der Zwischenausbau kommt nur für zweistreifige Straßen in Betracht. Soweit möglich, ist die Fahrbahnbreite nach den RAL bzw. den RASt zu wählen (vgl. Abschn. 4.2.3). Beim Zwischenausbau kann unter Einhaltung eines noch vertretbaren Sicherheitsniveaus in Teilbereichen auch von der vollen Anwendung der Richtlinien abgesehen werden. In den Anfängen der Bundesrepublik Deutschland wurden viele Straßen auf diese Weise verbessert.

Die **Erneuerung,** Verstärkung und Instandsetzung von Straßen beschränkt sich auf bautechnische und baubetriebliche Maßnahmen. An der Linienführung, Querschnittsausbildung und Knotenpunktgestaltung werden in diesem Sinne keine Veränderungen durchgeführt, sodass diese Maßnahmenarten hier nicht weiter zu behandeln sind.

Der **Umbau** (oft einschließlich Ausbau) umfasst die Umgestaltung eines Straßenraums aufgrund funktionaler, z. B. im Zielfeld Verkehrssicherheit oder Verkehrsablauf, oder gestalterischer Defizite mit ausgewogener Berücksichtigung der Umfeldnutzungen, der verkehrlichen und nicht verkehrlichen Nutzungsansprüche im Straßenraum und der Gestaltqualität unter Beibehaltung seiner bisherigen Funktion im Netz.

Der **Rückbau** umfasst die Umgestaltung eines Straßenraums nach den Ansprüchen der verbleibenden Nutzungen, wenn die Straße ihre bisherige Funktion im Netz verändert oder verliert. In der Regel handelt es sich hierbei um eine Abstufung der Verbindungsfunktion für den Kraftfahrzeugverkehr (z. B. bei einer Ortsdurchfahrt nach dem Bau einer Ortsumgehung).

So ist insbesondere bei der Planung im Bestand die Analyse des Unfallgeschehens wichtig. Geeignete Grundlagen zur Auswertung des Unfallgeschehens sind die 3-Jahreskarte der schweren Unfälle (Unfälle mit schwerem Personenschaden bzw. Personenschaden) sowie die 1-Jahreskarte aller polizeilich erfassten Unfälle.

Für den Fall, dass die Straßenplanung tatsächliche Baumaßnahmen zum Ziel hat und sich nicht auf ordnungspolitische Maßnahmen beschränkt, vollzieht sich der Planungsprozess stufenweise von der Verkehrsplanung bis zum baureifen Entwurf nach folgendem Schema (s. Abb. 2.15).

Planungs- und Entwurfs-stufen	**Unterlage**	**Verfahren**	**Leistungs-phasen (Lph) § 55 HOAI und HVA F-StB**
Bedarfs-planung	Bundesverkehrswege-plan/Bedarfsplan (Bundesfernstraßen) Generalverkehrsplan Verkehrsentwicklungs-plan Bedarfspläne auf Landes- bzw. Regionalebene und vergleichbare Pläne	Bundesverkehrswege-planung Fernstraßenausbau-gesetz (FStrAbG) mit Bedarfsplan Vergleichbare Verfahren für Landes- und Kreis-straßen	
Vorplanung	Voruntersuchung/ Linienentwurf	Raumordnungsverfahren, Linienbestimmung Flächennutzungsplan	Grundlagener-mittlung (Lph. 1) Vorplanung (Lph. 2)
Entwurfs-planung	Vorentwurf nach den RE/ Genehmigungsentwurf	technische und haus-haltsrechtliche Prüfung mit verwaltungsinterner Genehmigung (Sichtvermerke)	Entwurfsplanung (Lph. 3)
Genehmi-gungs-planung	(Plan-)Feststellungs-entwurf	Planfeststellungs-verfahren Plangenehmigungs-verfahren Bebauungsplanverfahren	Genehmigungs-planung (Lph. 4)
Ausfüh-rungs-planung	Ausführungsentwurf/ Bauentwurf	Technische Freigabe	Ausführungs-planung (Lph. 5)

Abb. 2.15: Planungs- und Entwurfsstufen für Autobahnen und Landstraßen

Den einzelnen Planungsschritten sind die jeweiligen Leistungsphasen der Honorarordnung für Architekten und Ingenieure (HOAI) zugeordnet. Kleinere Umbaumaßnahmen, die lediglich die Verbesserung des Fahrkomforts oder die Erhöhung der Verkehrssicherheit bezwecken, kommen ohne Voruntersuchung und von Fall zu Fall auch ohne Planfeststellungsverfahren aus.

Der Bau von Gemeindestraßen unterliegt den Regeln der Bauleitplanung. Danach setzt der Neubau von Gemeindeverbindungs- und innerörtlichen Hauptstraßen einen Flächennutzungsplan voraus, der sich in aller Regel auf einen Verkehrsentwicklungsplan abstützt. Die Neuanlage von Erschließungsstraßen in einem Baugebiet erfolgt nach einem Bebauungsplan, der im Rang rechtlich einer Planfeststellung gleichsteht [6].

In allen Planungsphasen ist die Prüfung der Umweltverträglichkeit ein integraler Bestandteil.

2.5.2 Verkehrsplanung

Grundlage für die Verlegung oder den Neubau einer Straße muss regelmäßig ein verkehrsplanerisches Gesamtkonzept für den Planungsraum sein. Darin müssen neben Aussagen über das Straßennetz auch Angaben über die anderen Verkehrsträger und vorhersehbare bzw. gewünschte Verkehrsverlagerungen enthalten sein. Die RIN behandeln die Gestaltung der Verkehrsnetze einschließlich der Linienangebote des öffentlichen Personenverkehrs. Darin sind enthalten die funktionale Gliederung der Verkehrsnetze, die Bewertung der verbindungsbezogenen Angebotsqualität und Qualitätsvorgaben zur Gestaltung von Verkehrsnetzen, Netzabschnitten und Verknüpfungspunkten. Die RIN beinhalten eine methodische Planungshilfe für die integrierte Verkehrsnetzplanung, in der die relevanten Aspekte der Raum- und Umweltplanung einbezogen sind. Damit können bestehende Verkehrsnetze analysiert und bewertet sowie Netzkonzepte für künftige Verkehrsnetze entwickelt werden.

Für das Gebiet der Bundesrepublik Deutschland gibt es als Bestandteil des Verkehrswegeplans den Bedarfsplan für die Bundesfernstraßen. Analog dazu haben sich die Bundesländer Gesamtverkehrspläne und Ausbaupläne für die Landes- bzw. Staatsstraßen gegeben. Für die Landkreise, Städte und Gemeinden existieren Verkehrsentwicklungspläne (früher Generalverkehrspläne), die in dem Teil über das Straßennetz regelmäßig Angaben zu den geplanten Netzveränderungen machen. Die Aufstellung dieser Verkehrsentwicklungspläne erfolgt nach den Grundsätzen der Straßenverkehrsplanung.

2.5.3 Voruntersuchung

Wenn durch die Verkehrsplanung die Notwendigkeit einer neuen Straßenverbindung bestätigt ist und von der politischen Seite die Willenserklärung zum Beginn der Planung vorliegt, wird zunächst eine Voruntersuchung (Vorstudie oder Vorplanung) veranlasst. Diese beginnt mit der Festlegung des Planungsraumes und der Analyse aller planungsrelevanten Daten (z. B. Struktur, Bestand und Planung von Siedlungen oder Gewerbegebieten, Bestand und Planung anderer Verkehrswege und Empfindlichkeit des Planungsraumes gegen Veränderungen der Umwelt). Die Vorplanung dient der Linienführung und einer ersten Abschätzung der Folgen des Straßenbaus. Sie muss alle aus verkehrlicher Sicht sinnvollen Varianten einschließen und alle erheblichen Auswirkungen auf das Umfeld der Straße erfassen.

Zur Minimierung der Beeinträchtigung menschlicher Siedlungen tritt der Schutz der Kulturgüter, nicht zuletzt aber der Schutz der Umweltfaktoren: Boden, Wasser, Luft. Im Sinn einer Optimierung der verkehrs- und gesamtwirtschaftlichen Effekte ist selbstverständlich auch die Verknüpfung der Straße mit dem übrigen Verkehrsnetz in die Überlegungen einzubeziehen.

Aus dieser Raumanalyse sollen im Idealfall sowohl die besonders konfliktträchtigen Bereiche als auch konfliktärmere Korridore zu ersehen sein. Unter Beachtung der topographischen Gegebenheiten können in den konfliktärmeren Bereichen nun unterschiedliche Trassenvarianten für das Straßenbauvorhaben entwickelt werden. Dabei sind alle naheliegenden – also vernünftigerweise denkbaren – Varianten, gegebenenfalls einschließlich einer Null-Ausbauvariante, zu berücksichtigen. In dem nun anschließenden Variantenvergleich sind die Vor- und Nachteile der verschiedenen Lösungen zu ermitteln und einander gegenüberzustellen. Dabei sollten die wichtigsten Beurteilungskriterien sein:

- verkehrliche Wirkungen (z. B. Verbindungsqualität, Leistungsfähigkeit, Verkehrssicherheit, Entlastung von Innerortsstraßen)
- Auswirkungen auf die Umweltschutzgüter gemäß Umweltverträglichkeitsprüfungsgesetz (UVPG) (Mensch, Tiere und Pflanzen, Boden, Wasser, Luft, Klima, Landschaft, Kultur- und sonstige Sachgüter); Berücksichtigung der FFH-Richtlinie und Natura-2000-Gebiete
- raumplanerische Belange (z. B. Ortsbild, städtebauliche Entwicklungsmöglichkeiten, Beeinträchtigung von Ortsrändern, Planungsabsichten Dritter)
- Eingriffe in vorhandene Strukturen (z. B. Siedlungs- und Wirtschaftsstruktur, Land- und Forstwirtschaft, Gebäude- und Flächeninanspruchnahme, Durchschneidung, Erreichbarkeit)
- wirtschaftliche Belange (z. B. insbesondere Baukosten, Baudurchführung, Betriebskosten)

Das Ergebnis dieses Variantenvergleiches und des Abwägungsprozesses ist die Vorzugsvariante. Sofern nach straßenrechtlichen und landesrechtlichen Gesetzesgrundlagen ein Raumordnungsverfahren durchzuführen ist, wird dieser Linienentwurf zugrunde gelegt. Sinnvolle Trassenvarianten sind zur Dokumentation des Abwägungsprozesses gleichfalls aufzunehmen.

Zweck des Raumordnungsverfahrens ist es, das Straßenbauvorhaben mit anderen raumbedeutsamen Planungen und mit den Zielen der Raumordnung und Landesplanung abzustimmen. Im Verfahren sind die Träger öffentlicher Belange einschließlich der für den Natur- und Umweltschutz zuständigen Institutionen zu beteiligen.

Das Raumordnungsverfahren wird mit dem raumordnerischen Beschluss (landesplanerische Beurteilung) abgeschlossen. Dieser bindet die beteiligten Träger der öffentlichen Belange an das Ergebnis, nicht aber den Bürger. Durch den raumordnerischen Beschluss wird die Trasse nicht parzellenscharf festgelegt, sondern die endgültige Trasse kann von einer landesplanerisch positiv beurteilten Vorzugsvariante noch in einem gewissen Rahmen abweichen.

Für Bundesfernstraßen schließt sich dem Raumordnungsverfahren noch die Linienbestimmung der Trasse durch den Bundesverkehrsminister nach § 16 FStrG an.

2.5.4 Vorentwurf

Die Ergebnisse der vorausgegangenen Untersuchungen werden im Vorentwurf zusammengefasst und zu einer geschlossenen technischen Lösung ausgearbeitet. Darin werden die wesentlichen Merkmale der Straßenplanung festgelegt. Sofern die Vor- und Nachteile der einzelnen Lösungen bereits in der Vorplanung gegeneinander abgewogen worden sind, kann sich der Vorentwurf auf die Gegenüberstellung der wichtigsten Trassenvarianten beschränken.

Dem Vorentwurf kommt größte Bedeutung zu, denn er bildet die Grundlage für das Genehmigungsverfahren des Baulastträgers und für die Einstellung in den Haushalt. Aus ihm werden die Unterlagen für das Planfeststellungsverfahren entwickelt (Abschn. 2.5.7). Für umfangreiche Planungen von Bundesfernstraßen wird er dem für Verkehr zuständigen Bundesminister zur Genehmigung zugeleitet. Der Vorentwurf dient somit der grundsätzlichen Beurteilung der Planung, insbesondere im Hinblick auf:

- die Zweckmäßigkeit der gewählten Lösung
- die Umweltverträglichkeit
- die Wirtschaftlichkeit, die sparsame Verwendung der Haushaltsmittel, die Kostenbeteiligung Dritter
- die Einhaltung der gesetzlichen Vorschriften und der Regeln der Technik

Der Vorentwurf muss nach den „Richtlinien zum Planungsprozess und für die einheitliche Gestaltung von Entwurfsunterlagen im Straßenbau (RE, Ausgabe 2012)" [7] aufgestellt werden und folgende Unterlagen umfassen:

Der **Erläuterungsbericht** soll alle mit der Planung zusammenhängenden Fragen lückenlos und in möglichst übersichtlicher Form beantworten. Dazu ist die in den RE 2012 enthaltene Gliederung zu verwenden, sofern die Länder oder Baulastträger keine andere Gliederung vorgesehen haben.

Die **Übersichtskarte** soll einen Überblick über die Lage der Baumaßnahme im Straßennetz und über die topographischen Verhältnisse geben. Dazu werden vorhandene Karten verwendet, die je nach der erforderlichen Schwierigkeit des Projektes den Maßstab 1:25.000 bis 1:100.000 aufweisen können.

In die Übersichtskarte ist die Baumaßnahme mit Baukilometern und Angabe der Straßenkilometer einzutragen. Auch untersuchte Varianten, sofern sie zur Beurteilung notwendig sind, müssen angegeben werden. Das überörtliche Straßennetz mit Nummern sowie wichtige Stadt- und Gemeindestraßen werden farbig hervorgehoben. Bei bedeutsamen Straßen- und Bahnstrecken sind die nächsten größeren Orte am Rand zu vermerken.

Der **Übersichtslageplan** gibt einen Überblick über die Lage der Baumaßnahme und der untersuchten Varianten im engeren Planungsraum im Maßstab zwischen 1:5.000 und 1:25.000. Zusätzlich zu den Angaben der Übersichtskarte werden alle Staats-, Gebiets- und Ortsdurchfahrtsgrenzen sowie alle wichtigen Landschafts- und Baugebiete und deren Besonderheiten eingetragen. Andere Verkehrswege und Leitungstrassen und die Blattgrenzen der Lagepläne sind anzugeben.

Der **Lageplan** gibt die Planung der Straße im Grundriss an. Dafür wird außerorts der Maßstab 1:5.000 oder 1:2.500 gewählt, während bei Ortsdurchfahrten und besonders schwierigem Gelände die Pläne bis zum Maßstab 1:500 oder 1:250 gefertigt werden. Die Pläne müssen die geodätischen Netzkoordinaten enthalten.

Die geplante Straße wird mit ihrer Achse, der Kilometrierung, den Trassierungselementen, den Neigungsbrechpunkten, den Kronen- und Böschungsrändern, den Lärmschutzbauwerken, Brücken, sonstigen Ingenieurbauwerken u. a. m. eingetragen. Auch Rast- und Nebenanlagen sowie Folgemaßnahmen an betroffenen Straßen, Wegen und Gewässern sind anzugeben. Bei Plänen im Maßstab 1:250 bis 1:2.000 können noch weitere Einzelheiten dargestellt werden.

Die Kilometrierung der Trasse mit Bau-km ist unabhängig von den Straßen-Kilometern und wird horizontal im Lageplan gemessen. Damit sie von links nach rechts ansteigt, kann die Planunterlage ohne Rücksichtnahme auf die Nordrichtung entsprechend gedreht und zugeschnitten werden. Aus diesem Grunde ist es unerlässlich, stets die Ausrichtung in Form des Nordpfeils anzugeben.

Für Brücken und Tunnel sind die lichte Höhe, die lichte Weite, die Brückenklasse, die Konstruktionshöhe, die Gesamtlänge, der Kreuzungswinkel usw. anzugeben. Angaben zu Maßnahmen des Naturschutzes und der Landschaftspflege und Hinweise auf Denkmale und zu schützende Objekte sind erforderlich.

Lärmschutzanlagen werden mit ihren Abmessungen eingetragen. Angaben zu Bauleitplänen, zu Leitungen, Seitenentnahmen und Seitenablagerungen werden aus dem Übersichtslageplan übernommen.

Der **Höhenplan** erhält i. d. R. den gleichen Längenmaßstab wie der Lageplan, die Höhen werden aber 1:10 überhöht dargestellt. Die Kilometrierung erfolgt grundsätzlich von links nach rechts. Die Teilpläne des Höhenplans sollten die gleichen Straßenabschnitte wie die Teilpläne des Lageplans umfassen.

Im Höhenplan wird die geplante Straße im Längsschnitt entlang ihrer Achse dargestellt. Die höhenmäßige Abwicklung der Achse wird Gradiente genannt. Es sind einzutragen: der Geländeverlauf in der Achse, die Neigungen und Längen der Haupttangenten der Gradiente, die Tangentenschnittpunkte mit Kilometerangabe und Höhe, die Halbmesser, Tangentenlängen und Stichmaße der Ausrundungen, die Gradientenhoch- und -tiefpunkte, alle kreuzenden und einmündenden Straßen, die Wasserstände eventueller Gewässer, die wesentlichen Straßenentwässerungseinrichtungen, die wichtigsten Leitungen und die geplanten Lärmschutzmaßnahmen. Bei Bedarf werden Bodenaufschlüsse eingetragen.

Für Brücken und andere Ingenieurbauwerke sind die laufende Bauwerksnummer, der Baukilometer, die lichte Höhe und Weite, der Kreuzungswinkel, die Tragfähigkeit in Form der Lastklasse und alle anderen Angaben wie im Lageplan einzutragen.

Unter dem Höhenplan werden das Krümmungsband, das Querneigungsband und, falls notwendig, die Sichtweitenbänder dargestellt.

Der **Straßenquerschnitt** zeigt im Maßstab 1:50 die Regelausbildung der Straße im Schnitt rechtwinklig zur Straßenachse. Einzutragen sind die Abmessungen des Straßenkörpers, des Oberbaus, das Quergefälle, die Böschungsneigungen, die Lärmschutz- und alle Entwässerungseinrichtungen. Für Tunnel und andere besondere Streckenbereiche sind zusätzliche Querschnitte erforderlich.

Die **Bodenuntersuchungen,** bereits vorhandene und im Rahmen der Planung durchgeführte sowie sonstige Aussagen zum Baugrund und Grundwasser, sind den Entwurfsunterlagen beizufügen.

Das **Bauwerksverzeichnis** wird für Brücken und andere Ingenieurbauwerke unter Verwendung eines Formblattes aufgestellt.

Bauwerksskizzen sind für Ingenieurbauwerke, deren besondere Größe, Konstruktion oder Gestaltung es erfordert, im geeigneten Maßstab beizufügen. Häufig wird der Maßstab 1:100 verwendet. Diese „Skizzen" haben im Wesentlichen die Bauwerksgeometrie zum Inhalt und werden vor der eigentlichen Ausführungsplanung erstellt. Sie vermitteln einen ersten Eindruck über Ansicht, Grundriss und Querschnitt eines Bauwerkes sowie die maßgebenden Höhen und Begrenzungen der kreuzenden Anlagen.

Die **Ergebnisse der schalltechnischen Berechnungen** werden in einem Formblatt oder in einem eigenen Formular (Abschn. 7) dargestellt.

Lageplan der Lärmschutzmaßnahmen. Mit dem Straßenbau durchzuführende Lärmschutzmaßnahmen werden möglichst im Lageplan nach Muster 7 der RE eingetragen. Wird allerdings dadurch der Lageplan zu unübersichtlich oder sind die Lärmschutzmaßnahmen sehr umfangreich, so ist im gleichen Maßstab wie Muster 7 ein besonderer Lageplan der Lärmschutzmaßnahmen anzufertigen. Einzutragen sind nicht nur die Lärmschutzbauwerke und -pflanzungen, sondern auch die zu schützenden Gebiete und deren Grenzen. Für passiven Lärmschutz sind die Gebäudeseiten und -höhen anzugeben, bei denen die Immissionsgrenzwerte nach der Berechnung überschritten wurden (Abschn. 7).

Der **landschaftspflegerische Begleitplan** zeigt den Zustand von Natur und Landschaft und die Auswirkungen der geplanten Straßenbaumaßnahme. Er baut auf den bei der Voruntersuchung gewonnenen Erkenntnissen auf, insbesondere der Umweltverträglichkeitsstudie (UVS). Er ist erforderlich, wenn sich die Aussagen nicht im Lageplan nach Muster 7 der RE unterbringen lassen. Das ist dann der Fall, wenn der Lageplan damit zu unübersichtlich wird, die Natur und die Landschaft wesentlich über die Trasse hinaus beeinträchtigt werden oder dies aus anderen Gründen zweckmäßig ist. Dieser Plan ist dann im gleichen Maßstab wie der Lageplan zu fertigen.

Die vorgesehenen Maßnahmen des Naturschutzes und der Landschaftspflege einschließlich etwaiger Ausgleichsmaßnahmen außerhalb der Trasse sind entsprechend den einschlägigen Regelwerken, hier besonders den RLBP und dem MUVS, im Lageplan nach Muster 7 darzustellen. Die Konfliktanalyse und -lösung werden in einem eigenen Erläuterungsbericht beschrieben.

Die **Ergebnisse wassertechnischer Berechnungen** zur Abführung des Straßenoberflächenwassers werden in einer Tabelle oder Übersicht angegeben. Auch die errechneten Abmessungen für Entwässerungsanlagen, Regenrückhaltebecken, Versickerbecken und Leichtflüssigkeitsabscheider sind einzutragen.

Die Knotenpunkte werden in eigenen Lageplänen und ggf. auch Höhenplänen dargestellt, wenn zur Beurteilung die Darstellung in den Lage- und Höhenplänen der Straße nicht ausreicht. Anzugeben sind alle wichtigen Abmessungen und Entwurfselemente, die Sichtflächen, Lichtsignalanlagen und, wenn vorhanden, sind die Strombelastungspläne beizufügen.

Rastanlagen, Rastplätze, Nebenanlagen und Nebenbetriebe werden im Lageplan nach Muster 7 eingetragen. Wenn es die Beurteilung erfordert, kann die Darstellung in einem gesonderten größeren Lageplan und evtl. auch Höhenplan zweckmäßig sein.

Eine **Kostenberechnung** ist nach den einschlägigen Richtlinien aufzustellen. Beispielsweise ist bei der Planung von Bundesfernstraßen die Anweisung zur Kostenermittlung und zur Veranschlagung von Straßenbaumaßnahmen (AKVS) zu beachten. Zur Ermittlung der Kosten der Maßnahme gehört auch eine Aufstellung über die Beteiligung Dritter daran, z. B., wenn an Kreuzungen Verkehrswege bzw. Anlagen anderer Baulastträger geändert werden müssen.

Sonderpläne können erforderlich werden, um das Straßenbauvorhaben besser erläutern und begründen zu können. Das sind Bestandskarten, Bauleitpläne, Verkehrsentwicklungspläne, verkehrstechnische und verkehrswirtschaftliche Untersuchungen, Unfalldiagramme, wassertechnische und ökologische Untersuchungen, Leitungspläne und Aussagen über die Straßenbeleuchtung sowie die Gestaltung von Lärmschutzwänden, Visualisierungen und Simulationen, perspektivische Darstellungen, Pläne zur Erläuterung der Verkehrsführung während der Bauzeit, Modelle usw. Sie sind dann sehr nützlich, wenn den Bürgern und Betroffenen die Planungsmaßnahme damit besser verständlich gemacht werden kann.

Für den Vorentwurf soll ein Sicherheitsaudit nach den RSAS durchgeführt werden.

2.5.5 Bauentwurf

Der Bauentwurf stellt die baureife Ausarbeitung der im Vorentwurf festgelegten Straßenplanung dar. Er dient Auftraggeber und Auftragnehmer als Grundlage für die Bauausführung. Da er sich somit an unterschiedliche und wechselnde Adressaten wendet, wird er im Normalfall nicht als eine einheitliche Planmappe in einer bestimmten Form erstellt.

Der **Lageplan** des Bauentwurfs weist für freie Strecken meistens den Maßstab 1:1.000 auf, in Ortsdurchfahrten auch 1:500 oder 1:250. Er enthält über die Objekte des Vorentwurfs hinaus die maßgebenden Begrenzungslinien der Verkehrsflächen, die Bemaßung des Straßenkörpers, die maßgebenden Querschnitte der betroffenen Straßen und Wege, die Querneigung in der Straßenachse, die Entwässerungseinrichtungen und die zu ändernden Leitungen mit den erforderlichen Folgemaßnahmen.

Der **Höhenplan** des Bauentwurfs sollte im gleichen Längenmaßstab wie der Lageplan gefertigt werden; auch hier beträgt die Überhöhung 1:10. Für die freien Strecken von Landstraßen wird teilweise auch der Maßstab 1:2.000/200 verwendet. Außer den Hauptabmessungen des Tangentenpolygons, den Kennwerten der Kuppen- und Wannenausrundungen und allen Details, die bereits im Übersichtshöhenplan enthalten sind, werden die Längsentwässerungen, die Leitungskreuzungen mit den geplanten Änderungen, die Kunstbauwerke und eventuelle Lärmschutzanlagen angegeben.

Bei großflächigen Kreuzungen kann es notwendig werden, den Höhenplan durch einen Deckenhöhenplan mit Höhenschichtlinien beispielsweise im Dezimeterabstand zu ergänzen.

Querprofile sind zur besseren Darstellung einer Baumaßnahme notwendig und dienen nicht zuletzt der Ermittlung der zu bewegenden Erdmengen im Rahmen der Ausschreibung. Sie können in regelmäßigen Abständen, z. B. alle 20 m, aufgenommen werden oder nur an besonderen Stellen, etwa bei Zwangspunkten der Bebauung, kreuzenden Wasserläufen und Bahnlinien, kritischen Immissionspunkten und den notwendig werdenden Baumaßnahmen.

Die **Bauwerkspläne** zeigen in geeignetem Maßstab Ansicht, Grundriss, Längsschnitt, Querschnitte und alle konstruktiven Details der Bauwerke und enthalten die wichtigsten Maße und Angaben, ebenso die Absteckmaße. Sie geben die Vorstellungen des Auftraggebers über die Gestaltung der Brücken, Stützmauern und dgl. wieder und werden vom Auftragnehmer entweder als Grundlage für die Ausführungszeichnungen verwendet oder aber von den Bietern einer Ausschreibung zu Sondervorschlägen weiterentwickelt.

Ein **Lageplan der Entwässerungsmaßnahmen** wird wie beim Lärmschutz nur erforderlich, wenn sich die Angaben nicht im Lageplan nach Muster 7 unterbringen lassen. Einzutragen sind die zu entwässernden Straßen- und Seitenflächen. Die Hoch- und Tiefpunkte der Straße müssen angegeben werden.

Als **Höhenplan der Entwässerungsmaßnahmen** dient der Höhenplan nach Muster 8. Nur bei umfangreichen Maßnahmen wird ein gesonderter Höhenplan erforderlich, der im gleichen Maßstab zu fertigen ist.

Der **Grunderwerbsplan** zeigt die zu erwerbenden Flächen und Gebäude im Maßstab des Lageplans. Außer den Grundstücksgrenzen, den Flurstücksnummern, den Namen der Eigentümer, der Gemeinde, Gemarkung, Flur oder Gewanne werden von der Straßenbaumaßnahme die äußeren Begrenzungslinien der zu erwerbenden und vorübergehend benutzten Flächen eingetragen. Im Grunderwerbsplan sind die erforderlichen Flächen für Bauprovisorien unbedingt auszuweisen. Abzubrechende Bauwerke, zu beseitigender Bewuchs und künftige Nutzungsbeschränkungen sind einzutragen. Ein Grunderwerbsverzeichnis unter Verwendung eines Formblattes ergänzt den Grunderwerbsplan.

Der Absteckungsplan muss alle Angaben enthalten, die für die einwandfreie Übertragung der Trasse in die Natur erforderlich sind. Die Absteckung baut auf den Netzkoordinaten auf, die bereits im Lageplan nach Muster 7 enthalten sind. Zwischenzeitlich spielt eine lückenlose Übertragung der wesentlichen Planungsdaten in die digitale Baugerätesteuerung eine immer bedeutendere Rolle für eine effiziente Bauabwicklung.

Der **Massenverteilungsplan** zeigt die geplante Verteilung der beim Bau zu bewegenden Erdmengen aus Einschnitten und Fundamentbaugruben in Dammstrecken und zur Geländeprofilierung. Daraus ergibt sich auch die wirtschaftlich und ökologisch zweckmäßige Auswahl von Seitenentnahmen und -ablagerungen.

Im **Bauzeitenplan** wird der zeitliche Ablauf der einzelnen Teilbaumaßnahmen („Baulose") dargestellt. Aus ihm sind die Einsatzzeitpunkte und die voraussichtlichen Bauzeiten der Erd-, Brücken- und Deckenbauunternehmen sowie eventueller Spezialfirmen zu ersehen. Der Bauzeitenplan muss mit einem eventuellen Plan für die Verkehrsführung während der Bauarbeiten abgestimmt werden. Nach der Auftragserteilung müssen der Massenverteilungsplan und der Bauzeitenplan mit den Auftragnehmern nochmals abgestimmt werden.

Bepflanzungspläne legen die Rekultivierung der durch die Baumaßnahme geschaffenen Flächen fest. Dies ist besonders wichtig für die Teile, auf denen der Bewuchs zusätzliche Aufgaben für den Verkehr übernehmen muss (optische Linienführung, Blendschutz, Windschutz, Steinschlag- und Lawinenschutz usw.). Hinweise für die Zweckmäßigkeit der Maßnahmen geben die RLBP und die RAS-LG 3. Anhand der Bepflanzungspläne werden die für die Beschaffung benötigten Pflanzlisten erstellt.

Beschilderungs- und Markierungspläne dienen als Grundlage für die verkehrsrechtliche Anordnung der Verkehrszeichen, Signalanlagen und Fahrbahnmarkierungen durch die zuständige Verkehrsbehörde. Hinweise dafür sind der Straßenverkehrsordnung (StVO) mit Ausführungsbestimmungen, den „Richtlinien für Lichtsignalanlagen an Straßen (RiLSA)" und den „Richtlinien für die Markierung von Straßen (RMS)" zu entnehmen.

Für den Bauentwurf soll auch ein Sicherheitsaudit nach den RSAS durchgeführt werden.

2.5.6 Bürgerbeteiligung bei der Planung von Bundesfernstraßen

Die unerwünschten Nebenerscheinungen des Kraftfahrzeugverkehrs in Form von Lärm, Abgasen und Erschütterungen sind von den Bürgern in den letzten Jahren immer mehr als belästigend empfunden worden. In der Folge treten vermehrt ablehnende Stimmen gegen den Straßenbau auf. Dabei ist der Bau von Straßen in keinem Fall Selbstzweck, sondern versucht immer, die allgemeinen Lebensverhältnisse durch ein besseres und sichereres Angebot an für unser Gesellschaftssystem zwingender Infrastruktur zu verbessern.

Auch bei einer fortschreitenden Umstellung der Mobilität auf umweltschonende Antriebe wie z. B. Elektrofahrzeuge und der Stärkung des ÖPNV ist es eine Illusion, dass die Menschen unserer Zivilisation in der Zukunft jemals wieder völlig auf das „Auto-Mobil", d. h. auf die Möglichkeit zur schnellen und selbstbestimmten Ortsveränderung auch über mittlere bis größere Entfernungen verzichten werden. Somit muss versucht werden,

- nicht notwendigen motorisierten Individualverkehr gar nicht erst entstehen zu lassen, wie z. B. durch Förderung des Wohnens in der Nähe des Arbeitsplatzes anstatt weit draußen auf dem Lande oder durch Verbesserungen für den Fußgänger-, Rad- und öffentlichen Personenverkehr,
- die umwelt- und umfeldschädigenden Auswirkungen des MIV zu verringern, z. B. durch Verbesserung der Kfz-Technik, Reduzierung der Beeinträchtigung der Wohnquartiere oder durch räumliche Trennung der Funktionen der Straßen.

Als Mittel zum Zweck sollte jedoch nicht der Verzicht auf Straßen und deren Neu- und Ausbau dienen, denn auch im Stau sitzen Bürger fest, und es entstehen der Volkswirtschaft beträchtliche Verluste. Der Bau von Ortsumgehungen und neuen Autobahnen verschafft darüber hinaus den Anliegern der bisherigen Ortsdurchfahrten Erleichterung. Um Widerstände von betroffenen Bürgern gegen den Straßenbau abzubauen oder besser gar nicht erst entstehen zu lassen, ist es erforderlich, die Bürger schon sehr frühzeitig über die Erfordernisse der geplanten Verkehrsanlagen zu informieren und an der Entscheidungsfindung zu beteiligen. Dabei sollte der Planer die technischen Möglichkeiten zur Minimierung von Eingriffen in Natur und Landschaft und zur Reduzierung der Belastungen von Anwohnern und Grundbetroffenen so weit als gesetzlich möglich ausschöpfen.

Eine frühzeitige Einbindung erfolgt dann, wenn schon im Stadium der Vorplanung, also bei der Suche nach möglichen Linien, die Bürger über die vorgesehenen Maßnahmen und über deren Notwendigkeit informiert werden. Durch die Angabe der Planungsbehörde wird den Bürgern ein Ansprechpartner gegeben. Die Möglichkeit, Pläne einzusehen und sich erläutern zu lassen, schafft die Voraussetzung, Verständnis für die geplanten Maßnahmen zu finden.

In der Folge ist mit den Bürgern ein Kompromiss zwischen ihren Wünschen und den Vorstellungen der Planer zu suchen. Dies geschieht vorwiegend in öffentlichen Ratssitzungen der Gemeinden oder bei Bürgerversammlungen. Zunehmend werden komplexe Planungen frühzeitig durch eine intensive Öffentlichkeitsarbeit über projektbezogene Auftritte im Internet sowie über soziale Plattformen begleitet.

Auch im weiteren Verlauf der Planung bestehen Möglichkeiten zur Bürgerbeteiligung. Je besser diese genutzt werden, umso größer ist die Chance, dass sich der Widerstand gegen das geplante Vorhaben in die Bereitschaft zur Kooperation verwandelt, um die Eingriffe in ein gewachsenes Gefüge zu minimieren.

Besonders bei geplanten Ortsumgehungen kommt es vor, dass sich zwei gegensätzliche Meinungen der Bürger bis hin zu Bürgerinitiativen bilden. Die Bürger im Bereich der vorgesehenen Umgehung werden sich in der Ablehnung zusammenschließen, während sich die Anwohner der vorhandenen Durchgangsstraße von ihrer Befürwortung eine Entlastung im Ortsbereich erhoffen. Hier gilt es im stetigen Dialog aufzuzeigen, dass durch geeignete Begleitmaßnahmen an der geplanten Umgehung die befürchteten Nachteile vermieden oder wesentlich gemildert werden können und dass die Verbesserungen im Ortskern zum Nutzen aller Bürger sind.

Hinweise zu einer erfolgreichen Bürgerbeteiligung gibt das Handbuch für eine gute Bürgerbeteiligung für die Planung von Großvorhaben im Verkehrssektor des BMVI, das im Jahr 2017 veröffentlicht wurde.

2.5.7 Planfeststellungsverfahren

Planfeststellungsverfahren sind für die Autobahnen und Bundesstraßen nach dem Bundesfernstraßengesetz (FStrG) und für die Landes- bzw. Staatsstraßen nach den Ländergesetzen vorgeschrieben. In § 17 FStrG heißt es:

„Bundesfernstraßen dürfen nur gebaut und geändert werden, wenn der Plan vorher festgestellt ist. Bei der Planfeststellung sind die von dem Vorhaben berührten öffentlichen und privaten Belange abzuwägen. In dem Planfeststellungsbeschluss soll auch darüber entschieden werden, welche Kosten andere Beteiligte zu tragen haben."

Das Verfahren ist notwendig beim Neu- oder Umbau der höher klassifizierten Straßen und beim Bau bzw. bei der wesentlichen Änderung von Kreuzungen dieser Straßen und mit anderen öffentlichen Straßen. Die Planfeststellung kann unterbleiben, wenn die Änderung oder Erweiterung der Straße von unwesentlicher Bedeutung ist.

Alle Straßenbauvorhaben greifen regelmäßig in vorhandene tatsächliche Verhältnisse ein und berühren bestehende Rechtsverhältnisse. Zweck der Planfeststellung ist es, alle durch das Vorhaben berührten öffentlich-rechtlichen Beziehungen zwischen dem Träger der Straßenbaulast und anderen Behörden sowie Betroffenen – mit Ausnahme der Enteignung – umfassend rechtsgestaltend zu regeln.

Die Planfeststellung ist von der Straßenbaubehörde parallel zur Ausarbeitung des Bauentwurfs vorzubereiten, da der das Verfahren abschließende Planfeststellungsbeschluss noch erhebliche Auswirkungen auf die gesamte Planung haben kann. Zu den Vorarbeiten, die nach den Vorgaben der Planfeststellungsrichtlinien auszuführen sind, gehören:

1. Kontaktaufnahme mit den betroffenen Behörden und Stellen (Gemeinden, Kreise, Deutsche Bahn AG, Telekom, Versorgungs- und Verkehrsunternehmen, Wasser- und Schifffahrtsverwaltung, Forst, Wehrbereichsverwaltung u. a.), ob und wie weit öffentliche Interessen und andere Planungen (Flächennutzungspläne, Bebauungspläne, Natur- und Landschaftsschutz u. Ä.) berührt werden.
2. Ermittlung aller privaten Betroffenen; das Grundstücksverzeichnis und die Katasterkarten werden auf den neuesten Stand gebracht.
3. Mit den öffentlichen und privaten Beteiligten werden nach Möglichkeit Vereinbarungen getroffen, in denen Kosten, Kostenbeteiligungen und künftige Unterhaltung von Anlagen geregelt werden.
4. Die für das Verfahren notwendigen Planunterlagen werden in der erforderlichen Anzahl hergestellt.

Die von den Behörden und Dienststellen beschafften Unterlagen werden bei der weiteren Planbearbeitung berücksichtigt. Die Forderungen der Betroffenen sind zu prüfen und gegenüber den Belangen der Straßenplanung abzuwägen. Dabei ist nicht nur von den gegenwärtigen Verhältnissen auszugehen, sondern es ist auch auf die zukünftige Entwicklung innerhalb eines überschaubaren Zeitraumes (etwa bis zu 15 Jahren) Rücksicht zu nehmen. Bei weitergehenden Forderungen, deren Kostendeckung dem Straßenbaulastträger nicht zuzumuten ist, müssen die Beteiligten die Mehrkosten tragen.

Besonderes Augenmerk ist darauf zu richten, dass die Planung eine Regelung der privaten Zufahrten enthält. Bei Veränderungen ist eine Vereinbarung über die Kosten der Änderung und die spätere Unterhaltung zu treffen. Kommen Vereinbarungen nicht zustande, so ist für das bevorstehende Anhörungsverfahren unter eingehender Darlegung der bestehenden und zu ändernden Verhältnisse ein Vorschlag zur Entscheidung der Planfeststellungsbehörde zu unterbreiten.

Das Planfeststellungsverfahren wird mit der Vorlage der Unterlagen durch die zuständige Straßenbauverwaltung bei der Anhörungsbehörde beantragt. Zu den Planfeststellungsunterlagen gehören:

Erläuterungsbericht, Übersichtslageplan, Lageplan, Höhenplan, Ausbauquerschnitt, Pläne für Kunstbauwerke, Verzeichnis der Wege, Gewässer, Bauwerke und sonstiger Anlagen (Bauwerksverzeichnis), Grunderwerbsverzeichnis, Grunderwerbsplan mit den Grundstücksgrenzen und Katasterbezeichnungen, Unterlagen zur Regelung wasserwirtschaftlicher Sachverhalte (Einleitung des Straßenoberflächenwassers in Vorfluter oder Untergrund), landschaftspflegerischer Begleitplan und andere Planungen des Umweltschutzes (Lärmschutz).

Alle Planunterlagen müssen nach RE aufgestellt und so klar sein (farbige Darstellung, Vollständigkeit der Grenzen, abzubrechende Gebäude und in Anspruch genommene Flächen usw.), dass sich jedermann darüber unterrichten kann, ob und ggf. inwieweit er durch das Straßenbauvorhaben in seinen Belangen berührt wird.

Zur Vorlage sollen die Planunterlagen in so vielen Ausfertigungen übersandt werden, dass in jeder Gemeinde, auf deren Gebiet das Straßenbauvorhaben ausgeführt werden soll, eine komplette Ausfertigung ausgelegt werden kann. Auch jede betroffene Behörde erhält eine, die Anhörungsbehörde mehrere Ausfertigungen.

Die Planunterlagen sind in den Gemeinden, in deren Gebiet das Straßenbauvorhaben liegt, einen Monat lang zu jedermanns Einsicht auszulegen. Die Gemeinden geben vorher ortsüblich bekannt, wo die Unterlagen während der Dienststunden ausliegen. Betroffene, die ihren Wohnsitz nicht in der Gemeinde haben, sollen rechtzeitig benachrichtigt werden. Bis zwei Wochen nach Ende der Auslegung hat jeder die Möglichkeit, Einwendungen schriftlich oder mündlich zu Protokoll zu geben. Alle Einwendungen sind an die Anhörungsbehörde weiterzuleiten.

Die Anhörungsbehörde fordert die beteiligten Behörden zu Stellungnahmen zu den Einwendungen innerhalb einer entsprechenden Frist auf. Die Erörterung der Einwendungen erfolgt in einem Erörterungstermin, der möglichst in der Gemeinde durchzuführen ist, aus der die Einwendungen kommen. Er ist öffentlich bekannt zu machen. Die eingegangenen Einwendungen werden ausführlich besprochen, um nach Möglichkeit eine Einigung zu erzielen. Auch im Erörterungstermin noch vorgebrachte Einwendungen können behandelt werden. Über die Erörterungen wird eine Niederschrift angefertigt. Sind keine Einwendungen erhoben worden und haben auch die Behörden keine Bedenken vorgebracht, entfällt der Erörterungstermin.

Die Anhörungsbehörde nimmt anschließend zu dem Plan Stellung. Eine Durchschrift ihrer Stellungnahme und die Niederschrift über den Erörterungstermin gehen an die Straßenbaubehörde. Jeder, der Einwendungen vorgebracht hat, bekommt auf Antrag den entsprechenden Teil der Niederschrift. Soweit Einwendungen berücksichtigt werden sollen, hat die Straßenbaubehörde die Änderungen in Deckblättern zu den Planunterlagen einzutragen.

Die Anhörungsbehörde sendet dann alle Unterlagen an die Planfeststellungsbehörde. Diese prüft die Planunterlagen sowie den Ablauf und die Ergebnisse des Anhörungsverfahrens.

Wenn die gesetzlichen Anforderungen erfüllt sind, stellt die zuständige Behörde den Plan fest. Dabei wird geprüft, ob neben den Interessen der betroffenen Bürger insbesondere die Belange der Verkehrssicherheit, der Wirtschaftlichkeit, der Wasserwirtschaft, des Immissionsschutzes, des Natur- und Landschaftsschutzes einschließlich der ökologischen Zusammenhänge, der Denkmalpflege und die Belange anderer Verkehrsträger berücksichtigt sind. Der Planfeststellungsbeschluss kann mit Auflagen verbunden sein. Können einzelne öffentlich-rechtliche, ihrer Natur nach abtrennbare Beziehungen noch nicht abschließend geregelt werden, so werden sie aus dem Verfahren herausgenommen. Dies wird im abschließenden Dokument zum Ausdruck gebracht und bleibt einer gesonderten Entscheidung vorbehalten.

Der Planfeststellungsbeschluss ist den Beteiligten, über deren Einwendungen entschieden worden ist, mit Rechtsbehelfsbelehrung zuzustellen und wird als Verwaltungsakt mit seinem Zugang wirksam. Eine Ausfertigung des Beschlusses mit Rechtsbehelfsbelehrung und eine Ausfertigung des festgestellten Plans werden in den berührten Gemeinden zwei Wochen zur Einsicht ausgelegt. Ort und Zeit werden ortsüblich bekannt gemacht. Mit dem Ende der Auslegungsfrist gilt der Beschluss auch den übrigen Betroffenen gegenüber als zugestellt.

Der Planfeststellungsbeschluss kann durch Klage vor dem Verwaltungsgericht angefochten werden. Nur wenn für die Maßnahme kein vordringlicher Bedarf besteht oder wenn nicht die sofortige Vollziehung wegen ihrer Bedeutung angeordnet worden ist, hat die Klage aufschiebende Wirkung. In diesem Falle darf die Maßnahme erst dann begonnen werden, wenn die Klage zurückgenommen oder vom Gericht verworfen worden ist.

Die genauen Einzelheiten für den Ablauf eines Planfeststellungsverfahrens sind in den „Richtlinien für die Planfeststellung nach dem Bundesfernstraßengesetz (Planfeststellungsrichtlinien 2019 – PlafeR 19)" enthalten; abgedruckt in „Straßenbau von A bis Z" [8].

2.6 Maßgebende Verkehrsbelastungen

2.6.1 Allgemeines

Straßenverkehrsanlagen müssen so ausgelegt sein, dass sie die ständig auftretenden Verkehrsmengen ohne Weiteres bewältigen können. Aus Gründen der Wirtschaftlichkeit und des Umweltschutzes sollen sie aber auch nicht überdimensioniert werden.

Als Verkehrsstärke wird die Anzahl der Fahrzeuge definiert, die einen bestimmten Querschnitt (meistens als Summe beider Richtungen) in der Zeiteinheit passieren. Das Verkehrsaufkommen unterliegt beträchtlichen periodischen Schwankungen in Abhängigkeit von der Jahreszeit, vom Wochentag und von der Tageszeit, daneben treten aber auch ständig zufällige „stochastische" Veränderungen auf. Je kürzer die betrachtete Zeiteinheit gewählt wird – z. B. 1 Stunde, 15 Minuten oder 1 Minute –, desto stärker sind die Schwankungen um den für die Tages-, Wochen- und Jahreszeit charakteristischen Mittelwert. Als Kennwerte der Verkehrsplanung bzw. der Verkehrstechnik haben sich eingebürgert die

- durchschnittliche tägliche Verkehrsstärke (DTV) in Kfz/24 h und die
- Bemessungsverkehrsstärke (q_B) in Kfz/h.

Damit ist der vorhandene Verkehrszustand aber noch nicht hinreichend charakterisiert. Um die Verkehrszusammensetzung zu beurteilen, wird meistens noch der Schwerverkehrsanteil angegeben. Als Schwerverkehr (SV) gelten Fahrzeuge über 3,5 t zulässiges Gesamtgewicht, das sind in der Regel Lastkraftwagen, Last- und Sattelzüge sowie Omnibusse.

Die o. g. Kennwerte dienen entweder zum Nachrechnen eines bestehenden Verkehrszustandes oder zur Dimensionierung einer neu geplanten Verkehrsanlage, z. B. eines Straßenabschnitts. Für Prognosen wählt man i. d. R. eine Zeitspanne von 20 Jahren. Nur unter einfachen Umständen, wie etwa beim Ausbau einer vorhandenen Straße, wird die Verkehrszunahme entsprechend dem allgemeinen Trend prognostiziert, vgl. Abschn. 4.3.2.

2.6.2 Durchschnittliche tägliche Verkehrsstärke

Die durchschnittliche tägliche Verkehrsstärke (*DTV*) gibt nur einen groben Anhalt für die Beurteilung der Qualität des Verkehrsablaufs auf einer Straße. Sie stellt jedoch den grundlegenden Eingangswert u. a. für Immissionsberechnungen und die Dimensionierung des Straßenoberbaus dar, wo es mehr auf die Gesamtbelastung ankommt.

Der durchschnittliche tägliche Verkehr ist, wie der Name sagt, der gesamte Jahresverkehr dividiert durch die 365 Tage des Jahres. Zum Zweck der Erhebung sind auf den Autobahnen und auf wichtigen Bundesstraßen Dauerzählstellen mit Induktionsschleifen eingerichtet. Neuerdings befinden sich auch Zähleinrichtungen in Leitpfosten. Bei den restlichen Straßen stammt die Angabe der *DTV* meistens aus der Hochrechnung von Kurzzeitzählungen. Für eigene Bestimmungen der *DTV* etwa von Stadtstraßen aus Kurzzeitzählungen beschreibt das HBS die Vorgehensweise. Die durchschnittliche tägliche Verkehrsstärke betrug in Deutschland im Jahr 2018

- auf Bundesautobahnen DTV = 52.300 Kfz/24 h und
- auf Bundesstraßen DTV = 9.770 Kfz/24 h [1].

Für alle überörtlichen Bundesfernstraßen und die Landes- bzw. Staatsstraßen einschließlich der Ortsdurchfahrten werden von den Straßenverwaltungen der Bundesländer die DTV-Werte alle fünf Jahre neu erhoben und vorgehalten. Ebenso sind sie für die meisten Kreisstraßen verfügbar. In Bayern beispielsweise beliefen sich diese im Jahr 2015 auf

- auf Bundesautobahnen DTV = 50.074 Kfz/24 h,
- auf Bundesstraßen DTV = 9.977 Kfz/24 h,
- auf Staatsstraßen DTV = 3.817 Kfz/24 h und
- auf Kreisstraßen DTV = 1.755 Kfz/24 h.

2.6.3 Bemessungsverkehrsstärke

Die für die Bemessung maßgebende Verkehrsnachfrage wird als Bemessungsverkehrsstärke q_B bezeichnet. Als maßgebende Verkehrsnachfrage wird die maßgebende stündliche Verkehrsstärke (MSV) gesetzt, sodass regelmäßig gilt:

$$q_B = MSV \qquad \text{in Kfz/h}$$

Aus wirtschaftlichen Gründen können Straßenverkehrsanlagen nicht für die höchste auftretende Spitzenbelastung dimensioniert werden, denn anders als etwa bei statischen Problemstellungen folgt in der Verkehrsplanung aus einer Überlastung nicht notwendigerweise eine Gefahr für Leib und Leben. Außerdem ist durch die Berücksichtigung einer prognostizierten Verkehrszunahme im Neuzustand ohnehin ein Spielraum nach oben vorhanden.

Wenn man die Stundenwerte einer Dauerzählstelle über die 8.760 Stunden des Jahres in absteigender Reihenfolge auflistet, erhält man die Jahresdauerlinie. Als Bemessungsverkehrsstärke wird nun diejenige stündliche Verkehrsstärke herangezogen, die im Jahr 50-mal erreicht oder überschritten wird (50. Stunde). Zur Angabe von q_B gehört regelmäßig auch der Anteil des Schwerverkehrs.

Für die klassifizierten Straßen kann man die Bemessungsverkehrsstärke von der zuständigen Straßenbaubehörde erfragen. Wenn keine oder nicht plausible Werte vorliegen, empfiehlt sich eine eigene Verkehrserhebung in Form einer Kurzzeitzählung an einem Werktag und die Auswertung nach dem im HBS beschriebenen Verfahren. Mit leidlicher Genauigkeit kann man auch die werktägliche Spitzenstunde an einem Durchschnittstag (Dienstag bis Donnerstag im Frühjahr oder Herbst außerhalb der Ferienzeit) zählen und hierauf 10 % aufschlagen. Nach vielfach gemachten Beobachtungen bestehen folgende Relationen zwischen der Bemessungsverkehrsstärke und dem durchschnittlichen täglichen Verkehr:

$$q_B = \left.\begin{array}{l} 0{,}09 \text{ bis } 0{,}11 \cdot DTV \text{ für 6-streifige Autobahnen} \\ 0{,}10 \text{ bis } 0{,}12 \cdot DTV \text{ für 4-streifige Autobahnen} \\ 0{,}10 \text{ bis } 0{,}13 \cdot DTV \text{ für 2-streifige Außerortsstraßen} \end{array}\right\}$$

In Ausflugs- und Erholungsgebieten sind Anteile bis 15 % und 20 % möglich.

2.7 Geschwindigkeiten

2.7.1 Angestrebte Pkw-Fahrgeschwindigkeit

Die Geschwindigkeit der Fahrzeuge stellt naturgemäß eine wichtige Richtgröße für den Entwurf von Straßen dar. Es ist einerseits zu unterscheiden zwischen der Geschwindigkeit des Einzelfahrzeugs, das sich bei geringer Verkehrsstärke unbehindert von anderen Verkehrsteilnehmern fortbewegen kann, und der Geschwindigkeit, die sich unter den tatsächlichen Verkehrsbedingungen im Kolonnenverkehr einstellt bzw. noch als wünschenswert erachtet wird. Andererseits ist zu differenzieren zwischen der jeweiligen Wunschgeschwindigkeit, die sich als anzustrebende Geschwindigkeit in Abhängigkeit von der Netzfunktion bzw. der Straßenkategorie ergibt, und der sich aufgrund der Trassierungselemente, der Querschnittsausbildung und der Verkehrsbelastung tatsächlich einstellenden Geschwindigkeit.

Straßen außerhalb bebauter Gebiete übernehmen überwiegend Verbindungsfunktionen für den motorisierten Individualverkehr. Sie dienen darüber hinaus, wenn keine Radwege vorhanden sind, auch dem Radverkehr und dem öffentlichen Personenverkehr. Straßen außerhalb bebauter Gebiete sollen ihre raumordnerische Funktion mit hoher Verkehrssicherheit und angemessener Qualität des Verkehrsablaufs erfüllen. Aus Gründen der Verkehrssicherheit und der Verkehrsqualität sollen Straßen außerhalb bebauter Gebiete möglichst so ausgebildet sein, dass sie vom motorisierten Individualverkehr gleichmäßig und mit einer der Kategorie angemessenen Geschwindigkeit befahren werden.

Beim Übergang von Straßen außerhalb bebauter Gebiete zu Straßen innerhalb bebauter Gebiete müssen die Kategorien aufeinander abgestimmt werden. Ortsdurchfahrten führen zu einem deutlichen Bruch in der Streckencharakteristik. Deshalb sollten Straßen der Verbindungsfunktionsstufe I aus Sicherheitsgründen und zur Entlastung der bebauten Umwelt möglichst frei von Ortsdurchfahrten sein. Bei den Straßen der Verbindungsfunktionsstufe II ist in Abhängigkeit von der örtlichen Situation (hohe Verkehrsstärke, hohes Schwerverkehrsaufkommen, hoher Anteil des überregionalen Verkehrs, intensive Erschließungs- und Aufenthaltsnutzungen in der Ortsdurchfahrt) zu prüfen, ob eine Ortsumgehung angezeigt ist oder andere Maßnahmen (z. B. Umbau der Ortsdurchfahrt, Verlagerung des Durchgangsverkehrs auf andere Straßen, Verbesserung der Angebote alternativer Verkehrssysteme) zweckmäßiger sind.

Durch die Verkehrsnetzgestaltung sollen die einzelnen Verbindungen so gestaltet werden, dass – entsprechend dem raumordnerischen Ziel der guten Erreichbarkeit – für die Netzelemente bestimmte Verkehrsqualitäten realisiert werden können. Daher werden für die Gestaltung und Bemessung der Netzabschnitte in Abhängigkeit von der jeweiligen Kategorie Zielgrößen für eine angemessene Verkehrsqualität bestimmt.

Die Abb. 2.8 enthält Zielgrößen für die angestrebten mittleren Pkw-Fahrtgeschwindigkeiten auf Netzabschnitten im Bemessungszeitraum. Diese beinhalten auch die notwendigen Wartezeiten an Knotenpunkten.

Bei Straßen außerhalb bebauter Gebiete wird die Zielgröße Geschwindigkeit auch von dem für die Verbindungsfunktion maßgebenden Entfernungsbereich bestimmt. Liegt die maßgebende Entfernung nahe der oberen Grenze des Standard-Entfernungsbereichs, so sind im Allgemeinen die höheren Werte anzustreben; liegt die maßgebende Entfernung nahe der unteren Grenze, so genügen die niedrigeren Werte. Außerdem gelten die jeweils niedrigeren Werte für schwieriges Gelände oder sonstige Bedingungen (Zwangspunkte, Umweltschutz). Stets ist zu beachten, dass $V_B \leq V_{zul}$ sein muss.

Bei Straßen und Straßenabschnitten innerhalb bebauter Gebiete ist bei der Festlegung der angestrebten Pkw-Fahrgeschwindigkeit eine Abwägung zwischen den Ansprüchen aus der Verbindungsfunktion und den Straßenumfeldansprüchen (Erschließungs- und Aufenthaltsfunktion) erforderlich.

Die Zielgröße einer angestrebten Pkw-Fahrtgeschwindigkeit bildet eine Vorgabe für die Ausbildung einer Straße nach den geltenden Entwurfsregelwerken. Mit dieser Zielgröße werden im Rahmen der verkehrstechnischen Bemessung nach dem HBS die auf Straßenzügen erreichbaren Fahrtgeschwindigkeiten verglichen.

2.7.2 Bemessungsgeschwindigkeit V_B

Die Bemessungsgeschwindigkeit V_B ist identisch mit der angestrebten Pkw-Reisegeschwindigkeit aus dem HBS. Sie orientiert sich an den Vorgaben aus der Straßennetzplanung und dient der Überprüfung der Verkehrsqualität in einem Straßenabschnitt mit gleichen Trassierungs-, Querschnitts- und Verkehrsbedingungen. Sie ist der planerisch angestrebte Mittelwert der Reisegeschwindigkeiten aller Pkw und damit Zielgröße einer angestrebten Pkw-Fahrgeschwindigkeit unter den gegebenen äußeren Bedingungen bei der Verkehrsstärke, für die die Straße bemessen wird.

Für anbaufreie Straßen kann die Bemessungsgeschwindigkeit gemäß Abb. 2.8 abhängig von der Straßenkategorie gewählt werden. Die Zuordnung der jeweiligen Entwurfsklasse zur Straßenkategorie ist aus den Abb. 2.9 und 2.10 ersichtlich. Die Zuordnung der Regelquerschnitte in Abhängigkeit von den Verkehrsmengen ist im Abschnitt 4 enthalten.

2.7.3 Reisegeschwindigkeit V_R

Während nach den aus der Verkehrstechnik bekannten Zusammenhängen zwischen Geschwindigkeit und Verkehrsmenge (s. Abschn. 4.3), die auch als Fundamentaldiagramm bezeichnet werden, aus der gewünschten Bemessungsgeschwindigkeit eine zulässige Verkehrsmenge folgt, beschreitet man bei der Ermittlung der voraussichtlichen Reisegeschwindigkeit den umgekehrten Weg. Hier wird die Bemessungsverkehrsstärke als Eingangsgröße verwendet, die jedoch nicht über der maximal aufnehmbaren Verkehrsmenge liegen darf. Aus den einschlägigen Leistungsfähigkeitsdiagrammen des HBS kann nun abschnittsweise die voraussichtliche Reisegeschwindigkeit der Pkw abgelesen und über mehrere Streckenabschnitte hinweg zu einer resultierenden mittleren Reisegeschwindigkeit V_R zusammengefasst werden. Diese muss über der Bemessungsgeschwindigkeit V_B liegen, da ja die vorhandene Verkehrsmenge die maximale Leistungsfähigkeit nicht überschreiten darf.

Um dem Verkehrsteilnehmer die unterschiedlichen Netzfunktionen zu verdeutlichen, gibt es für Straßen außerhalb bebauter Gebiete verschiedene Entwurfsklassen. Dem Nutzer soll dadurch für jede Kategorie eine möglichst einheitliche und unverwechselbare Streckencharakteristik geboten werden. Dies dient der Vermeidung von unerwarteten und damit unfallträchtigen Situationen.

Autobahnen werden nach den Vorgaben der RAA so geplant, dass, außer bei Stadtautobahnen, in der Regel keine Beschränkung der zulässigen Höchstgeschwindigkeit erforderlich ist. Es gilt die per Verordnung festgelegte Richtgeschwindigkeit von 130 km/h. Für die Berechnung der Grenzwerte der Entwurfselemente werden die in Abb. 2.16 genannten Geschwindigkeiten bei Nässe zugrunde gelegt.

Landstraßen sollen aus Gründen der Verkehrssicherheit und der Verkehrsqualität möglichst so ausgebildet sein, dass sie von Kraftfahrern gleichmäßig und mit einer der Netzfunktion angemessenen Geschwindigkeit befahren werden. Diese Geschwindigkeit wird in den RAL als Planungsgeschwindigkeit bezeichnet. Die Höhe derselben (Abb. 2.16) leitet sich aus der Kategorie der Straße und den damit im Regelfall verbundenen Fahrtweiten ab.

Entwurfsklasse	**Geschwindigkeit bei Nässe**[1]	**Planungs-geschwindigkeit**[2]	**zulässige Höchst-geschwindigkeit**[3]
EKA 1 A	130 km/h	–	keine
EKA 1 B	120 km/h	–	keine
EKA 2	100 km/h	–	keine
EKA 3	80 km/h	–	≤ 100 km/h
EKL 1	–	110 km/h	≤ 110 km/h
EKL 2	–	100 km/h	≤ 100 km/h
EKL 3	–	90 km/h	≤ 100 km/h
EKL 4	–	70 km/h	≤ 100 km/h

1) Basis zur Berechnung der Grenzwerte für die Entwurfselemente.

2) Basis für eine gleichmäßige Fahrweise entsprechend der Netzfunktion aus Gründen der Verkehrssicherheit und der Verkehrsqualität.

3) Die Anordnung einer geringeren Höchstgeschwindigkeit bei Landstraßen kann zweckmäßig sein (z. B. 70 km/h im Bereich von Knotenpunkten).

Abb. 2.16: Geschwindigkeiten auf Autobahnen und Landstraßen

Um dem Verkehrsteilnehmer die unterschiedlichen Netzfunktionen von Straßen zu verdeutlichen, gibt es für Landstraßen verschiedene Entwurfsklassen (EKL 1 bis EKL 4). Eingangsgröße zur Bestimmung der Entwurfsklasse für Landstraßen ist die Straßenkategorie. Dies gilt nicht nur für den Neubau sowie den Um- und Ausbau von Straßen, sondern auch für die Zuordnung der damit verknüpften Straßen im Bestand.

Landstraßen einer Entwurfsklasse sollen gleichmäßig mit einer der Netzfunktion angemessenen Geschwindigkeit befahren werden. Dazu werden für die Entwurfsklassen alle wesentlichen die Geschwindigkeit beeinflussenden Entwurfs- und Betriebsmerkmale festgelegt. Dabei kann es zweckmäßig sein, das Entwurfsprinzip einer standardisierten Ausbildung nach den Planungsgeschwindigkeiten durch eine entsprechende Beschränkung der zulässigen Höchstgeschwindigkeiten zu unterstützen.

Für anbaufreie innerstädtische Hauptverkehrsstraßen kommen die zulässigen Geschwindigkeiten V_{zul} = 70 km/h und V_{zul} = 50 km/h in Frage. Angebaute Hauptverkehrsstraßen und Erschließungsstraßen werden nicht fahrdynamisch, sondern nur fahrgeometrisch bemessen. Das bedeutet, dass für sie lediglich das Kriterium der Befahrbarkeit gilt. Die Geschwindigkeiten betragen 50 km/h, in verkehrsberuhigten Zonen 30 km/h.

Leidet die Verkehrssicherheit unter unangemessenen Geschwindigkeiten, so sind bauliche Maßnahmen zur Geschwindigkeitsdämpfung angebracht. So kommen bei Ortseinfahrten als „optische Bremse" in der Regel Mittelinseln mit beidseitigem Versatz oder, soweit städtebaulich integrierbar, kleine Kreisverkehre zum Einsatz. Bei Erschließungsstraßen kommen zur Geschwindigkeitsdämpfung vorwiegend fahrdynamisch ausgebildete bauliche Maßnahmen (vgl. Abschn. 6.3) wie Einengungen, Fahrgassenversätze, Teilaufpflasterungen oder Plateaupflasterungen (siehe Abb. 6.34) zur Ausführung.

3 Trassierung

3.1 Grundlagen der Trassierung

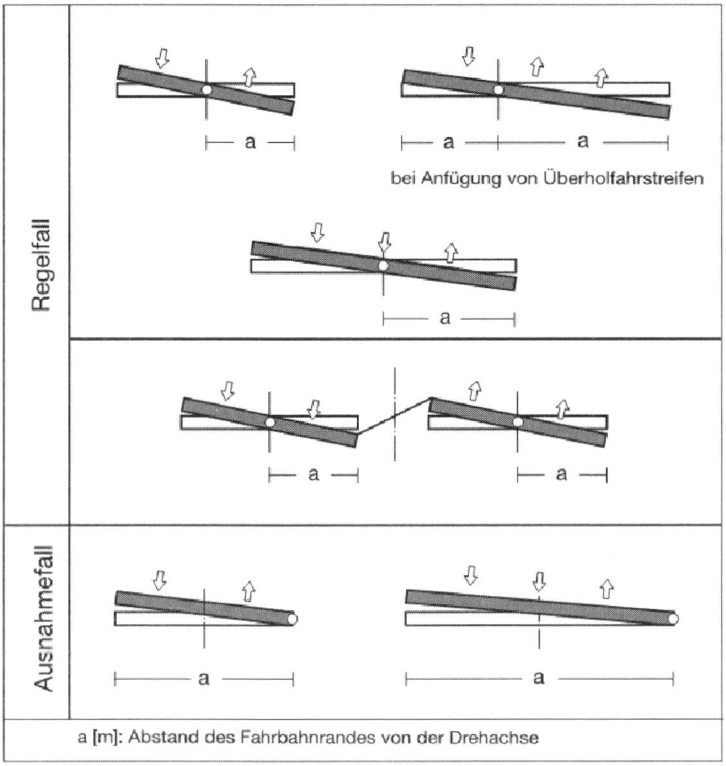

Abb. 3.1: Drehachsen der Fahrbahn

Unter Trassierung versteht man das Erarbeiten der Linienführung für einen Verkehrsweg. Als Bezugslinie dient meistens die Mittelachse der Fahrbahn; bei zweibahnigen Straßen ist die Bezugslinie häufig die Mitte zwischen den beiden Fahrbahnen – s. Abb. 3.1. Die Trassierung wird zunächst im Grundriss vorgenommen; erst im nächsten Arbeitsschritt wird die Höhenlage der Straße im Längsschnitt geplant. Die Bezugslinie wird im Höhenplan auch Gradiente genannt. Der Straßenentwurf des Lage- und Höhenplans bildet eine Raumkurve, die zusammen mit der Ausbildung des Querschnitts das räumliche Bild der Straße ergibt.

Eine ausgewogene räumliche Linienführung stellt mit zunehmender Bedeutung der Straßen besonders im Außerortsbereich ein wichtiges Kriterium für die Qualität der Planung dar. Sofern die räumliche Linienführung nicht zu befriedigen vermag, kann aufgrund der Erkenntnisse aus der Arbeit am Höhenplan auch die Trasse im Lageplan nochmals verändert werden. Bei der Trassierung von Straßen muss eine flüssige, fahrtechnisch günstige und fahrpsychologisch überzeugende Linienführung gefordert werden. Dabei steht das Bemühen im Vordergrund, diejenigen Kriterien herauszufinden, die es erlauben, mit wirtschaftlichem Aufwand angemessene, leistungsfähige und zugleich sichere Straßen zu bauen. Eine Straße besitzt dann ein Höchstmaß an Sicherheit, wenn der Fahrer auf längeren, zusammenhängenden Streckenabschnitten gleichmäßige, ihm vertraute Ausbaumerkmale vorfindet. Er kann dann seine Geschwindigkeit danach einrichten und ist nicht genötigt, wegen wechselnder Straßen- und Verkehrsbedingungen seine Geschwindigkeit ständig zu ändern.

Aus diesem Grunde soll eine Straße über einen zusammenhängenden Streckenabschnitt hinweg baulich nach denselben Grundsätzen gestaltet werden, damit eine gleichmäßige Streckencharakteristik entsteht. Die Linienführung soll harmonisch sein, und der Querschnitt soll in einer Strecke zwischen zwei Knotenpunkten möglichst stetig mit unveränderten Abmessungen hergestellt werden. Knotenpunkte und Einmündungen sowie Zufahrten zu den Anliegergrundstücken sollen in einem zusammenhängenden Teilstück nach gleichen Gesichtspunkten angeordnet werden. Linienführung, Querschnitt, Knotenpunktgestaltung und Zufahrtsregelungen müssen sich wiederum untereinander entsprechen.

In unserem gewachsenen Straßennetz, das den Bedürfnissen seit der Erfindung des Kraftfahrzeugs nur allmählich angepasst werden konnte, sind längere Abschnitte gleicher, aufeinander abgestimmter baulicher Merkmale, d. h. gleicher Streckencharakteristik, leider immer noch nicht überall zu finden. Sie sind im Wesentlichen nur auf den Autobahnen anzutreffen, nicht zuletzt deshalb, weil deren bauliche Gestaltung stets einer straffen Norm unterworfen gewesen ist. Auch in den neuen Bundesländern besteht noch ein erheblicher Nachholbedarf.

Beim Entwurf des Fahrbahnbandes sind über die Festlegung der Lage, der Höhe und des Querschnitts und deren räumlicher Wirkung hinaus noch andere Gesichtspunkte zu beachten, so insbesondere solche der Querneigung, eventueller Aufweitungen und der Sichtweiten, die ebenfalls wichtige Voraussetzungen für die Sicherheit und Leichtigkeit des Verkehrs bilden.

Neben diesen Forderungen nach sicherer und flüssiger Verkehrsführung stehen die Interessen des Natur- und Landschaftsschutzes ebenso wie die des Städtebaus. Die Straße ist eben nur ein Teil unserer Umwelt, und sie sollte sich möglichst harmonisch in die Natur einfügen. Von einem Pionier des modernen Straßenbaus stammt der Ausspruch: „Das Wichtigste an der Straße ist die Landschaft."

3.2 Entwurfselemente im Lageplan

3.2.1 Übersicht über die Entwurfselemente des Lageplans

Für den Entwurf im Lageplan dienen als geometrische Elemente die gerade Strecke, das Kreisbogenstück und der Übergangsbogen. Der Kreis als Verbindung zweier Geraden bei einer Richtungsänderung sind die schon seit Anbeginn des Straßenbaus benutzten Elemente. Erst die Verwendung schneller Fahrzeuge erforderte einen allmählichen Übergang mit einer gleichmäßigen Krümmungszunahme von der Geraden zum Kreis und umgekehrt. Außerdem wird durch einen Übergangsbogen der optische Eindruck eines Knicks an der Stoßstelle zwischen Gerade und Kreis vermieden.

Die erste Art eines Übergangsbogens war die Verwendung des doppelten Radius vor dem eigentlichen Kreisbogen. Das ergab aber keine gleichmäßige Krümmungszunahme, sondern eine Staffelung. Nach dieser Methode sind die deutschen Autobahnen in den ersten Jahren gebaut worden. Mit der Verbreitung umfangreicher Tabellenwerke [9], [10] setzte sich dann seit der Mitte des letzten Jahrhunderts der Gebrauch der Klothoide als Übergangsbogen bei den Autobahnen und bei den übrigen Landstraßen bis zu den Gemeindeverbindungsstraßen mehr und mehr durch. Die Klothoide weist eine stetige Veränderung der Krümmung auf und wird in Abschn. 3.2.4 ausführlich behandelt.

3.2.2 Gerade

Die gerade Strecke stellt die kürzeste Verbindung zwischen zwei Punkten her. Seit jeher ist das Geradenstück deswegen ein bevorzugtes Element des Straßenbaus (Römerstraßen, napoleonische Heerstraßen). Die Gerade als Trassierungselement bietet sich an

- in Ebenen und weiten Talräumen,
- zur parallelen Führung entlang bereits vorhandener Bahnlinien, Autobahnen oder dgl.,
- zur Herstellung der Überholsichtweite bei einbahnigen Straßen,
- im Bereich von Knotenpunkten,
- zur Anpassung an eine vorhandene Bebauung in den Städten.

Auf der anderen Seite weisen lange gerade Strecken, vor allem mit konstanter Längsneigung, auch Nachteile auf, so u. a.

- erhöhte Blendgefahr im Gegenverkehr bei Nacht,
- schlechte Voraussetzungen zum Abschätzen der Geschwindigkeit und des Abstandes entgegenkommender, vorausfahrender und nachfolgender Fahrzeuge,
- geringe Anpassungsfähigkeiten im bewegten Gelände,
- Verminderung der Verkehrssicherheit wegen Eintönigkeit und Ermüdungsgefahr.

In den RIN wird die Gerade für die Ermittlung des Umweltfaktors (Quotient von Reiseweite und Luftlinienentfernung) herangezogen. Überraschenderweise ist der Längenunterschied zwischen einer geraden Strecke und einer Straße mit mäßigen Krümmungen meistens nicht sehr groß. Das Trassieren mit Geraden stellt im Straßenbau eher die Ausnahme dar, weil die oben genannten Voraussetzungen für den Einsatz der Geraden selten gegeben sind. Deshalb sollte die Länge von Geraden mit konstanter Längsneigung bei ein- und zweibahnigen Außerortsstraßen

- max L_G = 2.000 m nach den RAA und
- max L_G = 1.500 m nach den RAL

nicht überschreiten.

Je größer die an langen Geraden angrenzenden Entwurfselemente gewählt werden, umso harmonischer wird der Übergang zwischen den Elementen.

Bei Wendelinien zwischen entgegengesetzten Kurven ist das Maß

$L_Z = 0{,}08 \cdot (A_1 + A_2)$

einzuhalten. Ansonsten ist die Gerade ein eigenständiges Entwurfselement. Dabei sind

L_Z = Länge der Zwischengerade in m

A_1 und A_2 = benachbarte Klothoidenparameter in m

Kurze Zwischengeraden zwischen gleichsinnig gekrümmten Kurven sollten grundsätzlich vermieden werden. Sollte dies aus Zwangspunktgründen nicht möglich sein, so ist die Zwischengerade mit

- *min L* = 400 m nach den RAA,
- *min L* = 400 m nach den RAL für die Entwurfsklasse 4 und mit
- *min L* = 600 m nach den RAL für die Entwurfsklassen EKL 1 bis EKL 3 zu planen.

Damit tritt die Zwischengerade als eigenständiges Entwurfselement in Erscheinung.

3.2.3 Kreisbogen

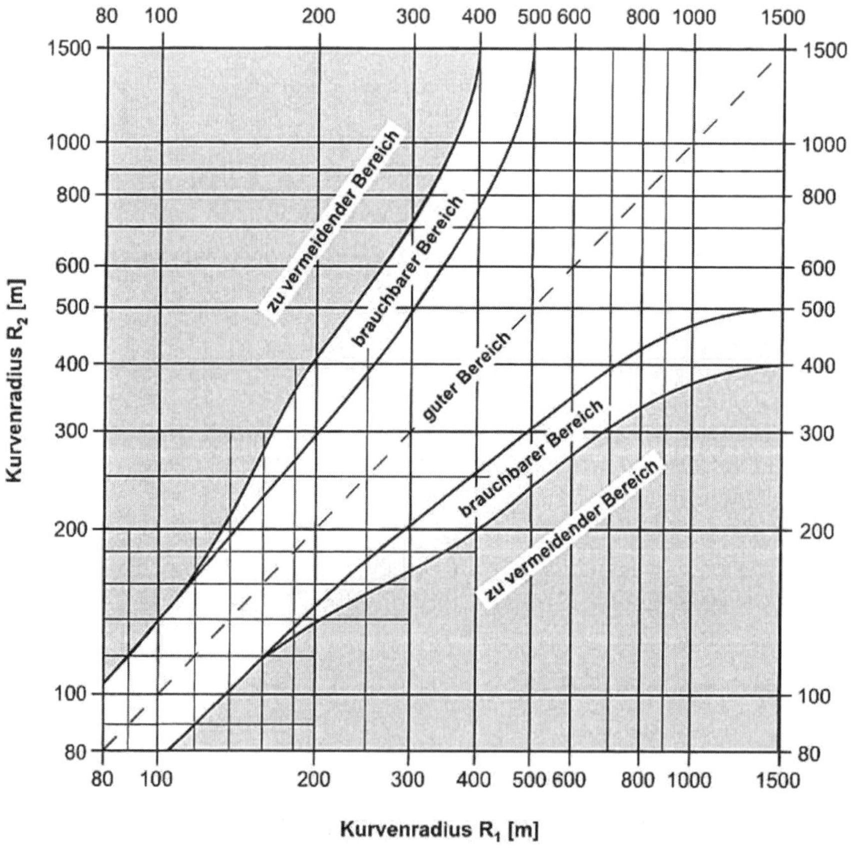

Abb. 3.2 Abstimmung der Radienfolge bei der Kategoriengruppe LS

Das Kreisbogenstück ist insofern die natürliche Form der Kurve, als dort während der Fahrt der Lenkeinschlag konstant bleibt. Der gewählte Kurvenradius sollte möglichst größer als der zulässige Minimalwert sein, um eine zügige Fahrt zu gewährleisten. Die Unfallforschung hat erwiesen, dass Radien unter etwa 250 m ein erhöhtes Unfallrisiko aufweisen. Noch wesentlicher als die Radiengröße ist die harmonische Aufeinanderfolge von Radien entsprechend Abbildung 3.2. Radien der aufeinanderfolgenden Kurven sollen deswegen nicht allzu sehr voneinander abweichen, besonders bei kleinen Kurvenradien („Relationstrassierung").

Die wünschenswerten Radienrelationen, die für die außerörtlichen Straßen der Kategoriengruppe LS gelten, sind aus Abb. 3.2 abzulesen. Die Radienfolgen sollen zumindest im brauchbaren Bereich liegen. Bei den Entwurfsklassen EKL 1 bis EKL 3 ist der gute Bereich anzustreben. Wenn dies aufgrund von örtlichen Zwangspunkten nicht eingehalten werden kann, muss durch Verbesserungen der optischen Führung etwa in Form von Leiteinrichtungen oder durch Verkehrszeichen ein Ausgleich geschaffen werden.

Für Autobahnen, die nach den RAA geplant werden, empfiehlt es sich, bei aufeinanderfolgenden Radien die Bedingung

$$R_1/R_2 \leq 1{,}5$$

einzuhalten, falls $R_1 \leq 1.500$ m ist.

Geraden zwischen gleichsinnig gekrümmten Kurven sollten vermieden werden. Ist dies nicht möglich, soll ihre Länge bei Straßen der EKL 1 bis EKL 3 mindestens 600 m und bei Straßen der EKL 4 mindestens 400 m betragen. Auch nach solchen Geraden sind die Bedingungen nach Abb. 3.2 zu beachten.

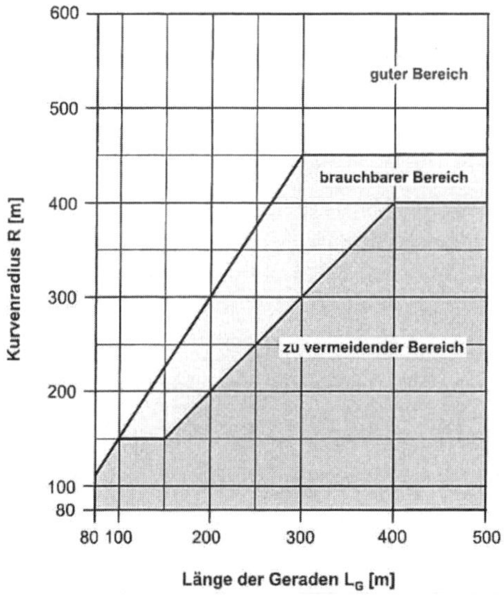

Abb. 3.3: Zulässige Radien im Anschluss an eine Gerade

Gemäß den RAL, d. h. bei Straßen der Kategoriengruppe LS, sollte eine Kurve, die unmittelbar an eine Gerade anschließt, aus Gründen der Verkehrssicherheit in beiden Fahrtrichtungen zumindest im brauchbaren Bereich liegen. Bei Straßen der EKL 1 bis EKL 3 ist der gute Bereich anzustreben. Zusätzlich müssen bei Geraden mit einer Länge $L_G < 300$ m die angrenzenden Radien innerhalb der Radienrelation nach Abb. 3.2 liegen (s. Abb. 3.3). Das gilt auch, wenn sich zwischen Gerade und Kreisbogen ein Übergangsbogen befindet.

Auf Autobahnen ohne Geschwindigkeitsbegrenzung sollte wegen der sehr hohen Geschwindigkeiten nach den RAA im Anschluss an eine Gerade mit $L_G > 500$ m ein Mindestradius min $R = 1.300$ m eingehalten werden.

Entwurfsklasse	min R bzw. empfohlene Radienbereiche (m)	min L (m)
EKA 1 A	900[1)]	75
EKA 1 B	720[1)]	75
EKA 2	470[1)]	55
EKA 3	280[1)]	55
EKL 1	≥ 500[2)]	70
EKL 2	400–900[2)]	60
EKL 3	300–600[2)]	50
EKL 4	200–400[2)]	40

1) Bei $q = 6{,}0$ %

2) Empfohlene Radien, die in zu begründenden Ausnahmefällen bei den Entwurfsklassen EKL 2 bis EKL 4 um max. 15 % unterschritten werden können, wenn die aufeinanderfolgenden Radien im guten Bereich bei der Abb. 3.2 liegen.

Abb. 3.4: Radien und Mindestlängen von Kreisbögen

Damit während einer Kurvenfahrt Kreisbögen vom Kraftfahrer als eigenständige Elemente innerhalb der Kurven wahrgenommen werden und der Verkehrsteilnehmer nach dem Einlenken nicht sofort wieder auslenken muss, sollen Kreisbögen die in Abb. 3.4 enthaltenen angeführten Mindestlängen aufweisen. Diese Längen wurde aus einer Durchfahrzeit von 2 s bei Anwendung der Planungsgeschwindigkeit abgeleitet.

Ausnahmen bilden die Scheitelklothoiden nach Abschn. 3.2.4.5.

Bei der Beantwortung der Frage nach dem Mindestradius ist zwischen der fahrdynamischen und der fahrgeometrischen Betrachtungsweise zu unterscheiden. Die fahrdynamische Bemessung geht vom Gleichgewicht der Flieh- und der Haltekräfte in der Kurvenfahrt aus und wird im Wesentlichen für die anbaufreien Straßen der Kategoriengruppen AS und LS sowie mit Einschränkung für die Kategoriengruppen VS und HS angewandt, während die fahrgeometrische Bemessung nur die Befahrbarkeit für die Erschließungsstraßen sicherstellt.

Fahrdynamische Bemessung:

Damit das Fahrzeug sicher durch die Kurve fährt, muss entsprechend Abb. 3.5 gelten:

$$G \cdot \sin\alpha + f_R \cdot (G \cdot \cos\alpha + F \cdot \sin\alpha) \geq F \cdot \cos\alpha$$

mit

G	Gewichtskraft in N
$F = \frac{m \cdot v^2}{R}$	Fliehkraft in N
m	Masse des Fahrzeugs in kg
v	Geschwindigkeit in m/s
R	Kurvenradius in m
α	Neigungswinkel der Querneigung
f_R	Kraftschlussbeiwert der Seitenreibung, dimensionslos.

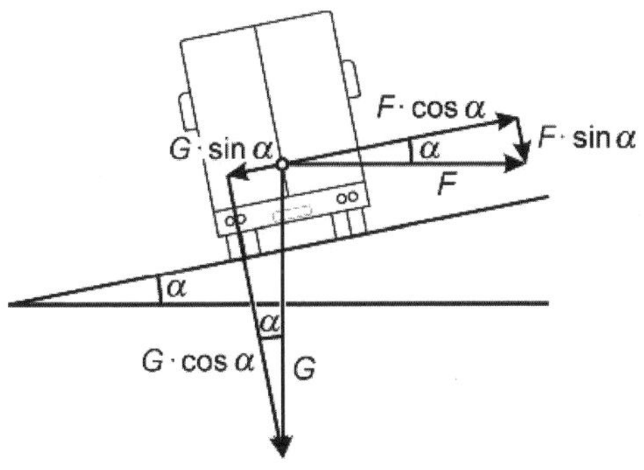

Abb. 3.5: Kräftegleichgewicht in der Kurvenfahrt

Der Wert $f_R \cdot F \cdot \sin\alpha$ ist sehr klein und kann vernachlässigt werden, da er die Haltekräfte ohnehin nur vergrößert. Setzt man für die Querneigung $q = \tan\alpha$ sowie für die Gewichtskraft $G = m \cdot g$, dann ergibt sich die Gleichgewichtsbedingung

$$\frac{v^2}{g \cdot R} \leq f_R + q$$

mit g = Erdbeschleunigung in m/s²; v = Geschwindigkeit in m/s und q = Querneigung (–)

Im linken Teil der Gleichgewichtsbedingung kommen nur die Dimensionen m und s vor, der rechte Teil ist dimensionslos. Da im Verkehrswesen die Geschwindigkeit allgemein nur in km/h angegeben wird, folgt unter Einsetzung des Wertes $g = 9{,}81$ m/s² für die Erdbeschleunigung und mit $v\left(\frac{m}{s}\right) = \frac{V\left(\frac{km}{h}\right)}{3{,}6}$ die dimensionsgebundene Bedingung für den Mindestradius

$$R \geq \frac{V^2}{127 \cdot (f_R + q)}$$ mit V = Geschwindigkeit in km/h und q = Querneigung (–)

Der f_R hängt im Gegensatz zur physikalischen Reibungskonstanten von der Fahrzeuggeschwindigkeit und vom Fahrbahnzustand (trocken – nass – vereist) ab. Allgemein wird für die regennasse Fahrbahn dimensioniert, da dieser Zustand einerseits häufig vorkommt und ungünstiger als die trockene Fahrbahn ist und andererseits die vereiste Fahrbahn nicht für die Dimensionierung verwendet werden kann. Der Kraftschlussbeiwert f ist nichts anderes als der Haftreibungsbeiwert zwischen Rad und Fahrbahn in Gegenwart von Wasser. Bei höheren Geschwindigkeiten verdrängen die Profilrippen des Reifens das Wasser weniger vollkommen, sodass der Kraftschlussbeiwert mit zunehmender Geschwindigkeit abnimmt. Nach den RAA ergeben sich folgende, aus dem Griffigkeitsmesswert $\mu_{SKM\ 80}$ (Schwellenwert nach MB Griff) umgerechnete, rechnerisch maximal mögliche tangentiale Kraftschlussbeiwerte:

V (km/h)	30	40	50	60	70	80	90	100	120	130
$\mu_{SKM\,80}$	0,52	0,47	0,44	0,41	0,39	0,37	0,35	0,33	0,30	0,29
$f_{T,\,RAA}$	0,45	0,41	0,38	0,36	0,34	0,32	0,30	0,29	0,27	0,25

Dabei wird der tangentiale Kraftschlussbeiwert $f_{T,\,RAA} = 0{,}877 \cdot \mu_{SKM\,80}$ für die Planung von Autobahnen zugrunde gelegt.

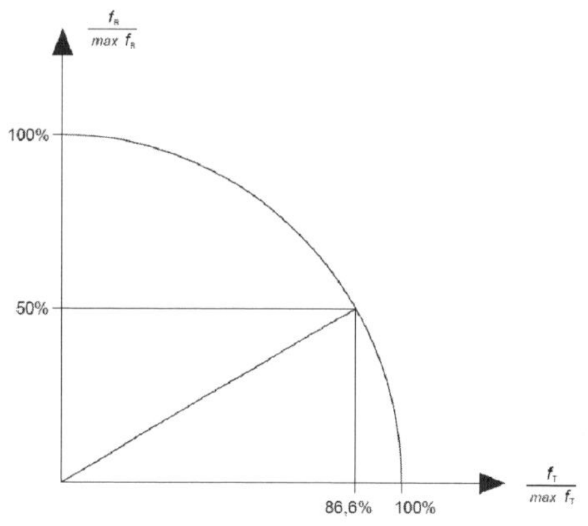

Abb. 3.6: *Reibungskreis*

Wegen der mehr in Fahrtrichtung angeordneten Gummirippen der Reifen sind der tangentiale und der radiale Kraftschluss nicht gleich. Als Relation zwischen den beiden Größen wird allgemein gesetzt

$\max f_R = 0{,}925 \cdot \max f_T$

Die auftretenden Kräfte in radialer und tangentialer Richtung werden als Vektoren zu einer Resultierenden addiert, die die festhaltende Kraft infolge der Reibung nicht übertreffen darf („Reibungskreis").

Durch die oben angesprochene Ungleichheit der Richtungen wird aus dem Kreis eine „Reibungsellipse" und erst durch Einführung der Verhältniswerte $f_T/\max f_T$ und $f_R/\max f_R$ wieder ein Kreis. Das Verhältnis $f_R/\max f_R$ wird Ausnutzungsgrad

$n = \frac{f_R}{\max f_R}$ genannt.

Wenn z. B. der maximale Seitenreibungsbeiwert $max\ f_R$ nur zu $n = 50$ % ausgenutzt wird, dann bleiben zum Bremsen noch akzeptable 86,6 % des maximalen tangentialen Kraftschlusses übrig, die bei Landstraßen als ausreichend angesehen werden.

Somit ergibt sich als endgültige Bedingung für den Mindestradius

$$min\,R = \frac{V^2}{127 \cdot \left(\frac{n}{100} \cdot max f_r + \frac{q}{100}\right)}$$

mit	min *R*	Mindestradius des Kreisbogenstücks in m
	V	Geschwindigkeit in km/h
	q	Querneigung in % (negativ einsetzen, wenn zur Kurvenaußenseite gerichtet)
	n	Ausnutzungsgrad in %

Die fahrdynamische Bemessung bei Autobahnen erfolgt nach den RAA mit folgenden Ausnutzungsgraden beim maximalen radialen Kraftschlussbeiwert:

- freie Strecke mit $q = \max q = 6{,}0\ \%$ $n = 40\ \%$
- freie Strecke mit $q = \min q = 2{,}5\ \%$ $n = 10\ \%$
- Verbindungsrampe mit $q = \max q = 6{,}0\ \%$ $n = 50\ \%$
- Rampenfahrbahn mit $q = \min q = 2{,}5\ \%$ $n = 30\ \%$
- Querneigung zur Kurvenaußenseite mit $q = 2{,}5\ \%$ $n = 25\ \%$

	min *R* in m für							
1	2	3	4	5	6	7	8	9
Kategorie	AS		AS-Rampe		AS-negativ	LS		HS
Querneig. *q*	6,0 %	2,5 %	6,0 %	2,5 %	– 2,5 %	7,0 %	2,5 %	6,0 %
Ausnutz. *n*	40 %	10 %	50 %	30 %	25 %	50 %	10 %	70 %
30 km/h	–	–	30	50	–	25	100	20
40 km/h	–	–	50	90	–	50	200	40
50 km/h	–	–	80	150	–	80	330	70
60 km/h	–	–	125	230	–	120	500	100
70 km/h	–	–	180	320	–	170	700	140
80 km/h	280	930	250	440	1.050	230	930	–
90 km/h	370	1.200	–	–	1.400	300	1.200	–
100 km/h	470	1.500	–	–	1.900	390	1.500	–
120 km/h	720	2.300	–	–	3.200	–	–	–
130 km/h	900	2.700	–	–	4.000	–	–	–
	nach RAA					nach RAL		(RASt)

Die Kurvenradien der Spalten 7 bis 9 für die Kategoriengruppen LS und HS wurden mit den Kraftschlussbeiwerten der Autobahnen durch Nachrechnung ermittelt.

Abb. 3.7: Zusammenstellung der Mindestradien für die fahrdynamische Bemessung

Entwurfs-klasse	min R (m)	zul V_{nass} (km/h)
EKA 1 A	4.000	–
EKA 1 B	3.200	120
EKA 2	1.900	100
EKA 3	1.050	80

Negative Querneigungen können bei der Kategoriengruppe AS unter Einhaltung von Mindestradien zur Vermeidung von Verwindungsbereichen mit Querneigungsnulldurchgang im flachen Gelände zugelassen werden. Dabei ist bei Nässe die Höchstgeschwindigkeit zu beschränken.

Abb. 3.8: Mindestkurvenradien bei negativen Querneigungen

Die in den RAA bei der Ermittlung der Mindestradien für Kurven zugrunde gelegte Querneigung von $q = 6{,}0$ % hat sich für den Einbau gebräuchlicher Deckschichten (Ausnahme Gussasphalt) bewährt. Im Falle der Unterschreitung von Kurvenmindestradien, z. B. bei Zwangspunkten, kann die Querneigung auch auf $q = 7{,}0$ % erhöht werden (s. Abschn. 3.4.3).

Die Mindestradien nach den RAA sowie die empfohlenen Radien nach den RAL sind in Abb. 3.4 zusammengestellt. Für anbaufreie Hauptverkehrsstraßen (Kategoriengruppe VS), die nach den RASt zu planen sind, gelten folgende Mindestradien:

- min $R = 80$ m für zul $V = 50$ km/h
- min $R = 190$ m für zul $V = 70$ km/h

Angebaute Straßen (Kategoriengruppe HS und ES) werden i. d. R. fahrgeometrisch bemessen. Dabei beträgt der Mindestradius für Kurven im Übrigen min $R = 10$ m. Würde man hier aufgrund der dort gefahrenen geringeren Geschwindigkeiten den Ausnutzungsgrad beim radialen Kraftschlussbeiwert auf $n = 70$ % erhöhen, so könnten fahrdynamisch die in der Abb. 3.7 berechneten Mindestradien angewandt werden.

Flachbögen mit einem Richtungsänderungswinkel der Kurve von $\gamma \leq 10$ gon können ohne Übergangsbogen (s. Abschn. 3.2.4) ausgebildet werden. Dabei beträgt die Bogenlänge in den Entwurfsklassen EKL 1 und EKL 2 mindestens 200 m, in der EKL 3 mindestens 150 m und in der EKL 4 mindestens 100 m.

Koordinatenberechnung des Kreisbogens

Bei der Trassierung im Grundriss wird zwischen rechts- und linksgekrümmten Kreisbogen unterschieden. Bei den Rechenprogrammen am Computer muss deswegen der Krümmungssinn durch ein Plus- oder Minusvorzeichen eingegeben werden. Im Folgenden sollen jedoch in Übereinstimmung mit der Fachliteratur die Radien nicht nach ihrem Vorzeichen unterschieden werden, sondern im Bedarfsfall wird der Krümmungssinn in Worten angegeben.

Bei Geraden ist der Radius unendlich groß, sodass die Krümmung dann $k = 0$ wird. In diesem Zusammenhang wird der Lageplan mit der Trasse so lange gedreht, bis die Kilometrierung (= „Bau-Kilometer") von links nach rechts zunimmt. Zur Lageorientierung des verdrehten Plans darf deswegen der Nordpfeil nicht fehlen. Bei der Planung wird stets und ausschließlich die (u. U. auch gekrümmte) horizontale Länge gemessen, jedoch niemals unter Einrechnung von Höhenunterschieden.

Wenn man den Anfang des Kreisbogenstücks in den Nullpunkt eines kartesischen Koordinatensystems legt, bestehen folgende Zusammenhänge:

$$\alpha = \frac{L}{R}(rad)\ bzw.\ \alpha = \frac{L}{R}\cdot\frac{200}{\pi}(\text{gon})$$

$$\sigma = \frac{\alpha}{2} = arc\ \tan\frac{Y}{X}$$

$$X = R \cdot \sin\alpha$$

$$Y = R \cdot (1 - \cos\alpha)$$

$$S = 2 \cdot R \cdot \sin\frac{\alpha}{2} = \sqrt{X^2 + Y^2}$$

mit L Länge des Kreisbogenstücks in m

R Radius in m

α Öffnungswinkel des Kreisbogenstücks

X Abszisse des Bogenendes BE in m

Y Ordinate des Bogenendes BE in m

S Sehnenlänge zwischen Bogenanfang BA und Bogenende BE in m

σ Sehnen-Tangenten-Winkel

Alternativ erhält man X und Y auch durch polares Anhängen:

$X = S \cdot \cos\sigma$ und $Y = S \cdot \sin\sigma$

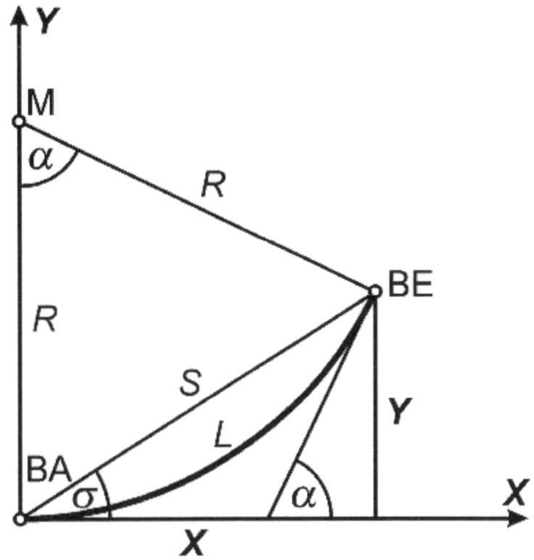

Abb. 3.9: Geometrie des Kreisbogens.

Berechnungsbeispiel:

Für den Kreisbogen mit dem Radius R = 350 m und der Länge L = 50 m sollen die Koordinaten sowie die Richtungsänderung im Bogenende, bezogen auf den Bogenanfang, berechnet werden.

$$\alpha = \frac{L}{R}\cdot\frac{200}{\pi} = \frac{50\cdot 200}{350\cdot\pi} = 9{,}0946\ \text{gon}$$

$$X = R\cdot\sin\alpha = 350\cdot\sin 9{,}0946 = 49{,}830\ \text{m}$$

$$Y = R\cdot(1-\cos\alpha) = 350\cdot(1-\cos 9{,}0946) = 3{,}565\ \text{m}$$

$$\sigma = \frac{\alpha}{2} = 4{,}5473\ \text{gon}$$

$$S = 2\cdot R\cdot\sin\sigma = 2\cdot 350\cdot\sin 4{,}5473 = 49{,}958\ \text{m}$$

3.2.4 Übergangsbogen

3.2.4.1 Mathematische Grundlagen

Wenn das Trassierungselement Kreisbogen direkt an das Element Gerade anschließt, dann müsste ein Fahrer, der exakt auf der Bezugslinie fährt, im Kreisbogenanfang das Lenkrad im Sekundenbruchteil in die für die Kurvenfahrt erforderliche neue Stellung herumreißen. Als Übergangsbogen wird deswegen eine mathematische Kurve benötigt, deren Krümmung mit der durchfahrenen Länge stetig zunimmt. Wünscht man eine lineare Krümmungsänderung und damit wegen der Seitenbeschleunigung

$$a_r = \frac{V^2}{R}$$

eine lineare Zunahme der Fliehkraft, dann ergibt sich als Formel für die gewünschte Kurve:

$$a_r = \frac{V^2}{R} = \text{const} \cdot L; \text{ d. h.}$$

$$R \cdot L = \frac{V^2}{\text{const}}$$

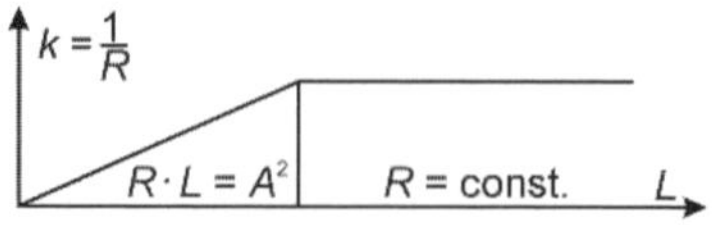

Abb. 3.10: Krümmungsverlauf der Klothoide

Wenn die Geschwindigkeit des Fahrzeuges sich nicht ändert, ist die Größe V^2/const ihrerseits wieder eine Konstante, die, wie man aus den Dimensionen der Variablen *R* und *L* ersehen kann, die Dimension m·m hat (es handelt sich um keine Fläche!). Man schreibt deshalb die Formel für den Übergangsbogen $R \cdot L = A^2$ und nennt die entstandene Kurvenfunktion „Klothoide", d. h. Spinnlinie.

$$R \cdot L = A^2$$

mit *L* durchfahrene Länge bis zum Endpunkt der Klothoide in m

R augenblicklicher Krümmungsradius im Endpunkt in m

A Parameter der Klothoide in m. Für eine bestimmte Klothoide ist *A* konstant.

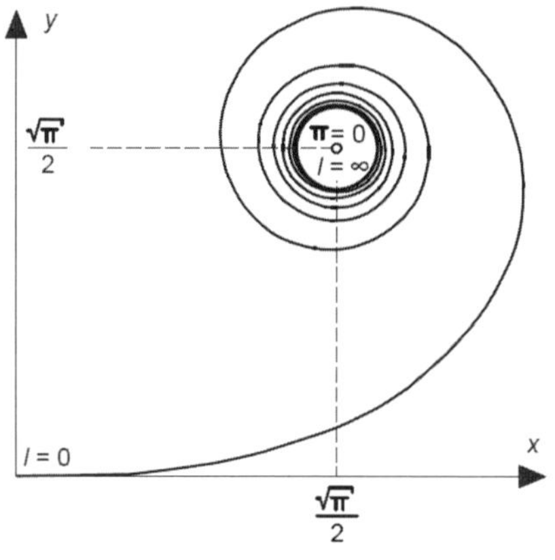

Abb. 3.11: Form der Klothoide

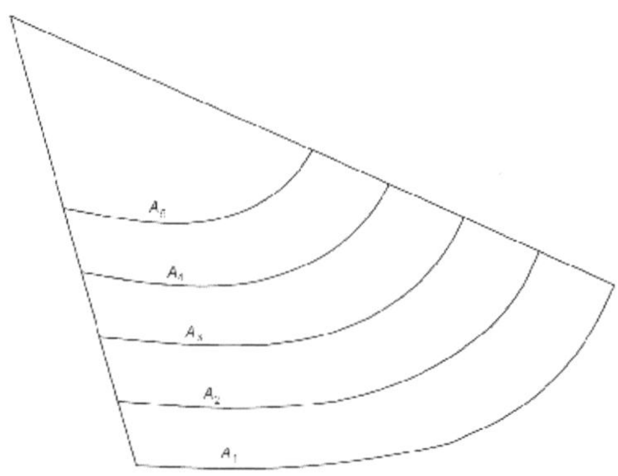

Abb. 3.12: Geometrische Ähnlichkeit der Klothoiden

Sämtliche Klothoiden sind einander geometrisch ähnlich und lassen sich durch Verkleinerung oder Vergrößerung in andere Klothoiden verwandeln, so wie das etwa bei den quadratischen Parabeln oder den Kreisen der Fall ist. Der Ähnlichkeitsfaktor ist der Parameter *A*. Die Klothoide mit dem Parameter *A* = 1 nennt man die Einheitsklothoide mit der Formel $r \cdot l = 1$. Sie kann als Grundform der Klothoide aufgefasst werden, aus der alle anderen Klothoiden durch einfache Multiplikation mit dem jeweiligen Parameter abgeleitet werden.

Die andere Alternative, Klothoiden für die Anwendung im Straßenbau zu variieren, ist die Veränderung der als Trassierungselement verwendeten Länge L. Wie an Abb. 3.11 zu erkennen ist, hat die Klothoide eigentlich die Form einer Spirale. Wenn gilt: $L \rightarrow \infty$, dann folgt: $R \rightarrow 0$, d. h., die Kurve nähert sich immer mehr einem Punkt. Selbstverständlich muss man den Verlauf der Klothoide schon vorher abbrechen, wenn der gewünschte Schmiegeradius erreicht ist. Für die Zwischenpunkte auf der gewählten Klothoide gilt allerdings stets das Bildungsgesetz $R \cdot L = A^2$, so z. B. für die Klothoide $A = 80$ m:

$R = 20$ m	$L = 320$ m	$A^2 = 20 \text{ m} \cdot 320 \text{ m} = 6.400 \text{ m} \cdot \text{m}$
$R = 40$ m	$L = 160$ m	$A^2 = 40 \text{ m} \cdot 160 \text{ m} = 6.400 \text{ m} \cdot \text{m}$
$R = 80$ m	$L = 80$ m	$A^2 = 80 \text{ m} \cdot 80 \text{ m} = 6.400 \text{ m} \cdot \text{m}$
$R = 160$ m	$L = 40$ m	$A^2 = 160 \text{ m} \cdot 40 \text{ m} = 6.400 \text{ m} \cdot \text{m}$

Auf dieser Grundlage lassen sich Zwischenwerte für die Absteckung im Gelände ermitteln.

Der Winkel zwischen der Tangente an die Klothoide in einem beliebigen Punkt und der Grund- oder Haupttangente im Ursprung der Klothoide heißt τ und lässt sich mathematisch leicht herleiten.

$$\partial\tau = \frac{1}{R} \cdot \partial L \text{ in rad}$$

$$R \cdot L = A^2, \text{ d. h. } \frac{1}{R} = \frac{L}{A^2}$$

$$\partial\tau = \frac{L}{A^2}\,\partial L \text{ in rad}$$

$$\tau = \int_0^L \frac{L}{A^2}\,\partial L = \frac{L^2}{2 \cdot A^2} \text{ in rad}$$

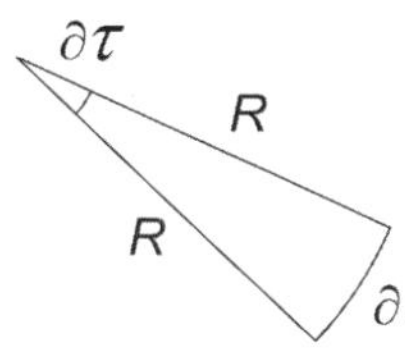

Abb. 3.13: Herleitung des Winkels τ

Durch Umformung ergibt sich:

$$\tau = \frac{L}{2 \cdot R} \text{ in rad oder } \tau = \frac{L}{2 \cdot R} \cdot \frac{200}{\pi} = \frac{L}{R} \cdot \frac{100}{\pi} \text{ in gon}$$

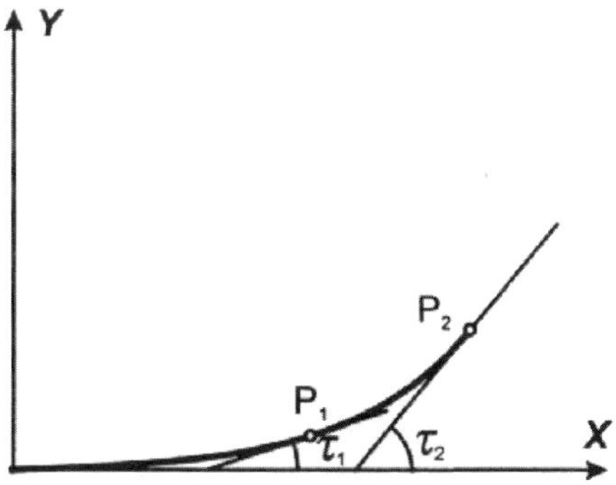

Abb. 3.14: Veränderung des Winkels τ

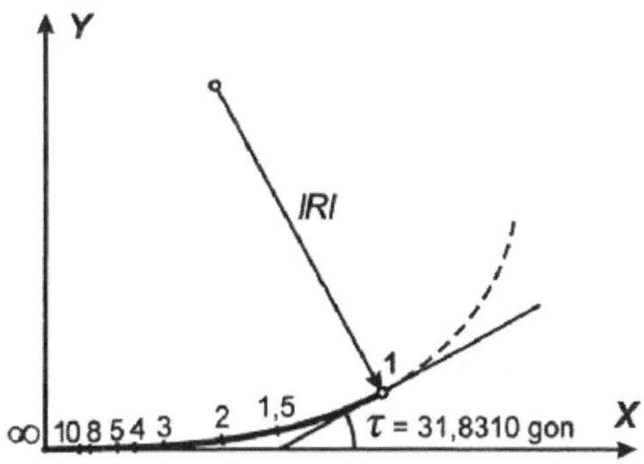

Abb. 3.15: Kennstellen der Klothoide

Man beachte die Ähnlichkeit zur Formel für den Kreisbogen Abschn. 3.2.3, bei dem der entsprechende Winkel α zwischen Anfangs- und Endtangente exakt doppelt so groß ist.

Weil alle Klothoiden einander geometrisch ähnlich sind, treten bei allen Klothoiden an der gleichen „Formstelle" gleiche Richtungswinkel und gleiche Verhältniswerte *R/A, L/A* usw.

auf. Die mit Ausnahme des Wertes 1,5 ganzzahligen Verhältniswerte für die Größen *R/A* werden Kennstellen genannt.

Die Stelle der Klothoide, an der $R = L = A$ ist, heißt Kennstelle 1. Sie liegt dort, wo nach Einsetzung in die o. g. Formel der Tangentenwinkel $\tau = 0{,}5$ rad, also $\tau = 31{,}8310$ gon ist. Kann man bei einer Klothoide diese Stelle durch Anlegen des Winkels genau bestimmen, so sind der Krümmungsradius an dieser Stelle und die Länge des Bogens vom Ursprung bis zu diesem Punkt gleich der Größe des gesuchten Parameters. Außerdem ist es eine gute Merkhilfe, dass für eine Klothoide bei der Länge $L = A$ der Radius $R = A$ ohne Berechnung bekannt ist und der Tangentenwinkel dort rund 30 gon beträgt.

Für den bei der Linienführung vorwiegend benutzten Bereich der Klothoide (bis 31,8310 gon) ist das Längenverhältnis zwischen der langen und der kurzen Tangente $T_L : T_K$ immer nahezu 2:1, und zwar umso genauer, je kleiner τ ist (vgl. Abb. 3.17).

Klothoiden mit großem Parameter haben eine langsame Krümmungszunahme und eignen sich deshalb für höhere Planungsgeschwindigkeiten. Klothoiden mit kleinem Parameter haben eine rasche Krümmungszunahme. Unabhängig davon verwendet man großparametrige Klothoiden zum Zweck einer zügigen Linienführung auch dann, wenn es die Trassierung und die Zwangspunkte erfordern.

Aus den beiden Grundformeln $R \cdot L = A^2$ und $\tau = \frac{L}{2 \cdot R}$ ergeben sich folgende Beziehungen:

$$R = \frac{A^2}{L} = \frac{L}{2 \cdot \tau} = \frac{A}{\sqrt{2 \cdot \tau}} \qquad A^2 = L \cdot R = \frac{L^2}{2 \cdot \tau} = 2 \cdot \tau \cdot R^2$$

$$L = \frac{A^2}{R} = 2 \cdot \tau \cdot R = A \cdot \sqrt{2 \cdot \tau} \qquad A = \sqrt{L \cdot R} = \frac{L}{\sqrt{2 \cdot \tau}} = R \cdot \sqrt{2 \cdot \tau}$$

$$\tau = \frac{L}{2 \cdot R} = \frac{L^2}{2 \cdot A^2} = \frac{A^2}{2 \cdot R^2}$$

Für die Einheitsklothoide mit dem Parameter $a = 1$ gelten die vereinfachten Beziehungen:

$$r = \frac{1}{l} \qquad l = \frac{1}{r}$$

$$l = 2 \cdot \tau \cdot r \qquad l = \sqrt{2 \cdot \tau}$$

$$l^2 = 2 \cdot \tau \qquad 1 = r \cdot l$$

$$1 = 2 \cdot \tau \cdot r^2 \qquad 1 = r \cdot \sqrt{2 \cdot \tau}$$

Auch hier ist der Winkel τ stets im Bogenmaß einzusetzen.

In [9] und [10] sind umfangreiche Ausführungen über die Geometrie der Klothoide enthalten. Die Werte der Einheitsklothoide können am besten aus [9] entnommen werden, ebenso die Werte der gängigen Normklothoiden mit runden Parametern sowie die S- und E-Tafeln für die Wendelinien und die Eilinien. [10] gibt die charakteristischen Werte aller praktisch vorkommenden Kombinationen von *A*, *L* und *R* wieder.

Seitdem preiswerte, leistungsfähige und programmierbare Taschenrechner allgemein im Gebrauch sind, ist die Bedeutung der Klothoidentafeln stark zurückgegangen. Im Folgenden sollen deshalb die für die Arbeit mit dem Taschenrechner bzw. für das selbstständige Programmieren erforderlichen Formeln entwickelt werden. Es gilt:

$$\partial X = \partial L \cdot \cos\tau \text{ und}$$
$$\partial Y = \partial L \cdot \sin\tau$$

Mit $\partial L = \frac{A^2}{L}\partial\tau$ und

$$L = A \cdot \sqrt{2\cdot\tau} \text{ folgen}$$

$$X = \frac{A}{\sqrt{2}} \cdot \int_0^\tau \tau^{-\frac{1}{2}} \cdot \cos\tau\, d\tau \text{ und}$$
$$Y = \frac{A}{\sqrt{2}} \cdot \int_0^\tau \tau^{-\frac{1}{2}} \cdot \sin\tau\, d\tau$$

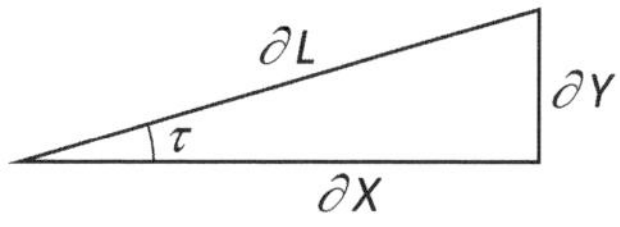

Abb. 3.16: Herleitung der Größen X und Y

Bei den Ausdrücken für *X* und *Y* handelt es sich um sogenannte Fresnel'sche Integrale, die mit den normalen Regeln der Integralrechnung nicht gelöst werden können. Weiter hilft hier nur die Reihenentwicklung der trigonometrischen Funktionen

$$\cos\tau = 1 - \frac{\tau^2}{2!} + \frac{\tau^4}{4!} - \frac{\tau^6}{6!} \pm \ldots \text{ und } \sin\tau = \tau - \frac{\tau^3}{3!} + \frac{\tau^5}{5!} - \frac{\tau^7}{7!} \pm \ldots,$$

sodass sich die folgenden Integrale ergeben:

$$X = \frac{A}{\sqrt{2}} \cdot \int_0^\tau \left(\tau^{-\frac{1}{2}} - \frac{\tau^{\frac{3}{2}}}{2\,!} + \frac{\tau^{\frac{7}{2}}}{4\,!} \pm \ldots\right) \partial\tau \text{ und } Y = \frac{A}{\sqrt{2}} \cdot \int_0^\tau \left(\tau^{\frac{1}{2}} - \frac{\tau^{\frac{5}{2}}}{3\,!} + \frac{\tau^{\frac{9}{2}}}{5\,!} \pm \ldots\right) \partial\tau$$

Die mathematisch exakten Lösungen lauten hierfür:

$$X = A \cdot \sqrt{2\cdot\pi} \cdot \left(1 - \frac{\tau^2}{5\cdot 2\,!} + \frac{\tau^4}{9\cdot 4\,!} - \frac{\tau^6}{13\cdot 6\,!} \pm \ldots\right) \text{ und}$$
$$Y = A \cdot \sqrt{2\cdot\pi} \cdot \left(\frac{\tau}{3} - \frac{\tau^3}{7\cdot 3\,!} + \frac{\tau^5}{11\cdot 5\,!} - \frac{\tau^7}{15\cdot 7\,!} \pm \ldots\right)$$

Diese Reihen konvergieren rasch. Mit einer hohen Genauigkeit, die für eine sehr große Klothoide *A* = 1.000 m mit der Länge *L* = 1.000 m im Bereich eines Zehntelmillimeters liegt, schreibt man:

$$X = L \cdot \left(1 - \frac{\tau^2}{10} + \frac{\tau^4}{216} - \frac{\tau^6}{9360}\right) \text{ und}$$
$$Y = \frac{L\cdot\tau}{3} \cdot \left(1 - \frac{\tau^2}{14} + \frac{\tau^4}{440}\right)$$

Beide Formeln eignen sich gut für die Koordinatenberechnung mit dem Personalcomputer, während weniger leistungsfähige Taschenrechner u. U. längere Zeit für die Rechnung benötigen. Für Letztere können die Ausdrücke jedoch umgewandelt werden in:

$$X = L \cdot \left\{1 - \frac{\tau^2}{10} \cdot \left[1 - \frac{\tau^2}{21{,}6} \cdot \left(1 - \frac{\tau^2}{43{,}333}\right)\right]\right\}$$

$$Y = \frac{L\cdot\tau}{3} \cdot \left[1 - \frac{\tau^2}{14} \cdot \left(1 - \frac{\tau^2}{31{,}429}\right)\right]$$

Es ist zu beachten, dass τ im Bogenmaß (rad) eingesetzt werden muss. Wenn die Klothoidenlänge *L* in m in die Rechnung eingeht, ergeben sich auch die Werte für *X* und *Y* in m.

Durch Ausmultiplizieren erkennt man die Übereinstimmung mit den vorherigen Formeln.

Mit Hilfe der Koordinaten des Endpunktes des Übergangsbogens lassen sich nunmehr die restlichen charakteristischen Werte der Klothoide wieder durch einfache trigonometrische Funktionen ermitteln. Es sind dies:

Mittelpunktkoordinaten des Schmiegekreises im Endpunkt des Übergangsbogens:

$X_M = X - R \cdot \sin \tau$

$Y_M = Y + R \cdot \cos \tau$

Für die Trassierung wird häufig der Abstand ΔR zwischen dem Schmiegekreis und der Grund- oder Haupttangente benötigt.

$\Delta R = Y_M - R = Y - R \cdot (1 - \cos \tau)$

Die Sehnenlänge S zwischen ÜA und ÜE und der Sehnen-Tangenten-Winkel σ entsprechen den Verhältnissen am Kreisbogen:

$S = \sqrt{X^2 + Y^2}$

$\sigma = \arctan \frac{Y}{X}$

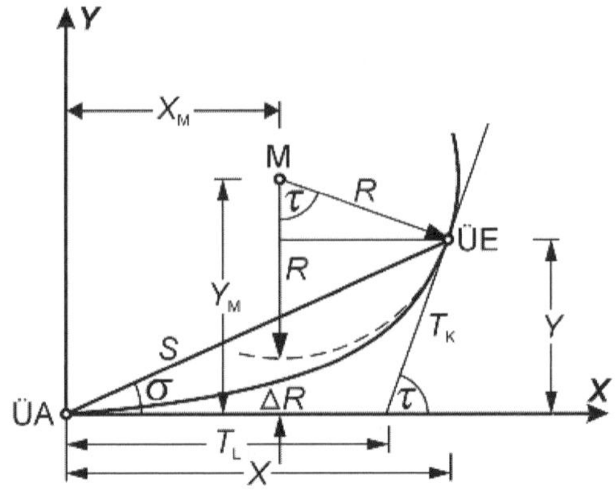

Abb. 3.17: Wichtige Größen der Klothoide

Die Tangentenlängen betragen für die lange Tangente $T_L = X - \frac{Y}{\tan\tau}$ und für die kurze Tangente $T_K = \frac{Y}{\sin\tau}$.

Eine exakte mathematische Beziehung zwischen X und Y gibt es nicht, dafür aber Näherungsformeln. Diese haben jedoch keine praktische Bedeutung, weil bei der Trassierung mit Klothoiden ohnehin nur die Klothoidenlänge L, der Radius R des Schmiegekreises und die Winkeländerung τ als Eingangswerte benötigt werden. Von X und Y kann man aber nicht auf diese Größen schließen. Grobe Näherungsformeln, z. B. für zeichnerische Zwecke, sind:

$X \approx L$ und $Y \approx \frac{L^2}{6 \cdot R}$

Die Näherungsformel $L \approx \sqrt{(24 \cdot R + 6 \cdot \Delta R) \cdot \Delta R}$ erreicht hingegen eine relativ hohe Genauigkeit.

Als Bestimmungsgrößen, die entweder gesucht oder gegeben sind, treten bei der Entwurfsbearbeitung überwiegend auf:

1. der Parameter A
2. der Krümmungsradius R
3. die Bogenlänge L
4. der Tangentenwinkel τ
5. die Tangentenabrückung ΔR

Es muss nochmals betont werden: Diese Größen können für jede beliebige Zwischenstelle eines Übergangsbogens gesucht oder gegeben sein. Es ist lediglich durch praktische Umstände bedingt, dass man meistens mit jenen Werten rechnet, die für das Ende des Übergangsbogens ÜE gelten, also für jene Stelle, an der er in den Kreisbogen übergeht.

Nachfolgend wird gezeigt, wie man unter Verwendung eines Taschenrechners vorgeht, wenn jeweils zwei der oben genannten Bestimmungsgrößen gegeben sind. Drei solcher Größen vorschreiben zu wollen, würde eine Überbestimmung bedeuten. Selbstverständlich eignen sich auch das Klothoidentaschenbuch [10] und die einschlägigen Tabellenwerke mit der Einheitsklothoide [9] sehr gut für die Ermittlung der fehlenden Werte.

1. Gegeben: *R* und *L:* Größe der Klothoide aus $A = \sqrt{R \cdot L}$
2. Gegeben: *A* und *L:* Krümmungsradius im ÜE: $R = \frac{A^2}{L}$
3. Gegeben: *A* und *R:* Länge der Klothoide mit $L = \frac{A^2}{R}$
4. Gegeben: *A* und *τ*: Zugehöriger Kreisbogenradius mit $R = \frac{A}{\sqrt{2 \cdot \tau(\mathrm{rad})}}$

   Falls τ in gon gegeben ist, gilt: $\tau(\mathrm{rad}) = \tau(\mathrm{gon}) \cdot \frac{\pi}{200}$
5. Gegeben: *R* und *τ*: Der Klothoidenparameter beträgt $A = R \cdot \sqrt{2 \cdot \tau(\mathrm{rad})}$

   Falls τ in gon gegeben ist, gilt: $\tau(\mathrm{rad}) = \tau(\mathrm{gon}) \cdot \frac{\pi}{200}$
6. Gegeben: *L* und *τ*: Der Klothoidenparameter beträgt $A = \frac{L}{\sqrt{2 \cdot \tau(\mathrm{rad})}}$

   Falls τ in gon gegeben ist, gilt: $\tau(\mathrm{rad}) = \tau(\mathrm{gon}) \cdot \frac{\pi}{200}$
7. Gegeben: *R* und Δ*R:* Es gilt: $L \approx \sqrt{(24 \cdot R + 6 \cdot \Delta R) \cdot \Delta R}$ und $A = \sqrt{R \cdot L}$

   Die sich ergebende Tangentenabrückung Δ*R* kann geringfügig vom gegebenen Wert abweichen, was für die praktische Arbeit aber unerheblich ist. Für den Parameter *A* wählt man ohnehin vorzugsweise eine runde Normklothoide; die dadurch erforderlich werdende geringfügige Verschiebung der Anschlusstangente kann man in aller Regel bei der Konstruktion ohne Probleme berücksichtigen..
8. Gegeben: Die Fälle, dass *A* und Δ*R* bzw. *L* und Δ*R* gegeben sind, haben nur theoretische Bedeutung. Sie lassen sich entweder durch Probieren oder durch Verwendung einer Klothoidentafel, z. B. der Einheitsklothoide in [9], lösen.

Berechnungsbeispiel zu 4.:

Gegeben: *A* = 175 m *τ* = 16,0460 gon

$$\tau = 16{,}0460 \cdot \frac{\pi}{200} = 0{,}252050 \text{ rad}$$

$$R = \frac{A}{\sqrt{2 \cdot \tau(\mathrm{rad})}} = \frac{175}{\sqrt{2 \cdot 0{,}252050}} = 246{,}479 \text{ m}$$

$$L = \frac{\mathrm{A}^2}{\mathrm{R}} = \frac{175^2}{246{,}479} = 124{,}249 \text{ m}$$

Berechnungsbeispiel zu 7.:

Gegeben: *R* = 110 m und Δ*R* = 1,28 m

$$L = \sqrt{(24 \cdot R + 6 \cdot \Delta R) \cdot \Delta R} = \sqrt{(24 \cdot 110 + 6 \cdot 1{,}28) \cdot 1{,}28} = 58{,}215 \text{ m}$$

$$A = \sqrt{R \cdot L} \approx \sqrt{110 \cdot 58{,}215} = 80{,}023 \text{ m}$$

Es wird A = 80 m gewählt. Damit ergeben sich als endgültige Klothoidenwerte:

$$L = \frac{A^2}{R} = 58{,}182 \text{ m}$$

$$\tau = \frac{A^2}{2 \cdot R^2} = 0{,}264463 \text{ rad} = 16{,}8362 \text{ gon}$$

$$X = L \cdot \left\{1 - \frac{\tau^2}{10} \cdot \left[1 - \frac{\tau^2}{21{,}6} \cdot \left(1 - \frac{\tau^2}{43{,}333}\right)\right]\right\} = 57{,}776 \text{ m}$$

$$Y = \frac{L \cdot \tau}{3} \cdot \left[1 - \frac{\tau^2}{14} \cdot \left(1 - \frac{\tau^2}{31{,}429}\right)\right] = 5{,}103 \text{ m}$$

$$X_M = X - R \cdot \sin\tau = 29{,}023 \text{ m}$$

$$Y_M = Y + R \cdot \cos\tau = 111{,}279 \text{ m}$$

$$\Delta R = Y_M - R = 1{,}279 \text{ m}$$

Der gewünschte Wert betrug ΔR = 1,28 m und wird mit einer Abweichung von nur 1 mm erreicht. Wäre der unrunde Wert A = 80,023 m für die Klothoide verwendet worden, dann hätte sich ΔR genau zu 1,280 m ergeben.

$$S = \sqrt{X^2 + Y^2} = 58{,}001 \text{ m}$$

$$\sigma = \arctan\frac{Y}{X} = 5{,}6083 \text{ gon}$$

$$T_L = X - \frac{Y}{\tan\tau} = 38{,}932 \text{ m}$$

$$T_K = \frac{Y}{\sin\tau} = 19{,}522 \text{ m}; \; T_L : T_K \approx 2:1$$

Man erkennt, dass man unter Verwendung eines Taschenrechners und der obigen Formeln problemlos auf die herkömmlichen Klothoidentafeln verzichten kann. Vergleicht man die Rechnungen bei den beiden Methoden, dann fällt gerade beim letzten Beispiel ein erheblicher Aufwand für das Interpolieren an, wenn man mit einer Klothoidentafel arbeitet. Gibt man die o. g. Formeln in einen programmierbaren Rechner ein, so erhält man die charakteristischen Klothoidenwerte sehr schnell.

Für Klothoiden mit den gebräuchlichsten runden Parametern sind Klothoidenlineale entwickelt worden. Sie bestehen aus einem zusammenhängenden Stück mit einem konvexen und einem konkaven Kurventeil, sie sind also als *S*-Kurven ausgeführt.

Auf ihrer Fläche sind außer der Wendetangente die rundzahligen Radienstrahlen an den betreffenden Stellen der Krümmung eingeätzt. Diese Angaben dienen dem genauen Einpassen der Klothoide in die anschließenden Kreiskurven (Abb. 3.18). Es gibt auch Klothoidenlineale, in die die Kreisbogen selbst eingeätzt sind

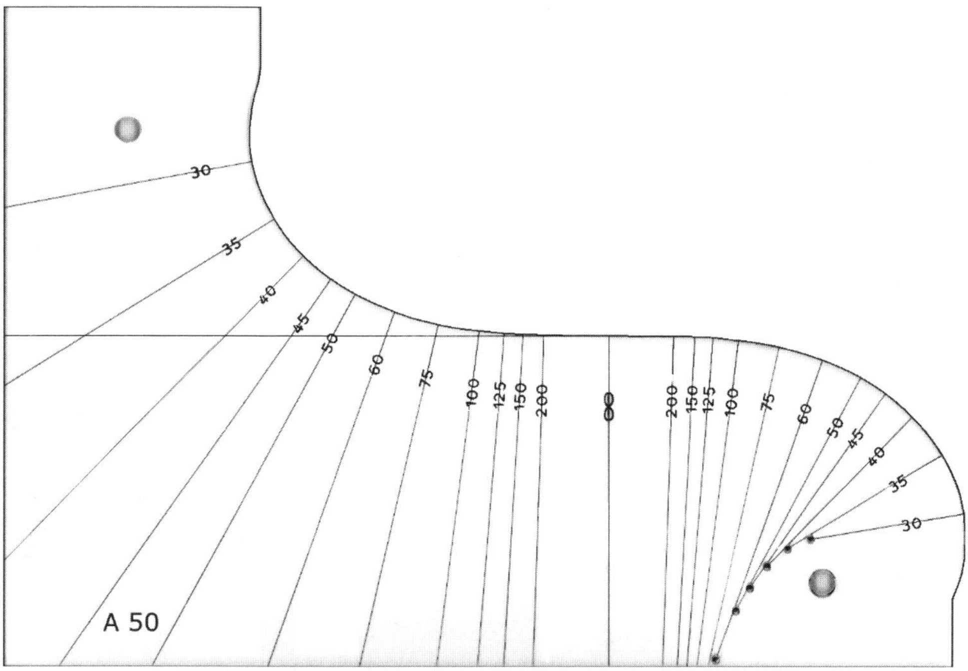

Abb. 3.18: Klothoidenlineal für A = 50 (Originalmaßstab M. = 1:1.000)

Die Klothoidenlineale sind im Maßstab 1:1.000 beschriftet. Der angeschriebene Parameter gilt in diesem Maßstab in Metern, z. B. A = 150 m. Wie die Kreisbogenschablonen kann man auch die Klothoidenlineale für jeden anderen Maßstab verwenden. Wegen der Maßangaben in Tausendstelmetern entspricht die wirkliche Größe der Lineale dem darauf angegebenen Parameter in Millimetern, sodass die 150er Klothoide in Wirklichkeit den Parameter A = 150 mm hat. Wird diese Klothoide A = 150 im Maßstab 1:5.000 verwendet, so wird auf dem Plan daraus der Übergangsbogen mit dem Parameter A = 5.000 · 150 mm = 750 m.

Der Normalsatz enthält 22 Lineale 1:1.000 für A = 20 bis 250. Außerdem gibt es über 100 Ergänzungslineale 1:1.000 für A = 10 bis 10.000.

Mit dem Normalsatz können z. B. folgende Entwurfsbearbeitungen ausgeführt werden:

für Vorentwürfe	1 : 10.000	von	A = 200	bis	A = 2.500
für Vorentwürfe	1 : 5.000	von	A = 100	bis	A = 1.250
für Bauentwürfe	1 : 2.000	von	A = 40	bis	A = 500
für Bauentwürfe	1 : 1.000	von	A = 20	bis	A = 250
für Detailentwürfe	1 : 500	von	A = 10	bis	A = 125

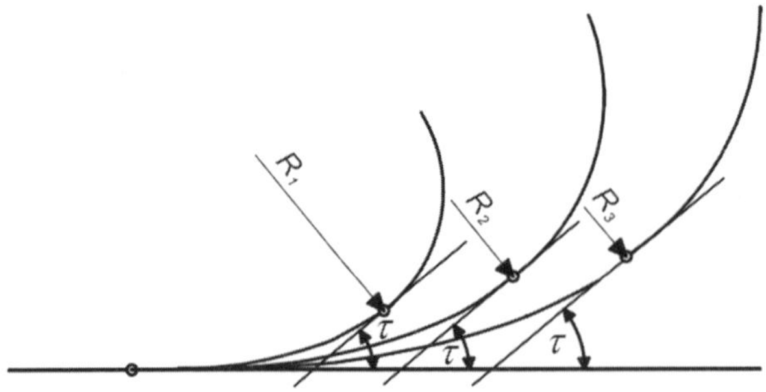

Der gleiche Tangentenwinkel gehört bei verschieden großen Klothoiden zu verschiedenen Krümmungsradien.

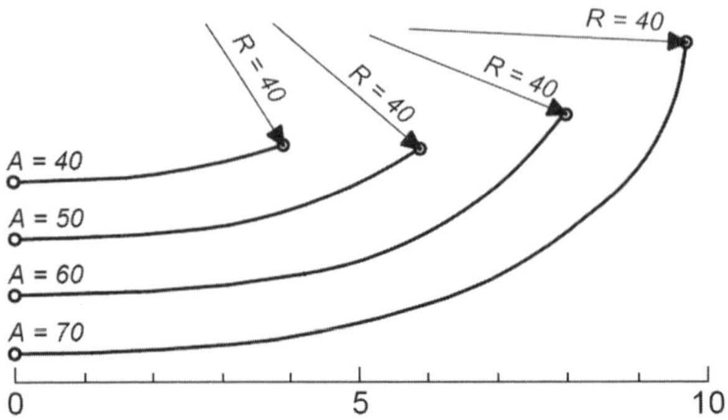

Der gleiche Krümmungsradius befindet sich bei verschieden großen Klothoiden an verschiedenen Formstellen.

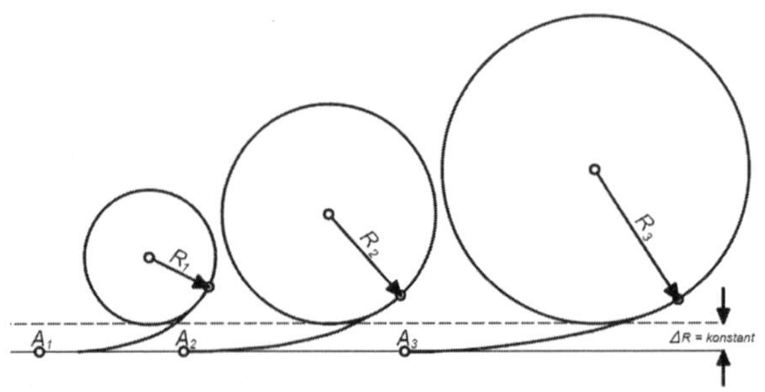

Die gleiche Tangentenabrückung ist mit verschieden großen Kreisen möglich.

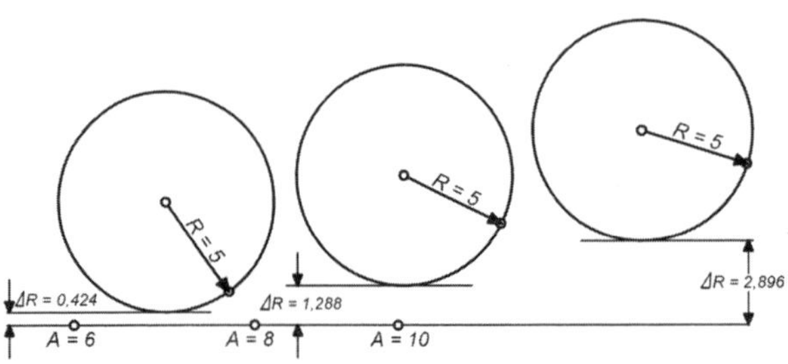

Der gleiche Radius kann mit verschiedenen Tangentenabrückungen verwendet werden. Dies ist möglich, wenn man verschieden große Klothoiden benutzt.

Abb. 3.19: Eigenschaften der Klothoiden

3.2.4.2 Anwendungen der Klothoide

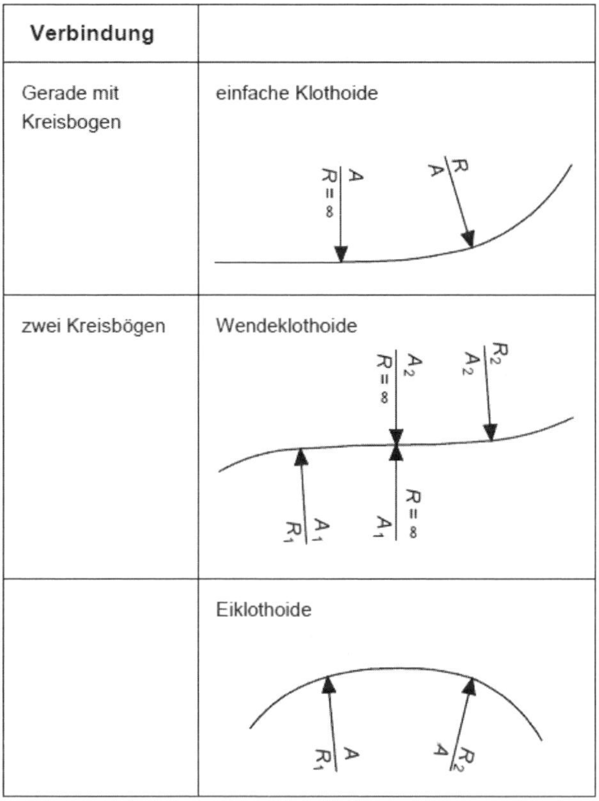

Abb. 3.20: Anwendungsformen des Übergangsbogens

In der Straßenplanung sind zwischen den Elementenfolgen Gerade und Kreisbogen sowie zwischen zwei Kreisbögen im Regelfall Klothoiden als Übergangsbogen einzusetzen. Diese sollen:

- eine optisch befriedigende Streckenführung durch eine allmähliche Änderung der Krümmung bewerkstelligen,
- eine schlagartige Änderung der bei der Kurvenfahrt auftretenden Zentrifugalbeschleunigung vermeiden,
- ein angenehmes Fahrgefühl durch langsames Ein- und Auslenken ermöglichen,
- den Verwindungsbereich zwischen den unterschiedlichen Querneigungen aufnehmen.

Bei der Anwendung der Klothoiden ist zu beachten, dass der flache Anfangsteil aller Klothoiden nur eine kaum merkliche Richtungsänderung bringt. Die gekrümmte Form wird erst erkennbar bei einer Richtungsänderung von wenigstens 3,5 gon.

Der Übergangsbogen sollte daher wenigstens zu einer Stelle mit folgenden Werten reichen:

$r = 3$	$R = 3\,A$	$\tau = 3{,}5368$ gon

Wenn die auf den Parameter bezogene Länge der Klothoide zu groß wird, besteht die Gefahr, dass die Kraftfahrzeuge infolge des immer kleiner werdenden Krümmungsradius aus der Kurve getragen werden („Hundekurve"). Im Allgemeinen sollen deswegen Übergangsbogen nicht weiter gehen als bis zu der Stelle mit den Werten

$r = 1$	$R = A$	$\tau = 31{,}8310$ gon

Aus diesen beiden Anwendungsgrenzen ergeben sich für die Trassierung mit Klothoiden (von den Eilinien abgesehen) die Faustformeln:

$R = A \text{ bis } 3 \cdot A$	$L = \frac{A}{3} \text{ bis } A$	$A = \frac{R}{3} \text{ bis } R$	$A = L \text{ bis } 3 \cdot L$

Nach den RAA sind bei allen Autobahnen Übergangsbögen erforderlich. Dabei sind folgende Mindestklothoidenparameter einzuhalten:

Entwurfsklasse	EKA 1 A	EKA 1 B	EKA 2	EKA 3
min A in m	300	240	160	90

Abb. 3.21: Mindestwerte für Klothoidenparameter bei Autobahnen

Auf einen Übergangsbogen darf nur dann verzichtet werden, wenn aufgrund einer geringen Winkeländerung der Kurve ($\gamma \leq 10$ gon, Flachbogen) die Elementenfolgen Übergangsbogen – Kreisbogen – Übergangsbogen nicht möglich ist.

Bei Landstraßen (Kategoriengruppe LS) darf ein Übergangsbogen entfallen

- bei einem Übergang von einer Geraden zu einen Radius $R \geq 1.000$ m, oder
- bei einer Wendelinie zwischen zwei Radien mit $R \geq 2.000$ m, oder
- wenn die Richtungswinkeländerung der Kurve $\gamma \leq 10$ gon ist (Flachbogen).

Für Flachbogen gelten die Mindestlängen nach Abb. 3.22. Außerdem sollte beim Flachbogen stets die optische Wirkung überprüft werden, weil leicht der Eindruck einer geknickten Linienführung entsteht.

Entwurfsklasse	EKA 1 bis EKA 3	EKL 1 und EKL 2	EKL 3	EKL 4
min L_{FB} in m	300	200	150	100

Abb. 3.22: Mindestlängen min L_{FB} bei Flachbögen

Wie bereits oben erwähnt, ist der Klothoidenparameter A so groß zu wählen, dass er optisch in Erscheinung tritt ($A \geq R/3$). Darüber hinaus ist der Klothoidenparameter für die Straßen der Kategoriengruppen AS und LS mindestens so groß zu wählen, dass die gesamte Anrampung der Fahrbahnränder ohne Überschreitung der maximal zulässigen Anrampungsneigung max Δs [%] innerhalb des Übergangsbogens untergebracht werden kann.

$$\min A = \sqrt{\frac{a \cdot (q_e - q_a)}{\max \Delta s} \cdot R}$$

mit	a	[m]	Abstand des Fahrbahnrandes von der Drehachse der Fahrbahn
	q_e	[%]	Querneigung am Ende der Klothoide
	q_a	[%]	Querneigung am Anfang der Klothoide
	$\max \Delta s$	[%]	maximale Anrampungsneigung

Die hierbei berechneten Klothoidenparameter sollen auf volle Zehnerwerte gerundet werden.

Für anbaufreie Hauptverkehrsstraßen (Kategoriengruppe VS), die nach den RASt zu planen sind, gelten folgende Mindestklothoidenparameter:

- min A = 50 m für zul V = 50 km/h
- min A = 90 m für zul V = 70 km/h

Klothoiden sind als Übergangsbogen also auch bei den anbaufreien Straßen der Kategoriengruppe VS erforderlich, sofern es sich nicht um flächenerschließende Feld- und Waldwege handelt.

Auch bei den angebauten Straßen der Kategoriengruppen HS und ES ist die Verwendung von Klothoiden erwünscht, wenn die zahlreichen innerörtlichen Zwangspunkte eine fahrdynamische Bemessung zulassen. Ansonsten erfolgt die Planung angebauter Straßen i. d. R. fahrgeometrisch.

Aus der Eigenschaft der zunehmenden bzw. abnehmenden Krümmung ergeben sich die folgenden Anwendungsmöglichkeiten der Klothoide in einem Trassenzug.

Verbundkurve:
Die Elementfolge **Gerade – Klothoide – Kreisbogen – Klothoide – Gerade** wird Verbundkurve genannt.

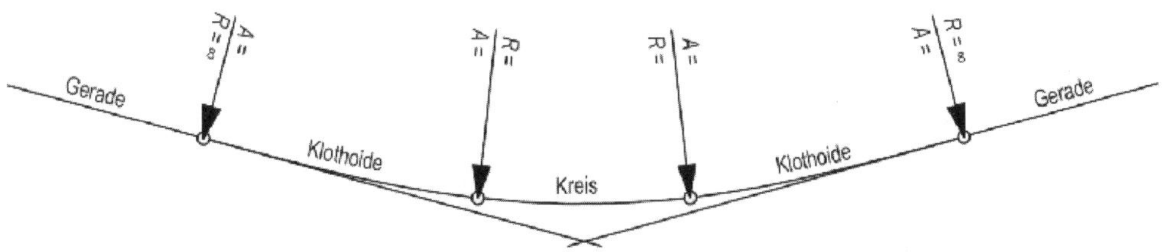

Abb. 3.23: Verbundkurve

Verbundkurven sollten grundsätzlich mit symmetrischen Klothoidenparametern ($A_1 \approx A_2$) ausgebildet werden. Bei unsymmetrischer Ausbildung ist das Verhältnis $A_1 : A_2 \leq 1{,}5$ einzuhalten. Dabei ist A_2 der kleinere Parameter.

Prinzipiell gilt dabei unter Beachtung der Grenzwerte, dass der Parameter umso größer sein soll, je kleiner der anschließende Kurvenradius ist. Dadurch wird ein langer und allmählicher Übergang erreicht. Gleiches gilt, je länger die Gerade und je breiter der Straßenquerschnitt sind. Soll der Kraftfahrer frühzeitig auf den nachfolgenden Kreisbogen hingewiesen werden, so empfiehlt sich ein kleiner Parameter ($A = R/3$). Der Übergang wird dadurch besser erkennbar.

Wendeklothoide (Abb. 3.24):

Sie besteht aus zwei im Ursprung aneinanderstoßenden, gegensinnig gekrümmten Klothoiden mit den in den Endpunkten anschließenden Kreisbogen. Eine Zwischengerade zwischen den entgegengesetzt gerichteten Kreisbogen ist nur ein sehr unvollkommener Ersatz für nichtvorhandene Übergangsbogen und wird daher nur für flächenerschließende Straßen und Wege bzw. für angebaute Straßen verwendet, bei denen die Fahrdynamik keine Rolle spielt.

Für jeden der beiden Klothoidenäste gelten die Bedingungen des einfachen Übergangsbogens. Im Interesse einer harmonischen Linienführung und einer gleichmäßigen Anrampung sollen beide Klothoidenäste gleiche oder annähernd gleiche Parameter aufweisen. Bei ungleichen Parametern ist für $A_2 \leq 300$ m bei Straßen der Kategoriengruppe AS und nach Möglichkeit auch bei der Kategoriengruppe LS folgende Bedingung einzuhalten:

$\frac{A_1}{A_2} \leq 1{,}5$ mit A_2 = kleinerer Parameter

Für die Radienfolge der beiden aufeinanderfolgenden gegensinnig gekrümmten Kreise sind die Grenzen der Abb. 3.2 zu beachten.

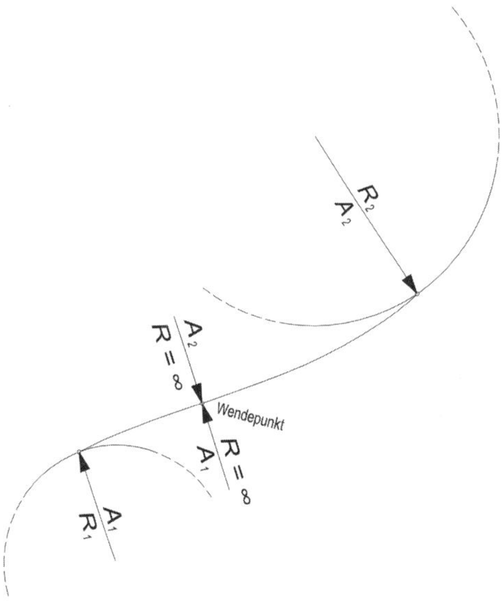

Abb. 3.24: Wendeklothoide

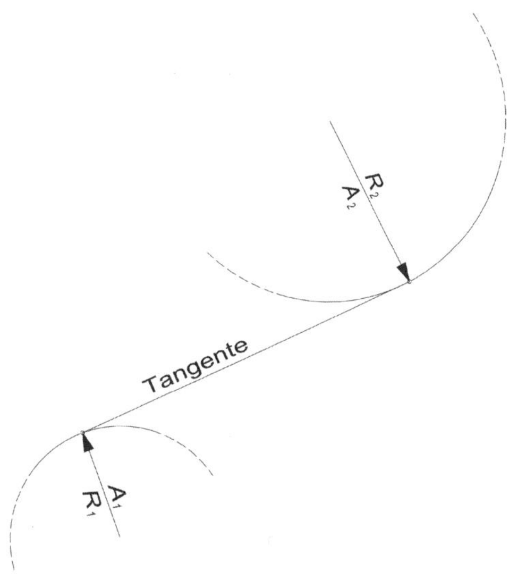

Abb. 3.25: Wendetangente

Die beiden entgegengesetzten, im Ursprung zusammenstoßenden Klothoidenäste sollten, wie bereits erläutert, möglichst gleich groß sein. Man spricht bei gleich großen Parametern von einer symmetrischen Wendelinie mit $A_1 = A_2 = A_w$. Legt man die Regel zugrunde, dass A_w zwischen $R/3$ und R der benachbarten Kreisbogen betragen sollte, dann gilt für ungleiche Kreisbogenradien R_1 und R_2:

$\frac{R_1}{3} \leq A_w \leq R_2$ mit R_1 = größerer und R_2 = kleinerer Kreisbogenradius

Zum Beispiel sollte bei R_1 = 600 m und R_2 = 400 m A zwischen 600/3 = 200 m und 400 m groß sein.

Kurze Zwischengeraden zwischen den beiden Klothoidenästen sind nur dann zulässig, wenn sie folgende Bedingung einhalten:

$$L_z \leq 0{,}08 \cdot (A_1 + A_2)$$

mit L_z Länge der Zwischengerade in m

A_1 und A_2 benachbarte Klothoidenparameter in m

Wird diese Bedingung nicht eingehalten, gelten beide Kurven als selbstständige Verbundkurven.

Eilinie (Abb. 3.27)**:**

Die Eilinie dient als Übergangsbogen zwischen zwei gleichsinnig gekrümmten Kreisbogen.

Zeichnet man an einer Klothoide in zwei verschiedenen Punkten die Schmiegekreise, dann entsteht mit dem die Kreise verbindenden Klothoidenstück die sog. Eiklothoide. Im Gegensatz zur einfachen Klothoide wird hier also nicht die gesamte Klothoide vom Ursprung ÜA mit $R = \infty$ bis zum Endpunkt ÜE verwendet, sondern ÜA fällt bei der Eilinie in einen Punkt mit einem endlich großen Schmiegekreis. Das Besondere an der Eilinie ist, dass die beiden Schmiegekreise ineinander liegen, sich nicht berühren und keinen gemeinsamen Mittelpunkt aufweisen. Die Klothoide ist die einzige mathematische Kurve, die die Verbindung zwischen zwei derartigen Kreisen mit der exakten Tangentenrichtung und dem exakten Schmiegekreisradius ermöglicht.

Der Klothoidenparameter der Eilinie (Eiklothoide) darf bei Autobahnen den Mindestwert gemäß der Abb. 3.21 nicht unterschreiten.

Damit die Eilinie optisch sichtbar wird, muss sie eine Richtungsänderung von $\tau_{Ei} \geq 3{,}54$ gon aufweisen. Für die Radienfolgen der beiden Kreise gelten die Bedingungen der Abb. 3.2. Wenn die beiden zu verbindenden Kreisbogen sich schneiden oder nebeneinander liegen, dann muss ein weiterer die beiden Kreise einschließender Kreis angeordnet werden, sodass zwei hintereinanderliegende Eilinien entstehen.

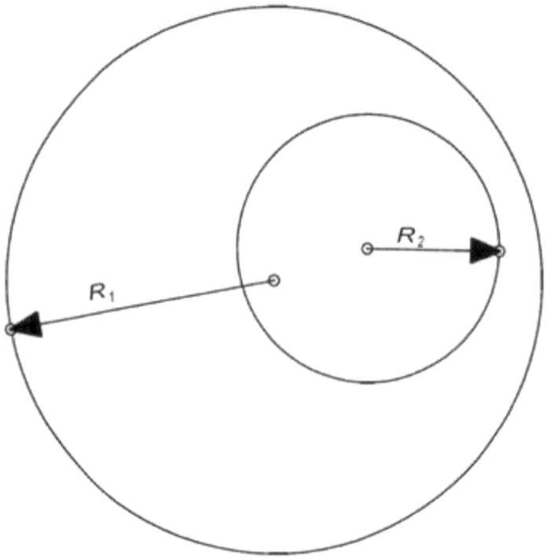

Die Verbindung der beiden Kreise durch eine Tangente ist nicht möglich. Liegen die Kreise ineinander und schneiden sich nicht, kann eine Eiklothoide angeordnet werden.

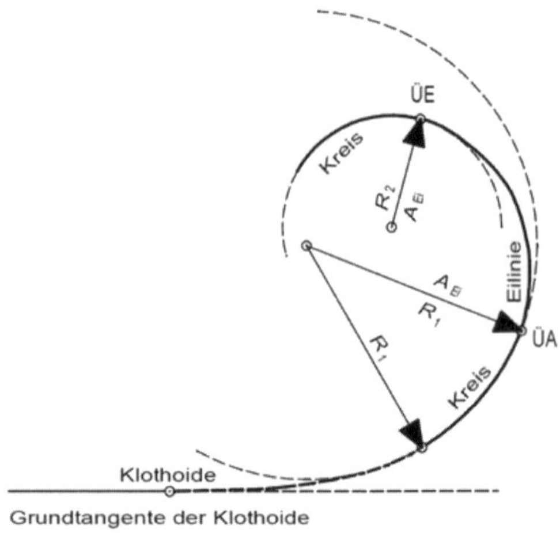

Eilinie aus zwei Kreisen und einem Klothoidenstück

Abb. 3.27: Eiklothoide

Scheitelklothoide:

Die Scheitelklothoide besteht aus zwei unmittelbar aneinanderstoßenden Klothoiden mit gleichgerichteter Krümmung; an der Verbindungsstelle befindet sich der Stoßradius R_S mit der Bogenlänge null. Sie ist bei Straßen der Kategoriengruppe LS mit Einschränkungen möglich.

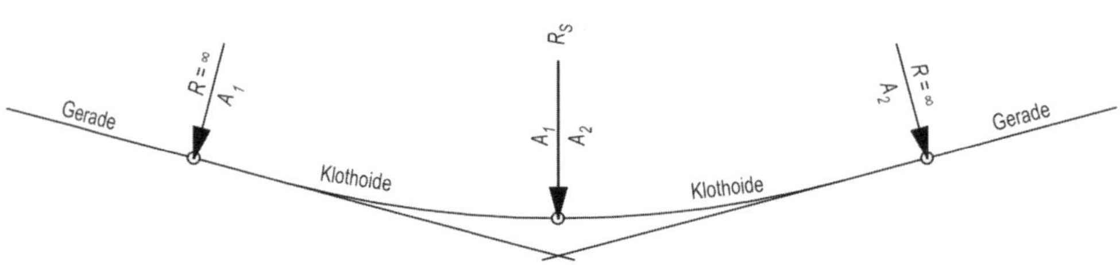

Abb. 3.28: Scheitelklothoide

Die Scheitelklothoide ist nur bei kleinen Richtungsänderungen ($\gamma \leq 10$ gon) zulässig. Bei schärferen Krümmungen ist sie abzulehnen, weil die unmittelbare Aufeinanderfolge von abnehmendem und zunehmendem Radius fahrtechnisch schwierig ist.

Die Parameter der beiden Übergangsbogen einer Scheitelklothoide sollen nach Möglichkeit gleich sein ($A_1 \approx A_2$). Dabei sollten die Kurvenlängen 200 m in den EKL 1 und EKL 2, 150 m in der EKL 3 und 100 m in der EKL 4 nicht unterschritten werden. Die Querneigung soll im Scheitelbereich auf einer Länge von 60 m konstant bleiben.

3.2.4.3 Einfache Klothoide

Wie bereits erwähnt, legt man beim praktischen Trassieren i. d. R. fest, dass die Bau-Kilometrierung von links nach rechts zunimmt. Demzufolge sind bei der Koordinatenberechnung von Klothoiden zwei Fälle zu unterscheiden:

a) Die Krümmung nimmt mit der Kilometrierung zu.

b) Die Krümmung nimmt mit der Kilometrierung ab.

Die Elementfolge **Gerade – Klothoide – Kreisbogen**, d. h. der Fall a), wurde bereits im Abschn. 3.2.4.1 ausführlich behandelt. Ebenso oft tritt naturgemäß der Fall b) auf, bei dem die Elementfolge **Kreisbogen – Klothoide – Gerade** lautet. Auch hierfür treffen die Aussagen des Abschn. 3.2.4.1 weitgehend zu, allerdings lässt sich bei der Klothoide „rückwärts" der Ursprung nicht so einfach berechnen wie der Übergang zum Kreisbogen bei der Klothoide „vorwärts". Die geometrischen Beziehungen sind aus Abb. 3.29 abzuleiten.

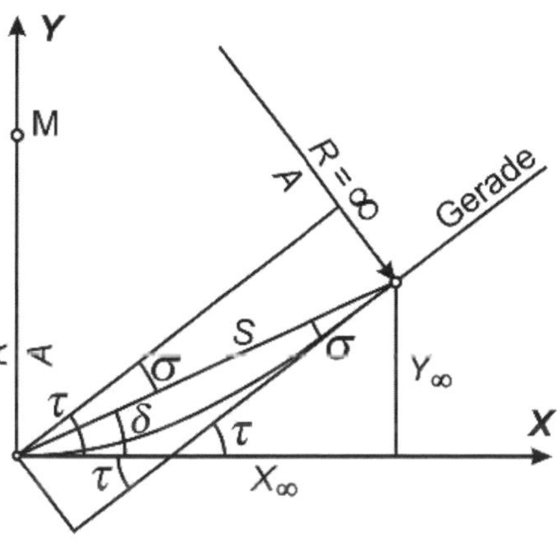

Abb. 3.29: Elementfolge Kreisbogen – Klothoide – Gerade

Um die Koordinaten des Klothoidenursprungs, bezogen auf den Punkt mit dem Krümmungsradius *R*, zu bestimmen, ermittelt man zunächst wie im Abschn. 3.2.4.1 beschrieben die Werte für den Tangentenwinkel τ, den Sehnen-Tangenten-Winkel σ und die Sehne *S*. Der Klothoidenursprung liegt, bezogen auf die *X*-Achse, jetzt entsprechend Abb. 3.29 im Richtungswinkel $\delta = \tau - \sigma$.

Somit hat der Klothoidenursprung nunmehr die Koordinaten:

$$S_\infty = S \cdot \cos\delta = S \cdot \cos(\tau - \sigma)$$

$$Y_\infty = S \cdot \sin\delta = S \cdot \sin(\tau - \sigma)$$

Wenn es sich um eine rechtsgekrümmte Klothoide handelt, sind sowohl bei der Klothoide „vorwärts" als auch „rückwärts" die Werte für τ, *Y*, σ und gegebenenfalls δ negativ.

Berechnungsbeispiel:

R = 110 m und *A* = 80 m wie im Berechnungsbeispiel zu 7. im Abschn. 3.2.4.1

τ = 16,8362 gon; *S* = 58,001 m; σ = 5,6083 gon

Für eine Klothoide „vorwärts" mit $R = \infty$, *A* = 80 m und *R* = 110 m ergäbe sich:

$$X = S \cdot \cos\sigma = 58{,}001 \cdot \cos 5{,}6083 = 57{,}776 \text{ m}$$

$$Y = S \cdot \sin\sigma = 58{,}001 \cdot \sin 5{,}6083 = 5{,}103 \text{ m}$$

Klothoide „rückwärts" mit $R = 110$ m, $A = 80$ m und $R = \infty$:

$$X\infty = S \cdot \cos(\tau - \sigma) = 58{,}001 \cdot \cos(16{,}8362 - 5{,}6083) = 57{,}101 \text{ m}$$

$$Y\infty = S \cdot \sin(\tau - \sigma) = 58{,}001 \cdot \sin(16{,}8362 - 5{,}6083) = 10{,}177 \text{ m}$$

Man kann somit für die drei Arten von Trassierungselementen – Gerade, Kreisbogen und Klothoide – jeweils die Werte für die Sehnenlänge, die Richtungsänderung und den Sehnen-Tangenten-Winkel bestimmen und nach Art eines Polygonzuges, vom Anfangspunkt ausgehend, den Endpunkt des betreffenden Elements berechnen, der seinerseits Anfangspunkt des nächsten Elements ist.

3.2.4.4 Die Verbundkurve

Wie bereits zu Abb. 3.23 erläutert wurde, erfolgt bei der Verbundkurve eine gleichmäßige Zunahme der Krümmung von der Geraden zum Kreis und anschließend wieder eine Abnahme vom Kreis zur Geraden. Es ergibt sich die Elementenfolge **Gerade – Klothoide – Kreis – Klothoide – Gerade**. Haben die beiden Klothoiden den gleichen Parameter *A*, dann spricht man von einer symmetrischen Verbundkurve.

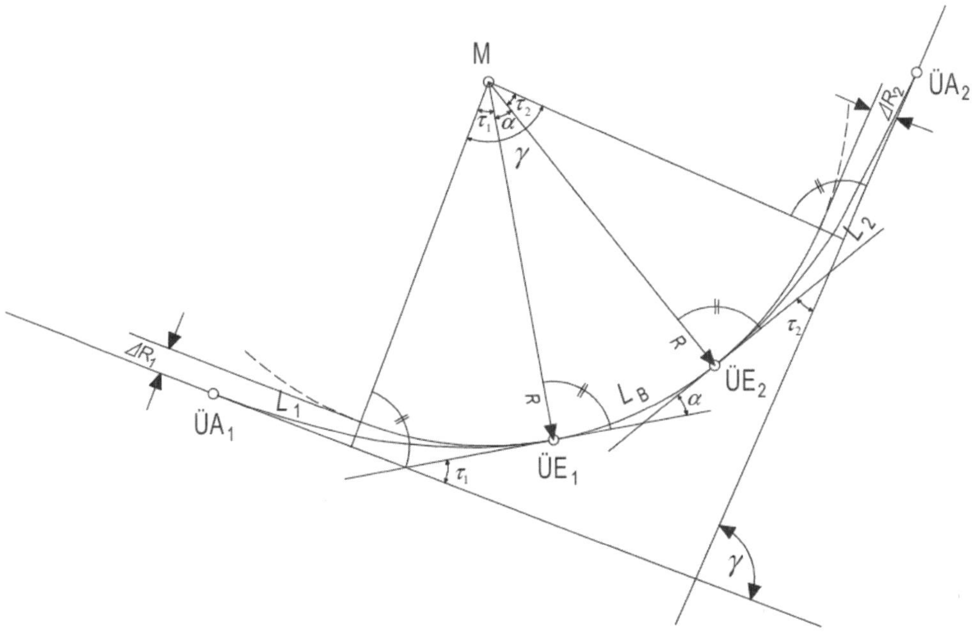

Abb. 3.30: Die Winkelbeziehungen der Verbundkurve

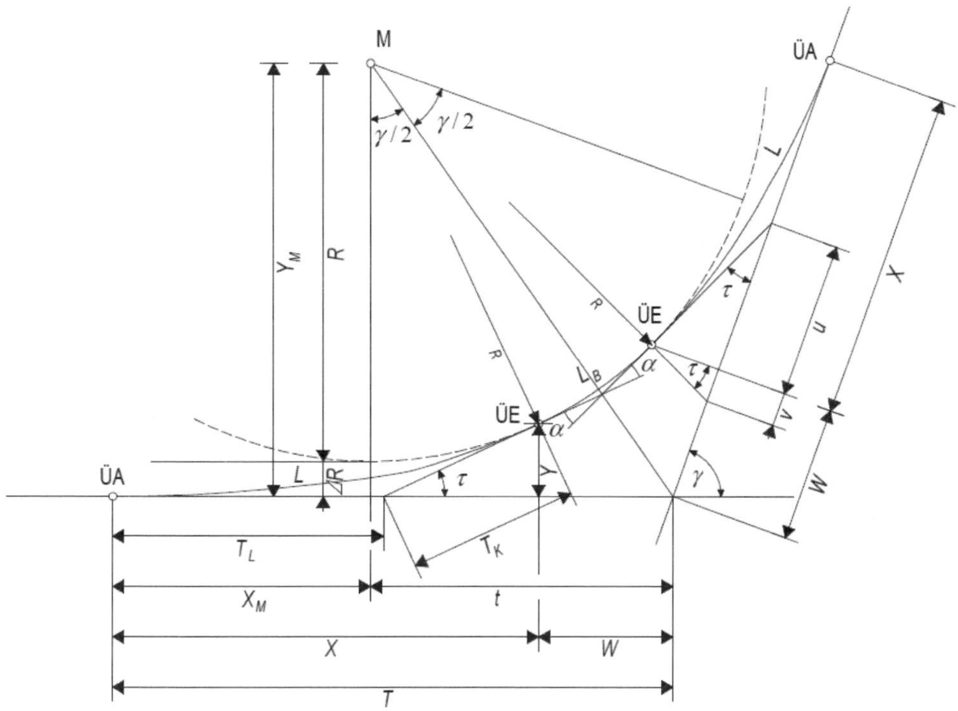

Abb. 3.31: Die Tangentenlängen der symmetrischen Verbundkurve

Werden aber zwei Klothoiden mit unterschiedlichem Parameter *A* benutzt, ergibt das den unsymmetrischen Fall (Abb. 3.34).

Zur Berechnung des Übergangsbogens liegt meist eine grafische Lösung der Trasse vor. Wenn – wie das meistens der Fall ist – kleine Abweichungen möglich sind, verwendet man vorzugsweise runde Klothoidenparameter, d. h. Normklothoiden. Das erleichtert sowohl die Berechnung als auch die Absteckung.

Berechnungsbeispiel 1 für eine symmetrische Verbundkurve:

In der graphischen Lösung der Trassierung schneiden sich zwei Geraden unter dem Winkel $\gamma = 66{,}6667$ gon. Für das Beispiel (Abb. 3.33, Spalte 1) werden $R = 350$ m und $A = 150$ m gewählt. Der Radius liegt im empfohlenen Radienbereich der EKL 3 und der Klothoidenparameter innerhalb der zulässigen Grenzwerte mit $R/3 \le A \le R$.

Mit Hilfe der Formeln nach Abschn. 3.2.4.1 werden folgende charakteristische Werte ermittelt:

$R = 350$ m	$A = 150$ m	$L = 64{,}286$ m	$\tau = 5{,}8465$ gon	$X = 64{,}232$ m
$Y = 1{,}967$ m	$X_M = 32{,}134$ m	$Y_M = 350{,}492$ m	$T_k = 21{,}446$ m	$T_l = 42{,}876$ m

Der Mittelpunktwinkel des Hauptbogens beträgt:

$$\alpha = \gamma - 2 \cdot \tau = 66{,}6667 - (2 \cdot 5{,}8465) = 54{,}9737 \text{ gon}$$

Die Länge des Hauptbogens L_B errechnet sich zu:

$$L_B = \alpha \cdot \frac{\pi}{200} \cdot 350 = 302{,}234 \text{ m}$$

Die Gesamtlänge der Verbundkurve von ÜA$_1$ bis ÜA$_2$ setzt sich aus den Längen der beiden Klothoidenstücke und der Länge des Hauptbogens zusammen:

$$L_{Verb} = 2 \cdot L + L_B = 2 \cdot 64{,}286 + 302{,}234 = 430{,}806 \text{ m}$$

Zur Berechnung der symmetrischen Verbundkurve eignet sich das Rechenschema Abb. 3.32.

Berechnung der Verbundkurve (symmetrische Form) für ...						
	Bezeichnung	Dim.	Zahlenwert 1	Zahlenwert 2	Zahlenwert 3	Zahlenwert 4
1	Gegeben: γ	gon				
2	Gegeben: R	m				
3	Gegeben: A	m				
4	$L = \frac{A^2}{R}$	m				
5	$\tau = \frac{L}{2 \cdot R}$	rad				
6	$\tau = \frac{L}{R} \cdot \frac{100}{\pi}$	gon				
7	$X = L \cdot \left\{1 - \frac{\tau^2}{10} \cdot \left[1 - \frac{\tau^2}{21{,}6} \cdot \left(1 - \frac{\tau^2}{43{,}333}\right)\right]\right\}$	m rad				
8	$Y = \frac{L \cdot \tau}{3} \cdot \left[1 - \frac{\tau^2}{14} \cdot \left(1 - \frac{\tau^2}{31{,}429}\right)\right]$	m rad				
9	$X_M = X - R \cdot \sin \tau$	m				
10	$Y_M = Y + R \cdot \cos \tau$	m				
11	$T_K = \frac{Y}{\sin \tau}$	m				
12	$T_L = X - \frac{Y}{\tan \tau}$	m				
13	$\alpha = \gamma - 2 \cdot \tau$	gon				
14	$L_B = \alpha \cdot \frac{\pi}{200} \cdot R$	m				
15	$L_{Verb} = 2 \cdot L + L_B$	m				
16	$t = Y_M \cdot \tan \frac{\gamma}{2}$	m				
17	$T = X_M + t$	m				

Abb. 3.32: Berechnung der Verbundkurve (symmetrische Form)

Berechnung der Verbundkurve (symmetrische Form) für die Beispiele 1 und 2						
	Bezeichnung	Dim.	Zahlenwert 1	Zahlenwert 2	Zahlenwert 3	Zahlenwert 4
1	Gegeben: γ	gon	66,6667	85,5000		
2	Gegeben: R	m	350,00	250,00		
3	Gegeben: A	m	150,00	122,50		
4	$L = \frac{A^2}{R}$	m	64,286	60,025		
5	$\tau = \frac{L}{2 \cdot R}$	rad	0,091837	0,12005		
6	$\tau = \frac{L}{R} \cdot \frac{100}{\pi}$	gon	5,8465	7,6426		
7	$X = L \cdot \left\{1 - \frac{\tau^2}{10} \cdot \left[1 - \frac{\tau^2}{21,6} \cdot \left(1 - \frac{\tau^2}{43,333}\right)\right]\right\}$	m rad	64,232	59,938		
8	$Y = \frac{L \cdot \tau}{3} \cdot \left[1 - \frac{\tau^2}{14} \cdot \left(1 - \frac{\tau^2}{31,429}\right)\right]$	m rad	1,967	2,400		
9	$X_M = X - R \cdot \sin \tau$	m	32,134	29,998		
10	$Y_M = Y + R \cdot \cos \tau$	m	350,492	250,600		
11	$T_K = \frac{Y}{\sin \tau}$	m	21,446	20,036		
12	$T_L = X - \frac{Y}{\tan \tau}$	m	42,876	40,047		
13	$\alpha = \gamma - 2 \cdot \tau$	gon	54,9737	70,2148		
14	$L_B = \alpha \cdot \frac{\pi}{200} \cdot R$	m	302,234	275,734		
15	$L_{Verb} = 2 \cdot L + L_B$	m	430,806	395,784		
16	$t = Y_M \cdot \tan \frac{\gamma}{2}$	m	202,357	199,157		
17	$T = X_M + t$	m	234,491	229,155		

Abb. 3.33: Berechnungsbeispiele für die symmetrische Verbundkurve

Zur Konstruktion ist noch die Berechnung der Tangentenlänge T zweckmäßig. Dafür gelten folgende Beziehungen:

$t = Y_M \cdot \tan \frac{\gamma}{2}$

$T = X_M + t = X_M + Y_M \cdot \tan \frac{\gamma}{2}$

$W = T - X$ oder $T = X_M + Y_M \cdot \frac{\gamma}{2}$

Subtangente $u = \frac{\gamma}{\tan \tau} = T_k \cdot \cos \tau$

Subnormale $v = Y \cdot \tan \tau$

Für das Beispiel ergibt das folgende Werte:

$t = 350{,}492 \cdot \tan 33{,}3333\, gon = 202{,}357 \text{ m}$

$T = 32{,}134 + 202{,}357 = 234{,}491 \text{ m}$

$W = 234{,}491 – 64{,}232 = 170{,}259 \text{ m}$

$u = 21{,}446 \cdot \cos 5{,}8465 \text{ gon} = 21{,}357 \text{ m}$

$v = 1{,}967 \cdot \tan 5{,}8465 \text{ gon} = 0{,}181 \text{ m}$

Wenn die Trasse durch einen Zwangspunkt gehen soll, dann wird es erforderlich, den Parameter entsprechend zu bestimmen, was fast immer zu einem unrunden Wert für A führt. In den meisten Fällen ist ΔR als Zwangsbedingung gegeben.

Berechnungsbeispiel 2 für den symmetrischen Fall und unrunden Parameter:
Aus der grafischen Lösung werden der Radius $R = 250{,}00$ m und die Zwangsbedingung $\Delta R = 0{,}60$ m entnommen. Daraus werden zunächst die Klothoidenlänge L und der Parameter A festgelegt.

$$L = \sqrt{(24 \cdot R + 6 \cdot \Delta R) \cdot \Delta R} = 60{,}018 \text{ m}$$

$$A = \sqrt{R \cdot L} = \sqrt{250{,}00 \cdot 60{,}018} = 122{,}493 \text{ m}$$

Die weitere Berechnung erfolgt wie im vorhergehenden Beispiel für runde Werte des Parameters (Abb. 3.27, Spalte 2). Es bestätigt sich

$$\Delta R = Y_M - R = 250{,}600 – 250{,}000 = 0{,}600 \text{ m}$$

Für alle praktisch vorkommenden Tangentenwinkel τ kann man aus folgenden Näherungsformeln die Klothoidenwerte ableiten, um danach die geeignete Klothoide mit einem runden Wert A für die endgültige Rechnung zu wählen.

$$X_M \approx \sqrt{(6 \cdot R - \Delta R) \cdot \Delta R}$$

Die vorstehende Formel kann nach R oder ΔR aufgelöst werden.

$$R \approx \frac{X_M^2 + \Delta R^2}{6 \cdot \Delta R}$$

$$\Delta R \approx 3 \cdot R - \sqrt{(3 \cdot R + X_M) \cdot (3 \cdot R - X_M)}$$

Ferner kann τ in gon berechnet werden.

$$\tau\,(gon) \approx 63{,}662 \cdot \sqrt{\frac{3 \cdot \Delta R}{2 \cdot R} \cdot \left(4 + \frac{\Delta R}{R}\right)}$$

Der Näherungsansatz für L sei der Vollständigkeit halber noch einmal wiedergegeben:

$$L = \sqrt{(24 \cdot R + 6 \cdot \Delta R) \cdot \Delta R}$$

Unsymmetrische Verbundkurve:
Manchmal ist es notwendig, für die Verbundkurve wegen der Zwangspunkte verschiedene Parameter A_1 und A_2 für die beiden Klothoiden zu verwenden. Man spricht dann von der unsymmetrischen Form der Verbundkurve.

Bei der Berechnung müssen die beiden Übergangsbogen getrennt ermittelt werden. Ausgangspunkt ist auch hier die grafische Lösung der Trassierung, aus der die Werte für γ, R, A_1 und A_2 entnommen werden. Wenn statt der Klothoidenparameter andere Werte aus der grafischen Lösung entnommen werden und diese bindend sind, müssen A_1 und A_2 errechnet werden, wie dies analog bei der symmetrischen Form mit unrundem Parameter geschehen ist. Zur Vereinfachung versucht man aber runde Werte für A_1 und A_2 zu verwenden.

Die Lösung erfolgt in ähnlicher Weise wie beim symmetrischen Fall. Im Unterschied dazu müssen die Tangentenlängen jedoch nach anderen Formeln berechnet werden, da durch die unterschiedlichen Tangentenabrückungen ΔR die Winkelhalbierende von γ nicht mehr durch den Tangentenschnittpunkt der Trasse verläuft (Abb. 3.34).

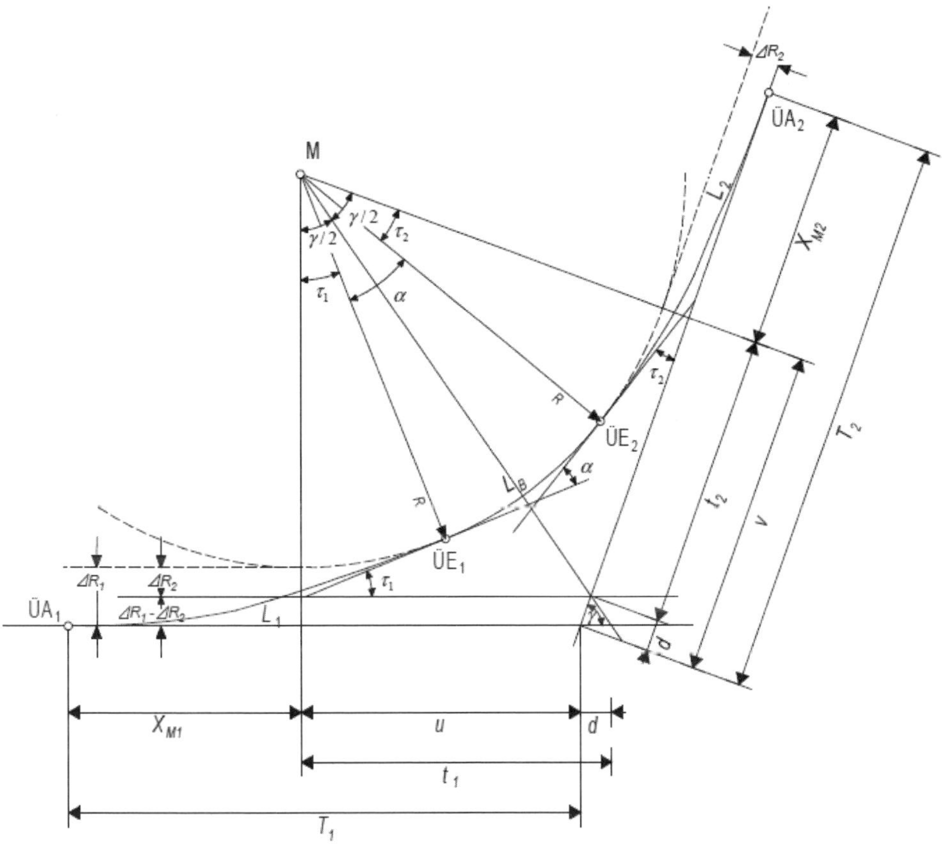

Abb. 3.34: Die unsymmetrische Form der Verbundkurve

Auch die Berechnung der unsymmetrischen Form des Übergangsbogens erfolgt zweckmäßig tabellarisch im Formblatt „Berechnung der Verbundkurve, unsymmetrische Form" (Abb. 3.35).

Es gilt: $T_1 = X_{M1} + u = X_{M1} + t_1 - d$ $\qquad T_2 = X_{M2} + v = X_{M2} + t_2 + d$

$$t_1 = Y_{M1} \cdot \tan\frac{\gamma}{2} \qquad t_2 = Y_{M2} \cdot \tan\frac{\gamma}{2} \qquad d = \frac{\Delta R_1 - \Delta R_2}{\sin\gamma} = \frac{Y_{M1} - Y_{M2}}{\sin\gamma}$$

$$\alpha_1 = y - \Sigma\tau = y - (\tau_1 + \tau_2) \qquad L_B = \frac{\pi}{200} \cdot \alpha \cdot R$$

Daraus ergibt sich, dass auf der Seite der größeren Tangentenabrückungen die Tangentenlänge *T* um die Länge *d* kleiner, dagegen auf der anderen Seite um *d* größer wird.

Berechnung der Verbundkurve (unsymmetrische Form) für						
	Bezeichnung	Dim.	1. Verbundkurve		2. Verbundkurve	
			Klothoide 1	Klothoide 2	Klothoide 1	Klothoide 2
1	Gegeben: γ	gon				
2	Gegeben: *R*	M				
3	Gegeben: *A*	m				
4	$L = \frac{A^2}{R}$	m				
5	$\tau = \frac{L}{2 \cdot R}$	rad				
6	$\tau = \frac{L}{R} \cdot \frac{100}{\pi}$	gon				
7	$X = L \cdot \left\{1 - \frac{\tau^2}{10} \cdot \left[1 - \frac{\tau^2}{21,6} \cdot \left(1 - \frac{\tau^2}{43,333}\right)\right]\right\}$	m rad				
8	$Y = \frac{L \cdot \tau}{3} \cdot \left[1 - \frac{\tau^2}{14} \cdot \left(1 - \frac{\tau^2}{31,429}\right)\right]$	m rad				
9	$X_M = X - R \cdot \sin \tau$	m				
10	$Y_M = Y + R \cdot \cos \tau$	m				
11	$t_i = Y_{Mi} \cdot \tan \frac{\gamma}{2}$	m				
12	$d = \frac{Y_{M1} - Y_{M2}}{\sin \gamma}$	m				
13	$u = t_1 - d$ bzw. $v = t_2 + d$	m				
14	$T_1 = X_{M1} + t_1 - d$ bzw. $T_2 = X_{M2} + t_2 + d$	m				
15	$\alpha = \gamma - (\tau_1 + \tau_2)$	gon				
16	$L_B = \frac{\pi}{200} \cdot \alpha \cdot R$	m				
17	$L_{Verb} = L_1 + L_B + L_2$	m				

Abb. 3.35: Berechnung der Verbundkurve (unsymmetrische Form)

Berechnung der Verbundkurve (unsymmetrische Form) für Beispiele						
	Bezeichnung	Dim.	1. Verbundkurve		2. Verbundkurve	
			Klothoide 1	Klothoide 2	Klothoide 1	Klothoide 2
1	Gegeben: γ	m	66,6667		116,0000	
2	Gegeben: R	m	400,00		180,00	
3	Gegeben: A	m	350,00	200,00	150,00	165,00
4	$L = \frac{A^2}{R}$	m	306,25	100,00	125,00	151,25
5	$\tau = \frac{L}{2 \cdot R}$	rad	0,3828125	0,1250000	0,347222	0,420139
6	$\tau = \frac{L}{R} \cdot \frac{100}{\pi}$	gon	24,3706	7,9577	22,1049	26,7469
7	$X = L \cdot \left\{1 - \frac{\tau^2}{10} \cdot \left[1 - \frac{\tau^2}{21{,}6} \cdot \left(1 - \frac{\tau^2}{43{,}333}\right)\right]\right\}$	m rad	301,792	99,844	123,501	148,602
8	$Y = \frac{L \cdot \tau}{3} \cdot \left[1 - \frac{\tau^2}{14} \cdot \left(1 - \frac{\tau^2}{31{,}429}\right)\right]$	m rad	38,672	4,162	14,343	20,916
9	$X_M = X - R \cdot \sin \tau$	m	152,380	49,974	62,250	75,182
10	$Y_M = Y + R \cdot \cos \tau$	m	409,719	401,041	183,601	185,262
11	$t_i = Y_{Mi} \cdot \tan \frac{\gamma}{2}$	m	236,551	231,541	236,697	238,838
12	$d = \frac{Y_{M1} - Y_{M2}}{\sin \gamma}$	m	10,020		1,715	
13	$u = t_1 - d$ bzw. $v = t_2 + d$	m	226,531	241,561	234,982	237,123
14	$T_1 = X_{M1} + t_1 - d$ bzw. $T_2 = X_{M2} + t_2 + d$	m	378,911	291,535	297,232	312,305
15	$\alpha = \gamma - (\tau_1 + \tau_2)$	gon	34,3384		67,1482	
16	$L_B = \frac{\pi}{200} \cdot \alpha \cdot R$	m	215,754		189,857	
17	$L_{Verb} = L_1 + L_B + L_2$	m	622,004		466,107	

Abb. 3.36: Berechnungsbeispiele für die Verbundkurve (unsymmetrische Form)

Bei der unsymmetrischen Verbundkurve können die Längenverhältnisse selbst vorgegeben werden:

$L_1 : L_B : L_2 = 1 : n : m$ Somit sind: $L_B = n \cdot L_1$ und $L_2 = m \cdot L_1$

Die Berechnung erfolgt über den Tangentenwinkel, denn für die einzelnen Bogenanteile lassen sich die Winkeländerungen unschwer bestimmen.

1. Klothoide: $\tau_1 = \frac{L_1}{2 \cdot R}$ in rad

Kreisbogen: $\alpha = \frac{L_B}{R}$ in rad

2. Klothoide: $\tau_2 = \frac{L_2}{2 \cdot R} = \frac{m \cdot L_1}{2 \cdot R}$ in rad

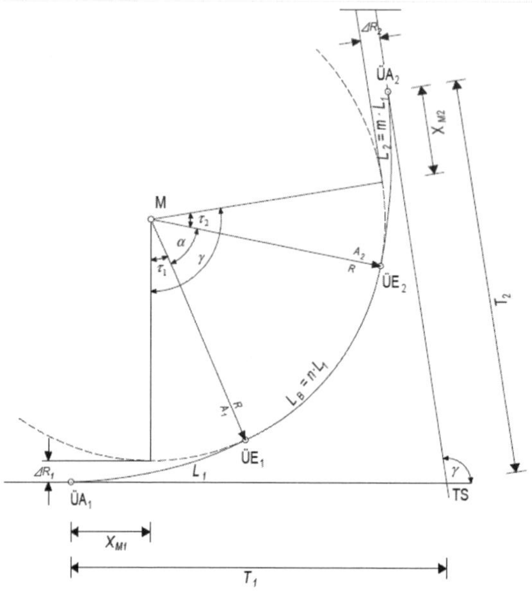

Abb. 3.37: Längenverhältnisse der Verbundkurve

Diese Ausdrücke in $\gamma = \tau_1 + \alpha + \tau_2$ eingesetzt, ergeben:

$$\gamma = \frac{L_1}{2 \cdot R} \cdot \left(1 + 2 \cdot n + m\right)$$

Und unter Einsetzung der obigen Formel für den Tangentenwinkel der ersten Klothoide sodann:

$$\gamma = \tau_1 \cdot (1 + 2 \cdot n + m)$$

Daraus sind die Winkeländerungen in den Teilelementen zu berechnen mit $\tau_1 = \frac{\gamma}{1 + 2 \cdot n + m}$ und $\tau_2 = m \cdot \tau_1$ jeweils in rad oder gon.

Um die Winkel im Bogenmaß (rad) zu erhalten, muss man γ zunächst umrechnen mit $\gamma\,(\text{rad}) = \gamma\,(\text{gon}) \cdot \frac{\pi}{200}$

Aus den für τ_1 und τ_2 ermittelten Werten sind mit Hilfe von $A = R \cdot \sqrt{2 \cdot \tau(\text{rad})}$ die beiden gewünschten Klothoidenparameter A_1 und A_2 zu berechnen, sodass man nun nach dem Schema der Abb. 3.35 die anderen gesuchten Größen erhält.

Berechnungsbeispiel für eine unsymmetrische Verbundkurve:

Zwei sich im Winkel $\gamma = 116{,}00$ gon schneidende Geraden sind durch einen Kreisbogen $R = 180{,}00$ m mit je einer vor- und nachgeschalteten Klothoide zu verbinden. Das Verhältnis der Längen der Einzelelemente sei mit

$$L_1 : L_B : L_2 = 1 : n : m = 1 : 1{,}5 : 1{,}2$$

vorgegeben. Die für die Absteckung des Bogens erforderlichen Werte sind zu ermitteln.

$$\gamma = \frac{\pi}{200} \cdot 116{,}00 = 1{,}822124 \text{ rad}$$

$$\tau_1 = \frac{\gamma}{1 + 2 \cdot n + m} = \frac{1{,}822124}{1 + 2 \cdot 1{,}5 + 1{,}2} = 0{,}350408 \text{ rad}; \quad A_1 = 180 \cdot \sqrt{2 \cdot 0{,}350408} = 150{,}687 \text{ m}$$

$$\tau_2 = m \cdot \tau_1 = 1{,}2 \cdot 0{,}350408 = 0{,}420490 \text{ rad}; \quad A_2 = 180 \cdot \sqrt{2 \cdot 0{,}420490} = 165{,}069 \text{ m}$$

In der Praxis werden nun die nächstliegenden runden Werte für die Parameter verwendet. Damit wird zwar das angestrebte Längenverhältnis geringfügig verändert, aber die Berechnung vereinfacht. Für das Beispiel wird gewählt

$A_1 = 150{,}00$ m und $A_2 = 165{,}00$ m

Die vergleichende Berechnung zeigt, dass die Abweichungen nur gering sind und für die Trassierung keine Schwierigkeiten bedeuten. Im Beispiel betragen bei genauer Durchrechnung

$L_1 = 126{,}147$ m und $L_2 = 151{,}376$ m und mit den gewählten runden Parametern

$L_1 = 125{,}000$ m und $L_2 = 151{,}250$ m

Der weitere Rechengang mit den runden Parametern kann aus der Abb. 3.36, 2. Verbundkurve, entnommen werden.

3.2.4.5 Die Scheitelklothoide

Die Scheitelklothoide stellt einen Sonderfall der Verbundkurve dar. Sie entsteht, wenn die beiden Klothoidenstücke am gemeinsamen Scheitelradius R_S unmittelbar zusammenstoßen und somit $L_B = \alpha = n = 0$ ist. Damit werden die Formeln für die Verbundkurve sehr vereinfacht. Je nach den vorgegebenen Bedingungen kann dann beim Längenverhältnis $L_1 : L_2 = 1 : m$ der Wert m gleich oder ungleich 1 sein. Für Straßen der Kategoriengruppe LS empfehlen die RAL gleiche Klothoidenparameter. Aus $A_1 = A_2$ und dem gemeinsamen Stoßradius R_S folgt, dass dort $\tau_1 = \tau_2 = \gamma/2$ und $L_1 = L_2$ sein müssen, d. h., bei der symmetrischen Scheitelklothoide ist $m = 1$. Im Gegensatz dazu bedeutet $m \neq 1$, dass eine unsymmetrische Scheitelklothoide vorliegt.

Wenn ein Fahrzeuglenker einer Scheitelklothoide exakt folgt, dann muss er im Scheitelpunkt die Drehgeschwindigkeit des Lenkrades genau in die Gegenrichtung umkehren. Weil das mit einer ruckartigen Fahrweise verbunden ist, sollen Scheitelklothoiden nur in Ausnahmefällen, z. B. bei Kurven mit geringen Richtungsänderungswinkeln ($\gamma \leq 10$ gon), angewendet werden. Außerdem soll der Stoßradius R_S mindestens dem Kurvenradius der jeweiligen Entwurfsklasse (Abb. 3.4) entsprechen.

Unter diesen Umständen ist die Geschwindigkeit des Lenkeinschlages so gering, dass der Ruck nicht mehr wahrgenommen werden kann. Nichtsdestoweniger stellt die Trassierung mit Scheitelklothoiden bei Straßen der Kategoriengruppe LS stets den Ausnahmefall dar. Für Autobahnen, die nach den RAA geplant werden, ist die Trassierung mit Scheitelklothoiden nicht vorgesehen.

Die symmetrische Scheitelklothoide:

In der Praxis sind meist folgende Werte gegeben oder können der graphischen Lösung entnommen werden:

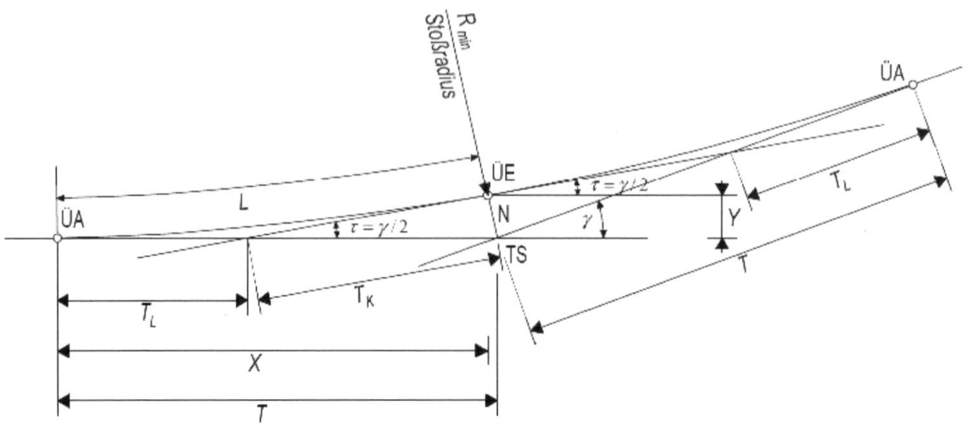

Abb. 3.38: Geometrie der symmetrischen Scheitelklothoide

1. Der Tangentenschnittwinkel γ und der Stoßradius, z. B. $R_S = \min R_S$

   Entsprechend dem bekannten Verhältnis $\tau = \gamma/2$ wird der Winkel τ bestimmt. Mit

   $$A = R \cdot \sqrt{2 \cdot \tau(\text{rad})} = R \cdot \sqrt{\frac{\tau(\text{gon}) \cdot \pi}{100}}$$

   kann der Klothoidenparameter A festgelegt werden, sodass mit Hilfe des Berechnungsschemas Abb. 3.32 sämtliche Bestimmungsgrößen zu ermitteln sind. Dabei haben in den Zeilen 13 und 14 die Größen α und L_B den Wert null.

2. Der Tangentenschnittwinkel γ und die Klothoidenlänge L

   Der Winkel τ ergibt sich wie vorher aus $\tau = \gamma/2$, sodass mit

   $$A = \frac{L}{\sqrt{2 \cdot \tau(\text{rad})}} = L \cdot \sqrt{\frac{100}{\tau(\text{gon}) \cdot \pi}}$$

   wiederum A und mit dem Berechnungsschema Abb. 3.32 die restlichen benötigten Werte erzeugt werden können. Hier muss vor der endgültigen Festlegung jedoch geprüft werden, ob der sich ergebende Radius des Schmiegekreises im Scheitelpunkt tatsächlich größer als $\min R_S$ ist.

3. Der Tangentenschnittwinkel γ und die Tangentenlänge T

   Dieser Fall lässt sich mit Hilfe einer Tafel für die Einheitsklothoide lösen, denn es ist

   $$A = \frac{T}{x + y \cdot \tan\tau}$$ mit x = Abszisse der Einheitsklothoide
   y = Ordinate der Einheitsklothoide

   Falls keine derartige Tafel zur Verfügung steht, können die entsprechenden Werte der Einheitsklothoide mit dem Taschenrechner auch selbst ermittelt werden:

$$x = \sqrt{2 \cdot \tau} \cdot \left\{1 - \frac{\tau^2}{10} \cdot \left[1 - \frac{\tau^2}{21,6} \cdot \left(1 - \frac{\tau^2}{43,333}\right)\right]\right\}$$

$$y = \frac{\sqrt{2}}{3} \cdot \tau^{\frac{3}{2}} \cdot \left[1 - \frac{\tau^2}{14} \cdot \left(1 - \frac{\tau^2}{31,429}\right)\right]$$

Berechnungsbeispiel zur symmetrischen Scheitelklothoide:

Gegeben seien:

$\gamma = 29,4373$ gon und $T = 350,00$ m.

$\tau = \gamma/2 = 14,71865$ gon $= 0,231200$ rad

Werte der Einheitsklothoide: $x = 0,6763742$ und $y = 0,0522055$

$$A = \frac{T}{x + y \cdot \tan\tau} = \frac{350,00}{0,6763742 + 0,0522055 \cdot \tan 14,7186\,\text{gon}} = 508,231\ \text{m}$$

$$R = \frac{A}{\sqrt{2 \cdot \tau(\text{rad})}} = \frac{508,231}{\sqrt{2 \cdot 0,231200}} = 747,399\ \text{m}$$

Der weitere Rechengang mit dem Schema der Abb. 3.32 bestätigt die eingangs getroffenen Annahmen.

Die unsymmetrische Scheitelklothoide:

Sie besteht aus zwei Klothoidenästen mit verschiedenen Parametern, die in ihrem Endpunkt zusammenstoßen; hier haben beide den gleichen Radius und eine gemeinsame Tangente (Abb. 3.39).

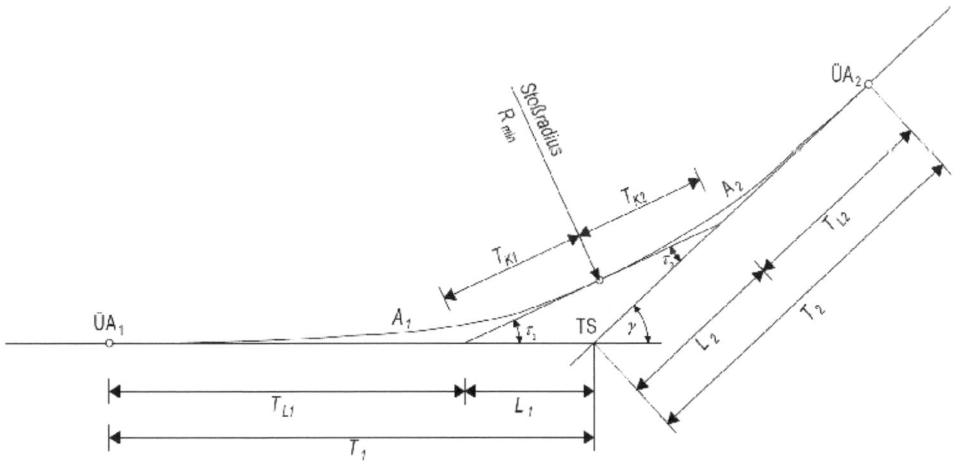

Abb. 3.39: Geometrie der unsymmetrischen Scheitelklothoide

Da bei der unsymmetrischen Scheitelklothoide $L_1 \neq L_2$ ist, müssen die Klothoidenlängen selbst bekannt sein oder aber das Verhältnis L_1 / L_2. Dann können die Winkel τ_1 und τ_2 aus dem Tangentenschnittwinkel γ über die vereinfachte Formel der Verbundkurve errechnet werden.

$$L_1 : L_2 = 1 : m \qquad \tau_1 = \frac{\gamma}{1 + m} \qquad \tau_2 = m \cdot \tau_1$$

3.2.4.6 Die Wendelinie

Sind zwei Kreisbogenstücke mit gegensinnigen Krümmungen zu verbinden, so kann das nicht durch eine Gerade in Form der gemeinsamen Tangente geschehen, da dies zu einem unstetigen Krümmungsverlauf führt. Ein harmonischer Übergang vom Anfangskreisbogen zum gegengekrümmten zweiten Kreisbogen wird durch eine S-Kurve aus zwei Übergangsbogen erreicht, die Wendelinie genannt wird. Sie wird durch zwei antisymmetrisch zueinander liegende Klothoidenäste gebildet, die mit ihren Ursprungspunkten ($R = \infty$) aneinanderstoßen. In Abb. 3.40 sind die unterschiedlichen Krümmungsbilder der symmetrischen und der unsymmetrischen Wendelinie dargestellt. Nebenbei kann daraus anschaulich abgelesen werden, dass der Parameter *A* ein Maß für die unterschiedliche Zunahme der Krümmung ist.

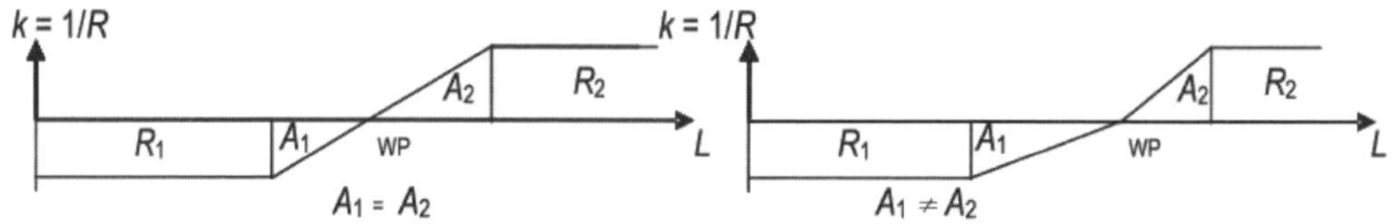

Abb. 3.40: Krümmungsbilder der symmetrischen und der unsymmetrischen Wendelinie

Vorzugsweise benutzt man für die beiden Klothoidenäste der Wendelinie den gleichen Parameter. In diesem Fall entsteht die „symmetrische Wendelinie". Für den Fahrzeuglenker ist das Befahren einer symmetrischen Wendelinie mit einer konstanten Drehgeschwindigkeit des Lenkrades bis zum Erreichen des nächsten Kreisbogens verbunden, und außerdem vereinfacht sich die Berechnung. Es ist aber auch möglich, unterschiedliche Parameter zu verwenden, z. B., wenn die gegebenen Zwangspunkte dies erfordern (unsymmetrische Wendelinie). An die beiden außenliegenden Kreisbogenstücke können sich weitere Wendelinien oder einfache Klothoiden mit Übergang zur Geraden anschließen.

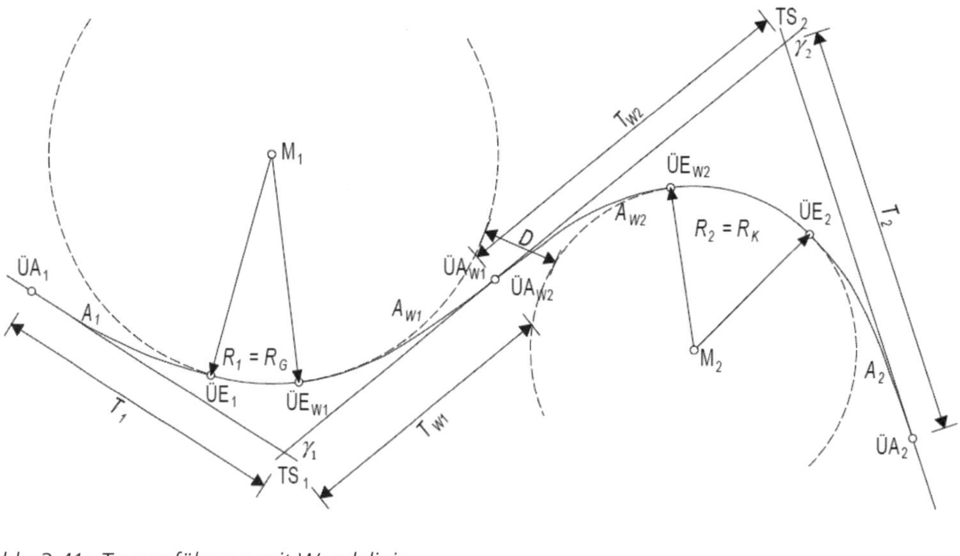

Abb. 3.41: Trassenführung mit Wendelinie

Die Entwurfsaufgabe besteht darin, zu zwei beim grafischen Entwurf festgelegten Kreisbögen die geeignete Wendelinie zu finden oder für eine gewünschte Wendelinie die gegenseitige Lage der Kreise zu bestimmen.

Die Lage zweier gegebener Kreise zueinander ist eindeutig durch ihren Mittelpunktabstand *M* bestimmt, der sich aus der Summe der beiden Radien R_1 und R_2 und des Kreisabstandes *D* zusammensetzt: $M = R_1 + D + R_2$. Auch der Kreisabstand *D* allein genügt zur Kennzeichnung der gegenseitigen Lage der beiden Kreise.

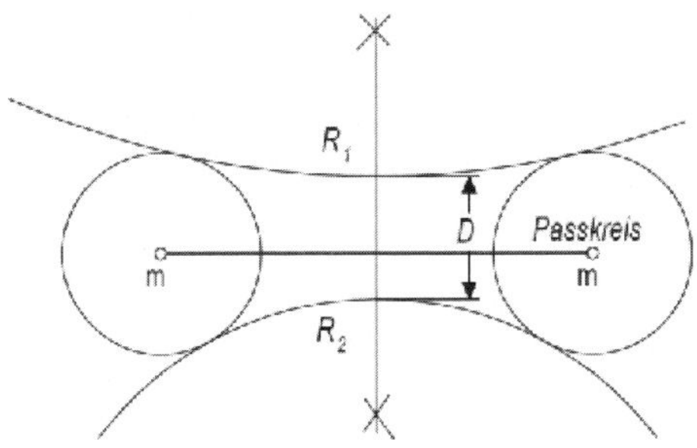

Abb. 3.42: Passkreiskonstruktion zur Ermittlung des Kreisbogenabstandes ***D***

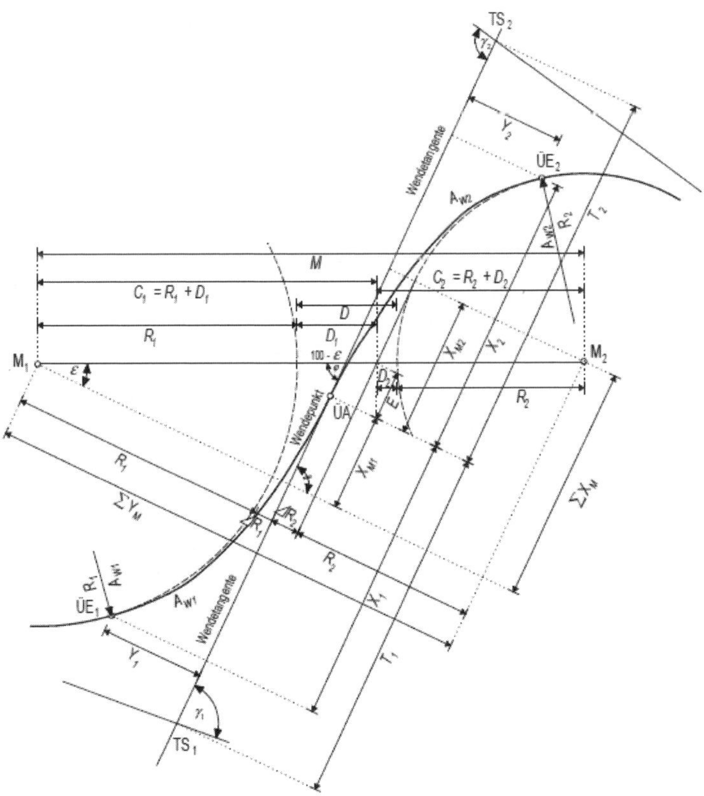

Abb. 3.43: Die Geometrie der Wendelinie

Leider sind die Kreismittelpunkte bei den in der Praxis häufig verwendeten großen Radien weder bei der Konstruktion noch bei der Absteckung zugänglich. Wenn das der Fall ist, so kann die Verbindungslinie $M_1 - M_2$ mit Hilfe von Passkreisen konstruiert werden. Der beispielsweise auf eine Folie gezeichnete Passkreis wird auf beiden Seiten so angelegt, dass er jeweils die Kreisbogen gerade berührt. Die Mittelpunkte *m* der Passkreise werden verbunden, und über der Verbindungslinie wird die Mittelsenkrechte errichtet. Sie ist mit der Gerade $M_1 - M_2$ identisch, und auf ihr kann *D* abgegriffen werden (Abb. 3.42).

Vom Schnittpunkt der Verbindungslinie $M_1 - M_2$ mit der Wendetangente ist der Wendepunkt auf der Wendetangente immer um die Strecke *E* in Richtung zum Bogenanfang des größeren Kreises verschoben. Falls es sich um eine symmetrische Wendelinie mit gleich großen Radien $R_1 = R_2$ handelt, liegt der Wendepunkt auf der Mitte zwischen den beiden Kreismittelpunkten.

Für die weitere Berechnung wird vorausgesetzt, dass $R_1 \geq R_2$ ist. Andernfalls weisen einige Berechnungsergebnisse der unten stehenden Formeln negative Vorzeichen auf. Wie aus der Abb. 3.43 zu ersehen ist, bestehen die folgenden Zusammenhänge:

$$\Sigma X_M = X_{M1} + X_{M2}; \qquad \Sigma Y_M = Y_{M1} + Y_{M2} = (R_1 + \Delta R_1) + (R_2 + \Delta R_2);$$

$$\tan\varepsilon = \frac{\Sigma X_M}{\Sigma Y_M}; \qquad \varepsilon = \arctan\frac{\Sigma X_M}{\Sigma Y_M}; \qquad E = Y_{M1}\cdot\tan\varepsilon - X_{M1} = \frac{X_{M2}\cdot Y_{M1} - X_{M1}\cdot Y_{M2}}{\Sigma Y_M};$$

$$C_1 = \frac{X_{M1}+E}{\sin\varepsilon}; \qquad C_2 = \frac{X_{M2}-E}{\sin\varepsilon}; \qquad M = C_1 + C_2 = \frac{\Sigma X_M}{\sin\varepsilon} = \sqrt{\left(\Sigma X_M\right)^2 + \left(\Sigma Y_M\right)^2};$$

$$D_1 = C_1 - R_1; \qquad D_2 = C_2 - R_2; \qquad D = D_1 + D_2 = M - (R_1 + R_2)$$

Die Konstruktionselemente der Wendelinie können mit Tafelwerten für S-Linien oder durch Berechnen bestimmt werden. Zuvor muss man aber als Eingangsgrößen die beiden Kreisdurchmesser und den bzw. die Klothoidenparameter kennen – sei es durch ein Diagramm von *Osterloh* [11], sei es über Hilfswerte in [9], sei es durch Probieren oder sei es durch das Anlegen der Klothoidenschablonen in der Zeichnung. In der Praxis hat sich gezeigt, dass die meisten Aufgaben mit runden symmetrischen Wendeklothoiden, wie sie etwa in den S-Tafeln in [9] enthalten sind, gelöst werden können. Wenn diese Tafeln nicht zur Verfügung stehen oder wenn keine runden oder gleichparametrischen Wendeklothoiden verwendet werden können, müssen die charakteristischen Größen errechnet werden. Die Berechnung erfolgt zweckmäßig in Tabellenform entsprechend dem Schema Abb. 3.44.

Klothoidenberechnung (Wendelinie) für						
	Bezeichnung	Dim.	1. Wendelinie		2. Wendelinie	
			$R_1 = R_g$	$R_2 = R_k$	$R_1 = R_g$	$R_2 = R_k$
1	Angestrebt: *D*	m				
2	Gegeben: *A*	m				
3	Gegeben: *R*	m				
4	$L = \frac{A^2}{R}$	m				
5	$\tau = \frac{L}{2 \cdot R}$	rad				
6	$\tau = \frac{L}{R} \cdot \frac{100}{\pi}$	gon				
7	$X = L \cdot \left\{1 - \frac{\tau^2}{10} \cdot \left[1 - \frac{\tau^2}{21{,}6} \cdot \left(1 - \frac{\tau^2}{43{,}333}\right)\right]\right\}$	m rad				
8	$Y = \frac{L \cdot \tau}{3} \cdot \left[1 - \frac{\tau^2}{14} \cdot \left(1 - \frac{\tau^2}{31{,}429}\right)\right]$	m rad				
9	$X_M = X - R \cdot \sin \tau$	m				
10	$Y_M = Y + R \cdot \cos \tau$	m				
11	$\Sigma X_M = X_{M1} + X_{M2}$	m				
12	$\Sigma Y_M = Y_{M1} + Y_{M2}$	m				
13	$M = \sqrt{(\Sigma X_M)^2 + (\Sigma Y_M)^2}$	m				
14	$D = M - (R_1 + R_2)$	m				
15	$\varepsilon = \arctan \frac{\Sigma X_M}{\Sigma Y_M}$	gon				
16	$E = \frac{X_{M2} \cdot Y_{M1} - X_{M1} \cdot Y_{M2}}{\Sigma Y_M}$	m				

Abb. 3.44: Klothoidenberechnung (Wendelinie)

Es bestehen folgende Lösungsmöglichkeiten:

1. S-Tafeln von *Kasper/Schürba/Lorenz* [9]

   Man sucht eine Tafel für einen frei wählbaren Parameter der Wendeklothoide, bei der für R_1 und R_2 der gewünschte Kreisabstand *D* möglichst genau erreicht wird. Den zu *A* gehörenden genauen Wert *D* kann man nun zusammen mit den Größen für *E* und ε der Tafel entnehmen.

Klothoidenberechnung (Wendelinie) für 2 Berechnungsbeispiele						
	Bezeichnung	Dim.	1. Wendelinie		2. Wendelinie	
			$R_1 = R_g$	$R_2 = R_k$	$R_1 = R_g$	$R_2 = R_k$
1	Angestrebt: *D*	m	20		20	
2	Gegeben: *A*	m	300	300	300	200
3	Gegeben: *R*	m	600	450	500	300
4	$L = \frac{A^2}{R}$	m	150,000	200,000	180,000	133,333
5	$\tau = \frac{L}{2 \cdot R}$	rad	0,125000	0,222222	0,180000	0,222222
6	$\tau = \frac{L}{R} \cdot \frac{100}{\pi}$	gon	7,9577	14,1471	11,4592	14,1471
7	$X = L \cdot \left\{1 - \frac{\tau^2}{10} \cdot \left[1 - \frac{\tau^2}{21,6} \cdot \left(1 - \frac{\tau^2}{43,333}\right)\right]\right\}$	m rad	149,766	199,015	179,418	132,676
8	$Y = \frac{L \cdot \tau}{3} \cdot \left[1 - \frac{\tau^2}{14} \cdot \left(1 - \frac{\tau^2}{31,429}\right)\right]$	m rad	6,243	14,763	10,775	9,842
9	$X_M = X - R \cdot \sin\tau$	m	74,961	99,836	89,903	66,557
10	$Y_M = Y + R \cdot \cos\tau$	m	601,562	453,697	502,697	302,465
11	$\Sigma X_M = X_{M1} + X_{M2}$	m	174,797	156,460		
12	$\Sigma Y_M = Y_{M1} + Y_{M2}$	m	1055,259		805,162	
13	$M = \sqrt{(\Sigma X_M)^2 + (\Sigma Y_M)^2}$	m	1069,638		820,223	
14	$D = M - (R_1 + R_2)$	m	19,638		20,223	
15	$\varepsilon = \arctan\frac{\Sigma X_M}{\Sigma Y_M}$	gon	10,4503		12,2186	
16	$E = \frac{X_{M2} \cdot Y_{M1} - X_{M1} \cdot Y_{M2}}{\Sigma Y_M}$	m	24,684		7,782	

Abb. 3.45: Berechnungsbeispiele für eine symmetrische und eine unsymmetrische Wendelinie

2. Diagramm von *Osterloh* [12]

   Das Diagramm von *Osterloh* ist einfach zu handhaben. Aus den bekannten Größen $R_1 = R_g$, $R_2 = R_k$ und D bildet man die Quotienten R_k/R_g und D/R_g. Diese dienen als Eingang in das Diagramm, sodass man am Schnittpunkt in der Kurvenschar den Wert A/R_g ablesen kann. Auf die Stellenzahl hinter dem Komma ist zu achten. Der abgelesene Wert, mit R_g multipliziert, ist der gesuchte Parameter A_w der Wendelinie. Nun kann man nach dem Rechenschema Abb. 3.44 alle weiteren charakteristischen Größen bestimmen.

3. Näherungsformel für symmetrische Wendeklothoiden

$$A \approx \sqrt[4]{24 \cdot D \cdot \left(\frac{R_1 \cdot R_2}{R_1 + R_2}\right)^3}$$

4. Annahme des oder der Klothoidenparameter und Durchrechnen nach Abb. 3.44

   Dieses Verfahren eignet sich sowohl für die symmetrische als auch für die unsymmetrische Wendeklothoide und führt mit einem Rechenprogramm überraschend schnell zu einem Ergebnis.

Erläuterungen zu den Berechnungsbeispielen Abb. 3.45:

Beim ersten Beispiel handelt es sich um eine symmetrische Wendelinie mit R_1 = 600,00 m, R_2 = 450 m und $A_1 = A_2 = A_W$ = 300 m. Der aufgrund von Vorüberlegungen – sei es durch die Zeichnung oder das Diagramm von *Osterloh* – gewünschte Abstand zwischen den Kreisbogenstücken von $D \approx$ 20 m wird mit nur 20,000 – 19,638 = 0,362 m Abweichung erreicht. In aller Regel gibt man sich damit zufrieden und verschiebt die Anschlusskreise so, dass D = 19,638 m genau eingehalten wird. Das hat den Vorteil, dass die „Normklothoide" A = 300 m verwendet werden kann.

Man kann durch Interpolation zwischen den benachbarten Klothoiden auch den genauen Parameter finden, der erforderlich ist, um D = 20,000 m zu erzeugen. Zur Erläuterung, wie sich bei unveränderten Anschlussradien R_1 = 600 m und R_2 = 450 m sowie variablem Parameter A der Kreisabstand D verhält, werden die nachfolgenden Wertepaare für das Beispiel wiedergegeben:

A (m)	***D*** (m)	***A*** (m)	***D*** (m)
260	11,131	310	22,357
270	12,932	320	25,343
280	14,940	330	28,612
290	17,171	340	32,178
300	19,638	350	36,058

Durch Interpolation findet man, dass A zwischen 301,3 m (→ D = 19,977 m) und 301,4 m (→ D = 20,003 m) liegen muss. Eine weitere Interpolation erbringt den endgültigen Klothoidenparameter A = 301,39 m, bei dem sich für die gegebenen Anschlussradien der gewünschte Kreisabstand D = 20,000 m exakt einstellt. Voraussetzung für ein derartiges Vorgehen ist, dass man die Werte für D, ε und E durch ein Rechenprogramm schnell ermitteln kann.

Das zweite Rechenbeispiel behandelt den Fall der unsymmetrischen Wendeklothoide, für den es weder Tabellen noch Tafelwerke gibt. Hier ist die numerische Berechnung eindeutig überlegen.

Zusätzlich lässt sich noch eine **Zwischengerade** berücksichtigen, die bis zu einer Länge von

$$L_Z \leq 0{,}08 \cdot (A_1 + A_2)$$

eingefügt werden darf. Zeile 11 des Rechenschemas Abb. 3.44 erhält dann die Form

$$\Sigma X_M = X_{M1} + L_Z + X_{M2}$$

Die Zeilen 12, 13, 14 und 15 können unverändert übernommen werden, während die Bestimmung eines Wertes für E nun keinen Sinn mehr macht und Zeile 16 entfallen kann.

Berechnungsbeispiel für eine Wendelinie mit Zwischengerade unter sonstiger Beibehaltung der Werte des Beispiels 2, Wendelinie.

Gegeben: $R_1 = 500$ m; $A_1 = 300$ m; $A_2 = 200$ m; $R_2 = 300$ m

Zwischengerade $L_Z = 30 \text{ m} \leq 0{,}08 \cdot (200 + 300) = 40$ m

$X_{M1} = 89{,}903$ m $X_{M2} = 66{,}557$ m $Y_{M1} = 502{,}697$ m $Y_{M2} = 302{,}465$ m

$$\Sigma X_M = X_{M1} + L_Z + X_{M2} = 89{,}903 + 30{,}000 + 66{,}557 = 186{,}460 \text{ m}$$

$$\Sigma Y_M = Y_{M1} + Y_{M2} = 502{,}697 + 302{,}465 = 805{,}162 \text{ m wie gehabt.}$$

$$M = \sqrt{(\Sigma X_M)^2 + (\Sigma Y_M)^2} = 826{,}470 \text{ m}$$

$$D = M - (R_1 +; R_2) = 826{,}470 - 800{,}000 = 26{,}470 \text{ m}$$

$$\varepsilon = \arctan \frac{\Sigma X_M}{\Sigma Y_M} = 14{,}4875 \text{ gon}$$

Manchmal ist anstelle des Abstandes D die Länge T_B der Tangente zwischen den beiden Anschlusskreisen bekannt. Für alle Arten von Wendelinien – ob symmetrisch oder unsymmetrisch, ob mit oder ohne Zwischengerade – ergibt sich dann ein Sollabstand D gemäß nachstehender Abb. 3.46.

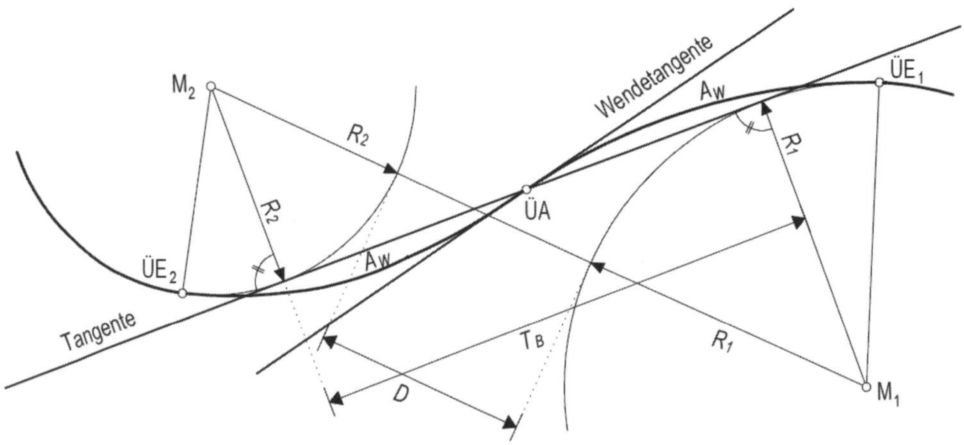

Abb. 3.46: Zusammenhang zwischen berührender Tangente und Kreisbogenabstand D

Es ist: $[D + (R_1 + R_2)]^2 = (R_1 + R_2)^2 + T_B^2$

d. h. $D = \sqrt{(R_1 + R_2)^2 + T_B^2} - (R_1 + R_2)$

3.2.4.7 Die Eilinie

Bei der Trassierung können lange Kurven wegen topographischer Hindernisse oder vorhandener Bebauung oft nicht mit einem einzigen Kreisradius ausgebildet werden. Wechselt aber der Radius, so entsteht im Fall des unmittelbaren Aneinanderfügens der ungleichen Kreisbogen ein Korbbogen. Korbbögen weisen einen unstetigen Krümmungsverlauf auf, was besonders bei kleineren Radien mit dem Auge und beim Befahren festgestellt werden kann. Zur Erzielung eines stetigen Krümmungsverlaufs schaltet man einen Übergangsbogen ein und bildet somit eine Eilinie (Abb. 3.27).

Die Eilinie besteht aus zwei gleichgerichteten Kreisbögen mit unterschiedlichen Radien, die durch ein passendes Klothoidenstück verbunden sind. Die Verbindung ist nur möglich, wenn der kleinere Kreis vollkommen innerhalb des größeren liegt und die beiden Kreise weder konzentrisch sind noch sich berühren. Wie bei der Wendelinie wird der größere Radius mit R_1 und der kleinere mit R_2 bezeichnet. Im Gegensatz zur bisherigen Klothoidenanwendung wird hier das Klothoidenstück nicht von seinem Ursprung ($R = \infty$) an verwendet, sondern nur das Klothoidenstück zwischen den Radien R_1 und R_2 (Abb. 3.47).

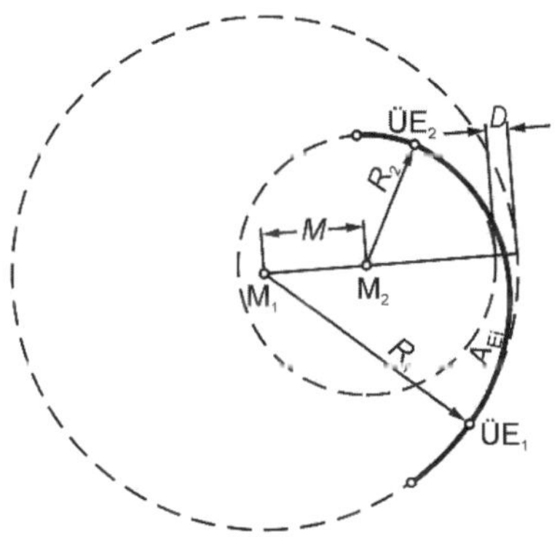

Abb. 3.47: Die Elemente der Eilinie

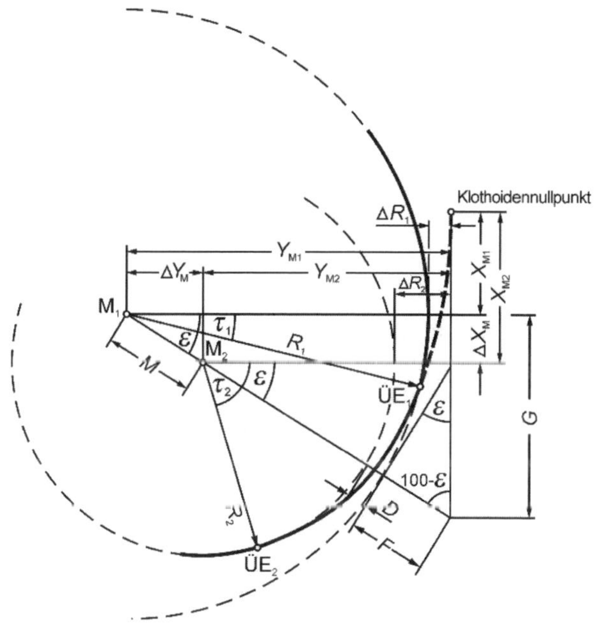

Abb. 3.48: Die Konstruktion der Eilinie

An die beiden Kreise können auch nach außen Klothoiden anschließen, und damit ergibt sich die Elementfolge **Gerade – Klothoide – Kreis – Klothoidenstück – Kreis – Klothoide – Gerade**.

Wenn es in der graphischen Lösung nicht möglich ist, die beiden Radien bedingungsgemäß ineinanderzulegen, d. h., wenn sie sich schneiden oder nebeneinanderliegen, bedient man sich eines Hilfskreises mit dem Radius R_H, der die Forderung erfüllt, dass die Kreise ineinander liegen. Dadurch entstehen zweistufige Eilinien (Abb. 3.49, 3.50 und 3.51).

Die Bogen R_1 und R_2 schneiden sich. Es wird eine doppelte Eilinie mit einem äußeren Hilfskreis gebildet, der die beiden Bogen nicht berühren darf.

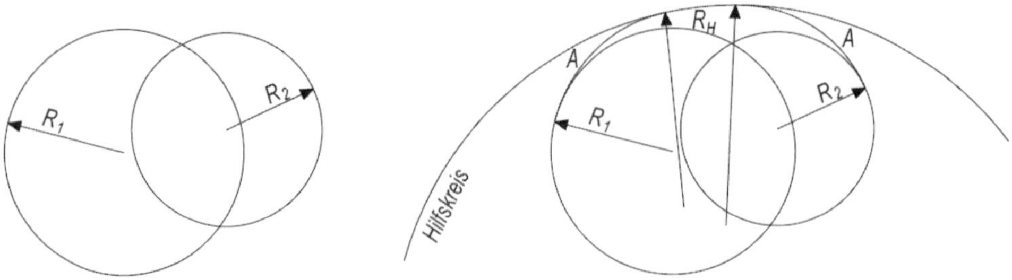

Abb. 3.49: Konstruktion von doppelten Eilinien, Fall a

Die Kreise mit R_1 und R_2 liegen nebeneinander. Die doppelte Eilinie wird über einen äußeren Hilfskreis hergestellt.

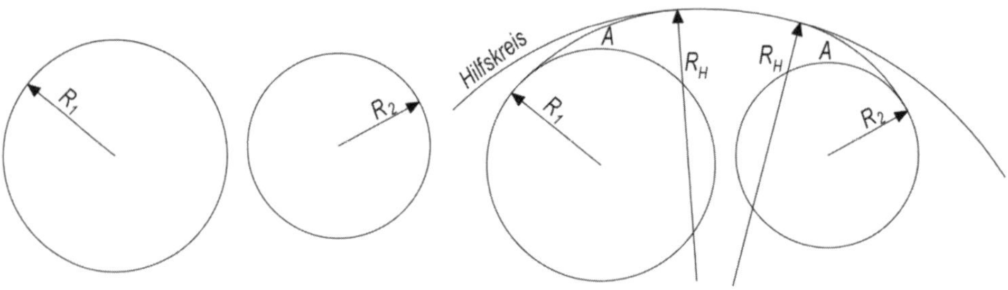

Abb. 3.50: Konstruktion von doppelten Eilinien, Fall b

Die Kreise mit R_1 und R_2 schneiden sich. Die doppelte Eilinie kann mit einem inneren Hilfskreis gebildet werden.

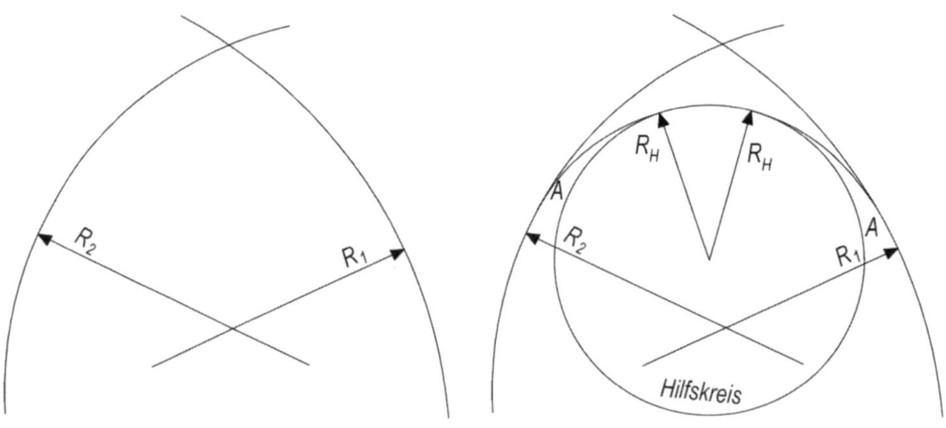

Abb. 3.51: Konstruktion von doppelten Eilinien, Fall c

Die gegenseitige Lage zweier laut Definition ineinander liegender Kreise ist durch den Mittelpunktabstand *M* eindeutig bestimmt. Daraus folgt der Peripherieabstand *D* der beiden Kreisbögen. Es ist $D = R_1 - R_2 - M$. Wenn die Kreismittelpunkte nicht zugänglich sind, bedient man sich wie bei der Wendelinie zweier Passkreise, um *D* abgreifen zu können.

Aus der Konstruktion der Eilinie leiten sich gemäß Abb. 3.48 folgende Beziehungen ab:

$$\Delta X_M = X_{M2} - X_{M1}; \qquad \Delta Y_M = Y_{M1} - Y_{M2} = (R_1 + \Delta R_1) - (R_2 + \Delta R_2);$$

$$\tan\varepsilon = \frac{\Delta X_M}{\Delta Y_M}; \qquad \varepsilon = \arctan\frac{\Delta X_M}{\Delta Y_M}; \qquad M = \sqrt{(\Delta X_M)^2 + (\Delta Y_M)^2};$$

$$D = R_1 - R_2 - M = R_1 - R_2 - \sqrt{(\Delta X_M)^2 + (\Delta Y_M)^2}; \qquad L_{Ei} = L_2 - L_1;$$

$$F = \frac{Y_{M2}}{\cos\varepsilon} - (R_2 + D) = \frac{Y_{M1}}{\Delta Y_M} \cdot M - R_1; \qquad G = Y_{M1} \cdot \tan\varepsilon = Y_{M1} \cdot \frac{\Delta X_M}{\Delta Y_M}$$

Auch für die Eiklothoiden gibt es spezielle Tafeln mit runden Klothoidenparametern und Hilfswerte für unrunde *A* in [9], ebenso ein Diagramm von *Osterloh* [12]. Abgesehen von den O-Tafeln in [9], wo man die entsprechende Tabelle und somit den Parameter *A* für einen angenommenen Kreisabstand *D* suchen kann, nimmt man als Eingangsgrößen für die weitere Rechnung die Radien der Anschlusskreise R_1 und R_2 sowie den Klothoidenparameter *A* an. Man erhält dann als Ergebnis die Werte für *D*, ε und die anderen Konstruktionselemente. Als Rechenschema mag die Tabelle Abb. 3.52 dienen.

Beim Arbeiten mit Eiklothoiden kann man wie folgt verfahren:

1. O-Tafeln von *Kasper/Schürba/Lorenz* [9]

   Bei gegebenen Anschlussradien R_1 und R_2 entnimmt man entweder der Tafel für ein angenommenes *A* den Kreisabstand *D* und das zugehörige ε, oder man sucht für das gewünschte *D* die passende Tafel und bekommt auf diese Weise die für das Problem günstigste Klothoide. Der Kreisabstand *D* wird sich nun in Abhängigkeit von *A* noch geringfügig ändern.

2. Diagramm von *Osterloh* [12]

   Analog zur Wendeklothoide dienen die Quotienten R_k/R_g und D/R_g als Eingangsgrößen für die betreffenden Kurvenscharen, wodurch man den Wert A/R_g erhält. Man ermittelt daraus $A = R_g \cdot (A/R_g)$ und erhält mit Hilfe des Rechenschemas Abb. 3.52 die anderen gesuchten Größen.

3. Hilfstafeln von *Kasper/Schürba/Lorenz* [9]

   Mit diesen Hilfstafeln kann man ebenso wie mit den Tafeln für die Wendeklothoide auch unrunde Parameter für ein vorgeschriebenes *D* finden.

4. Annahme des Parameters der Eiklothoide und Berechnung nach Abb. 3.52

   Für dieses Verfahren benötigt man keine Tabellenwerke, sondern lediglich einen Taschenrechner. Programmierbare Rechner steigern die Geschwindigkeit erheblich.

Klothoidenberechnung (Eilinie) für						
	Bezeichnung	**Dim.**	**1. Eilinie**		**2. Eilinie**	
			$R_1 = R_g$	$R_2 = R_k$	$R_1 = R_g$	$R_2 = R_k$
1	Angestrebt: D	m				
2	Gegeben: A	m				
3	Gegeben: R	m				
4	$L = \frac{A^2}{R}$	m				
5	$\tau = \frac{L}{2 \cdot R}$	rad				
6	$\tau = \frac{L}{R} \cdot \frac{100}{\pi}$	gon				
7	$X = L \cdot \left\{1 - \frac{\tau^2}{10} \cdot \left[1 - \frac{\tau^2}{21,6} \cdot \left(1 - \frac{\tau^2}{43,333}\right)\right]\right\}$	m rad				
8	$Y = \frac{L \cdot \tau}{3} \cdot \left[1 - \frac{\tau^2}{14} \cdot \left(1 - \frac{\tau^2}{31,429}\right)\right]$	m rad				
9	$X_M = X - R \cdot \sin \tau$	m				
10	$Y_M = Y + R \cdot \cos \tau$	m				
11	$\Delta X_M = X_{M2} - X_{M1}$	m				
12	$\Delta Y_M = Y_{M1} - Y_{M2}$	m				
13	$M = \sqrt{(\Delta X_M)^2 + (\Delta Y_M)^2}$	m				
14	$D = R_1 - R_2 - M$	m				
15	$\varepsilon = \arctan \frac{\Delta X_M}{\Delta Y_M}$	gon				
16	$F = \frac{Y_{M1}}{\Delta Y_M} \cdot M - R_1$	m				
17	$G = Y_{M1} \cdot \frac{\Delta X_M}{\Delta Y_M}$	m				
18	$\tau_{Ei} = \tau_2 - \tau_1$	gon				
19	$L_{Ei} = L_2 - L_1$	m				

Abb. 3.52: Klothoidenberechnung (Eilinie)

Klothoidenberechnung (Eilinie) für zwei Beispiele						
	Bezeichnung	**Dim.**	**1. Eilinie**		**2. Eilinie**	
			$R_1 = R_g$	$R_2 = R_k$	$R_1 = R_g$	$R_2 = R_k$
1	Angestrebt: *D*	m	0,60		0,60	
2	Gegeben: *A*	m	400		300	
3	Gegeben: *R*	m	600	400	600	350
4	$L = \frac{A^2}{R}$	m	266,667	400,000	150,000	257,143
5	$\tau = \frac{L}{2 \cdot R}$	rad	0,222222	0,500000	0,125000	0,367347
6	$\tau = \frac{L}{R} \cdot \frac{100}{\pi}$	gon	14,1471	31,8310	7,9577	23,3860
7	$X = L \cdot \left\{1 - \frac{\tau^2}{10} \cdot \left[1 - \frac{\tau^2}{21{,}6} \cdot \left(1 - \frac{\tau^2}{43{,}333}\right)\right]\right\}$	m rad	265,353	390,115	149,766	253,694
8	$Y = \frac{L \cdot \tau}{3} \cdot \left[1 - \frac{\tau^2}{14} \cdot \left(1 - \frac{\tau^2}{31{,}429}\right)\right]$	m rad	19,684	65,486	6,243	31,185
9	$X_M = X - R \cdot \sin \tau$	m	133,114	198,345	74,961	127,995
10	$Y_M = Y + R \cdot \cos \tau$	m	604,930	416,519	601,562	357,834
11	$\Delta X_M = X_{M2} - X_{M1}$	m	65,231		53,034	
12	$\Delta Y_M = Y_{M1} - Y_{M2}$	m	188,411		243,728	
13	$M = \sqrt{(\Delta X_M)^2 + (\Delta Y_M)^2}$	m	199,383		249,431	
14	$D = R_1 - R_2 - M$	m	0,617		0,569	
15	$\varepsilon = \arctan \frac{\Delta X_M}{\Delta Y_M}$	gon	21,2185		13,6400	
16	$F = \frac{Y_{M1}}{\Delta Y_M} \cdot M - R_1$	m	40,159		15,638	
17	$G = Y_{M1} \cdot \frac{\Delta X_M}{\Delta Y_M}$	m	209,436		130,898	
18	$\tau_{Ei} = \tau_2 - \tau_1$	gon	17,6839		15,4283	
19	$L_{Ei} = L_2 - L_1$	m	133,333		107,143	

Abb. 3.53: Berechnungsbeispiele für Eiklothoiden

Für den Einsatz der Eiklothoide gelten nach RAA und RAL folgende Bedingungen:

- Die Richtungsänderung in der Eiklothoide soll mindestens sein: $\tau_{Ei} = \tau_2 - \tau_1 \geq 3{,}5$ gon.
- Die Anschlussradien sollen sich nur so weit unterscheiden, dass sie noch den Relationen der „Radientulpe" Abb. 3.2 bzw. den Festlegungen in Abschn. 3.2.3 entsprechen.
- Da Klothoiden nicht über die Kennstelle 1 hinaus verwendet werden sollen, muss der kleinere Radius $R_k \geq A_{Ei}$ sein.

Hierdurch wird die Eilinie in ihren Anwendungsmöglichkeiten sehr eingeschränkt. Bei der Vorgabe eines bestimmten Kreisbogenabstandes *D* ist deshalb darauf zu achten, dass die genannten Bedingungen eingehalten werden. Meistens sind, wie auch aus dem Beispiel zu ersehen ist, die Werte für *D* relativ klein und liegen im Dezimeterbereich bis zu etwa einem Meter. Willkürlich große Werte für *D* werden häufig keine vernünftige Lösung zur Folge haben.

Selbstverständlich kann man im Rahmen der oben genannten Einschränkungen durch Probieren und Interpolieren einen Klothoidenparameter analog zum Verfahren bei den Wendelinien so festlegen, dass der gewünschte Kreisabstand genau erreicht wird.

Für die Koordinatenberechnung benötigt man häufig die Sehnenlänge *S* der Eilinie und den Sehnen-Tangenten-Winkel. Bei Letzterem ist zu unterscheiden zwischen Eiklothoiden, deren Krümmungsradius mit der Kilometrierung abnimmt, und solchen, bei denen der Krümmungsradius zunimmt (Abb. 3.54). Es gelten folgende Beziehungen:

$$S = \sqrt{(X_2 - X_1)^2 + (Y_2 - Y_1)^2}$$

$$\sigma = \arctan \frac{Y_2 - Y_1}{X_2 - X_1}$$

$$\tau_{Ei} = \tau_2 - \tau_1$$

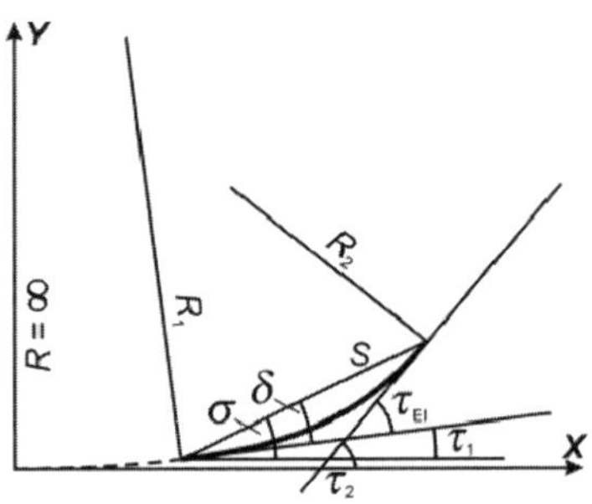

Abb. 3.54: Eiklothoide

3.2.5 Trassenberechnung mit UTM-Koordinaten

3.2.5.1 Grundlagen

Da die Absteckung von Straßenachsen, d. h. die Übertragung der geplanten Trassen ins Gelände, nach den Regeln und mit den Hilfsmitteln der Vermessungskunde (Geodäsie) erfolgt, kommt der Straßenbauingenieur nicht umhin, die betreffende Achse in geodätischen UTM-Koordinaten zu berechnen und anzugeben. Als amtliches Koordinatensystem in Deutschland ist das Gauß-Krüger- Koordinatensystem durch das UTM-Koordinatensystem (Universal Transverse Mercator System) abgelöst worden. Für den Planer besteht der Hauptunterschied zu den bisher verwendeten kartesischen Koordinaten darin, dass die positive x-Achse im geodätischen System mit der Nordrichtung identisch ist und die positive y-Achse nach Osten geht. Zur Unterscheidung vom kartesischen System, bei dem die Koordinatenachsen in diesem Buch mit Großbuchstaben gekennzeichnet worden sind, werden die UTM-Koordinaten im Folgenden mit den kleinen Buchstaben x und y benannt. In der Geodäsie werden die Koordinatenrichtungen häufig mit North und East bezeichnet. Konsequenterweise nimmt der Richtungswinkel t nach UTM von der x- und damit von der Nordrichtung ausgehend im Uhrzeigersinn zu, während er im kartesischen System ebenfalls von X ausgehend entgegen dem Uhrzeigersinn ansteigt. Rechtsgekrümmte Kurven erhalten im UTM-System in Übereinstimmung mit der Zunahme des Richtungswinkels positive Vorzeichen für den Radius, linksgekrümmte Kreisbogen sind negativ.

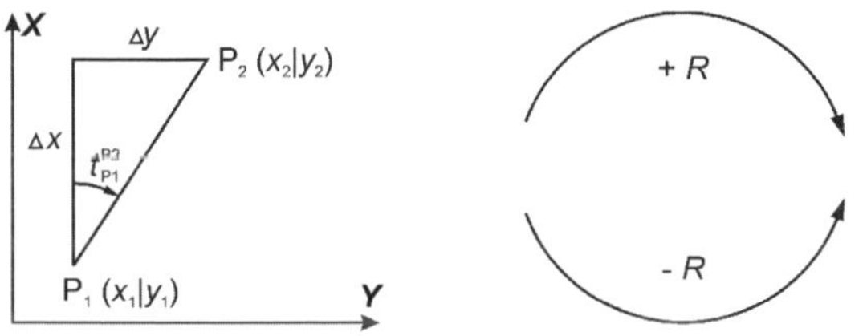

Abb. 3.55: Richtungswinkel im UTM Koordinatensystem

Somit kann man im geodätischen System alle Probleme der analytischen Geometrie darstellen, indem man die Zeichnung an der Winkelhalbierenden zwischen den positiven Achsen spiegelt. Im Prinzip gelten deswegen alle Formeln des kartesischen Systems auch im geodätischen System vorzeichenrichtig fort (Abb. 3.55). Die wichtigsten Formeln sind:

$$t_{P1}^{P2} = \arctan \frac{y_2 - y_1}{x_2 - x_1} \begin{cases} t_{P1}^{P2} = 0...100 \text{ gon, wenn } \Delta y \text{ positiv und } \Delta x \text{ positiv ist} \\ t_{P1}^{P2} = 100...200 \text{ gon, wenn } \Delta y \text{ positiv und } \Delta x \textit{ negativ} \text{ ist} \\ t_{P1}^{P2} = 200...300 \text{ gon, wenn } \Delta y \textit{ negativ} \text{ und } \Delta x \textit{ negativ} \text{ ist} \\ t_{P1}^{P2} = 300...400 \text{ gon, wenn } \Delta y \textit{ negativ} \text{ und } \Delta x \text{ positiv ist} \end{cases}$$

$$S = \sqrt{(y_2 - y_1)^2 + (x_2 - x_1)^2}$$

$$\left. \begin{aligned} y_2 &= y_1 + s \cdot \sin t_{P1}^{P2} \\ x_2 &= x_1 + s \cdot \cos t_{P1}^{P2} \end{aligned} \right\} \text{Neupunktberechnung durch „polares Anhängen"}$$

Dabei bedeuten t_{P1}^{P2}= Richtungswinkel vom Punkt P_1 zum Punkt P_2, in der Regel in gon

S = Streckenlänge zwischen den Punkten P_1 und P_2 in m

3.2.5.2 Hauptpunktberechnungen

Der Endpunkt eines Trassierungselements – Gerade, Kreisbogen oder Klothoide – bildet jeweils den Anfangspunkt des folgenden Elements und heißt Hauptpunkt. Ausgehend vom bekannten Hauptpunkt HP_i kann man, sofern die Bestimmungsgrößen des Elements bekannt sind, auf die Koordinaten des folgenden Hauptpunktes HP_{i+1} schließen:

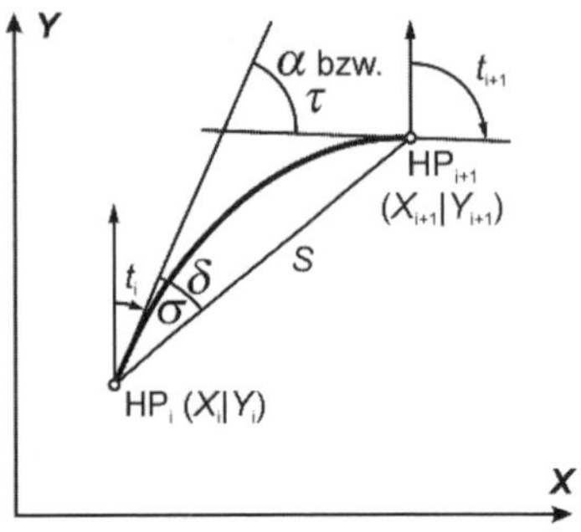

Abb. 3.56: Hauptpunktberechnung

$$y_{i+1} = y_i + S \cdot \sin(t_i + \sigma) \text{ oder}$$

$$y_{i+1} = y_i + S \cdot \sin(t_i + \delta) \text{ f.d. Klothoide „rückwärts"}$$

$$x_{i+1} = x_i + S \cdot \cos(t_i + \sigma) \text{ oder}$$

$$x_{i+1} = x_i + S \cdot \cos(t_i + \delta) \text{ f.d. Klothoide „rückwärts"}$$

Bei der Geraden ist $\sigma = 0$

Tangentenrichtungswinkel im Hauptpunkt HP_{i+1} für

Gerade: $t_{i+1} = t_i$

Kreisbogen: $t_{i+1} = t_i + \alpha$

Klothoide: $t_{i+1} = t_i + \tau$

Um die Koordinaten sämtlicher Hauptpunkte einer Trasse berechnen zu können, ist es somit erforderlich, die Bestimmungsgrößen der Einzelelemente zu kennen. Es sind dies

- bei der Geraden — die Länge *L*,
- beim Kreisbogen — Radius *R* und Kreisbogenlänge *L* bzw. Kreisöffnungswinkel α und
- bei der Klothoide — der Parameter *A* und die Bestimmungsgrößen der Anschlusselemente.

Darüber hinaus müssen am Anfang und am Ende der Baustrecke die Tangentenrichtung und der Krümmungsradius gegeben sein. Da sich die zu berechnende Trasse regelmäßig in ein vorhandenes Netz einfügen soll, wird man diese Größen durch die Vermessung der Anschlussstrecken im Gelände ermitteln, falls die Planungsdaten vom benachbarten Abschnitt noch nicht bekannt sind.

Je genauer man die graphische Lösung bearbeitet hat, desto genauer wird die berechnete Trasse damit übereinstimmen. Trotzdem ist es unmöglich, die Bestimmungsgrößen so exakt aus der Zeichnung zu entnehmen, dass eine zwängungsfreie Linienführung entsteht. Zur Festlegung der Koordinaten der Trassenhauptpunkte ist es deshalb erforderlich, die genannten Bestimmungsgrößen durch eine Vorberechnung sehr genau zu ermitteln. Das Problem liegt dabei weniger in der Angabe der Kreisradien und der Klothoidenparameter als vielmehr in der Ermittlung der exakten Geraden- und Kreisbogenlängen. Wenn diese bekannt sind, bilden die Trassenhauptpunkte ein offenes Polygon, das man ähnlich einem Polygonzug der Vermessungskunde durchrechnen kann. Im Unterschied zum Polygonzug der Vermessungskunde, bei dem man die Kenngrößen durch eine (mit Fehlern behaftete) Beobachtung im Gelände erhält und bei dem somit stets ein Fehlerausgleich erforderlich ist, liegen beim Hauptpunktpolygon jedoch sämtliche Längen und Winkel durch die Vorberechnung bereits so weit fest, dass man den Endpunkt mit einer lediglich infolge der Rundungsfehler bedingten geringen Abweichung im Millimeterbereich treffen muss. Auch die Anschlussrichtung sollte mit der Vorgabe exakt übereinstimmen.

Voraussetzung für die Ausarbeitung einer Trasse ist der grafische Entwurf. Zunächst wird der gewünschte Verlauf der Straßenachse unter Beachtung der Zwangspunkte und der topografischen Gegebenheiten als Freihandlinie im Lageplan skizziert, dann wird diese in Trassierungselemente aufgelöst. Dabei sind zwei Arbeitsmethoden zu unterscheiden, nämlich die Tangentenmethode und die Grundkreismethode.

Tangentenmethode:
Wie bereits aus der Bezeichnung deutlich wird, wird dabei über die Freihandlinie zunächst ein Tangentenpolygon gelegt, dessen Seiten durch die Wendepunkte der gewünschten Trasse gehen. Die Tangentenschnittpunkte (TS) werden nun sowohl zeichnerisch als auch nach Koordinaten fixiert, sodass die Richtungsänderungen durch eine Folge von Verbundkurven nach Abschn. 3.2.4.4 ausgerundet werden können.

Für die Tangentenmethode ist charakteristisch, dass in aller Regel zwischen den Verbundkurven gerade Strecken entstehen. Es ist dabei darauf zu achten, dass die Längen dieser Geraden die im Abschn. 3.2.2 genannten Bedingungen einhalten. Das erfordert meistens viel Probierarbeit. Außerdem erbringt die Tangentenmethode eine weniger harmonische Linienführung als die Grundkreismethode, weil die zwischen den gegengekrümmten Kreisbogen entstehenden Wendelinien häufig aus Klothoiden mit unterschiedlichen Parametern bestehen, die darüber hinaus durch Zwischengeraden voneinander getrennt sind. Das Befahren der Straße erfordert somit eine relativ unstetige Lenkbewegung.

Grundkreismethode:
Bei diesem Verfahren wird über die Freihandlinie eine Folge von gegengekrümmten Kreisbogen gelegt, die im nächsten Schritt durch Wendelinien nach Abschn. 3.2.4.6 miteinander verbunden werden. Die Klothoidenparameter der Wendelinien werden zugehörig zu den benachbarten Kreisradien und dem Kreisabstand *D* ausgewählt. Dabei kommen vorzugsweise symmetrische Wendelinien mit runden Parametern zum Einsatz. Dadurch wird sich i. d. R. der zunächst nur vorläufig angenommene Kreisabstand *D* noch geringfügig verändern, was jedoch durch eine Neufestsetzung der Kreismittelpunkte unschwer zu berücksichtigen ist. Die Grundkreismethode ergibt eine geringere Anzahl von Trassierungselementen und eine harmonischere Linienführung als die Tangentenmethode.

Rechnerische und zeichnerische Bearbeitung einer doppelten Wendelinie:
Die grafische Lösung bildet stets die unumgängliche Voraussetzung für die Ausarbeitung einer Trasse im Grundriss. Bei der Grundkreismethode werden, wie erwähnt, Kreisbögen an die Stellen der gewünschten Kurven gesetzt und im nächsten Schritt durch Übergangsbögen miteinander verbunden, gegebenenfalls unter Einschaltung von Zwischengeraden. Häufig wird dabei allerdings die gerade benötigte Klothoidenschablone nicht zur Verfügung stehen. Im Folgenden soll deswegen gezeigt werden, wie man unter Verwendung des üblichen Zeichenmaterials – Zirkel, Lineal und Kurvenschablone – auch ohne Klothoidenlineale auskommen kann, sofern die gewünschten Elemente nicht zu groß und damit

unhandlich sind. Vorbedingung ist weiterhin, dass die charakteristischen Klothoidenkennwerte nach dem Rechenschema der Abb. 3.44 mit Hilfe eines Taschenrechners ermittelt worden sind. Für die Zeichnung einer doppelten Wendelinie werden folgende Größen benötigt:

Kreisradius	R_1	R_2		
Klothoidenparameter	A_{W1}		A_{W2}	
Klothoidenlänge	$L_{1,1}$	$L_{1,2}$	$L_{2,1}$	$L_{2,2}$
Tangentenabrückung	$\Delta R_{1,1} = Y_{M1,1} - R_1$	$\Delta R_{1,2} = Y_{M1,2} - R_2$	$\Delta R_{2,1} = Y_{M2,1} - R_2$	$\Delta R_{2,2} = Y_{M2,2} - R_3$
Kreisabstand	D_1		D_2	
Wendepunktabstand	E_1		E_2	

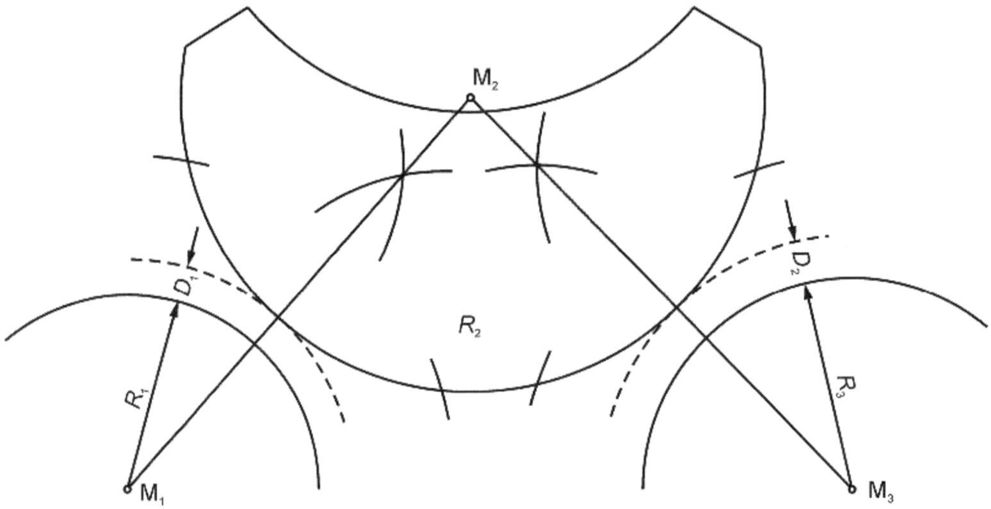

Abb. 3.57: Festlegung des mittleren Kreises für eine doppelte Wendelinie

Es wird vorausgesetzt, dass über die oben genannten Größen hinaus die Lage des Kreises 1 und des Kreises 3 bekannt sind. Zur Festlegung des Kreises 2 zeichnet man um die Mittelpunkte M_1 und M_3 weitere konzentrische Kreise mit den um D_1 bzw. D_2 vergrößerten Radien, an die man den Kreis 2, wie in Abb. 3.57 dargestellt, mit einer Schablone anschmiegen kann. Mit Zirkel und Lineal konstruiert man sodann von M_1 bzw. M_3 aus die Verbindungsgeraden zwischen den Kreismittelpunkten, die sich in M_2 schneiden. Bei kleinen Kreisradien kann man M_3 auch als Schnittpunkt zwischen dem Kreis mit dem Radius $R_1 + D_1 + R_2$ um M_1 mit dem Kreis um M_3 und dem Radius $R_2 + D_2 + R_3$ finden. Wenn man die Kreise ausschließlich mit Schablonen gezeichnet hat, bedient man sich zum Auffinden der Mittelpunktverbindungen der Passkreismethode nach Abb. 3.42.

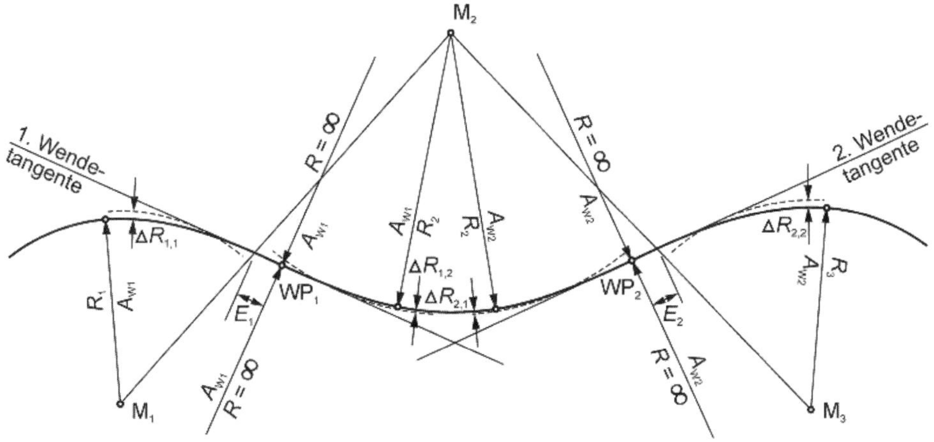

Abb. 3.58: Konstruktion der Trassenhauptpunkte einer doppelten Wendelinie

Für die zeichnerische Darstellung der Klothoiden werden zuerst die Grund- oder Wendetangenten benötigt. Nach Abb. 3.43 weisen diese den Abstand $Y_M = R + \Delta R$ zum Kreismittelpunkt auf, sodass man die Wendetangenten als Tangenten an die um das jeweilige Maß ΔR vergrößerten Kreise konstruieren kann (Abb. 3.58). Sofern der betreffende Kreisradius groß ist und sich etwa dem Dreifachen des Klothoidenparameters nähert, wird ΔR sehr klein, und man kann die Tangente näherungsweise auch direkt an die zu verbindenden Kreise zeichnen. Den Wendepunkt der Klothoide findet man nun, indem man das vorher errechnete Maß E auf der Wendetangente vom Schnittpunkt mit der Verbindung der Kreismittelpunkte aus absetzt, und zwar immer in Richtung auf den größeren Kreis zu. Jetzt fehlen nur noch die Übergänge der Klothoiden zu den anschließenden Kreisen. Bei den meistens nur flachen Krümmungen kann man in aller Regel die Sehnenlänge der gekrümmten Länge näherungsweise gleichsetzen ($S \approx L$) und vom besagten Ursprung der Klothoide aus abtragen, sodass nunmehr sämtliche Hauptpunkte bekannt sind. Am Ende werden die Klothoiden selbst mit einem passenden Kurvenlineal eingefügt.

Kleinpunktberechnung und Absteckung im Gelände

Im Gegensatz zu früher, als man Straßentrassen von den Tangenten aus abgesteckt hat, werden diese heute meistens von einem Polygonzug aus punktweise ins Gelände übertragen. Zu diesem Zweck müssen, sobald das Grundgerippe der Hauptpunkte festliegt, Zwischenpunkte auf der Trasse in regelmäßigen Abständen eingeschaltet werden. Diese Zwischenpunkte werden Kleinpunkte genannt; ihre Abstände betragen untereinander meist 20 m in der Achse ($\neq$ Sehnenlänge).

Für die Berechnung der Koordinaten der Kleinpunkte kennt man

- die Art des Elements und Radius bzw. Parameter, in dem sich der Kleinpunkt befindet,
- die Koordinaten und den Richtungswinkel im zugehörigen benachbarten Hauptpunkt, wobei man sich jedoch zweckmäßig auf die Anfangspunkte der Geraden und der Kreisbögen bzw. auf die Wendepunkte der Klothoiden beschränkt,
- den Abstand des Kleinpunktes vom zugehörigen benachbarten Hauptpunkt aus der Differenz der Bau-Kilometrierungen des Haupt- und des Kleinpunktes.

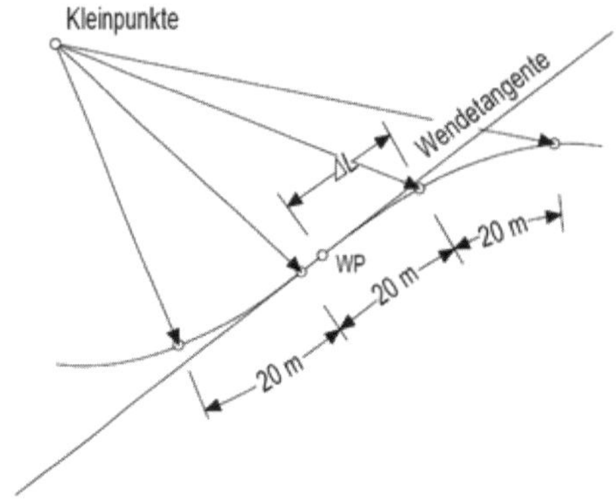

Abb. 3.59: *Trassenkleinpunkte*

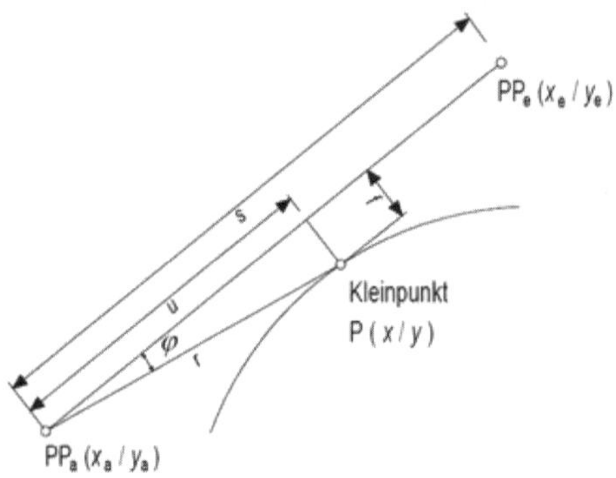

Abb. 3.60: *Absteckmaße*

Die Berechnung der Kleinpunkte erfolgt genau wie bei den Hauptpunkten. Bei Eiklothoiden kann man entweder den theoretischen, außerhalb der Trasse liegenden Ursprung der Klothoide bestimmen oder auch ohne diesen auskommen, indem man nach Abschn. 3.2.4.7 verfährt.

Die Absteckung vom Polygonzug aus hat den großen Vorteil, dass die Polygonpunkte und Polygonseiten im Gelände zugänglich angeordnet werden können, während das bei den Tangenten der Achse und den Tangentenschnittpunkten dem Zufall überlassen bleibt. Selbstverständlich wird man den Polygonzug so anlegen, dass er durch die späteren Bauarbeiten nicht zerstört wird. Es ist zwischen der orthogonalen Absteckung, die meistens mit Maßband und Winkelspiegel erfolgt, und der polaren Absteckung unter Verwendung eines Tachymeters mit elektrooptischer Entfernungsmessung zu unterscheiden.

Orthogonale Absteckung:

Für die Ermittlung der Absteckmaße gelten folgende Formeln:

$$s = \sqrt{(x_e - x_a)^2 + (y_e - y_a)^2} \qquad u = \frac{(x - x_a)\cdot(x_e - x_a) + (y - y_a)\cdot(y_e - y_a)}{s}$$

$$f = \frac{(y - y_a)\cdot(x_e - x_a) - (x - x_a)\cdot(y_e - y_a)}{s}$$

Rechts des Polygonzuges liegende Punkte ergeben positive Stichmaße *f*.

Polare Absteckung:

Die polare Absteckung erfolgt ebenfalls vom Polygonzug aus. Sie lässt sich mit heutigen elektrooptischen Entfernungsmessgeräten rasch und genau durchführen, weil die im Gelände auftretenden Schrägabstände damit automatisch in Horizontalentfernungen umgewandelt („reduziert") werden.

Zur Bestimmung der polaren Absteckmaße wandelt man entweder die oben berechneten Orthogonalmaße in polare Werte um, oder man ermittelt den Richtungswinkel und die Entfernung vom Polygonpunkt aus direkt.

$$r = \sqrt{(x - x_a)^2 + (y - y_a)^2}$$

$$\phi = \arctan\frac{y - y_a}{x - x_a} - t_a^e$$

{ Man achte auf die Zuordnung zum richtigen Quadranten, vgl. Abschnitt 3.2.5.1!

3.3 Entwurfselemente im Höhenplan

3.3.1 Allgemeine Grundsätze

Der Höhenplan gibt die Führung der Straße im Aufriss wieder. Die Darstellung erfolgt im Normalfall in der Achse der Straße, nur in Sonderfällen wird ein Fahrbahnrand oder eine Bezugslinie dazwischen gewählt. Bei getrennten Richtungsfahrbahnen kann für jede Richtung ein gesonderter Höhenplan in der Achse jeder Richtungsfahrbahn gewählt werden.

Zur Konstruktion des Höhenplanes bzw. Längsschnittes stellt man sich vor, dass die Straße und das Gelände entlang der oben erwähnten Bezugslinie lotrecht aufgeschnitten werden. Die Abszisse des Höhenplanes entspricht somit der Stationierung, d. h. der Längenentwicklung der Trasse im Grundriss. Sie wird nur aus der Trassenberechnung des Lageplans ermittelt. Die Vergrößerung der Straßenlänge durch schräge Entfernungen bei Steigung oder Gefälle bleibt unberücksichtigt. Sie ließe sich über Kuppen- und Wannenausrundungen hinweg auch nur sehr kompliziert ermitteln. Ebenso wird die Tangentenlänge T der Kuppen- und Wannenausrundung horizontal und nicht parallel zur Neigung der Gradiente angetragen.

Im Höhenplan wird in der Abszisse häufig der gleiche Längenmaßstab wie im Lageplan verwendet. Im Gegensatz dazu werden auf der Ordinate des Höhenplanes jedoch die Höhen zehnfach überhöht dargestellt, weil andernfalls die Längsneigungen auf dem Plan kaum zu erkennen wären. Gleichzeitig mit der Achse der Straße (= „Gradiente") wird die Geländehöhe angegeben, und zwar in jedem Querprofil und zusätzlich an den Geländeknickpunkten. Je bewegter das Gelände ist, desto dichter müssen die Punkte liegen. Besondere Genauigkeit ist bei kreuzenden Hindernissen wie Eisenbahnen, anderen Straßen, Wasserläufen, Versorgungsleitungen, Hochspannungsleitungen usw. notwendig.

Die Geländehöhen können für den Vorentwurf aus den Höhenangaben oder Höhenlinien der topografischen Karte entnommen werden. Für den Bauentwurf und besonders für die spätere Abrechnung der bewegten Erdmengen sind die Höhen bzw. Koten des Geländes tachymetrisch aufzunehmen. Dies erfolgt entweder durch die Absteckung und Aufmessung der Achspunkte, allerdings mit dem Nachteil der doppelten Arbeit bei jeder Trassenänderung, oder aber viel rationeller über die sog. Flächentachymetrie, die heute in aller Regel mit Hilfe des digitalen Geländemodells (DGM) durchgeführt wird. Wird der Entwurf in Lageplänen der Luftbildvermessung mit engen Höhenlinien dargestellt, können diese benutzt werden. Zu diesem Längsschnitt des Geländes wird die Gradiente der Straße konstruiert, die aus geneigten Geraden und Ausrundungen dazwischen besteht.

Um eine harmonische räumliche Linienführung zu erzielen, empfiehlt es sich, im Aufriss etwa die gleiche Anzahl von Ausrundungen zu planen, wie Kurven im Grundriss vorhanden sind. Großzügige Parameter bedingen mit gewissen Einschränkungen eine größere Sicherheit und Leistungsfähigkeit der Strecke. Trotzdem muss – abhängig von der Bedeutung der Straße und von der Schwierigkeit des Geländes – zur Schonung des Landschafts- oder Stadtbildes sowie zur Verminderung der Baukosten angestrebt werden, die Gradiente möglichst nahe am Gelände zu führen.

3.3.2 Straßenlängsneigung

Im Straßenbau ist es üblich, die Gradientenhöhen millimetergenau anzugeben. Die Längsneigung *s* wird als Quotient aus dem Höhenunterschied und der Länge zwischen zwei Tangentenschnittpunkten des Längsschnittes errechnet und in Prozent mit drei Stellen hinter dem Komma angegeben.

$$s = \frac{h_2 - h_1}{l_2 - l_1} \cdot 100\,\% = \frac{\Delta h}{\Delta l} \cdot 100\%$$

Wenn keine Zwangspunkte vorhanden sind, bevorzugt man runde Werte für die Längsneigung. Die Angabe, ob es sich um Steigung oder Gefälle handelt, erfolgt in Richtung der Kilometrierung mit einem positiven Vorzeichen für eine Steigung und mit einem negativen Vorzeichen für Gefälle. In Übereinstimmung mit dieser Vorzeichenregel nimmt die Stationierung oder auch Bau-Kilometrierung im Höhenplan grundsätzlich von links nach rechts zu. Die Neigungsrichtung kann zusätzlich auch mit einem Pfeil in Richtung des Gefälles dargestellt werden (Abb. 3.66).

Die zu wählende Längsneigung wird wesentlich von den Geländeverhältnissen bestimmt. Sie soll aber bestimmte Höchstmaße aus verschiedenen Gründen nicht überschreiten (Abb. 3.61). Wenn auch bei größeren Neigungen das Wasser schneller abläuft, so sind doch die Längsneigungen aus Gründen der Verkehrssicherheit, der Betriebskosten- und Energieeinsparung, der Emissionsminderung und der Qualität des Verkehrsablaufs möglichst niedrig zu halten.

Für den Fall, dass unbedingt besondere Zwangspunkte zu berücksichtigen sind, können die in den Richtlinien angegebenen maximalen Längsneigungen ausnahmsweise auch überschritten werden. (Es sei in diesem Zusammenhang an den Sinn des Begriffs „Richtlinie" erinnert!) Die Überschreitung ist aber stets eingehend zu begründen. Dabei sollte bei Straßen der Kategoriengruppe AS eine maximale Schrägneigung *p* von 9 % und bei der Kategoriengruppe LS eine solche von 10 % nicht überschritten werden.

Im Bereich plangleicher Knotenpunkte sind Längsneigungen von mehr als 4 % nach Möglichkeit zu vermeiden. Ebenso sollen bei Straßen der Kategoriengruppe AS die Längsneigungen in Tunnelstrecken auf 3 % begrenzt werden. Bei langen Tunnelstrecken ($L > 500$ m) soll eine Längsneigung von höchstens 2,5 % nicht überschritten werden. Größere Längsneigungen im Tunnel erhöhen die Abgasemissionen und die Unfallgefahr, sie führen zum Absinken der Geschwindigkeit der Lkw und erhöhen die Kaminwirkung im Havariefall. Für kurze Tunnelabschnitte ($L \leq 200$ m), wie z. B. bei Rampenfahrbahnen von Stadtautobahnen (EKA 3), sind max s = 6,0 % erlaubt.

Entwurfsklasse	EKA 1 A	EKA 1 B	EKA 2	EKA 3	EKL 1	EKL 2	EKL 3	EKL 4
max *s* (%)	4,0	4,5	4,5	6,0	4,5	5,5	6,5	8,0

Abb. 3.61: Höchstlängsneigungen bei fahrdynamischer Bemessung

Die Höchstlängsneigungen von anbaufreien Straßen der Kategoriengruppe VS sind geschwindigkeitsabhängig festgelegt. Sie betragen bei V_{zul} = 50 km/h 8,0 (12,0) % und bei

V_{zul} = 70 km/h 6,0 (8,0) %. Bei den Klammerwerten handelt es sich um Ausnahmewerte, die eingehend zu begründen sind.

Bei angebauten Straßen (Kategoriengruppe HS) und Erschließungsstraßen (Kategoriengruppe ES) sollte die Höchstlängsneigung nach den RASt bei fahrgeometrischer Bemessung 8 %, in Ausnahmefällen 12,0 % nicht überschreiten.

Es ist zu beachten, dass die Bedingung für die maximal zulässige Schrägneigung von 10 % (vgl. Abschn. 3.4.4) nicht mehr eingehalten werden kann, wenn die gewählte Längsneigung mehr als etwa 9,5 % beträgt.

Streckenabschnitte ohne jegliche Längsneigung (s = 0 %) sollten andererseits nicht vorkommen, weil sich während des Betriebs häufig Längsrinnen in der Fahrbahn bilden, die bei entsprechender Tiefe und Form bei Regenwetter zu gefährlichen Wasserrinnen werden können. Für Straßen ohne Borde ist im Verwindungsbereich eine Längsneigung von $s \geq 1{,}0$ % vorzusehen, besser min $s > \sim 1{,}5$ % anzustreben, um dort abflussschwache Zonen auf der Fahrbahnoberfläche zu vermeiden. Auf jeden Fall muss die Straßenlängsneigung größer als die Anrampungsneigung (Abschn. 3.4.5) sein. Zur Gewährleistung einer ausreichenden Fahrbahnentwässerung sollte aus Gründen der Verkehrssicherheit bei Straßen der Kategoriengruppen AS und LS die Differenz $s - \Delta s \geq 0{,}2$ % betragen. Bei Straßen der Kategoriengruppe VS darf bei einer Längsneigung $s \geq 0{,}7$ % verwunden werden, dann gilt ebenfalls $s - \Delta s \geq 0{,}2$ %.

Kann die Mindestlängsneigung auch bei Verschiebung des Querneigungswechsels gegenüber dem Klothoidennullpunkt wegen topografischer oder städtebaulicher Gegebenheiten nicht eingehalten werden, so kann zur Gewährleistung des Oberflächenwasserabflusses eine Schrägverwindung ausgebildet werden (Abschn. 3.4.5).

Straßen mit Borden sollen eine Längsneigung von min s = 0,5 % für alle Bordrinnen aufweisen. Bei geringen Straßenlängsneigungen ist ggf. die Anlage von Pendelrinnen vorzusehen.

Auf Brücken ist zur Gewährleistung einer ausreichenden Straßenentwässerung eine Mindestlängsneigung von min s = 0,7 % einzuhalten. Dies gilt bei Landstraßen für Brücken mit einer lichten Weite ≥ 100 m und bei Autobahnen für alle Brücken.

Bei der Festlegung der Längsneigung soll, wenn keine anderen Zwangspunkte eingehalten werden müssen, versucht werden, dass sich Abtrag- und Auftragsmassen ungefähr ausgleichen. Ist dies nur auf langen Strecken möglich, so kann eine Seitenablagerung oder Seitenentnahme wirtschaftlicher sein als ein Transport der Erdmengen über viele Kilometer. Allerdings sind bei Seitenablagerungen und Seitenentnahmen die Belange des Natur- und Landschaftsschutzes zu beachten. Bei den modernen Erdbaugeräten ist der Massenausgleich jedenfalls nicht mehr zwingend und kann hinter anderen Forderungen zurücktreten. Wichtiger erscheint eine flüssige und verkehrsgerechte Führung der Straße.

Wenn bei unvermeidbaren größeren Längsneigungen durch Absinken der Geschwindigkeit der schweren Fahrzeuge eine Behinderung des Verkehrsflusses eintreten könnte, ist die Anlage von Zusatzfahrstreifen zu erwägen (s. Abschn. 4.2.6). In den Entwurfsklassen EKA ist bei Steigungsstrecken von über 500 m Länge mit Längsneigungen $s > 2{,}0$ % grundsätzlich zu prüfen, ob die Anordnung von Zusatzfahrstreifen erforderlich ist.

3.3.3 Kuppen- und Wannenausrundungen

Die Schnittpunkte der Tangenten mit unterschiedlichen Längsneigungen müssen ausgerundet werden, wobei man zwischen Kuppen und Wannen unterscheidet. Eine Kuppe entsteht beim Übergang von Steigung in Gefälle, von starker Steigung in flache Steigung und von flachem Gefälle in starkes Gefälle (Abb. 3.62). Eine Wanne entsteht beim Übergang von Gefälle in Steigung, von flacher Steigung in starke Steigung und von starkem Gefälle in flaches Gefälle (Abb. 3.62).

Neigungswechsel $\varphi = \alpha + \beta$

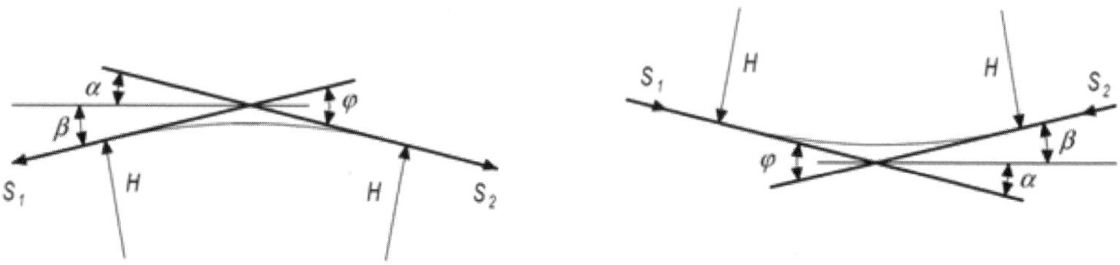

Neigungsänderung $\varphi = \alpha - \beta$

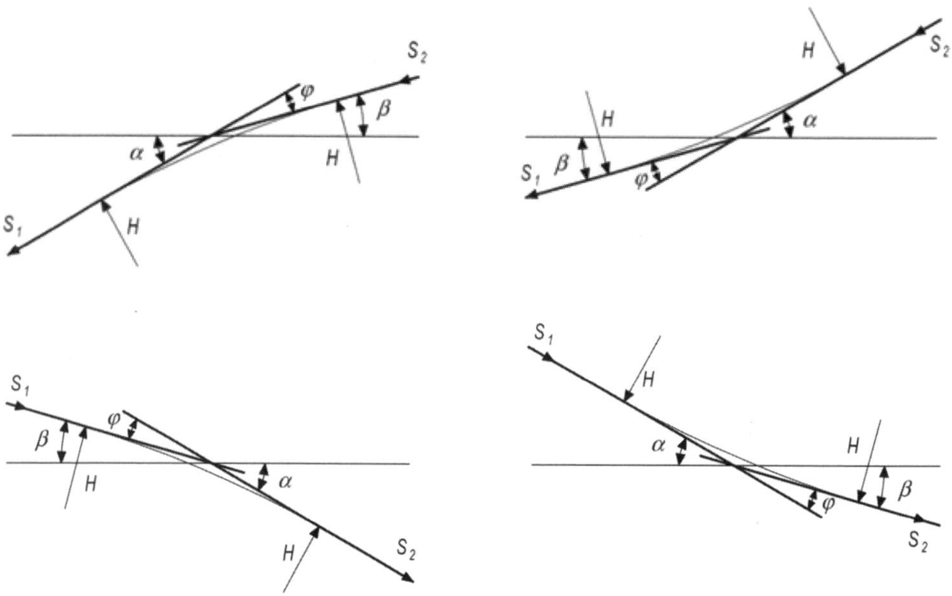

Abb. 3.62: Kuppen- und Wannenausrundungen

Die Ausrundung der Kuppen und Wannen erfolgt idealisiert mit Kreisbogen, die aufgrund folgender Überlegungen mit hinreichender Genauigkeit als quadratische Parabeln eingerechnet werden:

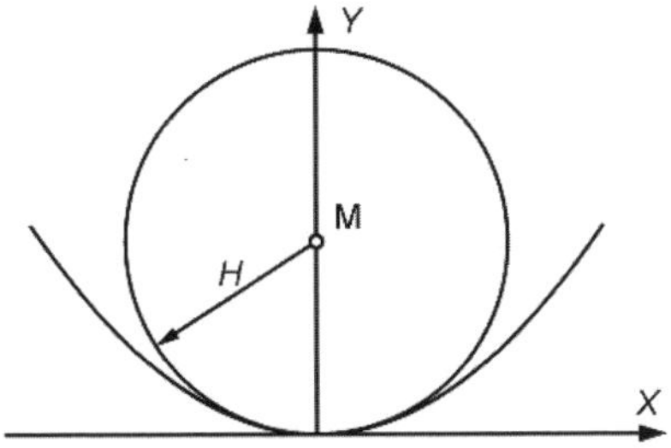

$$x^2 + (H-y)^2 = H^2 \quad (Kreisformel)$$
$$x^2 + H^2 - 2 \cdot H \cdot y + y^2 = H^2$$
Mit $y^2 \approx 0$ folgt $y = \frac{x^2}{2 \cdot H}$

Abb. 3.63: Quadratische Parabel

Wenn man also von einer Ausrundung mit dem Halbmesser *H* spricht, ist damit in Wirklichkeit der Radius des Schmiegekreises im Scheitelpunkt der Parabel gemeint. Die Abweichung des exakten Kreisbogens von der quadratischen Parabel ist im verwendeten Bereich meistens gering und wegen der bei der Parabel nach außen abnehmenden Krümmung auch unschädlich. Aufgrund der geometrischen Eigenschaften der Parabel kann man im Übrigen die *y*-Werte der obigen Formel zu den Ordinatenwerten einer geneigten Geraden addieren, ohne dass sich der Radius des Schmiegekreises im Scheitelpunkt verändert. Der Scheitelpunkt verschiebt sich in diesem Fall nur lagemäßig.

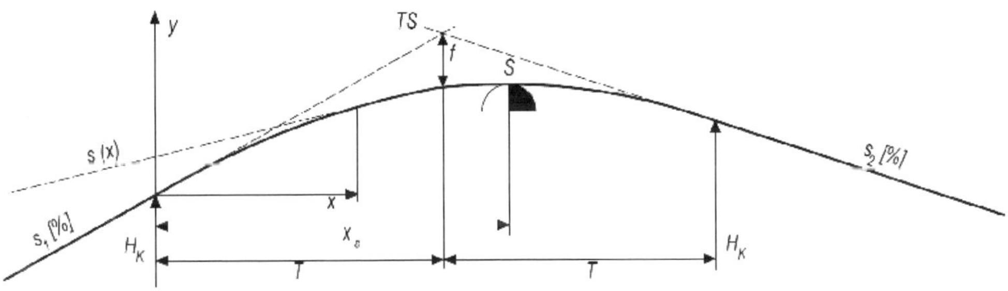

Abb. 3.64 Ausrundung einer Kuppe bei einem Neigungswechsel

Man beachte, dass die Pfeile als Zeichen für den Anfang und das Ende der Ausrundung senkrecht und nicht schräg angebracht werden. Die richtige Eintragung brächte mit der Überhöhung 1:10 einen unverhältnismäßigen und unnötigen Aufwand mit sich.

Zur Berechnung der Ausrundungen können unter Beachtung der Vorzeichenregeln für die Längsneigungen und Ausrundungshalbmesser folgende Formeln entwickelt werden. Durch einfache Ableitung erhält man die Steigung s_2 (%) am Ende der Ausrundung (Abb. 3.64):

$$y(x) = \frac{s_1}{100} \cdot x + \frac{x^2}{2 \cdot H} \qquad \frac{s_2}{100} = \frac{\partial y}{\partial x} = \frac{s_1}{100} + \frac{x}{H}$$

Wenn man gleichzeitig $x = 2 \cdot T$ setzt, folgt $\frac{s_2 - s_1}{100} = \frac{2 \cdot T}{H}$ und $T = \frac{H}{2} \cdot \frac{s_2 - s_1}{100}$ in m.

Der Bogenstich *f* beträgt dann

$$f = \frac{T^2}{2 \cdot H} = \frac{T}{4} \cdot \frac{s_2 - s_1}{100} = \frac{H}{8} \cdot \left(\frac{s_2 - s_1}{100}\right)^2$$

Für den Kuppenhochpunkt bzw. Wannentiefpunkt kann man $s_2 = 0$ setzen, sodass gilt:

$$x_S = -\frac{s_1}{100} \cdot H \text{ in m und } y_s = -\frac{x_s^2}{2 \cdot H} = -\left(\frac{s_1}{100}\right)^2 \cdot \frac{H}{2} \text{ in m}$$

Die Steigung an einer beliebigen Stelle x lässt sich berechnen mit:

$$s_x = s_1 \pm 100 \cdot \frac{x}{H} \quad \text{in \%}$$

Dabei bedeuten

H	Ausrundungshalbmesser in m	*T*	Tangentenlänge in m
s	Längsneigung der Tangente in %	*f*	Bogenstich in m
y(x)	Ordinate an der Stelle x in m	*x*	Abszisse in m
x_S	Abszisse des Scheitelpunktes in m	*y*	Ordinate in m
y_S	Ordinate des Scheitelpunktes in m	M	Ausrundungsmitte
s(x)	Längsneigung der Ausrundung in einem beliebigen Punkt	TS	Tangentenschnittpunkt
		S	Scheitelpunkt.

mit den Vorzeichenregeln

Steigung:	*s* wird positiv	$(+ s_1; + s_2)$
Gefälle:	*s* wird negativ	$(- s_1; - s_2)$
Wannenhalbmesser:	H_W wird positiv	$(+ H)$
Kuppenhalbmesser:	H_K wird negativ	$(- H)$

Die Mindestwerte für die Kuppenausrundung werden entsprechend einem geometrischen Modell durch die erforderliche Haltesichtweite bestimmt (vgl. Abschn. 3.5.2.1), für die Wannenausrundung sind optische Gründe maßgebend. Aus diesen Gründen wurden für die verschiedenen Straßenkategorien die Mindestausrundungshalbmesser der Abb. 3.65 entwickelt, die nach den ihnen zugrunde liegenden idealisierenden Vorstellungen aber eigentlich nur für im Grundriss gerade Straßen gelten. Für Straßen, die sowohl im Grund- als auch im Aufriss gekrümmt sind, sollte das Sichtweitenband stets im Zusammenspiel der Raumelemente überprüft werden. D. h., die Sichtweiten der Raumkurve (vgl. Abschn. 3.7.2) sind entscheidend. Dadurch können sich andere Werte insbesondere für die erforderlichen Kuppenhalbmesser ergeben. Da die Sichtweiten in der Kombination der Krümmungen des Grund- und des Aufrisses selbst bei Verwendung ausgereifter Trassierungs-Software nur schwierig zu ermitteln sind, werden die Mindesthalbmesser der Abb. 3.65 gelegentlich auch für im Grundriss gekrümmte Linienführungen verwendet.

Entwurfsklasse	**max *s* (%)**	**min H_K (m)**	**min H_W (m)**	**min *T* (m)**
EKA 1 A	4,0	13.000	8.800	150 (120)[2]
EKA 1 B	4,5	10.000	5.700	120
EKA 2	4,5	5.000	4.000	100
EKA 3	6,0	3.000	2.600	100
EKL 1	4,5	≥ 8.000[1]	≥ 4.000[1]	100
EKL 2	5,5	≥ 6.000[1]	≥ 3.500[1]	85
EKL 3	6,5	≥ 5.000[1]	≥ 3.000[1]	70
EKL 4	8,0	≥ 3.000[1]	≥ 2.000[1]	55
VS[3] V_{zul} = 70 km/h	6,0 (8,0)[4]	2.200	1.200	–
VS[3] V_{zul} = 50 km/h	8,0 (12,0)[4]	900	500	–
HS, ES[3]	8,0 (12,0)[4]	250[5]	150[5]	–

[1] empfohlene Werte

[2] Ausnahmewert beim Umbau und Ausbau

[3] Kategoriengruppe nach RASt

[4] Ausnahmewerte

[5] Bei Kategoriengruppe ES min H_K = 50 m und min H_W = 20 m, wenn nahezu nur Pkw-Verkehr.

Abb. 3.65: Grenzwerte für Trassierungselemente im Höhenplan

Mit den Kuppenmindesthalbmessern ist bei geraden Autobahnteilstücken die Einhaltung der Haltesichtweite zur Erkennung eines Stauendes gewährleistet. Werden die geforderten Mindesthalbmesser nicht eingehalten, ist, genauso wie bei Kurven im Lageplan, die Haltesichtweite räumlich nachzuweisen.

Sind Zwangspunkte vorhanden, so kann für die Entwurfsklassen bei Landstraßen von den empfohlenen Werten um bis zu 15 % nach unten abgewichen werden. Hierbei ist besonders gründlich auf eine Abstimmung der Lage- und Höhenplanelemente nach der Größe und der gegenseitigen Zuordnung zu achten. Insofern sollten kleine Wannenhalbmesser nicht mit kleinen Kurvenradien überlagert werden. Die Erkennbarkeit und die räumliche Linienführung sind in solchen Fällen zu überprüfen. Die erforderliche Haltesichtweite ist dabei überall einzuhalten.

Im hügeligen Gelände soll der Kuppenhalbmesser prinzipiell größer als der Wannenhalbmesser sein. Dieser ist aber aus Gründen der Erkennbarkeit und wegen der räumlichen Linienführung nicht kleiner als die Hälfte des angrenzenden Kuppenhalbmessers zu wählen ($H_W \geq 0,5\ H_K$). Die Wannenmindesthalbmesser sorgen auch unter Bauwerken für die Einhaltung der Haltesichtweite.

Bei geringen Höhenunterschieden und im flachen Gelände sollten die Wannenhalbmesser aus Gründen eines optisch ausgewogenen Fahrbahnverlaufs deutlich größer als die Kuppenhalbmesser sein.

Können die Mindestkuppenhalbmesser beim Ausbau vorhandener Straßen der Kategoriengruppen VS und HS wegen städtebaulicher Zwangsbedingungen nicht eingehalten werden, sind Geschwindigkeitsbegrenzungen zu erwägen. Allgemein wird man die Ausrundungshalbmesser (dem Betrag nach) im Interesse guter Sichtverhältnisse immer möglichst groß wählen.

Verschiedenartige Ausrundungen können im Höhenplan problemlos direkt aneinander angeschlossen werden. Kurze Zwischengeraden zur Verbindung ungleicher bzw. räumlich auseinanderliegender Ausrundungen des gleichen Krümmungssinnes sind zwar fahrdynamisch nicht zu beanstanden, sie wirken aber optisch als Unstetigkeit in der Linienführung. Längere Zwischengeraden sind demgegenüber unbedenklich. Ebenso kann die Verbindung zwischen Kuppen und Wannen und umgekehrt ohne Nachteile für die harmonische Linienführung auch über kurze Zwischengeraden hergestellt werden.

Bei schwierigen Kuppen- und Wannenausrundungen und in allen Fällen, bei denen eine ästhetisch befriedigende Linienführung durch die Wahl entsprechender Konstruktionselemente in Lage- und Höhenplan nicht von vornherein sichergestellt ist, empfiehlt es sich, den Verlauf der Trasse durch Perspektiven, Gradientenmodelle und dgl. auf ihre optisch einwandfreie Wirkung zu überprüfen. Siehe dazu auch Abschn. 3.7.2.

Berechnungsbeispiel für eine Gradiente

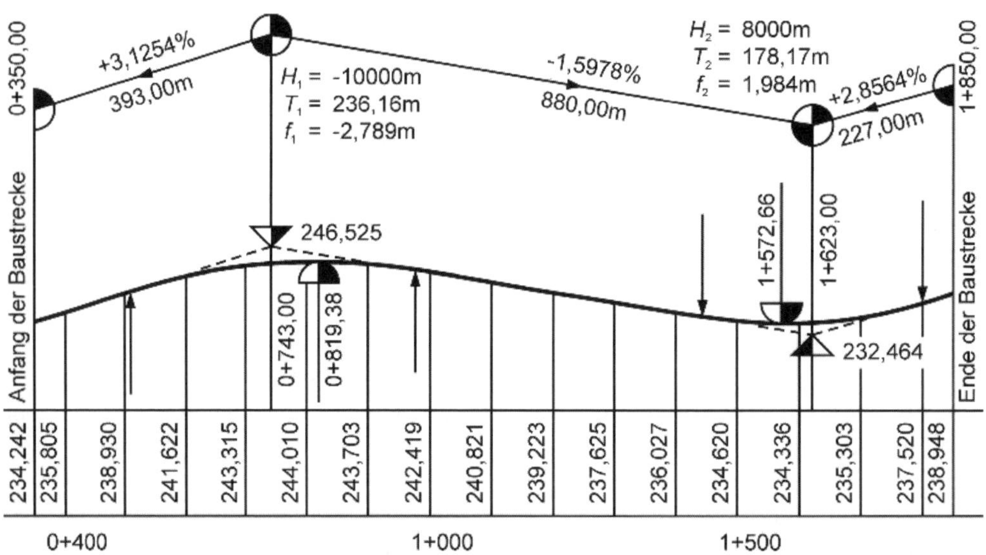

Abb. 3.66: Ausschnitt aus einem Höhenplan

Gegeben sind die Stationen und Höhen der Tangentenschnittpunkte eines Längsschnitts. Zu berechnen sind die Längsneigungen, die Ausrundungen und die Gradientenhöhen der Hektometerpunkte (Abb. 3.66). Aus den Höhen- und Entfernungsdifferenzen werden zuerst die Längsneigungen ermittelt.

$$s_1 = \frac{h_2 - h_1}{l_2 - l_1} \cdot 100\ \% = \frac{246{,}525 - 234{,}242}{743{,}00 - 350{,}00} \cdot 100 = 3{,}1254\ \%$$

$$s_2 = \frac{h_3 - h_2}{l_3 - l_2} \cdot 100\% = \frac{232{,}464 - 246{,}525}{1.623{,}00 - 743{,}00} \cdot 100 = -1{,}5978\,\%$$

$$s_3 = \frac{h_4 - h_3}{l_4 - l_3} \cdot 100\% = \frac{238{,}948 - 232{,}464}{1.850{,}00 - 1.623{,}00} \cdot 100 = 2{,}8564\,\%$$

Der negative Wert für s_2 zeigt an, dass es sich um Gefälle handelt, während positive Längsneigungen Steigungen bedeuten.

Als nächster Schritt folgt jetzt die Berechnung der Ausrundungen der Neigungsbrüche mit Kuppen bzw. Wannen. Hierzu werden $H_K = -10.000$ m und $H_w = +8.000$ m gewählt.

$$T_1 = \frac{H_1}{2} \cdot \frac{s_2 - s_1}{100} = \frac{-10.000}{2} \cdot \frac{-1{,}5978 - 3{,}1254}{100} = 236{,}16\,\text{m}$$

$$f_1 = \frac{T_1^2}{2H_1} = \frac{236{,}16\ 2}{2 \cdot (-10.000)} = -2{,}789\,\text{m}$$

$$T_2 = \frac{H_2}{2} \cdot \frac{s_3 - s_2}{100} = \frac{8.000}{2} \cdot \frac{2{,}8564 - (-1{,}5978)}{100} = 178{,}17\,\text{m}$$

$$f_2 = \frac{T_2^2}{2H_2} = \frac{178{,}17^2}{2 \cdot 8.000} = 1{,}984\,\text{m}$$

Weiter sollen die Gradientenhöhen der Hektometerpunkte berechnet werden. Beim nachfolgend gezeigten Rechenschema macht man sich zunutze, dass die parabelförmige Ausrundung ein zwischen dem Ausrundungsanfang (AA) und -ende (AE) durchgehendes geometrisches Element ist. Wenn die Abstände zwischen den Stationierungspunkten konstant sind, kann man die folgende Kote der Tangente durch Addition jeweils des konstanten Betrages $\Delta h = 0{,}01 \cdot s \cdot \Delta l$ zum vorhergehenden Wert rasch ermitteln. Nur in den Ausrundungsbereichen müssen die Tangentenkoten noch mit den y-Werten korrigiert werden.

Station (Bau-km)	**Kote der Tangente (m ü. NHN)**	$x = l_i - l_{AA}$ **(m)**	$y = \frac{x^2}{2 \cdot H}$ **(m)**	**Kote der Gradiente (m ü. NHN)**
0 + 350	234,242	–	–	234,242
0 + 400	235,805	–	–	235,805
0 + 500	238,930	–	–	238,930.
AA = 0 + 506,84	239,144	0,00	0,000	239,144
0 + 600	242,056	93,16	- 0,434	241,622
0 + 700	245,181	193,16	- 1,866	243,315
0 + 800	248,307	293,16	- 4,297	244,010
0 + 900	251,432	393,16	- 7,729	243,703

Die Koten für die weiteren Tangenten werden analog ermittelt. Da sich die Rechenoperationen jeweils vielfach wiederholen, wird zweckmäßig mit einem Rechenprogramm gearbeitet.

Zur Beurteilung, ob der Abfluss des Oberflächenwassers in den Wannentiefpunkten, aber auch in den Kuppenhochpunkten gewährleistet ist, benötigt man zusätzlich noch deren genaue Lage. Für den Kuppenhochpunkt ergibt sich

$$x_{S1} = -\frac{s_1}{100} \cdot H_1 = -\frac{3{,}1254}{100} \cdot \left(-10.000\right) = 312{,}54\,\text{m}$$

Stationierung des Kuppenhochpunktes: Bau-km 0 + 506,84 + 312,54 = 0 + 819,38.

$$y_{S1} = -\left(\frac{s_1}{100}\right)^2 \cdot \frac{H_1}{2} = -\left(\frac{3{,}1254}{100}\right)^2 \cdot -\frac{10.000}{2} = 4{,}884 \text{ m}$$

Die Kote des Kuppenhochpunktes beträgt dann 239,144 + 4,884 = 244,028 m ü. NHN.

Die entsprechende Rechnung ergibt für den Wannentiefpunkt die Stationierung 1 + 572,66 und die Kote 234,290 m ü. NHN.

3.3.4 Gradientenberechnung bei Zwangsbedingungen

3.3.4.1 Schnittpunkt zweier Tangenten

Häufig tritt der Fall auf, dass zwei Tangenten nach Lage und Längsneigung zwingend vorgegeben sind, aber die Lage des Tangentenschnittpunktes unbekannt ist. Somit müssen die Station des Schnittpunktes und die dazugehörige Höhe über NHN errechnet werden.

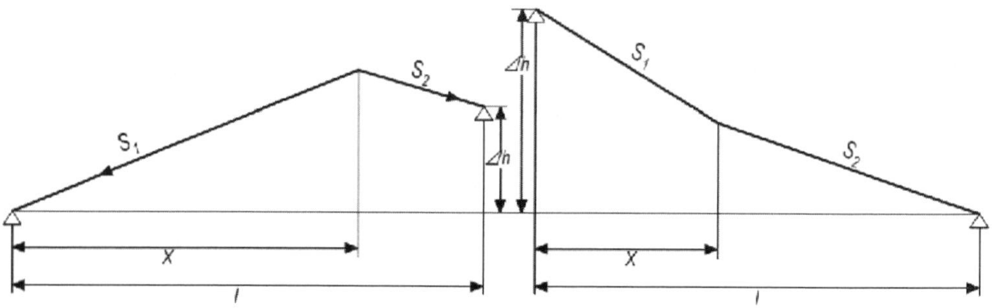

Abb. 3.67: Schnittpunktberechnung zweier Geraden

$$x = \frac{l \cdot s_2 - 100 \cdot \Delta h}{s_2 - s_1} \text{ in m}$$

s Straßenlängsneigung in %; bei Steigung (+), bei Gefälle (–) einsetzen

Δh Höhendifferenz in m; zunehmende Höhe (+), abnehmende Höhe (–) einsetzen

Berechnungsbeispiel:

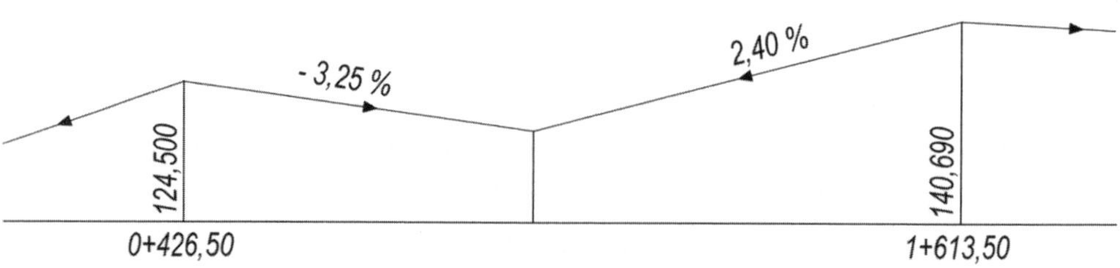

Abb. 3.68: Beispiel für die Ermittlung eines Tangentenschnittpunktes

Die Station des Schnittpunktes wird wie folgt bestimmt:

Δh = 140,690 – 124,500 = 16,190 m $\qquad$ l = 1613,50 – 426,50 = 1187,00 m

$$x = \frac{1.187{,}00 \cdot 2{,}4000 - 100 \cdot 16{,}190}{2{,}4000 - (-3{,}2500)} = \frac{28{,}488 - 16{,}190}{5{,}65} = 217{,}66\,\text{m}$$

Stationierung des Tangentenschnittpunkts: 0 + 426,50 + 217,66 = 0 + 644,16

Der Schnittpunkt hat die Höhe

$$h = 124{,}500 + x \cdot \left(\frac{-3{,}2500}{100}\right) = 124{,}500 - 7{,}074 = 117{,}426 \text{ m}$$

Weitere Zahlenbeispiele finden sich unter Abschn. 3.3.4.4.

3.3.4.2 Ausschaltung von Zwischengeraden

Ergeben sich bei der Ausrundung der Tangenten des Höhenplanes kurze Geraden zwischen zwei Kuppen oder zwei Wannen, dann kann man diese dadurch vermeiden, dass man die Ausrundungen unmittelbar aneinanderstoßen lässt. Das geschieht, indem man festlegt:

$$T_1 + T_2 = l$$

mit $\begin{cases} T_1, T_2 & \text{Tangentenlängen der Ausrundungen 1 und 2} \\ l & \text{Tangentenlänge mit der Längsneigung } s_2 \end{cases}$

Aus den bekannten Tangentenlängen und Längsneigungen errechnet man die Ausrundungshalbmesser H_i, die dann allerdings unrund sein können, durch

$$H_i = \frac{200 \cdot T_i}{s_{i+1} - s_i}$$

Berechnungsbeispiel:

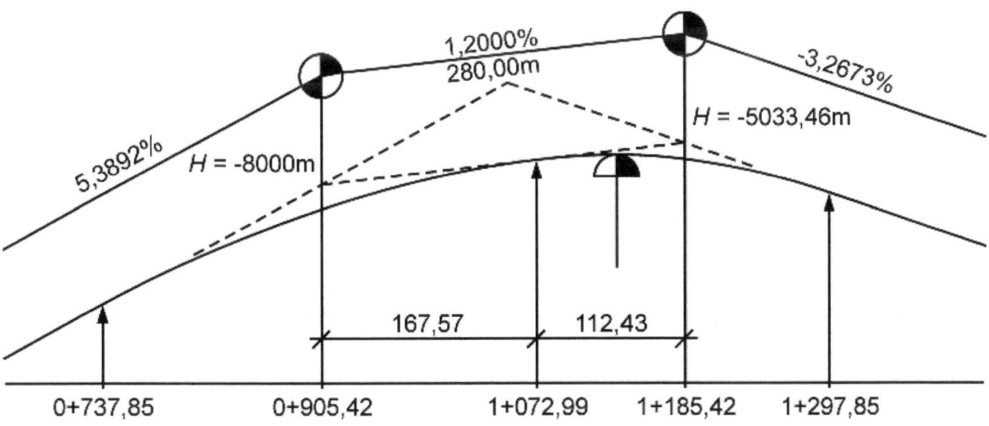

Abb. 3.69: Beispiel für zusammengesetzte Ausrundungen ohne Zwischengerade

Gegeben sind:	Längsneigung	s_1	= + 5,3892 %
	Längsneigung	s_2	= + 1,2000 %; Tangentenlänge l = 280,00 m
	Längsneigung	s_3	= – 3,2673 %
	Kuppenhalbmesser	H_1	= – 8.000 m

Die charakteristischen Werte der ersten Ausrundung sind:

$$T_1 = \frac{H_1}{2} \cdot \frac{s_2 - s_1}{100} = \frac{-8.000 \cdot (1{,}2000 - 5{,}3892)}{200} = 167{,}57 \text{ m}; f_1 = \frac{T_1^2}{2 \cdot H_1} = \frac{167{,}57^2}{2 \cdot (-8.000)} = -1{,}755 \text{ m}$$

Wenn keine Zwischengerade vorhanden sein soll, muss die Tangentenlänge $T_2 = l - T_1$ = 280,00 – 167,57 = 112,43 m betragen. Nun ergeben sich:

$$H_2 = \frac{200 \cdot T_2}{s_3 - s_2} = \frac{200 \cdot 112{,}43}{-3{,}2673 - 1{,}2000} = 5.033{,}46 \text{ m} \quad \text{und} \quad f_2 = \frac{T_2^2}{2 \cdot H_2} = \frac{112{,}43^2}{2 \cdot (-5.033{,}46)} = -1{,}256 \text{ m}$$

3.3.4.3 Einhaltung vorgegebener Höhen

Beim Ausbau bestehender Straßenzüge müssen nicht selten bestimmte höhenmäßige Zwangspunkte beibehalten werden. Das kann u. a. dann sein, wenn eine vorhandene Brücke in die Planung einbezogen werden soll, damit sie sich in den Linienzug der Neuplanung einfügt. In diesem Fall ist die gewünschte Höhe über die Größen f oder y in die Berechnung einzuführen, und daraus sind H und T zu ermitteln.

Berechnungsbeispiel:

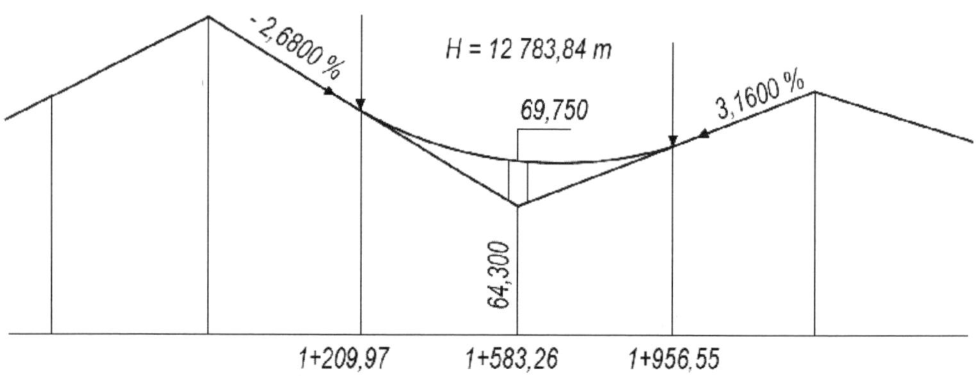

Abb. 3.70: Zwangspunkt in einer Ausrundung

Eine vorhandene Brücke soll in der Wanne des Höhenplanes berücksichtigt werden. Aus der Höhe im Tangentenschnittpunkt und der Höhe der Brückenoberkante errechnen sich entsprechend Abb. 3.70:

$$f = 69{,}750 - 64{,}300 = 5{,}450 \text{ m};$$

$$T = \frac{4 \cdot f}{\frac{s_2 - s_1}{100}} = \frac{4 \cdot 5{,}450}{0{,}0316 - (-0{,}0268)} = 373{,}288 \text{ m}$$

$$H = \frac{200 \cdot T}{s_2 - s_1} = \frac{200 \cdot 373{,}288}{3{,}16 - (-2{,}68)} = 12.783{,}84 \text{ m}$$

3.3.4.4 Verbesserung von bestehenden Ausrundungen

Beim Ausbau vorhandener Straßen stellt sich regelmäßig auch die Aufgabe, den Höhenplan zu überarbeiten. Oft geht es darum, die Kuppen und Wannen mit größeren Halbmessern auszurunden oder auch mehrere Ausrundungen durch eine einzige mit größerem Halbmesser zu ersetzen. Auf diese Weise lassen sich die Sichtverhältnisse und der optische Eindruck der Gradiente wesentlich verbessern.

An einem **Beispiel** für eine Stadtstraße der Kategoriengruppe VS soll gezeigt werden, dass die Verwendung großer Ausrundungshalbmesser gegenüber den Mindesthalbmessern deutliche Verbesserungen bringt, ohne dass nennenswerte Höhenänderungen der Gradiente notwendig werden. Zwei Kuppen sind jeweils mit dem Halbmesser von 12.000 m ausgerundet. Die Mindestlänge für die Tangente *T* ist eingehalten. Zwischen den beiden Kuppen liegt eine Gerade von 300 m Länge (Abb. 3.71).

Für die zu ändernde Gradiente werden nun die Tangentenneigungen 2,85 % und – 2,15 % zum Schnitt gebracht. Dieser neue Neigungsbruch wird mit einem größeren Halbmesser ausgerundet; es wird *H* = 22.000 m gewählt (Abb. 3.72).

Die Schnittpunktberechnung erfolgt nach dem in Abschn. 3.3.4.1 beschriebenen Verfahren (Abb. 3.68).

$$x = \frac{(1.544{,}00 - 420{,}00) \cdot (-2{,}15) - 453{,}4}{-2{,}15 - 2{,}85} = \frac{1.124{,}00 \cdot (-2{,}15) - 453{,}4}{-5{,}0} = 574{,}00 \text{ m}$$

Das ergibt als Bau-km für den TS: 0 + 420,00 + 574,00 = 0 + 994,00

$$T = \frac{H}{2} \cdot \frac{s_3 - s_1}{100} = \frac{-22.000}{2} \cdot \frac{-2{,}15 - 2{,}85}{100} = 550{,}00 \text{ m};$$

$$f = \frac{T^2}{2 \cdot H} = \frac{550{,}00^2}{2 \cdot 22.000} = 6{,}875 \text{ m}$$

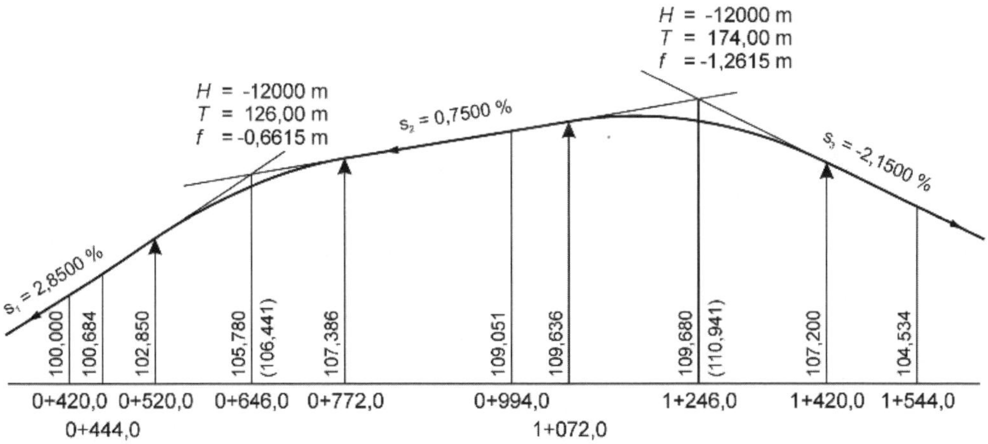

Abb. 3.71: Gradiente mit kleinen Ausrundungshalbmessern und Zwischengerade

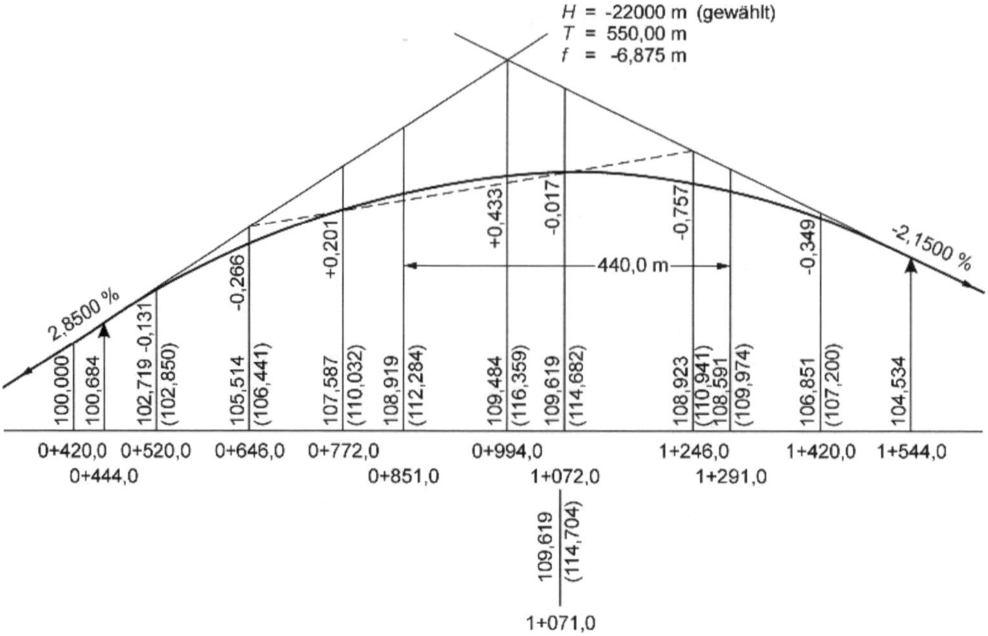

Abb. 3.72: Verbesserung der Gradiente der Abb. 3.71

Die genaue Durchrechnung ergibt, dass die größten Abweichungen gegenüber der ursprünglichen Lösung + 43,3 cm bzw. – 75,7 cm betragen. Diese Abweichungen sind im Verhältnis zu den Verbesserungen der Gradiente unbedeutend (Abb. 3.72).

Für die neue Ausrundung ist noch der Kuppenhochpunkt unbekannt, an dem die Längsneigung null ist. Ferner soll festgestellt werden, in welchem Bereich die Längsneigung weniger als 1,00 % beträgt, um durch entsprechende Maßnahmen für eine ausreichende Abführung des Niederschlagswassers sorgen zu können.

Der Kuppenhochpunkt liegt bei $x_s = -\frac{s_1}{100} \cdot H = -0{,}0285 \cdot \left(-22.000\right) = 627{,}00$ m, d. h., bei Station 0 + 444,00 + 627,00 = 1 + 071,00

$$y_s = -\left(\frac{s_1}{100}\right)^2 \cdot \frac{H}{2} = -(0{,}0285)^2 \cdot \frac{-22.000}{2} = 8{,}935 \text{ m}$$

Daraus errechnet sich als Kote des Kuppenhochpunktes
100,684 + 8,935 = 109,619 m ü. NHN.

Die Station mit einer Längsneigung von s_x = 1,00 % befindet sich bei

$$x = H \cdot \frac{s_x - s_1}{100} = -22.000 \cdot \frac{1{,}00 - 2{,}85}{100} = 407{,}00 \text{ m}$$, d. h. bei Bau-km 0 + 851,00

Die Längsneigung s_x = – 1,00 % liegt bei

$$x = -H \cdot \frac{s_x - s_1}{100} = -22.000 \cdot \frac{-1{,}00 - 2{,}85}{100} = 847{,}00 \text{ m}$$, d. h. bei Bau-km 1 + 291,00

Der Bereich mit einer Längsneigung von weniger 1,00 % erstreckt sich zwischen den Stationen 0 + 851,00 und 1 + 291,00, also über eine Länge von 440,00 m (Abb. 3.72).

3.4 Entwurfselemente im Querschnitt

3.4.1 Allgemeines

Bei der Aufstellung des Straßenentwurfs müssen für die Erdmengenermittlung und für die Feststellung der Breite des Baufeldes Querschnitte des vorhandenen Geländes aufgemessen und Querprofile der geplanten Straße konstruiert werden. Der Abstand der Querschnitte hängt davon ab, wie bewegt das Gelände ist. Sie beträgt regelmäßig 20 m und liegt bei maximal 25 m. Meistens wird der Maßstab 1 : 100 verwendet.

Da die Zeichnung der vielen Querprofile von Hand mit einem hohen Aufwand verbunden ist, arbeitet man heute bei der Entwurfsbearbeitung mit der elektronischen Datenverarbeitung und mit kommerziellen Straßenplanungsprogrammen. Hierfür wird zunächst das Gelände entweder direkt aufgenommen, indem man die geplante Straßenachse absteckt und die Geländehöhen rechtwinklig zur Achse aufmisst, oder aber es wird ein digitales Geländemodell (DGM) erstellt und die Schnittpunkte zwischen den Profilen und den Dreiecksmaschen des DGM werden rechnerisch ermittelt. Anhand der eingegebenen Querschnittsdaten kann der Rechner nunmehr die Querprofile der geplanten Straße selbstständig entwerfen und die Schnittpunkte der künftigen Böschungen mit dem Gelände festlegen. Diese Daten können dann in Form der gewünschten Querprofile ausgeplottet oder als Absteckliste für die Böschungsaußenkanten ausgegeben werden.

Wenn die Oberfläche der Straßen dem Laien auch meistens waagerecht erscheinen mag, so wird die Fahrbahn im Querschnitt doch selten vollkommen horizontal gebaut. Um das Niederschlagswasser rasch von der Fahrbahn zum Rand abzuleiten und somit die Gefahr von Aquaplaning bei Regen und Eisplattenbildung bei Frost zu verringern, ist stets eine Querneigung der Fahrbahn erforderlich. In der Kurve wird die Querneigung in Abhängigkeit von der Krümmung vergrößert, um die der Fliehkraft entgegenwirkende Seitenreibungskraft durch den zur Kurveninnenseite gerichteten Hangabtrieb zu unterstützen (vgl. Abb. 3.5).

3.4.2 Querneigung in den Geraden

Beim Neubau von zwei- und dreistreifigen Straßen der Kategoriengruppe LS wird i. d. R. die Einseitneigung verwendet, während beim Ausbau vorhandener Straßen und in Ausnahmefällen auch das Dachprofil wirtschaftlich sein kann. Straßen der Kategoriengruppen AS, VS und HS können alternativ mit der Einseitneigung oder der Dachformneigung ausgestattet werden. Vierstreifige Straßen ohne Mittelstreifen erhalten grundsätzlich das Dachprofil. Bei Richtungsfahrbahnen wird die Einseitneigung angeordnet; zur Vermeidung der Mittelstreifenentwässerung wird jedoch die Neigung nach außen angestrebt (Abb. 3.73).

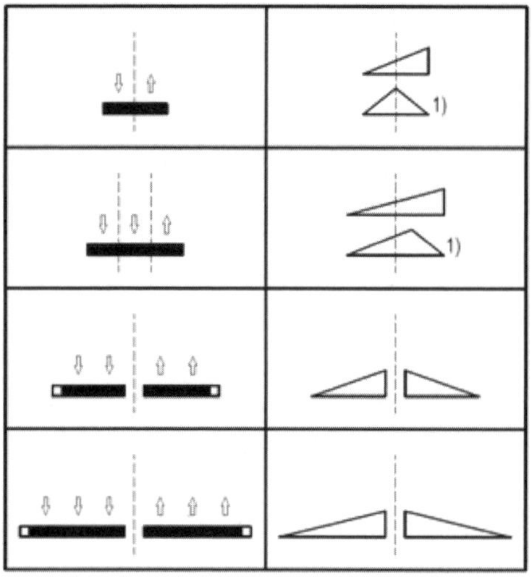

[1] bei Kat. LS und VS nur ausnahmsweise

Abb. 3.73 Querneigungsformen in der Geraden

Die Querneigung einer Straße kann von der Mitte nach beiden Fahrbahnrändern abfallen (Dachformneigung) oder einseitig von einem zum anderen Rand gerichtet sein (Einseitneigung). Die Querneigung wird mit q bezeichnet und in Prozent angegeben.

Zur Fahrbahn gehören die Fahrstreifen und die Randstreifen. Mit Ausnahme der Spitz- und Pflasterrinnen sollen befestigte Seitenstreifen, Standstreifen und Zusatzfahrstreifen nach Richtung und Größe die gleiche Querneigung wie die Fahrbahn aufweisen.

Die Mindestquerneigung in der Geraden beträgt sowohl bei der Einseit- als auch bei der Dachformneigung, unabhängig von der Deckenbauweise, min q = 2,5 %. Ist z. B. bei Straßen der Kategoriengruppen HS und ES durch die Deckenart (z. B. Pflasterdecken) eine hinreichende Entwässerung nicht gewährleistet, kann die Querneigung auf 3,0 bis 3,5 % erhöht werden. Gegebenenfalls sind bei der Festlegung der Querneigung die Anforderungen des schienengebundenen Verkehrs zu berücksichtigen.

Parkbuchten und Bushaltebuchten werden i. d. R. mit q = 2,5 % in Richtung zur Fahrbahn quergeneigt. Rad- und Gehwege erhalten ebenfalls eine Querneigung von q = 2,5 %. Bankette, über die die Fahrbahn entwässert wird, werden mit 12 %, sonst mit 6 % Querneigung ausgebildet.

3.4.3 Querneigung im Kreisbogen

Für den Kreisbogen gilt zwecks einwandfreier Entwässerung die gleiche Mindestquerneigung wie für die Gerade: min q = 2,5 %. Aus fahrdynamischen Gründen ist die Querneigung regelmäßig zur Kurveninnenseite hin anzulegen; Ausnahmen mit „falscher" Querneigung gibt es hauptsächlich bei zweibahnigen Straßen oder bei Stadtstraßen. Durch die Querneigung zur Kurveninnenseite kann bei der Kurvenfahrt ein Teil der auftretenden Zentrifugalbeschleunigung aufgenommen werden. Die Höchstquerneigung beträgt bei fahrdynamischer Bemessung (vgl. auch Abb. 3.74, 3.75 und 3.76):

Kategoriengruppe	AS	LS	VS	HS, ES
max q in %	6,0 (7,0)	7,0	6,0 (7,0)	2,5[1)]

1) keine fahrdynamische Bemessung erforderlich

Die Klammerwerte können verwendet werden, wenn in zwingenden Ausnahmefällen die für die einzelnen Planungsgeschwindigkeiten festgelegten Kurvenmindestradien unterschritten werden müssen. Für die Querneigung der angebauten Straßen der Kategoriengruppen HS und ES gilt sonst allgemein: min q = max q = 2,5 %.

Die in Abhängigkeit vom Kurvenradius und der Entwurfsklasse bzw. Geschwindigkeit erforderlichen Querneigungen sind den Abb. 3.74, 3.75 und 3.76 zu entnehmen. Die ermittelten Werte werden in aller Regel auf ganze oder halbe Prozent aufgerundet.

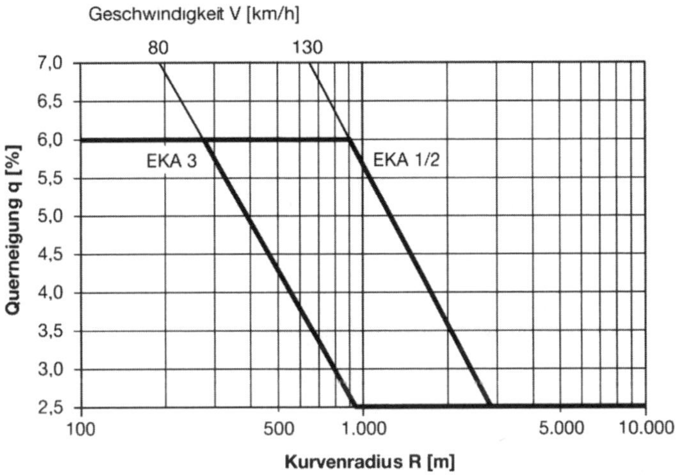

Abb. 3.74: Querneigungen nach den RAA

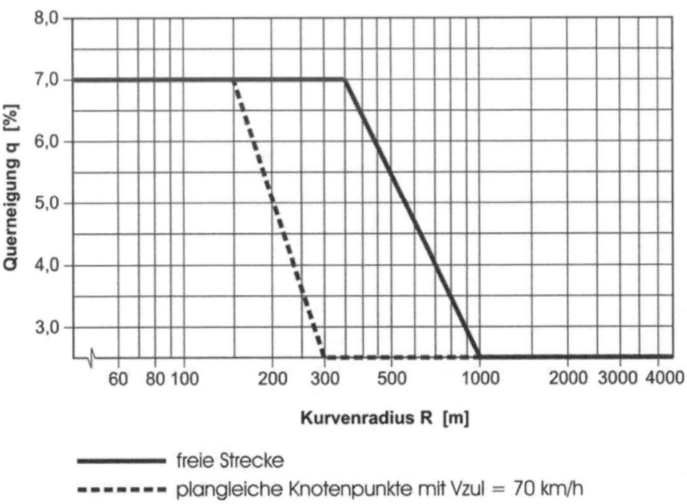

Abb. 3.75: Querneigungen nach den RAL

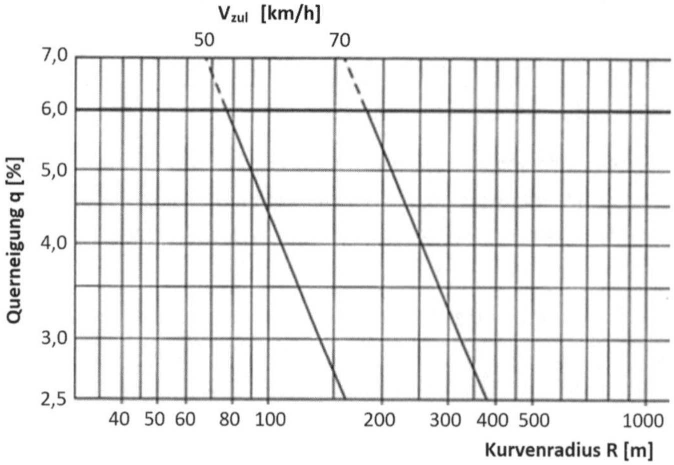

Abb. 3.76: Querneigungen nach den RASt für die Kategoriengruppe VS

Es gibt Ausnahmefälle, in denen eine Querneigung zur Kurvenaußenseite (negative oder „falsche" Querneigung) zugelassen werden kann, so etwa bei nur schwach gekrümmten zweibahnigen Straßen, zur Vermeidung von abflussschwachen Zonen im Bereich ungenügender Längsneigung oder aber um bei einer Einseitneigung nicht die Entwässerungseinrichtungen mehrfach von einer zur anderen Seite wechseln zu müssen. Sie beträgt bei Asphaltstraßen $q = -2{,}5$ %, da bei geringeren Querneigungen wegen der Spurrinnenbildung entwässerungstechnische Schwierigkeiten nicht auszuschließen sind. Bei Betonfahrbahnen spielt die Gefahr der Spurrinnenbildung keine Rolle, sodass hier als negative Querneigung $q = -2{,}0$ % verwendet werden kann. Beim Einsatz einer negativen Querneigung bei Autobahnen dürfen die in Abb. 3.7 genannten Mindestradien nicht unterschritten werden. Bei zweibahnigen Straßen der Kategoriengruppe LS ist hierfür ein Kurvenradius > 3.000 m erforderlich.

In einer gleichsinnig gekrümmten Kurvenfolge sollte die Richtung der Querneigung, außer in begründeten Ausnahmefällen (z. B. keine Entwässerungseinrichtung im Mittelstreifen), in keinem Fall wechseln.

Auch in der Kurve sollen zusätzliche Fahrstreifen und befestigte Seitenstreifen aus herstellungstechnischen wie aus fahrdynamischen Gründen nach Richtung und Größe die gleiche Querneigung wie die Fahrbahn haben.

Abweichend von dieser Regel werden am Knotenpunkt im Endbereich eines Verzögerungsfahrstreifens ein Grat und eine Querneigung nach außen zugelassen, wenn dies die Unterbringung der Anrampung und die Verwindung im Übergangsbogen der Ausfahrrampe notwendig machen. Die Differenz der (vorzeichenrichtig eingegebenen) Querneigungen der durchgehenden Fahrbahn und des Ausfädelungsstreifens soll jedoch an der Sperrflächenspitze $\Delta q = 5$ % bei Straßen der Kategoriengruppen AS und LS sowie $\Delta q = 8$ % bei Straßen der Kategoriengruppe VS nicht überschreiten. Die Verwindungsstrecke darf erforderlichenfalls so weit in den Ausfädelungsstreifen vorgezogen werden, dass am Beginn des Übergangsbogens im Ausfädelungsstreifen bereits die Querneigung $q = 0$ % erreicht ist. Gleiches gilt sinngemäß für Beschleunigungsfahrstreifen.

3.4.4 Schrägneigung

Wenn man die Längs- und die Querneigung einer Straße als Vektoren betrachtet, kann man daraus die Schrägneigung *p* als Resultierende bilden. Sie verläuft in Richtung des stärksten Gefälles der Fahrbahnoberfläche. Ihre Größe kann bei den im Straßenbau vorkommenden Neigungen mit genügender Genauigkeit nach folgender Formel bestimmt werden:

$$p = \sqrt{s^2 + q^2}$$

mit s = Längsneigung (%)

q = Querneigung (%)

p = Schrägneigung (%)

Um ein Abrutschen der Fahrzeuge bei Winterglätte zu vermeiden, darf die Schrägneigung den Wert p = 10 % (9 % bei Autobahnen) nicht überschreiten.

3.4.5 Anrampung und Verwindung

Wenn im Grundriss auf einen Kreisbogen ein gegengekrümmter Kreisbogen folgt, ist ein Wechsel der Fahrbahnquerneigung erforderlich. Analoges gilt für den Querneigungsverlauf in einem einfachen Übergangsbogen oder in einer Eilinie. Die Änderung wird in einer Übergangsstrecke vorgenommen, innerhalb der die Fahrbahnfläche eine Verwindung und die Fahrbahnränder eine Anrampung gegenüber der Achse erfahren.

Die Änderung der Querneigung erfolgt im Normalfall durch eine Verwindung der Fahrbahnfläche um die Bezugslinie, die gemäß Abb. 3.1 i. d. R. mit der Fahrbahnachse identisch ist. In Sonderfällen, z. B. bei schmalen Mittelstreifen, bei der Anlage plangleicher Knotenpunkte in Kurven oder bei Mittelstreifenüberfahrten, können zweibahnige Straßen um die Fahrbahnränder am Mittelstreifen oder um die Straßenachse gedreht werden.

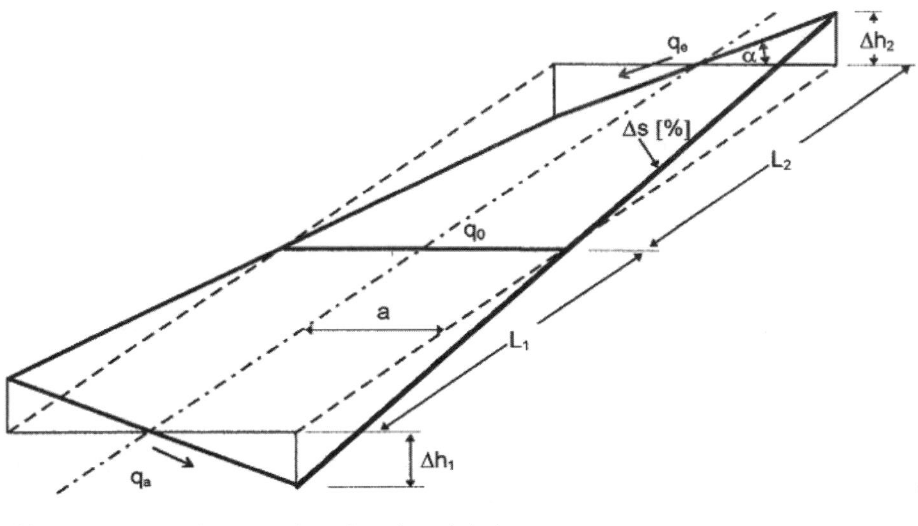

Abb. 3.77: Verwindung um die Achse der Fahrbahn

Bei Straßen mit Borden kann es zweckmäßig sein, die Verwindung durch Drehung um den Kurveninnenrand der Fahrbahn vorzunehmen, um die ausreichende Längsneigung der Bordrinne zu erhalten. Auch eine ausmittige Anordnung der Drehachse der Verwindung ist möglich. Die Verwindung soll jedoch immer innerhalb des Übergangsbogens vorgenommen werden, ganz gleich, ob die Einseit- oder Dachformneigung verwendet und um welche Bezugslinie die Verwindung der Fahrbahnfläche vorgenommen wird. Eine Ausdehnung der Anrampung auf Gerade oder Kreisbogen ist zu vermeiden.

Als Anrampungsneigung Δs wird die Längsneigung der Fahrbahnränder gegenüber der Achse als Bezugslinie, d. h. die Differenz zwischen der Längsneigung des Fahrbahnrandes und der Drehachse, bezeichnet.

Aus $\Delta h = \Delta h_1 + \Delta h_2 = (q_e - q_a) \cdot a = (L_1 + L_2) \cdot s$ folgt

$$\Delta s = \frac{q_e - q_a}{L_V} \cdot a \text{ in } \%$$

mit Δs Anrampungsneigung in %

q_e Querneigung der Fahrbahn am Ende der Verwindungsstrecke in %

q_a Querneigung der Fahrbahn am Anfang der Verwindungsstrecke in %

q_a ist negativ einzusetzen, wenn q_e und q_a entgegengesetzt gerichtet sind.

L_v Länge der Verwindungsstrecke in m = $L_1 + L_2$

a Abstand des Fahrbahnrandes von der Drehachse in m. Wenn die Drehachse auf der Fahrbahnachse liegt, ist a identisch mit der halben Fahrbahnbreite.

Aus optischen und fahrdynamischen Gründen soll die Anrampungsneigung bei den Straßen der Kategoriengruppen AS und LS gewisse Minimal- und Maximalwerte in Abhängigkeit von der Entwurfsklasse einhalten (Abb. 3.78).

<table>
<tr><th rowspan="2">Entwurfsklasse</th><th>min Δs (%)</th><th colspan="2">max Δs (%) bei</th></tr>
<tr><th>bei q = ≤ 2,5 %</th><th>a < 4,00 m</th><th>a ≥ 4,00 m</th></tr>
<tr><td>EKA 1, EKA 2</td><td rowspan="5">0,1·a</td><td>0,225·a</td><td>0,9</td></tr>
<tr><td>EKA 3</td><td>0,25·a</td><td>1,0</td></tr>
<tr><td>EKL 1, EKL 2</td><td colspan="2">0,8</td></tr>
<tr><td>EKL 3</td><td colspan="2">1,0</td></tr>
<tr><td>EKL 4</td><td colspan="2">1,5</td></tr>
<tr><td colspan="4">a (m): Abstand des Fahrbahnrandes von der Drehachse; max Δs ≥ min Δs</td></tr>
</table>

Abb. 3.78: Grenzwerte der Anrampungsneigung

Bei der Verwindung von einer Einseitneigung in die Gegenneigung durchläuft die Querneigung die horizontale Lage. Aus Gründen der Entwässerung darf, unabhängig von der Straßenlängsneigung, die Anrampungsneigung des Fahrbahnrandes, bezogen auf die Drehachse, den Wert Δs = min Δs im Nulldurchgang der Querneigung nicht unterschreiten (Tabelle Abb. 3.78). Wenn bei geradliniger Veränderung der Querneigung min Δs unterschritten würde, ist eine „geteilte Verwindung" anzuordnen, um den gefährlichen Bereich mit $q \approx 0$ % möglichst kurz zu halten. Die Anrampungsneigung Δs = min Δs ist dabei im Bereich des Nulldurchgangs so lange beizubehalten, bis die Fahrbahnquerneigung q = min q beträgt. Auf der dann noch zur Verfügung stehenden Strecke des Übergangsbogens wird die restliche Anrampung bis zum Erreichen der vollen Querneigung des Kreisbogens vorgenommen (Abb. 3.80, 3.84, 3.86, 387, 3.90).

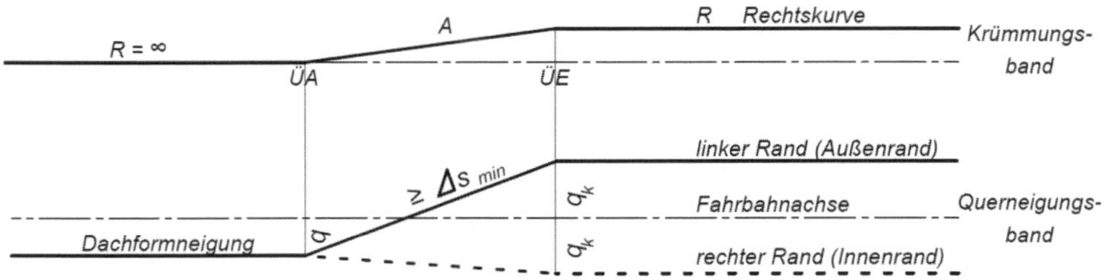

Abb. 3.79: Fahrbahnverwindung von der Dachformneigung zur vollen Querneigung der Kurve beim Übergangsbogen für $\Delta s \geq \min \Delta s$

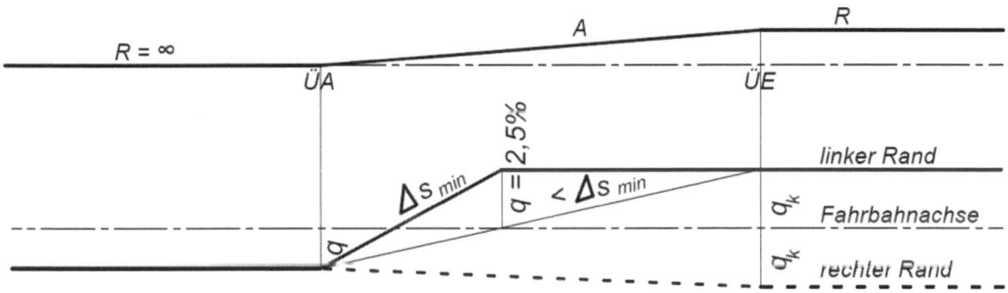

Abb. 3.80: Fahrbahnverwindung von der Dachformneigung zur vollen Querneigung der Kurve beim Übergangsbogen für $\Delta s < \min \Delta s$

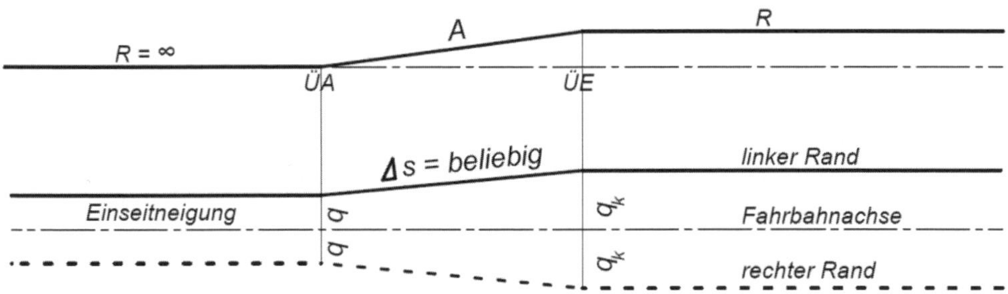

Abb. 3.81: Anrampung bei Vergrößerung der Querneigung im Übergangsbogen

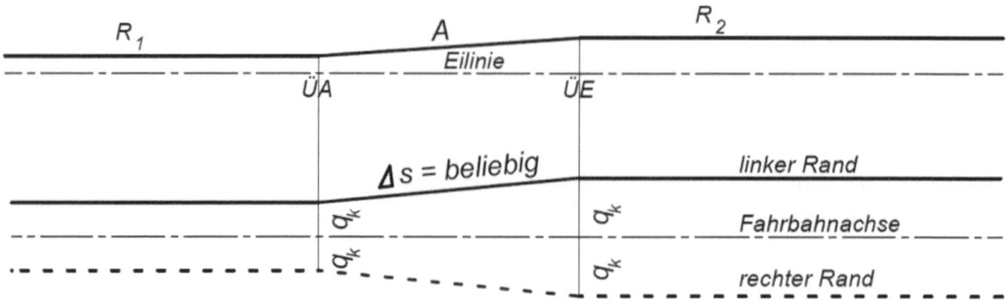

Abb. 3.82: Anrampung bei der Eilinie

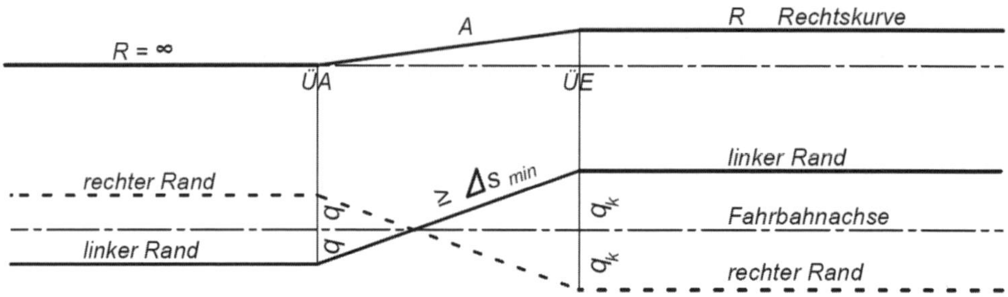

Abb. 3.83: Fahrbahnverwindung beim Übergangsbogen mit gegensinnigen Querneigungen und $\Delta s \geq min\ \Delta s$

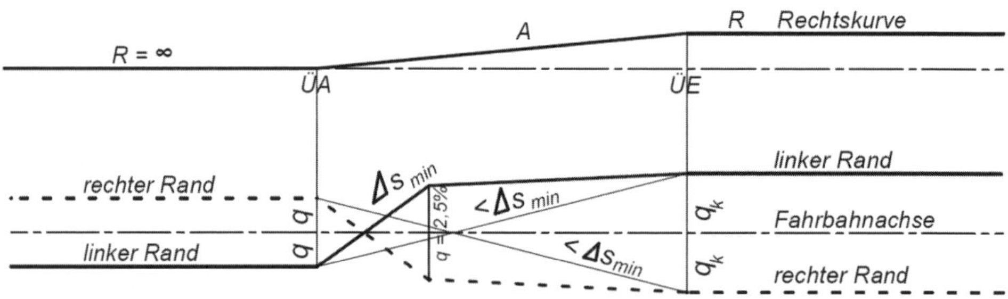

Abb. 3.84: Fahrbahnverwindung beim Übergangsbogen mit gegensinnigen Querneigungen und $\Delta s < min\ \Delta s$

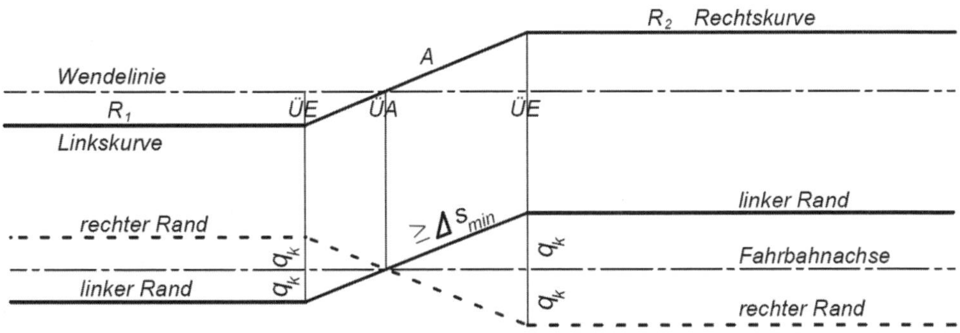

Abb. 3.85: *Fahrbahnverwindung bei einer Wendelinie mit Δs ≥ min Δs*

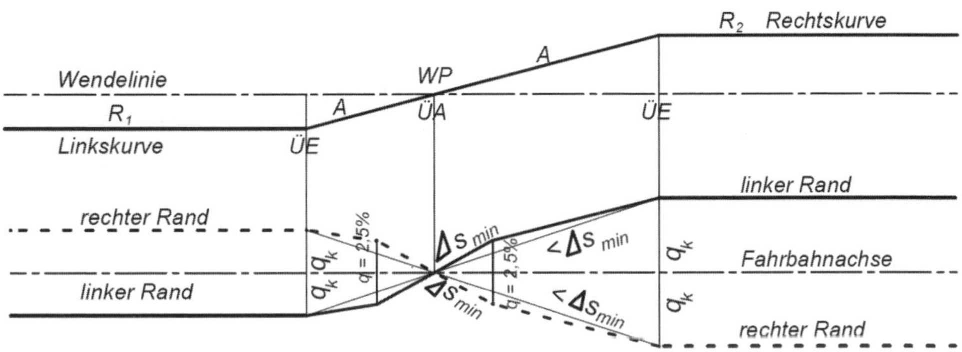

Abb. 3.86: *Fahrbahnverwindung bei einer Wendelinie mit Δs < min Δs*

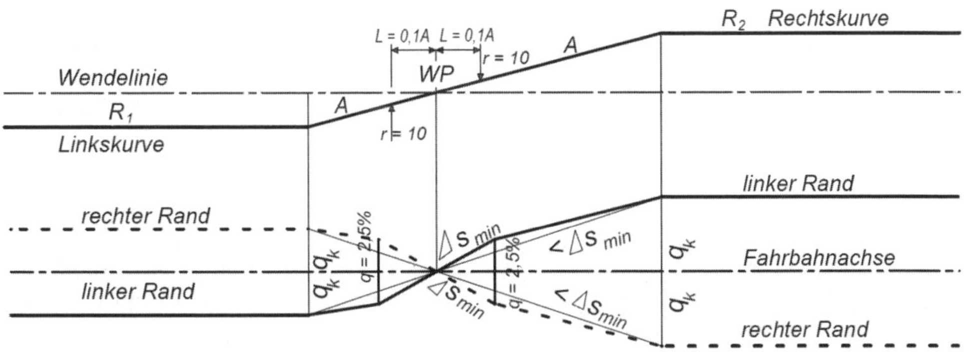

Abb. 3.87: *Fahrbahnverwindung bei einer Wendelinie mit Verschieben des Nullpunktes der Querneigung gegenüber dem Wendepunkt; Δs < min Δs*

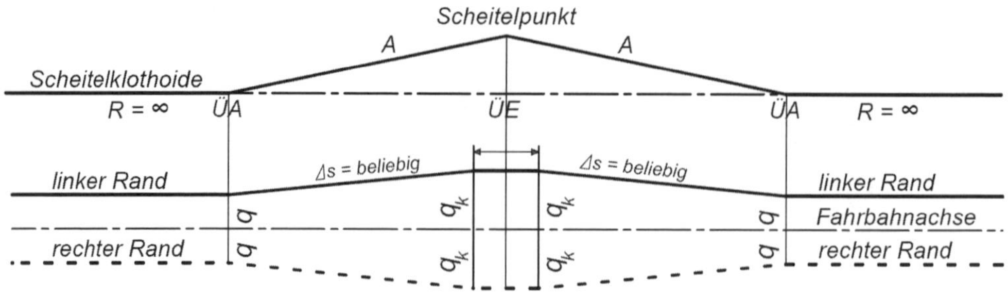

Abb. 3.88: Fahrbahnverwindung bei einer Scheitelklothoide mit gleichsinnigen Querneigungen

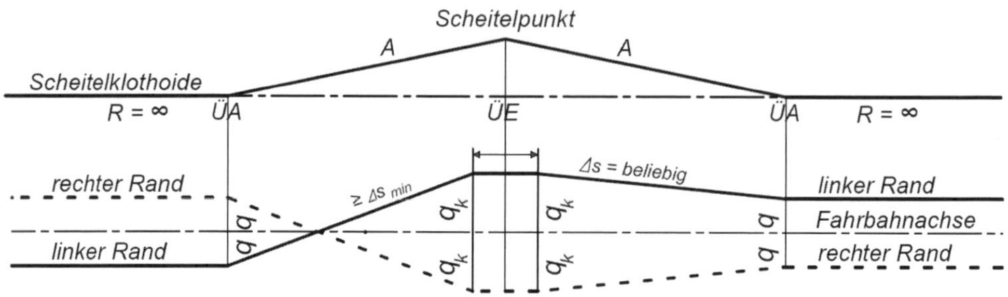

Abb. 3.89: Fahrbahnverwindung bei einer Scheitelklothoide mit gegensinnigen Querneigungen

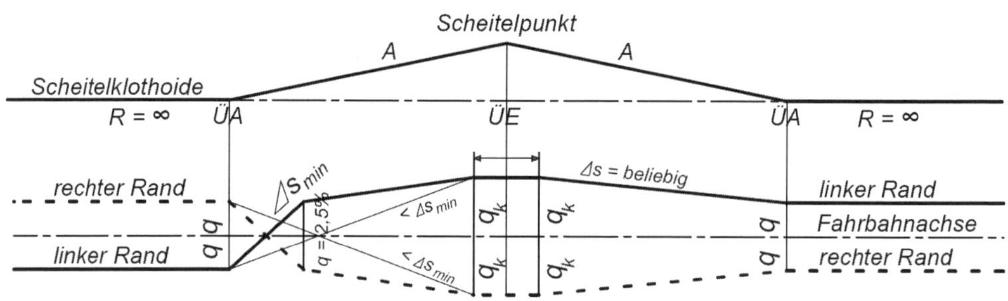

Abb. 3.90: Fahrbahnverwindung bei einer Scheitelklothoide mit gegensinnigen Querneigungen und $\Delta s < \min \Delta s$

Für die Festlegung einer Verwindung muss zunächst zwischen den Fällen unterschieden werden, in denen die Querneigung von der einen in die Gegenrichtung wechselt, und denjenigen, in denen sich die Querneigung lediglich ändert, ohne die Querneigung q = 0 % zu durchfahren. Im letzteren Fall hat die Größe der Anrampungsneigung Δs keine Bedeutung, sodass man sich ihren Nachweis ersparen kann (Abb. 3.81 und 3.82). Wechselt aber die Querneigung in die Gegenrichtung, dann ist zunächst zu prüfen, ob die Anrampungsneigung Δs den Wert min Δs nach der oben wiedergegebenen Formel bei geradliniger Verwindung übertrifft oder ob sie ihn unterschreiten würde. Die Verhältnisse für $\Delta s \geq \min \Delta s$ sind in den Abb. 3.83 und 3.85 dargestellt. Wenn jedoch, wie das meistens der Fall ist, das sich ergebende Δs kleiner als min Δs wäre, muss eine geteilte Verwindung angeordnet werden (Abb. 3.84 und 3.86). Hier beträgt die Länge der mit Δs = min Δs verwundenen Teilstrecke regelmäßig

$$L_V = \frac{\min q - (-\min q)}{\min \Delta s} \cdot a = \frac{2 \cdot \min q}{0{,}1 \cdot a} \cdot a = 20 \cdot \min q$$

Für min q = 2,5 % errechnet sich daraus L_V = 50,00 m.

Die Mindestverwindungslänge min L_V errechnet sich mit der maximalen Anrampungsneigung max Δs, welche von der Entwurfsklasse abhängig ist (Abb. 3.78).

Bei Scheitelklothoiden ergäbe die Anrampung, wenn sie nach den angegebenen Grundsätzen ausgeführt wird, an der Stelle des Stoßradius einen Knick. Deshalb muss am Scheitelpunkt die dem Stoßradius entsprechende Querneigung nach den RAL auf 60 m Länge vorhanden sein (Abb. 3.88 bis 3.90). Das gilt ebenso für Kurven mit kurzem Bogenstück.

Zur Gewährleistung des Wasserabflusses von der Fahrbahn und zur Verringerung der Gefahr des „Aquaplaning", d. h. des Aufschwimmens des Reifens auf dem auf der Fahrbahn befindlichen Niederschlagswasser bei höherer Geschwindigkeit, ist eine Abstimmung der Längsneigung und der Anrampungsneigung von ausschlaggebender Bedeutung. Da die Anrampungsneigung als Differenz zwischen den Längsneigungen der Bezugsachse und der Fahrbahnränder definiert ist, darf die Anrampungsneigung keinesfalls größer als die Längsneigung sein. Bereits wenn sich s und Δs gegenseitig aufheben, entsteht an einem Fahrbahnrand eine horizontale Fläche ohne Längs- und Querneigung. Wenn $|s| - \Delta s < 0$ ist, dann befindet sich die waagerechte Fläche ohne ausreichenden Oberflächenwasserabfluss im Fahrstreifenbereich. Deshalb muss grundsätzlich die Straßenlängsneigung mindestens so groß wie die Anrampungsneigung sein, günstiger ist eine Differenz, die je nach Straßenkategorie unterschiedlich groß sein soll (siehe Abschn. 3.3.2).

Das Problem, dass im Wendepunkt einer Klothoide und damit im Nulldurchgang der Querneigung keine ausreichende Längsneigung vorhanden ist, kann besonders im Bereich des Tiefpunktes einer Wanne des Aufrisses, aber auch eines Kuppenhochpunktes auftreten (Abb. 3.91). Die Längsneigung im Wendepunkt des Grundrisses lässt sich leicht bestimmen.

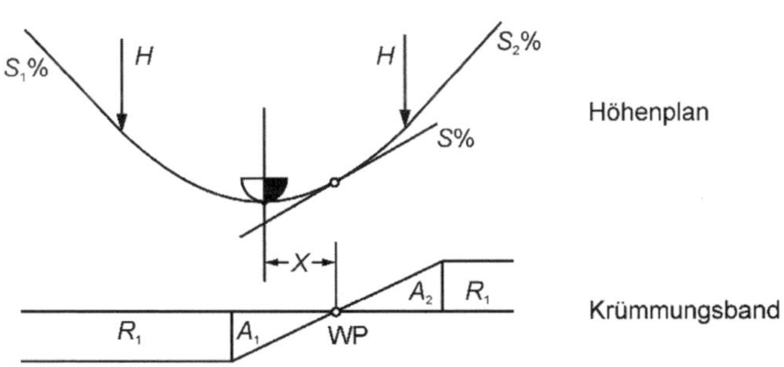

Abb. 3.91: Zuordnung von Wendepunkt und Wannentiefpunkt

$$s = \frac{x}{H} \cdot 100$$

mit
- s Längsneigung im Wendepunkt in %
- x Abstand zwischen Wendepunkt und Tiefpunkt (Hochpunkt)
- H Wannen- (Kuppen-)Halbmesser

Wenn an der Stelle mit der Querneigung $q = 0$ % die Längsneigung zu gering ist, dass sich noch eine hinreichend große Differenz zwischen s und Δs ergibt, eröffnen sich folgende Möglichkeiten zur Abhilfe:

1. Man ändert die Trassierung im Höhenplan, u. U. auch im Lageplan, sodass der Abstand zwischen dem Klothoidenwendepunkt und dem Wannentiefpunkt bzw. Kuppenhochpunkt vergrößert wird.
2. Lässt sich wegen besonderer Zwangslagen für den Bereich des Klothoidenwendepunktes dennoch keine ausreichende Längsneigung erreichen, so kann der Querneigungsnullpunkt bei Straßen der Kategoriengruppen AS und LS um die Länge $L = 0{,}1 \cdot A$ verschoben werden (Abb. 3.91). Dies gilt auch für die Elementfolge Gerade – Klothoide – Kreis.
3. Eine weitere Möglichkeit zur Vermeidung abflussschwacher Zonen bietet die Schrägverwindung im Bereich der Wendelinie (Abb. 3.92). Sie kann so gestaltet werden, dass die Fahrbahnfläche – ausgenommen im Bereich der Gratausrundung – überall die für die Entwässerung günstige Mindestquerneigung von min $q = 2{,}5$ % aufweist. Ihre Länge beträgt aus fahrdynamischen Gründen:

$$L_V = 0{,}1 \cdot B \cdot V$$

mit L_V Länge der Verwindungsstrecke in m
B Fahrbahnbreite in m
V zul. Geschwindigkeit in km/h

Wegen der bei hohen Geschwindigkeiten nachteiligen fahrdynamischen Auswirkungen ist eine Geschwindigkeitsbeschränkung zu empfehlen. Deswegen und wegen der bautechnisch aufwendigen Herstellung ist die Schrägverwindung beim Neubau einer Straße zu vermeiden. Sie sollte daher nur dort angewandt werden, wo aufgrund einer unzureichenden Längsneigung im Verwindungsbereich eine Unfallhäufung infolge Aquaplaning besteht.

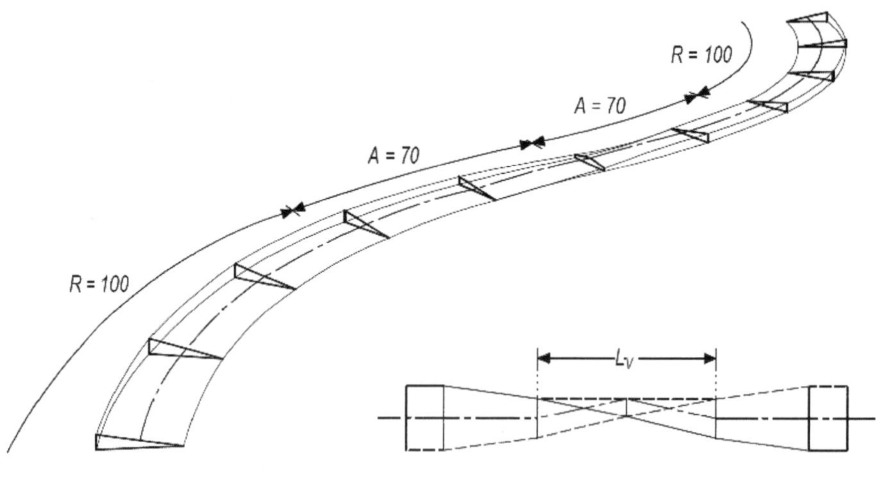

Abb. 3.92: Beispiel eines langen Verwindungsbereichs mit Schrägverwindung

Für alle an die Fahrbahn angrenzenden befestigten Streifen erfolgt die Verwindung in der gleichen Weise. Dabei gibt es keine Grenzwerte für die Anrampungsneigungen. Für die Anrampung bei gleichzeitiger Fahrbahnaufweitung oder Fahrbahnverbreiterung ist die Anrampungsneigung der unverbreiterten Fahrbahn maßgebend, die Querneigung der Fahrbahn wird in die Verbreiterung verlängert.

Aus optischen und fahrdynamischen Gründen muss die Verwindung sehr sorgfältig geplant werden. An schwierigen Stellen, z. B. bei Kuppen, Wannen und Knotenpunkten, ist durch besondere Untersuchungen der zügige Verlauf der Fahrbahnränder zu prüfen. Das kann durch Längsprofile über die Fahrbahnränder, durch Perspektiven, Modelle o. Ä. geschehen. Siehe dazu auch Abschn. 3.7.2.

Das Querneigungsband wird im Höhenplan unter dem Krümmungsband dargestellt. Dabei ist darauf zu achten, dass im Krümmungsband Rechtskurven mit positiven Ordinaten, Linkskurven dagegen mit negativen Ordinaten angegeben werden. Im Querneigungsband wird die Fahrbahnachse als horizontale Linie gezeichnet. In einem geeigneten Maßstab für das Maß q (alternativ auch für den Höhenunterschied gegenüber der Bezugslinie in cm) werden oberhalb und unterhalb dieser Achse die Fahrbahnränder eingetragen, der linke Rand durchgezogen, der rechte gestrichelt. Demzufolge befindet sich in der Darstellung der durchgezogene Fahrbahnrand stets auf der gleichen Seite oberhalb oder unterhalb der Abszisse wie das Krümmungsband. Bei „richtiger" Querneigung müssen sich dann der Kurvenaußenrand oben und der Kurveninnenrand unten befinden. Die sich ergebenden Anrampungsformen sind in den Abb. 3.82 und 3.85 bis 3.87 dargestellt.

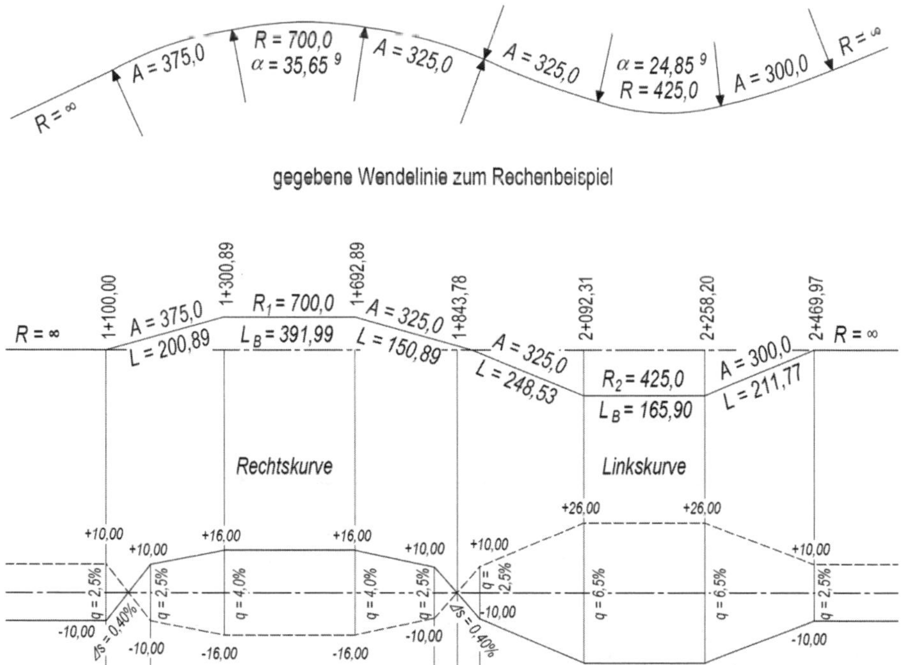

Abb. 3.93: Krümmungs- und Querneigungsband für eine Wendelinie

Berechnungsbeispiel für die Anrampung und Verwindung:
Gegeben ist die in Abb. 3.93 skizzierte Elementenfolge einer Wendelinie. Der Entwurf wird für Entwurfsklasse EKL 3 aufgestellt. Die befestigte Fahrbahnbreite beträgt 8,00 m. Bei Bau-Kilometer 1 + 100,00 ist eine einseitige Querneigung nach links mit q = 2,50 % vorgegeben.

<table>
<tr><th colspan="2">Angaben in m</th><th>L in m</th><th>Station</th></tr>
<tr><td>R = 700,0</td><td>A = 375,0</td><td>200,893</td><td>1 + 100,00</td></tr>
<tr><td colspan="2">0,015708 · 700 · 35,65</td><td>391,993</td><td>1 + 300,893</td></tr>
<tr><td>R = 700,0</td><td>A = 325,0</td><td>150,893</td><td>1 + 692,886</td></tr>
<tr><td>R = 425,0</td><td>A = 325,0</td><td>248,529</td><td>1 + 843,779</td></tr>
<tr><td colspan="2">0,015708 · 425 · 24,85</td><td>165,896</td><td>2 + 092,308</td></tr>
<tr><td rowspan="2">R = 425,0</td><td rowspan="2">A = 300,0</td><td rowspan="2">211,765</td><td>2 + 258,204</td></tr>
<tr><td>2 + 469,969</td></tr>
</table>

Für die gegebene Wendelinie sollen das Krümmungs- und das Querneigungsband mit allen erforderlichen Zahlenangaben entwickelt werden.

Zunächst werden die Längen der einzelnen Elemente ermittelt.

Die Querneigungen im Bereich der Kreisbogen werden der Abb. 3.75 entnommen. Für EKL 3 und R = 700,00 m sind das (aufgerundet) q = 4,0 %, und für R = 425,00 m ergeben sich q = 6,5 %. Innerhalb des Übergangsbogens muss eine Verwindung erfolgen, da die Einseitneigung in der Geraden der notwendigen Kurvenquerneigung entgegengesetzt gerichtet ist.

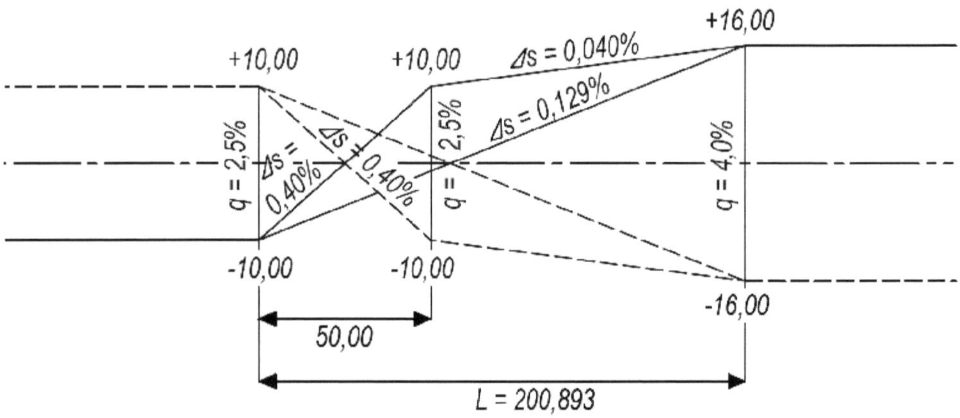

Abb. 3.94: Skizze zur Berechnung der Anrampung im Übergangsbogen A = 375 m

In der ersten Verwindung würde die Anrampungsneigung bei einer geradlinigen Verziehung über die gesamte Übergangsbogenlänge betragen

$$\Delta s = \frac{q_e - q_a}{L_V} \cdot a = \frac{4{,}0 - (-2{,}5)}{200{,}893} \cdot 4{,}0 = 0{,}129\ \% < \min \Delta s = 0{,}4\ \%$$

Die geringste zulässige Anrampungsneigung beträgt jedoch min $\Delta s = 0{,}1 \cdot a = 0{,}1 \cdot 4 = 0{,}4\ \%$. Die Verwindungslänge, bis wieder min $q = 2{,}5\ \%$ erreicht sind, errechnet sich wie oben angegeben zu $L_V = 50{,}00$ m.

Für die Reststrecke dieser ersten Verwindung ist die Größe Δs uninteressant, weil hier die Querneigung $q = 0$ nicht durchschritten wird.

Im Bereich der Wendelinie würde die Anrampungsneigung bei geradliniger Verwindung betragen

$$\Delta s = \frac{6{,}5 - (-4{,}0)}{150{,}893 + 248{,}529} \cdot 4{,}0 = 0{,}105\ \% < \min \Delta s = 0{,}4\%$$

Auch hier muss somit eine geteilte Verwindung angeordnet werden, deren Länge beim Nulldurchgang zwischen $q_a = -2{,}5\ \%$ und $q_e = +2{,}5\ \%$ wie bereits ermittelt 50,00 m beträgt. Mit diesen Werten kann nun das Querneigungsband gezeichnet werden.

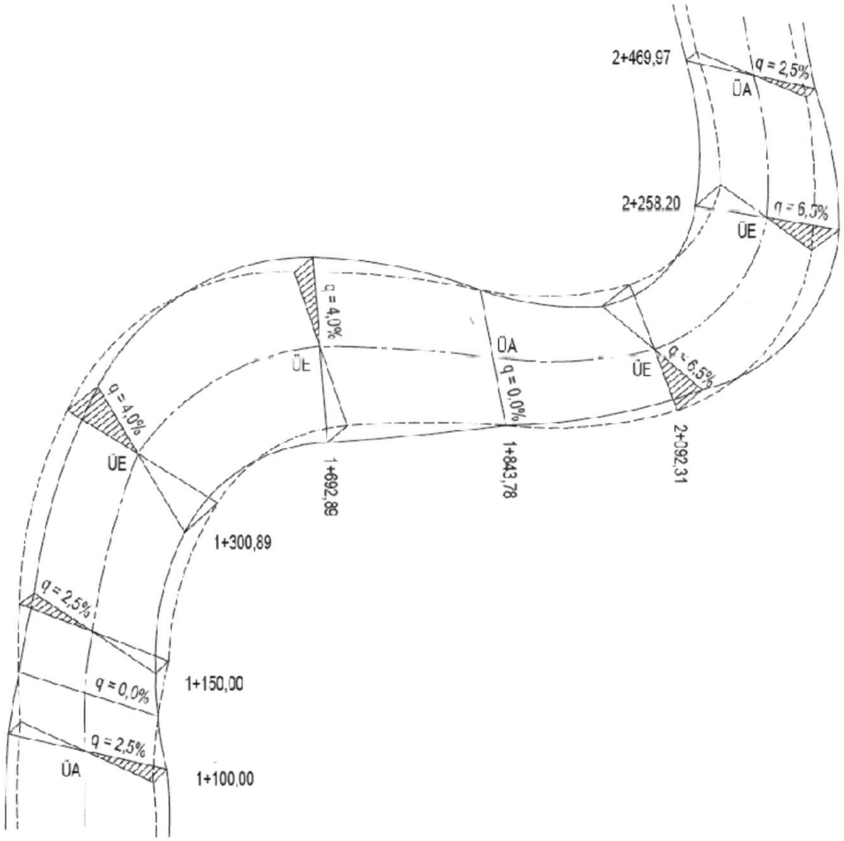

Abb. 3.95: Darstellung der Anrampung und Verwindung einer Wendelinie mit den Zahlenangaben des Rechenbeispiels

3.4.6 Fahrbahnverbreiterung in der Kurve

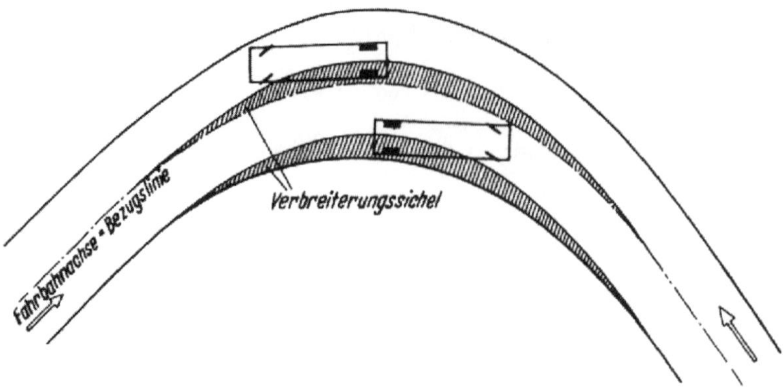

Abb. 3.96: Notwendigkeit der Kurvenverbreiterung

Durchfährt ein Fahrzeug eine Kurve, so beschreiben die Hinterräder einen engeren Bogen als die Vorderräder. Diesen Bogen der Hinterräder bezeichnet man als Schleppkurve. Entsprechend muss die Fahrbahnbreite in der Kurve größer sein als in der Geraden (Abb. 3.96). Die im Kreisbogen erforderliche Fahrbahnverbreiterung wird aus der Summe der Fahrstreifenverbreiterungen ermittelt. Die maximale Fahrstreifenverbreiterung i_{max} wird nach den RASt wie folgt berechnet:

$$i_{max} = R_a - \sqrt{(R_a^2 - D^2)}$$

mit			
	i_{max}	maximale Fahrstreifenverbreiterung	in m
	R_a	Überstrichener Außenradius	in m
	R	Radius in Vorderachsmitte	in m
	D	Deichselmaß Bemessungsfahrzeug	in m
		(Radstand plus vorderer Fahrzeugüberhang)	

Für das Deichselmaß *D* ist anzusetzen:

Personenkraftwagen	3,64 m
Lastkraftwagen 2-achsig	6,60 m
Lastkraftwagen 3-achsig	6,78 m
Sattelzug	11,90 m
Standardlinienbus	8,72 m*)
Gelenkbus	9,11 m*)
Reise-, Linienbus 15,00 m	10,05 m

*) nach StVZO

Bei Radien $R \geq 30$ m kann annähernd angenommen werden, dass $R_a \approx R$ ist. Analog zur Entwicklung der parabelförmigen Ausrundung im Höhenplan kann dann genügend genau mit der vereinfachten Formel gerechnet werden:

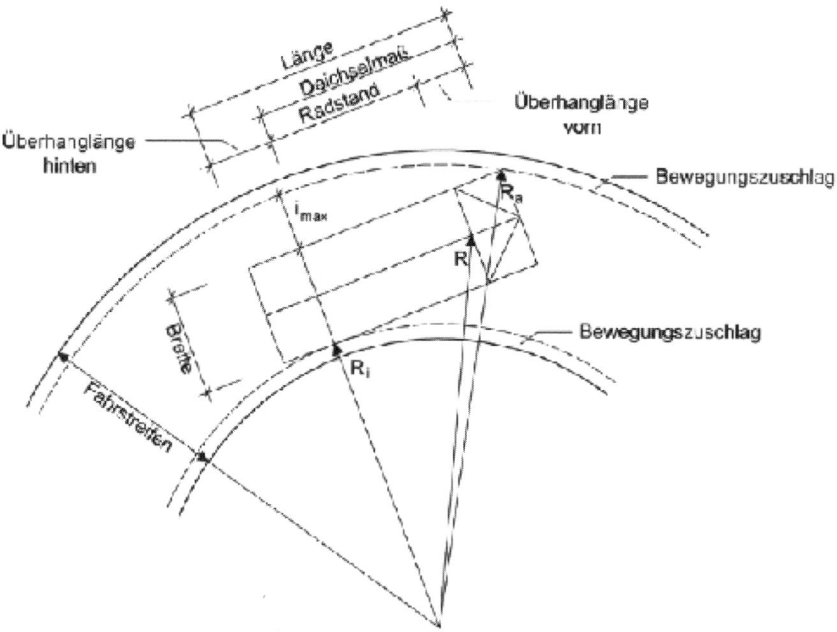

Abb. 3.97: Geometrie der Kurvenverbreiterung

$$i_{max} = \frac{D^2}{2 \cdot R}$$

Die volle Fahrstreifenverbreiterung i_{max} wird nach den RASt nur erforderlich, wenn der Richtungsänderungswinkel bis zum Erreichen der vollen Fahrstreifenverbreiterung den Wert

$$\gamma_{i_{max}} = 2 \cdot \frac{D}{R_a} \cdot \frac{200}{\pi}$$

überschreitet. Zwischenwerte für $\gamma_{vorh} < \gamma_{i_{max}}$ ergeben sich zu

$$i_{erf} = \sqrt[3]{\frac{\gamma_{vorh}}{\gamma_{i_{max}}}}$$

mit		
	i_{erf}	erforderliche Fahrbahnverbreiterung bei γ_{vorh} in m
	γ_{vorh}	vorhandener Richtungsänderungswinkel in gon
	γ_{imax}	erforderlicher Richtungsänderungswinkel in gon

Die Ermittlung der Fahrbahnverbreiterung ergibt sich für die unterschiedlichen Begegnungsfälle einteiliger Bemessungsfahrzeuge aus der Summe der Fahrstreifenverbreiterungen. Für die Dimensionierung im Begegnungsfall mehrteiliger Bemessungsfahrzeuge (Lastzug, Sattelzug) sind Schleppkurvennachweise erforderlich.

Soweit sich rechnerische Fahrbahnverbreiterungen unter 0,25 m bei Fahrbahnbreiten $B \leq 6{,}00$ m und solche unter 0,50 m bei Fahrbahnbreiten $B > 6{,}00$ m ergeben, können diese entfallen. Der für die Fahrbahnverbreiterung zugrunde gelegte Radius bezieht sich für alle Fahrstreifen auf die Fahrbahnachse. Die Fahrbahnverbreiterung *i* wird mit Ausnahme von Wendekehren am Kurveninnenrand, d. h. am inneren Fahrstreifen, vollzogen.

Die Verziehungslänge L_Z für die Fahrbahnverbreiterung soll bei Erschließungsstraßen und angebauten Hauptverkehrsstraßen 20 m betragen. Bei anbaufreien Hauptverkehrsstraßen ist

$$L_Z = V_{zul} \cdot \sqrt{\frac{i}{3}}$$

mit L_Z Verziehungslänge in m

V_{zul} zulässige Höchstgeschwindigkeit in km/h

i Verbreiterungsmaß in m

Nach den RAL muss in Kurven mit Radien < 200 m die Fahrbahn am Kurveninnenrand um

$$i = \frac{100}{R}$$

mit i Fahrbahnverbreiterung in m

R Radius der zu verbreiternden Kurve in m

verbreitert werden. Die Verziehung auf den verbreiterten Querschnitt ist in der Regel im Bereich der Klothoide linear abzutragen.

Für die im Bergland notwendigen **Wendekehren** werden wegen der engen Radien sehr große Fahrbahnverbreiterungen erforderlich. Die Kehren werden nur nach den Grundsätzen der fahrgeometrischen Bemessung und nicht fahrdynamisch wie die übrige Strecke geplant. Deswegen kann auf die Beachtung der sonst einzuhaltenden Radienfolge gemäß Abb. 3.2 verzichtet werden. Um die Kraftfahrer frühzeitig auf die veränderte Streckencharakteristik hinzuweisen, sollen Kehren möglichst mit einem Gegenbogen eingeleitet werden. Darüber hinaus ist es unerlässlich, die Straßenbenutzer durch die entsprechende Verkehrsbeschilderung rechtzeitig auf die veränderte Streckencharakteristik hinzuweisen. In diesem Sinne muss auch ein ausreichendes Sichtfeld die Erkennbarkeit der Situation unterstützen.

Als Mindestradien gelten für die Fahrbahnachse min R = 12,50 m und für den Innenrand der Fahrbahn min R = 5,30 m. Der Übergangsbogen soll in den folgenden Grenzen liegen:

$$R \leq A \leq 1{,}2 \cdot R$$

mit R Radius in m

A Klothoidenparameter in m

Die in diesem Abschnitt eingangs aufgeführten Regeln für den Übergang vom unverbreiterten zum verbreiterten Querschnitt können bei Kehren nur für Kurvenradien von $R \geq 30$ m angewendet werden. Für kleinere Radien zwischen R = 30 m und R = 12,50 m wird eine Schleppkurvenkonstruktion erforderlich. Die Überprüfung der Befahrbarkeit der gewählten Elementfolge kann mit durchsichtigen Folien der Schleppkurven, wie sie von der Forschungsgesellschaft für Straßen- und Verkehrswesen herausgegeben worden sind, überprüft werden oder mit bei einer digitalen Planung mit einem Schleppkurvenmodul.

Soll der maßgebende Begegnungsfall aufgrund der Verkehrsbedeutung der Straße auch innerhalb der Kehren möglich sein, so sind die Fahrbahnverbreiterungen für jeden Fahrstreifen getrennt auszuführen.

3.4.7 Fahrbahnaufweitung

Beim Wechsel des Querschnitts, beim Einfügen von Linksabbiege- oder Zusatzfahrstreifen, bei Änderung der Mittelstreifenbreite und bei der Anlage eines Fahrbahnteilers müssen die durchgehenden Fahrstreifen entsprechend dem veränderten Querschnitt an den Fahrbahnrändern verzogen werden. Um eine optisch befriedigende Führung der Fahrbahnränder zu erreichen, soll die Verziehung im Bereich von Radien mit $R < 300$ m am Kurveninnenrand, ansonsten beiderseits der Straßenachse vorgenommen werden. Einen schnellen Eindruck davon, welchen optischen Eindruck der Verlauf des Fahrbahnrandes in der Wirklichkeit abgeben wird, kann man sich dadurch verschaffen, dass man die Konstruktionszeichnung aus kurzer Entfernung schräg in Fahrtrichtung betrachtet. Besonders an den Kurveninnenrändern kann man so unschöne Ausbauchungen vermeiden. Die Verziehungslänge L_z für die Kategoriengruppen VS, HS und ES ist im Abschn. 3.4.6 angegeben.

Für die Kategoriengruppe LS empfehlen die RAL bei Fahrbahnaufweitungen in Abhängigkeit von der Entwurfsklasse folgende Längen der Verziehungsstrecken:

Länge der Verziehungsstrecke l_z (m)	Fahrbahnverbreiterung i (m)			
Entwurfsklasse	≤ 1,5	≤ 2,5	≤ 3,5	> 3,5
EKL 1, EKL 2	80	100	120	170
EKL 3	60	80	100	140
EKL 4	50	60	70	–

Für die Aufweitung können die Fahrbahnränder entweder aus zwei quadratischen Parabeln zu einem S-Bogen zusammengesetzt (Einheitsverziehung, Abb. 3.98) oder unabhängig von der Straßenachse selbstständig trassiert mit Elementen der Wendelinien, in der Regel zwei Kreisbögen, verzogen werden.

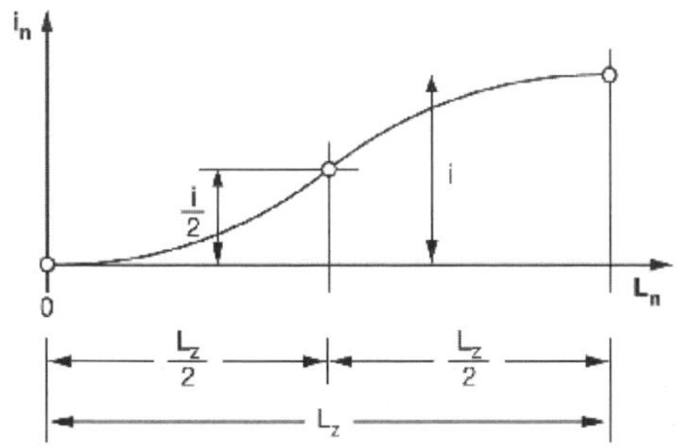

$$i_n = \frac{2 \cdot i \cdot L_n^2}{L_z^2} \qquad \text{für } 0 \leq L_n \leq \frac{L_z}{2}$$

$$i_n = i - \frac{2 \cdot i \cdot (L_z - L_n)^2}{L_z^2} \qquad \text{für } \frac{L_z}{2} \leq L_n \leq L_z$$

Abb. 3.98: Einheitsverziehung bei Fahrbahnaufweitungen und -verbreiterungen

Im Abschn. 5 wird bei der Behandlung der Knotenpunkte nochmals auf die Verziehungen eingegangen.

3.5 Entwurfselemente der Sicht

3.5.1 Grundsätze

Die Leistungsfähigkeit und Sicherheit einer Straße hängen wesentlich von guten Sichtverhältnissen ab. Besonders gefährlich ist der abrupte Wechsel zwischen übersichtlichen und unübersichtlichen Streckenabschnitten. Deshalb muss von einer guten Straßenplanung gefordert werden, dass sie auf der ganzen Strecke gleichmäßig ausreichende Sichtweiten, mindestens aber allmähliche Übergänge von Strecken mit guten zu solchen mit schlechteren Sichtverhältnissen gewährleistet. Aus dem freizuhaltenden Sichtfeld müssen alle Hindernisse, die die Sicht nennenswert beeinträchtigen können, entfernt werden. Lockere Baumreihen, einzelne Bäume und Büsche können im Sichtfeld verbleiben, wenn ihre Sichtbehinderung unwesentlich ist und wenn sie der optischen Verkehrsführung oder der landschaftlichen Einfügung der Straße dienen (Abschn. 7.3). Es ist auch darauf zu achten, dass die Sichtfelder nicht noch nachträglich durch Verkehrszeichen und Hinweisschilder oder durch angeflogenen Bewuchs beeinträchtigt werden. Dies gilt besonders in Kurven und an Knotenpunkten.

Allgemein unterscheidet man zwischen den Sichtweiten der freien Strecke und denjenigen am Knotenpunkt. Für die freie Strecke sind die Haltesicht und die Überholsicht, für die Knotenpunkte ebenfalls die Haltesicht, weiterhin die Anfahr- und die Annäherungssicht zu betrachten.

3.5.2 Haltesichtweite

Unter der erforderlichen Haltesichtweite erf S_H wird die Strecke verstanden, die ein Kraftfahrer benötigt, um bei nasser Fahrbahn vor einem unerwartet auftretenden Hindernis (z. B. einem Stauende) anzuhalten. Sie setzt sich aus dem Weg während der Reaktions- und Auswirkzeit und dem reinen Bremsweg zusammen.

3.5.2.1 Sichtweitenmodell der Haltesichtweite

Befindet sich auf einer Fahrbahn ein Hindernis, so muss ein Fahrer in die Lage versetzt werden, sein Fahrzeug nach Erkennen desselben rechtzeitig anzuhalten. Die dafür erforderliche Haltesichtweite S_H entspricht der Strecke, die ein mit einer bestimmten Ausgangsgeschwindigkeit fahrendes Fahrzeug während der Reaktions- und Auswirkdauer und dem eigentlichen Bremsweg noch zurücklegt.

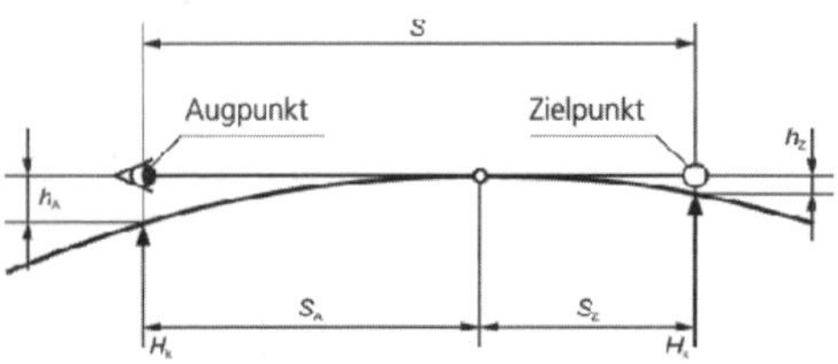

Abb. 3.99: Aug- und Zielpunkthöhen bei der Haltesicht

H_K Kuppenhalbmesser (m)
S Sichtweite (m)
S_H erforderliche Haltesichtweite (m)
h_A Höhe des Augpunktes (m)
h_Z Höhe des Zielpunktes (m)

Aus den Höhen h_A und h_Z und aus der erforderlichen Haltesichtweite S_H gemäß Abb. 3.99 und Abb. 3.100 kann der erforderliche Mindesthalbmesser einer Kuppenausrundung berechnet werden.

$$\left.\begin{aligned} h_A &= \frac{S^2{}_A}{2 \cdot H_k}; \quad S_A = \sqrt{2 \cdot H_k} \cdot \sqrt{h_A} \\ h_Z &= \frac{S^2{}_Z}{2 \cdot H_k}; \quad S_Z = \sqrt{2 \cdot H_k} \cdot \sqrt{h_Z} \end{aligned}\right\} \qquad \begin{aligned} S_A + S_Z &= \sqrt{2 \cdot H_k} \cdot \left(\sqrt{h_A} + \sqrt{h_Z}\right) \geq S_H \\ H_K &\geq \frac{S^2{}_H}{2 \cdot \left(\sqrt{h_A} \cdot \sqrt{h_Z}\right)^2} \end{aligned}$$

Die erforderliche Haltesichtweite hängt von der Ausgangsgeschwindigkeit, der Reaktions- und Auswirkzeit, dem tangentialen Kraftschlussbeiwert, der Augen- und der Zielpunkthöhe sowie der mittleren Längsneigung entlang des Bremsweges ab. Die Richtlinien enthalten jeweils im Anhang die für die Berechnung notwendigen Formeln und Hinweise. Für Berechnungen der Haltesichtweite wird das Modell der Abb. 3.99 zugrunde gelegt. Statt der Berechnung werden die erforderlichen Haltesichtweiten S_H jedoch einfacher auch aus den Diagrammen der Abb. 3.100 und Abb. 3.101 sowie der Tabelle Abb. 3.102 abgelesen. In der Praxis ist von der mittleren Längsneigung auszugehen, die abschnittsweise zu ermitteln ist.

Die Festlegungen der erforderlichen Haltesichtweiten in den Diagrammen beruhen auf Sicherheitsannahmen in einem entsprechenden Modell. Dabei sind die Kuppenhalbmesser grundsätzlich so zu wählen, dass ein haltendes Fahrzeug auf einer Kuppe (z. B. Stauende) möglichst frühzeitig erkannt wird. Das bedeutet, dass beim Nachweis der Haltesichtweite auf Kuppen vom Augpunkt aus der Fahrerblick auf eine Zielpunkthöhe von h_Z = 1,00 m gewährleistet sein muss. Die Augenhöhe h_A des Fahrers wird mit 1,00 m für den Pkw-Verkehr und 2,50 m für den Lkw-Verkehr angenommen.

3.5.2.2 Haltesichtweiten auf Autobahnen

Für zweibahnige Straßen der Autobahnen ergeben sich regelmäßig hohe Geschwindigkeiten und damit große Haltesichtweiten. In den Innenkurven, d. h. neben den Überholfahrstreifen der äußeren Fahrbahnen, entsteht dann häufig das Problem, dass der Bewuchs oder Einbauten auf dem Mittelstreifen, wie etwa Brückenstützen und Blendschutzzäune, die erforderliche Haltesichtweite nicht zulassen.

Für Autobahnen sind weitergehende Sicherheitsüberlegungen anzustellen. Diese führen z. B. hinsichtlich der Erkennbarkeit von Kraftfahrzeugen bei Nacht oder Nebel (Höhe der Scheinwerfer/Bremsleuchten, sichtbare Fläche des Kraftfahrzeuges) oder des Wahrnehmungs- und Reaktionsverhaltens von Kraftfahrern bei langer bzw. schneller Autobahnfahrt zu größeren Mindestkuppenhalbmessern, als entsprechend der o. g. Forderung nach Erkennbarkeit eines Stauendes erforderlich wären.

In der Abb. 3.100 sind die speziellen Bedingungen des Fahrverhaltens auf Autobahnen bei der Ermittlung der Haltesichtweite berücksichtigt. Deshalb sind für die Haltesichtweite größere Werte als die physiologisch begründeten Mindestwerte für die Reaktionszeit und fahrdynamisch mögliche Bremswege bei Gefahrenbremsungen zugrunde gelegt.

Die erforderliche Haltesichtweite variiert in Abhängigkeit von der Geschwindigkeit und der Längsneigung (Abb. 3.100). Sofern nicht bereits in der Planung eine verbindliche Begrenzung der zulässigen Geschwindigkeit zugrunde gelegt werden kann, ist die erforderliche Haltesichtweite für die Richtgeschwindigkeit V = 130 km/h einzuhalten.

Im freizuhaltenden Sichtfeld neben der Fahrbahn müssen alle die Sicht beeinträchtigenden Hindernisse (z. B. Böschungen mit Gras- oder Strauchbewuchs, Lärmschutzwände, Schutzeinrichtungen besonders in Rampenbereichen) bis zur Höhe des Sichtstrahls vermieden werden. Das gilt vor allem auch für die Bepflanzung im Mittelstreifen.

Bei Radien im Bereich der Grenzwerte kann die erforderliche Haltesichtweite auf den linken Fahrstreifen von Richtungsfahrbahnen nur eingehalten werden, wenn im Mittelstreifen auf Fahrzeug-Rückhalteeinrichtungen mit einer Höhe von mehr als 0,90 m und auf Bewuchs verzichtet wird. Andernfalls ist eine Umplanung oder bei bestehenden Strecken eine Beschränkung der zulässigen Höchstgeschwindigkeit (in der Regel nur bei Nässe) erforderlich. Ob Fahrzeug-Rückhalteeinrichtungen im Mittelstreifen ein Sichthindernis darstellen, ist deshalb in Abhängigkeit von der räumlichen Trassierung zu prüfen.

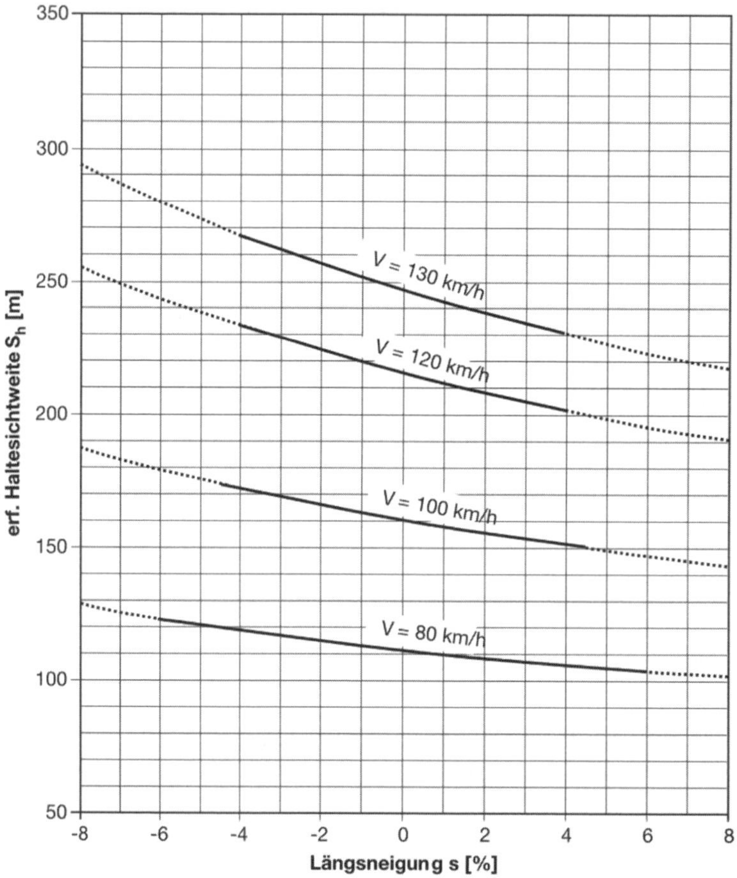

Abb. 3.100: Erforderliche Haltesichtweite erf S_H bei den Entwurfsklassen EKA 1 bis 3

Einen Anhalt für den erforderlichen Abstand der passiven Schutzeinrichtung bzw. der Bepflanzung im Mittelstreifen vom Fahrbahnrand gibt Abb. 3.105.

Die in der Abb. 3.65 enthaltenen Mindestkuppenhalbmesser für die Entwurfsklassen EKA 1 bis EKA 3 resultieren daher aus einer Zielpunkthöhe h_z = 0,5 m. Sofern diese eingehalten werden, ist der Nachweis der Haltesichtweite für die Kuppe nicht mehr erforderlich. Ein Nachweis der Haltesichtweite im Lageplan ist dann ausreichend.

3.5.2.3 Haltesichtweiten auf Landstraßen

Die erforderliche Haltesichtweite auf Straßen der Kategoriengruppe LS muss an jeder Stelle so groß sein, dass ein Verkehrsteilnehmer beim Befahren der Straße mit der planerisch angemessenen Geschwindigkeit auf nasser sauberer Fahrbahn rechtzeitig anhalten kann. Sie ist abhängig von der in der Planung zugrunde gelegten Entwurfsklasse und der Längsneigung.

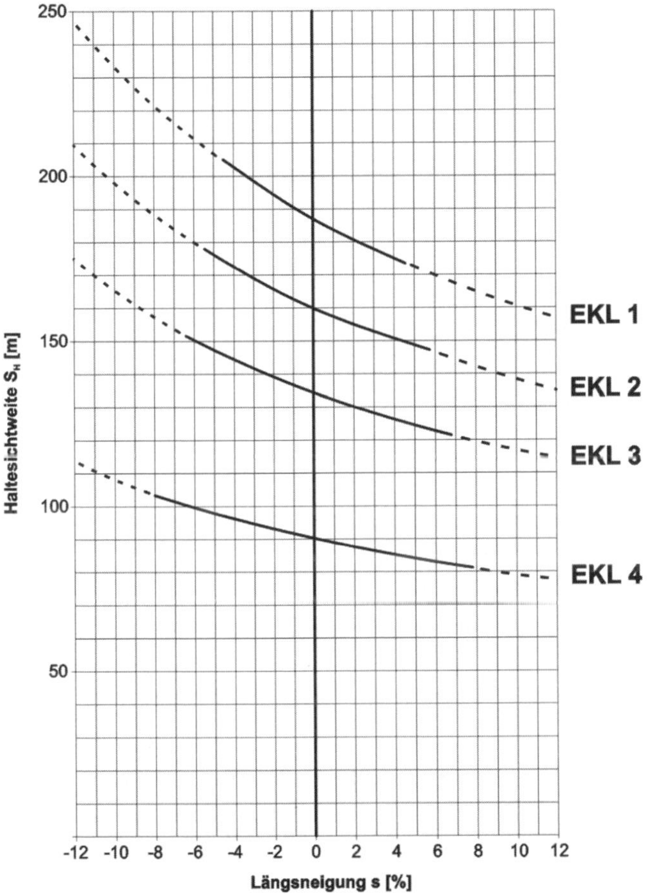

Abb. 3.101: Erforderliche Haltesichtweite erf S_H bei den Entwurfsklassen EKL 1 bis 4

Im Praxisalltag sind in der Regel größere Sichtweiten als die nach Abb. 3.101 ermittelbaren Haltesichtweiten obligatorisch. Damit wird dem Fahrer eine rechtzeitige Orientierung und somit ein Befahren der Straße ohne erhöhte Aufmerksamkeitsanforderungen ermöglicht. Es handelt sich hier um sogenannte Orientierungssichtweiten. Sie liegen etwa 30 % über den für die jeweilige Entwurfsklasse erforderlichen Haltesichtweiten und sollten auf dem größten Teil der Strecke vorhanden sein.

3.5.2.4 Haltesichtweiten auf Stadtstraßen

Das rechtzeitige Anhalten von Kraftfahrzeugen auf städtischen bzw. innerörtlichen Straßen ist nach den RASt dann gegeben, wenn die in Abb. 3.102 angegebenen Haltesichtweiten zur Verfügung stehen. Wird der betroffene Straßenraum auch von Schienenfahrzeugen benutzt, so ist zusätzlich deren Anhalteweg zu beachten.

Straßenkategorie	**V_{zul}**	**Straßenlängsneigung *s***				
	(km/h)	**- 8%**	**- 4%**	**0%**	**+; 4%**	**+; 8%**
HS (angebaute Hauptverkehrsstraße) ES (Erschließungsstraße)	30	–	–	15 m	–	–
	0	–	–	25 m	–	–
	50	–	–	35 m	–	–
VS (anbaufreie Hauptverkehrsstraße)	50	50 m	45 m	35 m	45 m	35 m
	60	70 m	65 m	60 m	55 m	55 m
	70	95 m	85 m	80 m	75 m	70 m

Abb. 3.102: Erforderliche Haltesichtweiten erf S_H auf innerörtlichen Straßen

3.5.3 Vorhandene Sichtweiten

Die vorhandene Sichtweite ist abschnittsweise räumlich zu ermitteln. Sie ergibt sich aus der Linienführung im Lage- und Höhenplan, aus dem Querschnitt sowie aus Sichthindernissen entlang der Straße, wie z. B. Widerlager von Überführungsbauwerken oder Lärmschutzwänden. Sie wird durch einen Sichtstrahl zwischen dem Augenpunkt und einem Zielpunkt (ZP) beschrieben. Die Höhe des Aug- und des Zielpunktes beträgt jeweils 1,0 m. Die Zielpunkthöhe ist auf die Erkennbarkeit eines Fahrzeugs am Stauende ausgerichtet. Die Sichtweiten sind an Hand von Sichtweitenbändern bei Straßen mit Richtungsfahrbahnen für jede Fahrbahn sowie bei Landstraßen für jede Fahrtrichtung getrennt zu ermitteln.

Ist ein bestimmtes Sichtfeld neben der Fahrbahn freizuhalten, so müssen alle die Sicht beeinträchtigenden Hindernisse (z. B. Böschungen mit Gras- oder Strauchbewuchs, Lärmschutzwände, Schutzeinrichtungen besonders in Rampenbereichen) bis zur Höhe des Sichtstrahls vermieden werden. Das gilt vor allem auch für die Bepflanzung im Mittelstreifen.

Aug- und Zielpunkt liegen bei Autobahnen über der Mitte des gerade befahrenen Fahrstreifens und bei Landstraßen über der Mitte des rechten Fahrstreifens bzw. bei der Entwurfsklasse EKL 4 über der Mitte der Fahrbahn.

Zudem sind für Autobahnen dabei folgende Annahmen zugrunde zu legen:

- In Linkskurven befinden sich Aug- und Zielpunkt auf dem am weitesten links liegenden Fahrstreifen der Richtungsfahrbahn.
- In Rechtskurven und in Geraden befinden sich Aug- und Zielpunkt auf dem rechten Fahrstreifen der Richtungsfahrbahn.

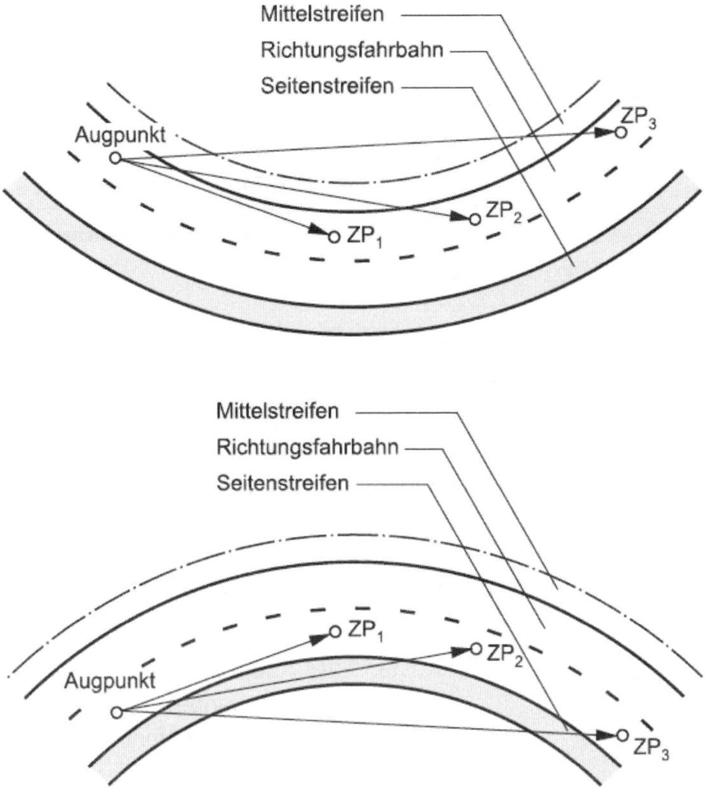

Abb. 3.103: Mögliche Sichtstrahlen für die Haltesichtweite bei Rechts- und Linkskurven

Maßgeblichen Einfluss auf die Einschränkung der Sichtweite in Linkskurven haben der Kurvenradius und der Abstand des Sichthindernisses von der maßgebenden Fahrstreifenachse. Dieser Abstand wird durch die Querschnittsgestaltung (Fahrstreifen-, Mittelstreifen-, Hindernisbreite) beeinflusst. In Linkskurven befinden sich Aug- und Zielpunkt auf dem am weitesten links liegenden Fahrstreifen der Richtungsfahrbahn. Die geometrischen Zusammenhänge zwischen dem Kreisbogenradius im Lageplan und der vorhandenen Sichtweite sind aus der Abb. 3.104 zu ersehen.

Bei Richtungsfahrbahnen kann die überschlägige Überprüfung der Haltesichtweite in Linkskurven nach Abb. 3.104 vorgenommen werden. Hier sind die geometrischen Zusammenhänge zwischen dem Kreisbogenradius im Lageplan und der vorhandenen Sichtweite dargestellt. Dabei wird vereinfachend der Abstand des Augpunktes vom Rand des linken Fahrstreifens mit 1,80 m angenommen. Damit sind auch die verschiedenen Fahrstreifenbreiten der zweibahnigen Regelquerschnitte (Abb. 4.10, 4.12, 4.13) ausreichend berücksichtigt.

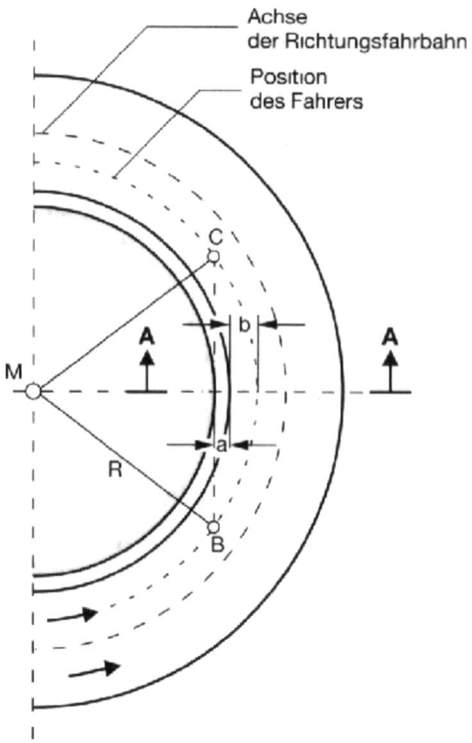

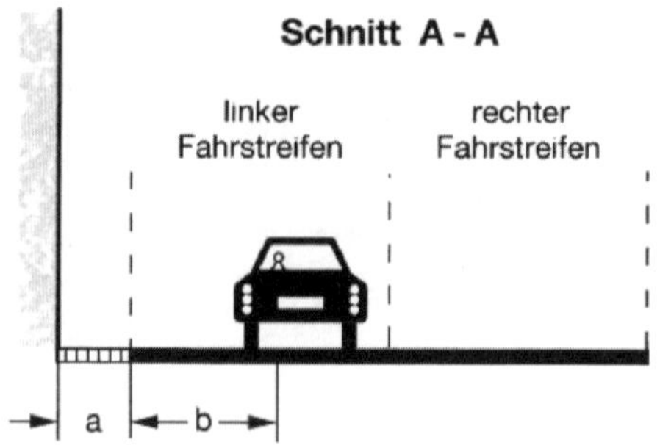

Abb. 3.104: Ermittlung der Sichtweite auf Richtungsfahrbahnen in Linkskurven

B Augpunkt des Verkehrsteilnehmers

C angenommenes Stauende

R Radius des Kreisbogens

a erforderlicher Abstand des Fahrstreifens zum Sichthindernis (einschl. Randstreifen)

b Abstand des Augpunktes B bzw. des angenommenen Stauendes C vom linken Rand des linken Fahrstreifens (vereinfachte Annahme: b = 1,80 m)

Abb. 3.104: Ermittlung der Sichtweite auf Richtungsfahrbahnen in Linkskurven

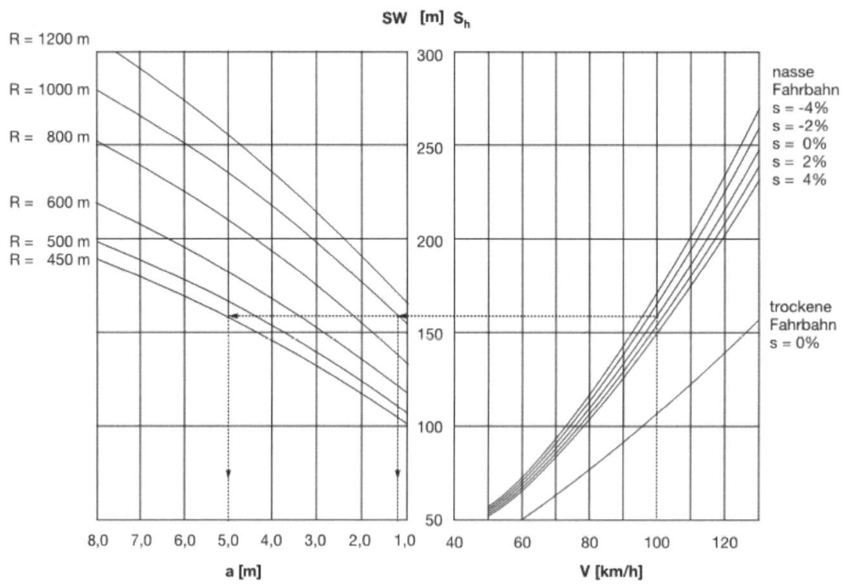

Abb. 3.105: Sichtweiten, Haltesichtweiten und Abstände a auf Richtungsfahrbahnen in Linkskurven

Bei Radien im Bereich der Grenzwerte kann die erforderliche Haltesichtweite auf den linken Fahrstreifen von Richtungsfahrbahnen nur eingehalten werden, wenn im Mittelstreifen auf Fahrzeug-Rückhalteeinrichtungen mit einer Höhe von mehr als 0,90 m und auf Bewuchs verzichtet wird. Andernfalls ist eine Umplanung oder bei bestehenden Strecken eine Beschränkung der zulässigen Höchstgeschwindigkeit (in der Regel nur bei Nässe) erforderlich. Ob Fahrzeug-Rückhalteeinrichtungen im Mittelstreifen ein Sichthindernis darstellen, ist deshalb in Abhängigkeit von der räumlichen Trassierung zu prüfen.

Einen Anhalt für den erforderlichen Abstand der passiven Schutzeinrichtung bzw. der Bepflanzung im Mittelstreifen vom Fahrbahnrand ergibt sich aus Abb. 3.105.

3.5.4 Überholsichtweite

Die Überholsichtweite ist zusätzlich zur Haltesichtweite für die Beurteilung der Sichtverhältnisse und letztlich auch für die Leistungsfähigkeit der zweistreifigen, im Gegenverkehr benutzten Straßen maßgebend.

Um einen Überholvorgang sicher ausführen zu können, muss der Fahrer eine entsprechende Strecke übersehen können, damit er unter Beachtung des Gegenverkehrs das Überholmanöver risikolos ausführen kann. Der Überholvorgang beginnt mit der Geschwindigkeit des zu überholenden Fahrzeuges, wenn sich der Überholer unmittelbar hinter diesem befindet. Der Überholvorgang ist beendet, wenn der Überholer auf den eigenen Fahrstreifen zurückgekehrt ist.

Um ein Überholen eines Lkw sicher ausführen zu können, ist eine Sichtweite von mindestens 600 m erforderlich. Beträgt die Sichtweite in zweistreifigen Abschnitten zwischen 300 m und 600 m, ist für den Kraftfahrer nicht zweifelsfrei erkennbar, ob ein Überholen möglich ist. In diesem Fall soll geprüft werden, ob ein Überholen aus Sicherheitsgründen verboten werden muss. Für ein sicheres Überholen langsamer Fahrzeuge ist eine Sichtweite von mindestens 300 m erforderlich. Im Einzelfall kann ein Überholen langsamer Fahrzeuge zugelassen werden.

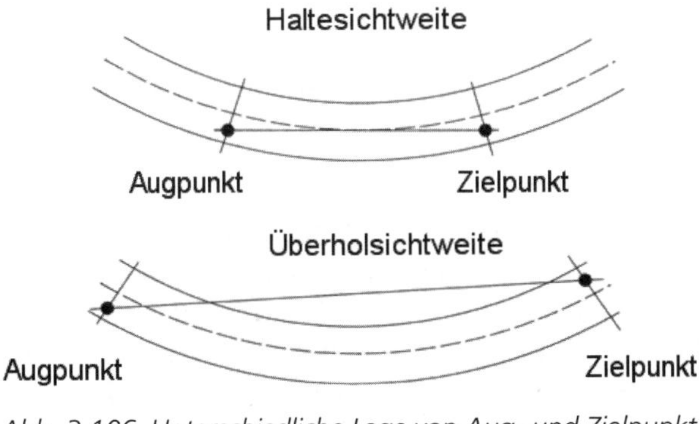

Abb. 3.106 Unterschiedliche Lage von Aug- und Zielpunkt für die Halte- und die Überholsichtweite

Ständig vorhandene Überholfahrstreifen, die sich regelmäßig für beide Fahrtrichtungen abwechseln, sind ein kennzeichnendes Element von einbahnigen Straßen der EKL 1. Lage und Länge der Überholfahrstreifen werden maßgeblich von der Verknüpfung mit dem übrigen Straßennetz und der Topografie bestimmt. Die Überholfahrstreifen sollen möglichst gleichmäßig über die Streckenlänge verteilt sein. Die Überholabschnitte sind so lang auszubilden, dass der Überholbedarf befriedigt werden kann. Die einstreifigen Abschnitte dürfen jedoch nicht so lang sein, dass das Überholverbot missachtet wird. Die Abschnitte sollen deshalb mindestens 1.000 m (bei Verkehrsstärken von mehr als 15.000 Kfz/24 h mindestens 1.200 m) und höchstens 2.000 m lang sein. Dadurch ist auf rd. 40 % des Streckenabschnitts in beiden Fahrtrichtungen eine Überholmöglichkeit gewährleistet.

Eines gesonderten Nachweises der verkehrlichen Notwendigkeit von Überholfahrstreifen bedarf es bei Straßen der EKL 1 nicht.

Ähnlich verhält es sich bei Straßen der EKL 2 mit der Einschränkung, dass auf rd. 20 % des Streckenabschnitts in beiden Fahrtrichtungen eine Überholmöglichkeit gewährleistet ist. Wegen geringerer Verkehrsstärken als bei der EKL 1 können die Überholfahrstreifen kürzer ausgebildet werden. Sie sollen mindestens 600 m lang und in der Regel nicht länger als 1500 m sein.

Straßen der EKL 3 besitzen im Regelfall keine Überholfahrstreifen. Begründet wird dies mit den geringen Streckenlängen, die auf Straßen der EKL 3 zurückgelegt werden, mit den niedrigeren Fahrgeschwindigkeiten und mit den geringeren Verkehrsstärken gegenüber der EKL 2, die dort gefahren werden.

Auf Straßen der EKL 4 ist ein sicheres Überholen wegen der geringen Fahrbahnbreiten und der kleinen Entwurfselemente in Regelfall nicht möglich.

Für Straßen der Kategoriengruppen VS und HS lässt sich aus Gründen der Verkehrssicherheit (häufiger Kreuzungs- und Abbiegeverkehr) kein genereller Anspruch auf ausreichende Überholsichtweiten herleiten.

3.5.5 Nachweis der Sichtweite

Die Ermittlung der vorhandenen Sichtweiten erfolgt anhand des Lageplans, des Höhenplans und der Querschnitte des Bauentwurfs. Dabei ist die räumliche Führung des Straßenzuges in Verbindung mit der Topographie (Böschungen) und der Bebauung (Brücken, Stützmauern) zu berücksichtigen. Bei der Ermittlung der vorhandenen Sichtweiten muss vom gesamten Straßenraum ausgegangen werden. Deshalb sind auch alle Straßenausstattungsgegenstände wie Schutzplanken, vorhandene und vorgesehene Bepflanzung zu berücksichtigen. Für jede Sichtweitenart und für jede der beiden Fahrtrichtungen ist eine gesonderte Sichtweitenermittlung vorzunehmen.

Für überschlägige Ermittlungen können bei allen Straßen die Fahrbahnachsen als Bezugslinien gewählt werden. In Grenzfällen sind bei Richtungsfahrbahnen die vorhandenen Sichtweiten für den jeweils kritischen Fahrstreifen zu ermitteln. Dies kann der linke Fahrstreifen sein, wenn wie im obigen Beispiel in Linkskurven die Haltesichtweite durch Hindernisse auf dem Mittelstreifen (Bepflanzung, Blendschutzzäune, Brückenpfeiler oder dgl.) eingeschränkt ist. Da die Ermittlung der Sichtweiten einen außerordentlich hohen Aufwand erfordert, wird sie heute in aller Regel mit Trassierungsprogrammen durchgeführt. Über die reine Konstruktion von perspektivischen Darstellungen hinaus ist dabei jedoch zu beachten, dass zur Beurteilung der Sicht die Zielpunkthöhe h_z maßgebend ist und die Darstellung des Fahrbahnbandes allein nicht genügt.

Die erforderlichen Sichtweiten lassen sich im Allgemeinen nicht von vornherein bei der Aufstellung eines Straßenentwurfs berücksichtigen. Daher müssen die vorhandenen Sichtweiten aus Lageplan, Höhenplan und Querschnitten des gefertigten Entwurfs ermittelt und für beide Fahrtrichtungen getrennt in Sichtweitenbändern dargestellt werden. Beim Vergleich mit den erforderlichen Sichtweiten S_H und $S_Ü$ ist zu beachten:

- Die Haltesichtweite muss bei allen Straßen auf der gesamten Streckenlänge uneingeschränkt vorhanden sein.
- Die Überholsichtweite wird bei allen zweistreifigen Straßen der Kategoriengruppe LS nicht mehr in einem Sichtweitenband dargestellt. Die Überholmöglichkeiten werden für Straßen der EKL 1 und EKL 2 entsprechend Abschnitt 3.5.4 über die Längenanteile der Überholfahrstreifen für jede Richtung vorgegeben. Die Verteilung der Streckenanteile mit Überholmöglichkeiten über die Gesamtstrecke sollte möglichst gleichmäßig sein. Bei Straßen der EKL 3 können erwünschte Überholmöglichkeiten durch Zusatzfahrstreifen an geeigneter Stelle geschaffen werden.
- Bei Straßen der Kategoriengruppen VS und HS ist die Vorhaltung ausreichender Überholsichtweiten entbehrlich, teilweise sogar unerwünscht.
- Im Streckenverlauf soll die Abnahme der Sichtweiten nur allmählich erfolgen; ein plötzlicher Sichtweitenabfall ist zu vermeiden. Die Zunahme der Sichtweiten darf sprunghaft eintreten, jedoch nicht in Abschnitten, in denen Geschwindigkeitserhöhungen oder die Einleitung von Überholvorgängen unerwünscht sind.
- Die Streckenführung soll gemäß den Grundsätzen für die räumliche Linienführung begreifbar sein. Erweisen sich die vorhandenen Sichtweiten als nicht ausreichend, dann empfiehlt es sich, den Entwurf zur Schaffung der erforderlichen Sichtweiten nochmals zu überarbeiten. Maßnahmen hierzu sind die Vergrößerung der Radien im Lageplan, der Ausrundungshalbmesser im Höhenplan oder die Zurücksetzung der seitlichen Sichtfeldbegrenzung (auch am Mittelstreifen).

3.5.6 Sicht am Knotenpunkt

Knotenpunkte müssen aus einer Entfernung erkennbar sein, die es den Kraftfahrern gestattet, gegebenenfalls vor kreuzenden bzw. ein- und abbiegenden Kraftfahrzeugen sowie Radfahrern und Fußgängern anzuhalten.

Zusätzlich müssen für wartepflichtige Kraftfahrer, Radfahrer und Fußgänger bestimmte Sichtfelder von ständigen Sichthindernissen (auch Wegweisern) und sichtbehinderndem Bewuchs freigehalten werden. In solchen Sichtfeldern sind nur notwendige verkehrstechnische Einrichtungen wie Lichtmaste, Lichtsignalgeber, Pfosten von Signalgebern zulässig.

Die Ermittlung der freizuhaltenden Sichtfelder soll räumlich erfolgen. Folgende Parameter sind dabei zu berücksichtigen:

- Augpunkthöhe für Pkw-Fahrer: 1,00 m,
- Augpunkthöhe für Lkw-Fahrer: 2,50 m

  (zu beachten bei Unterführungen, Wegweisern und Verkehrszeichen)
- Zielpunkthöhe auf der bevorrechtigten Fahrbahn: 1,00 m.

Die Größe der freizuhaltenden Sichtfelder richtet sich nach der Kategoriengruppe bzw. nach der zulässigen Höchstgeschwindigkeit im Knotenpunkt. Nachzuweisen sind die Sichtfelder für die Anfahrsicht, für die Annäherungssicht und natürlich für die Haltesicht.

3.5.6.1 Anfahrsichtweiten

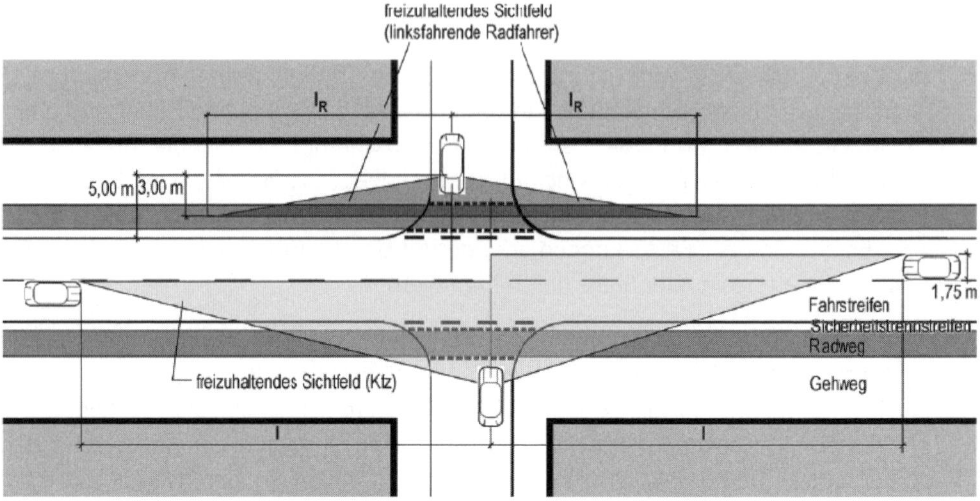

Abb. 3.107: Freizuhaltende Sichtfelder bei Kfz- und Radverkehr für die Anfahrsicht in der untergeordneten Knotenpunktzufahrt

Die Anfahrsichtweite ist notwendig, damit der am Rand der übergeordneten Straße stehende wartepflichtige Fahrer ausreichend Einblick in die übergeordnete Straße hat. Er muss in einem Abstand von 3 m vom Rand der übergeordneten Straße so weit Einsicht in diese haben, dass er aus dem Stand heraus ohne nennenswerte Behinderung des bevorrechtigten Verkehrs einen Kreuzungs- oder Einbiegevorgang sicher ausführen kann. Sofern Radwege unmittelbar an die bevorrechtigte Straße angrenzen, ist es zweckmäßig, den Abstand von 3,00 m auf 5,00 m zu vergrößern, damit die Radfahrerfurt von wartepflichtigen Kraftfahrzeugen freigehalten werden kann. Eine ausreichende Anfahrsichtweite muss immer gegeben sein (Abb. 3.107). Für querende Fußgänger muss das Sichtfeld in 1 m Abstand vom Fahrbahnrand gegeben sein.

Die erforderliche Schenkellänge l des Sichtfeldes ist der Tabelle Abb. 3.108 zu entnehmen. An Knotenpunkten, an denen das jeweilige Anfahrsichtfeld aufgrund örtlicher Zwangsbedingungen nicht freigehalten werden kann, ist i. d. R. eine entsprechende Beschränkung der zulässigen Höchstgeschwindigkeit erforderlich. Für bevorrechtigte Radwege sollen die Schenkellängen des Sichtdreiecks l_R = 30 m, bei beengten Verhältnissen mindestens 20 m betragen. Die Sichtfelder sind zwischen 0,80 m und 2,50 m Höhe freizuhalten.

	Kategoriengruppe							
	VS, HS, ES					LS		
V_{zul} (km/h)	30	40	50	60	70	70	80*)	> 80
Schenkellänge *l* (m)	30	50	70	85	110	110	135	200

**) 80 km/h-Geschwindigkeitsbeschränkung in den RAL nicht mehr enthalten*

Abb. 3.108: Schenkellängen l der Sichtfelder in m

3.5.6.2 Annäherungssichtweiten

Als Annäherungssicht wird das Sichtfeld bezeichnet, das für einen Kraftfahrer auf der untergeordneten Straße in 15 m Entfernung (20 m bei hoher Anzahl einbiegender Schwerlastfahrzeuge) vom Rand der bevorrechtigten Straße nach beiden Seiten einsehbar ist. Ist diese vorhanden, so kann der Kraftfahrer rechtzeitig entscheiden, ob er ohne Halten in die übergeordnete Straße einfahren kann oder ob er anhalten muss. Aus Gründen der Verkehrssicherheit sollte diese Möglichkeit nur in Verbindung mit einer Beschränkung der zulässigen Höchstgeschwindigkeit auf 70 km/h in der bevorrechtigten Straße vorgesehen werden.

Die erforderliche Schenkellänge *L* des Sichtfeldes für die Annäherungssichtweite deckt sich mit derjenigen für die Anfahrsichtweite und kann für die Kategoriengruppe LS ebenfalls der Abb. 3.107 entnommen werden.

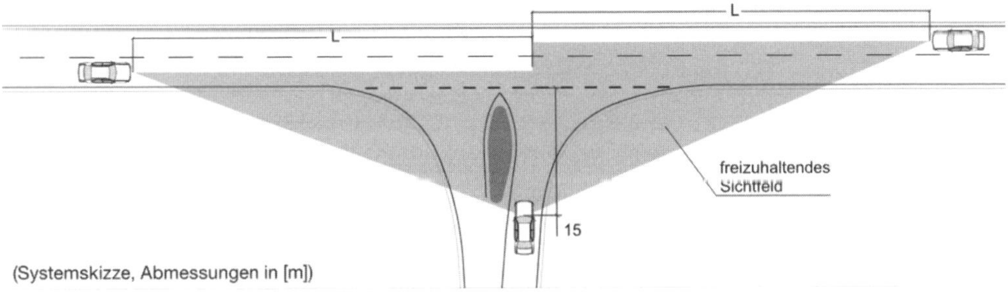

Abb. 3.109: Freizuhaltende Sichtfelder für die Annäherungssicht in der untergeordneten Knotenpunktzufahrt

Allerdings erscheint es innerhalb der bebauten Gebiete aus städtebaulichen Gründen, wegen der gärtnerischen Nutzung der Eckgrundstücke und wegen der häufig an den Fahrbahnrändern parkenden Fahrzeuge weder zweckmäßig noch notwendig, dort Sichtflächen für die Annäherungssicht zu fordern. Nach heutiger Anschauung würde das nur das Fahren in Wohngebieten mit überhöhten Geschwindigkeiten begünstigen. Nur in Ausnahmefällen, etwa um an stark belasteten Knotenpunkten die Leistungsfähigkeit zu steigern, wird auch innerorts auf die Annäherungssicht geachtet.

Bei **Einfahrrampen** gilt diejenige Sicht als Annäherungssicht, die für den einfahrenden Verkehr auf die bevorrechtigte Fahrbahn vor Erreichen der Vorfahrtstelle vorhanden sein soll. Sie kann durch direkte Sicht oder über den Rückspiegel gegeben sein. Durch die

Annäherungssicht soll der einfahrende Fahrer die bevorrechtigte Fahrbahn oder Rampe frühzeitig erkennen, sich über die Verkehrsmenge und Geschwindigkeit auf dieser Fahrbahn orientieren und durch rechtzeitiges Beschleunigen sein Fahrzeug zügig einfädeln können. Der Fahrer auf der bevorrechtigten Fahrbahn soll durch frühzeitiges Erkennen die Möglichkeit haben, gegebenenfalls den rechten Fahrstreifen freizumachen. Die dafür notwendigen Sichtfelder müssen von Bewuchs und Einbauten freigehalten werden. Sie sind für alle Einfahrten, die nach den RAA geplant werden, bereits in den Planunterlagen nach Abb. 3.110 nachzuweisen. Kann in Ausnahmefällen das erforderliche Sichtfeld für die jeweilige Entwurfsklasse nicht geschaffen werden, sind Geschwindigkeitsbeschränkungen vorzunehmen.

Anzustreben ist ein Blickwinkel von 100 gon (Abb. 3.110). Ist das nicht möglich, ist der Sichtpunkt in der Einfahrrampe weiter zur Inselspitze zu verschieben. Wird dabei der Blickwinkel größer als 150 gon, ist die Einfahrrampe in gleicher Höhe parallel zur bevorrechtigten Fahrbahn zu führen und mit einem Einmündungswinkel von 3 bis 5 gon an diese anzuschließen. Nur wenn das erwünschte Sichtfeld mit wirtschaftlich vertretbarem Aufwand nicht hergestellt werden kann, ist das minimale Sichtfeld vorzusehen.

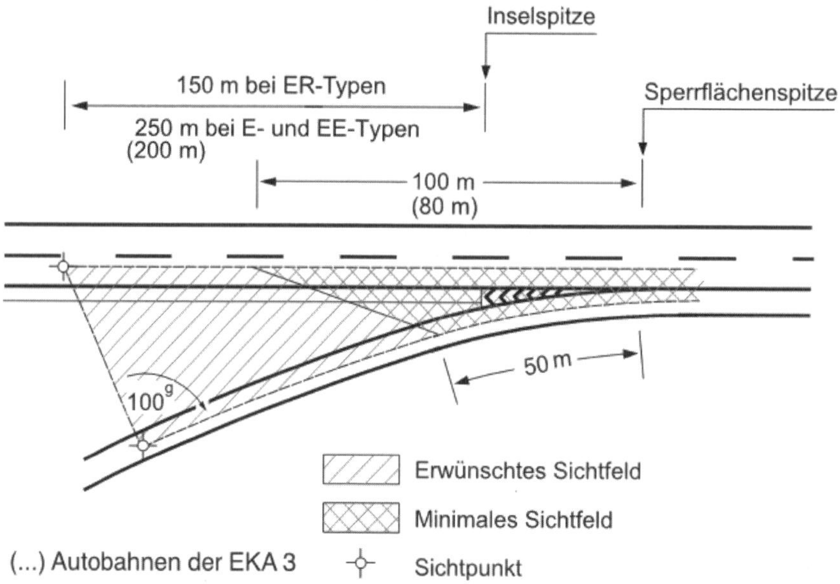

Abb. 3.110: Einfahrtsichtweite an Rampen von zweibahnigen Straßen

3.5.6.3 Haltesicht am Knotenpunkt

Zusätzlich zur Anfahrsichtweite und zur Annäherungssichtweite ist in den Zufahrten eines Knotenpunktes ausreichende Sicht auf den Knotenpunkt selbst und auf die vorfahrtregelnde Beschilderung notwendig. Sie wird als Haltesicht bezeichnet.

Haltesichtweite:

$S_H = S_1 + S_2$

S_1: Weg während der Reaktionszeit

S_2: reiner Bremsweg

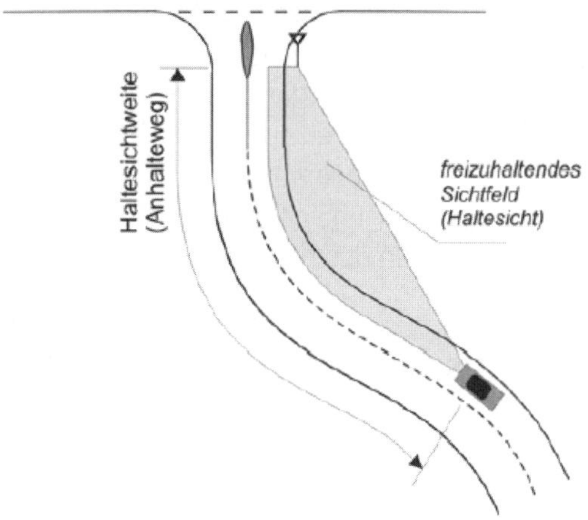

Abb. 3.111: Freizuhaltendes Sichtfeld für die Haltesicht in der untergeordneten Knotenpunktzufahrt

Die Haltesichtweite ist die Entfernung, aus der der Knotenpunkt und die Vorfahrtsregelung für einen Verkehrsteilnehmer sowohl auf der untergeordneten als auch auf der übergeordneten Knotenpunktzufahrt erkennbar und wahrnehmbar sein müssen, damit er erforderlichenfalls vor dem Knotenpunkt anhalten kann. Die Anhaltesicht in den Knotenpunktzufahrten ist abhängig von der jeweiligen EKL der untergeordneten Straße. D. h., in allen Knotenpunktzufahrten müssen die in den Abb. 3.101 und 3.102 angegebenen erforderlichen Haltesichtweiten erf S_H eingehalten werden. So ist gewährleistet, dass die Vorfahrtregelung rechtzeitig erkennbar ist und der Verkehrsteilnehmer sein Fahrverhalten darauf einstellt.

Kann das für diesen Fall erforderliche Sichtfeld nicht freigehalten werden, so ist eine intensive Vorankündigung (zusätzliche Verkehrszeichen oder Signalanlagen, Vorwegweiser) der Vorfahrtregelung notwendig. Zur Verdeutlichung müssen die vorfahrtregelnden Verkehrszeichen notfalls auf der Tropfeninsel wiederholt werden. Gegebenenfalls kann auch eine Beschränkung der zulässigen Höchstgeschwindigkeit erforderlich werden.

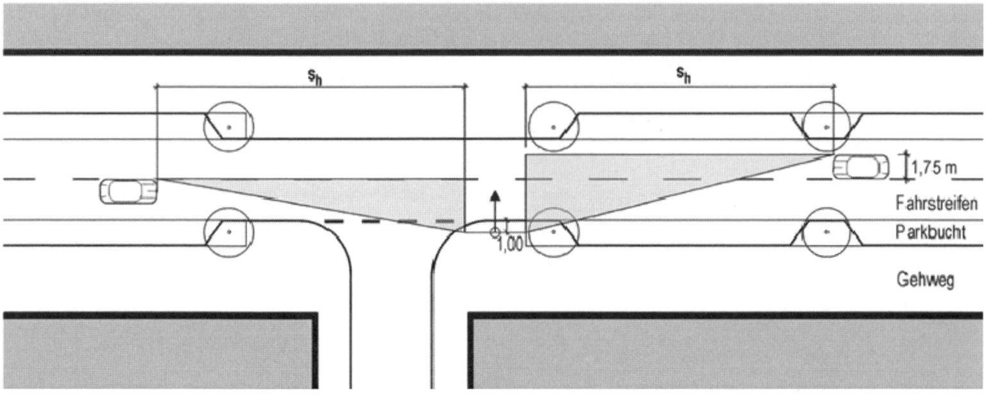

Abb. 3.112: Sichtfelder an Überquerungsstellen für Fußgänger

An Fußgängerüberwegen (FGÜ) haben die Fußgänger das Vorrecht gegenüber dem Verkehr mit Kraftfahrzeugen. Dementsprechend muss der Kraftfahrer auch hier die Beschilderung und eventuelle Fußgänger, die die Fahrbahn überqueren wollen, rechtzeitig, d. h. aus der Entfernung der Haltesicht, erkennen können. Der Fußpunkt des Sichtdreiecks wird dabei in 1,00 m Abstand vom Fahrbahnrand angenommen. Näheres geht aus Abb. 3.112 hervor. Sichtfelder mit der Schenkellänge nach Abb. 3.111 sind als Haltesichtweite freizuhalten. Eventuelle Sichteinschränkungen durch parkende Fahrzeuge sind durch Halteverbote abzustellen.

3.6 Zusammenstellung der Trassierungsgrenzwerte

Mit der Einführung der neuen einschlägigen technischen Regelwerke für die Straßenplanung mit den RAA, RAL und RASt hat sich der Überblick über die zu beachtenden Trassierungsgrenzwerte deutlich verbessert. Jedoch gibt es bei den RAA und den RASt Mindestradien, die von der Entwurfsklasse bzw. von der Geschwindigkeit abhängig sind, während die RAL für die einzelnen Entwurfsklassen standardisierte Straßen mit möglichst einheitlichen Straßentypen empfiehlt, die sich deutlich voneinander abheben. Dies wird möglich, wenn man für die abgestuften Straßentypen möglichst enge Entwurfs- und Gestaltungsvorgaben festlegt.

Mit bestimmten Radienbereichen sollen Straßen „selbsterklärend“, also so ausgebildet werden, dass der Verkehrsteilnehmer sozusagen aus dem Unterbewusstsein versteht, welche Fahrweise von ihm erwartet wird. Dabei sind die Elemente Linienführung, Querschnitt und Knotenpunkt sowie die Geschwindigkeit, mit der auf den einzelnen Straßentypen gefahren werden soll, in möglichst engen Grenzen aufeinander abzustimmen.

Entwurfselemente			Grenzwerte	
			V_{zul} = 50 km/h	V_{zul} = 70 km/h
Lageplan	Kurvenmindestradius	min *R* (m)	80	190
	Klothoidenmindestparameter	min *A* (m)	50	90
	Kurvenmindestradius bei Anlage der Querneigung zur Kurvenaußenseite	min *R* (m)	250	700
Höhenplan	Höchstlängsneigung	max *s* (%)	8,0 (12,0)	6,0 (8,0)
	Mindestlängsneigung in Verwindungsstrecken	min *s* (%)	0,7; s – $\Delta s \geq$ 0,0...0,2 % (ohne H.) 0,5; s – $\Delta s \geq$ 0,5 % (mit Hochbord)	
	Kuppenmindesthalbmesser	min H_K (m)	900	2.200
	Wannenmindesthalbmesser	min H_W (m)	500	1.200
Querschnitt	Mindestquerneigung	min *q* (%)	2,5	
	Höchstquerneigung in Kurven	max q_K (%)	6,0 (7,0)	
	Anrampungshöchstneigung	max Δs (%)	0,50 · a 2,0 (*a* ≥ 4,0 m)	0,4 · a 1,6 (*a* ≥ 4,0 m)
	Anrampungsmindestneigung	min Δs (%)	0,1 · a *a* (m) = Abstand des Fahrbahnrandes von der Drehachse	
Sicht	Mindesthaltesichtweite für *s* = 0 %	min S_h (m)	47	80
	(Klammerwerte = Ausnahmewerte)			

Abb. 3.113: Grenz- und Richtwerte für städtische Hauptverkehrsstraßen nach den RASt

Entwurfsklasse	**EKA 1 A**	**EKA 1 BA**	**EKA 2**	**EKA 3**
Betriebsmerkmale				
Netzfunktion	Fern-autobahn	über-regionale Autobahn	autobahn-ähnliche Straße	Stadt-autobahn
Zulässige Höchstgeschwindigkeit	keine			$V_{zul} \leq 100$ km/h
Verkehrsführung in Arbeitsstellen	4+0 i. d. R. erforderlich		4+0 nicht zwingend erforderlich	
Entwurfsmerkmale				
Querschnitt	Zweibahnig			
	RQ 43,5 RQ 36,0 RQ 31,0		RQ 28,0	RQ 38,5 RQ 31,5 RQ 25,0
Linienführung				
Lageplan				
Höchstlänge d. Geraden L (m)	2.000			
Kurvenmindestradius R (m)	900	720	470	280
Klothoidenmindestparameter A (m)	300	240	160	90
Kurvenmindestradius bei einer Querneigung zur Kurvenaußenseite R (m)	4.000		1.050	
Höhenplan				
Höchstlängsneigung s (%)	4,0		4,5	6,0
Kuppenmindesthalbmesser H_K (m)	13.000	10.000	5.000	3.000
Wannenmindesthalbmesser H_W (m)	8.800	5.700	4.000	2.600
Sichtweite				
Haltesichtweite ($s = 0$ %) S_h (m)	250		110	
Straßenflächengestaltung				
Mindestquerneigung q (%)	2,5			
Höchstquerneigung in Kurven q (%)	6,0			
Anrampungshöchstneigung max Δs (%)	0,9 ($a \geq 4{,}0$ m) $0{,}225 \cdot a$ ($a < 4{,}0$ m)			0,9 ($a \geq 4{,}0$ m) $0{,}25 \cdot a$ ($a < 4{,}0$ m)
Anrampungsmindestneigung min Δs (%)	$0{,}10 \cdot a$			
Knotenpunkte	planfrei			
Empfohlene Knotenpunktabstände	> 8.000 m	> 5.000 m		keine

Abb. 3.114: Zusammenfassung der Betriebs- und Entwurfselemente nach den RAA

	Entwurfsklasse	EKL 1	EKL 2	EKL 3	EKL 4
Entwurfs- und Betriebsmerkmale					
Planungsgeschwindigkeit	(km/h)	110	100	90	70
Betriebsform		Kfz-Straße	Allgemeiner Verkehr		
Verkehrsstärke*)	(Kfz/24 h)	≤ 20.000	≤ 16.000	≤ 14.000	≤ 3.000**)
Querschnitt		RQ 15,5	RQ 11,5+	RQ 11	RQ 9
gesicherte Überholabschnitte		~ 40 %	~ 20 %	keine	keine
Lageplan					
empfohlener Radienbereich	R (m)	≥ 500	400–900	300–600	200–400
Mindestlängen von Kreisbögen	min L (m)	70	60	50	40
Klothoidenparameter	A (m)	$R/3 \leq A \leq R$			
Höhenplan					
max. Längsneigung	max s (%)	4,5	5,5	6,5	8,0
Mindestlängsneigung in Verwindungsstrecken	min s (%)	1,0 (Ausnahme 0,7) $s - \Delta s \geq 0{,}2$			
empfohlener Kuppenhalbmesser	H_K (m)	≥ 8.000	≥ 6.000	≥ 5.000	≥ 3.000
empfohlener Wannenhalbmesser	H_W (m)	≥ 4.000	≥ 3.500	≥ 3.000	≥ 2.000
Mindestlänge der Tangenten	min T (m)	100	85	70	55
Sichtweite					
Mindesthaltesichtweite für $s = 0$ %	min S_H (m)	187	160	134	90
Straßenflächengestaltung					
Mindestquerneigung	min q (%)	2,5			
Höchstquerneigung in Kurven	max q (%)	7,0			
Anrampungshöchstneigung	max Δs (%)	0,8		1,0	1,5
Anrampungsmindestneigung	min Δs (%)	$0{,}1 \cdot a$			

*) *Anhaltspunkte für Verkehrsstärken; im Einzelfall ist die Verkehrsqualität entsprechend dem HBS zu überprüfen*

**) *Schwerverkehrsstärke max. 150 Fz/24 h*

Abb. 3.115: Grenz- und Richtwerte für Landstraßen nach den RAL

3.7 Räumliche Trassierung

3.7.1 Trassieren im bewegten Gelände

Im Flachland und in der Ebene kann sich die Straßenplanung im Grundriss hauptsächlich an der Lage und der Richtung in den Anschlusspunkten und an den durch die vorhandene Besiedlung, die Umwelt und die Infrastruktur vorgegebenen Zwangspunkten orientieren. Im Bergland und mehr noch im Gebirge wird die Trassierung darüber hinaus ganz wesentlich durch die vorgefundenen Geländestrukturen beeinflusst. Eine gute Trassierung nützt das Gelände zur Überwindung von Höhenunterschieden geschickt aus. Dadurch können nicht nur die beim Bau zu bewegenden Erdmengen gering gehalten werden, sondern die Straße liegt auch unauffälliger im Gelände und wirkt im Landschaftsbild weniger störend. In diesem Sinne lohnt es sich, den ersten groben Entwurf nach den Erkenntnissen aus der Bearbeitung des Höhenplanes nochmals zu überprüfen und den Lageplan dementsprechend zu optimieren. Hier helfen die aktuellen Vermessungs- und Trassierungstechniken, denn wenn die Grunddaten des Projektes einmal in den Computer eingegeben sind, lassen sich Änderungen ohne großen Aufwand durchführen.

Die erste Arbeitsgrundlage bilden die amtlichen Karten mit eingetragenen Höhenlinien, z. B. im Maßstab 1:5.000, oder es muss bei digitalen Daten ein 3D-Geländemodell generiert werden und damit können die Höhenlinien erzeugt werden. Zunächst werden der Anfangs- und der Endpunkt sowie evtl. notwendige Zwischenpunkte der gesuchten Trasse festgelegt. Da heute nur noch selten völlig neue Straßen über größere Strecken gebaut werden, werden der Anfangs- und der Endpunkt der Plantrasse meistens auf einer vorhandenen Straße liegen. Wenn es sich um den Ausbau eines Teilstückes handelt, sind die Richtungen der Anschlusstangenten im Grund- und Aufriss wichtig. Weiter muss man die Zwangspunkte beachten, die durch die Topografie, die vorhandene Bebauung und aus Gründen des Umweltschutzes vorgegeben sind. Zu den Zwangspunkten gehören u. a. mögliche Brückenbauwerke zur Kreuzung von Wasserläufen, Eisenbahnen oder anderen Straßen ebenso wie Sattelpunkte in Höhenzügen.

Zeigt der Abstand der Höhenlinien eine geringere Geländeneigung an, als an Steigungen für die Trasse zulässig sind, so könnte man eigentlich die Höhenlinien vernachlässigen. Um eine gefällige und landschaftsgerechte Trassierung zu erzeugen, wird man sich aber auch im wenig bewegten Gelände der Topografie anpassen. Bei stärker bewegtem Gelände muss die Trasse entlang den Höhenlinien verlaufen oder sollte sie nur flach schneiden, damit unzulässige Längsneigungen oder zu große Erdbewegungen vermieden werden. Im sehr kupierten Gelände kann es auch notwendig werden, unabhängig von den Höhenlinien zu trassieren, um tief eingeschnittene Täler mit einer Brücke zu überwinden oder Bergrücken mit einem Tunnel zu unterfahren. Dafür, wie tief Einschnitte oder wie hoch Dämme maximal sein sollten, gibt es keine festen Regeln; die Entscheidung darüber hängt wohl auch von der Bedeutung der Straße und von der Schwierigkeit des Geländes ab. Ab Höhen von etwa 15 m kann eine Talbrücke wirtschaftlicher sein als ein Damm. Daneben treten aber noch andere Gesichtspunkte wie z. B. das Landschaftsbild, der Landverbrauch oder die Vermeidung eines Kaltluftstaus.

Um entlang eines Hanges unter weitgehender Ausnutzung des Geländes eine Trasse mit gleichmäßiger Längsneigung und möglichst geringen Erdbewegungen zu finden, bedient man sich des sogenannten **Nulllinienverfahrens.** Dabei gibt man sich zunächst durch eine Vorüberlegung eine Längsneigung vor, mit der man eine gewünschte Strecke und einen bestimmten Höhenunterschied bewältigen möchte. Meistens weisen die Höhenlinien des Lageplans einen gleichmäßigen Höhenunterschied Δh auf, sodass der Abstand ΔL zwischen zwei Schnittpunkten der Straßenachse mit benachbarten Höhenlinien bei der gewünschten Längsneigung s in % beträgt:

$$\Delta L = \frac{\Delta h}{s} \cdot 100$$

Berechnungsbeispiel: Der Abstand der Höhenlinien beträgt häufig $\Delta h = 5\ m$. Bei einer gewünschten Längsneigung $s = 6{,}5\ \%$ sollte der günstigste Abstand zwischen zwei Höhenlinienschnittpunkten dann $\Delta L = 5{,}00/0{,}065 \approx 77\ m$ sein.

Diese Entfernung nimmt man in den Zirkel und trägt von Höhenlinie zu Höhenlinie die Schnittpunkte mit den Kreisen ein, sodass ein Polygon mit den Seitenlängen ΔL entsteht (Abb. 3.116). Wenn man den gewünschten Endpunkt verfehlt, kann man einen oder mehrere weitere Versuche mit einem korrigierten ΔL unternehmen. Durch die spätere Umformung des Polygons zur eigentlichen Trasse wird die Achslänge zwar etwas größer als die Summe der Längen der Polygonseiten, jedoch ermäßigt sich die resultierende Längsneigung dadurch eher, wird also geringer. Auf das Höhenschnittpunktpolygon legt man eine Freihandlinie, die am Ende nach den Grundsätzen der Trassierung in eine Folge von Trassierungselementen aufgelöst wird.

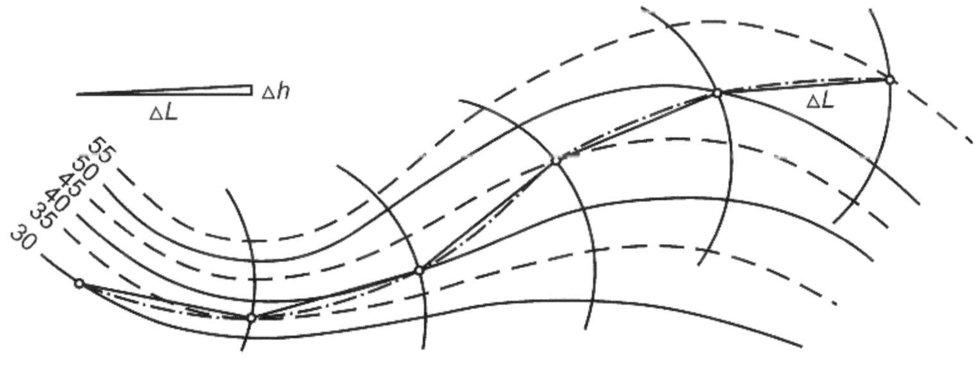

Abb. 3.116: Nulllinienverfahren

3.7.2 Entwicklung einer räumlichen Linienführung

Die Straße ist ein im Raum, d. h. in allen drei Dimensionen geführtes Band. Als solches wird sie auch während der Fahrt vom Straßenbenutzer empfunden. Nichtsdestoweniger wird der Straßenentwurf aus Gründen der Praktikabilität im Lageplan, Höhenplan und Querprofil getrennt aufgestellt. Das Zusammenwirken der verschiedenen Pläne zu einem räumlichen Bild kann mit Hilfe der Perspektive überprüft werden, wobei aber für die Planung der Straße selbst nur die Sicht des Fahrers in Frage kommen kann.

Die Entwurfselemente werden für den Lageplan, den Höhenplan und die Querschnitte entsprechend der Entwurfsklasse aus den einschlägigen Regelwerken (RAA, RAL, RASt) entnommen (s. auch Abschn. 3.6). Je nach der Kombination dieser Elemente und den topografischen Verhältnissen ergeben sich Überlagerungen, die in ihrem Zusammenspiel nur von einem geschulten Auge richtig abgeschätzt werden können. Das Erkennen und Beurteilen dieser Überlagerungen erscheint aber als äußerst wichtig, da die räumliche Gestaltung maßgebenden Einfluss auf die Verkehrssicherheit, besonders im Hinblick auf die Sichtverhältnisse, ausübt.

Bei der dreidimensionalen Trassierung entstehen durch die Überlagerung von Geraden und Bögen sowie des Querschnitts verschiedene Raumelemente, die sich entweder durch dreidimensionale Modelle oder als perspektivische Bilder wiedergeben lassen. Diese Raumelemente sind in ihrer Aufeinanderfolge so abzustimmen, dass daraus ein räumlich harmonisches Band resultiert (Abb. 3.117).

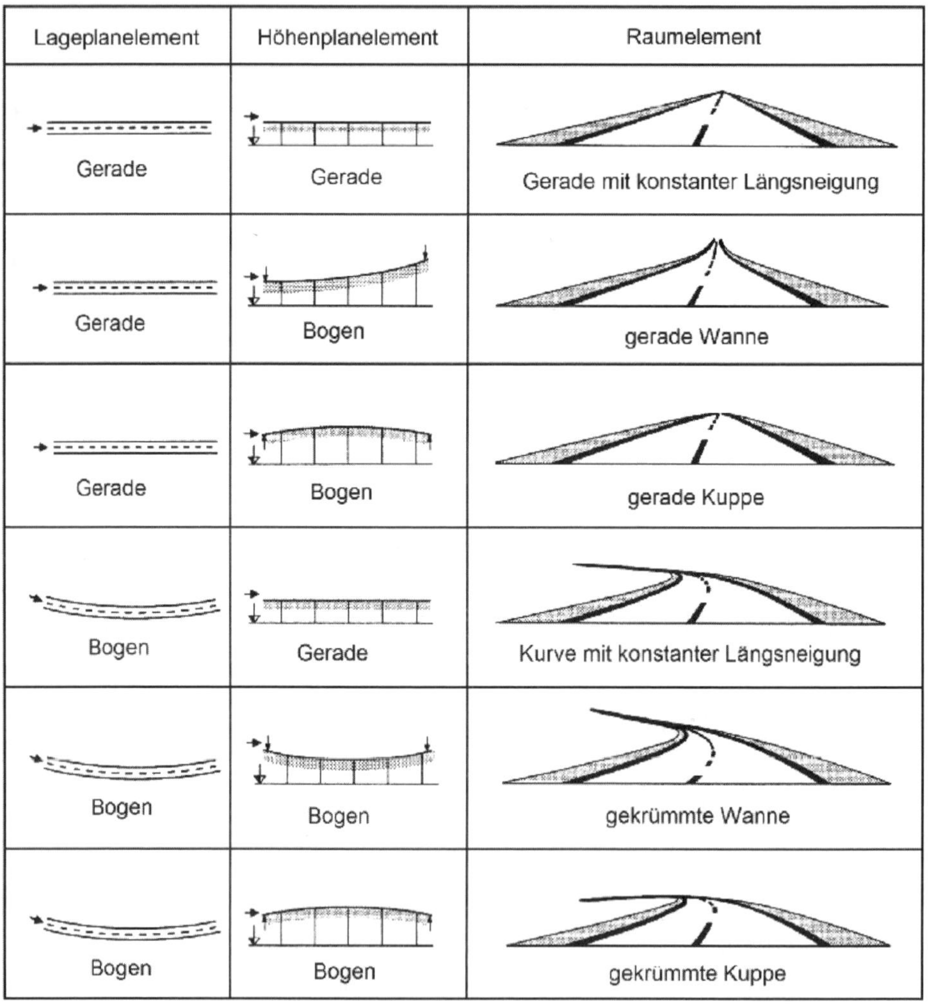

Abb. 3.117: Räumliche Wirkung von Geraden und Bögen im Grund- und Aufriss

Für die Verkehrssicherheit spielt die Ausgewogenheit der Trassierungselemente untereinander eine ebenso große Rolle wie etwa die Parameter des Mindestelements. So stellt beispielsweise ein kleiner Kreisbogenradius keine große Gefahr für das Abkommen von der Fahrbahn dar, wenn er in eine Folge von sich stetig verkleinernden Kurvenradien eingebunden ist (Abb. 3.2). Demgegenüber erhöht sich die Unfallgefahr erheblich, wenn der gleiche kleine Kreisbogenradius zwischen großzügigen Kurvenradien liegt. In gleicher Weise ist die räumliche Kombination der Trassierungselemente des Lage- und des Höhenplans von Bedeutung für die Verkehrssicherheit. Lange Geraden, noch dazu mit gleichbleibender Längsneigung, wirken ermüdend auf den Fahrer und verleiten zu überhöhten Geschwindigkeiten; zu kurze Geraden lassen den Eindruck von Unstetigkeiten entstehen. Während sich im bergigen Gelände eine geschwungene Linienführung anbietet, kann die Gerade im Flachland benutzt werden, wenn die Grenzwerte nach Abschnitt 3.2.2 eingehalten werden.

Bei Richtungsänderungen im Grundriss sollen die beiden Tangenten durch Übergangs- und Kreisbogen mit großen Parametern bzw. Radien miteinander verbunden werden. Werden zu kleine Radien verwendet, entsteht aus der Sicht des Fahrers der Eindruck eines Knickes. Das gilt ganz besonders, wenn die beiden Tangenten untereinander nur einen kleinen Winkel einschließen. Was für die Verbindung der Geraden im Lageplan gilt, trifft ebenso für den Höhenplan zu. Lange Strecken gleicher Neigung sind mit großen Halbmessern für die Kuppen- und Wannenausrundung zu verbinden. Während Wannen regelmäßig eine ausreichende Sicht zulassen, sind die Kuppenausrundungen zur Erzielung guter Sichtverhältnisse möglichst groß zu wählen. Die optische Führung über Kuppen hinweg kann durch eine Bepflanzung an den Kurvenaußenseiten verbessert werden.

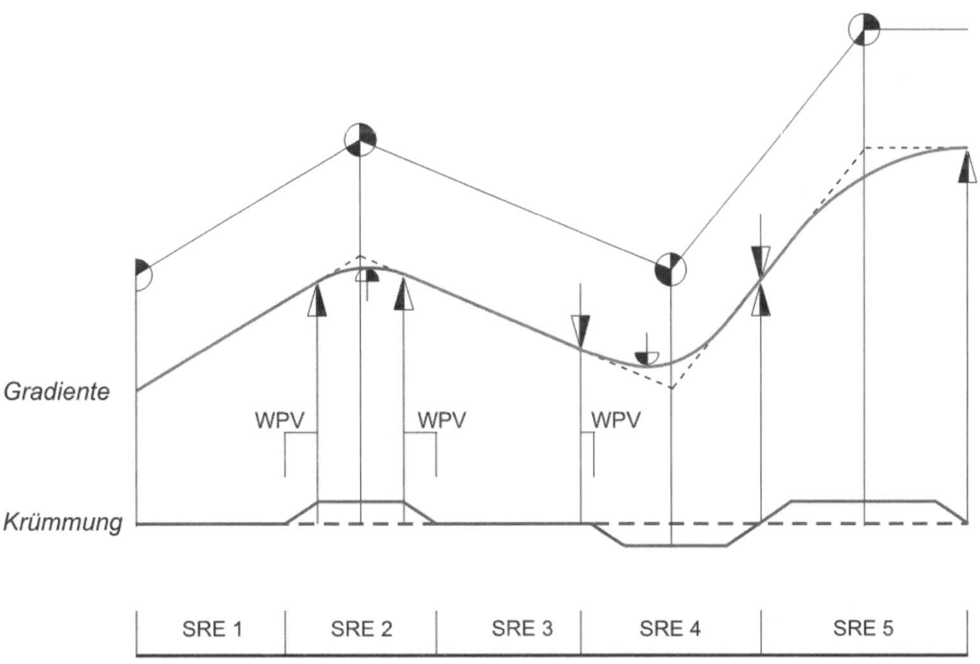

Abb. 3.118: Einteilung einer Strecke in Standardraumelemente (SRE)

Standardraumelemente

Bei Überlagerung von Beginn und Ende von Kurven im Lageplan mit dem Beginn von Kuppen und Wannen im Höhenplan entstehen Standardraumelemente (Abb. 3.118). Diese entstehen, wenn Beginn und Ende von Kurven im Lageplan mit dem Beginn von Kuppen und Wannen im Höhenplan zusammenfallen. Dabei werden Geraden im Lageplan wie Kurven mit $R = \infty$ und konstante Längsneigungen im Höhenplan mit $H = \infty$ behandelt. Um ein Standardraumelement handelt es sich auch noch, wenn diese Anfangs- und Endpunkte im Lage- und Höhenplan bis zu 20 % der Länge des Lageplanelements verschoben sind.

Von besonderer Bedeutung ist also die Lage der Wendepunkte zueinander. Eine optisch, entwässerungstechnisch und fahrdynamisch vorteilhafte Führung der Straße ist im Allgemeinen dann gewährleistet, wenn die Wendepunkte der Krümmungen im Lage- und Höhenplan ungefähr an der gleichen Stelle liegen (Abb. 3.119). Damit beginnen die Kuppen deutlich erkennbar in dem aus der Fahrerperspektive übersehbaren Kurvenbereich. In den Bereichen mit geringer Querneigung (Wendepunkte im Lageplan) ist eine ausreichende Längsneigung und in den Abschnitten mit geringer Längsneigung (Kuppen und Wannen) eine ausreichende Querneigung vorhanden. Auf diese Weise wird eine optimale Entwässerung sichergestellt.

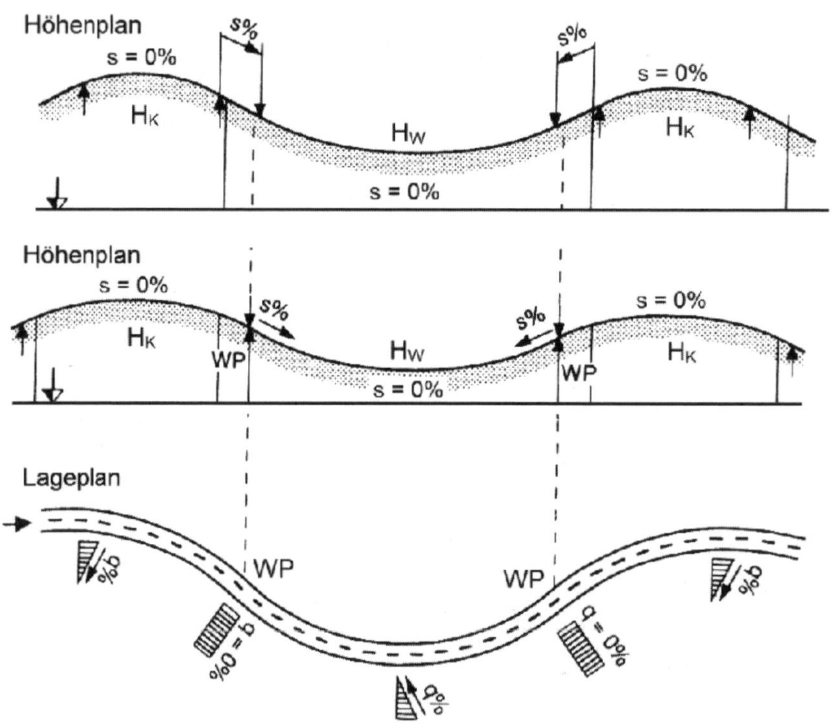

Abb. 3.119: Zuordnung der Elemente in den Lage- und Höhenplänen

Die Elemente im Lageplan und im Höhenplan müssen in einem bestimmten Verhältnis zueinander stehen, d. h., zu großen Radien im Lageplan gehören große Halbmesser im Höhenplan. Bewährt haben sich Verhältnisse R/H möglichst nicht größer als etwa 1/5 bis

1/10. Andererseits kann eine kurvenreiche und unübersichtliche Trasse bei engen Talstraßen durch eine zügige Gradientenführung wesentlich verbessert werden. Die optische Wirkung einer Straße wird immer verbessert, wenn beim Kreisbogen Radius und Länge sowie bei der Gradiente die Halbmesser der Kuppen und Wannen und die Tangentenlängen deutlich größer als die Mindestwerte gewählt werden. Wenn die Gerade als Entwurfselement im Lageplan benutzt wird, so dürfen keinesfalls im Höhenplan mehrere mit knappen Halbmessern ausgerundete Neigungswechsel auftreten, weil für den Fahrer sonst das optische Bild des Flatterns entsteht (Abb. 3.120).

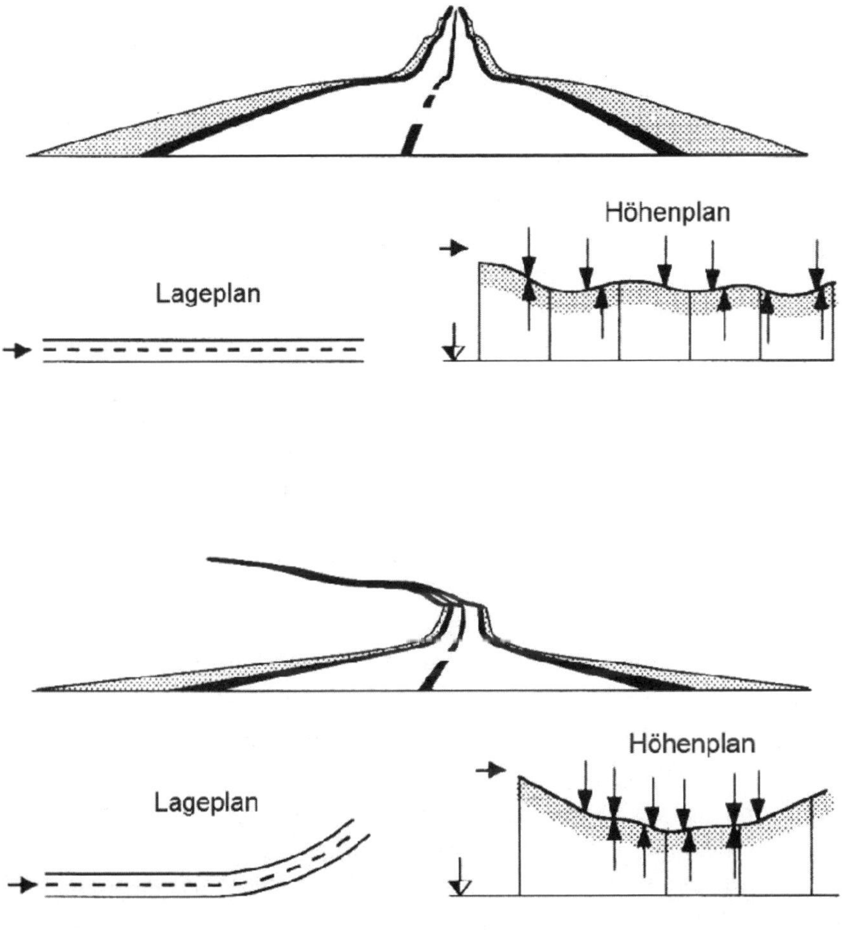

Abb. 3.120: „Flattern" des Fahrbahnbandes in der Geraden und in der Kurve

Große Bedeutung kommt der Lage der Knotenpunkte zu. Die Trassen müssen für jede Fahrtrichtung eine stetige Führung aufweisen und aus jeder Richtung gut erkennbar und übersichtlich sein. Die Übersicht ist dann am besten, wenn der Knotenpunkt in einer Wanne liegt. Gelingt es nicht, diese für beide Straßen herzustellen, so soll wenigstens für eine – möglichst für die Straße mit Wartepflicht – eine gute Übersicht erreicht werden (Abb. 3.121).

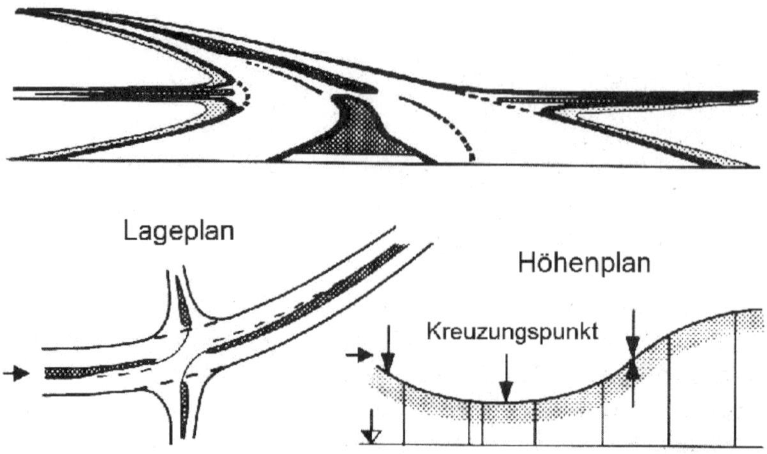

Abb. 3.121: Knotenpunkt in der Wanne

Knotenpunkte auf Kuppen sind für den Fahrer schlecht und sehr spät zu erkennen. Wenn die derartige Lage eines Knotenpunkts nicht zu vermeiden ist, muss durch Beschilderung, Markierung und Bepflanzung eine Verbesserung erreicht werden. Durch Verlängerung der Abbiegestreifen und durch Mittelinseln in den Nebenstraßen kann der Fahrer frühzeitig auf den Knotenpunkt aufmerksam gemacht werden. In allen Fällen, in denen aus dem Lage- und dem Höhenplan die räumliche Führung der Straße nicht eindeutig beurteilt werden kann, sind perspektivische oder andere Untersuchungen notwendig.

Die heute übliche Methode stellt die Berechnung und Darstellung der Perspektiven mit speziellen EDV-Programmen dar. Sie kann in regelmäßigen Abständen entlang der Trasse erfolgen (z. B. in jedem Querprofil). Man ist dadurch in der Lage, eine Vielzahl von Perspektiven aus verschiedenen Blickpunkten entlang der Fahrbahn anzufertigen, was von Hand wegen des großen Arbeitsaufwandes unmöglich wäre. Details für die qualitative Analyse von Lage- und Höhenplan unter gezielter Verwendung berechneter Einzelheiten zur Perspektivbildberechnung und Prüfmethodik enthalten die „Hinweise zur Visualisierung von Entwürfen für außerörtliche Straßen (H ViSt)".

Brückenbauwerke müssen sich in den geschwungenen Verlauf der Straße einpassen. Die früher gängige Lehrmeinung, besonders große Talbrücken aus statischen und herstellungstechnischen Gründen in eine Gerade im Lageplan mit gleichmäßiger Neigung im Höhenplan zu legen, ergab oft eine brettartige Wirkung des Fahrbahnbandes, die optisch in keiner Weise befriedigt. Der Unterschied lässt sich deutlich an den beiden Beispielen der Abb. 3.122 erkennen, wo zum einen die brettartige Wirkung der Brücke infolge der gleichmäßigen Längsneigung zwischen zwei kurzen Wannenausrundungen eine unbefriedigende Raumkurve bewirkt und zum anderen mit der Einbeziehung der Brücke in die Wannenausrundung sich eine optimale Einbindung der Trasse in die Landschaft erreichen lässt.

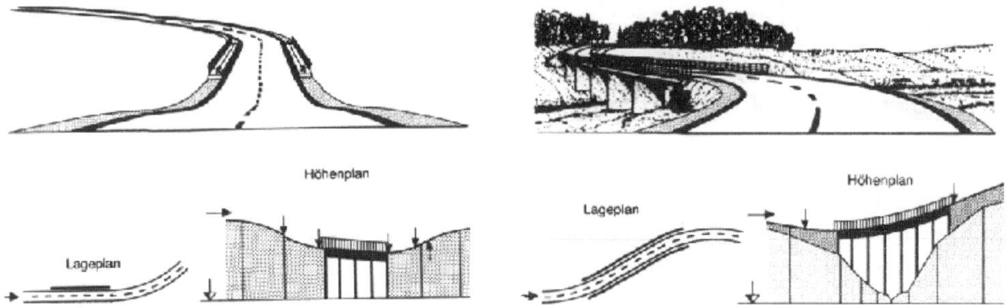

Abb. 3.122: Beispiel für eine nicht gelungene (links) und gelungene (rechts) Einbindung der Trasse mit einem großen Brückenbauwerk in die Landschaft

Sichtschattenbereiche

Diese treten auf, wenn der Verkehrsteilnehmer (Augpunkthöhe h_A = 1,0 m) einen Abschnitt des Fahrbahnverlaufs im vorausliegenden Fahrraum nicht erkennen kann. Die Sichtschattenbereiche sind durch die Sichtschattentiefe s_t und die Sichtschattenlänge s_l charakterisiert (Abb. 3.123). Dabei wird der Bereich bis zum Ende des Sichtschattens von maximal 600 m betrachtet. Hier ist der Sichtschattenbereich besonders kritisch, wenn die Sichtschattentiefe auf einer Länge von mindestens 75 m mehr als 0,75 m ergibt und für Überholvorgänge der Fahrstreifen des Gegenverkehrs benutzt werden muss. Können solche Abschnitte, z. B. wegen der Berücksichtigung von Zwangspunkten, nicht vermieden werden, ist ein Überholverbot anzuordnen.

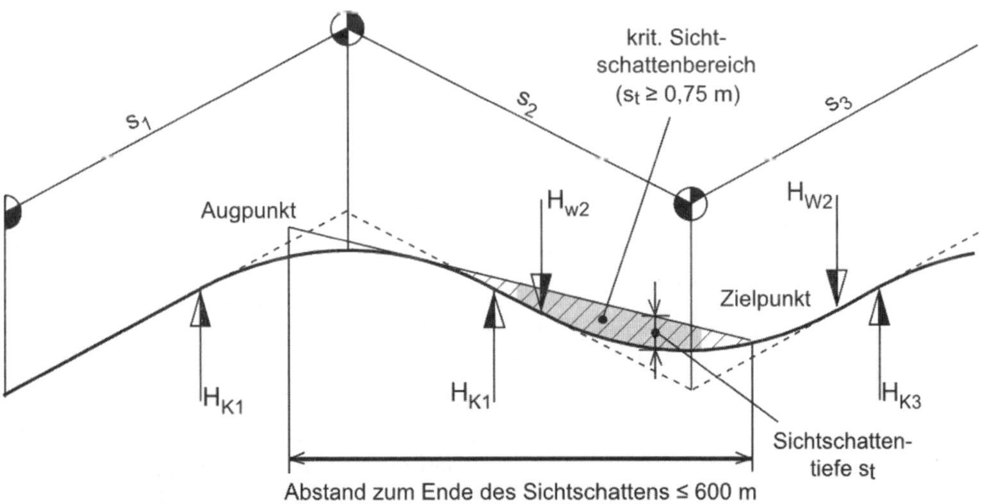

Abb. 3.123: Definition eines kritischen Sichtschattenbereichs

Wegen der Bedeutung, die die räumliche Linienführung für den Straßenbau hat, wird diese Thematik in den RAA und RAL, u. a. auch mit farbigen Perspektivbildern, sehr ausführlich behandelt. Diese Richtlinien sind deswegen bei allen Neu- und Umplanungen zu beachten.

4 Querschnittsgestaltung

4.1 Überblick

Die Straße ermöglicht als ein linienförmiges Objekt mit den Dimensionen der Länge und der Höhe den Verkehr zwischen zwei Orten – s.a. Trassierung Abschn. 3. Dennoch hat auch die Straße wie jeder andere Baukörper eine dritte Dimension – hier in Form der Breite, d. h. des Straßenquerschnitts. Durch den Straßenquerschnitt wird nicht nur der Raum angegeben, der für die Benutzung durch den Verkehr zur Verfügung steht (= Verkehrsraum), sondern es werden darüber hinaus auch die seitlichen und über der Straße erforderlichen Sicherheitsräume, die Entwässerungsmulden, Böschungen und dgl. festgelegt.

Die Gestaltung des Straßenquerschnitts und die Wahl seiner Abmessungen richten sich nach den verkehrlichen, baulichen und wirtschaftlichen Erfordernissen. Außerdem müssen mit besonderem Augenmerk die Belange des Natur- und Landschaftsschutzes, des Städtebaus und des Umweltschutzes berücksichtigt werden. Innerhalb der Ortschaften müssen die Anforderungen, die das städtische Umfeld an den Straßenraum stellt, mit den Erfordernissen des Verkehrs in Einklang gebracht werden. In angebauten Straßen sind Engstellen hinnehmbar, wenn dadurch erhaltenswerte Gebäude oder Bäume geschont werden.

Der Straßenquerschnitt soll im Hinblick auf die zu erwartende Verkehrsmischung, die prognostizierte Verkehrsmenge und die gewählte Bemessungsgeschwindigkeit hinreichend leistungsfähig sein und dabei eine hohe Verkehrssicherheit ermöglichen. Eine getrennte Führung der Kraftfahrzeuge, Radfahrer und Fußgänger ist aus Gründen der Verkehrssicherheit anzustreben.

Eine möglichst gute Verkehrsqualität, häufig auch mit der Forderung nach Sicherheit und Leichtigkeit des Verkehrsflusses umschrieben, bedingt i. d. R. breite Straßenquerschnitte. Im Gegensatz dazu lassen die Knappheit der zur Verfügung stehenden Geldmittel, der Wunsch nach einem sparsamen Umgang mit den natürlichen Ressourcen, d. h. mit den Rohstoffen und mit Grund und Boden, sowie die Schonung von Natur, Landschaft und Umwelt schmälere Straßenquerschnitte als wünschenswert erscheinen. In diesem Spannungsfeld ist die Entwicklung der Straßen- und Autobahnquerschnitte im Spiegel der früheren Richtlinien und Vorschriften zu sehen.

Mit der zunehmenden technischen Reife der Kraftfahrzeuge und den wachsenden Verkehrsmengen seit den 20er und 30er Jahren wurden die Querschnitte immer komfortabler, um die steigenden Forderungen an die Verkehrsqualität zu erfüllen. Diese Tatsache lässt sich anschaulich an der Entwicklung der vierstreifigen deutschen Autobahnquerschnitte aufzeigen, weil hier von Anfang an Abmessungen festgelegt waren (Abb. 4.1). Seit den 70er Jahren zwangen dann steigende Baukosten und knappere Finanzmittel zu Überlegungen, Einsparungen an den Querschnitten vorzunehmen. Dabei sollten an der Leistungsfähigkeit und der Sicherheit möglichst keine Abstriche gemacht werden; vielmehr sollten die Einsparungen ein Mehr an Baulänge ermöglichen. Deshalb unterscheidet man seit 1974 zwischen den großräumigen Autobahnen des Typs RQ 29 bzw. 29,5 und den Regionalautobahnen des Typs RQ 26. Die Vergrößerung der Breiten von RQ 29 auf 29,5 im Jahre 1996 ist durch eine 4+0-Verkehrsführung in Baustellenbereichen begründet. Dieser

Trend hat sich in den RAA (Ausgabe 2008) fortgesetzt. Hier ist in der Entwurfsklasse EKA 1 ein RQ 31 vorgesehen und damit bei einer Fahrbahnbreite von 12,0 m eine 4+0-Verkehrsführung uneingeschränkt möglich, während in der EKA 2 eine solche Verkehrsführung nicht zwingend erforderlich ist und damit ein RQ 28 ausreichend ist.

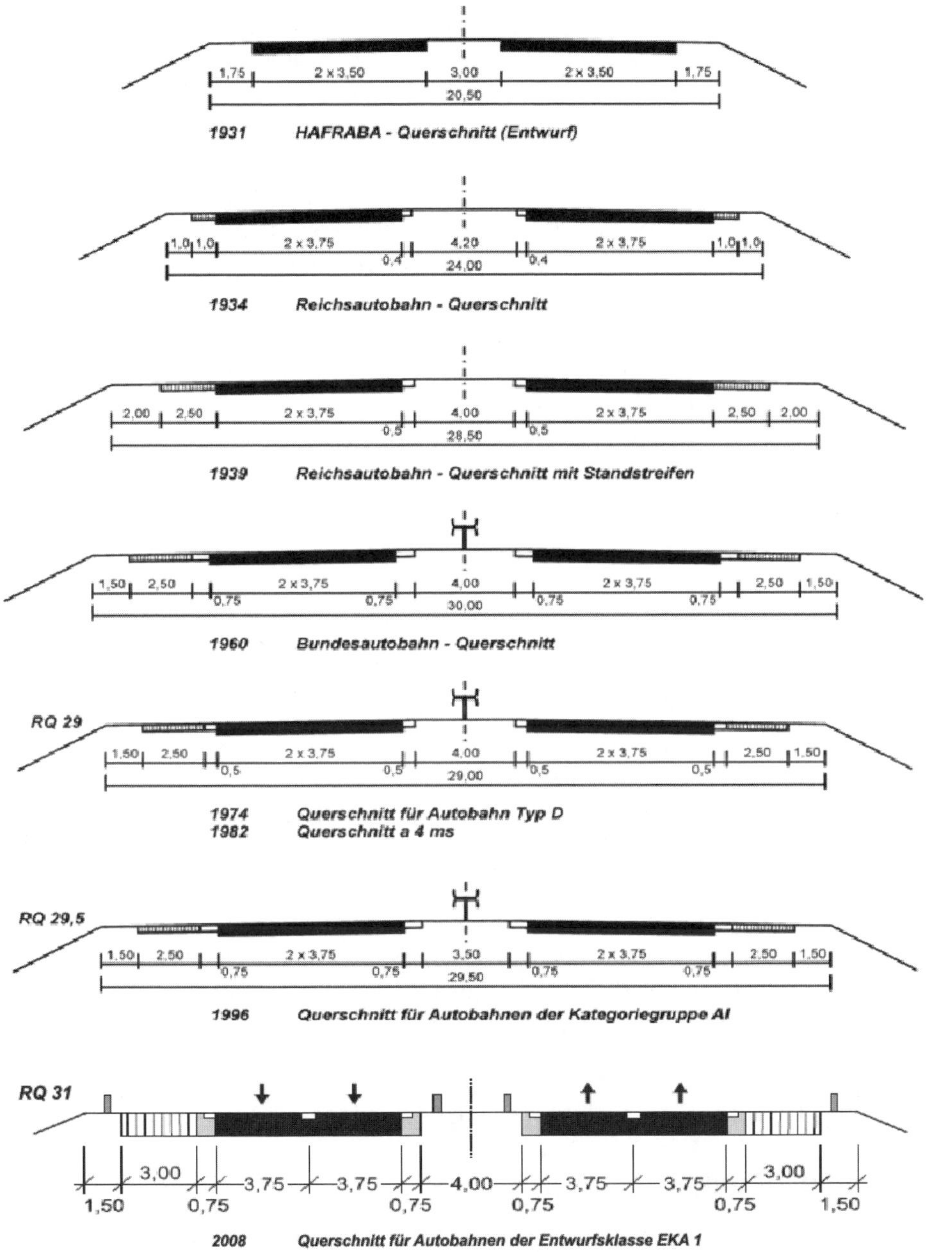

Abb. 4.1: Entwicklung der vierstreifigen deutschen Autobahnquerschnitte

Schwer nachvollziehbare Entwicklungen gab es im Bereich der zweistreifigen Landstraßen. Während die typische weiträumige Bundesstraße seit den Nachkriegsjahren mit 8,50 m breiten Fahrbahnen und beidseitigen 1,50 m breiten Banketten als RQ 11,5 ausgeführt wurde, betrug nach den RAS-Q 1982 die befestigte Breite nur noch 8,00 m, allerdings mit 2 · 2,00 m breiten Banketten. Offensichtlich dachte man daran, bei Nichtbewährung des Querschnitts die Fahrbahn nachträglich seitlich zu verbreitern. In den RAS-Q 96 ist eine nochmalige Verringerung der befestigten Breite auf 7,50 m vorgenommen worden, diesmal mit 1,50 m breiten Banketten. Erst ab einer prognostizierten Verkehrsstärke von mehr als 900 Fz/24 h des Schwerverkehrs kann die bisherige Breite von 8,00 m gewählt werden. Es darf bezweifelt werden, ob diese Maßnahmen angesichts der in der Vergangenheit und auch derzeit noch feststellbaren außerordentlich starken Verkehrszunahme ein geeignetes Mittel zum Sparen im gesamtwirtschaftlichen Sinne darstellen. Immerhin wurde noch in den RAS-Q 1982 wohl nicht unbegründet eine mit abnehmender Breite abnehmende Leistungsfähigkeit der Straßen angenommen. Außerdem wurde die zulässige Breite der Lkw in der Zwischenzeit durch den Gesetzgeber von 2,50 m auf 2,55 m bzw. sogar auf 2,60 m erhöht – vgl. Abschn. 1.4.3 –, und es besteht darüber hinaus seit Jahren die Tendenz zu immer größeren und damit auch breiteren Fahrzeugen.

Ein ungewöhnliches Auf und Ab gab es beim RQ 10,5, der bis 1982 ein häufig verwendeter Querschnitt für mittelstark belastete Landes- bzw. Staatsstraßen war. Im Jahr 1982 wurde er völlig aus dem Katalog der gängigen Querschnitte gestrichen, bis er im Jahr 1996 als wichtigster Querschnitt für Belastungen bis 900 Sfz/24 h wieder aufgenommen wurde.

Im Ergebnis dieser Betrachtungen erscheint mehr denn je der kritische Sachverstand des planenden Ingenieurs gefragt, der Richtlinien nicht als sakrosankt erachtet, sondern als Leitlinien, die für eine technische Fragestellung unter einer Vielzahl möglicher Alternativen eine Auswahl von Vorschlägen bieten.

Gab es ursprünglich verschiedene Richtlinien für Autobahnen, Land- und Stadtstraßen, so wurden diese 1974 zu zwei und 1982 zu nur noch einer Richtlinie RAS-Q 82 zusammengefasst, die mit der RAS-Q 96 fortgesetzt wurde. Dazwischen folgten 1985 mit dem Erscheinen der EAE und 1993 mit den EAHV Regelwerke für innerörtliche Straßen. Diese „Empfehlungen" sind zwischenzeitlich durch die RASt 06 ersetzt worden. Ebenso haben für den Bereich der Landstraßen die RAL (Ausgabe 2012) die RAS-Q 96 ersetzt. Hier kommen für die „höheren" Entwurfsklassen EKL 1 und EKL 2 grundsätzlich einbahnige Querschnitte mit drei Fahrstreifen (2+1-Querschnitte) zum Einsatz sowie in der Entwurfsklasse EKL 3 vernünftigerweise ein RQ 11 mit 8,00 m Fahrbahnbreite.

4.2 Querschnitte der anbaufreien Straßen

4.2.1 Vorbemerkung

Die folgenden Ausführungen über die Querschnitte der anbaufreien Straßen beziehen sich auf die RAA, Ausgabe 2008, die RAL, Ausgabe 2012, sowie die RASt 06. Gemäß Abb. 2.7 werden damit die Kategoriengruppen AS, LS und VS komplett abgedeckt. Danach gelten für zweibahnige Straßen, so Autobahnen wie Stadtautobahnen, ausschließlich die RAA. Kurze zweibahnige Straßenabschnitte bis etwa 15 km Länge können auch nach den RAL behandelt werden. Umgekehrt sind aber kurze zweibahnige Landstraßen mit mehr als 30.000 Kfz/24 h nach den RAA zu planen. Für einbahnige anbaufreie Straßen sind die RAL maßgebend.

Für die Wirtschaftswege bzw. öffentliche Feld- und Waldwege, die grundsätzlich keiner Kategoriengruppe bzw. Entwurfsklasse nach den RIN zugeordnet sind, gelten die Richtlinien für den ländlichen Wegebau (RLW) [12].

4.2.2 Grundmaße und Bestandteile des Straßenquerschnitts

4.2.2.1 Bemessungsfahrzeug und Fahrraum

Im Rahmen der europäischen Harmonisierung wurde die zulässige Breite des Einzelfahrzeugs auf 2,55 m, in Sonderfällen auf 2,60 m angehoben (vgl. Abschn. 1.4.3). Diese Breitenmaße bilden die Grundlage für die Querschnitte der anbaufreien Straßen. Die Höhe des Bemessungsfahrzeugs beträgt 4,00 m.

Der Verkehrsraum für den Kraftfahrzeugverkehr umfasst den vom Bemessungsfahrzeug eingenommenen Raum, die Bewegungsspielräume zur Seite und nach oben und die Räume über den Randstreifen bzw. befahrbaren Entwässerungsrinnen und ggf. über den Seitenstreifen.

Der lichte Raum setzt sich aus dem Verkehrsraum und den Sicherheitsräumen zur Seite und nach oben zusammen.

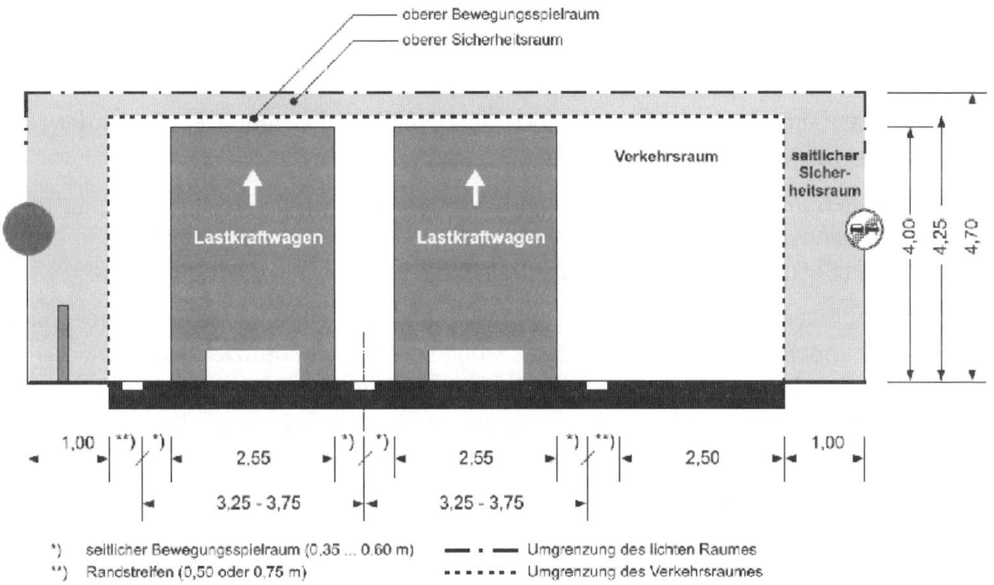

Abb. 4.2: Bestandteile des Straßenquerschnitts bei Autobahnen

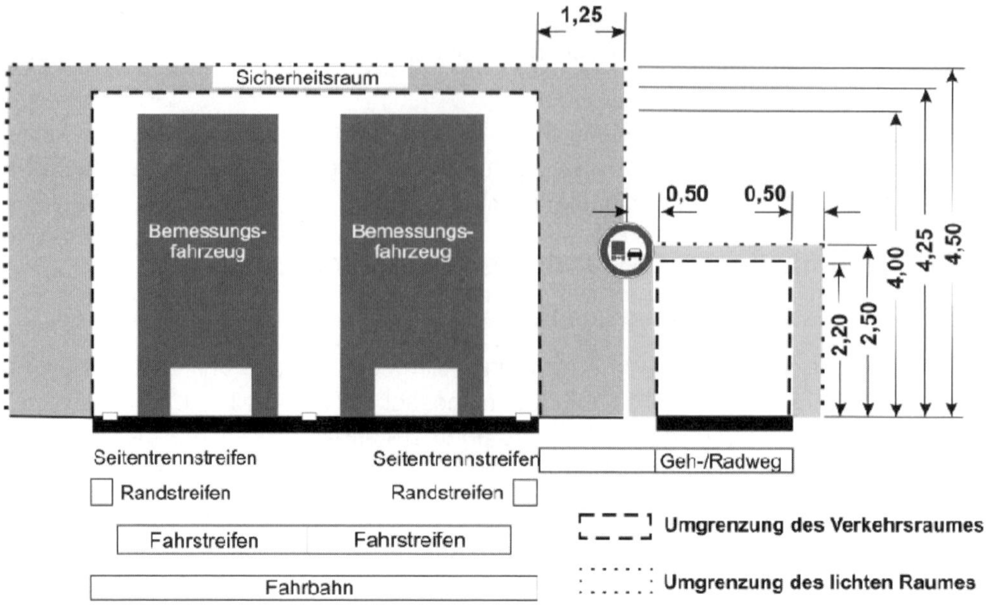

Abb. 4.3: Bestandteile des Straßenquerschnitts bei Landstraßen

4.2.2.2 Fahrstreifen

Die Breite des Bemessungsfahrzeugs und der seitlichen Bewegungsspielräume ergeben zusammen die Breite des Fahrstreifens, d. h. diejenige Breite, die für ein Kraftfahrzeug zur Verfügung steht. Der Fahrstreifen wird oft noch fälschlicherweise als Fahrspur bezeichnet. Im Verkehrswesen bedeutet „Spur" jedoch sinngemäß „Reifenspur": Ein Pkw oder Lkw erzeugt zwei Spuren, ein Motorrad nur eine.

Ein Fahrstreifen vermag je nach Straßenart, Verkehrsmischung, Längsneigung und den sonst herrschenden Umständen eine bestimmte Verkehrsmenge zu bewältigen. In erster Linie bestimmt somit die Anzahl der Fahrstreifen die Leistungsfähigkeit der Straße.

An Knotenpunkten werden je nach Erfordernis Zusatzfahrstreifen für die Links-, aber auch für die Rechtsabbieger angelegt. In diesem Sinne sollen auch Zusatzfahrstreifen (= Langsamfahrstreifen, früher Kriechspuren) an langen und großen Steigungen der Abnahme der Reisegeschwindigkeit infolge des Einflusses der langsamen Fahrzeuge entgegenwirken und somit die Qualität des Verkehrsflusses gewährleisten (s. Abschn. 4.3).

4.2.2.3 Randstreifen

Randstreifen dienen als seitliche Widerlager dazu, dass durch das Befahren der äußeren Fahrstreifen bis hin zu den Rändern möglichst keine Verdrückungen in der Befestigung hervorgerufen werden. Nach der Straßenverkehrsordnung sollen die durchgehenden Randlinien nicht überfahren werden. Auf den Randstreifen werden die Markierungen auf den zu den Fahrstreifen hin gelegenen Seiten aufgetragen; die verbleibenden Restflächen werden als Sauberkeitsstreifen bezeichnet.

Anstelle von Randstreifen, die ja üblicherweise aus dem gleichen Material wie die Fahrbahn bestehen, können bei Bedarf Entwässerungsrinnen aus Pflaster oder Betonfertigteilen neben Hochborden oder sogenannten Spitzrinnen angeordnet werden. Entscheidend bleiben dabei die Funktionen der seitlichen Stütze der Fahrbahn, der optischen Abgrenzung und der Befahrbarkeit in Notfällen.

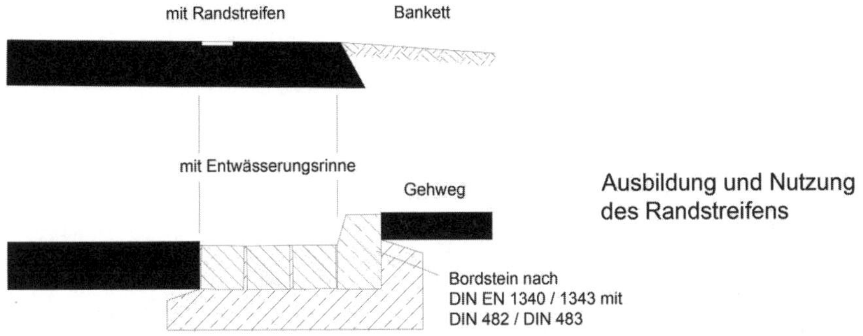

Abb. 4.4: Ausbildung des Randstreifens

Bei einbahnigen Straßen sind die Randstreifen 0,50 m bis 0,75 m breit. Pflasterrinnen aus Großpflastersteinen werden ungefähr als Vielfaches von 0,17 m hergestellt. So ist z. B. ein „Dreizeiler" neben einem Hochbord 0,50 m breit.

Außerhalb der Ortsdurchfahrten werden Hochborde nur ausnahmsweise angeordnet, wie z. B. in Wasserschutzgebieten, denn dadurch wird das Oberflächenwasser gebündelt und muss in eigenen Entwässerungsleitungen abgeführt werden. Weiterhin verursacht die Abgrenzung durch Rinnen und Borde zusätzliche Verkehrsgefahren und Kosten. Wenn dennoch Bordsteine verwendet werden, beträgt ihre Höhe meistens 0,12 m. Vor Schutzplanken sollen Borde nicht höher als 0,07 m sein, weil hohe Borde bei hohen Geschwindigkeiten für von der Fahrbahn abkommende Fahrzeuge wie eine „Sprungschanze" wirken können. Überquerungsstellen für Fußgänger und Radfahrer werden im Außerortbereich möglichst ohne Bord ausgebildet.

Straßen der Entwurfsklasse EKL 4 mit einem Regelquerschnitt RQ 9 besitzen keine Leitlinie, sondern beidseits einen 0,50 m breiten Randstreifen. Damit ist beabsichtigt, dass der Verkehr sich in der Regel in der Fahrbahnmitte fortbewegt. Bei Gegenverkehr, der aufgrund des Verkehrsaufkommens nicht so häufig vorkommt, wird bewusst in Kauf genommen, dass dann beide Verkehrsteilnehmer auf die Randstreifen ausweichen.

Zweibahnige Straßen mit Mittelstreifen erhalten bei der EKA 1 neben dem linken Fahrstreifen einen Randstreifen von 0,75 m Breite und neben dem rechten Fahrstreifen einen solchen von 0,50 m Breite. Beim RQ 31 sind die Randstreifen ausnahmsweise beidseits 0,75 m breit. Damit kann dort im Baustellenbereich bei Sperrung einer Fahrbahn eine behelfsmäßige „4 + 0-Verkehrsführung" eingerichtet werden. Die 0,75 m breiten Randstreifen sind vorteilhaft wegen der größeren Sichtweite entlang des bepflanzten Mittelstreifens in Linkskurven.

Zweibahnige Straßen mit Mittelstreifen erhalten bei den Entwurfsklassen EKA 2 und EKA 3 neben den äußeren Fahrstreifen jeweils einen Randstreifen mit 0,50 m Breite. Grundsätzlich wird bei allen zweibahnigen Straßen im Mittelstreifen die Entwässerungsrinne neben dem Randstreifen zu Lasten der Breite des Mittelstreifens angelegt.

4.2.2.4 Seitenstreifen (Standstreifen)

Bei Autobahnen mit starkem Verkehrsaufkommen kann bereits ein einzelnes Fahrzeug, das aufgrund eines Schadens liegengeblieben ist, zu einer Überlastung des verbliebenen Fahrstreifens und damit zum Zusammenbruch des Verkehrsflusses führen. Deswegen werden für diese oder ähnliche Notfälle Standstreifen (Seitenstreifen) angefügt, die ein Anhalten auch ohne Behinderung des fließenden Verkehrs ermöglichen. Aber auch bei Unfällen oder bei einer Verengung der Fahrbahn durch eine Bau- oder Arbeitsstelle erleichtert ein Standstreifen die provisorische Verkehrsführung. Außerdem bieten Standstreifen den Fahrzeugen des Betriebsdienstes Raum zum Aufstellen, ohne dass der fließende Verkehr nennenswert behindert wird.

Für das Abstellen von Lastkraftwagen ist eine Standstreifenbreite von mindestens 2,50 m erforderlich. Diese Breite wird deshalb für Autobahnen der EKA 1 und EKA 2 zugrunde gelegt. Für das Abstellen eines Personenkraftwagens reicht eine Seitenstreifenbreite von 2,00 m aus. Dieses Maß wird für Autobahnen der EKA 3 zugrunde gelegt.

Standstreifen sind also aus Gründen der Verkehrssicherheit und des Betriebsdienstes unabdingbarer Bestandteil von Autobahnquerschnitten. Um sie bei Verkehrsführungen im Zuge der oben genannten Ereignisse auch durch den schweren Lkw-Verkehr nutzen zu können, sollen sie mit der gleichen konstruktiven Befestigung hergestellt werden wie die Fahrstreifen.

Beim vierstreifigen Querschnitt der EKA 1 (RQ 31) wird die für eine 4+0-Verkehrsführung in Arbeitsstellen erforderliche Breite der befestigten Fläche so verteilt, dass der Seitenstreifen mit einer Breite von 3,00 m neben einem 0,75 m breiten Randstreifen bei hohem Verkehrsaufkommen zeitlich begrenzt als Fahrstreifen genutzt werden kann.

Bei überlasteten Autobahnen der EKA 1 kann durch eine Umnutzung des Standstreifens (Seitenstreifens) zu einem weiteren Fahrstreifen eine zeitlich befristete (tageszeitlich beschränkte) Kapazitätserhöhung realisiert werden, wenn ständig Staus oder schwere Verkehrsstörungen auftreten, die häufig Auffahrunfälle nach sich ziehen. Voraussetzung hierfür ist, dass z. B. bei zweistreifigen Richtungsfahrbahnen die durchschnittliche tägliche Verkehrsmenge (DTV) mindestens 65.000 Kfz/24 h beträgt und auf dem betrachteten Abschnitt der Verkehrsablauf nach dem Handbuch für Straßenbau (HBS) [13] in mehr als 30 Stunden im Jahr die Qualitätsstufe D nicht erreicht. Für Pannenfahrzeuge sind dann außerhalb der durchgehenden Fahrstreifen 80 m lange Nothaltebuchten (einschließlich der Verziehungen), die in der Regel mit Notrufsäulen ausgestattet sind, in einem Abstand von maximal 1.000 m erforderlich. Weitere zu beachtende Aspekte für die Umnutzung von Seitenstreifen (Standstreifen) sind in den RAA (Ziff. 8.8) enthalten. Die Nothaltebuchten sollten einschließlich Randstreifen eine Breite von 3,00 m haben.

Um auch bei den Regelquerschnitten RQ 21 und RQ 15,5 der RAL einen Nothalt ohne wesentliche Behinderung des Verkehrsflusses zu ermöglichen, sind bei Strecken, die als Kraftfahrtstraßen mit planfreien Knotenpunkten betrieben werden, beidseits Nothaltebuchten von 2,50 m Breite und 50 m Länge in Abständen von 500 m bis 1.000 m vorzusehen.

4.2.2.5 Mittel- und Trennstreifen

Trennstreifen sind zweckmäßig, um die Verkehrsräume für die unterschiedlichen Verkehrsarten oder Richtungen voneinander abzurücken und somit die Sicherheit des Gesamtverkehrs zu erhöhen. Seitentrennstreifen schaffen zwischen gleichgerichteten Verkehrsströmen Abstand. Die Mindestbreite der Trennstreifen richtet sich nach dem notwendigen seitlichen Sicherheitsraum (Abschn. 4.2.2.8).

Mittelstreifen dienen der baulichen Trennung von entgegengesetzt befahrenen Richtungsfahrbahnen zweibahniger Straßen. Die Regelbreite von Mittelstreifen hängt von der Bedeutung der Straße ab und beträgt je nach Kategoriengruppe zwischen 2,50 m und 4,00 m. Eine weitere Verringerung der Mittelstreifenbreite bis auf 1,75 m und weniger ist möglich, wenn Betonschutzwände oder dgl. verwendet werden. Vorhandene überbreite Straßen können so in einen vierstreifigen Querschnitt umgewandelt werden, wenn sie 15,00 m oder breiter sind.

Verkehrstechnische Mittelstreifen trennen bei einbahnigen Straßen die Fahrtrichtungen auf einer Fahrbahn. Sie sind 1,00 m breit und sollen durch eine Sperrflächenmarkierung oder eine auffällige Oberflächengestaltung (evtl. in Farbe) hervorgehoben werden. Dabei kann die Trennung der Fahrtrichtungen durch den Einbau weiterer verkehrstechnischer Einrichtungen wie etwa 4 bis 6 cm hoher Schwellen, die im Notfall überfahrbar sind, unterstützt werden.

Aus Umweltgründen, aber auch wegen des Blendschutzes, sind die Mittelstreifen nach Möglichkeit zu bepflanzen. Neben der Richtungstrennung haben die Mittelstreifen die Aufgabe, Brückenpfeiler, Masten, Stützen oder Schilderbrücken usw. aufzunehmen. Distanzschutzplanken im Mittelstreifen sichern den Verkehr gegen von der Fahrbahn abkommende Fahrzeuge. Falls erforderlich, werden auch Lärmschutzwände oder Blendschutzzäune im Mittelstreifen errichtet. Dabei muss jedoch die erforderliche Haltesichtweite gewährleistet bleiben, sodass der Mittelstreifen in engen Kurven u. U. breiter auszubilden ist. Maßangaben hierzu können den RAA entnommen werden, lassen sich jedoch auch leicht selbst errechnen (vgl. Abschn. 3.5.2.1).

Eine Verbreiterung des Mittelstreifens auf 5,00 m oder 5,25 m kann erfolgen, um bei zweibahnigen Straßen mit Linksabbiegestreifen ein häufiges Verziehen des Mittelstreifens zu vermeiden. Dann lassen sich die Linksabbiegestreifen im Mittelstreifen unterbringen. Ebenso können überbreite Mittelstreifen oder gestaffelte Richtungsfahrbahnen zur Aufnahme von Fußgängern, zur Berücksichtigung von Umweltbelangen oder wegen besonderer örtlicher Gegebenheiten in Betracht kommen.

Um den durchgehenden Verkehr von einer Nebenfahrbahn oder von Rad- und Gehwegen zu trennen, werden Seitentrennstreifen angeordnet. Die Regelbreite geht aus Abb. 4.9 hervor.

Es ist aus Gründen des Landschaftsbildes und der Akzeptanz des Rad- und Gehweges anzustreben, dass der Seitentrennstreifen bepflanzt wird. Aus gestalterischen Gründen und um eine ausreichende Pflanztiefe zu gewährleisten, kann der Seitentrennstreifen in geeigneten Fällen auch breiter ausgebildet werden.

4.2.2.6 Bankette (unbefestigte Seitenstreifen)

An den äußeren Rändern der Straßenkrone befinden sich die Bankette. Ihre Aufgabe besteht darin, der befestigten Fahrbahn einen seitlichen Halt zu geben, Leiteinrichtungen und Verkehrsschilder aufzunehmen und im Winter für den von der Straße abgeräumten Schnee Platz zu bieten. Bei fehlenden Gehwegen ist hier Raum für Fußgänger und für die Arbeiten der Straßenunterhaltung.

Aus Gründen der Verkehrssicherheit für abkommende Fahrzeuge und zur Nutzung als Arbeitsraum für den Betriebsdienst sind Bankette standfest auszubilden. Sie sind in der Regel 1,50 m breit, jedoch mit folgenden Besonderheiten:

- Im Einschnitt oder am Fuß von Lärmschutzwällen kann die Breite von Banketten neben Mulden um 0,50 m verringert werden. Voraussetzung ist, dass die erforderliche Haltesichtweite nicht unterschritten wird und dass das Bankett dann wenigstens 1,00 m breit ist. Diese Einsparungsmöglichkeit wird in der Praxis häufig in Anspruch genommen.
- Bankette neben Rad- und Gehwegen haben eine Breite von mindestens 0,50 m.

Zwischen dem Bankett und der von der Straße aufsteigenden Böschung werden nach den REwS Entwässerungsmulden in einer Breite zwischen 1,00 m und 2,50 m angelegt. Mulden – i. d. R. Rasenmulden – werden im Gegensatz zu den Straßengräben flacher ausgebildet und führen nicht ständig Wasser. Als Regelbreite für Mulden gilt eine solche von 2,00 m.

4.2.2.7 Gehwege und Radwege

Der Fahrradverkehr gewinnt zunehmend an Bedeutung, weil er umweltfreundlich ist, keine Energiekosten verursacht, auf Kurzstrecken dem Kfz-Verkehr überlegen ist, nur geringe Abstellflächen erfordert und sein sportlicher und gesundheitsfördernder Wert immer mehr erkannt wird.

An Straßen der Kategoriengruppe LS werden Rad-/Gehwege im Regelfall auf einer Straßenseite angelegt. Sie werden 2,50 m breit ausgebildet, diese Breite gilt auch auf Brücken. Ihre Lage soll sich der natürlichen Geländeform anpassen, wobei sich unterschiedliche Abstände zum Fahrbahnrand ergeben können. Der seitliche Trennstreifen zur Fahrbahn muss mindestens 1,75 m breit sein. Gemeinsame Geh- und Radwege mit mindestens 1,75 m breitem seitlichen Abstand (Seitentrennstreifen) zur Hauptfahrbahn stellen die Regellösung für die überörtlichen Straßen dar. Die Bankette neben Rad-/Gehwegen sind 0,50 m breit (Abb. 4.5).

a) außerhalb des Entwässerungsbereichs b) mit Trennstreifen

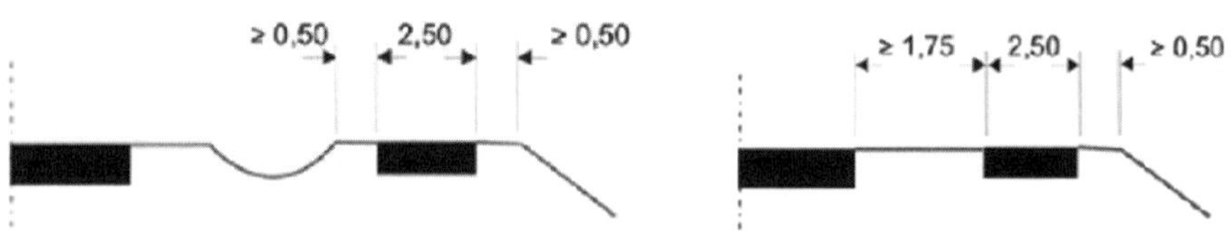

Abb. 4.5: Gemeinsame Geh- und Radwege außerorts

alle Abmessungen in m

Auf der Fahrbahn von Straßen der Entwurfsklassen EKL 1 und EKL 2 soll der nicht motorisierte Verkehr ausgeschlossen werden. D. h., der Fußgänger- und Radverkehr ist grundsätzlich straßenunabhängig auf gesonderten Wegen oder fahrbahnbegleitend zu führen. Für die Verkehrstrennung gelangen Radfahrstreifen, Radwege, gemeinsame Geh- und Radwege (Abb. 4.5) sowie Gehwege zur Ausführung.

Sofern sich bei Straßen der Entwurfsklasse EKL 3 im Rahmen der Netzplanung ergibt, dass an einem Straßenabschnitt ein regelmäßiger Bedarf für eine Verbindung des Rad- oder Fußgängerverkehrs besteht, soll bei Verkehrsstärken ab 2.500 Kfz/24 h aus Gründen der Verkehrssicherheit geprüft werden, ob unter Berücksichtigung der Kfz-Verkehrsstärke sowie der Stärke des nicht motorisierten Verkehrs eine gesonderte Führung über einen fahrbahnbegleitenden Gemeinsamen Geh- und Radweg erforderlich ist. Das gilt auch dann, wenn nur mit Radfahrern im Freizeit-, Wochenend- und Erholungsverkehr zu rechnen ist.

In der Abb. 4.6 sind Anhaltswerte für eine solche Prüfung enthalten. Bei Kfz-Belastungen über 10.000 Kfz/24 h sollte aus Sicherheitsgründen auf regelmäßig fahrbahnbegleitende Gemeinsame Geh- und Radwege nicht verzichtet werden. Weiterhin sind Radwege bei der Querschnittsgestaltung zu berücksichtigen, wenn gesicherte Radwegnetzkonzeptionen bestehen und die Ausbaustrecke Bestandteil eines geplanten Radwegnetzes ist.

Kfz-Verkehr (Kfz/24 h)	2.500–4.000	4.000–7.000	7.000–10.000
Rad- und Fußgängerverkehr (R und F/24 h)	> 200	> 100	> 50

Abb. 4.6: Anhaltswerte für die Notwendigkeit eines Gemeinsamen Geh- und Radweges an Straßen der EKL 3

Für die Trassierung von selbstständig geführten Radwegen sind unter Berücksichtigung der Geschwindigkeit die in Abb. 4.7 enthaltenen Parameter einzuhalten. Sind Steigungsstrecken bei Rampen länger als 250 m, beträgt die Längsneigung max. 3 %. Ansonsten gelten für Rampenlängen bis 250 m max. 4 %, bis 120 m max. 5 %, bis 65 m max. 6 % und bis 20 m max. 10 % Steigung.

Geschwindigkeit (km/h)	Mindestkurvenradius R_{min} (m)		Kuppenhalbmesser min H_K (m)	Wannenhalbmesser min H_W (m)	Anhalteweg bei nasser Oberfläche (m)
	Asphalt/ Beton	ungebundene Decken			
20	10	15	40	25	15
30	20	35	80	50	25
40	30	70	150	100	40

Abb. 4.7: Radien und Anhaltewege bei selbstständig geführten Radwegen

4.2.2.8 Verkehrsraum

Die Summe aus der Breite der Fahrstreifen, der Randstreifen bzw. Entwässerungsrinnen und gegebenenfalls der Standstreifen, d. h. aller ständig oder im Notfall befahrenen befestigten Teile der Fahrbahn, wird als Verkehrsraum bezeichnet. Die Grundmaße für Verkehrsräume beim Begegnen, Nebeneinanderfahren und Vorbeifahren an stehenden Fahrzeugen ergeben sich durch Addieren der Fahrzeugbreiten und Bewegungsspielräume, die aus den Abb. 4.2, 4.3 und 4.8 ersichtlich sind.

Die Höhe des Verkehrsraumes beträgt für Kraftfahrzeuge 4,25 m, für Fußgänger und Radfahrer jeweils 2,20 m.

4.2.2.9 Lichter Raum

Ähnlich dem Regellichtraum der Eisenbahn muss auch für Straßen der sogenannte lichte Raum von festen Hindernissen freigehalten werden. Für den Straßenquerschnitt besteht er aus dem Verkehrsraum zuzüglich dem seitlichen und dem oberen Sicherheitsraum.

Verkehrsart	Ausgangsmaß in der Breite (m)	seitliche Bewegungsspielräume (m)	Breite seitlicher Sicherheitsraum (m)	Ausgangsmaß in der Höhe (m)	oberer Bewegungsspielraum (m)	Höhe oberer Sicherheitsraum (m)	Höhe Lichtraum (m)
Kfz-Verkehr	2,55	zus. 0,70[1]	1,25[2]	4,00	0,25	0,25	4,50
Radverkehr	0,60	0,20	0,50	2,20		0,30	2,50
Fußgänger	0,75		(0,50)	2,20		0,30	2,50

1) 0,95 m bei regelmäßigem Befahren des Fahrstreifens mit Schwerverkehr und 1,20 m bei EKA 1

2) Verringerung um 0,25 m neben Seitenstreifen, Mittelstreifen und Hochborden

Abb. 4.8: Regelmaße des Lichtraums

Die Regelmaße des Lichtraums sind für die verschiedenen Verkehrsarten in Abb. 4.8 enthalten. Für den Kfz-Verkehr empfiehlt sich hierbei eine Vergrößerung auf 4,70 m, um eine Erneuerung des Oberbaus der Straße im Hocheinbau zu ermöglichen (vgl. Abb. 4.2).

Für Omnibusse sind die „Empfehlungen für Anlagen des öffentlichen Personennahverkehrs (EAÖ)" [14] der FGSV zu beachten.

Die Regelmaße des Lichtraums nach den RAA sind in Abb. 4.2 dargestellt. Zu den Maßen des Verkehrsraums sind die entsprechenden Sicherheitsabstände zu addieren. Der obere Sicherheitsraum beträgt 0,45 m, sodass sich bei Autobahnen – abweichend von Abb. 4.8 – eine lichte Höhe von 4,70 m ergibt. In diesem Maß ist ein Zuschlag von 0,20 m enthalten, um eine Erneuerung des Oberbaus im Hocheinbau zu ermöglichen.

Pfosten (Durchmesser ≤ 76 mm) von Verkehrszeichen und -einrichtungen dürfen so aufgestellt werden, dass ihre Mittelachse mit der Grenze des lichten Raumes zusammenfällt. Schutzeinrichtungen und leicht verformbare Teile von Verkehrseinrichtungen dürfen bis zu 0,50 m an den Verkehrsraum heranreichen. An zweibahnigen Straßen kann der seitliche Sicherheitsraum bis zu den passiven Schutzeinrichtungen, d. h. neben Schutzplanken oder Betongleitwänden, sogar bis auf 0,25 m verringert werden, wenn bei beengten Verhältnissen nur dadurch die bauliche Richtungstrennung hergestellt werden kann.

In den seitlichen Sicherheitsraum dürfen Hochborde bis zu 0,15 m Höhe, im Tunnel sogar bis 0,25 m Höhe hineinragen.

Für den Radverkehr beträgt der seitliche Sicherheitsraum 0,50 m. Verkehrszeichen und sonstige Verkehrseinrichtungen dürfen bis an die Grenze des Verkehrsraumes reichen.

Fußgänger benötigen neben ihrem Verkehrsraum keine eigenen seitlichen Sicherheitsräume. Für Gehwege, die unmittelbar an andere Verkehrswege angrenzen, wird die Breite aus der Summe des Verkehrsraumes für Fußgänger und des Sicherheitsraumes des angrenzenden Verkehrsraumes festgelegt.

Wenn Streifen für verschiedene Verkehrsarten zu einem Gesamtquerschnitt zusammengefügt werden, dürfen sich die seitlichen Sicherheitsräume, die den einzelnen Verkehrsräumen zugeordnet sind, überschneiden. Als Abstand zwischen zwei Verkehrsräumen ist dann der jeweils größere seitliche Sicherheitsraum maßgebend.

4.2.3 Regelquerschnitte

Aus den verschiedenen Bestandteilen (Fahrstreifen, Randstreifen, Trennstreifen usw.) werden die Straßenquerschnitte (Regelquerschnitte) gebildet. In Abhängigkeit von der Funktion, der Belastung und der Bemessungsgeschwindigkeit der Straße werden die Breiten der einzelnen Elemente ausgewählt und zu einem Gesamtquerschnitt zusammengefügt (Abb. 4.9).

Regel-querschnitt	Anzahl der Fahrstreifen	Breite					
		Fahrstreifen (m)	Randstreifen (m)	Mittelstreifen (m)	Standstreifen (m)	Bankette (m)	Seitentrennstreifen (m)
1	2	3	4	5	6	7	8
RQ 43,5	8	3,75/3,50	0,75/0,50	4,00	2,50	1,50	3,00
RQ 36	6	3,75/3,50	0,75/0,50	4,00	2,50		3,00
RQ 31	4	3,75	0,75	4,00	3,00		3,00
RQ 28	4	3,50	0,50	4,00	2,50		3,00
RQ 38,5	8	3,50/3,25	0,50	2,50[1)]	2,00		3,00
RQ 31,5	6	3,50/3,25	0,50	2,50[1)]	2,00		3,00
RQ 25	4	3,50/3,25	0,50	2,50[1)]	2,00		3,00
RQ 21	4	3,50/3,25	0,50	2,50[1)]			1,75
RQ15,5	2+1	3,50/3,25	0,75/0,50	1,00[2)]			1,75
RQ 11,5	2	3,50	0,50	0,50[3)]			1,75
RQ 11	2	3,50	0,50	–			1,75
RQ 9	2	5,00[4)]	0,50	–			1,75

1) Bei Einbauten (z. B. Brückenpfeiler) ist der Mittelstreifen zu verbreitern.

2) Doppelstrichmarkierung mit Schrägstrichen zur Trennung der Fahrstreifen.

3) Doppelstrichmarkierung zur Trennung der Fahrstreifen.

4) Einbahniger Querschnitt ohne Markierung in der Mitte zur Trennung der beiden Fahrtrichtungen.

Abb. 4.9: Breite der Bestandteile des Straßenquerschnitts

Von den in Abb. 4.9 zusammengestellten Straßenquerschnitten stammen sieben aus den RAA und fünf aus den RAL. Die RAA enthalten dabei innerhalb der jeweiligen Entwurfsklassen für vier-, sechs-, oder achtstreifige Autobahnen jeweils nur einen Regelquerschnitt. Damit ist eine einheitliche Gestaltung von Autobahnen gewährleistet. Gleiches gilt für die RAL. Auch hier ist im Prinzip jeder Entwurfsklasse ein Regelquerschnitt zugeordnet.

Abweichungen von den Regelquerschnitten sind zur Berücksichtigung örtlicher Gegebenheiten möglich, sie sind jedoch stets zu begründen.

Leistungsfähigkeit, Reisegeschwindigkeit und Verkehrssicherheit einer Straße hängen wesentlich von der Art und Breite des gewählten Querschnitts ab, wobei allerdings auch andere Einflussfaktoren eine Rolle spielen. Zu erwähnen sind in diesem Zusammenhang die Linienführung im Lage- und Höhenplan, die Querneigung, die Sicht-, Licht- und Witterungsverhältnisse, die Verkehrsmischung oder die Art und Griffigkeit der Straßenoberfläche. Es genügt somit nicht, zur Verbesserung der Verkehrsqualität nur den Querschnitt zu verbreitern, wenn etwa die Linienführung der Straße nach wie vor mangelhaft ist. Ein Straßenentwurf ist stets als Ganzes zu sehen, dessen Einzelheiten aufeinander abgestimmt sein müssen.

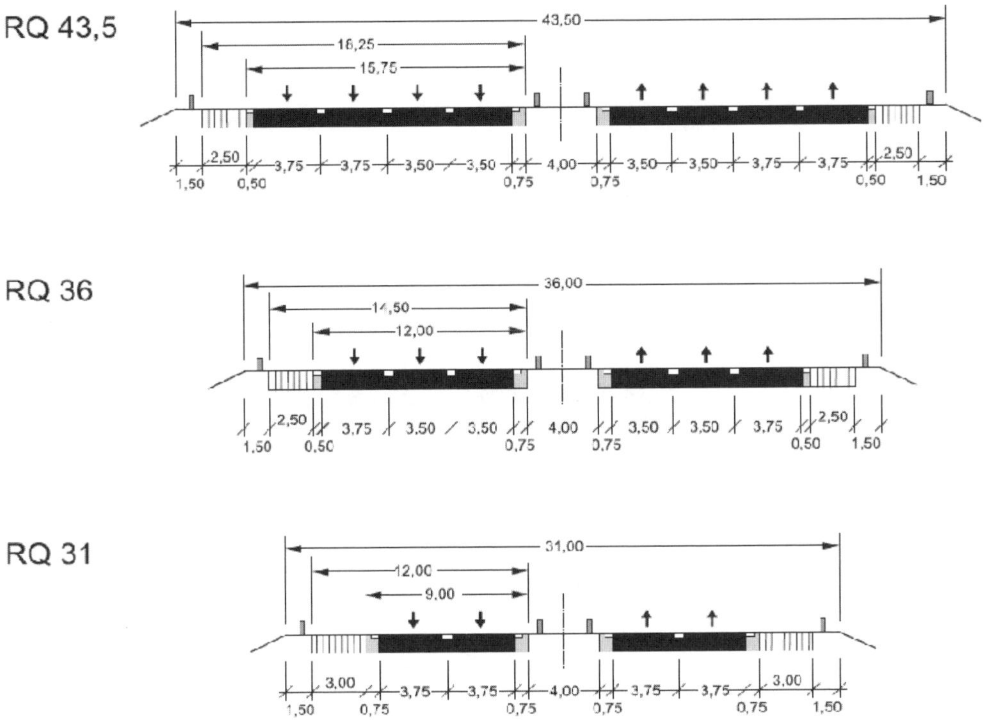

Abb. 4.10: Regelquerschnitte für Autobahnen der EKA 1 (Maße in m)

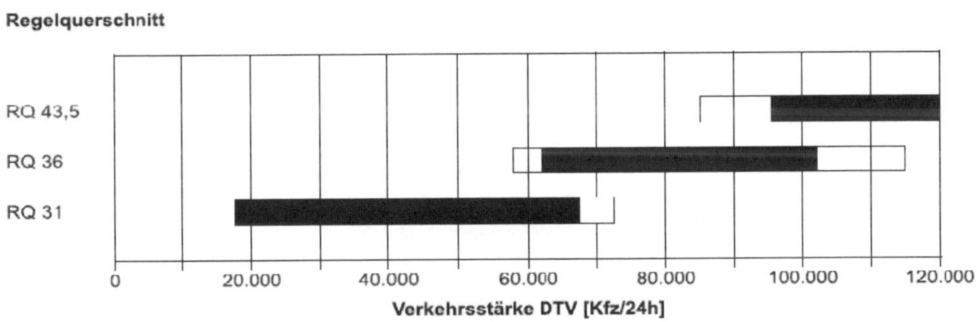

Abb. 4.11: Einsatzbereiche der Regelquerschnitte für Autobahnen der EKA 1

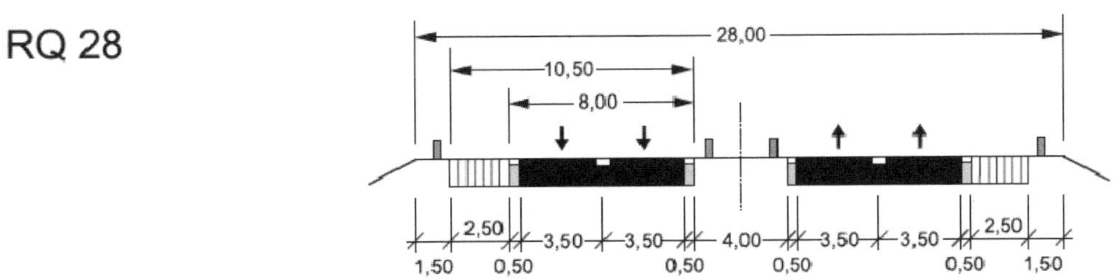

Abb. 4.12: Regelquerschnitt für Autobahnen der EKA 2 (Maße in m)

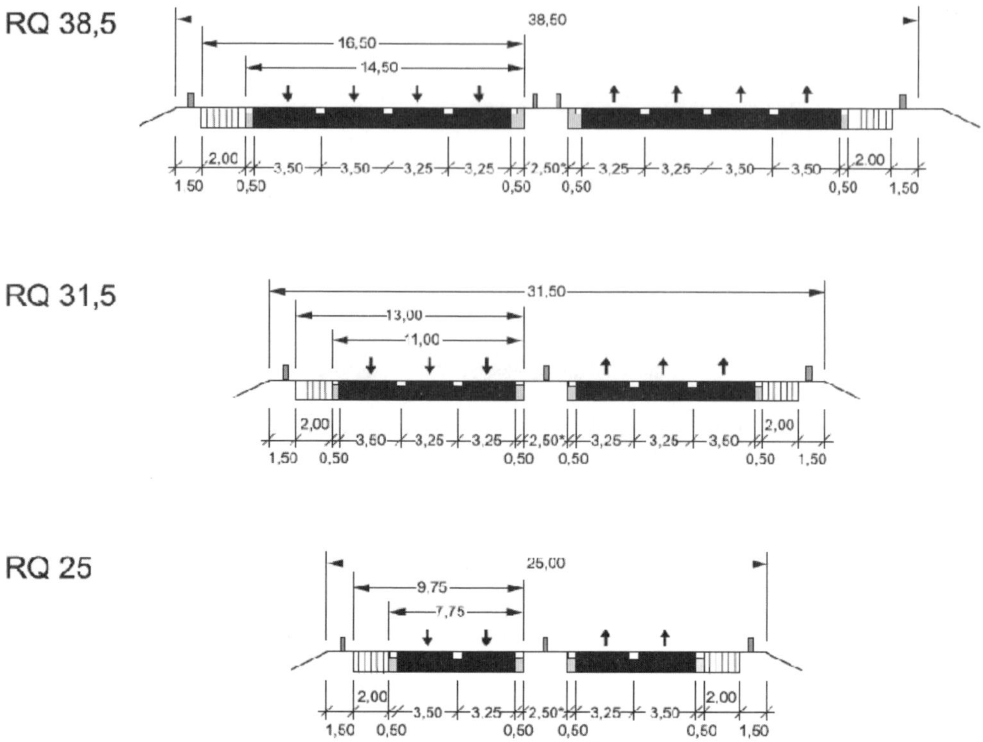

Abb 4.13: Regelquerschnitte für Autobahnen der EKA 3 (Maße in m)

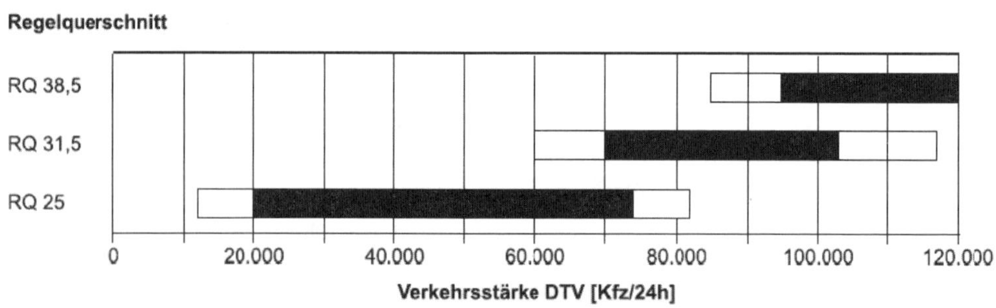

Abb 4.14: Einsatzbereiche der Regelquerschnitte für Autobahnen der EKA 3

Unter den Einflüssen des Querschnitts auf die Verkehrsqualität sind die Anzahl und die Breite der Fahrstreifen, die Ein- oder Zweibahnigkeit und das Vorhandensein von Seitenwegen zu nennen. Bei mittleren bis hohen Verkehrsmengen auf Autobahnen bewirken Standstreifen an Richtungsfahrbahnen eine deutlich erhöhte Verkehrssicherheit, weil ohne sie eventuell liegengebliebene Fahrzeuge sehr schnell zum Stau und zu Auffahrunfällen führen.

Autobahnen und sonstige Straßen mit einer baulichen Richtungstrennung sind mit Blick auf die Verkehrsqualität deutlich günstiger einzustufen als einbahnige Straßen. Auf die Fahrleistung bezogen, liegen die Unfallzahlen, so etwa die Anzahl der Getöteten und Verletzten oder die Summe der Sachschäden, deutlich unter denjenigen der einbahnigen Straßen (siehe Abschn. 8.2).

Die zugehörigen Einsatzbereiche der Regelquerschnitte für den Prognoseverkehr auf Autobahnen ergeben sich aus den Abb. 4.11 und 4.13. Der mittlere ausgefüllte Teil der abgebildeten Balken entspricht dabei dem Verkehrsstärkebereich, für den der Regelquerschnitt im Allgemeinen geeignet ist. In den Randbereichen der Balken werden die Einsatzmöglichkeiten der Regelquerschnitte von weiteren Kriterien bestimmt. Dazu gehören:

- Die Beurteilung der Qualität des Verkehrsablaufs nach dem HBS unter Berücksichtigung der Prognoseverkehrsstärke in der Bemessungsstunde, des Schwerverkehrsanteils, der Lage zu bebauten Gebieten, der zulässigen Höchstgeschwindigkeit sowie der Trassierung im Höhenplan,
- die Vorgaben der RIN für die angestrebte Pkw-Reisegeschwindigkeit in Abhängigkeit von der Straßenkategorie und
- die Erfordernisse der angestrebten Verkehrsführung in Arbeitsstellen,
- die evtl. abschnittsweise Anordnung von Zusatzfahrstreifen an Steigungsstrecken.

Bei Prognoseverkehrsstärken von unter 30.000 Kfz/24 h kann in der EKA 1 B ausnahmsweise auch der RQ 28 in Betracht kommen, wenn in Arbeitsstellen keine 4+0-Verkehrsführung erforderlich wird.

Umgekehrt ist für die EKA 2 der RQ 31 anzuwenden, wenn eine 4+0-Verkehrsführung in Arbeitsstellen erforderlich wird. Das ist in der Regel bei Prognoseverkehrsstärken von über 30.000 Kfz/24 h der Fall. Liegt diese über 60.000 Kfz/24 so ist der RQ 36 als sechsstreifiger Querschnitt anzuwenden.

Soweit bei der EKA 3 aufgrund einer beschränkten Verfügbarkeit von Flächen abschnittsweise kein Seitenstreifen (Standstreifen) möglich ist, sind in Abständen von max. 1.000 m Nothaltebuchten mit 3,00 m Breite und 80 m Länge (einschließlich Verziehung) anzulegen.

Gegenüber den vorangegangenen Richtlinien wurde erstmals in die RAS-Q 96 der Regelquerschnitt RQ 15,5 mit der Betriebsform „2 + 1“ aufgenommen. In den nunmehr gültigen RAL ist der RQ 15,5 der Standardquerschnitt für die EKL 1. Nach den Erfahrungen aus dem Ausland und nach eingehenden wissenschaftlichen Untersuchungen hat dieser Querschnitt eine gute Verkehrsqualität mit etwa 40 % verkehrsrechtlich gesicherten Überholmöglichen in beiden Fahrtrichtungen, sodass für den großen Sprung von den einbahnigen zu den zweibahnigen Querschnitten für ein Verkehrsaufkommen bis etwa 20.000 Kfz/24 h jetzt ein Zwischenquerschnitt zur Verfügung steht. Der RQ 15,5 sollte jedoch nur als Kraftfahrstraße betrieben werden. Die Übergänge vom einstreifigen auf den zweistreifigen Richtungsverkehr („unkritischer Wechsel“) und vom zweistreifigen auf den einstreifigen Betrieb („kritischer Wechsel“) müssen besonders sorgfältig ausgebildet werden, s. Abb. 4.18.

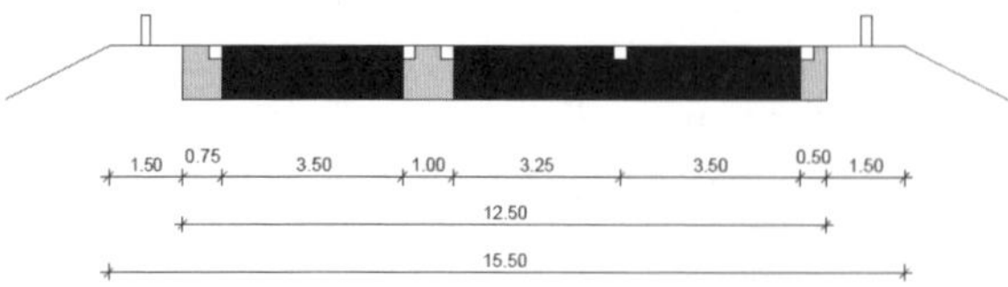

Regelquerschnitt für Straßen der EKL 1

Regelquerschnitt

RQ 15,5

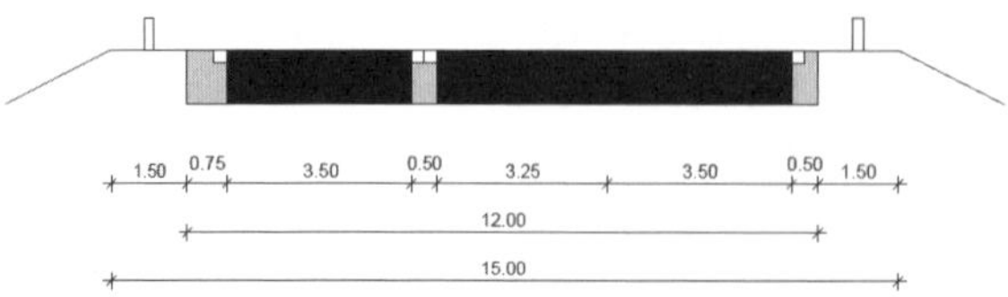

Regelquerschnitt für Straßen der EKL 2

Regelquerschnitt

RQ 11,5+

mit Überholstreifen

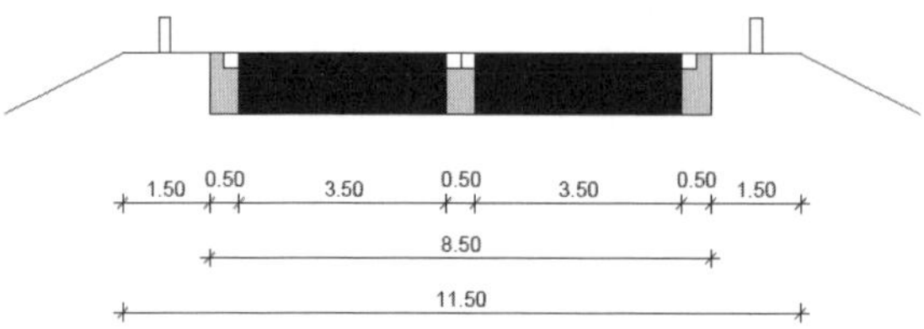

Regelquerschnitt für Straßen der EKL 2

Regelquerschnitt

RQ 11,5+

ohne Überholstreifen mit und ohne Überholverbot

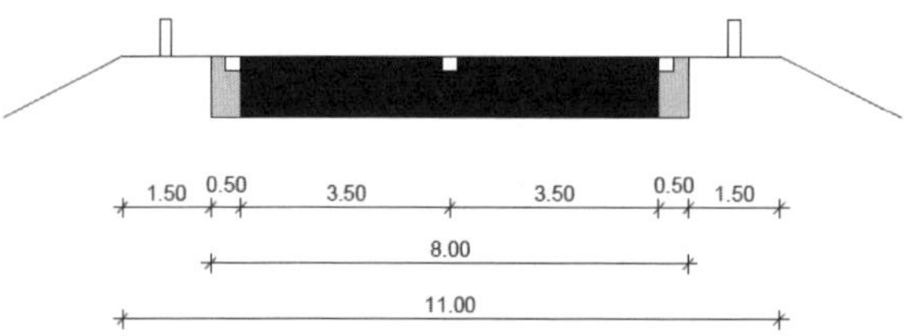

Regelquerschnitt für Straßen der EKL 3

Regelquerschnitt

RQ 11

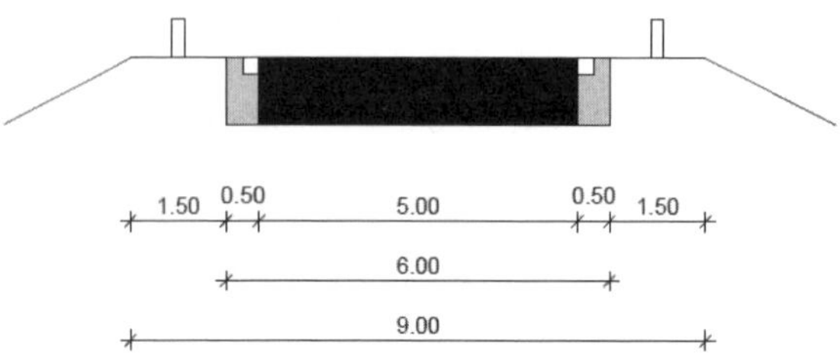

Regelquerschnitt für Straßen der EKL 4

Regelquerschnitt

RQ 9

Abb. 4.15: Regelquerschnitte einbahniger anbaufreier Straßen (Maße in m)

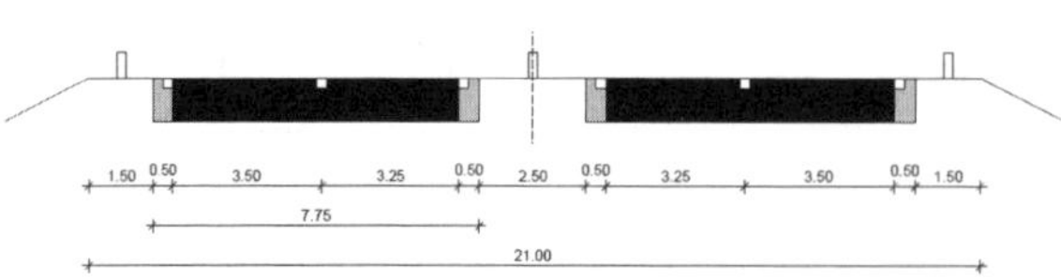

Regelquerschnitt

RQ 21

Abb. 4.16: Regelquerschnitt für Straßen der EKL1 bis EKL 3 mit sehr hohen Verkehrsbelastungen (Maße in m)

Entwurfsklasse	Regelquerschnitt	Verkehrsstärke*) (Kfz/24)	Bemerkung
EKL 1	RQ 15,5	≤ 20.000	• Kraftfahrstraße • etwa 40 % gesicherte Überholmöglichkeit in jeder Fahrtrichtung • Überholabschnitte 1.000 m bis 2.000 m • Nothaltebuchten (2,50 m breit und 50 m lang inkl. Verziehung) in einstreifigen Abschnitten
EKL 2	RQ 11,5+	≤ 16.000	• Kraftfahrstraße (bei geeignetem Wegenetz) • etwa 20 % gesicherte Überholmöglichkeit in jeder Fahrtrichtung • in Ausnahmefällen Überholen in zweistreifigen Abschnitten zugelassen
EKL 3	RQ 11	≤ 14.000	• bei kritischen Sichtweiten Überholverbot
	RQ 10,5		• $DTV^{SV} \leq 300$ Kfz/24 h
EKL 4	RQ 9	≤ 3.000	• $DTV^{SV} \leq 150$ Kfz/24 h
EKL 1–3	RQ 21	> 14.000	• Kraftfahrstraße (soweit möglich) • für kurze Abschnitte bis 15 km • Mindeststandard Gestaltungsmerkmale (Linienführung, Knotenpunkte) nach EKL 2 • Nothaltebuchten (2,50 m breit und 50 m lang inkl. Verziehung) im Abstand 500 m bis 1.000 m bei planfreier Führung als Kraftfahrstraße • bei > 30.000 Kfz/24 h Planung nach RAA

*) Anhaltspunkte für Verkehrsstärken; im Einzelfall ist die Verkehrsqualität entsprechend dem HBS zu überprüfen.

Abb. 4.17: Einsatzgrenzen für Regelquerschnitte einbahniger anbaufreier Straßen

Aus wahrnehmungspsychologischen Gründen sollten Verziehungen an den Wechseln deutlich sichtbar ausgebildet werden. Die unkritischen Sperrflächen sollten mindestens 30 m und die kritischen Sperrflächen 180 m lang sein. Entsprechend den einschlägigen Richtlinien (RAL, Anhang 2 und Richtlinien für die Markierung von Straßen RMS [15]) sind Verkehrslenkungstafeln und Überholverbotszeichen zur Unterstützung der Markierungen außerordentlich wichtig. Die Abschnittslängen zwischen den Wechseln sollten zwischen 1.000 m (besser 1.200 m) und 2.000 m lang sein. Sie ergeben sich häufig aus den örtlichen Randbedingungen wie Steigungsstrecken oder die Lage von Knotenpunkten.

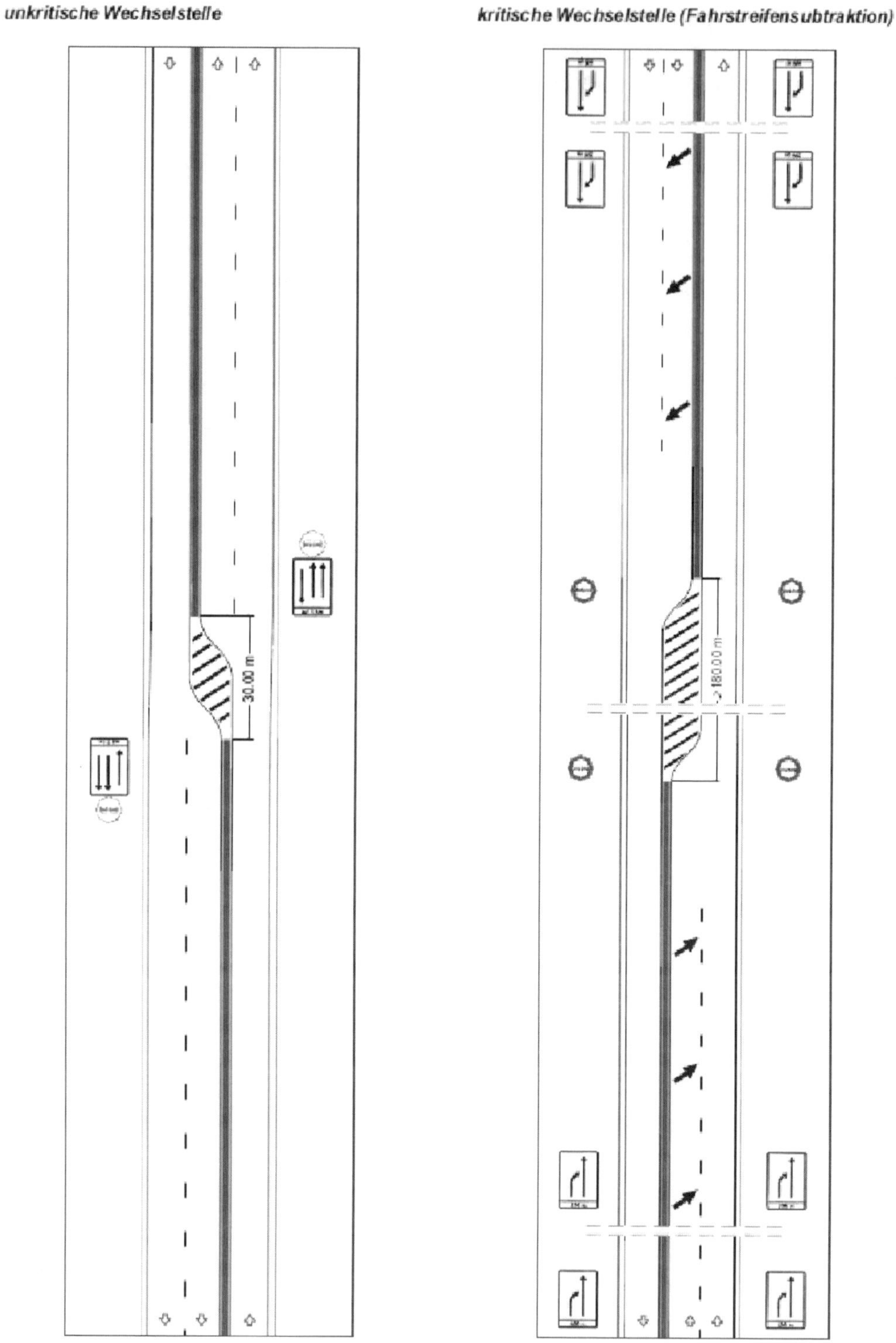

Abb. 4.18: Markierung und Beschilderung der Wechselstrecken bei EKL 1

In den einstreifigen Abschnitten ist die Anlage von Nothaltebuchten erforderlich. Diese sollten vorzugsweise in Abschnittsmitte und/oder in Abstimmung mit betrieblichen Erfordernissen, z. B. in der Nähe von Brücken, angelegt werden. Nothaltebuchten sind 3,50 m breit und mit beidseitig keilförmiger Verziehung 40 m lang. Hinweise zur Ausbildung von Nothaltebuchten enthält die RAL.

An Steigungsstrecken wirken die zweistreifigen Abschnitte in einer Richtung wie Abschnitte mit Zusatzfahrstreifen, weshalb sie jeweils in Bergrichtung angeordnet werden sollten. Dreistreifige Querschnitte lassen sich auch dadurch erzeugen, dass der bisherige überbreite Querschnitt b2s, der nach RAS-Q 82 gestaltet wurde, ummarkiert wird.

Der Regelquerschnitt RQ 11,5+ (Abb. 4.15) ist ein einbahnig zweistreifiger Querschnitt für Straßen der EKL 2, der durch einzelne Überholfahrstreifen abschnittsweise dreistreifig aufgeweitet wird. Die Anordnung der Überholabschnitte erfolgt mit der Maßgabe, dass durch eine ausreichend dichte Folge von Überholabschnitten für jede Fahrtrichtung auf etwa 20 % oder mehr der Streckenlänge gesicherte Überholmöglichkeiten geschaffen werden. Höhere Anteile wirken sich positiv auf die Verkehrssicherheit und Verkehrsqualität aus. Die beiden Fahrtrichtungen sind in den dreistreifigen Abschnitten immer durch zwei Fahrstreifenbegrenzungen (durchgehende Doppellinie) verkehrsrechtlich voneinander getrennt. Dies gilt auch für zweistreifige Abschnitte, wo das Überholen wegen z. B. nicht ausreichender Überholsichtweite zu verbieten ist. Ansonsten werden die beiden Fahrtrichtungen durch eine doppelte Leitlinie (unterbrochene Markierung) voneinander getrennt. Die Querschnittsmaße ändern sich dadurch nicht. Die Bestimmung der Überholsichtweite ist im Abschnitt 3.5.4 enthalten.

Der Regelquerschnitt RQ 11 ist ein durchgängig einbahnig zweistreifiger Querschnitt, der bei der EKL 3 zum Einsatz kommt. Die beiden Fahrtrichtungen werden regelmäßig durch eine einfache Leitlinie getrennt. In Bereichen mit kritischen Sichtweiten soll das Überholen durch die Anordnung einer Fahrstreifenbegrenzungslinie (durchgehende Markierung) eingeschränkt werden. (vgl. Abschnitt 3.5.4).

Der Regelquerschnitt RQ 9 ist ein einbahniger Querschnitt für Straßen der EKL 4. Hier befindet sich keine Markierung in der Straßenmitte zur Trennung der beiden Fahrtrichtungen. Stattdessen befinden sich im Abstand von 0,50 m vom Fahrbahnrand außen liegende Leitlinien, die Abkommensunfälle vermeiden sollen. Der Verzicht auf die Leitlinie in der Fahrbahnmitte signalisiert dem Kraftfahrer, dass insbesondere im Begegnungsfall mit dem Schwerverkehr die erforderliche Breite zwischen den beiden seitlichen Linien nicht zur Verfügung steht, sondern die befestigte Fahrbahn in ihrer ganzen Breite benutzt werden muss.

Zur Vorauswahl der einbahnigen Regelquerschnitte kann die Abb. 4.17 verwendet werden. In der Praxis erfolgt die Auswahl des Regelquerschnitts allerdings häufig nicht nach einer mengenmäßigen Einstufung oder einer verkehrstechnischen Berechnung, sondern zur Gewährleistung einer durchgehenden einheitlichen Streckencharakteristik. Selbst wenn in einem Streckenabschnitt die Verkehrsmenge geringer wäre und sich dabei ein schmälerer Querschnitt begründen ließe, wird man im Falle beiderseits anschließender breiterer Streckenabschnitte aus Gründen der Kontinuität einen überdimensionierten Regelquerschnitt wählen. Diese Überlegungen machen indessen einen detaillierten Nachweis der

Verkehrsqualität auf der Grundlage des HBS nicht überflüssig, s. auch Abschn. 4.3. Aus dem Nachweis ergibt sich, ob bei den gegebenen Verkehrs- und Streckenverhältnissen eine ausreichende Qualität des Verkehrsablaufs gewährleistet ist und ob die Vorgaben der RIN für die in Abhängigkeit von der Straßenkategorie angestrebte Pkw-Fahrgeschwindigkeit eingehalten werden. Wenn der gewählte Regelquerschnitt die gewünschte Verkehrsqualität nicht aufweist, kann diese z. B. durch Anlage von Zusatzfahrstreifen in der entsprechenden Teilstrecke hergestellt werden.

4.2.4 Ausbildung der Böschungen

Damm- und Einschnittsböschungen über 2,00 m Höhe erhalten eine einheitliche Regelneigung von $1 : n = 1 : 1{,}5$. Bei Straßen der Kategoriengruppe LS wird bei Dämmen eine Regelböschungsneigung von 1:2 empfohlen. Die gilt auch bei besonders schwierigen Bodenverhältnissen mit häufig auftretenden Böschungsrutschungen. Böschungshöhen unter 2,00 m werden nicht mit der Regelneigung, sondern mit gleichbleibender Böschungsbreite $b = 3{,}00$ m ausgebildet. Dadurch wird die Böschung mit abnehmender Höhe flacher. Die Böschungshöhe h wird von der Kronenkante bis zum Schnittpunkt der Böschung mit dem Gelände gerechnet. Andere Böschungsausbildungen können notwendig werden:

- aus erdstatischen Gründen
- zur Einpassung der Straße in die Landschaft
- zur Vermeidung von Schutzeinrichtungen
- zur Unterbringung von Versorgungsleitungen
- aus Gründen des Immissionsschutzes
- zur Vermeidung von Schneeverwehungen

Der Übergang zwischen Böschung und Gelände wird mit einem Kreisbogen ausgerundet, der genügend genau durch eine quadratische Parabel ersetzt wird. Bei Böschungshöhen über 2,00 m beträgt die Tangentenlänge 3,00 m, bei Böschungshöhen unter 2,00 m beträgt sie $1{,}5 \cdot h$. Die Länge der Tangente wird horizontal gemessen. Bei beengten Verhältnissen, bei Böschungshöhen unter 2,00 m oder wenn die Bepflanzung die Übergangsbereiche überdeckt, kann auf die Ausrundung verzichtet werden.

Bei hohen Böschungen (in der Regel über 5 bis 6 m Höhe) kann die Anlage von Bermen zur Verbesserung der Standfestigkeit und zur Erleichterung der Unterhaltung notwendig werden. Die Breite der Berme ist davon abhängig, ob diese begeh- oder befahrbar sein soll. Auch wird auf der Berme das über die Böschung ablaufende Niederschlagswasser gesammelt und geordnet einem Vorfluter zugeleitet. Auf eine dauerhaft wirksame Entwässerung im Bereich der Berme ist zur Vermeidung von Rutschungen an Einschnittsböschungen besonderes Augenmerk zu legen.

Entwässerungsmulden sind nach den Grundsätzen der Straßenentwässerung anzubringen. Sie müssen bei Dämmen und Einschnitten am Böschungsfuß im gewachsenen Boden untergebracht werden. Beim Übergang zwischen Einschnitt und Damm ist die Mulde wegen ihrer unterschiedlichen Anordnung im Einschnitts- bzw. Dammquerschnitt schlank zu verziehen.

	Böschungshöhe h h ≥ 2,0 m	h < 2,0 m
Damm	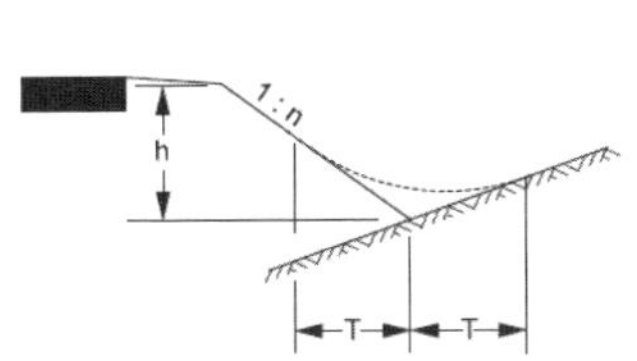	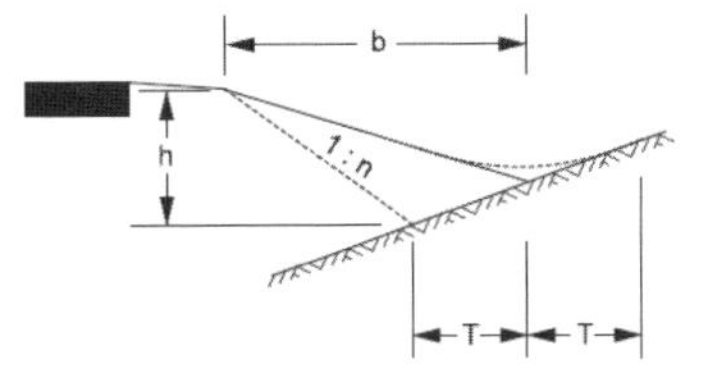
Einschnitt	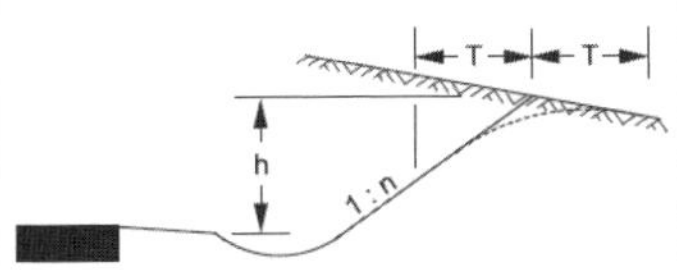	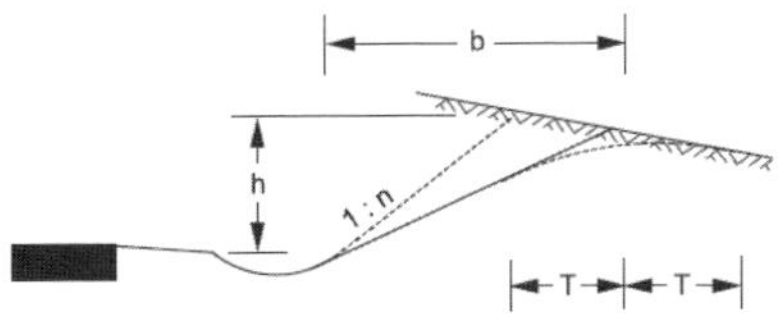
Böschung	Regelböschungsneigung 1 : 1,5	Regelböschungsbreite b = 3,00 m
Tangentenlänge der Ausrundung	T = 3,00 m	T = 1,5 h

Abb. 4.19: Regelausbildung der Böschungen

Zur besseren Einfügung der Böschungen in die Landschaft und zum Schutz gegen Erosion sind die Böschungen zu bepflanzen, sofern sie nicht aus landschaftspflegerischen Gründen im Rohzustand bleiben. Bei Neupflanzung von Bäumen an anbaufreien Straßen ist ein Mindestabstand von 4,50 m vom Rand des Verkehrsraumes einzuhalten. In der Kurveninnenseite sind die erforderlichen Sichtflächen auf jeden Fall von störendem Bewuchs freizuhalten. Radwege sollen 0,50 m von Bäumen entfernt geführt werden. Als Mindestanforderung sind die Lichtraumprofile des Abschn. 4.2.2.9 einzuhalten. Zweige und Buschwerk dürfen nicht in den lichten Raum hineinragen. Einzelheiten für die Bepflanzung sind den einschlägigen Richtlinien für die Landschaftspflege zu entnehmen.

4.2.5 Querschnittsausbildung im Bereich von Bauwerken

Im Bereich von Bauwerken, d. h. auf und unter Brücken, neben Lärmschutzwänden, Stützwänden sowie mit Einschränkungen im Tunnel, sollen die Straßenquerschnitte mit der Querschnittsausbildung der beiderseitig anschließenden Straßenabschnitte übereinstimmen. Konstruktiv bedingte Besonderheiten der Bauwerke sollen die Breite der befahrenen Flächen gegenüber den anschließenden Straßenabschnitten nicht einengen.

4.2.5.1 Autobahnquerschnitte auf Brücken

RQ 43,5 B

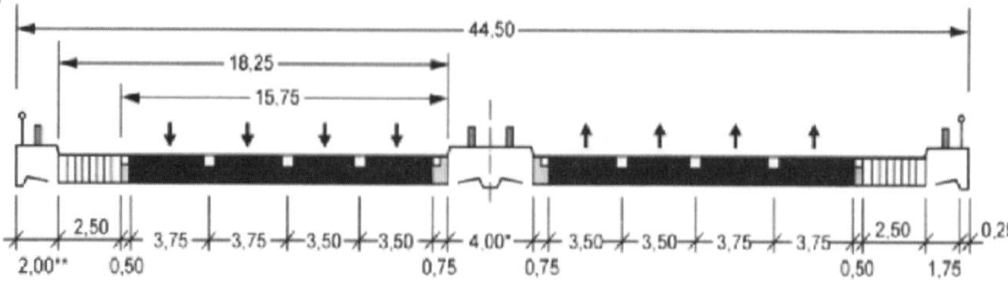

RQ 36 B

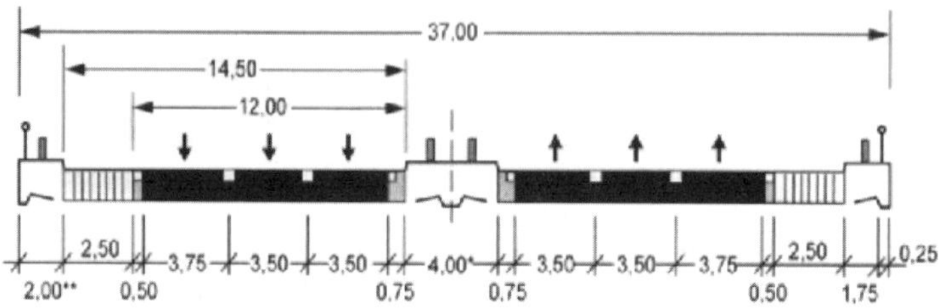

RQ 31 B

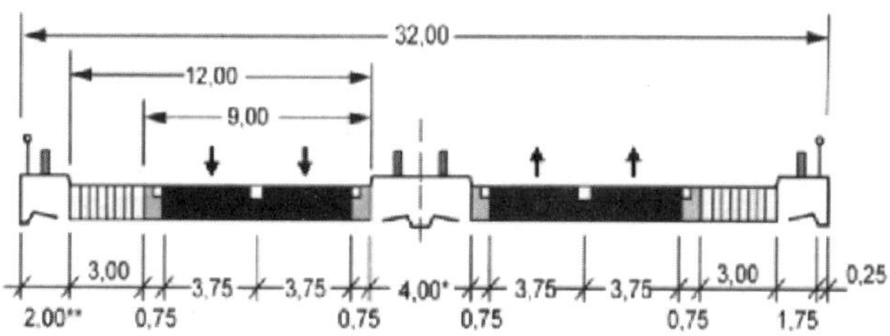

Abmessungen in (m)

*) Beträgt die lichte Weite zwischen den Widerlagern einer Brücke mehr als 100 m, werden die Mittelkappen mit einer Gesamtbreite von 3,50 m ausgeführt.

**) In Abhängigkeit vom gewählten System der passiven Schutzeinrichtungen kann sich gemäß RiZ-ING die Breite der Kappen und damit die Gesamtbreite der Brücke ändern.

Abb. 4.20: Ausbildung der Regelquerschnitte der EKA 1 auf Bauwerken

RQ 28 B

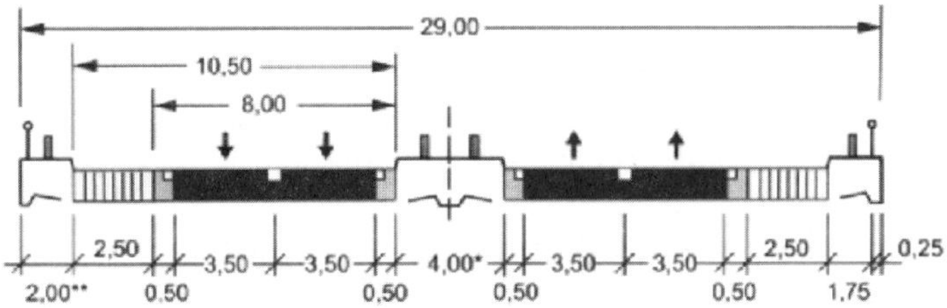

Abb. 4.21: Ausbildung der Regelquerschnitte der EKA 2 auf Bauwerken

Bei Forderung einer 4+0-Verkehrsführung ist bei EKA 2 der RQ 31 B zu wählen. Abmessungen und Fußnoten siehe Abb. 4.20. Ist keine 4+0-Verkehrsführung erforderlich, ist bis max. 30.000 Kfz/24 h ein RQ 28 B möglich.

RQ 38,5 B

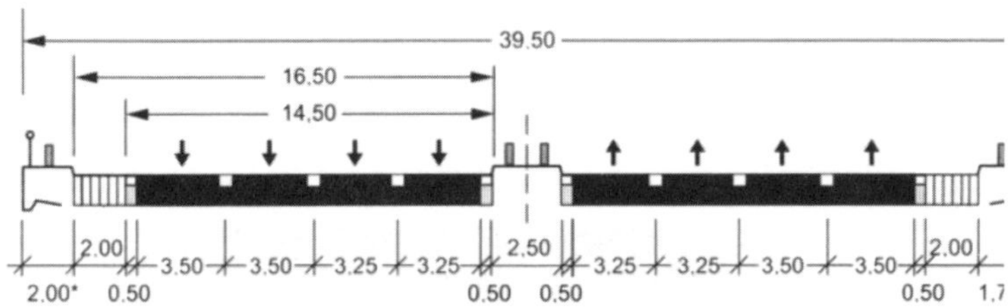

RQ 31,5 B

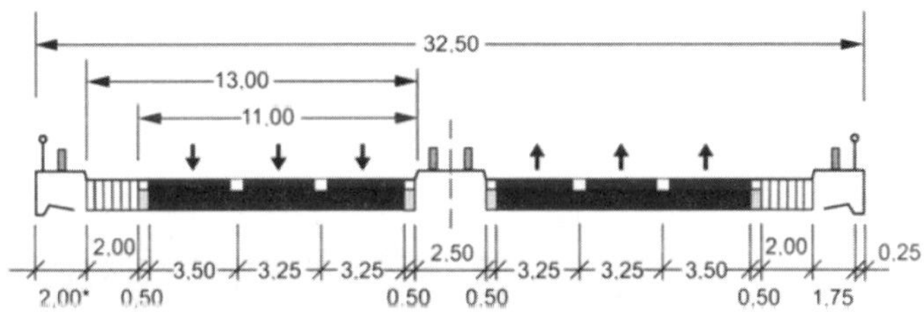

RQ 25 B

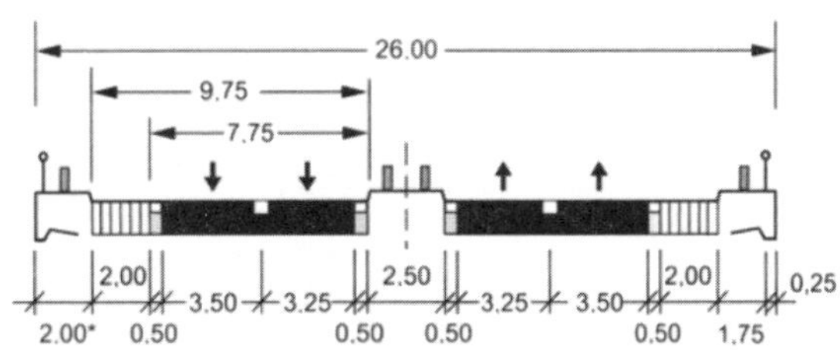

Abmessungen in (m)

*) In Abhängigkeit vom gewählten System der passiven Schutzeinrichtungen kann sich gemäß RiZ-ING die Breite der Kappen und damit die Gesamtbreite der Brücke ändern.

Abb. 4.22: Ausbildung der Regelquerschnitte der EKA 3 auf Bauwerken

Die Breiten der Querschnittselemente auf Brücken sollen in der Regel mit denen der anschließenden Streckenabschnitte übereinstimmen. Fahrzeugrückhaltesysteme auf Bauwerken sind nach den entsprechenden „Richtlinien für passiven Schutz an Straßen durch Fahrzeugrückhaltesysteme" (RPS) auszuführen.

4.2.5.2 Landstraßenquerschnitte auf Brücken

RQ 15,5 B

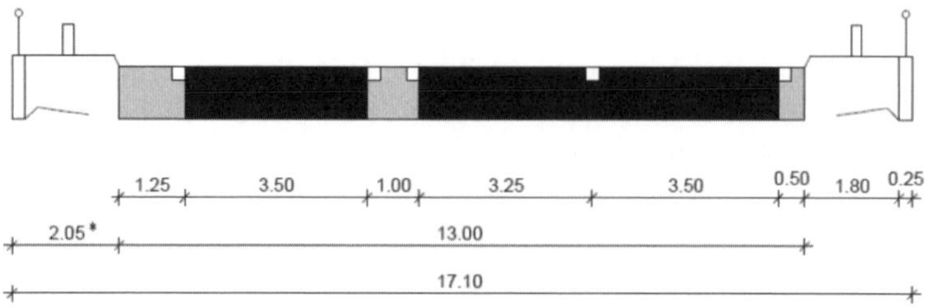

RQ 11,5 B

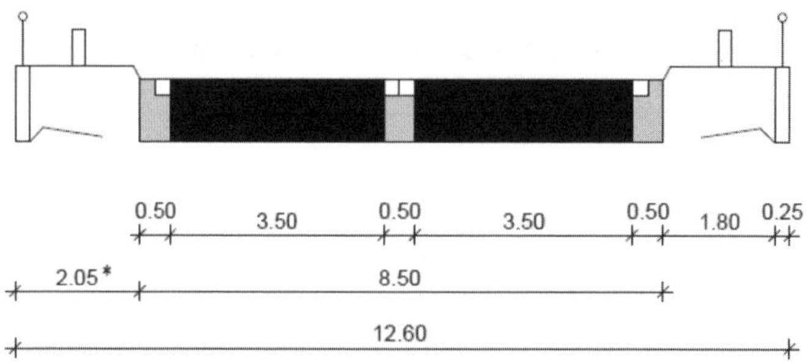

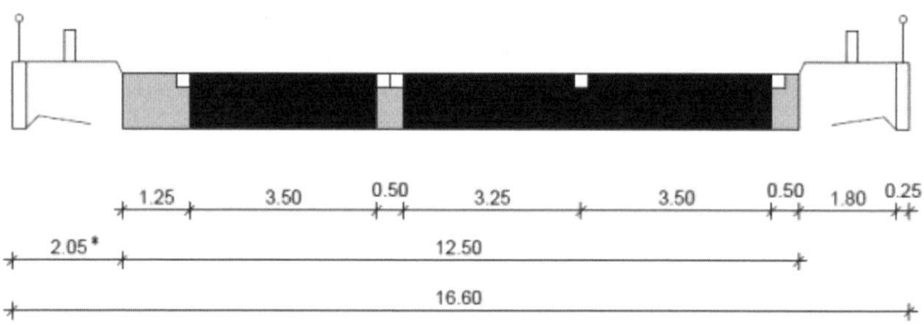

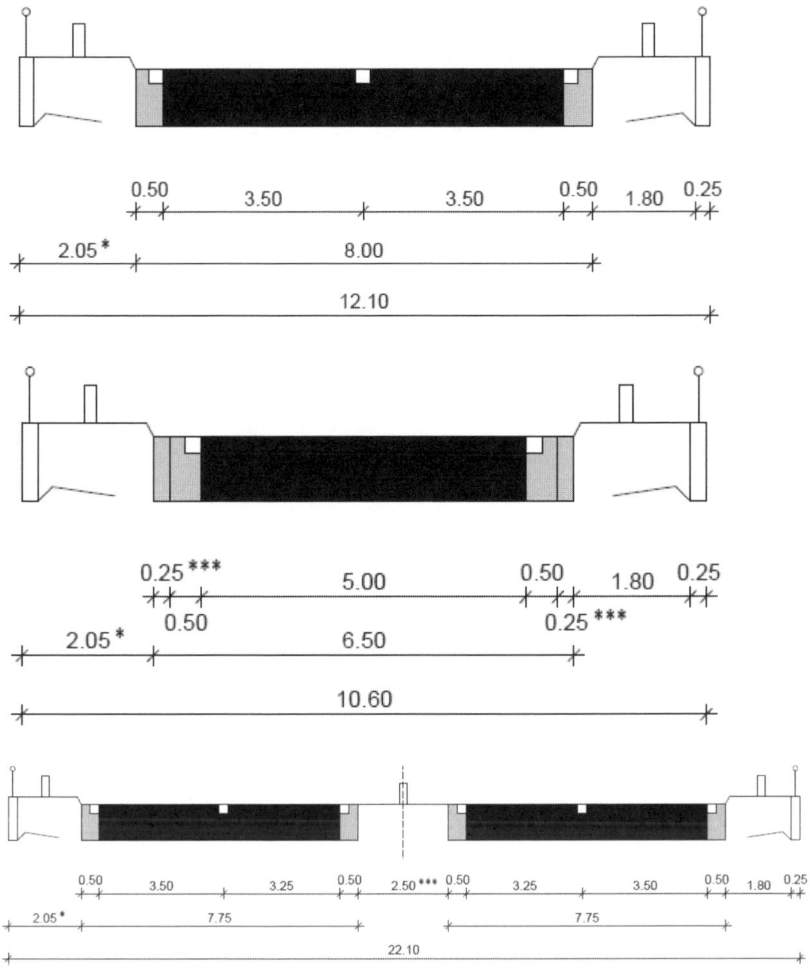

RQ 11 B

RQ 9 B

RQ 21 B

Abmessungen in (m)

*) In Abhängigkeit vom gewählten System der Schutzeinrichtungen können sich gemäß RiZ-ING die Breite der Kappen und damit die Gesamtbreite der Brücke ändern.

**) In Abhängigkeit vom gewählten System der Schutzeinrichtungen und der Höhenunterschiede bei Ausbildung der Überbauten im Sägezahnprofil können sich gemäß RiZ-ING die Breite der Kappen und damit die Gesamtbreite der Brücke ändern.

***) Zusätzlicher Sicherheitsstreifen

Abb. 4.23: Ausbildung der Regelquerschnitte für Landstraßen auf Brücken

Die Entwässerung erfolgt auf Autobahnen und Landstraßen im Bereich der Brücken in der Regel durch mindestens 0,50 m breite Bordrinnen, die innerhalb der Randstreifen liegen. Bei dreistreifigen Straßen bzw. Abschnitten wird im Bereich der Brücken der Randstreifen für die einstreifige Fahrtrichtung auf 1,25 m verbreitert.

Für Straßen mit zulässigen Geschwindigkeiten über 50 km/h sind auf den Bauwerken abweisende Schutzvorrichtungen vorzusehen. Sind zwischen Schutzplanke oder Gleitwand und Bauwerksgeländer keine Rad- und Gehwege vorhanden, dann muss ein Notgehweg von 0,75 m Breite angeordnet werden.

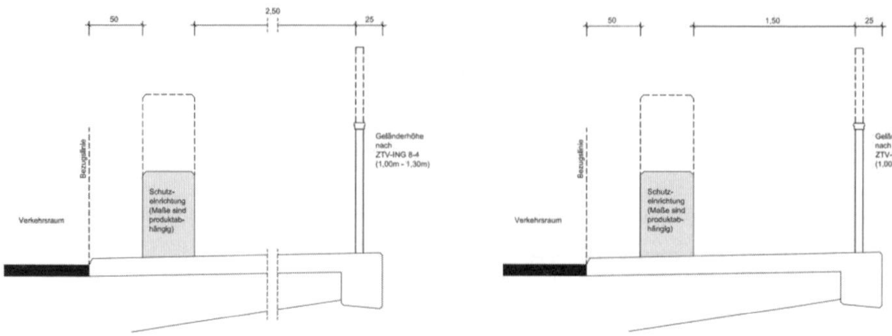

Radwege bzw. gemeinsame Geh- und Radwege neben Fahrzeugrückhaltesystemen

Gehwege neben Fahrzeugrückhaltesystemen

Abb. 4.24: Geh- und Radwege auf Bauwerken von Landstraßen

Für die Abstände fester Einbauten sind nicht nur der lichte Raum, sondern auch die erforderlichen Sichtweiten maßgebend. Aus psychologischen und gestalterischen Gründen sollen die Abmessungen größer gewählt werden, wenn dies wirtschaftlich vertretbar ist.

4.2.6 Mindestquerschnitte, Querschnittsveränderungen

Um das Straßennetz funktionsfähig zu erhalten, sind Unterhaltungsarbeiten und Reparaturen erforderlich. Bei den hohen Verkehrsbelastungen ist dazu eine Straßensperrung nur selten möglich. Deshalb muss unter Einschränkungen der Verkehr an Baustellen vorbeigeleitet werden. Neben Geschwindigkeitsbegrenzungen bestehen die Einschränkungen darin, dass Behelfsfahrstreifen mit geringerer Breite eingerichtet werden. Solche Behelfsfahrstreifen müssen bei Fahrbahnen mit Gegenverkehr mindestens 2,75 m breit sein. Wenn die Benutzung des Behelfsfahrstreifens auf Fahrzeuge bis 2,00 m Breite beschränkt wird, dann reichen 2,50 m aus. Falls höhere Geschwindigkeiten zugelassen werden sollen, muss die Breite der Behelfsfahrstreifen vergrößert werden.

Wegen unterschiedlicher Verkehrsbelastungen oder bei Zusammenführung bzw. Trennung von Verkehrsströmen ist eine Änderung des Querschnitts erforderlich. Solche Querschnittswechsel sind sorgfältig auszubilden; Zusatzfahrstreifen sollten nur in Ausnahmefällen im Knotenpunkt beginnen oder enden. Die Gestaltung von Fahrbahnaufweitungen und Einengungen der Fahrbahn ist im Abschnitt 3.4.7 enthalten.

4.2.7 Tunnelquerschnitte

Wegen der höheren Bau- und Betriebskosten sind die Abmessungen gegenüber den Regelquerschnitten der freien Strecke reduziert. So werden im Tunnel aus Betriebsgründen 1,00 m breite Notgehwege angelegt. Details zur Auswahl und zu den Querschnitten von Tunneln enthalten die RAA und die RAL. Die Planung und Gestaltung von Straßentunneln sind in den „Richtlinien für die Ausstattung und den Betrieb von Straßentunneln" (RABT) geregelt.

4.3 Nachweis der Verkehrsqualität

4.3.1 Vorbemerkungen

Eine wesentliche Voraussetzung für die nachhaltige wirtschaftliche Entwicklung einer Region ist ein möglichst reibungsfreier Verkehr. Mit der starken Zunahme des Straßenverkehrs in den letzten Jahrzehnten konnte die Erweiterung des Straßennetzes nicht Schritt halten. Daraus haben sich erhebliche Auswirkungen auf die Qualität des Verkehrsflusses ergeben. Es bietet sich an, mit Mitteln der Verkehrstechnik Kapazitätsreserven zu aktivieren sowie Durchsatz und Reisegeschwindigkeit zu erhöhen. Die dazu entwickelten Methoden der Verkehrssteuerung wie Knotenpunktsteuerung, Linien- und Netzbeeinflussung haben das Ziel, etwaige aufkommende Störungen im Verkehrsablauf zu unterdrücken und dadurch den Verkehrsfluss zu stabilisieren. Voraussetzung für die Entwicklung solcher Steuerungen ist das profunde und detaillierte Verständnis der Dynamik des Verkehrsflusses sowie die Kenntnis der den Verkehrsablauf beeinflussenden Parameter und Kenngrößen.

Der Verkehrsablauf kann dabei mikroskopisch (Kenngrößen für einzelne Fahrzeuge wie z. B. beschleunigen, fahren, bremsen) oder makroskopisch (aggregierte Größen über einen Zeitraum oder Streckenabschnitt) betrachtet werden. Für die aus Verkehrsablaufmodellen abgeleiteten makroskopischen Kenngrößen wie Verkehrsstärke, Verkehrsdichte und (mittlere) Geschwindigkeit beobachtet man einen funktionalen Zusammenhang, der als Fundamentaldiagramm (Abb. 4.25) zur Beschreibung des Verkehrsflusses dient. Aus diesem ergibt sich u. a. die Einteilung in Verkehrsqualitätsstufen, nach denen der Verkehrsfluss im Handbuch für die Bemessung von Straßenverkehrsanlagen (HBS) [13] beurteilt wird.

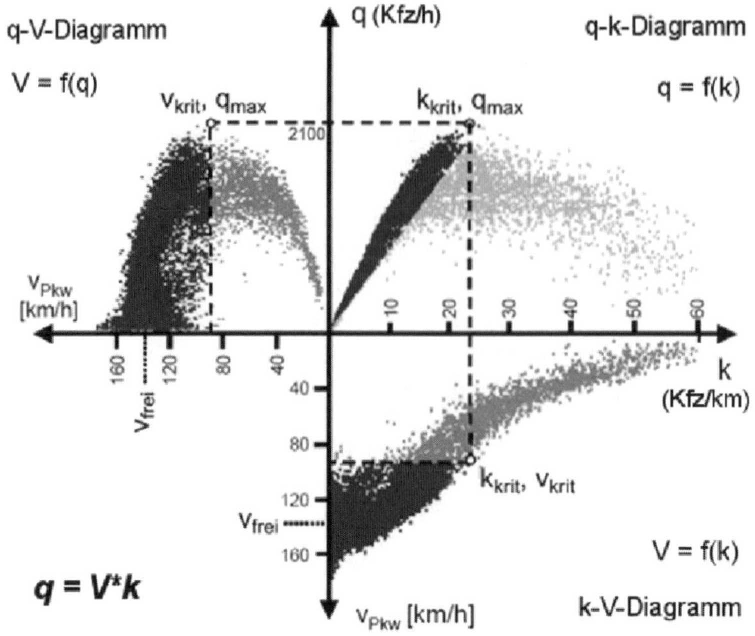

Abb. 4.25: Darstellungsformen des Fundamentaldiagramms

Beispiele aus der Praxis verdeutlichen den Einfluss verschiedener Parameter wie Verkehrszusammensetzung, Fahrverhalten, Fahrwegeigenschaften und Wetter auf den Verkehrsablauf. Die Beurteilung der Verkehrsqualität auf Landstraßen und Autobahnen mit Hilfe des Fundamentaldiagramms und die Bedeutung des Fundamentaldiagramms für den Fahrzeugingenieur bei der Entwicklung automatischer Abstandregelsysteme dienen der Unterstützung der Verkehrspraxis.

Die Darstellungsformen des Fundamentaldiagramms als funktionale Abhängigkeit der drei betrachteten Größen Verkehrsstärke q, Verkehrsdichte k und mittlere Geschwindigkeit V des Verkehrsflusses wird in der Abb. 4.25 gezeigt. Das Fundamentaldiagramm ist eine dreidimensionale Punktwolke, die mittels Projektion in drei zweidimensionalen Diagrammen dargestellt werden kann. Diese drei Diagramme ermöglichen vielfache Aussagen über die Charakteristik des Verkehrsflusses an einem Querschnitt. Sie werden als q-V-Diagramm, q-k-Diagramm und k-V-Diagramm bezeichnet.

Die in Abb. 4.25 dargestellten typischen Formen von Punktwolken belegen den stochastischen Charakter des Verkehrsablaufs an einem Querschnitt und zeigen zeitweise Verkehrsüberlastungen und Stauzustände.

Einige Randbedingungen geben die generelle Form des Fundamentaldiagramms vor:

- Wunschgeschwindigkeit im freien Verkehr V_{frei}
- maximale Verkehrsstärke q_{max} bei der kritischen Geschwindigkeit V_{krit} und der kritischen Verkehrsdichte k_{krit}
- maximale Verkehrsdichte im stehenden Verkehr k_{max}

Von besonderer Bedeutung ist das q-V-Diagramm, welches als Grundlage zur Dimensionierung von Straßenquerschnitten dient. Es weist bei verkehrlich überlasteten Querschnitten eine näherungsweise parabelförmige Einhüllende der Punktwolke auf, d. h., es existieren für eine Verkehrsstärke zwei Geschwindigkeitswerte.

Der Scheitelpunkt der Parabel liegt bei der maximalen Verkehrsstärke q_{max} und der kritischen Geschwindigkeit V_{krit}. Der linke Bereich des q-V-Diagramms (vgl. Abb. 4.25) umfasst den Zustand des freien, stabilen Verkehrs, der rechte Bereich den des zusammengebrochenen, instabilen Verkehrs. Die Geschwindigkeit V_{krit} liegt bei mehrstreifigen Richtungsfahrbahnen normalerweise zwischen 80 und 90 km/h.

Das q-k-Diagramm ergibt sich durch Umrechnung mit der Fundamentalbeziehung

$$q = k \cdot V_{mom} \text{ (Kontinuitätsgesetz)}$$

mit q Verkehrsstärke (Fahrzeuge/Zeit) in Kfz/h

k mittlere Verkehrsdichte (Fahrzeuge/Weg) in Kfz/km

V_{mom} mittlere, momentane Verkehrsgeschwindigkeit in km/h

Dieses Kontinuitätsgesetz wird häufig auch als das eigentliche Fundamentaldiagramm bezeichnet. Die Steigung einer Geraden vom Ursprung zu einem Punkt auf dem q-k-Diagramm (Abb. 4.25) gibt dessen zugehörige momentane Geschwindigkeit V_{mom} an. Der stabile Bereich des Verkehrsflusses spiegelt sich als kompakte Punktwolke (dunkler Bereich), der instabile Bereich als weit ausgedehnte, verstreute Punktwolke (heller Bereich) wider.

Die momentane Geschwindigkeit V_{mom} lässt sich mittels des harmonischen Mittelwerts aus der lokalen Geschwindigkeit V_{lok} berechnen, die ebenso wie die Verkehrsstärke q an Hand einer lokalen Messung ermittelt wird. Die Größen V_{mom} und k lassen sich mit einer momentanen Messung feststellen.

Somit gilt:

$$V_{lok} = \frac{1}{N}\sum_{i=1}^{N} V_{lok,i}$$

$$V_{mom} = \frac{N}{\sum_{i=1}^{N} \frac{1}{V_{lok,1}}}$$

mit N gesamte Anzahl der gemessenen Fahrzeuge

V_{lok} Geschwindigkeit aus lokaler Einzelmessung

Im k-V-Diagramm schließlich sind die beiden Bereiche (stabil/instabil) häufig schwer unterscheidbar. Die Punktwolke fällt mit zunehmender Verkehrsdichte ab (eventuell kann der Übergang vom stabilen in den instabilen Bereich als Sprung – „capacity drop" – erkannt werden). Dieses Abfallen legt die Vermutung einer starken Abhängigkeit des Verkehrsflusses von der Dichte nahe (Abb. 4.26).

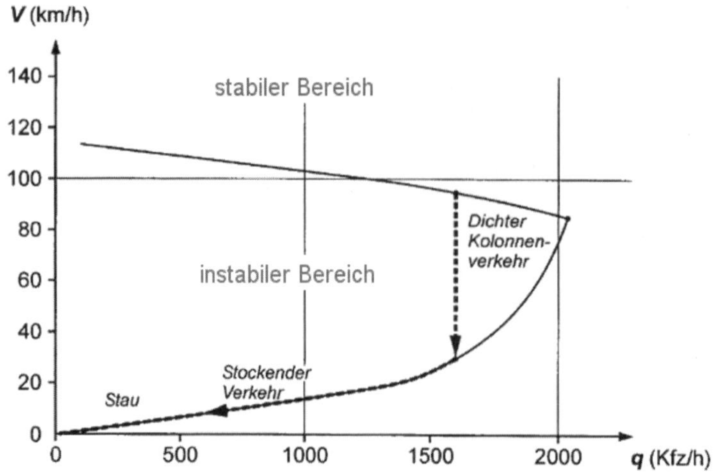

Abb. 4.26: Schlagartiger Übergang vom stabilen in den instabilen Bereich

Die größtmögliche Verkehrsstärke, die eine Straße aufnehmen kann, hängt von einer Vielzahl interner und externer Einflussfaktoren ab, so u. a. von der

- Anzahl der Fahrbahnen (ein- oder zweibahnig)
- Anzahl der Fahrstreifen je Richtung
- Breite der Fahrstreifen
- Längsneigung
- Sichtweite bzw. Überholmöglichkeit auf einbahnigen Straßen
- Verkehrsmischung (Anteil der Lkw und der langsamen Fahrzeuge)
- Anordnung von Geschwindigkeitsbeschränkungen
- herrschenden Witterung

Es ist zu beachten, dass die Dimension „Kfz/h" nur ein unzulängliches Bild vom jeweiligen Verkehrszustand gibt, denn sie sagt nichts über die Verkehrsmischung aus. Beispielsweise ist die Leistungsfähigkeit bei reinem Pkw-Verkehr viel größer als bei hohen Anteilen von Lkw-Verkehr. Deswegen muss die vorhandene Verkehrsmischung, d. h. besonders der Schwerverkehrsanteil, bei der praktischen Beurteilung der Verkehrsqualität einer Straße durchaus berücksichtigt werden.

Als Kenngröße zur Charakterisierung der Fahrzeugzusammensetzung wird der Lkw-Anteil p_{Lkw} aus den lokalen Messwerten erfasst:

$$p_{Lkw} = \frac{N_{Lkw}}{N_{Pkw} + N_{Lkw}} \cdot 100$$

mit N Anzahl der Fahrzeuge

p_{Lkw} Anteil in %

Legt man der Berechnung die Mindestabstände zugrunde, die § 4 Abs. 1 der Straßenverkehrsordnung und die ständige Rechtsprechung vorschreiben, dann ergibt sich eine andere oberste Grenzkurve der Leistungsfähigkeit. Demnach muss das folgende Fahrzeug vom hinteren Ende des vorausfahrenden einen Mindestabstand einhalten, den es bei seiner augenblicklichen Geschwindigkeit in 1,5 s zurücklegt. Der geringst zulässige Nettoabstand zwischen zwei Fahrzeugen ist dann

$$a_n = \frac{V}{3{,}6} \cdot 1{,}5 = 0{,}417 \cdot V \quad \text{in m}$$

Bei einer Durchschnittslänge eines Fahrzeugs von L_{Kfz} = 6,20 m (80 % Pkw mit Länge 4,50 m, 10 % Lkw mit 10,00 m, 10 % Lz mit 16,00 m) beträgt die Bruttolücke mindestens

$$a = a_n + L_{Kfz} = 0{,}417 \cdot V + 6{,}2 \text{ in m}$$

Die größte gerade noch zulässige Verkehrsdichte kann unter diesen Bedingungen sein

$$k_{krit} = \frac{1.000}{0{,}417 \cdot V + 6{,}2} \quad \text{mit } k_{krit} \text{ in Kfz/km}$$

Wieder unter den Voraussetzungen, dass alle Fahrzeuge gleich schnell fahren und exakt den verkehrsrechtlich zulässigen Mindestabstand einhalten, ergibt sich als Grenzleistungsfähigkeit

$$q_{max} = k_{krit} \cdot V_{mom} \quad \text{und somit}$$

$$q_{max} = \frac{1.000\ V_{mom}}{0{,}417\ V_{mom} + 6{,}2} = \frac{2.400}{1 + \frac{14{,}88}{V_{mom}}}$$

Die Kurve q_{max} wird in Abb. 4.26 durch den unteren Kurvenast dargestellt.

Man erkennt, dass bei einem verantwortungsvollen Abstandsverhalten und bei einer Kolonnengeschwindigkeit V unter 100 km/h, bei der in der Praxis die höchste Leistungsfähigkeit beobachtet wird, je Fahrstreifen im günstigsten Fall die Verkehrsstärke q_{max} = 2.000 Kfz/h bis 2.100 Kfz/h abgeführt werden kann. Bei stärkerem Lkw-Verkehr liegt die Grenzkurve der Leistungsfähigkeit tiefer, weil mit zunehmenden Anteilen von längeren Fahrzeugen die durchschnittliche Fahrzeuglänge größer ist als oben angenommen. Außerdem bedeutet ein Verkehrszustand im Bereich der Grenzkurve, dass sämtliche Fahrzeuge exakt mit dem minimalen Sicherheitsabstand fahren. Wie man jedoch im täglichen Verkehrsgeschehen unschwer beobachten kann, variieren die tatsächlichen Abstände im Verkehrsfluss ständig, sodass bei dichtem Kolonnenverkehr eine erhebliche Anzahl der Fahrer den Mindestabstand unterschreitet, während ihn andere einhalten. Das mag bei kontinuierlichem Verkehrsablauf und bei guter Witterung gerade noch angehen, bei schlechten Bedingungen nimmt aber die Unfallgefahr außerordentlich zu. Hierin liegt der Grund, weshalb es gerade bei dichtem Verkehr, plötzlich auftretendem Nebel und kaum reduzierten Geschwindigkeiten immer wieder zu massenhaften Auffahrunfällen mit schweren und schwersten Folgen kommt. Wenn also in der Praxis auf einem Fahrstreifen Verkehrsstärken von 2.200 Kfz/h und mehr beobachtet worden sind, wie verschiedene Autoren berichten, dann erscheint das als eine kurzzeitige Leistungsspitze („labiler Verkehrszustand") zwar plausibel, darf andererseits jedoch keinesfalls der Dimensionierung von Straßen zugrunde gelegt werden.

Eine interessante Beobachtung kann man sowohl im Kolonnenverkehr selbst machen als auch aus den gemessenen q-V-Diagrammen ablesen: Nur bei Geschwindigkeiten geringer als V_{krit} halten die Fahrer den erforderlichen Sicherheitsabstand weitgehend ein. Oberhalb von V_{krit} streuen die Fahrzeugabstände sehr stark und der vorgeschriebene Sicherheitsabstand („halber Tachowert") wird häufig unterschritten.

Neuere Forschungen, die auf Computersimulationen des Verkehrsflusses beruhen [16], konstatieren einen Verlauf der oberen Grenzkurve im stabilen Verkehrszustand, wie er in Abb. 4.26 wiedergegeben ist. Auf dieser Art von Leistungsfähigkeitskurven basiert nunmehr der Nachweis der Verkehrsqualität für einbahnige Straßen mit Gegenverkehr nach dem HBS.

Über die Frage nach dem zutreffenden Diagramm für die Kapazität eines Straßenquerschnitts hinaus muss man sich über die Ursachen des Verkehrsstaus bei Überlastung („Stau aus dem Nichts") im Klaren sein. Wie in Abb. 4.26 dargestellt, wird sich bei sehr starkem Verkehrsaufkommen ein Zustand nahe der oberen Grenzkurve des q-V-Diagramms ergeben. Da sich aber ein Verkehrsstrom niemals mit vollkommen gleichbleibenden Abständen zwischen den Fahrzeugen und mit exakt konstanter Geschwindigkeit vorwärts bewegt, treten immer wieder Situationen auf, in denen etwa aus Unaufmerksamkeit und wegen einer erst verspätet wahrgenommenen Geschwindigkeitsverringerung des Vorausfahrenden ein zu kurzer Nettoabstand entsteht, den der Nachfolgende seinerseits durch ein Abbremsen kompensieren muss. Je geringer die Abstände in der Kolonne sind, desto abrupter wird die Verzögerung erfolgen. In der Folge wird die Kolonnengeschwindigkeit geringer, zunächst wegen der Gültigkeit des Kontinuitätsgesetzes noch bei gleichbleibender Verkehrsstärke q. Wenn allerdings die untere Grenzkurve der Leistungsfähigkeit erreicht wird, d. h., wenn die Sicherheitsabstände unterschritten würden, dann muss auch die durchfließende Verkehrsmenge entlang der Kurve für q_{max} geringer werden. Dieser Vorgang verstärkt sich von selbst, bis die Kolonne zum Stillstand gekommen ist. Der „Stau aus dem Nichts" hat sich gebildet.

Bei großer Verkehrsnachfrage wird es immer ein Pendeln der Verkehrszustände um die obere Grenzkurve geben. Solange aber bei konstanter Durchflussmenge q die untere Grenzkurve im aktuellen Verkehrsgeschehen nicht erreicht wird, so lange wird auch kein Stau auftreten. Damit das nicht geschieht, sollte demzufolge der Abstand zwischen dem oberen und dem unteren Grenzzustand der Leistungsfähigkeit möglichst groß sein. Das ist immer dann gegeben, wenn – wie aus Abb. 4.26 deutlich wird – die aktuelle Verkehrsnachfrage q die größtmögliche Leistungsfähigkeit q_{max} eines Straßentyps unter definierten Bedingungen, wie z. B. des Lkw-Anteils oder der Längsneigung der Straße, deutlich unterschreitet. Diesen Überlegungen zufolge genügt es eigentlich, für eine Straße nur die maximale Leistungsfähigkeit anzugeben und die Verkehrsnachfrage so zu begrenzen, dass ein bestimmter Prozentsatz dieser Kapazität („Ausnutzungsgrad") nicht überschritten wird. Nach dem HBS wird der Nachweis der Verkehrsqualität für Autobahnabschnitte außerhalb von Knotenpunkten auf dieser Grundlage geführt, vgl. auch Abschn. 4.3.3.

Die im HBS beschriebenen Verfahren zum Nachweis der Verkehrsqualität von Außerortsstraßen geben den aktuellen Kenntnisstand der Verkehrswissenschaft zu dieser Thematik wieder. Die früher für Regelquerschnitte nach RAS-Q 96 geführten Nachweise können entsprechend für die in den RAA enthaltenen zweibahnigen Regelquerschnitte für Autobahnen angewandt werden. Für einbahnige Regelquerschnitte nach den RAL kommen grundsätzlich die der EKL 3 in Frage.

Ein Problem ist es beim Nachweis der Verkehrsqualität nach HBS, dass die in den Abschn. 4.3.3 und 4.3.4 beschriebenen Verfahren nicht explizit einen Querschnitt als Funktion der Bemessungsverkehrsmenge und der sonstigen Eingabedaten liefern. Deswegen muss zunächst ein Regelquerschnitt angenommen werden, für den anschließend der Nachweis zu führen ist. Zur Vorauswahl des Regelquerschnitts dienen für zweibahnige Straßen die Abb. 4.11 und 4.14 sowie für einbahnige Straßen die Abb. 4.17.

4.3.2 Verkehrsprognose und Verkehrsqualität

Die Eingangsgröße für die Berechnungsverfahren zum Nachweis der Verkehrsqualität ist die Bemessungsverkehrsstärke q_B in Kfz/h, die durch Angaben zum Schwerverkehr (Anteil der Kfz über 3,5 t zulässiges Gesamtgewicht) ergänzt wird. Die Definition der Bemessungsverkehrsmenge und die Möglichkeiten zu ihrer Beschaffung wurden bereits in Abschn. 2.6.2 angegeben.

Straßen sollen jedoch so dimensioniert werden, dass sie auch die durch die absehbare technische und wirtschaftliche Entwicklung zu erwartende Verkehrszunahme bewältigen können. Als Prognosezeitraum gilt i. d. R. der Zeitabschnitt bis 15, manchmal auch 20 Jahre nach Verkehrseröffnung.

Für die Prognose stehen zwei verschiedene Verfahren zur Verfügung, nämlich die Modellprognose und die Trendprognose. Modellprognosen berücksichtigen auch strukturelle Veränderungen und werden nach den Grundsätzen der Verkehrsplanung aufgestellt, s. auch *Mensebach*: Straßenverkehrsplanung – Straßenverkehrstechnik [5]. Für neue Straßenverbindungen im Netz kommt ausschließlich die Modellprognose in Betracht. Ihre Behandlung an dieser Stelle würde jedoch den Rahmen dieses Buches sprengen.

Bei der Trendprognose wird eine Verkehrsentwicklung auf dem betrachteten Straßenabschnitt entsprechend dem allgemeinen Trend angenommen. Dabei wird vorausgesetzt, dass im betrachteten Gebiet weder wesentliche Veränderungen der Infrastruktur – sei es des Straßennetzes oder der Wohn- und Gewerbegebiete – noch im Verhalten der Verkehrsteilnehmer stattfinden. Grundlage der Hochrechnung bilden i. d. R. die Verkehrsmengenkarten des Straßenbaulastträgers, u. U. auch eigene Kurzzeitzählungen mit anschließender Auswertung nach dem HBS.

Die Trendprognose kann nur dann zum Einsatz kommen, wenn die zurückliegende Verkehrsentwicklung der Teilstrecke mit der angenommenen bundesweiten durchschnittlichen Verkehrszunahme übereinstimmt.

4.3.3 Verkehrsqualitäten von Autobahnen und sonstigen zweibahnigen Straßen

Bei der Bewertung der Verkehrsqualität auf Autobahnen wird mit dem später beschriebenen Verfahren die Verkehrsqualität auf Strecken von Autobahnen aus der Nutzersicht bewertet. Wesentliche Kriterien sind dabei die Möglichkeiten der Kraftfahrer, Fahrstreifen und Geschwindigkeit im Rahmen der Streckencharakteristik und der verkehrsrechtlichen Regelungen frei wählen zu können.

Als zusammenfassendes Kriterium wird der Auslastungsgrad x als Maß der Verkehrsqualität verwendet. Dieser hängt von der Verkehrsstärke q und den streckencharakteristischen und betrieblichen Einflussgrößen ab. Der Auslastungsgrad ergibt sich nach folgender Gleichung:

$$x = \frac{q}{C}$$

mit			
	x	Auslastungsgrad	[–]
	q	Verkehrsstärke	[Kfz/h]
	C	Kapazität	[Kfz/h]

Zur Einteilung der Qualitätsstufen des Verkehrsablaufs (QSV) A bis F gelten die Grenzwerte für den Auslastungsgrad nach folgender Tabelle:

QSV	Auslastungsgrad x [-]
A	≤ 0,30
B	≤ 0,55
C	≤ 0,75
D	≤ 0,90 [1)]
E	≤ 1,00
F	> 1,00

[1)] 0,92 für (Teil-)Strecken mit einer Streckenbeeinflussungsanlage (SBA)

Abb. 4.27: Qualitätsstufen des Verkehrsablaufs (QSV) in Abhängigkeit vom Auslastungsgrad

Die Qualitätsstufen des Verkehrsablaufs bedeuten:

QSV A:

Die Kraftfahrer werden äußerst selten von anderen beeinflusst. Der Auslastungsgrad ist sehr gering. Die Fahrer können Fahrstreifen und Geschwindigkeit in dem Rahmen frei wählen, den die streckencharakteristischen Randbedingungen und die verkehrsrechtlichen Vorgaben zulassen.

QSV B:

Es treten Einflüsse durch andere Kraftfahrer auf, die das individuelle Fahrverhalten jedoch nur unwesentlich bestimmen. Der Auslastungsgrad ist gering. Die Fahrer können den Fahrstreifen weitgehend frei wählen. Die Geschwindigkeiten erreichen näherungsweise das von den Fahrern angestrebte Niveau.

QSV C:

Die Anwesenheit der übrigen Kraftfahrzeuge macht sich deutlich bemerkbar. Der Auslastungsgrad liegt im mittleren Bereich. Die individuelle Bewegungsfreiheit ist eingeschränkt. Die Geschwindigkeiten sind nicht mehr frei wählbar. Der Verkehrszustand ist stabil.

QSV D:

Es treten ständige Interaktionen zwischen den Kraftfahrern auf, bis hin zu gegenseitigen Behinderungen. Der Auslastungsgrad ist hoch. Die Möglichkeiten der individuellen Geschwindigkeits- und Fahrstreifenwahl sind erheblich eingeschränkt. Der Verkehrszustand ist noch stabil.

QSV E:

Die Kraftfahrzeuge bewegen sich weitgehend in Kolonnen. Der Auslastungsgrad ist sehr hoch. Bereits geringe oder kurzfristige Zunahmen der Verkehrsstärke können zu Staubildung und Stillstand führen. Es besteht die Gefahr eines Verkehrszusammenbruchs bei kleinen Unregelmäßigkeiten innerhalb des Verkehrsstroms. Der Verkehrszustand ist instabil. Die Kapazität der Richtungsfahrbahn wird erreicht.

QSV F:

Das der Strecke zufließende Verkehrsaufkommen ist größer als die Kapazität. Der Verkehr bricht zusammen, d. h., es kommt stromaufwärts zu Stillstand und Stau im Wechsel mit Stop-and-go-Verkehr. Diese Situation löst sich erst nach einem deutlichen Rückgang der Verkehrsnachfrage wieder auf. Die Richtungsfahrbahn ist überlastet.

Soweit für eine Art einer Straßenverkehrsanlage eine Kapazität bestimmbar ist, entspricht die Grenze zwischen der QSV E und der QSV F dieser Kapazität. Das bedeutet, dass die Anlage in der QSV F überlastet ist. Wo keine Kapazität bestimmbar ist, leitet sich die Grenze zwischen den QSV E und F aus Zumutbarkeitseinschätzungen in Verbindung mit Sicherheitsüberlegungen oder betrieblichen Erfordernissen ab.

Die Vorgabe derartiger Qualitätsstufen verdeutlicht die verkehrlichen Zielvorstellungen, die mit der Planung von Netzergänzungen, dem Ausbau von Strecken und Knotenpunkten, der Steuerung von Verkehrsströmen oder auch einer verkehrspolitisch gewünschten Bevorrechtigung bestimmter Verkehrsarten verfolgt werden. Mit den Verfahren des HBS werden die Auswirkungen solcher Maßnahmen z. B. auf die Fahrtgeschwindigkeiten bzw. Beförderungsgeschwindigkeiten oder auf die Wartezeiten bei verkehrsbedingten Halten aufgezeigt. Die Ergebnisse der Verfahren des HBS können durch die Zuordnung zu den sechs Qualitätsstufen von A bis F der Politik und der Öffentlichkeit verständlich vermittelt werden. Die Entscheidungsfindung wird transparent. Die ermittelten Qualitätsstufen sind allerdings nur vergleichbar, wenn die in den Verfahren des HBS verwendete Verkehrsnachfrage gemäß den im HBS standardisierten Vorgehensweisen ermittelt wird.

Das HBS verzichtet auf eine Aussage, welche Qualitätsstufe des Verkehrsablaufs für eine bestimmte Art der Verkehrsanlage angemessen ist. Eine solche Festlegung bleibt dem Baulastträger vorbehalten, der diese Entscheidung projektspezifisch unter Berücksichtigung der politischen oder gesellschaftlichen Zielsetzungen, der Kosten und der Wirkungen einer Maßnahme trifft.

Einflussgrößen

Lage und Funktion

- Strecken innerhalb von Ballungsräumen (bessere Einschätzung der Verkehrssituation)
- Strecken außerhalb von Ballungsräumen

Querschnitt

- Anzahl der Fahrstreifen (wesentlicher Einfluss auf Kapazität, Verkehrsqualität und mittlere erreichbare Pkw-Fahrtgeschwindigkeit)

Linienführung

- Richtliniengerechter Entwurf bewirkt keine Auswirkungen auf die Verkehrsqualität
- Längsneigung hat wesentliche Auswirkungen auf die Fahrtgeschwindigkeiten

Steuerungsbedingungen

- Beschränkung der zulässigen Höchstgeschwindigkeit
- Streckenbeeinflussungsanlagen (SBA) bewirken seltenere Instabilitäten des Verkehrs
- Temporäre Seitenstreifenfreigabe (TSF) zur bedarfsabhängigen Erhöhung der Kapazität
- Lkw-Überholverbot an Steigungsstrecken zur Steigerung der Verkehrsqualität

Verkehrsstärke und Schwerverkehrsanteil

- Haben wesentlichen Einfluss auf die Verkehrsqualität

Umfeldbedingungen

- Nässe und Dunkelheit bewirken eine Reduzierung der Fahrtgeschwindigkeiten

Festlegung von Strecken

Strecken sind Teile von Richtungsfahrbahnen zwischen benachbarten Knotenpunkten.

Die Länge der Strecke ergibt sich aus dem Abstand der Knotenpunkte. Dabei sind in den Streckenlängen die Knotenpunktbereiche enthalten.

Für die Anwendung des Verfahrens muss der effektive Knotenpunktabstand nach den RAA mindestens 600 m lang sein. Wird diese Länge nicht erreicht, so ist die Verkehrsqualität nach dem Verfahren für Autobahnknotenpunkte zu bewerten.

Festlegung von Teilstrecken

Die Verkehrsqualität und die erreichbaren mittleren Pkw-Fahrtgeschwindigkeiten sind von den verschiedenen Einflussgrößen abhängig.

Strecken werden deshalb dort in Teilstrecken unterteilt, wo sich eine dieser Einflussgrößen erheblich ändert. Maßgebend sind dabei im Allgemeinen die Anzahl der Fahrstreifen, die Längsneigung und die Steuerungsbedingungen.

Eine Strecke wird zunächst dort in Teilstrecken unterteilt, wo sich die Anzahl der Fahrstreifen ändert oder eine TSF beginnt bzw. endet.

Jede so festgelegte Teilstrecke wird anschließend in Teilstrecken mit konstanter Längsneigung untergliedert, wobei Bereiche mit Längsneigungen $s \leq 2$ % und Gefälle zusammengefasst werden. Kuppen- und Wannenausrundungen werden dabei vernachlässigt.

Zur Anwendung des Verfahrens müssen Teilstrecken mit Längsneigungen $s > 2$ % mindestens 500 m lang sein.

Bereiche mit unterschiedlicher Längsneigung können zu Teilstrecken zusammengefasst werden, wenn nur dadurch die Mindestlänge von 500 m eingehalten werden kann. Dabei wird eine längengewichtete mittlere Längsneigung für die zusammengefasste Teilstrecke angesetzt.

Die so gebildeten Teilstrecken werden weiter untergliedert, wenn unterschiedliche Steuerungsbedingungen vorliegen (Geschwindigkeitsbeschränkungen bzw. SBA) oder wenn die Teilstrecke teilweise in einem Tunnel verläuft.

Eine Geschwindigkeitsbeschränkung oder SBA wird dabei nur berücksichtigt, wenn sie auf einer Länge von mindestens 2.000 m oder – bei einer Länge der Strecke von unter 2.000 m – über die gesamte Strecke angeordnet ist.

In Bereichen, in denen die zulässige Höchstgeschwindigkeit stufenweise herabgesetzt wird, wird die geringste zulässige Höchstgeschwindigkeit für den gesamten Bereich angesetzt.

Eine aufgrund einer Geschwindigkeitsbeschränkung oder SBA notwendige Teilstrecke kann auf beiden Seiten um bis zu 500 m verkürzt werden, wenn dadurch ihr Anfang oder Ende mit einer bereits aus anderen Gründen (Knotenpunkt, Änderung der Fahrstreifenanzahl oder der Längsneigung) gebildeten Teilstrecke zusammenfällt.

Bestimmung der Verkehrsstärken

Um das Verfahren anwenden zu können, müssen die Bemessungsverkehrsstärke q_B und der bemessungsrelevante SV-Anteil b_{SV} bekannt sein.

Verfahrensablauf

Die Bewertung der Verkehrsqualität erfolgt für jede Richtungsfahrbahn getrennt.

Zunächst wird für jede gebildete Teilstrecke mit den vorhandenen Kapazitäten der Auslastungsgrad ermittelt sowie die zugehörige Qualitätsstufe bestimmt.

Anschließend erfolgt eine Zusammenfassung der Bewertungsergebnisse für die Strecke.

Kapazitäten

Die Kapazitäten C von Teilstrecken sind unter Berücksichtigung der maßgebenden Einflussgrößen

- Fahrstreifenanzahl,
- Längsneigung s,
- Geschwindigkeitsregelung,
- Lage in Bezug zu Ballungsräumen und
- bemessungsrelevanter SV-Anteil b_{SV}

in Abb. 4.28 und Abb. 4.29 angegeben.

Die Abb. 4.28 enthält die Kapazitätswerte für Teilstrecken mit Längsneigungen $s \leq 2$ %. Die Werte für Teilstrecken ohne Beschränkung der zulässigen Höchstgeschwindigkeit (Richtgeschwindigkeit) werden auch für Teilstrecken mit einer zulässigen Höchstgeschwindigkeit von 130 km/h verwendet.

Die Abb. 4.29 enthält die Kapazitätswerte für Teilstrecken mit Längsneigungen $s \geq 3$ %. Die hier genannten Kapazitäten gelten unabhängig von einer gegebenenfalls angeordneten Beschränkung der zulässigen Höchstgeschwindigkeit sowie – unter der Voraussetzung der erforderlichen Mindestlänge einer Teilstrecke von 500 m – unabhängig von der Länge der Steigungsstrecke.

Die Kapazitäten gelten für 1-Stunden-Intervalle. Zwischenwerte werden interpoliert. Für Teilstrecken mit Längsneigungen zwischen $s = 2$ % und $s = 3$ % ist zwischen den für die sonstigen Einflussgrößen jeweils geltenden Werten nach Abb. 4.28 und Abb. 4.29 zu interpolieren.

Fahr-strei-fen-anzahl	Geschwindigkeits-beschränkung	Kapazität C [Kfz/h]							
		außerhalb von Ballungsräumen				innerhalb von Ballungsräumen			
		SV-Anteil b_{SV}				SV-Anteil b_{SV}			
		≤ 5 %	10 %	20 %	30 %	≤ 5 %	10 %	20 %	30 %
2	ohne	3700	3600	3400	3200	3900	3800	3600	3400
	T120	3800	3700	3500	3300	3900	3800	3600	3400
	T100/T80/SBA	3800	3700	3500	3300	4000	3900	3700	3500
	Tunnel	3700	3600	3400	3200	3900	3800	3600	3400
3	ohne	5300	5200	4900	4600	5700	5500	5200	4900
	T120	5400	5300	5000	4700	5700	5500	5200	4900
	T100/T80/SBA	5400	5300	5000	4700	5800	5600	5300	5000
	Tunnel	5300	5200	4900	4600	5700	5500	5200	4900
4	ohne	7300	7100	6700	6300	7800	7600	7100	6600
	T120	7400	7200	6800	6400	7800	7600	7100	6600
	T100/T80/SBA	7400	7200	6800	6400	8000	7800	7300	6800
2+TSF	T100/SBA	4700	4600	4400	4200	5200	5000	4700	4400
3+TSF	T100/SBA	6300	6200	5900	5600	7000	6800	6400	6000

Abb. 4.28: Kapazität von Teilstrecken mit Längsneigungen s ≤ 2 %

Fahr-strei-fen-anzahl	Längsneigung s	Kapazität C [Kfz/h]							
		außerhalb von Ballungsräumen				innerhalb von Ballungsräumen			
		SV-Anteil b_{SV}				SV-Anteil b_{SV}			
		≤ 5 %	10 %	20 %	30 %	≤ 5 %	10 %	20 %	30 %
2	3 %	3600	3500	3300	3100	3800	3700	3500	3300
	4 %	3400	3300	3100	2900	3600	3500	3300	3100
	5 %	3100	3000	2800	2600	3300	3200	3000	2800
3	3 %	5200	5100	4800	4500	5600	5400	5100	4800
	4 %	4900	4800	4500	4200	5300	5100	4800	4500
	5 %	4500	4400	4100	3800	4900	4700	4400	4100
4	3 %	7100	6900	6500	6100	7600	7400	6900	6400
	4 %	6800	6600	6200	5800	7300	7100	6600	6100
	5 %	6200	6000	5600	5200	6700	6500	6000	5500
2+TSF	3 %	4600	4500	4300	4100	5100	4900	4600	4300
	4 %	4400	4300	4100	3900	4900	4700	4400	4100
	5 %	4100	4000	3800	3600	4600	4400	4100	3800
3+TSF	3 %	6200	6100	5800	5500	6900	6700	6300	5900
	4 %	5900	5800	5500	5200	6600	6400	6000	5600
	5 %	5500	5400	5100	4800	6200	6000	5600	5200

Abb. 4.29: Kapazität von Teilstrecken mit 3 %, 4 % und 5 % Längsneigung (unabhängig von einer gegebenenfalls angeordneten Geschwindigkeitsbeschränkung)

Bewertung der Verkehrsqualität einer Strecke

Zur Bewertung der Verkehrsqualität einer Strecke, die sich aus mehreren Teilstrecken zusammensetzt, wird für jede Teilstrecke i der ermittelte Auslastungsgrad x_i in ein Gewichtungsmaß G_i transformiert.

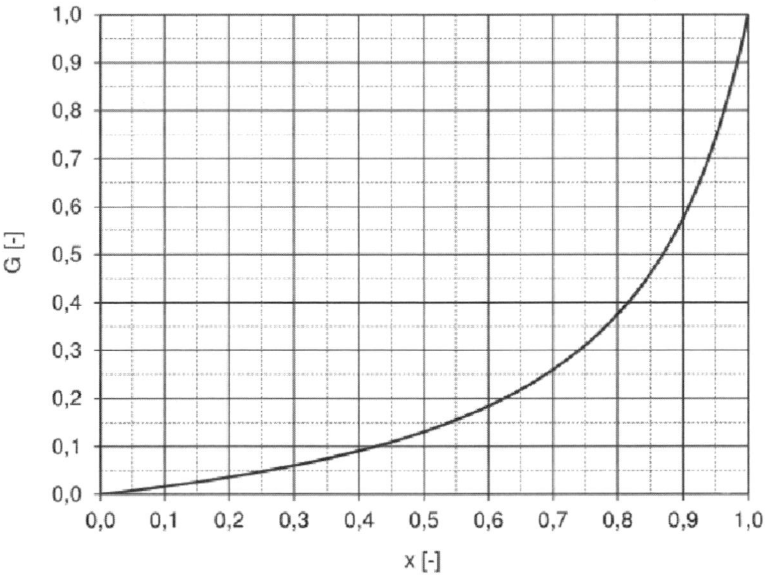

Abb. 4.30: Zusammenhang zwischen Auslastungsgrad x und Gewichtungsmaß G

Das Gewichtungsmaß *G* einer Strecke der Länge *L*, die sich aus mehreren Teilstrecken der Längen L_i zusammensetzt, ergibt sich als längengewichteter Mittelwert der Gewichtungsmaße G_i der Teilstrecken i nach folgender Gleichung:

$$G = \frac{\sum_{i=1}^{n} (G_i \cdot L_i)}{L}$$

mit			
	G	Gewichtungsmaß für die Strecke	[–]
	n	Anzahl der Teilstrecken	[–]
	G_i	Gewichtungsmaß für die Teilstrecke i nach Abb. 4.30	[–]
	L_i	Länge der Teilstrecke i	[m]
	L	Länge der Strecke	[m]

Aus dem Gewichtungsmaß *G* für die Strecke wird mit Abb. 4.30 der längengewichtete Auslastungsgrad *x* der Strecke ermittelt. Die Qualitätsstufe des Verkehrsablaufs für die Strecke ergibt sich in Abhängigkeit vom Auslastungsgrad *x* der Strecke nach Abb. 4.27. Der erhöhte Grenzwert des Auslastungsgrads der QSV D für Strecken mit SBA (vgl. Fußnote zu Abb. 4.27) darf dabei nur dann angesetzt werden, wenn alle Teilstrecken einer Strecke mit einer SBA ausgestattet sind. Sofern für eine oder mehrere Teilstrecken die QSV F ermittelt wurde, wird der Verkehrsablauf auf der gesamten Strecke mit der QSV F bewertet.

Ermittlung der Fahrtgeschwindigkeiten

Eingangsgrößen für die Bewertung der Angebotsqualität von Netzabschnitten im Zuge von Autobahnen sind die mittleren Pkw-Fahrtgeschwindigkeiten auf den Strecken eines Netzabschnitts.

Zur Ermittlung der mittleren Pkw-Fahrtgeschwindigkeit auf einer Strecke in der betrachteten Richtung müssen die mittleren Pkw-Fahrtgeschwindigkeiten auf jeder Teilstrecke bestimmt werden. Hieraus ergibt sich dann die mittlere Pkw-Fahrtgeschwindigkeit auf einer Strecke.

Die mittlere Pkw-Fahrtgeschwindigkeit einer Teilstrecke wird unter Berücksichtigung der nachstehend maßgebenden Einflussgrößen ermittelt:

- Fahrstreifenanzahl,
- Längsneigung s,
- Geschwindigkeitsregelung,
- Lage in Bezug zu Ballungsräumen,
- bemessungsrelevanter SV-Anteil b_{SV}.

Bei kurzen Steigungsstrecken ($s > 2$ %) ist anstelle der tatsächlichen Längsneigung s ein Effektivwert s_{eff} anzusetzen, der sich als Summe der Längsneigung und des Korrekturwerts nach folgender Gleichung ergibt:

$$s_{\mathrm{eff,i}} = s_{\mathrm{i}} + s_{\mathrm{korr,i}}$$

mit			
	$s_{\mathrm{eff,i}}$	effektive Längsneigung der Teilstrecke i	[%].
	s_{i}	Längsneigung der Teilstrecke i (aus Höhenplan)	[%]
	$s_{\mathrm{korr,i}}$	Korrekturwert der Längsneigung nach Abb. 4.31 mit	[%]
	L_{i}	Länge der Teilstrecke i	[m]
	Δs	$\max\{s_i, 2\} - \max\{s_{i-1}, 2\}$	[%]

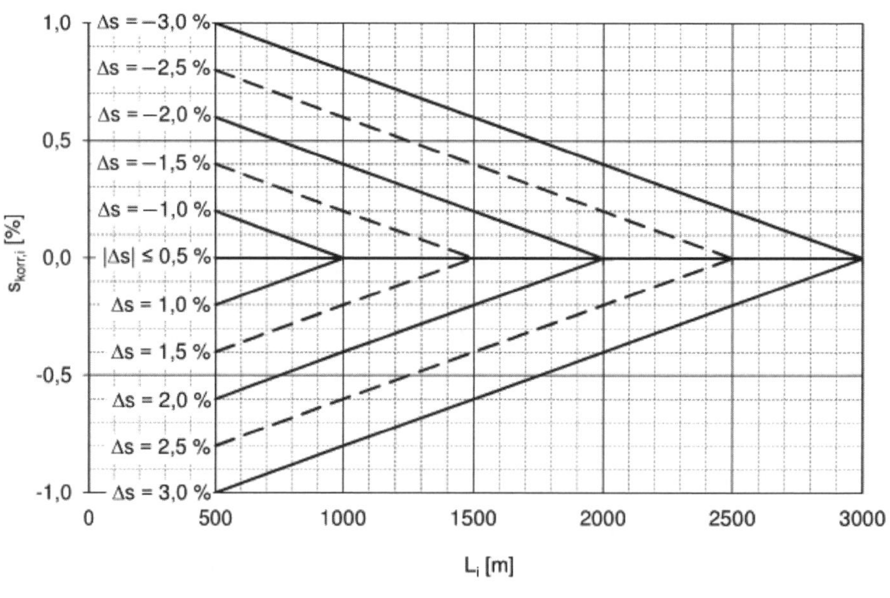

Abb. 4.31: Korrekturwert der Längsneigung $s_{korr,i}$ in Abhängigkeit von der Länge L_i der Teilstrecke i und der Längsneigungsdifferenz Δs zur vorausgehenden Teilstrecke i-1.

Fahrtgeschwindigkeit auf einer Teilstrecke

Die mittlere Pkw-Fahrtgeschwindigkeit auf einer Teilstrecke wird in Abhängigkeit von der Bemessungsverkehrsstärke und dem bemessungsrelevanten SV-Anteil unter Berücksichtigung der Längsneigung mit Hilfe der nachfolgend angegebenen q-V-Beziehungen ermittelt. Dabei wird zwischen den q-V-Beziehungen der angrenzenden ganzzahligen Längsneigungen und SV-Anteile interpoliert.

Die q-V-Beziehungen gelten für 1-Stunden-Intervalle. Eine Übertragung auf andere Zeitintervalle ist nicht zulässig.

Fahrtgeschwindigkeit auf einer Strecke

Die mittlere Pkw-Fahrtgeschwindigkeit V_F auf einer Strecke der Länge L ergibt sich aus dem mit den Teilstreckenlängen L_i gewichteten harmonischen Mittelwert der mittleren Pkw-Fahrtgeschwindigkeiten $V_{F,i}$ auf den einzelnen Teilstrecken nach folgender Gleichung:

$$V_F = \frac{L}{\sum_{i=1}^{n} \frac{L_i}{V_{F,i}}}$$

mit			
	V_F	mittlere Pkw-Fahrtgeschwindigkeit auf der Strecke	[km/h]
	L	Länge der Strecke	[m]
	N	Anzahl der Teilstrecken	[–].
	L_i	Länge der Teilstrecke i	[m]
	$V_{F,i}$	mittlere Pkw-Fahrtgeschwindigkeit auf der Teilstrecke i	[km/h]

Spezifische Parameter

Die in Abb. 4.28 und Abb. 4.29 angegebenen Kapazitäten repräsentieren Bemessungswerte, die im Einzelfall aufgrund spezifischer Randbedingungen von den tatsächlichen Werten abweichen können. Sofern bei einer Bewertung der Qualität des Verkehrsablaufs auf vorhandenen Strecken von Autobahnen empirische Daten, z. B. von automatischen Dauerzählstellen, verfügbar sind, können diese zur Überprüfung der Bemessungsergebnisse herangezogen werden.

Voraussetzung dafür ist, dass Daten von einer Messstelle im Zuge der betrachteten Teilstrecke über einen Zeitraum von mindestens einem Jahr vorliegen. Sofern mindestens 5 % der in 1-Stunden-Intervallen gemessenen Verkehrsstärken über der entsprechenden Kapazität nach Abb. 4.28 und Abb. 4.29 liegen, kann anstelle dieser Kapazität das 95. Perzentil der gemessenen Verkehrsstärken angesetzt werden. Das 95. Perzentil der Verkehrsstärke ist als Mindestwert der Kapazität anzusehen, d. h., der Perzentilwert darf nur dann angesetzt werden, wenn er größer als die Kapazität nach Abb. 4.28 und Abb. 4.29 ist.

Das Verhältnis des 95. Perzentils der Verkehrsstärken und der Kapazität nach Abb. 4.28 oder Abb. 4.29 kann bei der Bewertung von Ausbauvorhaben auf den Planfall übertragen werden, sofern durch den Ausbau – abgesehen von der Fahrstreifenanzahl – die maßgebenden Einflussgrößen (vgl. Abschn. 4.3.3) unverändert bleiben.

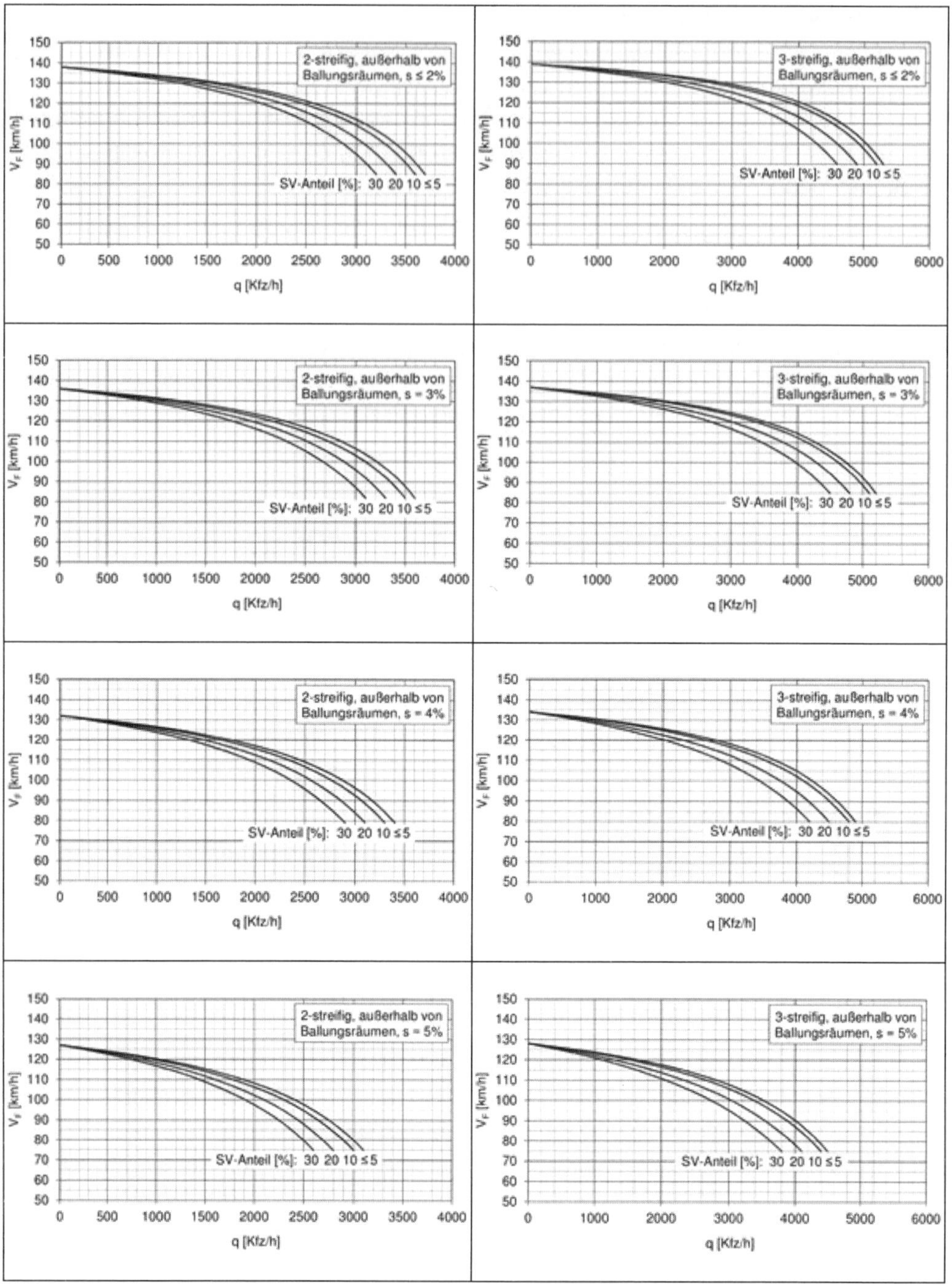

Abb. 4.32: Mittlere Pkw-Fahrtgeschwindigkeit V_F für Teilstrecken von Richtungsfahrbahnen ohne Beschränkung der zulässigen Höchstgeschwindigkeit (Richtgeschwindigkeit) bzw. mit einer zulässigen Höchstgeschwindigkeit von 130 km/h außerhalb von Ballungsräumen

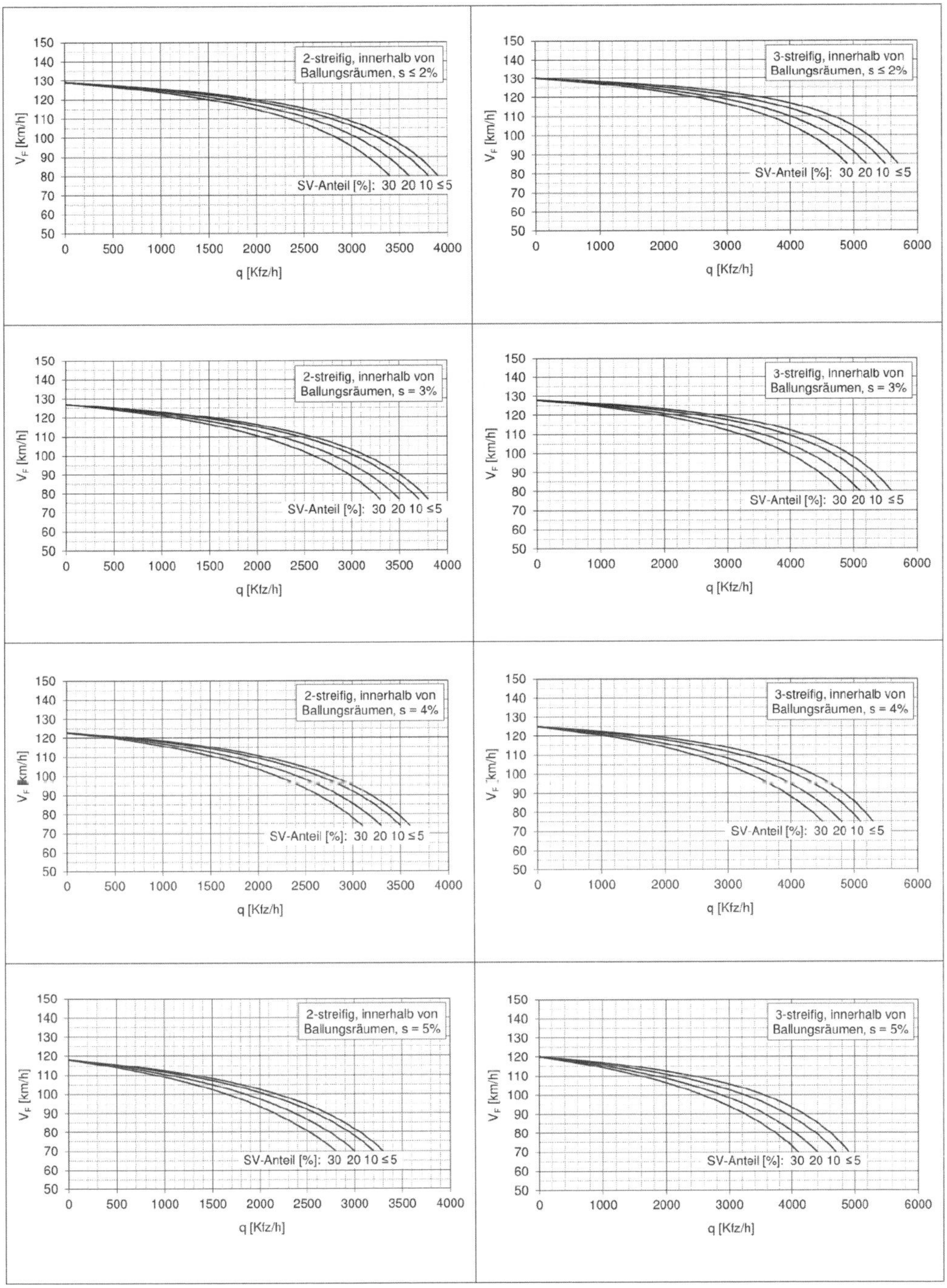

Abb. 4.33: Mittlere Pkw-Fahrtgeschwindigkeit V_F für Teilstrecken von Richtungsfahrbahnen ohne Beschränkung der zulässigen Höchstgeschwindigkeit (Richtgeschwindigkeit) bzw. mit einer zulässigen Höchstgeschwindigkeit von 130 km/h innerhalb von Ballungsräumen

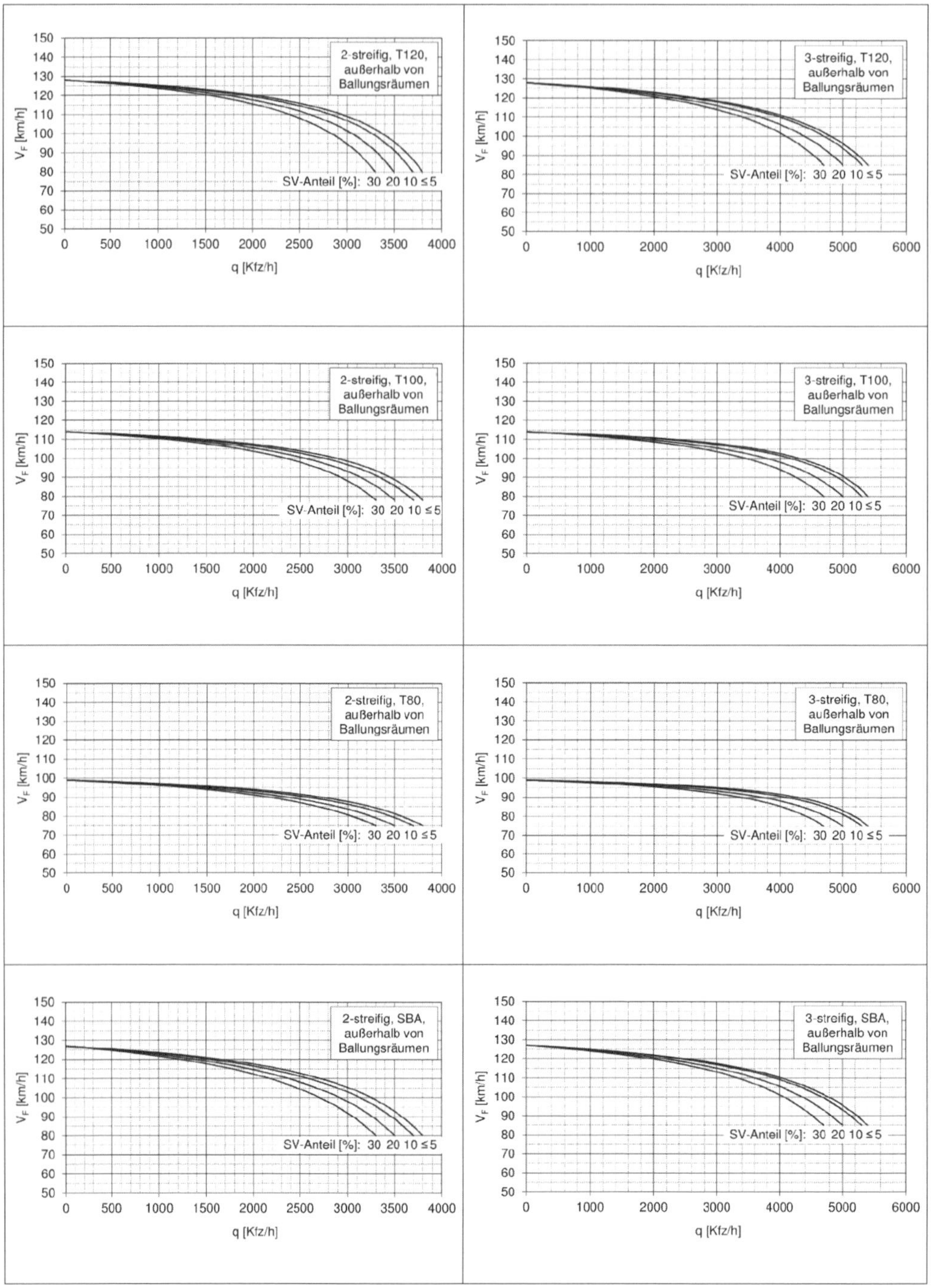

Abb. 4.34: Mittlere Pkw-Fahrtgeschwindigkeit V_F für Teilstrecken auf Richtungsfahrbahnen und Längsneigungen $s \leq 2$ % mit Beschränkung der zulässigen Höchstgeschwindigkeit außerhalb von Ballungsräumen

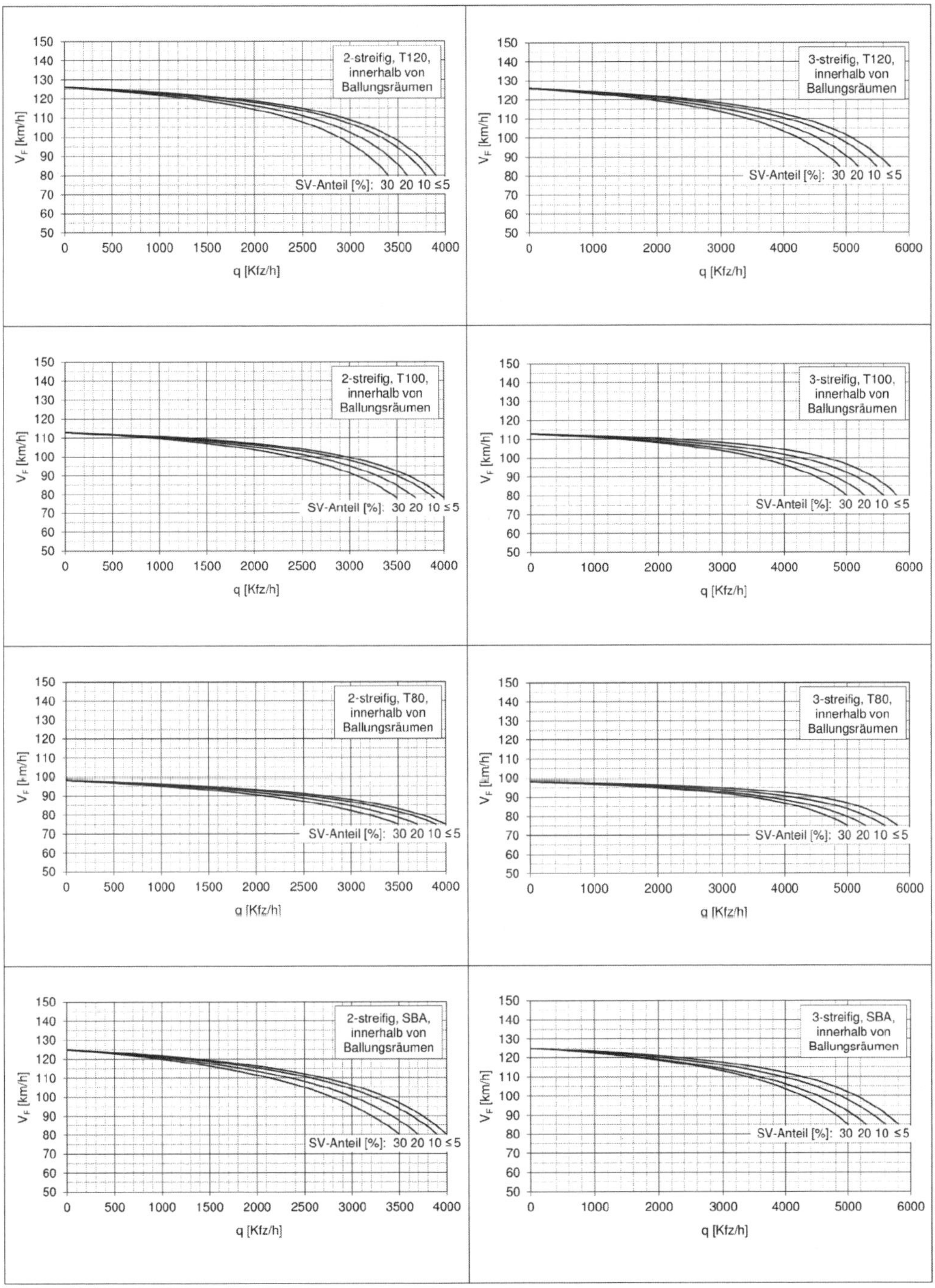

Abb. 4.35: Mittlere Pkw-Fahrtgeschwindigkeit V_F für Teilstrecken auf Richtungsfahrbahnen und Längsneigungen $s \leq 2$ % mit Beschränkung der zulässigen Höchstgeschwindigkeit innerhalb von Ballungsräumen

Weitere Diagramme sind für vierstreifige Richtungsfahrbahnen im HBS zusammengestellt.

Die Arbeitsschritte für das Berechnungsverfahren zum Nachweis der Verkehrsqualität und zur Ermittlung der mittleren Pkw-Fahrtgeschwindigkeit auf einer Strecke nach Abb. 4.36 werden hier zusammengefasst. Die Wiedergabe der notwendigen Arbeitsschritte mittels einer Checkliste soll die praktische Anwendung des Verfahrens erleichtern. Im Einzelnen soll wie folgt vorgegangen werden:

1. Berechnung der Bemessungsverkehrsstärke q_B einschließlich des bemessungsrelevanten SV-Anteils b_{SV} in der maßgebenden Bemessungsstunde (Zeilen 1 und 2).
2. Festlegung der zu bewertenden Strecke mit Bildung von Teilstrecken i mit jeweils gleichbleibender Ausprägung der Einflussgrößen Fahrstreifenanzahl, Längsneigung und Geschwindigkeitsregelung (Zeilen 3 bis 8).
3. Festlegung der angestrebten Qualitätsstufe des Verkehrsablaufs nach den Vorgaben des Straßenbaulastträgers (Zeile 9).
4. Ermittlung der Kapazitäten C_i aus den Abb. 4.28 und Abb. 4.29 (Zeile 10).
5. Berechnung der Auslastungsgrade x_i (Zeile 11).
6. Ermittlung der Qualitätsstufen QSV_i (Zeile 12).
7. Ermittlung der Gewichtungsmaße G_i (Zeile 13).
8. Bewertung der gesamten Strecke mit dem Gewichtsmaß G, dem Auslastungsgrad x und der Qualitätsstufe QSV (Zeilen 14 bis 16).
9. Festlegung der Straßenkategorie aus den Vorgaben der Straßennetzgestaltung nach den RIN 2008.
10. Bei kurzen Steigungsstrecken: Berechnung der effektiven Längsneigungen $s_{eff,i}$ aus dem Korrekturwert der Längsneigung $s_{korr,i}$ und der tatsächlich vorhandenen Längsneigung (Zeilen 18 und 19).
11. Ermittlung der auf den einzelnen Teilstrecken erreichbaren mittleren Pkw-Fahrtgeschwindigkeiten $V_{F,i}$ (Zeile 20).
12. Ermittlung der auf der gesamten Strecke erreichbaren mittleren Pkw-Fahrtgeschwindigkeit V_F aus den mittleren Pkw-Fahrtgeschwindigkeiten $V_{F,i}$ (Zeile 21).

Korrekturwert der Längsneigung

Die Funktion zur Ermittlung des Korrekturwerts der Längsneigung $s_{korr,i}$ beschreibt folgende Gleichung:

$$S_{korr,i} = \begin{cases} \min\{-0{,}4(\Delta s - 0{,}001 \cdot L_i), 0\} & \text{für } \Delta s \geq 0 \\ \max\{-0{,}4(\Delta s + 0{,}001 \cdot L_i), 0\} & \text{für } \Delta s < 0 \end{cases}$$

mit			
	$s_{korr,i}$	Korrekturwert der Längsneigung für die Strecke i	[%]
	$\Delta s = s_i - s_{i-1}$	Neigungsdifferenz der Teilstrecken i und i-1	[%]
	L_i	Länge der Teilstrecke i	[m]

Verkehrsqualität und mittlere Pkw-Fahrtgeschwindigkeit auf einer Strecke								
Strecke:								
Teilstrecke i								
Grundlagen	1	Bemessungsverkehrsstärke q_B	[km/h]					
	2	bemessungsrelevanter SV-Anteil b_{SV}	[%]					
	3	Lage	[–]					
	4	Länge der Strecke L	[m]					
	5	Länge der Teilstrecke L_i	[m]					
	6	Fahrstreifenanzahl der Richtungsfahrbahn	[–]					
	7	Längsneigung s_i (aus Höhenplan)	[%]					
	8	Geschwindigkeitsbeschränkung	[km/h]					
Nachweis der Verkehrsqualität	9	angestrebte Qualitätsstufe QSV						
	10	Kapazität C_i	[Kfz/h]					
	11	Auslastungsgrad x_i	[–]					
	12	Qualitätsstufe QSV_i						
	13	Gewichtungsmaß G_i	[–]					
	14	Gewichtungsmaß G	[–]					
	15	gewichteter Auslastungsgrad x	[–]					
	16	Qualitätsstufe QSV						
Ermittlung der Pkw-Fahrtgeschwindigkeit	17	Straßenkategorie	[–]					
	18	Korrekturwert der Längsneigung $s_{korr,i}$	[%]					
	19	effektive Längsneigung $s_{eff,i}$ (Zeile 7 + Zeile 18)	[%]					
	20	mittlere Pkw-Fahrtgeschwindigkeit $V_{F,i}$	[km/h]					
	21	mittlere Pkw-Fahrtgeschwindigkeit V_F	[km/h]					

Abb. 4.36: Formular zum Nachweis der Verkehrsqualität und zur Ermittlung der mittleren Pkw-Fahrtgeschwindigkeit auf Richtungsfahrbahnen (Autobahnen)

Berechnungsbeispiel

Für eine 8,0 km lange Autobahnstrecke zwischen den Anschlussstellen A und B, die aufgrund der Verkehrsfunktion im Netz in die Kategorie AS II eingestuft und der Entwurfsklasse EKA 1 B zugeordnet ist, soll die Qualität des Verkehrsablaufs und die mittlere Pkw-Fahrtgeschwindigkeit ermittelt werden. Die Strecke mit einer Bemessungsverkehrsstärke von 3.600 Kfz/h und einem Lkw-Anteil von 10 % für die betrachtete Fahrtrichtung von A nach B liegt innerhalb von Ballungsräumen.

Der Querschnitt (Anzahl der Fahrstreifen), die Linienführung (Längsneigungen) und die Steuerungsbedingungen (zulässige Höchstgeschwindigkeit) sind aus Abb. 4.37 ersichtlich. Daraus ist die Gradiente aus dem entsprechenden Höhenplan ersichtlich, wobei die Kuppen- und Wannenausrundungen vernachlässigt werden.

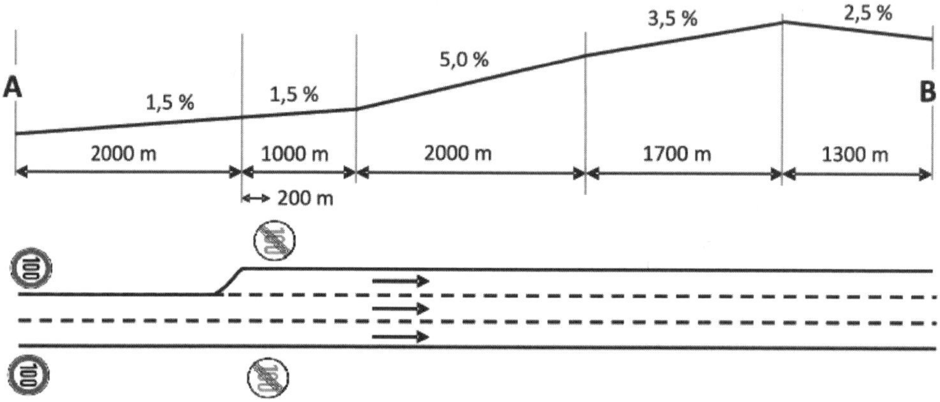

Abb. 4.37: Schematischer Lage- und Höhenplan

Eine Strecke wird zunächst dort in Teilstrecken unterteilt, wo sich die Anzahl der Fahrstreifen ändert (Abb. 4.37).

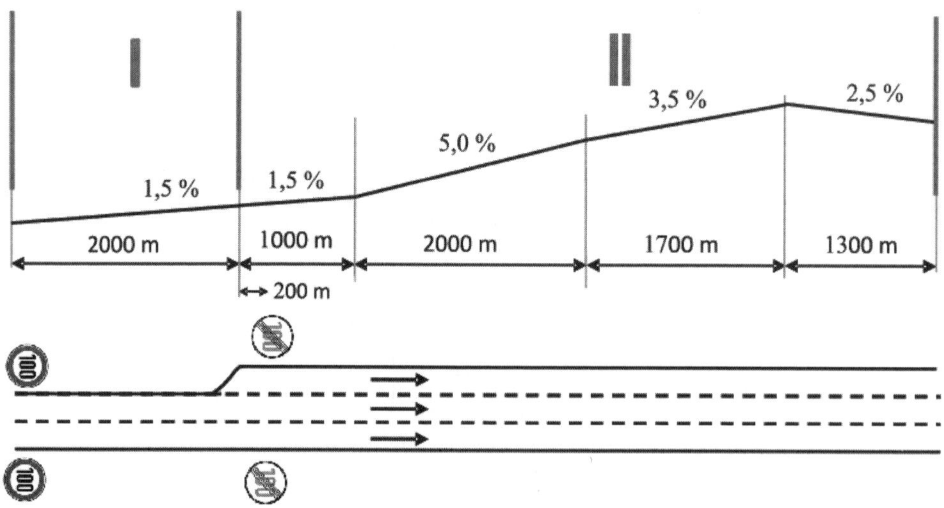

Abb. 4.38: Teilstrecken nach Anzahl der Fahrstreifen

Jede dieser Teilstrecken wird anschließend in weitere Teilstrecken mit konstanter Längsneigung untergliedert. Dabei werden Bereiche mit Längsneigung $s \leq 2$ % und Gefälle zusammengefasst sowie die Kuppen- und Wannenausrundungen vernachlässigt (Abb. 4.39).

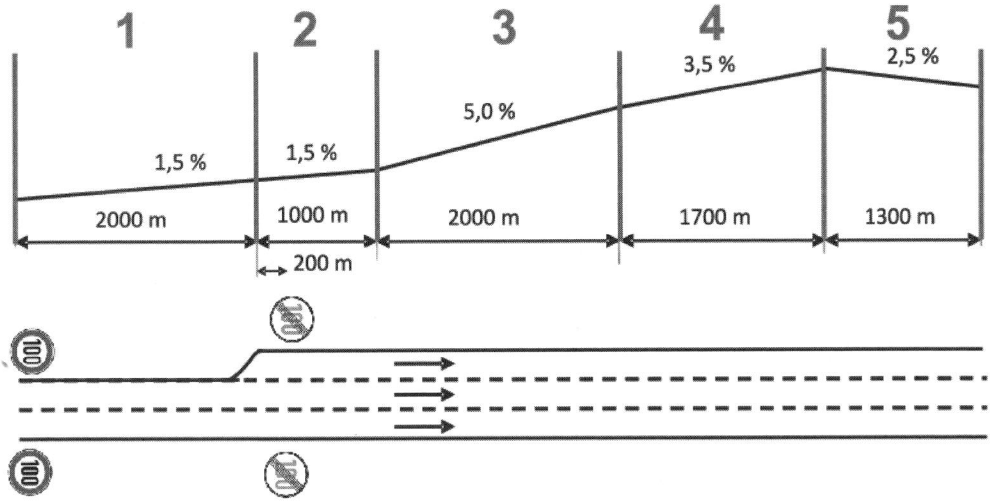

Abb. 4.39: Teilstrecken nach Anzahl der Fahrstreifen und Längsneigungen

Danach werden die Teilstrecken nach den Steuerungsbedingungen (zul. Höchstgeschwindigkeit SBA, TSF, Tunnel) weiter untergliedert. Eine Geschwindigkeitsbeschränkung oder SBA wird dabei nur berücksichtigt, wenn sie auf einer Länge von mindestens 2.000 m angeordnet ist. Zudem kann eine so notwendige Teilstrecke auf beiden Seiten um bis zu 500 m verkürzt werden, wenn dadurch ihr Anfang oder Ende mit einer bereits aus anderen Gründen (Knotenpunkt, Änderung der Fahrstreifenzahl, Längsneigung) gebildeten Teilstrecke zusammenfällt. Dies ist im vorliegenden Beispiel der Fall, da ansonsten zu Beginn des dreistreifigen Bereichs wegen der zulässigen Höchstgeschwindigkeit sich eine eigene Teilstrecke von 200 m Länge ergeben würde. Die endgültige Einteilung der Teilstrecken entspricht somit der Abb. 4.39.

Danach ergeben sich folgende Eingangsgrößen:

Länge der Strecke L	[m]	8.000				
Länge der Teilstrecke L_i	[m]	2.000	1.000	2.000	1.700	1.300
Fahrstreifenanzahl der Richtungsfahrbahn	[–]	2	3	3	3	3
Längsneigung s_i (aus Höhenplan)	[%]	1,5	1,5	5,0	3,5	–2,5
Geschwindigkeits-beschränkung	[km/h]	T100	–	–	–	–

Außerdem setzt das Bemessungsverfahren voraus, dass die Mindestlänge einer Teilstrecke 500 m beträgt. Diese Voraussetzung ist im vorliegenden Fall erfüllt. Die Eingangsgrößen sowie die angestrebte Qualitätsstufe werden in das Formblatt Abb. 4.41 (Zeile 1 bis 9) eingetragen.

Nun wird die Kapazität C_i (Zeile 10) für die Teilstrecken 1, 2 und 5 mit einer Längsneigung $s \leq 2$ % in Abhängigkeit von Fahrstreifenanzahl, Geschwindigkeit, Lage (Bezug zu Ballungsräumen) und Schwerverkehrsanteil aus der Abb. 4.28 abgelesen.

Für die Teilstrecken 3 und 4 mit einer Längsneigung $s \geq 3$ % wird die Kapazität C_i (Zeile 10) in Abhängigkeit von Fahrstreifenanzahl, Geschwindigkeit, Lage und Schwerverkehrsanteil aus der Abb. 4.29 abgelesen. Dabei muss, da die Längsneigung in Teilstrecke 4 nicht ganzzahlig ist, zwischen den benachbarten Werten wie folgt interpoliert werden:

- C_4 für 3 Fahrstreifen, $s = 3$ %, innerhalb von Ballungsräumen 5.400 Kfz/h
- C_4 für 3 Fahrstreifen, $s = 4$ %, innerhalb von Ballungsräumen 5.100 Kfz/h
- Interpolation: $C_4 = 5.400 + \frac{5.400 - 5.100}{3,0 - 4,0}(3,5 - 3,0) =$ 5.250 Kfz/h

Anschließend wird für jede Teilstrecke der Auslastungsgrad x_i berechnet und in die Zeile 11 eingetragen. Für die Teilstrecke 1 gilt:

$$x_1 = \frac{b_{SV}}{C_1} = \frac{3.600}{3.900} = 0,92$$

Für die anderen Teilstrecken erfolgt die Berechnung analog. Nun kann anhand des Auslastungsgrades die Verkehrsqualität für jede Teilstrecke QSV_i gemäß Abb. 4.27 bestimmt werden (Zeile 12).

Setzt sich eine Strecke, wie im vorliegenden Beispiel, aus mehreren Teilstrecken zusammen, so wird mit Hilfe der Abb. 4.30 der für jede Teilstrecke ermittelte Auslastungsgrad x_i in ein Gewichtungsmaß G_i transformiert und in Zeile 13 eingetragen.

Das Gewichtungsmaß für die Strecke G (Zeile 14) wird dann mit der Gleichung

$$G = \frac{\sum_{i=1}^{n}(G_i\ L_i)}{L}$$ berechnet. So ergibt sich:

$$G = \frac{0,63 \cdot 2.000 + 0,22 \cdot 1.000 + 0,33 \cdot 2.000 + 0,25 \cdot 1.700 + 0,22 \cdot 1.300}{2.000 + 1.000 + 2.000 + 1.700 + 1.300} = 0,36$$

Der sich daraus ergebende gewichtete Auslastungsgrad x wird aus der Abb. 4.30 abgelesen und in die Zeile 15 eingetragen. Dabei ist das Gewichtungsmaß G die Eingangsgröße.

Die zugehörige Qualitätsstufe des Verkehrsablaufs für die Strecke (Zeile 16) wird gemäß Abb. 4.27 bestimmt.

Bei kurzen Steigungsstrecken ($s_i > 2$ % und $L_i < 3.000$ m) muss zur Ermittlung der mittleren Fahrtgeschwindigkeit jeder Teilstrecke anstelle der tatsächlichen Längsneigung s_i ein Effektivwert $s_{eff,i}$ festgelegt werden. Dazu ist zunächst die Ermittlung eines Korrekturwertes $s_{korr,i}$ (Zeile 18) nach Abb. 4.31 erforderlich. Als Eingangsgröße dient dabei die Länge der Teilstrecke *i* sowie die Neigungsdifferenz Δs zur vorherigen Teilstrecke *i-1*. Diese ergibt sich zu:

$\Delta s = (\max(s_i; 2) - \max(s_{i-1}; 2)$

Im vorhandenen Beispiel muss für die Teilstrecken 1, 2 und 5 kein Korrekturwert ermittelt werden, da die Längsneigung dieser Teilstrecken $s \leq 2$ % beträgt.

Für die Teilstrecke 3 wird zunächst die Eingangsgröße Δs berechnet:

Δs = max(5,0; 2,0) – max(1,5; 2,0) = 5,0 – 2,0 = 3,0 %

Mit dieser wird der Korrekturwert $s_{korr,3}$ aus Abb. 4.40 abgelesen und damit die effektive Längsneigung $s_{eff,3}$ (Zeile 19) berechnet:

$s_{eff,3}$ = 5,0 – 0,4 = 4,6 %

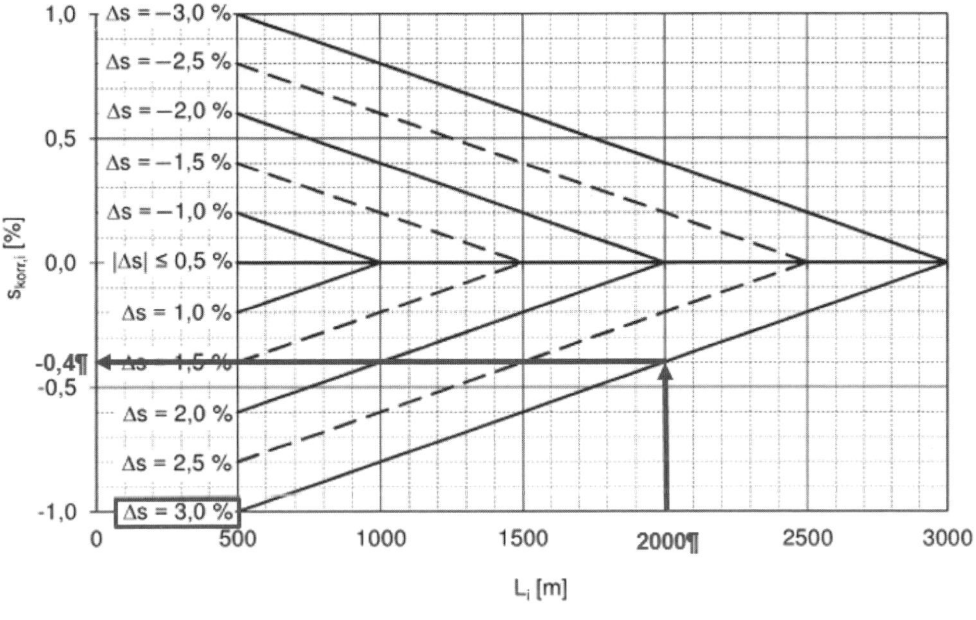

Abb. 4.40: Korrekturwert für die Teilstrecke 3

Für die Teilstrecke 4 ergibt sich folgende Vorgehensweise:

Δs = max(3,5; 2,0) – max(5,0; 2,0) = 3,5 – 5,0 = –1,5 %

Der Korrekturwert $s_{korr,4}$ aus Abb. 4.40 beträgt 0 % für die Teillänge L_4 = 1.700 m. Damit berechnet sich die effektive Längsneigung $s_{eff,4}$ (Zeile 19) wie folgt:

$s_{eff,4}$ = 3,5 – 0,0 = 3,5 %

Als nächster Schritt ist die mittlere Pkw-Fahrtgeschwindigkeit V_F (Zeile 20) zu ermitteln. Sie wird in Abhängigkeit von der Fahrstreifenanzahl, der Lage, der Längsneigung und den Steuerungsbedingungen aus den Diagrammen der Abb. 4.32 bis Abb. 4.35 für jede Teilstrecke abgelesen. Dabei können für Teilstrecken mit Längsneigungen > 2 % mit einer Beschränkung der zulässigen Höchstgeschwindigkeit oder einer SBA die mittleren Pkw-Fahrtgeschwindigkeiten aus zwei q-V-Diagrammen (vorhandene Längsneigung und Geschwindigkeitsbeschränkung) maßgebend sein. Ausschlaggebend ist dann der niedrige Geschwindigkeitswert. Für den Fall, dass die effektive Längsneigung nicht ganzzahlig ist und interpoliert werden muss, sind drei Diagramme maßgebend.

Für das vorhandene Beispiel werden für die Teilstrecken folgende Diagramme verwendet:

Teilstrecke	1	2	3	4	5
1. Diagramm	Abb. 4.35 $s = 1{,}5$ %	Abb. 4.33 $s = 1{,}5$ %	Abb. 4.33 $s = 4{,}0$ %	Abb. 4.33 $s = 3{,}0$ %	Abb. 4.33 $s = -2{,}5$%
2. Diagramm	–	–	Abb. 4.33 $s = 5{,}0$ %	Abb. 4.33 $s = 4{,}0$ %	–

Die für jeden Teilabschnitt abgelesenen mittleren Pkw-Fahrtgeschwindigkeiten werden in die Zeile 20 der Abb. 4.41 eingetragen.

Für den Teilabschnitt 3 muss wegen der nicht ganzzahligen effektiven Längsneigung von 4,6 % zwischen den maßgebenden Diagrammen interpoliert werden:

- $V_{F,3}$ = aus Abb. 4.33, Diagramm $s = 4$ % 106 km/h
- $V_{F,3}$ = aus Abb. 4.33, Diagramm $s = 5$ % 95 km/h
- Interpolation: $V_{F,3} = 106 + \frac{106 - 95}{4 - 5}(4{,}6 - 4) =$ 99 km/h

Wegen der nicht ganzzahligen Längsneigung ist auch beim Teilabschnitt 4 zu interpolieren.

Verkehrsqualität und mittlere Pkw-Fahrtgeschwindigkeit auf einer Strecke								
Strecke:.								
Teilstrecke i				1	2	3	4	5
Grundlagen	1	Bemessungs-verkehrsstärke q_B	[km/h]	3.600				
	2	bemessungs-relevanter SV-Anteil b_{SV}	[%]	10				
	3	Lage	[–]	innerhalb von Ballungsräumen				
	4	Länge der Strecke L	[m]	8.000				
	5	Länge der Teil-strecke L_i	[m]	2.000	1.000	2.000	1.700	1.300
	6	Fahrstreifenanzahl der Richtungsfahr-bahn	[–]	2	3	3	3	3
	7	Längsneigung s_i (aus Höhenplan)	[%]	1,5	1,5	5,0	3,5	–2,5
	8	Geschwindigkeits-beschränkung	[km/h]	T100	–	–	–	–

Nachweis der Verkehrsqualität	9	angestrebte Qualitätsstufe QSV		D				
	10	Kapazität C_i	[Kfz/h]	3.900	5.500	4.700	5.250	5.500
	11	Auslastungsgrad x_i	[–]	0,92	0,65	0,77	0,69	0,65
	12	Qualitätsstufe QSV_i		E	C	D	C	C
	13	Gewichtungsmaß G_i	[–]	0,63	0,22	0,33	0,25	0,22
	14	Gewichtungsmaß G	[–]	0,36				
	15	gewichteter Auslastungsgrad x	[–]	0,79				
	16	Qualitätsstufe QSV		D				
Ermittlung der Pkw-Fahrtgeschwindigkeit	17	Straßenkategorie	[–]	AS II				
	18	Korrekturwert der Längsneigung $s_{korr,i}$	[%]	–	–	–0,4	0,0	–
	19	effektive Längsneigung $s_{eff,i}$ (Zeile 7 + Zeile 18)	[%]	1,5	1,5	4,6	3,5	–2,5
	20	mittlere Pkw-Fahrtgeschwindigkeit $V_{F,i}$	[km/h]	89	117	99	110	117
	21	mittlere Pkw-Fahrtgeschwindigkeit V_F	[km/h]	103				

Abb. 4.41: Beispiel zum Nachweis der Verkehrsqualität und zur Ermittlung der mittleren Pkw-Fahrtgeschwindigkeit auf Richtungsfahrbahnen (Autobahnen)

Die mittlere Pkw-Fahrtgeschwindigkeit der Strecke ergibt sich nach folgender Gleichung:

$$V_F = \frac{L}{\sum_{i=1}^{n} \frac{L_i}{V_{F,i}}} = \frac{8000}{\frac{2000}{89} + \frac{1000}{117} + \frac{2000}{99} + \frac{1700}{110} + \frac{1300}{117}} = 103 \text{ km/h}$$

Dieses Ergebnis wird zum Abschluss des Berechnungsbeispiels in Zeile 21 eingetragen.

4.3.4 Verkehrsqualitäten von Landstraßen

Das nachfolgend beschriebene Verfahren bezieht sich auf einbahnige, zweistreifige und dreistreifige Außerortsstraßen mit den Regelquerschnitten 11,0, 11,5+ und 15,5 der Entwurfsklassen 1 bis 3. Dabei wird der Abschnitt einer Strecke betrachtet, der zwischen Hauptknotenpunkten liegt. An Hauptknotenpunkten ist die Strecke vorfahrtrechtlich untergeordnet oder sie sind durch eine Lichtsignalanlage geregelt. Für Netzabschnitte, die aus Strecken und Hauptknotenpunkten bestehen, enthält das HBS [13] ein eigenes Verfahren. Für Straßen der EKL 4 wird im Regelfall die Qualität des Verkehrsablaufs nicht von Bedeutung sein, weil diese Straßen nur für geringeres Verkehrsaufkommen gebaut werden.

Im Gegensatz zu den Autobahnen und autobahnähnlichen Straßen (Abschn. 4.3.3) wird der Nachweis hinreichender Verkehrsqualität bei den einbahnigen Straßen für den Gesamtquerschnitt geführt, d. h., die Bemessungsverkehrsstärke q_B (s. Abschn. 2.6.3) ist die Summe aus Richtung und Gegenrichtung. Weitere Eingangsgrößen für das Verfahren stellen die Bemessungsgeschwindigkeit V_B (s. Abschn. 2.7.2) und der Schwerverkehrsanteil b_{SV} dar. Das Verfahren gilt für eine trockene Fahrbahn und bei Helligkeit. Die Streckencharakteristik der Teilstrecke muss bekannt sein, vgl. Kapitel 3 Trassierung. Der Nachweis der Verkehrsqualität wird nach dem Rechenschema der Abb. 4.49 vorgenommen. Die Qualitätsstufe kann jedem Element der Verkehrsanlage zugeordnet werden. Bei Strecken können die Qualitätsstufen der Teilstrecken längengewichtet zusammengefasst werden. Dabei darf keine Teilstrecke die Stufe F besitzen. Anzustreben ist die Qualitätsstufe D.

Die Grundlage der Berechnung bildet das Tangentenpolygon des Längsschnitts, wie es in Abschn. 3.3 beschrieben wird. Es teilt die Strecke, die 800 m nicht unterschreiten sollte, in Teilstrecken. Ausnahmsweise können bei größeren Neigungsdifferenzen Kuppen- und Wannenausrundungen in Streckenabschnitte mit der mittleren Längsneigung $s_m = 0{,}5 \cdot (s_1 + s_2)$ zwischen Ausrundungsbeginn und -ende umgewandelt werden, wenn die Länge der entstehenden Teilstrecke 300 m nicht unterschreitet. Eine weitergehende Trennung in Teilstrecken sollte bei einer erheblichen Änderung der Verkehrsstärke erfolgen.

Für zwei- und dreistreifige Straßen ist in dem Verfahren berücksichtigt, dass eine örtlich beschränkte Höchstgeschwindigkeit die Qualität nicht mindert, es wird daher eine mittlere Fahrtgeschwindigkeit ermittelt. Auch langsame Fahrzeuge werden wegen ihrer geringen Häufigkeit nicht berücksichtigt. Zusätzlich werden bei zweistreifigen Querschnitten Überholmöglichkeiten vernachlässigt, da sie geringen Einfluss auf die Qualität des Verkehrsablaufs haben.

Zunächst wird die Strecke in Teilstrecken unterteilt, der jeweils eine Steigungsklasse zugeordnet wird. Teilstrecken zwischen –3 % und +3 % werden in der Steigungsklasse 1 zusammengefasst. Teilstrecken, die steiler als –3 % bzw. +3 % sind, werden, solange das Vorzeichen nicht wechselt, gemäß Abb. 4.42 in Abhängigkeit von der Länge einer Steigungsklasse zugeordnet. Deutlich steilere Abschnitte können in einem weiteren Schritt als gesonderte Teilstrecke einer höheren Steigungsklasse zugeordnet werden. Die restlichen Teilstrecken behalten die Steigungsklasse des 1. Schrittes. Werden Teilstrecken aus Abschnitten mit unterschiedlichen Längsneigungen gebildet, so wird eine mittlere Steigung längenanteilig berechnet.

	Steigungsklasse (–)						
Länge (m)	$s \leq 3$ (%)	$s \leq 4$ (%)	$s \leq 5$ (%)	$s \leq 6$ (%)	$s \leq 7$ (%)	$s \leq 8$ (%)	$s > 8$ (%)
$L \leq 600$	1 (1)	1 (1)	2 (1)	2 (1)	2 (1)	2 (2)	3 (3)
$600 < L \leq 900$	1 (1)	2 (1)	2 (1)	2 (1)	2 (2)	3 (3)	3 (3)
$900 < L \leq 1.800$	1 (1)	2 (1)	2 (1)	2 (2)	3 (3)	3 (3)	4 (3)
$L > 1.800$	1 (1)	2 (1)	2 (2)	3 (3)	3 (3)	4 (3)	4 (4)

(Klammerwerte: Gefällestrecken mit entsprechender negativer Längsneigung)

Abb. 4.42: Steigungsklassen von Landstraßen

Im nächsten Schritt werden den Teilstrecken Kurvigkeitsklassen gemäß Abb. 4.43 zugeordnet. Besteht eine Teilstrecke aus Abschnitten mit unterschiedlichen Kurvigkeiten, so wird eine mittlere Kurvigkeit längenanteilig berechnet.

Kurvigkeit *KU* (gon/km)	**Kurvigkeitsklasse**
$KU \leq 50$	1
$50 < KU \leq 100$	2
$100 < KU \leq 150$	3
$KU > 150$	4

Abb. 4.43: Kurvigkeitsklassen von Landstraßen

Die Kurvigkeit ist definiert als die auf die Länge der Teilstrecke L_i bezogene Summe der Absolutbeträge der Winkeländerungen γ_j der Kurven im Lageplan.

$$KU_i - \frac{\sum_{j=1}^{n} |\gamma_j|}{L_i} \left(\frac{gon}{km}\right)$$

mit
- i — Index für eine Kurve innerhalb der Teilstrecke
- n — Anzahl der Kurven im Lageplan innerhalb der Teilstrecke
- γ — Winkeländerungen im Lageplan der Kurve j in gon
- L — Länge der Teilstrecke i in km

Aus den vier Steigungsklassen und den vier Kurvigkeitsklassen ergeben sich 16 Diagramme für die Ermittlung der mittleren Pkw-Fahrtgeschwindigkeit V_P, die außerdem noch vom Schwerverkehrsanteil b_{SV} abhängt.

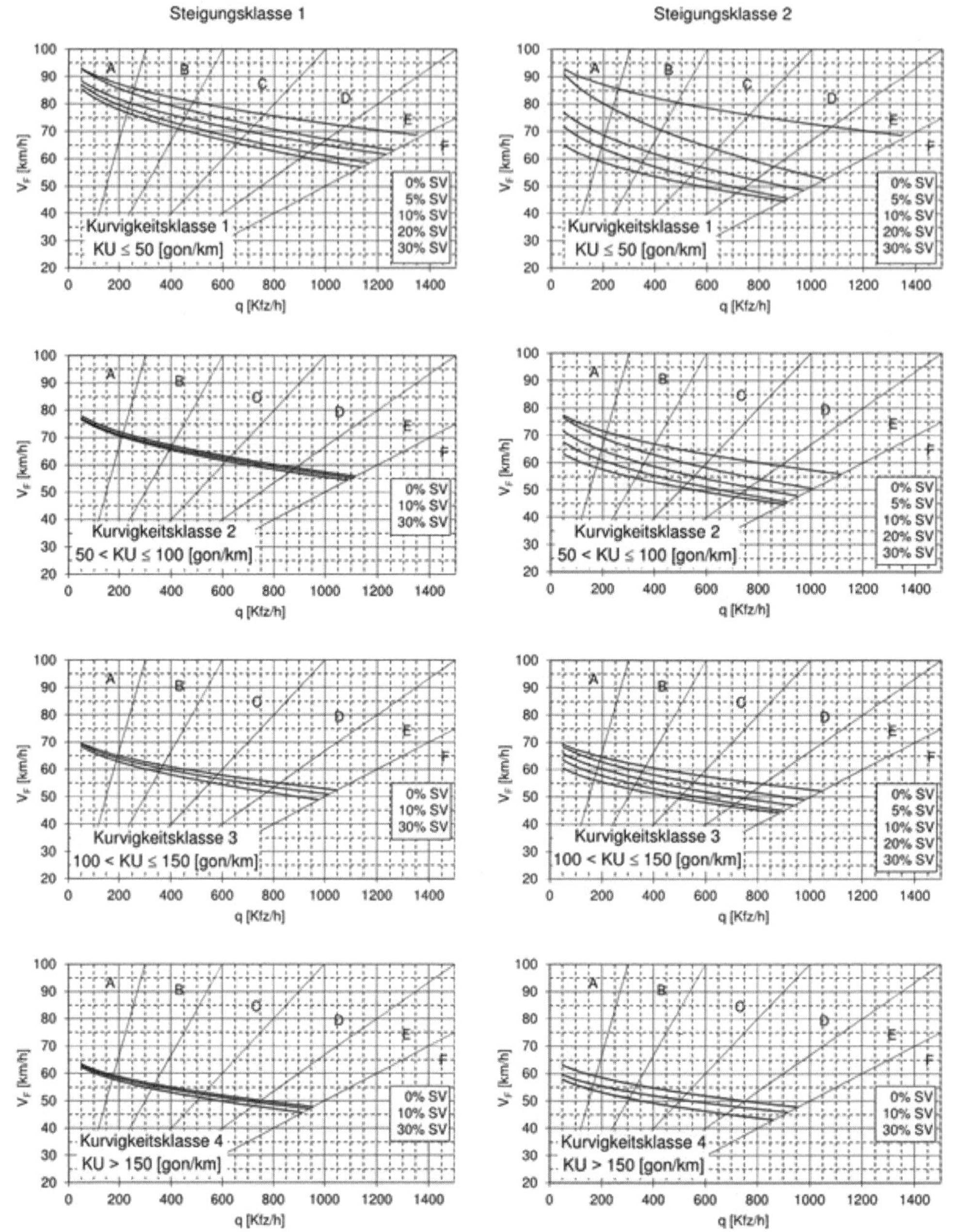

Abb. 4.44: Mittlere Pkw-Fahrtgeschwindigkeit in Abhängigkeit von der Verkehrsstärke (Steigungsklassen 1 und 2)

Bei dreistreifigen Straßen sind in der betrachteten Fahrtrichtung zweistreifige Teilstrecken (2+1) und einstreifige Teilstrecken (1+2) zu unterscheiden. Bei zweistreifigen Teilstrecken (2+1) liegen gesicherte Überholmöglichkeiten unabhängig von der Verkehrsstärke der Gegenrichtung vor. In den einstreifigen Teilstrecken (1+2) ist ein Überholen nicht möglich, wodurch die Pkw-

Fahrtgeschwindigkeit reduziert wird. Allerdings haben sich Fahrzeugpulks im vorhergehenden zweistreifigen Bereich aufgelöst, was sich günstig auf die Pkw-Fahrtgeschwindigkeit auswirkt.

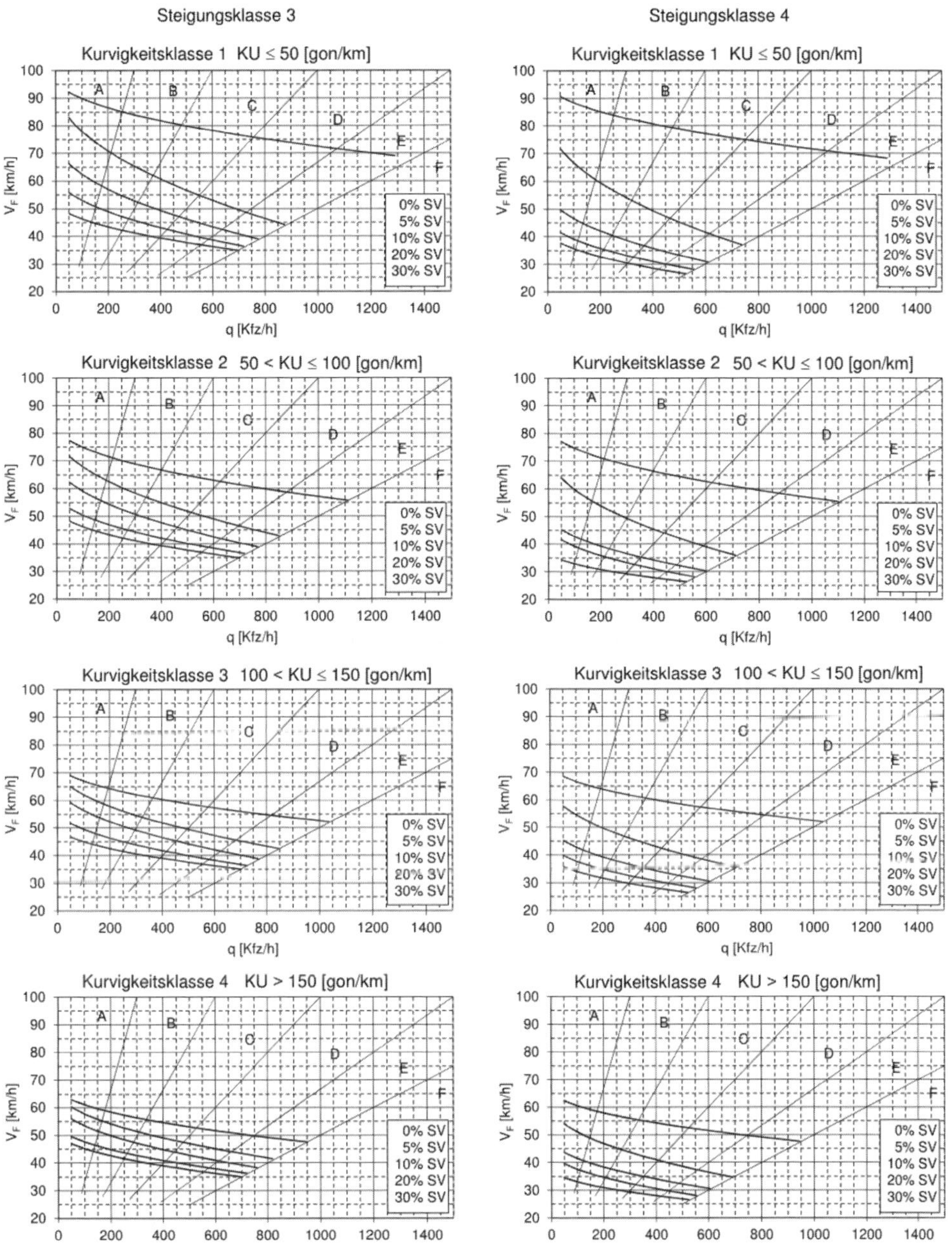

Abb. 4.45: Mittlere Pkw-Fahrtgeschwindigkeit in Abhängigkeit von der Verkehrsstärke (Steigungsklassen 3 und 4)

Die Unterteilung in Teilstrecken findet dort statt, wo sich in der betrachteten Richtung die Anzahl der Fahrstreifen ändert. Die betrachtete Fahrtrichtung ist dann zweistreifig (2+1) oder einstreifig (1+2). Eine weitere Unterteilung findet statt, wenn sich die Längsneigung innerhalb einer Teilstrecke erheblich ändert.

Ist eine Strecke abschnittsweise zwei- bzw. dreistreifig, dann erfolgt die Bildung von Teilstrecken für den zweistreifigen Bereich wie bei zweistreifigen Straßen und für den dreistreifigen Bereich wie bei dreistreifigen Straßen. Dabei können zwei Sonderfälle auftreten: Der Sonderfall 1 ist eine einstreifige Teilstrecke, die nicht auf eine zweistreifige folgt, beispielsweise der Beginn eines dreistreifigen Abschnitts. Diese Teilstrecke ist wie ein zweistreifiger Querschnitt zu behandeln. Den Sonderfall 2 stellt der erste Bereich eines zweistreifigen Straßenabschnitts dar, der auf einen dreistreifigen Abschnitt mit zwei Fahrstreifen in dieser Richtung folgt. Er bildet eine eigene Teilstrecke mit bis zu 2.000 m Länge, wenn er der Kurvigkeitsklasse 1 zuzuordnen ist und die davor liegende Strecke mit den zwei Fahrstreifen in dieser Fahrtrichtung mindestens 1.200 m lang ist.

Die Zuordnung der Teilstecken zu den vier Steigungsklassen erfolgt wie bei den zweistreifigen Querschnitten. Bei dreistreifigen Straßen werden keine Kurvigkeitsklassen unterschieden, da die Trasse im Regelfall sehr gestreckt ist und so keine Minderung der Pkw-Fahrtgeschwindigkeit zu berücksichtigen ist.

Die Abb. 4.47 zeigt den Zusammenhang zwischen der Verkehrsstärke und der mittleren Pkw-Fahrtgeschwindigkeit bei dreistreifigen Querschnitten für einstreifige und für zweistreifige Teilstrecken. Die Diagramme gelten für eine Länge der ein- bzw. zweistreifigen Teilstrecken von 1.200 m. Bei abweichenden Längen werden die mittleren Pkw-Fahrtgeschwindigkeiten mit dem nachfolgenden Diagramm korrigiert. In diesem Fall gelten die Qualitätsstufen der Diagramme nicht, sondern sie sind über die Verkehrsdichte zu ermitteln. Teilstrecken kleiner 600 m werden wie Teilstrecken mit 600 m Länge und Teilstrecken größer 2.000 m werden wie Teilstecken mit 2.000 m Länge behandelt. Bei einer Unterteilung einer Teilstrecke wegen unterschiedlicher Längsneigungen ist der Korrekturwert für die ungeteilte Teilstrecke zu ermitteln und auf alle Unterteilungen anzuwenden.

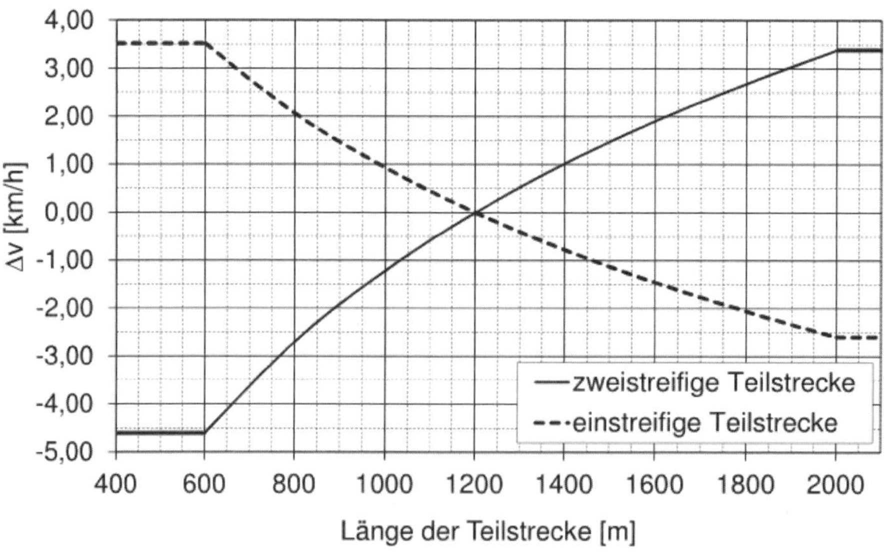

Abb. 4.46: Korrekturwert für die Mittlere Pkw-Fahrtgeschwindigkeit

Ist eine Strecke nur abschnittsweise dreistreifig, so werden dreistreifige Teilstrecken wie dreistreifige Straßen und zweistreifige Teilstrecken wie zweistreifige Straßen behandelt. Der Sonderfall einer einstreifigen Teilstrecke mit einer Kurvigkeitsklasse 1, der auf eine zweistreifige Teilstrecke mit mindestens 1.200 m Länge folgt, ist mit den Diagrammen für einstreifige Teilstrecken (1+2) zu bewerten.

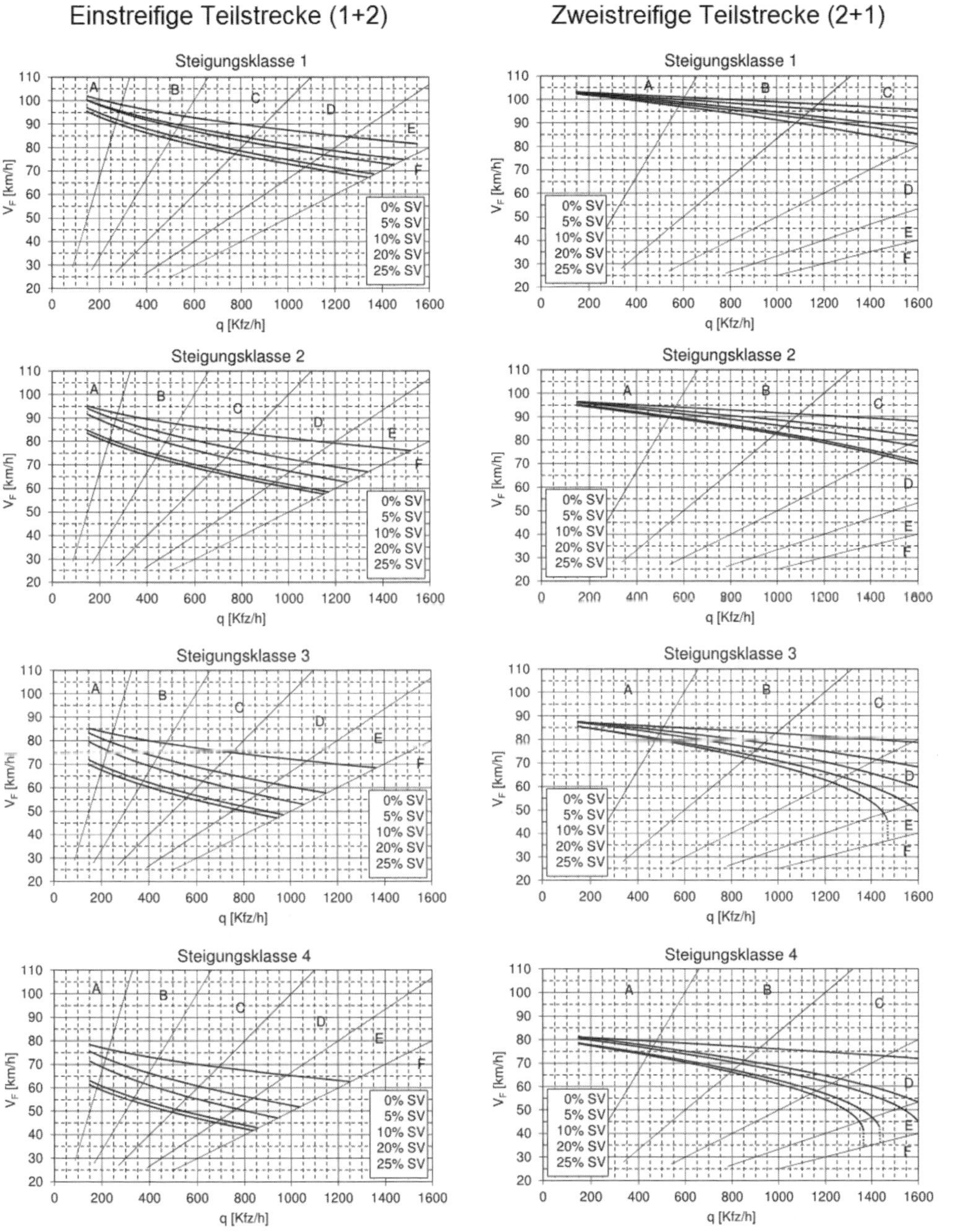

Abb. 4.47: Mittlere Pkw-Fahrtgeschwindigkeit in Abhängigkeit von der Verkehrsstärke für ein- und zweistreifige Teilstrecken

Als Kriterium für die voraussichtliche Qualität des Verkehrsablaufs gilt die fahrstreifenbezogene Verkehrsdichte.

$$k_{FS} = \frac{q}{m \cdot V_F} \quad \left(\frac{Kfz}{km}\right)$$

mit q Verkehrsstärke in Kfz/h

m Anzahl der Fahrstreifen je Richtung

V_F mittlere Pkw-Fahrtgeschwindigkeit in km/h

Die mittlere Verkehrsdichte der gesamten Strecke berechnet sich längenanteilig zu:

$$k = \frac{\sum_{i=1}^{n} k_i \cdot L_i}{L} \quad \left(\frac{Kfz}{km}\right)$$

mit k_i mittlere Verkehrsdichte im Teilabschnitt i in Kfz/km

L Länge der Strecke in km

L_i Länge der Teilstrecke i in km

n Anzahl der Teilstrecken

In den *q*-*V*-Diagrammen stellen die Grenzlinien zwischen den o. g. Dichtebereichen wegen $V = (1/k) \cdot q = const. \cdot q$ durch den Nullpunkt des Koordinatensystems gehende Geraden dar, sodass die zutreffende Verkehrsqualität des Teilabschnitts dort auch direkt abgelesen werden kann. Daraus ergeben sich die Mittelwerte für den Gesamtabschnitt.

QSV	**fahrstreifenbezogene Verkehrsdichte k_{FS} (Kfz/km)**	**Bedeutung**
A	≤ 3	Verkehrsdichte sehr gering, weitgehend freie Geschwindigkeitswahl
B	≤ 6	Verkehrsdichte gering, Wunschgeschwindigkeit wird nicht immer erreicht
C	≤ 10	Verkehrsdichte mittel, Geschwindigkeit nicht frei wählbar, Verkehrszustand stabil
D	≤ 15	Verkehrsdichte hoch, überwiegend Kolonnenfahrweise, Verkehrszustand noch stabil
E	≤ 20	Verkehrsdichte sehr hoch, Kolonnenfahrweise, Verkehrszustand instabil
F	> 20	Strecke überlastet, Stau

Abb. 4.48: Qualitätsstufen in Abhängigkeit von der Pkw-Fahrtgeschwindigkeit für einbahnige Landstraßen

Verkehrsqualität und mittlere Pkw-Fahrtgeschwindigkeit auf einer einbahnigen zwei- bzw. dreistreifigen Straße							
Straße und Straßenkategorie gemäß den RIN (2008)							
Regelquerschnitt gemäß den RAL (2012)							
angestrebte Qualitätsstufe QSV							
betrachtete Richtung							
Teilstrecke i							
Anzahl Fahrstreifen in der betrachteten Richtung							
Grundlagen	1	Bemessungsverkehrsstärke q_B (Kfz/h)					
	2	bemessungsrelevanter SV-Anteil b_{SV} (%)					
	3	Länge L_i (m)					
	4	Steigungsklasse					
	5	Kurvigkeitsklasse					
Nachweis der Verkehrsqualität	6	mittlere Pkw-Fahrtgeschwindigkeit V_{Fi} (km/h)					
	7	Korrektur aufgrund der Teilstreckenlänge (km/h)					
	8	korrigierte mittlere Pkw-Fahrtgeschwindigkeit V_{Fi} (km/h)					
	9	Fahrstreifenbezogene Verkehrsdichte $k_{FS,i}$ (Kfz/km)					
	10	Qualitätsstufe QSV_i					
	11	mittlere fahrstreifenbezogene Verkehrsdichte k_{FS} (Kfz/km)					
	12	Qualitätsstufe QSV					
Pkw-Fahrt-geschwindigkeit	13	mittlere Pkw-Fahrtgeschwindigkeit $V_{F,i}$ (km/h)					
	14	mittlere Pkw-Fahrtgeschwindigkeit V_F (km/h)					

Abb. 4.49: Formular zur Ermittlung der Verkehrsqualität einer einbahnigen zwei- bzw. dreistreifigen Landstraße

Der Verkehrsdichte der Teilstrecken und der gesamten Strecke kann entsprechend Abb. 4.48 eine Qualitätsstufe des Verkehrsablaufs QSV zugeordnet werden. Die gesamte Strecke erhält die Qualitätsstufe QSV F, wenn mindestens eine Teilstrecke die Qualitätsstufe F besitzt, und die Qualitätsstufe QSV E, wenn mehr als eine Teilstrecke die Qualitätsstufe E, jedoch keine Teilstrecke die Qualitätsstufe F besitzt.

Die Berechnung der mittleren Pkw-Fahrtgeschwindigkeit erfolgt für jede Fahrtrichtung getrennt. Die mittlere Pkw-Fahrtgeschwindigkeit der Strecke lässt sich aus den mittleren Pkw-Fahrtgeschwindigkeiten der Teilstrecken bestimmen:

$$V_F = \frac{L}{\sum_{i=1}^{n} \frac{L_i}{V_{F,i}}} \quad \left(\frac{km}{h}\right)$$

mit

V_{Fi}	mittlere Pkw-Fahrtgeschwindigkeit auf der Teilstrecke i in km/h
L	Länge der Strecke in km
L_i	Länge der Teilstrecke i in km
n	Anzahl der Teilstrecken

Ist auf mehr als der halben Länge einer Teilstrecke eine zulässige Höchstgeschwindigkeit angeordnet, die unterhalb der ermittelten mittleren Pkw-Fahrtgeschwindigkeit liegt, gilt die zulässige Höchstgeschwindigkeit als mittlere Pkw-Fahrtgeschwindigkeit.

Berechnungsbeispiel

Ein 6,0 km langer Landstraßenabschnitt zwischen zwei Hauptknotenpunkten jeweils an einem Ortseingang ist aufgrund der Verkehrsfunktion im Netz in die Kategorie LS III mit der Entwurfsklasse III eingestuft und besitzt den Regelquerschnitt RQ 11.

Die Strecke umfasst sieben Gefälleabschnitte. Zwischen den Gefälleabschnitten 1 und 2 liegt ein Nebenknoten, an dem sich die prognostizierte Verkehrsmenge ändert.

Gefälleabschnitt	**1**	**2**	**3**	**4**	**5**	**6**	**7**
Bemessungsverkehrsstärke (Kfz/h)	730	660	660	660	660	660	660
Schwerverkehrsanteil (%)	5	5	5	5	5	5	5
Fahrstreifen in *Ri* 1	1	1	1	1	1	1	1
Länge L_i (m)	1.000	900	800	1050	800	500	950
Längsneigung (%)	+2,0	–2,5	+2,5	+6,5	+3,5	+5,0	+1,5
Kurvigkeit (gon/km)	20	75	40	65	70	70	105

Die Unterteilung in Teilstrecken zeigt Abb. 4.50. Die sieben Gefälleabschnitte lassen sich zunächst in drei Teilstrecken a, b und c entsprechend ihrer Längsneigung einteilen. Wegen des Nebenknotens an der Grenze zwischen den beiden ersten Längsneigungen tritt eine Änderung der Bemessungsverkehrsstärke auf, weswegen hier eine Unterteilung angeordnet werden muss. Daraus ergeben sich die Teilstrecken A, B, C und D. Da besonders steile

Streckenabschnitte den Verkehrsablauf ungünstig beeinflussen können, ist die Teilstrecke C genauer zu betrachten. Die Steigung von 6,5 % in der Teilstrecke C ergibt eine Steigungsklasse 3, die übrigen Abschnitte der Teilstrecke C sind jedoch der Steigungsklasse 2 zuzuordnen. Daher ist eine Unterteilung von C in zwei Teilstrecken notwendig. Somit zeigt die endgültige Unterteilung fünf Teilstrecken 1, 2, 3, 4 und 5.

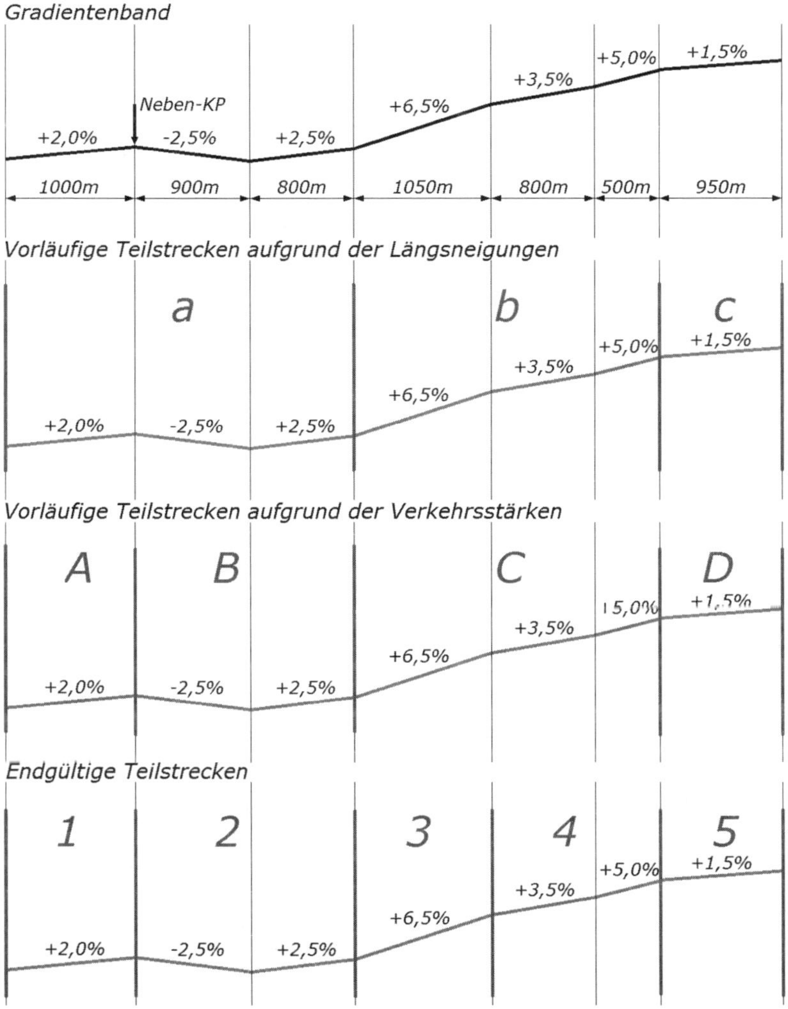

Abb. 4.50: Festlegung der Teilstrecken des Berechnungsbeispiels

Die mittlere Steigung der Teilstrecke 4 ergibt sich zu:

$$s_4 = \frac{0{,}035 \cdot 800 + 0{,}05 \cdot 500}{800 + 500} = 0{,}041 = 4{,}1\%$$

Die Steigungsklassen werden aus der Abbildung 4.42 entnommen, die Kurvigkeitsklassen aus der Abbildung 4.43. Die Kurvigkeit der Teilstrecke 2 wird aus den Gefälleabschnitten 2 und 3 gemittelt:

$$KU_2 = \frac{75 \cdot 900 + 40 \cdot 800}{900 + 800} = 58{,}5$$

Analog ergibt sich die Kurvigkeit der Teilstrecke 4 zu 70. Die mittlere Pkw-Fahrgeschwindigkeiten werden aus den Diagrammen in den Abbildungen 4.44 und 4.45 entnommen. Für die Teilstrecke 1 kann für die Steigungsklasse 1 und die Kurvigkeitsklasse 1 eine mittlere Pkw-Fahrgeschwindigkeit von 72,0 km/h abgelesen werden. Bei den anderen Teilstrecken ist analog zu verfahren. Die fahrstreifenbezogene Verkehrsdichte der Teilstrecke 1 berechnet sich zu:

$$k_{FS,1} = \frac{710}{1 \cdot 72{,}0} = 9{,}9$$

Die Qualitätsstufe der Teilstrecke 1 kann dann aus Abb. 4.48 mit "C" abgelesen werden.

Verkehrsqualität und mittlere Pkw-Fahrtgeschwindigkeit auf einer einbahnigen zwei- bzw. dreistreifigen Straße.

<table>
<tr><td colspan="3">Straße und Straßenkategorie gemäß den RIN (2008)</td><td colspan="5">Beispielstrecke, LS III</td></tr>
<tr><td colspan="3">Regelquerschnitt gemäß den RAL (2012)</td><td colspan="5">RQ 11,0</td></tr>
<tr><td colspan="3">angestrebte Qualitätsstufe QSV</td><td colspan="5">D</td></tr>
<tr><td colspan="3">betrachtete Richtung</td><td colspan="5">Richtung 1</td></tr>
<tr><td colspan="3">Teilstrecke i</td><td>1</td><td>2</td><td>3</td><td>4</td><td>5</td></tr>
<tr><td colspan="3">Anzahl Fahrstreifen in der betrachteten Richtung</td><td>1</td><td>1</td><td>1</td><td>1</td><td>1</td></tr>
<tr><td rowspan="5">Grundlagen</td><td>1</td><td>Bemessungsverkehrsstärke q_B (Kfz/h)</td><td>710</td><td>660</td><td>660</td><td>660</td><td>660</td></tr>
<tr><td>2</td><td>bemessungsrelevanter SV-Anteil b_{SV} (%)</td><td>5</td><td>5</td><td>5</td><td>5</td><td>5</td></tr>
<tr><td>3</td><td>Länge L_i (m)</td><td>1.000</td><td>1.700</td><td>1.050</td><td>1.300</td><td>950</td></tr>
<tr><td>4</td><td>Steigungsklasse</td><td>1</td><td>1</td><td>3</td><td>2</td><td>1</td></tr>
<tr><td>5</td><td>Kurvigkeitsklasse</td><td>1</td><td>2</td><td>2</td><td>2</td><td>3</td></tr>
</table>

Nachweis der Verkehrsqualität	6	mittlere Pkw-Fahrtgeschwindigkeit V_{Fi} (km/h)	72,0	61,8	47,5	56,9	56,0
	7	Korrektur aufgrund der Teilstreckenlänge (km/h)	–	–	–	–	–
	8	korrigierte mittlere Pkw-Fahrtgeschwindigkeit V_{Fi} (km/h)	–	–	–	–	–
	9	Fahrstreifenbezogene Verkehrsdichte $k_{FS,i}$ (Kfz/km)	9,9	10,7	13,9	11,6	11,8
	10	Qualitätsstufe QSV_i	C	D	D	D	D
	11	mittlere fahrstreifenbezogene Verkehrsdichte k_{FS} (Kfz/km)			11,5		
	12	Qualitätsstufe QSV			D		
Pkw-Fahrtgeschwindigkeit	13	mittlere Pkw-Fahrtgeschwindigkeit $V_{F,i}$ (km/h)	72,0	61,8	47,5	56,9	56,0
	14	mittlere Pkw-Fahrtgeschwindigkeit V_F (km/h)			58,1		

Abb. 4.51: Berechnungsbeispiel: Verkehrsqualität einer einbahnigen zweistreifigen Landstraße

4.4 Querschnitte der innerörtlichen Straßen

4.4.1 Die Funktionen der angebauten Straßen

Kommunikation bedeutet Austausch von Informationen; die Wirtschaft ist auf den Austausch von Gütern angewiesen. Beide Tätigkeiten konzentrieren sich naturgemäß auf die dichter besiedelten Gebiete und beide können auch trotz des zunehmenden Gebrauchs elektronischer Medien niemals ohne Verkehrswege und damit ohne Straßen auskommen. So ist der Konflikt vorprogrammiert, der die Gesellschaft spaltet: Mit der zunehmenden Zusammenballung der Menschen in den Städten wächst das Bedürfnis nach Kommunikation und Güteraustausch auf kleinstem Raum. Im gleichen Maße steigen die Ansprüche an die Größe und den Komfort der Verkehrsmittel, zugleich der Bedarf nach leistungsfähigen Verkehrswegen. Wie die lärm- und stressgeplagten Stadtbewohner aber täglich erfahren müssen, behindert starkes Verkehrsaufkommen die Möglichkeiten zur Kommunikation. Ebenso ist in den verstopften Straßen der Güteraustausch sehr erschwert. Der Städtebau kann sich demzufolge nicht darauf beschränken, einfach Gebäude an Gebäude und Straße an Straße zu bauen, sondern er muss die grundlegenden Zusammenhänge zwischen Ursache und Wirkung, d. h. zwischen Wohnen und Wirtschaft auf der einen und Verkehr auf der anderen Seite berücksichtigen. Die wichtigsten Anforderungen an das innerhalb der Bebauung liegende Straßennetz sind:

- Die **Ansprüche** an die Straße als ein Element **der Erschließung** sind untrennbar mit ihrer Urfunktion als Verkehrsweg zu sehen. Jedes einzelne Grundstück muss an einem öffentlichen Weg oder an einer Straße liegen, damit von hier aus jedes beliebige andere Grundstück erreicht werden kann. Wenn das in seltenen Ausnahmefällen nicht so ist, müssen Fahrt- und Notwegerechte aushelfen.
- Die Funktion als **verbindendes Element** ist zwar eine notwendige Konsequenz der Erschließung, jedoch hat sich im Laufe der Zeit ein immer größerer Gegensatz zwischen Erschließung und Verbindung herausgebildet. Vielfach wird die Verbindungsfunktion in Form des Durchgangsverkehrs als der größte Störenfried in den Städten empfunden. In die Anforderungen an die Straße als Verkehrsweg sind die Sicherheit und Leichtigkeit des Verkehrs eingeschlossen.
- **Soziale Ansprüche** an die Straße bestehen in Form der Kommunikation wie etwa des Aufenthalts beim Stadtbummel, von Umzügen und Demonstrationen oder beim Spielen der Kinder auf der Straße. Beispielsweise hat in Spanien die „Rambla" eine wichtige gesellschaftliche Bedeutung.
- **Versorgungstechnische Ansprüche** an den Straßenraum ergeben sich daraus, dass Straßen die einzigen langgezogenen und überdies öffentlichen Grundstücke bilden, über die sämtliche Privatgrundstücke eines Gemeinwesens erschlossen werden. Dies ist der Grund, weshalb Versorgungs- und Entsorgungsleitungen für Wasser, Abwasser, Elektrizität, elektronische Medien, Gas und dgl. mehr oder minder ausschließlich dem Verlauf der Straßen folgend verlegt werden. Nicht selten bestimmt der Platzbedarf der Leitungen die Breite der Erschließungsstraßen.
- **Ansprüche an das Stadtbild** sind insofern zu beachten, als dem Bewohner ein abwechslungs- und erlebnisreicher Straßenraum angeboten werden soll, der darüber hinaus auch Kriterien der Maßstäblichkeit, der Unverwechselbarkeit und der lokalen Eigenart zu erfüllen hat.
- Auch **ökologische Ansprüche** werden an Straßen gestellt, obgleich sie nach ihrer Zweckbestimmung als Werke des Menschen immer in einem gewissen Gegensatz zur Natur und Landschaft stehen. Der planende Ingenieur muss aber versuchen, die Eingriffe zu minimieren, etwa die ungünstigen Einflüsse auf das Kleinklima durch Straßenbegleitgrün oder durch die Anlage von Alleen abzumildern.

4.4.2 Straßenraumspezifische Ziele

Die straßenraumspezifischen Ziele lassen sich aus dem Hauptziel ableiten und folgenden Zielfeldern zuordnen (in alphabetischer Reihenfolge, die keine Gewichtung darstellt):

- soziale Brauchbarkeit einschließlich Barrierefreiheit,
- Straßenraumgestalt,
- Umfeldverträglichkeit,
- Verkehrsablauf,
- Verkehrssicherheit,
- Wirtschaftlichkeit.

Da der Entwurf von Stadtstraßen integraler Bestandteil einer städtebaulichen Gesamtaufgabe ist, sollen weder einzelne Ziele getrennt noch als Oberziele definiert werden.

Die Gewichtung der Zielfelder und der Ziele untereinander soll problemorientiert für eine konkrete Entwurfsaufgabe erfolgen. Sie kann aufgrund politischer Grundsatzentscheidungen auch Entwurfsvorgabe sein. Zur Verwirklichung der straßenraumspezifischen Ziele ist eine Differenzierung der Stadtstraßen vorzunehmen. Dabei können verkehrliche und städtebauliche Merkmale verschiedener Art und Untergliederung herangezogen werden.

Verkehrliche Merkmale

Die Erschließungsfunktion von Stadtstraßen wird bestimmt durch Art und Maß der baulichen und sonstigen Nutzung der erschlossenen Grundstücke (Umfeldnutzungen) und der sich daraus ergebenden

- Zahl der Wege von Personen mit allen Verkehrsmitteln, die dort beginnen oder enden,
- Häufigkeit und Dauer von Liefer- und Ladevorgängen.

Sie kann verkehrsartspezifisch unterschiedlich sein und mit den Ansprüchen aus der Verbindungsfunktion konkurrieren.

Die Verbindungsfunktion ist ein wichtiges verkehrliches Merkmal von Hauptverkehrsstraßen. Sie wird bestimmt von

- der zentralörtlichen Bedeutung der Orte, die verbunden werden,
- der Entfernung zwischen diesen Orten und
- der Stärke der Verkehrsbeziehungen.

Städtebauliche Merkmale

Die städtebauliche Bedeutung von Stadtstraßen wird von der stadträumlichen Konzeption, von der Nutzungsstruktur in den verschiedenen stadtgeschichtlichen Epochen und von der baulich-gestalterischen Qualität des Umfelds bestimmt. Diese Merkmale haben sich an vielen Stadtstraßen im Laufe der Geschichte stark verändert oder wurden sogar ganz verwischt.

Besonders entwurfsrelevante städtebauliche Merkmale sind demnach

- der Gebietscharakter (Anhaltspunkte für den ganzheitlichen Entwurf von Stadtstraßen),
- die Art und das Maß der Umfeldnutzungen und der Aufenthaltsfunktion (Art und Maß der Grundstücks-, Gebäude- und Freiraumnutzungen) sowie
- die straßenräumliche Situation (Begrenzung, Breite und Verlauf des Straßenraums).

Die Art der Begrenzung des Straßenraums ist eine wichtige Randbedingung für den Straßenraumentwurf und bestimmt die gestalterische Wirkung eines Straßenraums.

4.4.3 Typische Entwurfssituationen

Die systematische Verknüpfung aller verkehrlichen mit allen städtebaulichen Merkmalen führt zu einer nicht mehr überschaubaren und oft ungeeigneten kombinatorischen Vielfalt. Daraus lassen sich in der Entwurfspraxis dennoch Typische Entwurfssituationen definieren, die aufgrund der verkehrlichen und straßenräumlichen Situation in den jeweiligen Gebieten typischerweise angetroffen werden.

In der Praxis berücksichtigen diese Typischen Entwurfssituationen einen Großteil der vorkommenden Entwurfsaufgaben. Dabei können vor allem längere Straßenzüge eine Aufeinanderfolge von Typischen Entwurfssituationen umfassen. Dies ist meist bei Hauptstraßen im Zuge von längeren Ortsdurchfahrten klassifizierter Straßen der Fall. Hier wird in der Regel eine Differenzierung nach Abschnitten erforderlich. Anders verhält es sich bei kurzen Ortsdurchfahrten und Erschließungsstraßen, die meist einer durchgängigen Typischen Entwurfssituation zugeordnet werden können. Die Zuordnung der jeweiligen Typischen Entwurfssituation zu den Straßenkategorien der RIN ist aus der Abb. 2.14 ersichtlich.

4.4.4 Entwurfsvorgang im innerörtlichen Straßenraum

Der Straßenraumentwurf enthält als Teil einer städtebaulichen Gesamtaufgabe alle gestalterischen und funktionalen Elemente öffentlicher Straßenräume einschließlich der Übergangsbereiche zwischen öffentlichen und privaten Flächen. In diesen gehen aus der überörtlichen Ebene die regionalen, die gesamtgemeindlichen und die teilräumlichen Entwurfsvorgaben sowie auf der Straßenebene die Nutzungsansprüche, das Unfallgeschehen, die straßenräumliche Situation und die Umfeldnutzungen ein.

Bei den Entwurfsaufgaben im innerörtlichen Straßenraum ist zu unterscheiden zwischen Umbau, Neubau und Rückbau.

Ein Umbau (einschließlich Ausbau) umfasst die Umgestaltung eines Straßenraums aufgrund funktionaler, z. B. im Zielfeld Verkehrssicherheit oder Verkehrsablauf, oder gestalterischer Defizite mit ausgewogener Berücksichtigung der Umfeldnutzungen, der verkehrlichen und nicht-verkehrlichen Nutzungsansprüche im Straßenraum und der Gestaltqualität unter Beibehaltung seiner bisherigen Funktion im Netz.

Ein Neubau erfordert die Integration des Straßenraums in das vorhandene oder geplante Umfeld, die Abwägung der verschiedenen Nutzungsansprüche und die der jeweiligen Entwurfssituation angepasste Anwendung der Entwurfselemente.

Ein Rückbau umfasst die Umgestaltung eines Straßenraums nach den Ansprüchen der verbleibenden Nutzungen, wenn die Straße ihre bisherige Funktion im Netz verändert. In der Regel handelt es sich hierbei um eine Abstufung der Verbindungsfunktion für den Kraftfahrzeugverkehr.

Obwohl die grundsätzliche Struktur von Planungs- und Entwurfsprozessen festliegt, ist es weder sinnvoll noch möglich, das mit hohen kreativen und auf Erfahrung gestützten Anteilen versehene Entwerfen und Gestalten verbindlich vorzugeben. Die RASt bietet dem Entwerfenden grundsätzlich zwei Wege für die Lösungsfindung an:

1. Weg als „geführter" Entwurfsvorgang mit Zuordnung der Entwurfsaufgabe zu einer oder – bei Abschnittsbildung – mehreren Typischen Entwurfssituationen und Auswahl der unter den angegebenen Randbedingungen empfohlenen Lösung für die Querschnittsgestaltung, die geeignete Knotenpunktart sowie exemplarische Übergänge Strecke – Knotenpunkt.

2. Weg als „individueller" Entwurfsvorgang mit Beachtung der individuellen Ziele, Nutzungsansprüche und Entwurfsvorgaben durch geeignete Auswahl und Kombination der Entwurfselemente mit Hilfe der städtebaulichen Bemessung.

Die städtebauliche Bemessung basiert auf drei Faktoren:

Zwischen Gehbereich und äußerem Rand des Straßenraums ist ein Bereich anzuordnen, in dem die Ansprüche der angrenzenden baulichen Nutzungen erfüllt werden können (Verweilflächen, Wirtschaftsflächen, Distanzbereich, Vorgärten).

Sowohl für den Fußgängerverkehr und gegebenenfalls für den Radverkehr müssen die je nach Bedeutung des Straßenraums erforderlichen Flächen im Seitenraum bereitgestellt werden.

Damit Fußgänger sich wohlfühlen, müssen die Seitenräume in einem angenehmen Breitenverhältnis zur Fahrbahn stehen; als angenehm wird eine Aufteilung von Seitenräumen zur Fahrbahn von 30:40:30 empfunden.

Aus diesen drei Faktoren lässt sich die erforderliche Seitenraumbreite ermitteln. Aus der Differenz zur Gesamtraumbreite ergibt sich die städtebaulich mögliche Breite der Fahrbahn. Diese ist mit der verkehrlich notwendigen Fahrbahnbreite abzugleichen.

Unter dem Aspekt der Verkehrssicherheit ist sowohl bei der Anwendung der empfohlenen Lösungen nach Abschnitt 4.4.6 als auch bei der individuellen Entwurfsgestaltung das Unfallgeschehen zu berücksichtigen. Haben z. B. Unfälle mit Beteiligung von Fußgängern und Radfahrern generell schwere Folgen (Auffälligkeit in 3-Jahreskarten der Unfälle mit Personenschaden (P) oder mit schwerem Personenschaden (SP) (siehe Abschn. 8.4)), deutet dies auf unangemessen hohe Geschwindigkeiten hin und es sind, insbesondere an Fußgängerquerungen, geschwindigkeitsdämpfende Maßnahmen vorzusehen.

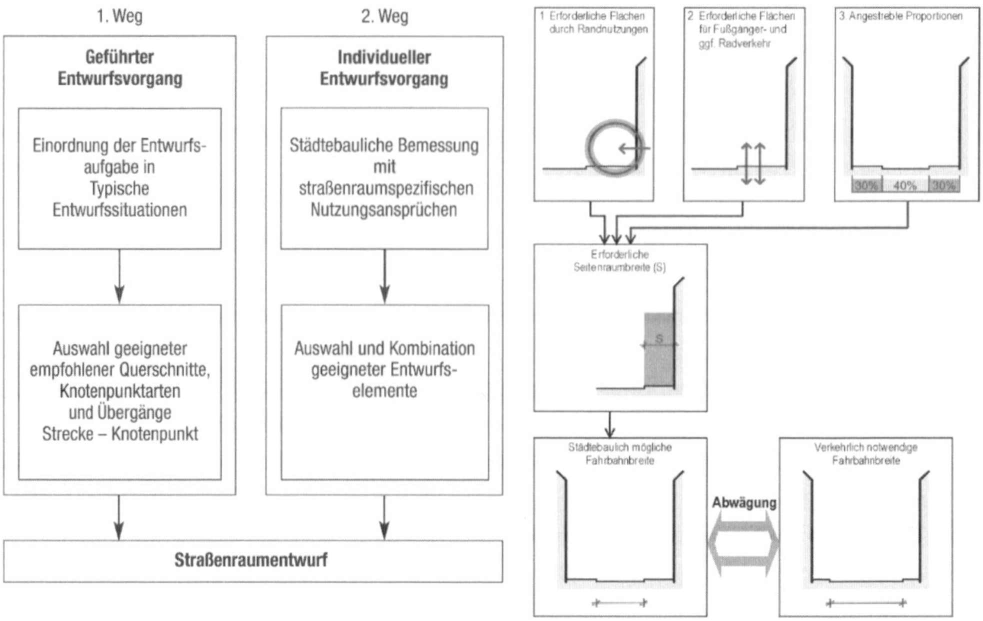

Abb. 4.52: Entwurfsvorgang für einen städtebaulichen Straßenraumentwurf

4.4.5 Nutzungsansprüche an Straßenräume

Aus den unterschiedlichen städtebaulichen und verkehrlichen Merkmalen von Stadtstraßen ergeben sich Nutzungsansprüche hinsichtlich

- qualitativer Aspekte,
- Verkehrsstärke,
- Geschwindigkeit und
- spezifischem Raumbedarf.

Der spezifische Raumbedarf (Grundmaße) für die verschiedenen Verkehrsarten im innerörtlichen Bereich ist aus den Abbildungen 4.53 bis 4.54 ersichtlich. Ausgangswerte sind die Fahrzeugabmessungen der Kraftfahrzeuge und des Öffentlichen Personennahverkehrs.

Damit sich die Fahrzeuge auf den Fahrstreifen sicher fortbewegen können, sind zusätzliche Bewegungsspielräume erforderlich. Das sind die Räume, die ein fahrendes Fahrzeug zum Ausgleich von Fahr- und Lenkungenauigkeiten, als Sicherheitsabstand für überstehende Teile (z. B. Spiegel, Ladung) und für die vom Fahrzeug in den Kurven zusätzlich überstrichenen Flächen benötigt. Der Bewegungsspielraum umfasst auch den beim Begegnen auf einbahnigen Straßen benötigten Abstand zwischen entgegenkommenden Fahrzeugen.

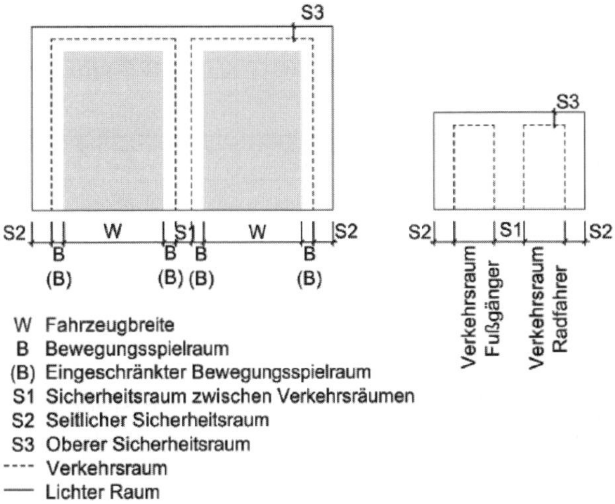

Abb. 4.53: Zusammensetzung des Raumbedarfs für Fahrzeuge (einschließlich ÖV), Fußgänger und Radfahrer bei innerörtlichen Straßen nach den RASt

Fahrzeugart	B	(B)
Pkw	0,25 m	0,15 m
Lieferwagen	0,25 m	0,20 m
Lkw	0,25 m	0,20 m
Linienbus	0,25 m	0,20 m
Straßenbahn	0,30 m	–

Abb. 4.54: Maße für innerörtliche Bewegungsspielräume B und eingeschränkte Bewegungsspielräume (B)

Der Sicherheitsraum S1 beträgt in der Regel 0,25 m, zwischen Linienbussen 0,40 m und zum Verkehrsraum für Radfahrer 0,75 m. Die seitlichen Sicherheitsräume S2 betragen neben fahrenden und haltenden Fahrzeugen 0,50 m bzw. 0,25 m bei eingeschränkten Bewegungsspielräumen. Hier können sie bei der Begegnung von Fahrzeugen auch entfallen (S1 = 0). Der obere Sicherheitsraum S3 beträgt nach RASt immer 0,30 m.

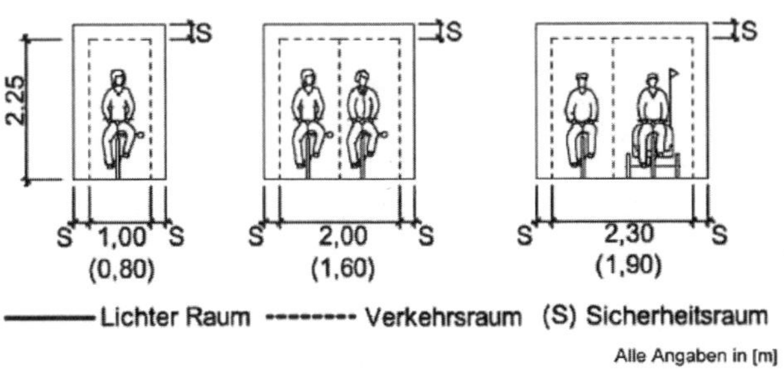

Abb. 4.55: Grundmaße des Radverkehrs für Verkehrsräume und lichte Räume (Klammerwerte anwendbar bei beengten Verhältnissen)

Abstand	Sicherheitsraum
vom Fahrbahnrand	0,50 m
von parkenden Fahrzeugen in Längsaufstellung	0,75 m
von parkenden Fahrzeugen in Schräg- oder Senkrechtaufstellung	0,25 m
von Verkehrsräumen des Fußgängerverkehrs	0,25 m
von Gebäuden, Einfriedungen, Baumscheiben, Verkehrseinrichtungen	0,25 m

Abb. 4.56: Zusätzliche Sicherheitsräume bei Radverkehrsanlagen innerorts

Die Grundmaße für die Verkehrsräume des Radverkehrs lassen sich aus der Grundbreite und der Höhe eines Radfahrers sowie den erforderlichen Bewegungsspielräumen zusammensetzen (Abb. 4.55). Zusätzlich sind nach den RASt noch Sicherheitsräume (Abb. 4.56) bei der Bemessung von Radverkehrsanlagen zu berücksichtigen.

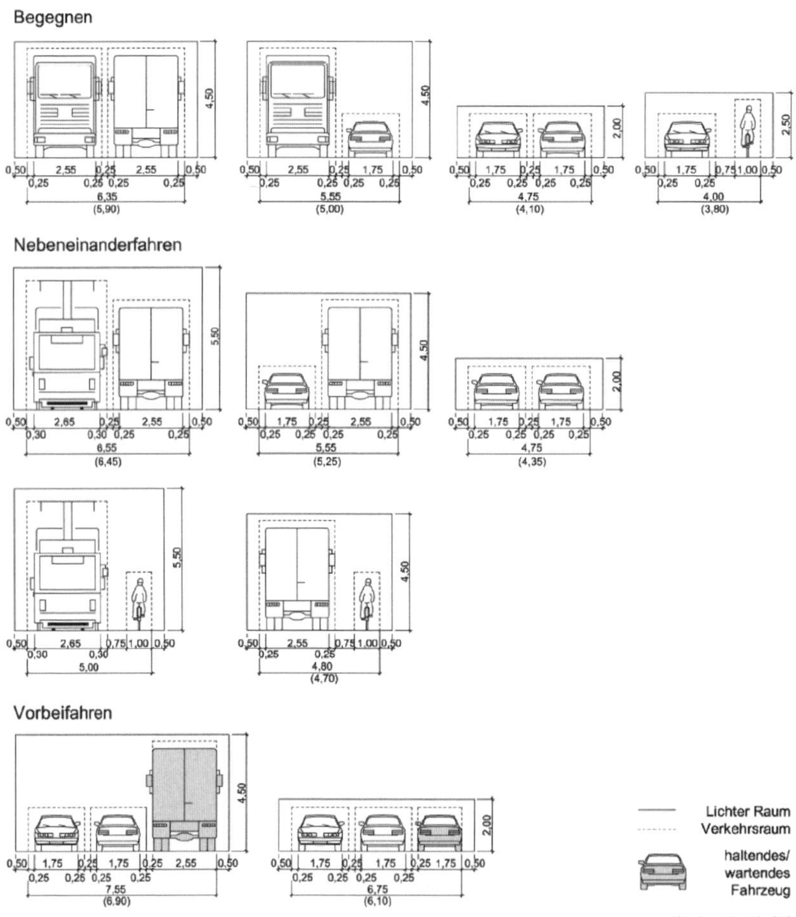

Abb. 4.57: Verkehrsräume und lichte Räume beim Begegnen, Nebeneinander- und Vorbeifahren bei ausgewählten Kombinationen von Bemessungsfahrzeugen

Eine wesentliche Erhöhung der Verkehrssicherheit ist zu erreichen, wenn unterschiedliche Verkehrsarten jeweils auf besondere Verkehrsflächen verwiesen werden. Deshalb sind überall dort, wo während des gesamten Tagesablaufes oder während einzelner Stunden des Tages ein regelmäßiger, ausgeprägter Rad- bzw. Fußgängerverkehr stattfindet und die Mitbenutzung der Fahrbahn für die Fußgänger bzw. Radfahrer infolge der Verkehrsbelastung oder infolge hoher Geschwindigkeiten des motorisierten Verkehrs nicht zumutbar ist, Anlagen für den Fußgänger- und Radverkehr vorzusehen. So ist auf Hauptverkehrsstraßen mit einer DTV von mehr als 10.000 Kfz/24 h die Trennung von Radfahrern und Kraftfahrzeugen als Regelfall anzusehen.

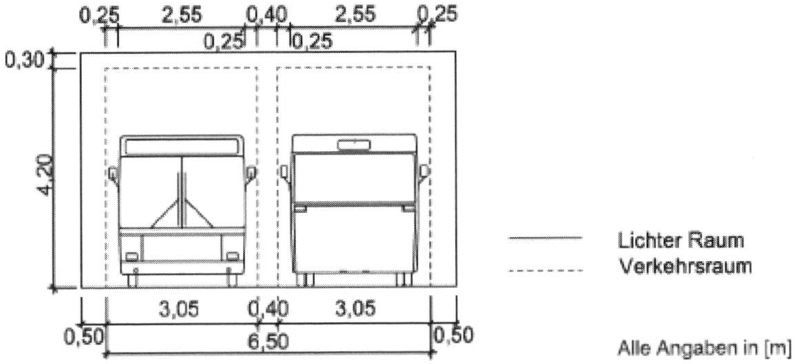

Abb. 4.58: Grundmaße für Verkehrsräume und lichte Räume von Linienbussen mit maximaler Fahrzeugbreite (W = 2,55 m)

Aus diesen Grundmaßen ergeben sich für ausgewählte Kombinationen von Bemessungsfahrzeugen, beispielsweise für Linienbusse, die in den Abb. 4.57 und 4.58 dargestellten Maße für Verkehrsräume und lichte Räume beim Begegnen, Nebeneinander- und Vorbeifahren.

Ergänzend zu den vorgenannten Grundmaßen der Verkehrsteilnehmer benötigen Lieferwagen nur eine lichte Höhe von 2,70 m, für ausschließlichen Pkw-Verkehr reicht eine lichte Höhe von 2,00 m aus.

4.4.6 Empfohlene Lösungen für Typische Entwurfssituationen

In den RASt werden für zwölf Typische Entwurfssituationen unter Angabe der Randbedingungen aus Nutzungsansprüchen des Fußgängers-, Rad- und ruhenden Verkehrs, Bedeutung im ÖPNV, Kraftfahrzeug, Verkehrsstärke und Straßenraumbreite geeignete Elementkombinationen in Form von Querschnittsdarstellungen empfohlen. Es kann davon ausgegangen werden, dass mit diesen Typischen Entwurfssituationen ein Großteil (70 % bis 80 %) der in der Praxis auftretenden Entwurfsaufgaben abgedeckt ist.

Die Identifizierung des jeweils empfohlenen Querschnitts für eine Typische Entwurfssituation erfolgt grundsätzlich in vier Schritten (Abb. 4.59):

Schritt 1:

Der Typischen Entwurfssituation sind bereits die in der Regel entwurfsprägende Nutzungsansprüche aus den Bereichen

- Fußgängerverkehr und Aufenthalt,
- Radverkehr,
- Ruhender Verkehr

in den jeweiligen Darstellungen („Querschnittsübersichten") qualitativ zugeordnet. Sofern sich aus Sicht des Anwenders hier Abweichungen zu seiner Entwurfsaufgabe ergeben, sollte deren Einordnung in die betrachtete Entwurfssituation überprüft werden.

Schritt 2:

Die erste Fallunterscheidung betrifft den entwurfsprägenden Nutzungsanspruch des ÖPNV. Hier wird unterschieden zwischen

- kein ÖPNV, d. h. kein oder kein regelmäßig verkehrender ÖPNV,
- Linienbusverkehr,
- Straßenbahn.

Für Linienbusverkehr empfohlene Querschnitte können auch gewählt werden, wenn kein Linienbusverkehr stattfindet.

Schritt 3:

Die zweite Fallunterscheidung betrifft den entwurfsprägenden Nutzungsanspruch Kraftfahrzeugverkehr. Maßgebend ist dabei die Kraftfahrzeugverkehrsstärke in der Spitzenstunde, die sich je nach Aufgabenstellung auf den Status quo oder auf Prognosen beziehen kann. Bezogen auf den jeweiligen Querschnitt erfolgt die Unterscheidung zwischen fünf sich teilweise überlappenden Klassen wie folgt:

- < 400 Kfz/h,
- 400 Kfz/h bis 1.000 Kfz/h,
- 800 Kfz/h bis 1.800 Kfz/h,
- 1.600 Kfz/h bis 2.600 Kfz/h,
- > 2.600 Kfz/h.

Dabei ist zu beachten, dass ein empfohlener Querschnitt für eine bestimmte Belastungsklasse aus verkehrstechnischer Sicht in der Regel auch für geringere Kraftfahrzeugverkehrsstärken geeignet ist.

Schritt 4:

Die dritte Fallunterscheidung betrifft die verfügbare oder geplante Straßenraumbreite, d. h. in der Regel die Breite zwischen den Gebäuden.

Für die Anwendung des dargestellten Querschnitts sind die jeweils geringstmöglichen Straßenraumbreiten angegebenen. Soweit mehr Raum zur Verfügung steht, sollte bis zum Erreichen von „Sprunggrößen" für z. B. Radverkehrsanlagen, Parkstände, Sonderfahrstreifen des ÖPNV, die zu einer anderen Querschnittsaufteilung führen, die Flächenreserven zunächst immer dem Flächenangebot für Fußgängerverkehr und Aufenthalt und gegebenenfalls auch dem Radverkehr zugute kommen. Steht weniger Raum zur Verfügung, dann kann die Eignung eines kleineren Querschnitts oder der Verzicht auf ein Querschnittselement wie z. B. Parkstreifen geprüft werden. Die Reduzierung von Elementabmessungen in den empfohlenen Querschnitten sollte vermieden werden.

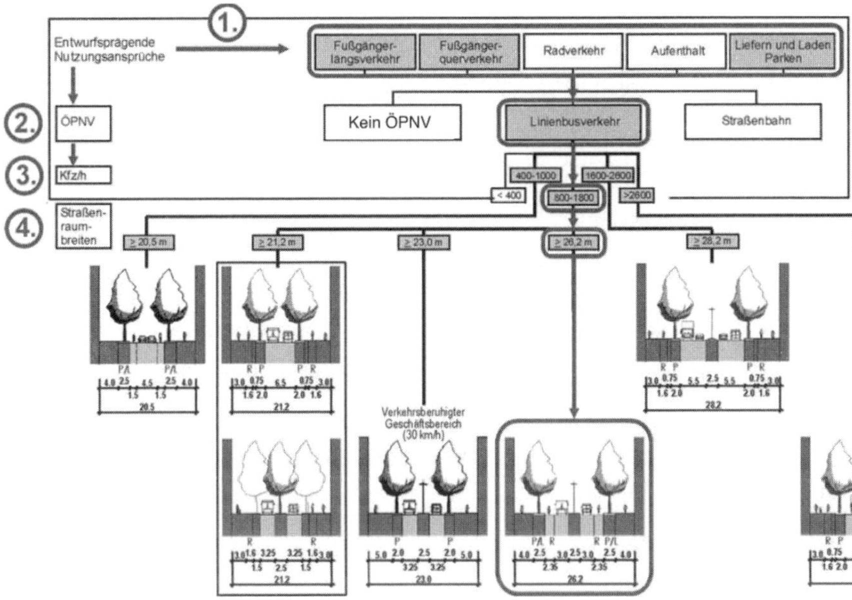

Abb. 4.59: Schrittweise Ermittlung eines empfohlenen Querschnitts

In der Klasse 400 Kfz/h bis 1.000 Kfz/h ist bei der Auswahl eines Querschnitts insbesondere die Überquerbarkeit der Straße im oberen Bereich dieser Verkehrsstärkenklasse zu beachten. Bei entsprechendem Überquerungsbedarf sind die Querschnitte ohne Parkstreifen, aber mit Schutz- oder Radfahrstreifen sowie mit Mittelinseln oder Mittelstreifen auszubilden.

Kann unter vorgenannten Randbedingungen kein geeigneter Querschnitt gefunden werden, so muss der Weg des individuellen Entwurfsvorgangs (Abb. 4.52) gewählt werden. Sind bei Um- oder Ausbauplanungen bestehender Straßen erhebliche Sicherheitsdefizite festgestellt worden, so sind die Ausführungen im Abschn. 4.4.4 zu beachten.

Die empfohlenen Querschnitte mit ihren Elementkombinationen zeigen die aus der Abwägung aller Nutzungsansprüche in ihrer jeweiligen Ausprägung und die unter den jeweils angegebenen Randbedingungen empfohlene Lösung. Dabei sind die in den Abb. 4.57 und 4.58 genannten Entwurfselemente zu verwenden und diese unter Abwägung der spezifischen Vor- und Nachteile und Wechselwirkungen aufeinander abzustimmen, um so z. B. die Kombination von Minimalmaßen zu vermeiden.

Die dargestellten Querschnitte beschränken sich im Wesentlichen auf symmetrische Lösungen, da diese in der Planungspraxis eindeutig überwiegen. Gegebenenfalls erforderliche asymmetrische Lösungen können aus Analogiebetrachtungen entwickelt werden. Die wichtigsten in den empfohlenen Querschnitten angewandten Entwurfsgrundsätze betreffen

- die Bemessung der Fahrbahnen unter besonderer Berücksichtigung des ÖPNV,
- die Führung des Radverkehrs,
- die Funktionszuweisungen im Seitenraum einschließlich Parken,
- Fragen der sicheren Überquerbarkeit sowie
- das straßenraumgestalterische Grundkonzept in Form der Straßenraumproportionen.

Die wesentlichen Entwurfsgrundsätze bei der Bemessung von Fahrbahnen lauten:

- Fahrbahnen im Mischungsprinzip nur bei Verkehrsstärken unter 400 Kfz/h und bei einer zulässigen Höchstgeschwindigkeit von ≤ 30 km/h.
- Fahrbahnen mit Linienbusverkehr erhalten eine Breite von 6,50 m bzw. eine Breite von 7,50 m bei einer Markierung von beidseitigen Schutzstreifen.
- Bauliche Trennung der Richtungsfahrbahnen (Regelfall) mit 3,25 m breiten Fahrstreifen bzw. 3,75 m mit markierten Schutzstreifen und 3,00 m neben Radfahrstreifen.
- Zweistreifige Richtungsfahrbahnen sind i. d. R. 6,50 m breit (mind. 5,00 m breit).

Der Radverkehr wird bei weniger als 400 Kfz/h auf der Fahrbahn, bei 400 bis 1.000 Kfz/h im Bereich von Schutzstreifen und bei über 1.000 Kfz/h auf Radfahrstreifen oder Radwegen geführt. Bezüglich der Mitbenutzung von Gehwegen wird auf die RASt 06 verwiesen.

Bei einer Kombination von Parkstreifen mit Radverkehrsanlagen ergibt sich Folgendes:

- Schutzstreifen neben Parkstreifen mit 2,00 m Breite sind 1,50 m breit.
- 1,60 m breite Radfahrstreifen erhalten neben 2,00 m breiten Parkstreifen einen zusätzlichen Sicherheitsstreifen von 0,50 m, der jedoch nicht gesondert markiert werden muss.
- 1,60 m breite Radfahrstreifen erhalten neben 2,00 m breiten Parkstreifen einen zusätzlichen Sicherheitsstreifen von 0,75 m.

Beispielhaft sind nachfolgend empfohlene Querschnitte für folgende Typische Entwurfssituationen dargestellt: Wohnstraße, Sammelstraße und Hauptgeschäftsstraße. Weitere empfohlene Querschnitte für Typische Entwurfssituationen wie Wohnweg, Quartierstraße, dörfliche Hauptstraße, örtliche Einfahrtstraße, örtliche Geschäftsstraße, Gewerbestraße, Industriestraße, Verbindungsstraße und anbaufreie Straße können den RASt 06 entnommen werden.

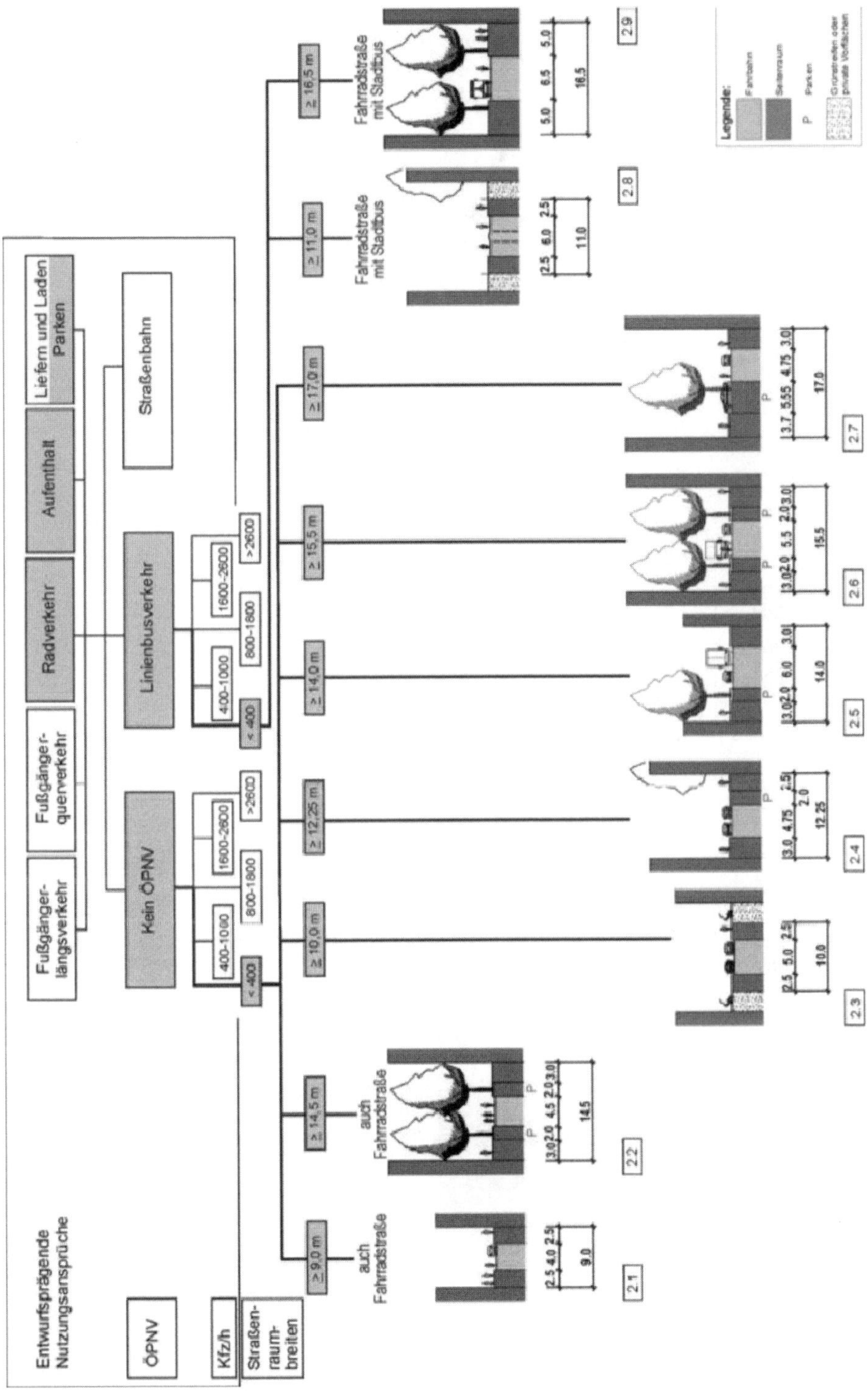

Abb. 4.60: Empfohlene Querschnitte für die Typische Entwurfssituation „Wohnstraße"

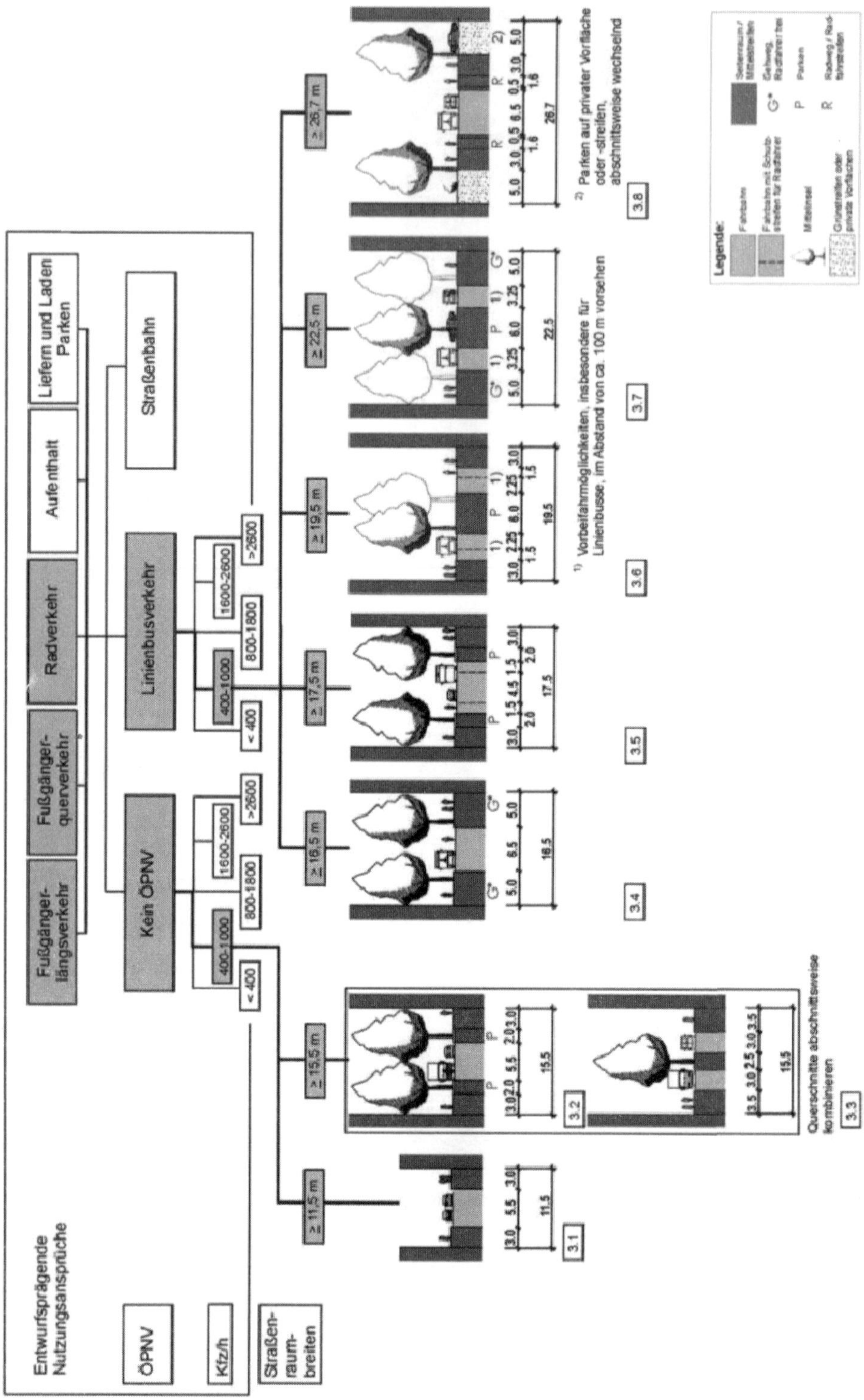

Abb. 4.61: Empfohlene Querschnitte für die Typische Entwurfssituation „Sammelstraße"

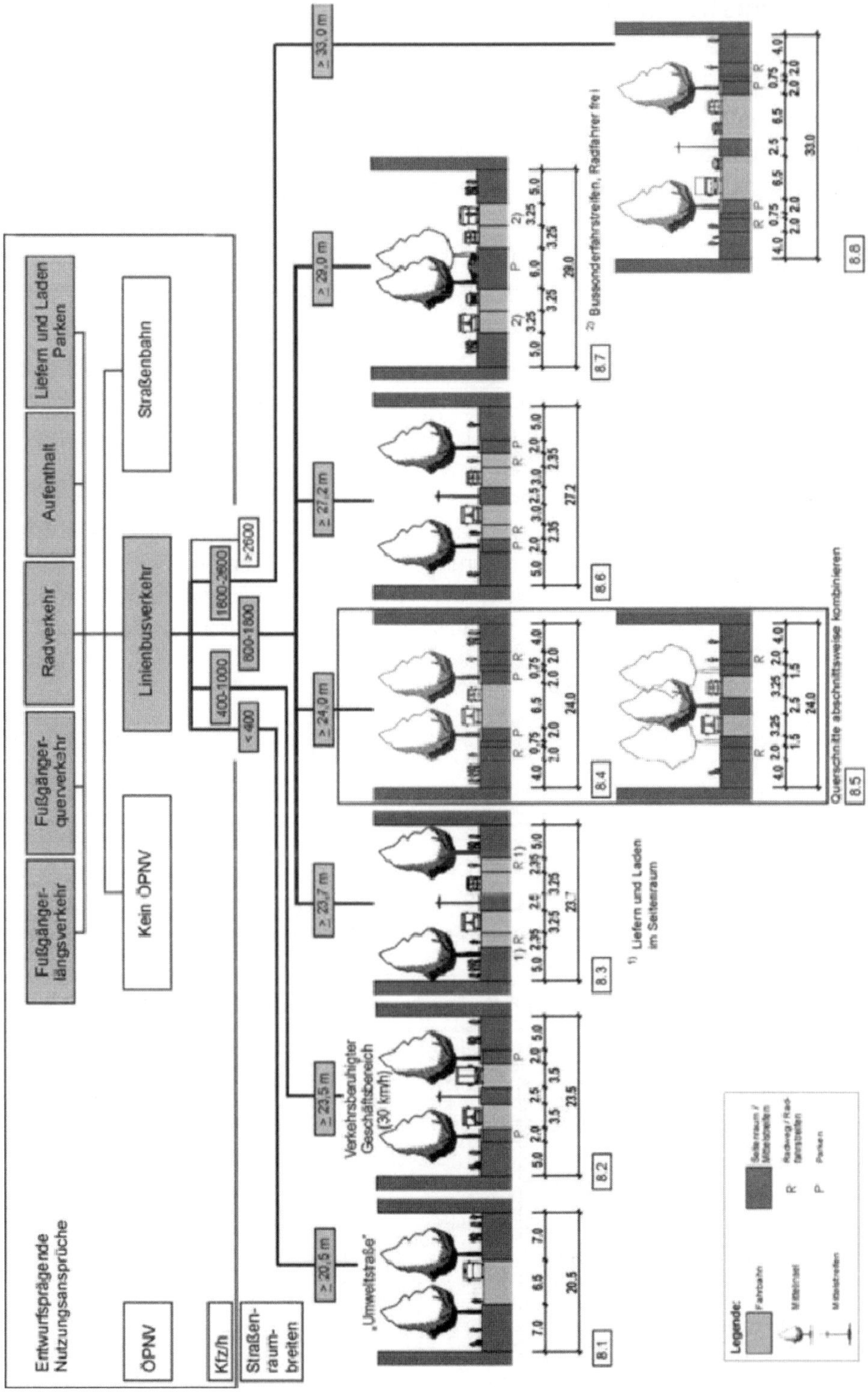

Abb. 4.62: Empfohlene Querschnitte für die Typische Entwurfssituation „Hauptgeschäftsstraße"

4.4.7 Busfahrstreifen und Straßenbahnen

Bei gemeinsamer Benutzung öffentlicher Straßen durch Individualverkehr und öffentlichen Personennahverkehr sollten die gegenseitigen Behinderungen, besonders aber diejenigen des ÖPNV, wegen der unterschiedlichen Fahrweise auf ein Minimum beschränkt bleiben. Günstig sind separate Busfahrstreifen bzw. besondere Bahnkörper zwischen den Fahrbahnen oder außerhalb. Dies ist bei angebauten Straßen aus Platzmangel leider nur selten zu verwirklichen.

Für Busfahrstreifen, die in den letzten Jahren in den Großstädten zur Beschleunigung des ÖPNV immer mehr Verbreitung gefunden haben, gelten die Angaben über die Fahrstreifenbreiten der Abb. 4.58.

Straßenbahnen benötigen eine geringere Fahrstreifenbreite als der Kfz-Verkehr. Wird aber der Streifen von beiden Verkehrsmitteln benutzt, dann bestimmt der Kfz-Verkehr die Breite. Die Mindestabstände für Gleise in den Fahrbahnen zeigt Abb. 4.63. Die Regelbreiten besonderer Bahnkörper werden von der jeweiligen Spurweite bestimmt und sind unterschiedlich, je nachdem, ob Masten vorhanden sind oder nicht. Auch die Anordnung der Haltestellen spielt eine Rolle. Im Gleisbogen erhöht sich die Bahnkörperbreite entsprechend dem inneren und äußeren Verbreiterungsmaß. Mehrbreiten ergeben sich oft auch durch Fußgängerwarteflächen an Überwegen, Treppen zu Fußgängerunterführungen, Schutzplanken, Verkehrszeichen usw. Ein Beispiel für die Straßenbahn in Mittellage auf besonderem Gleiskörper zeigt Abb. 4.64.

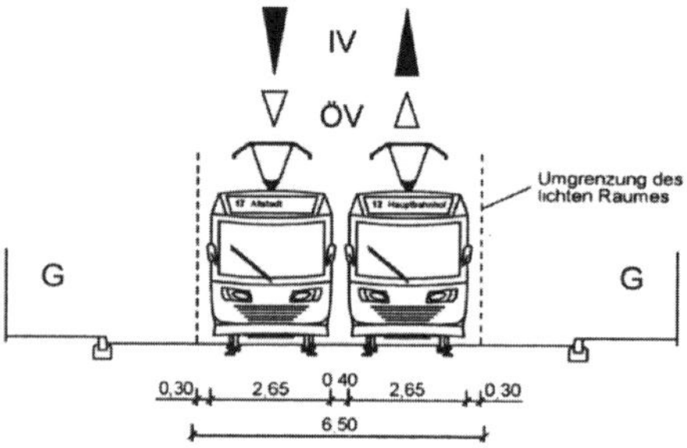

Abb. 4.63: Grundmaß für Fahrbahn mit straßenbündigem Bahnkörper

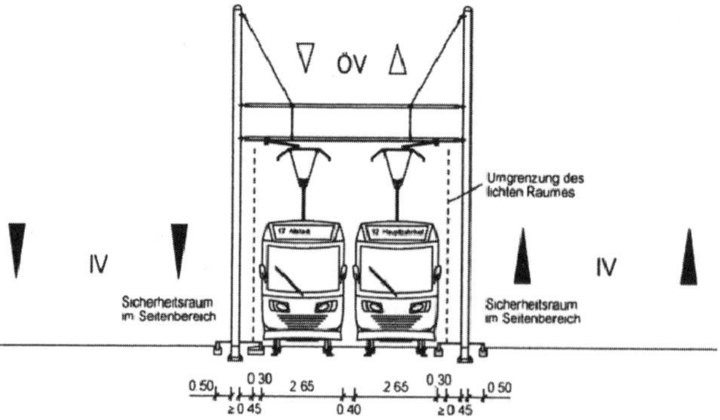

Abb. 4.64: Besonderer Bahnkörper in Mittellage mit Seitenmasten

5 Knotenpunkte

5.1 Grundlagen der Knotenpunktgestaltung

5.1.1 Allgemeine Planungsgrundsätze

In den Knotenpunkten werden die Straßen zu einem Netz verknüpft. Endet eine Straße an einer anderen durchgehenden Straße, so entsteht eine Einmündung (dreiarmiger Knotenpunkt). Zwei sich kreuzende Straßen bilden eine Kreuzung (vierarmiger Knotenpunkt). Auch die Verknüpfung von mehr als vier Ästen zu einem Knoten ist möglich. Das ist regelmäßig aber nur dadurch zu bewerkstelligen, dass der Knoten in ein System von mehreren Einmündungen bzw. Kreuzungen aufgelöst wird.

Für die Ausbildung des Knotenpunktes sind verschiedene Gesichtspunkte maßgebend, so u. a. die zu erwartenden Verkehrsmengen, die Streckencharakteristik der beteiligten Straßen, die Topographie bzw. das städtebauliche Umfeld und die Belastbarkeit der Umwelt. Je nachdem, ob die Kreuzung sich in einer oder in mehreren Ebenen abspielt und ob Lichtsignalanlagen („Ampeln") zum Einsatz kommen bzw. ob nur das Vorfahrtsrecht gelten soll, unterscheidet man

- plangleiche Knotenpunkte im freien Verkehrsfluss,
- plangleiche Knotenpunkte mit Lichtsignalregelung,
- planfreie Knotenpunkte,
- Kombinationen von plangleichen und planfreien Systemen (teilplanfreie und teilplangleiche Knotenpunkte).

Knotenpunkte werden nach baulichen Grundformen unterschieden (Abb. 5.3). Hierbei behandeln die RAA alle Systeme planfreier und teilplanfreier Knotenpunkte an Autobahnen einschließlich aller planfreien Elemente dieser Knotenpunkte. Die Regellösungen planfreier, teilplanfreier, teilplangleicher sowie plangleicher Knotenpunkte im Zuge von Landstraßen sind in den RAL enthalten. Die Knotenpunkte von innerörtlichen Straßen, das sind i. d. R. plangleiche Einmündungen und Kreuzungen, werden in den RASt behandelt.

Für die Qualität des Verkehrsablaufs im Straßennetz ist es von ausschlaggebender Bedeutung, ob die Knotenpunkte plangleich oder planfrei ausgebildet werden. Die Entscheidung darüber wirkt sich auf die Sicherheit, Qualität des Verkehrsflusses und Wirtschaftlichkeit des Knotenpunktes und darüber hinaus des gesamten Straßennetzes aus und muss deshalb sehr gewissenhaft getroffen werden. Die Einsatzbereiche der Knotenpunktsysteme bzw. -arten sind den vorgenannten Richtlinien zu entnehmen.

Für einige Straßenkategorien besteht die Option sowohl für plangleiche als auch für planfreie Knotenpunkte. Die Entscheidung darüber sollte so getroffen werden, dass möglichst lange Abschnitte einer Straße eine gleichartige Ausbaucharakteristik erhalten. In einem Straßenzug mit sonst planfreien Knotenpunkten soll keine isolierte plangleiche Kreuzung liegen, während ein einzelner planfreier Knotenpunkt in einem Straßenzug mit sonst plangleichen Verknüpfungen kaum zu Problemen mit den Verkehrsteilnehmern führt. Dagegen dürfen in einer Straße mit plangleichen Knoten nicht mehrere planfreie Knotenpunkte nacheinander angeordnet werden, um beim Verkehrsteilnehmer nicht den Eindruck einer völlig niveaufreien Straße zu erwecken und entsprechendes Fahrverhalten auszulösen.

Ist bei einem Teilausbau zunächst ein plangleicher Knotenpunkt vorgesehen, so ist dieser so anzulegen, dass er bei einem späteren Vollausbau ohne großen Aufwand zu einem teilplangleichen oder teilplanfreien Knotenpunkt umgestaltet werden kann. Falls möglich, sollte das dafür benötigte Gelände entweder erworben oder zumindest baurechtlich gesichert werden.

Eine günstige Lösung stellt dafür die teilplangleiche Kreuzung nach den RAL dar. Bei starkem Kreuzungsverkehr und geringen Abbiegeströmen weist sie eine hohe Leistungsfähigkeit und Sicherheit auf. Ein Umbau zu einem teilplanfreien oder planfreien Knotenpunkt ist mit verhältnismäßig geringem Aufwand möglich (Abschn. 5.3.5).

Knotenpunkte haben einen erheblichen Einfluss auf die Verkehrsqualität einer Straße und sollen deshalb an Straßen der Verbindungsfunktionsstufen 0, I und II untereinander einen möglichst großen Abstand aufweisen. Außerhalb bebauter Gebiete sind die Knotenpunktabstände, wenn irgend machbar, so festzulegen, dass die erforderlichen Sichtweiten unter Beachtung der Mindeststreckenanteile mit ausreichenden Überholmöglichkeiten zwischen den Knotenpunkten vorhanden sind. Ist das nicht überall erreichbar, so kann man versuchen, benachbarte Knoten zu vereinigen, um den Verkehrsfluss nicht durch eine Vielzahl von Ein- und Ausmündungen zu beeinträchtigen.

Innerhalb bebauter Gebiete ist ein Überholen zwischen Knotenpunkten zweistreifiger Straßen weder notwendig noch wünschenswert. Bei Straßen der Kategoriengruppen VS und HS kann die erwünschte Koordinierung von Lichtsignalanlagen (Grüne Wellen) oder die Schaffung ausreichender Stauräume den Knotenpunktabstand bestimmen.

Bei Grünen Wellen muss die Umlaufzeit t_U (s) an allen Knotenpunkten gleich groß sein (sog. Systemumlaufzeit). Teilpunkte sind bei Grünen Wellen in Zweirichtungsstraßen charakteristische Punkte im Zeit-Weg-Diagramm. Sie ergeben sich als Schnittpunkte der Mittellinien von zwei gegenläufigen Grünbändern (Abb. 5.1). Der Teilpunktabstand L_T (m) ist der Abstand zwischen zwei benachbarten Teilpunkten.

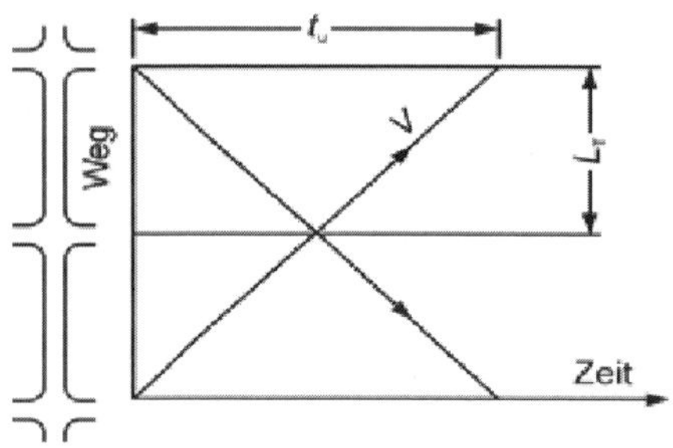

Abb. 5.1: Zeit-Weg-Diagramm für eine Grüne Welle

So beträgt der Teilpunktabstand L_T für eine Grüne Welle an Kreuzungen mit Lichtsignalanlage bei einer Umlaufzeit t_U = 60 s und einer Wellengeschwindigkeit in jeder Fahrtrichtung von V = 50 km/h

$$L_T = V \cdot \frac{t_u}{2} = \frac{50}{3{,}6} \cdot \frac{60}{2} = 417 \text{ m}$$

Bei geringeren Teilpunktabständen kann eine Grüne Welle nur unter Schwierigkeiten, wie etwa mit verminderter Wellengeschwindigkeit, angeordnet werden.

Beim Zusammentreffen mehrerer Straßen muss zur Regelung der Vorfahrtberechtigung festgelegt werden, welche die übergeordnete und welche die nachgeordnete Straße sein soll. Als übergeordnete Straße wird bei Einmündungen die durchgehende Straße, bei

Kreuzungen die Straße mit der höherwertigen Streckencharakteristik bezeichnet. Dabei wird die Streckencharakteristik besonders durch die Straßenkategorie, die Verkehrsbelastung, die Führung der öffentlichen Personennahverkehrslinien und die Vorfahrtregelung an benachbarten Knotenpunkten beeinflusst. Dagegen ist die Klassifizierung (Baulast) für die Festlegung der übergeordneten Straße zweitrangig.

5.1.2 Kriterien zur Wahl der Knotenpunktform

Als Kriterien für die Ausbauqualität eines Knotenpunktes gelten Gesichtspunkte der Verkehrssicherheit, Qualität des Verkehrsflusses, Umweltverträglichkeit und Wirtschaftlichkeit, ohne dass mit dieser Aufzählung eine Reihung in der Bedeutung verbunden wäre. Für die Beurteilung müssen sämtliche Vor- und Nachteile einander gegenübergestellt werden.

a) Verkehrssicherheit

Ein sicherer Verkehrsablauf im Knotenpunkt wird dadurch gewährleistet, dass er sowohl im Ganzen als auch in den Teilbereichen

- (rechtzeitig) erkennbar
- begreifbar und
- übersichtlich
- (ausreichend) befahrbar bzw. begehbar ist.

In jeder Knotenpunktzufahrt muss der Knotenpunkt rechtzeitig erkennbar sein, damit der Fahrer seine Fahrweise entsprechend einrichten kann. Dazu gehören das Einordnen, Bremsen, Ein- und Abbiegen sowie das Kreuzen. Für Fahrer in der nachgeordneten Straße ist das besonders wichtig, damit sie den bevorrechtigten Verkehr beachten können. Dies gilt vor allem für die untergeordneten Zufahrten ohne Lichtsignalanlage. Für die übergeordneten Zufahrten insbesondere dann, wenn Verkehr ohne Lichtsignalanlage abbiegt, einbiegt oder kreuzt. Eine rechtzeitige Erkennbarkeit der Lichtsignalanlage ist aus allen Zufahrten sicherzustellen. Deshalb sollten Knotenpunkte an Straßen der EKL 1 und 2 aus Entfernungen von ≥ 300 m und an Straßen der EKL 3 und 4 aus Entfernungen von ≥ 200 m erkennbar sein.

Gute **Erkennbarkeit** kann erreicht werden durch

- Lage des Knotens oder mindestens der nachgeordneten Straße in einer Wanne,
- frühzeitiges Aufweiten der Knotenpunktzufahrten für Aufstellstreifen und Sperrflächen,
- Bau von Tropfeninseln in der nachgeordneten Straße zur Verdeutlichung der Wartepflicht,
- rechtzeitige und deutliche Vorwegweisung mit Zielangaben,
- Kenntlichmachung der Lage des Knotenpunkts durch Leittafeln, Bepflanzung oder Unterbrechung der Bepflanzung, durch andere Beleuchtung usw.

Knotenpunkte müssen so übersichtlich sein, dass zumindest alle Wartepflichtigen bei der Annäherung an einen Gefahrenpunkt die bevorrechtigten Verkehrsteilnehmer rechtzeitig sehen können. Deswegen muss der engere Knotenpunktbereich für alle Verkehrsteilnehmer ausreichende Sichtflächen aufweisen.

Ausreichende **Übersichtlichkeit** kann erreicht werden durch

- Lage des Knotenpunktes in einer Wanne,
- Beseitigung von Sichthindernissen,
- Anschluss der nachgeordneten Knotenpunktarme im rechten Winkel,
- einstreifige Ausführung der untergeordneten Knotenpunktzufahrt neben der Tropfeninsel, um gegenseitige Sichtbehinderungen nebeneinander wartender Fahrzeuge zu vermeiden.

Damit sich die Verkehrsteilnehmer zwangsläufig richtig verhalten, müssen der Knotenpunkt und der Verkehrsablauf begreifbar sein. Das ist der Fall, wenn deutlich ist, an welchen Stellen abzubiegen ist, wo man sich einordnen soll, wo Konflikte mit anderen Verkehrsteilnehmern auftreten können und wer Vorfahrt hat.

Ausreichende **Begreifbarkeit** kann erreicht werden durch

- Verwendung einfacher und allgemein bekannter Knotenpunktformen oder mindestens Teilbereiche,
- bauliche Gestaltung des Knotens, die die Vorfahrtregelung unterstreicht,
- gute optische Führung der einzelnen Verkehrsströme durch Fahrbahnmarkierungen und Fahrbahnleiteinrichtungen,
- klare Führung der im Knotenpunkt vorgegebenen Wege, auch für die anderen Verkehrsteilnehmer wie Fußgänger und Radfahrer.

Im Falle planfreier Knotenpunkte gilt die Forderung nach Begreifbarkeit lediglich für den jeweils nächsten Entscheidungspunkt zwischen zwei Fahrtrichtungen.

Soll ein Knotenpunkt gut und sicher befahr- und begehbar sein, dann muss seine Gestaltung den fahrdynamischen und fahrgeometrischen Eigenschaften der Fahrzeuge und auch den Anforderungen der nicht motorisierten Verkehrsteilnehmer entsprechen.

Gute **Befahr- und Begehbarkeit** können erreicht werden durch

- ausreichende, den Bewegungsvorgängen entsprechend geführte und jenseits des Knotenpunkts fortgesetzte Fahrstreifen,
- deutlich markierte Begrenzungen der Fahrstreifen,
- Inselkanten und Fahrbahnränder, die der Fahrgeometrie auch der schweren Fahrzeuge angepasst sind und nicht in die Fahrwege hineinragen,
- klar geführte und gut einsehbare Überquerbarkeit der Knotenpunktarme für Fußgänger und Radfahrer,
- einwandfreie Entwässerung.

Innerhalb bebauter Gebiete ist eine ausreichende Verkehrssicherheit besonders für schwächere Verkehrsteilnehmer (Radfahrer, Fußgänger, ältere Menschen, Behinderte und Kinder) zu gewährleisten, da von diesen keine ständige Aufmerksamkeit, Reaktionsfähigkeit und Regelbeachtung erwartet werden kann und ihr Verhalten schwer berechenbar ist.

b) Qualität des Verkehrsflusses

Die Qualität des Verkehrsablaufs im Knotenpunkt sagt mehr aus als die bloße Leistungsfähigkeit. Sie orientiert sich an der Netzfunktion, der straßenräumlichen Situation und der Nutzungsvielfalt in den angeschlossenen Knotenpunktarmen.

An Straßen der Kategoriengruppen AS, VS und HS sind die Knotenpunkte so leistungsfähig zu entwerfen, dass in den nachgeordneten Knotenpunktzufahrten und für abbiegende Verkehrsströme keine unzumutbar langen Wartezeiten entstehen. Bei Lichtsignalregelung kann durch Koordinierung der Signalprogramme benachbarter Knotenpunkte der Verkehrsablauf bei gleichzeitiger Verminderung der Immissionsbelastung wesentlich verbessert werden. Für den Zustand des Ausfalls oder der Abschaltung ist darauf zu achten, dass auch ohne Lichtsignalanlage die Verkehrsregelung sicher und verständlich bleibt.

Es sei an dieser Stelle darauf hingewiesen, dass für alle gebräuchlichen Knotenpunkttypen – planfreie Verknüpfungen, Lichtsignalanlagen, Kreuzungen und Einmündungen mit Vorfahrtregelung sowie Kreisverkehrsplätze – im HBS hinreichend genaue Berechnungsverfahren angegeben sind, mit denen die Leistungsfähigkeit von Knotenpunkten und damit die Qualität des Verkehrsablaufs nachgewiesen werden kann.

c) Umweltverträglichkeit

Eine absolute Verträglichkeit von Straßenverkehrsanlagen mit der Umwelt kann es nicht geben, weil die Umwelt durch Straßen und ihre Verknüpfungspunkte immer verändert wird. Das Ziel der Planung muss sein, die Umwelt bzw. das Umfeld eines Knotenpunktes möglichst gering zu belasten. In diesem Sinne ist die bestmögliche Umweltverträglichkeit eines Knotenpunktes dann gegeben, wenn das Landschafts- und Stadtbild wenig beeinträchtigt sowie der Flächenbedarf und die Trennwirkung so klein wie möglich gehalten werden. Ebenso ist auf eine Minimierung der Verkehrsemissionen aus Lärm und Luftverunreinigungen zu achten.

Unauffälliges Einpassen des Knotenpunktes in das Umfeld und ausreichende Bepflanzung, wo immer es möglich ist, sind ein wichtiger Beitrag zur Umweltverträglichkeit. Innerhalb der Bebauung ist der Knotenpunkt schonend für das Stadtbild, die Denkmalpflege und die Freiraumfunktion einzufügen.

Durch einen flüssigen Verkehrsablauf können Staubildungen, Brems- und Anfahrvorgänge reduziert oder vermieden werden, sodass weniger Lärm- und Abgasbelästigungen auftreten. Koordinierte und verkehrsabhängig gesteuerte Lichtsignalanlagen tragen dazu bei. Leider ist aber die Konstruktion von Knotenpunkten guter Verkehrsqualität häufig mit einem größeren Flächenbedarf verbunden, sodass das Ziel einer bestmöglichen Umweltverträglichkeit oft nicht eindeutig durch eine flächenintensive Lösung oder durch sparsamen Flächenverbrauch erreicht werden kann.

d) Wirtschaftlichkeit

Wirtschaftlich ist eine Knotenpunktlösung dann, wenn unter Beachtung der Sicherheit, Verkehrsqualität und Umweltverträglichkeit die Bau-, Unterhaltungs-, Zeit-, Betriebs- und Unfallkosten ein Minimum ergeben. Häufig allerdings sind es primär die Investitionen des Straßenbaulastträgers und die absehbaren Kosten für die Erhaltung der Anlage, die die Planungsentscheidungen beeinflussen. Die Zeit-, Betriebs- und Unfallkosten für das Kollektiv der Benutzer sind im Gegensatz dazu jedoch sehr viel schwieriger zu prognostizieren, weil sie nicht zuletzt von der Frequentierung der Anlage und ihrer nicht abschließend abzuschätzenden künftigen Funktion abhängen. Außerdem interessieren den Baulastträger die volkswirtschaftlichen Verluste der Straßenbenutzer oft erst in zweiter Linie. Eine weitblickende Planung wird aber auch die Kosten der Verkehrsteilnehmer in ihre Entscheidungen einbeziehen.

5.1.3 Konfliktpunkte

Wenn sich im Bereich eines Verkehrsknotens zwei Verkehrsströme verschiedener Richtungen trennen oder aufeinandertreffen, nennt man diese Bereiche Konfliktpunkte.

Man unterscheidet dabei

Trennungspunkte (T)	Kreuzungspunkte (K)	Einmündungspunkte (E)
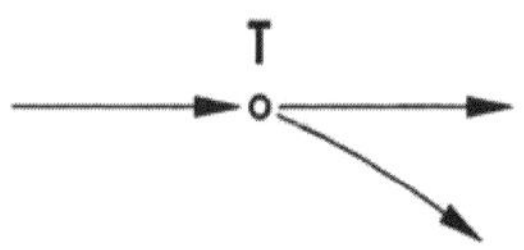	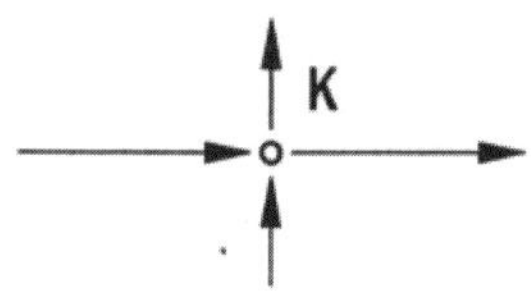	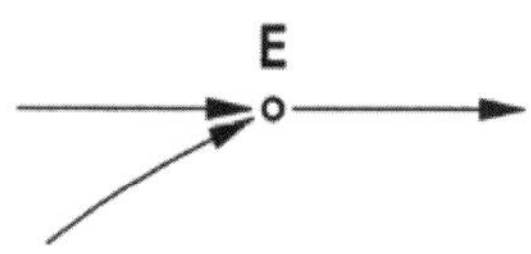

Treffen drei Verkehrsströme zusammen oder teilt sich ein Verkehrsstrom in drei Richtungen auf, dann spaltet man den Konfliktpunkt theoretisch in zwei hintereinanderliegende Trennungs- bzw. Einmündungspunkte auf.

Aufspaltung in drei Richtungen	Zusammenführung dreier Ströme
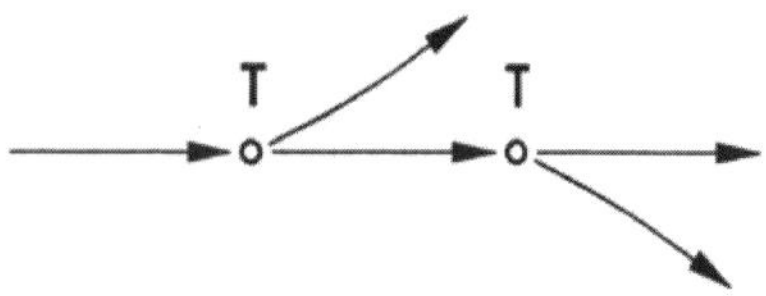	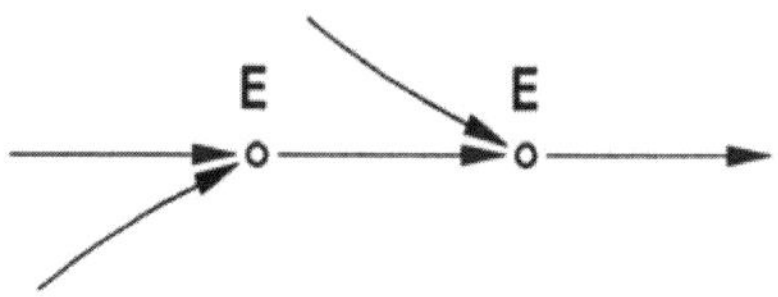

Eine Verflechtungsstrecke stellt im Grunde genommen eine schleifende Kreuzung dar, wird jedoch als Aufeinanderfolge eines Einmündungs- und eines Trennungspunktes definiert.

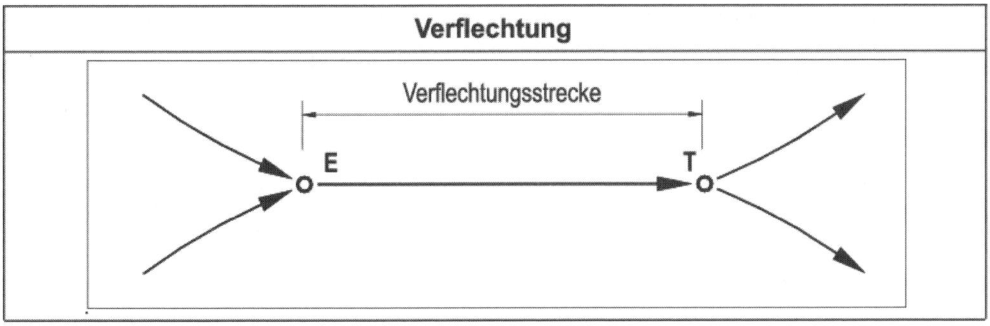

Bei den Einmündungs- und Trennungspunkten können wiederum jeweils zwei verschiedene Ausbildungen unterschieden werden:

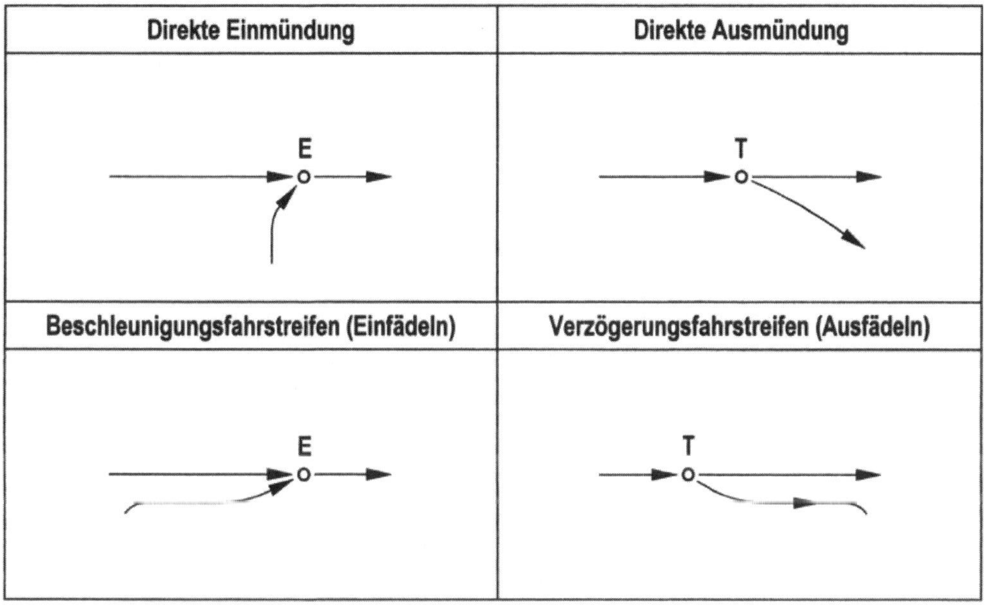

In den Einmündungspunkten, mehr noch aber in den Kreuzungspunkten besteht die Gefahr, dass die Fahrzeuge der sich kreuzenden oder vereinigenden Ströme miteinander kollidieren. Demgegenüber sind Trennungspunkte mit keiner Kollisionsgefahr von Fahrzeugen verbunden und bilden insofern die Konfliktpunktart mit der geringsten Unfallgefahr. Nichtsdestoweniger treten auch hier Konflikte für die Fahrzeugführer auf, weil sie sich zwischen verschiedenen Fahrtrichtungen entscheiden müssen. Besonders an Autobahnausfahrten muss zwischen den aufeinanderfolgenden Trennungspunkten eine „Beruhigungsstrecke" vorhanden sein, in der sich die Fahrer anhand der Wegweiser und der Fahrstreifenmarkierung neu orientieren und auf den nächsten Trennungspunkt konzentrieren können. Im Sinne der Einhaltung dieser Entscheidungskette werden an Autobahnausfahrten auch stets nur Aufspaltungen in lediglich zwei Richtungen vorgesehen.

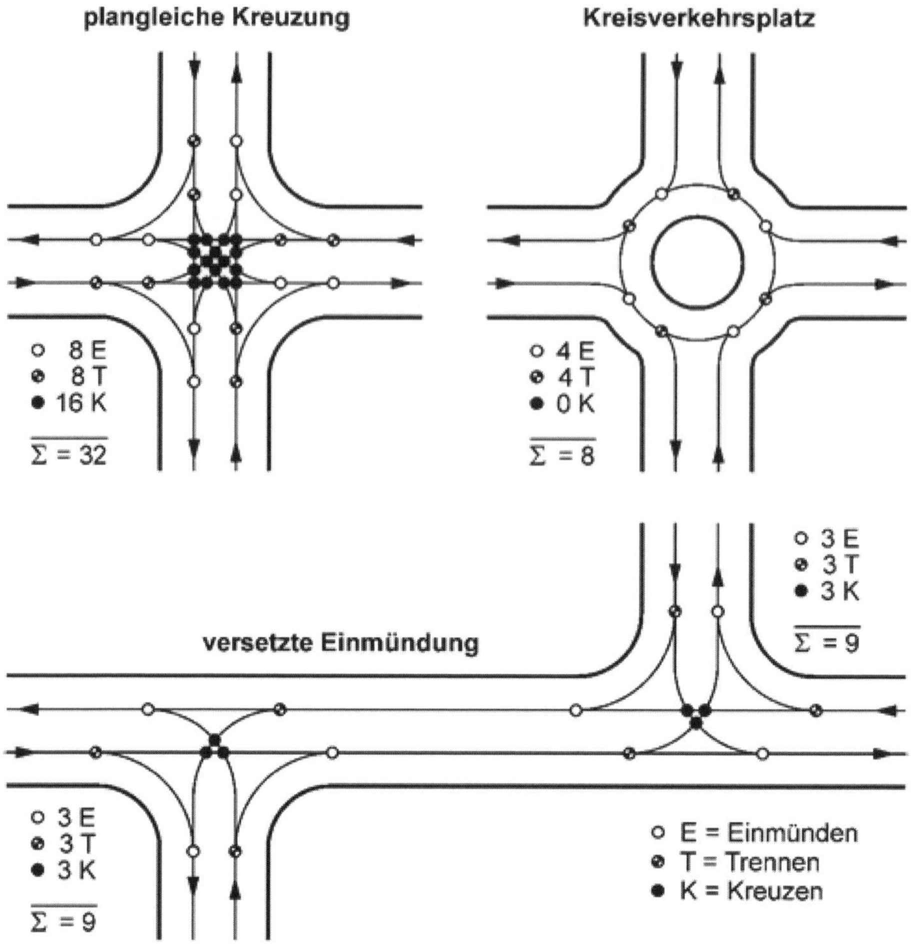

Abb. 5.2: Konfliktpunkte bei verschiedenen Knotenpunktformen

Beschleunigungs- und Verzögerungsfahrstreifen stellen im Vergleich mit den direkten Ein- und Ausmündungen die höherwertige Ausführung dar und kommen bevorzugt bei den planfreien Knotenpunkten zum Einsatz. Bei den Einmündungen ist darauf zu achten, dass entweder eine möglichst rechtwinklige Einfahrt ausgebildet wird oder aber eine solche mit Beschleunigungsfahrstreifen. Keilförmige Einfahrten sind zu vermeiden, weil zwischen der direkten Sicht des Fahrers durch das Seitenfenster und dem Blickfeld im Rückspiegel ein „toter Winkel" vorhanden ist, wodurch erhöhte Kollisionsgefahr besteht. Bei den Ausmündungen stellt die schlechte Sicht nach rechts hinten jedoch keine Gefahr dar, weshalb keilförmige Ausfahrten eine der Regelausführungen darstellen.

In der Praxis fördert es die Sicherheit und Leistungsfähigkeit des Verkehrsablaufs, wenn Knotenpunktformen verwendet werden, bei denen die Konfliktpunkte möglichst weit auseinandergezogen oder noch besser in ihrer Anzahl reduziert werden. So kann man etwa an einer normalen plangleichen Kreuzung 32 Konfliktpunkte zählen, an zwei versetzten Einmündungen unter Gewährleistung der gleichen Verkehrsbeziehungen noch 18 und an einem Kreisverkehrsplatz gar nur 8 Konfliktpunkte (Abb. 5.2).

Die Verkehrsqualität und die Sicherheit nehmen mit der Verringerung der Anzahl der Konfliktpunkte zu. Beispielsweise treten in der normalen plangleichen Kreuzung Ströme bis zur vierten Ordnung auf, vor denen drei Arten von anderen Verkehrsströmen vorfahrtberechtigt sind, die aber ihrerseits nach dem Straßenverkehrsrecht untereinander wieder bevorrechtigt oder wartepflichtig sind. Der Strom vierter Ordnung kann erst dann einfahren, wenn alle Fahrzeuge aus den Strömen erster bis dritter Ordnung abgeflossen sind.

Im Gegensatz dazu kommen in Kreisverkehrsplätzen ausschließlich Aus- und Einmündungspunkte vor. An Letzteren gibt es nur eine einzige Art der Bevorrechtigung und keine weiteren gegenseitigen Abhängigkeiten. Das ist der Grund dafür, weshalb Kreisverkehrsplätze eine höhere Leistungsfähigkeit als die anderen plangleichen Systeme mit freiem Verkehrsfluss aufweisen. An Lichtsignalanlagen wird die Anzahl der Konfliktpunkte dadurch reduziert, dass die verschiedenen Ströme zu unterschiedlichen Zeiten freie Fahrt erhalten.

5.1.4 Knotenpunktabstände

Grundsätzlich ergeben sich die Abstände der Knotenpunkte aus der Netzplanung unter Berücksichtigung der Netzhierarchie der Straßenkategorien und der raumordnerisch angestrebten Reisegeschwindigkeit. Auch spielen die räumlichen Gegebenheiten wie die Topografie und die Siedlungsstruktur eine nicht unerhebliche Rolle. Der planerisch erwünschte Abstand ergibt sich aus der raumordnerisch angestrebten Reisegeschwindigkeit. Dabei sind für die nachstehenden Entwurfsklassen folgende Mindest(achs)abstände (s. auch Abb. 5.48) anzustreben:

EKA 1 A	EKA 1 B, EKA 2	EKL 1	EKL 2
8,0 km	5,0 km	3,0 km	2,0 km

Soweit hier netzbedingt geringere Abstände unvermeidbar sind, ist die Zusammenfassung von zwei nahe beieinander liegenden Knotenpunkten zu prüfen. Bei den übrigen Entwurfsklassen sind kleinere Knotenpunktabstände auch planerisch durchaus sinnvoll, um eine hinreichende Sammel- und Verteilfunktion zu gewährleisten.

Bei Unterschreitung der Mindestwerte für eine isolierte Knotenpunktplanung beeinflussen sich die Knotenpunkte gegenseitig bei der baulichen und verkehrstechnischen Gestaltung sowie beim Ablauf des Verkehrsgeschehens. In solchen Fällen müssen die beiden Knotenpunkte mittels Verflechtungsstreifen oder einer Verteilerfahrbahn zu einem sog. komplexen Knotenpunkt zusammengefasst werden. Denkbare Lösungen sind aus Abb. 5.51 ersichtlich.

Details zu den Knotenpunktabständen und mögliche Lösungen bei zu geringem Knotenpunktabstand an Autobahnen können aus Abschn. 5.3.2 entnommen werden.

5.1.5 Wahl und Ausbildung der Knotenpunktart

Die Ausbildung der gewählten Knotenpunktart ist im Planungsprozess für jeden einzelnen Knotenpunkt an die verkehrlichen Erfordernisse und die örtlichen Gegebenheiten anzupassen. Dabei sind zu berücksichtigen:

- Flächenverfügbarkeit,
- Zwangspunkte,
- Flächenneigungen,
- Richtung und Stärke der Verkehrsströme,
- benachbarte Knotenpunkte.

In zu begründenden Ausnahmefällen kann aufgrund der verkehrlichen Erfordernisse und der örtlichen Gegebenheiten unter Berücksichtigung der Ziele

- Verkehrssicherheit,
- Verkehrsqualität,
- Umweltverträglichkeit und
- Baulastträgerkosten

geprüft werden, ob eine andere Knotenpunktart zweckmäßiger ist.

Planfreie Knotenpunkte verbinden Straßen in zwei Ebenen. Sie bestehen aus Ein- und Ausfahrbereichen an beiden Straßen und den Verbindungsrampen. Die Standardlösung für einen vierarmigen Knotenpunkt ist das Kleeblatt, für einen dreiarmigen Knotenpunkt die links liegende Trompete. Diese werden in Anlehnung an die RAA geplant.

Für Landstraßen kommen planfreie, teilplanfreie, teilplangleiche und plangleiche Knotenpunktlösungen zur Anwendung.

Bei städtischen Straßen sind plangleiche Knotenpunkte mit und ohne Lichtsignalanlagen der Regelfall.

Die Verkehrsqualität von Knotenpunkten ist gemäß dem HBS nachzuweisen.

5.2 Knotenpunkte der Kategoriengruppe LS

Die Kategoriengruppe LS umfasst anbaufreie, im Regelfall einbahnige Straßen außerhalb bebauter Gebiete. Der nachfolgende Abschnitt enthält, soweit notwendig, an einigen Stellen Hinweise auf städtische Straßen. Detaillierte Angaben zu Knotenpunkten bei Stadtstraßen sind den RASt zu entnehmen.

5.2.1 Grundsätzliche Überlegungen

Das höher klassifizierte Straßennetz in Deutschland besteht zu 78 % aus zweistreifigen Landes- und Kreisstraßen. Auch die Bundesstraßen mit einem Längenanteil von 17 % sind zum größten Teil zweistreifig ausgebaut. Da die Knotenpunkte im Zuge zweistreifiger Straßen nach RAL i. d. R. plangleich, teilplangleich oder teilplanfrei auszubilden sind, muss die weitaus überwiegende Anzahl aller Knotenpunkte so geplant werden.

Es ist unschwer einzusehen, dass die große Anzahl der Knotenpunkte eine möglichst einheitliche Gestaltung erfordert. Durch eine Standardisierung und die Ausstattung mit stets gleichen Knotenpunktelementen können sich die Fahrzeugführer leichter im Knotenpunkt orientieren, was zu einer besseren Erkennbarkeit und Verkehrssicherheit führt. Außerdem hat die einheitliche Ausbildung planungs- und bautechnische Vorteile. Die RAL gibt dafür die baulichen Grundformen von Knotenpunkten an (Abb. 5.3). Die Entscheidung, welche Grundform der Knotenpunkt haben soll, wird nach der Anzahl der Fahrbahnen der beteiligten Straßen und den Vorgaben der Netzplanung getroffen. Dabei geht es zuerst um die geometrische Form, während die Entwurfsdetails der Einzelbausteine wie etwa Abbiegestreifen, Inseln, Eckausrundungen u. dgl. erst später festgelegt werden.

Bauliche Grundform	Führung im Teilknotenpunkt/Knotenpunkt		Beispiele (übergeordnete Straße senkrecht dargestellt)	
	übergeordnete Straße	untergeordnete Straße		
Planfreier Knotenpunkt	Einfädeln/ Ausfädeln	Einfädeln/ Ausfädeln	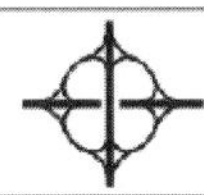	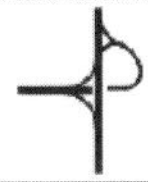
Teilplanfreier Knotenpunkt	Einfädeln/ Ausfädeln	Einbiegen/ Abbiegen Kreisverkehr	 *)	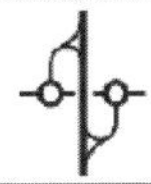 *)
Teilplangleicher Knotenpunkt	Einbiegen/ Abbiegen	Einbiegen/ Abbiegen Kreisverkehr	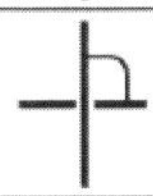	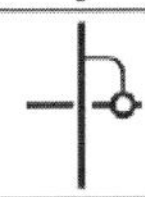
Plangleicher Knotenpunkt				
Einmündung	Einbiegen/ Abbiegen	Einbiegen/ Abbiegen		
Kreuzung	Einbiegen/ Abbiegen/ Kreuzen	Einbiegen/ Abbiegen/ Kreuzen		
Kreisverkehr	Kreisverkehr		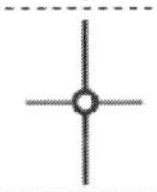	

*) Kann auch als Raute ausgeführt werden.
Die vorfahrtberechtigte Straße ist als Breitstrich dargestellt.

Abb. 5.3: Bauliche Grundformen von Knotenpunkten

5.2.2 Linienführung im Bereich von plangleichen Knotenpunkten

5.2.2.1 Kreuzungswinkel

Die Achsen der zu verknüpfenden Straßen sollen sich möglichst im rechten Winkel, mindestens jedoch unter einem Winkelbereich 80 gon $\leq \alpha \leq$ 120 gon schneiden. Andernfalls soll die Achse der untergeordneten Straße abgekröpft werden. Dabei sollten die Radien der abgekröpften Straße mind. 50 m, wenn möglich 150 m betragen. Stets sollte geprüft werden, ob eine Kreuzung in zwei benachbarte Einmündungen (Versatz) aufgelöst werden kann.

Die Umwandlung einer Kreuzung zu einem Rechtsversatz (Abb. 5.4, Ziff.1) kann Vorteile bringen, weil entsprechend den in Abschn. 5.1.3 gemachten Ausführungen die Zahl der Konfliktpunkte von 32 auf 18 reduziert wird und die Wartepflicht in den untergeordneten Knotenpunktarmen deutlicher zum Ausdruck kommt. Darüber hinaus ist die Qualität des Verkehrsablaufs beim Rechtsversatz wegen der geringeren Wartezeiten besser als an einer Kreuzung. Hierbei können die Linksabbiegestreifen je nach erforderlicher Länge und Größe des Versatzes hintereinander oder nebeneinander liegen. Eine solche Auflösung kann:

- die Kapazität erhöhen,
- die Wartezeiten verringern,
- die Wartepflicht verdeutlichen,
- die Verkehrssicherheit erhöhen.

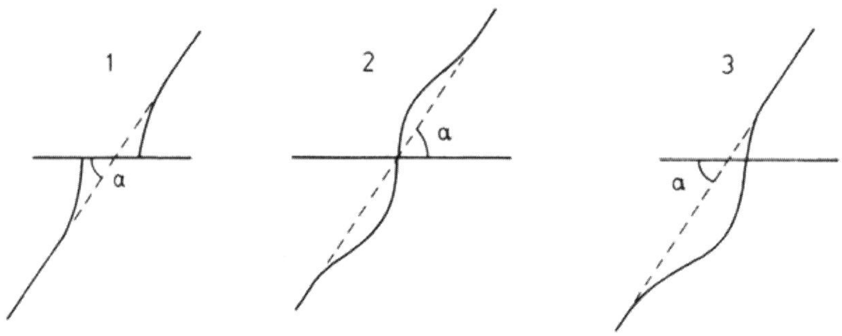

Abb. 5.4: Vorschläge für das Abkröpfen der nachgeordneten Straße bei schiefwinkligen Kreuzungen

Je nach dem Abstand der Einmündungen zueinander müssen beim Rechtsversatz die Linksabbiegestreifen nebeneinandergelegt oder können hintereinander verschränkt werden. Bei nebeneinanderliegenden Linksabbiegestreifen muss die erforderliche Breite dafür zur Verfügung stehen, und es ergeben sich sehr große Sperrflächen.

Der Ersatz einer Kreuzung durch einen Linksversatz ist nur dann möglich, wenn der kreuzende Verkehr im Verlauf der nachgeordneten Straße sehr gering ist und die übergeordnete Straße die zusätzliche Belastung aufnehmen kann.

5.2.2.2 Übergeordnete Straße

Für die Planung eines Knotenpunktes stellen die frühzeitige Erkennbarkeit und die Übersichtlichkeit im Knotenpunktbereich ganz wesentliche Kriterien dar, an denen die Qualität des Entwurfs gemessen wird. Anzustreben ist, dass ein Knotenpunkt außerhalb bebauter Gebiete an Straßen der EKL 1 und 2 aus Entfernungen von mindestens 300 m und an Straßen der EKL 3 und 4 aus Entfernungen von mindestens 200 m wahrgenommen werden kann. Dabei kann die Erkennbarkeit der Knotenpunkte durch Verkehrszeichen (insbesondere Vorwegweiser), Leiteinrichtungen sowie die Gestaltung des Seitenraumes verbessert werden.

Für die übergeordnete Straße gelten für den durchgehenden Fahrstreifen im Knotenpunktbereich grundsätzlich die Vorgaben für die Entwurfselemente im Lage- und Höhenplan der freien Strecke für die jeweilige EKL.

Im innerörtlichen Bereich lassen sich Unstetigkeiten und Mindestwerte in der Linienführung nicht immer vermeiden oder sind zur Geschwindigkeitsdämpfung sogar zweckmäßig. Die erforderliche Erkennbarkeit der Knotenpunkte ist dabei unbedingt zu gewährleisten; Mittel zu ihrer Verbesserung können Markierungen, Leiteinrichtungen, die Beleuchtung und dgl. sein.

Aus Gründen der Sicht und der Befahrbarkeit, aber auch einer gewissen Normierung sollen sich – abgesehen von teilplangleichen Lösungen – die Achsen der im Knotenpunkt kreuzenden Straßen ungefähr im rechten Winkel schneiden. Liegt bei plangleichen Knotenpunkten der Winkel unter 80 oder über 120 gon, so ist in Erwägung zu ziehen, ob die Achse der untergeordneten Straße abgekröpft oder als Versatz ausgebildet werden kann (Abb. 5.4). Durch einen Versatz kann die Pflicht zur Anerkennung des Vorfahrtsrechts für den Verkehr auf den untergeordneten Knotenpunktarmen verdeutlicht werden, und beim Rechtsversatz ergibt sich bei Knotenpunkten ohne Lichtsignalanlage sogar eine höhere Leistungsfähigkeit als bei einer direkten Kreuzung.

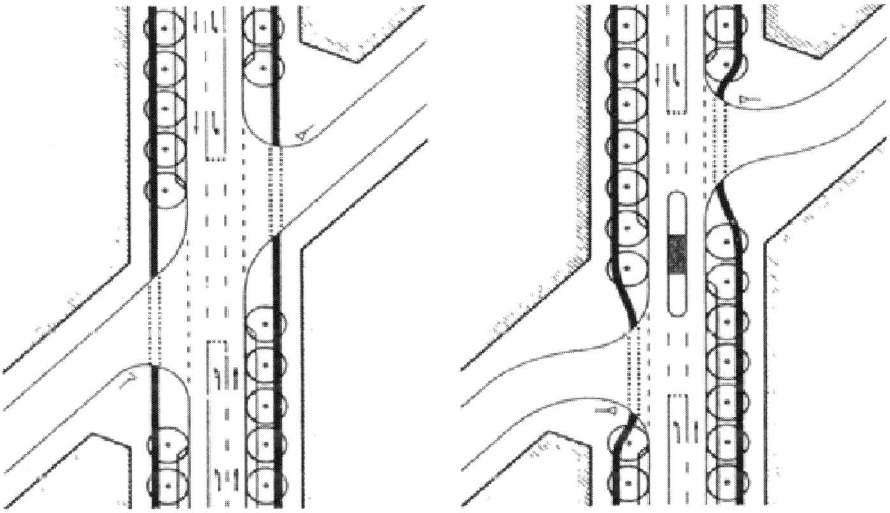

Abb. 5.5: Gestaltungsvorschläge für schiefwinklige Kreuzungen im Stadtbereich

Innerhalb bebauter Gebiete lässt sich besonders bei Um- und Ausbaumaßnahmen der angestrebte günstige Winkelbereich nicht immer herstellen. Außerdem sprechen hier oft städtebauliche Gesichtspunkte gegen ein Abkröpfen. Je nachdem, ob städtebaulich-gestalterische oder verkehrliche Belange den Vorrang haben, ergeben sich unterschiedliche Lösungsmöglichkeiten für schiefwinklige Kreuzungen im Stadtbereich (Abb. 5.5).

Die Längsneigung soll in allen Knotenpunktzufahrten möglichst gering sein. In der übergeordneten Zufahrt soll sie 4 % (max. 6 %) nicht überschreiten, da beim Abbiegen eine negative Querneigung gegeben ist (siehe Außenkurven). Zudem sollte die übergeordnete Straße im Knotenpunktebereich möglichst in einer Geraden oder mit großem Radius verlaufen.

Die besten Verhältnisse für die frühzeitige Erkennbarkeit eines Knotenpunktes und für die Sicht allgemein entstehen immer dann, wenn sich beide im Knotenpunkt zusammentreffenden Straßen in einer Wanne befinden (vgl. Abschn. 3.7.2). In keinem Fall sollten Knotenpunkte so angeordnet werden, dass der Knotenpunktbereich auf einer Kuppe beider

Straßen liegt. Wenn es nicht zu vermeiden ist, dass eine der kreuzenden Straßen in einer Kuppe verläuft, dann sollte die frühzeitige Erkennbarkeit durch gestalterische Maßnahmen (vorgezogene Rechtsabbiegestreifen, verlängerte Fahrbahnteiler, Bepflanzung usw.) unterstützt werden.

Einmündungen in engen Innenkurven der übergeordneten Straße bieten oft für den Wartepflichtigen schlechte Sichtverhältnisse, trotzdem ist bei großem Radius die Einmündung an der Innenkurve günstiger als bei einer Außenkurve. Bei Innenkurven ist die Fahrbahnfläche wegen der Neigung zur untergeordneten Straße für einen dort ankommenden Verkehrsteilnehmer deutlicher und insbesondere eher erkennbar. Zudem ist die Geschwindigkeit der sich auf der übergeordneten Straße befindenden und in Richtung Knotenpunkt fahrenden Fahrzeuge besser abschätzbar.

Einmündungen bei Außenkurven haben Nachteile:

- Fahrbahnfläche wegen Querneigung kaum bzw. schlecht einsehbar,
- Ein- und Abbieger bewegen sich mit negativer Querneigung,
- Geschwindigkeit des bevorrechtigten Verkehrs schlecht abschätzbar.

5.2.2.3 Untergeordnete Straße

Gradienten und Fahrbahnflächen der untergeordneten Knotenpunktzufahrten sind an die Vorgaben der übergeordneten Straßen anzupassen. Bei der Bearbeitung der Höhenpläne ist zu bedenken, dass die Längsneigung einer Straße im Anschluss zur Querneigung der kreuzenden Straße wird und umgekehrt.

Die Längsneigungen der untergeordneten Straßen sollten wegen der Erkennbarkeit des Knotenpunktes und der erforderlichen Brems- bzw. Beschleunigungsvorgänge unterhalb der zulässigen Maximalwerte für die jeweilige EKL liegen. Im Bereich der Knotenpunktzufahrt ist auf einer Strecke von $L \geq 25$ m vom Rand der übergeordneten Fahrbahn eine Längsneigung von max. 2,5 % anzustreben.

Die Gradiente der untergeordneten Zufahrt kann nach den RAL unterschiedlich an die Querneigung der übergeordneten Fahrbahn angeschlossen werden. An Knotenpunkten mit übergeordneten Straßen der EKL 2 und EKL 3 ist ein tangentialer Anschluss (**Fall a)**, Abb. 5.6) vorzunehmen. Die Neigungsübergänge sollen mit Halbmessern $H_K/H_W \geq 500$ m ausgerundet werden. Die Tangentenlänge soll $T \geq 12{,}5$ m betragen.

Ist unter besonderen Zwangsbedingungen der anzuschließenden Straße ein tangentialer Anschluss nicht möglich, kann ein Knick am Rand der übergeordneten Fahrbahn vorgesehen werden (**Fall b) und Fall c)**, Abb. 5.6).

Im Anschluss an den Knick von > 2,5 % ist eine Ausrundung mit $H_K/H_W \geq 500$ m nach **Fall c)** vorzunehmen. Beträgt die Neigungsdifferenz zwischen der Querneigung der übergeordneten Straße und der Längsneigung der untergeordneten Straße nicht mehr als 2,5 %, so ist keine Ausrundung notwendig (**Fall b)**, Abb. 5.6).

Außerhalb bebauter Gebiete soll an schnell befahrenen Straßen die Längsneigung der übergeordneten Straße im Knotenpunktbereich etwa 4 % nicht überschreiten, weil sonst auch hier für die Abbieger beträchtliche „falsche" Querneigungen auftreten können. Wegen der Erkennbarkeit des Knotenpunktes und der Anfahr- und Bremsvorgänge sollte die Längsneigung der nachgeordneten Knotenpunktarme auf einer Strecke von etwa 25 m vom übergeordneten Fahrbahnrand keine Maximalwerte aufweisen. Anzustreben ist für untergeordnete Straßen eine Längsneigung von max. 2,5 % (Abb. 5.6). Innerhalb bebauter Gebiete werden sich diese Werte bei Um- und Ausbaumaßnahmen jedoch nicht immer realisieren lassen.

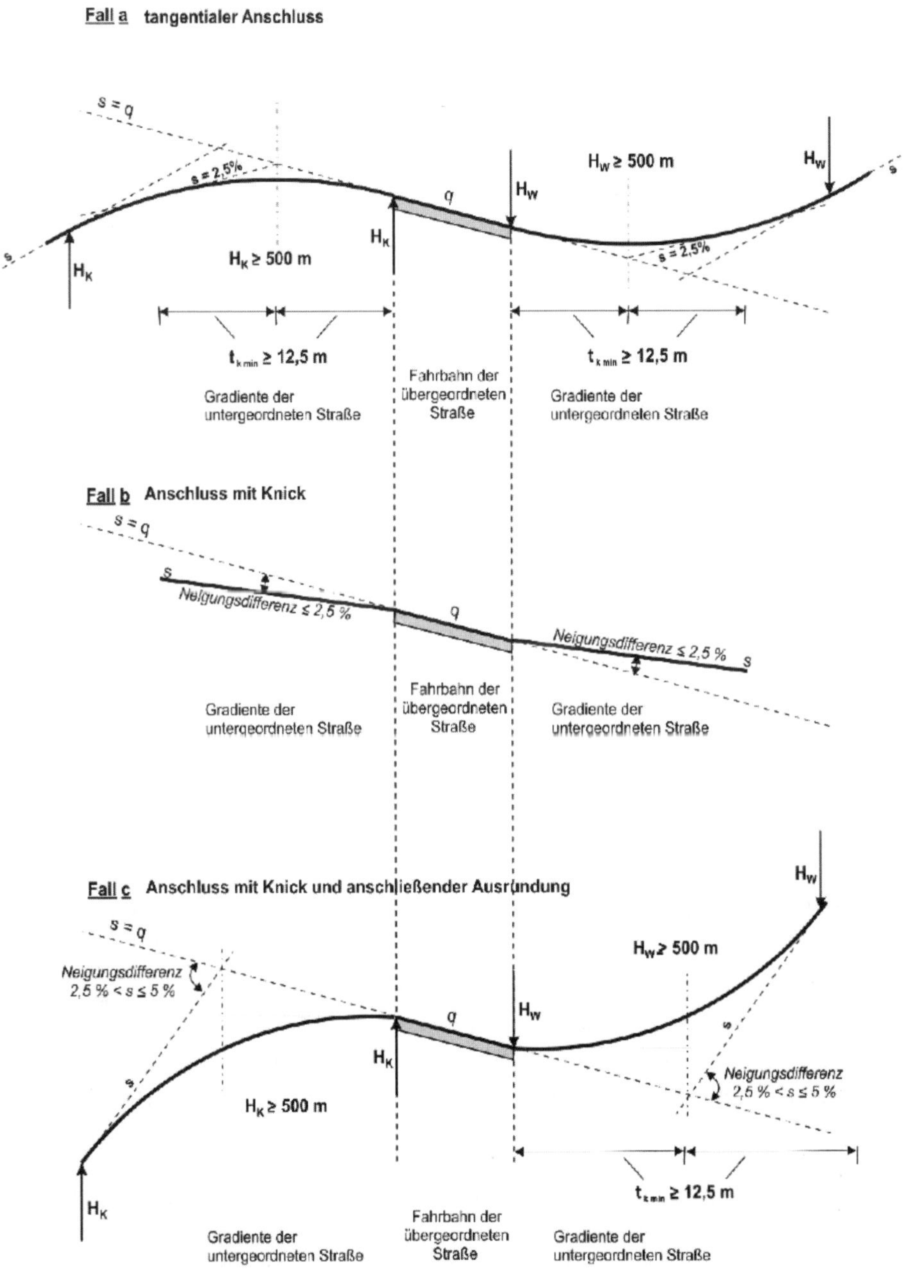

Abb. 5.6: Anschlussmöglichkeiten der untergeordneten Straße

Ist bei großer Längsneigung der übergeordneten Straße keine befriedigende Lösung mit der Querneigung der untergeordneten Straße zu erreichen, so kann ein vergrößerter Tropfen die Querneigungsübergänge verbessern (Abb. 5.7).

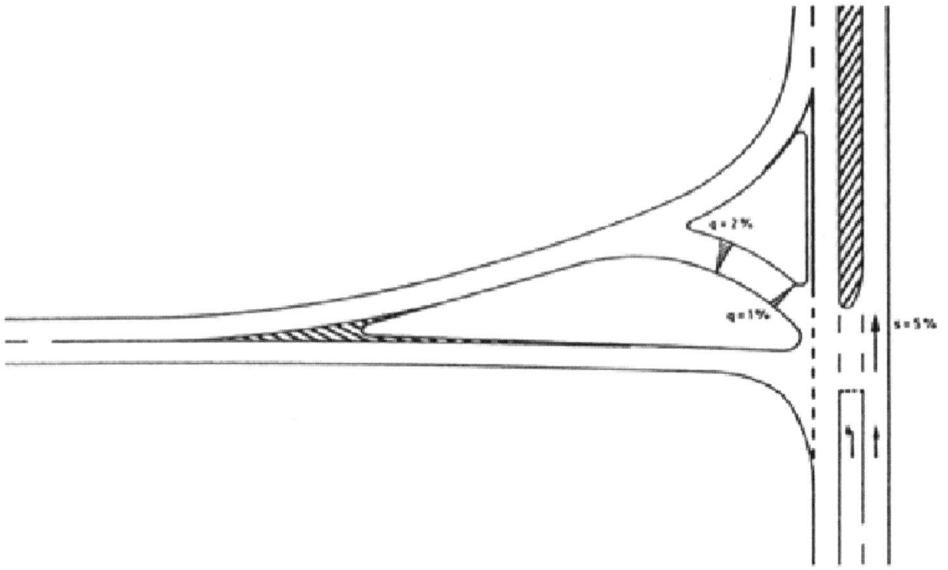

Abb. 5.7: Vergrößerung eines Tropfens zur Verbesserung der Querneigungsübergänge

5.2.2.4 Querneigung

In plangleichen Knotenpunkten ergibt sich wegen größerer und breiterer Fahrbahnflächen mehr Anfall von Straßenoberflächenwasser. Zudem ist die Entwässerung wegen häufigerer Brems- und Beschleunigungsvorgänge als auf der freien Strecke besonders wichtig. Bei i. d. R. geringen Ein- und Abbiegegeschwindigkeiten hat die einwandfreie Entwässerung Vorrang vor den fahrdynamischen Belangen. Zum Zweck einer einwandfreien Abführung des Oberflächenwassers auf möglichst kurzem Wege müssen die Querneigungen, Schrägneigungen und Neigungsübergänge sehr sorgfältig ausgebildet werden. Das in einem Knotenpunktarm anfallende Oberflächenwasser darf nicht in andere Knotenpunktarme abfließen. Es sollen keine Straßenabläufe im Bereich eines Fußgängerüberweges angeordnet werden.

Tiefpunkte von Wannen und Hochpunkte von Kuppen sollen in den nachgeordneten Knotenpunktarmen nur in Bereichen liegen, in denen eine für die Entwässerung ausreichende Querneigung ($q \geq 2{,}5$ %) vorhanden ist. Verkehrsinseln können die Entwässerung erleichtern, da sie die Knotenpunktflächen entwässerungstechnisch in Einzelbereiche unterteilen. Auch ist die Anordnung von Tiefpunkten mit Straßenabläufen an den Inselrändern möglich. Die Konstruktion der Neigungsübergänge ist die Grundlage für die Ermittlung von Deckenhöhenplänen. Bei komplizierten Verhältnissen können auch Höhenschichtlinienpläne erforderlich werden. Derartige Höhenschichtlinienpläne können von Hand oder mit Datenverarbeitungsanlagen konstruiert werden und dienen neben der Kontrolle der Deckenhöhenpläne auch der Ermittlung der Tiefpunkte für die Entwässerung. Die Abführung des Oberflächenwassers und die richtige Lage der Straßenabläufe mit einem Einzugsbereich von ≤ 400 m² können durch Abwicklung des Fahrbahnrandes überprüft werden. Dabei ist das Wasser grundsätzlich auf kürzestem Wege abzuführen.

Die Querneigung der übergeordneten Straße ergibt sich in Abhängigkeit vom Kurvenradius. Um in plangleichen Knotenpunkten Schwierigkeiten im Anschluss der untergeordneten Zufahrt durch eine große Querneigung in der übergeordneten Straße zu vermeiden, soll die Querneigung (gestrichelte Linie in Abb. 3.75) reduziert werden, wenn die zulässige Höchstgeschwindigkeit auf 70 km/h beschränkt wird. Dabei muss die Querneigung innerhalb des Kreisbogens konstant bleiben.

An planfreien, teilplanfreien und teilplangleichen Knotenpunkten mit Ein- und Ausfädelungsstreifen wird zwischen diesen und der durchgehenden Fahrbahn im Querschnitt ein Grat zugelassen, wenn die Anrampung und die Verwindung im Übergangsbogen der Rampe ansonsten nicht unterzubringen sind. Die Differenz zwischen den Querneigungen der durchgehenden Fahrbahn und des Aus-/Einfädelungsstreifens soll jedoch an der Sperrflächenspitze Δq = 5 % nicht überschreiten. Die Längsneigung soll mindestens so hoch sein, dass abflussschwache Zonen in den Verwindungsstrecken vermieden werden. Bei ausreichender Längsneigung darf die Verwindungsstrecke so weit in den Aus-/Einfädelungsstreifen vorgezogen werden, dass am Beginn/Ende des Übergangsbogens bereits die Querneigung q = 0 % erreicht ist.

5.2.3 Knotenpunktarten

Die baulichen Grundformen ergeben sich aus der Kombination der Verkehrsführung auf den zu verknüpfenden Straßen im Knotenpunktbereich. Dabei werden die Knotenpunkte nach baulichen Grundformen unterschieden (Abb. 5.3).

Bauliche Grundformen sind planfreie, teilplanfreie und teilplangleiche Knotenpunkte, plangleiche Einmündungen bzw. Kreuzungen sowie Kreisverkehre. Planfreie, teilplanfreie und teilplangleiche Knotenpunkte bestehen aus mehreren Teilknotenpunkten (Ein-/Ausfahrbereiche und Einmündungen/Kreuzungen bzw. Kreisverkehre) sowie den dazugehörigen Rampen. Bei den Betriebsformen wird unterschieden in Vorfahrtregelung mit Verkehrszeichen und Vorfahrtregelung mit Lichtsignalanlage. Durch Kombination der baulichen Grundform mit der Betriebsform ergibt sich die Knotenpunktart.

a) Einsatzbereiche

Für Straßen einer Entwurfsklasse sind für den Regelfall nur bestimmte Knotenpunktarten vorgesehen. Die Regeleinsatzbereiche der Knotenpunktarten für drei- und vierarmige Knotenpunkte sind in den Abb. 5.8 und 5.9 dargestellt. Wenn bei den Regeleinsatzbereichen der Knotenpunkte in den EKL 3 und EKL 4 mehrere Varianten dargestellt sind, ist die jeweils links dargestellte Variante im Regelfall zu bevorzugen.

In zu begründenden Ausnahmefällen kann aufgrund der verkehrlichen Erfordernisse und der örtlichen Gegebenheiten unter Berücksichtigung der genannten Ziele (Verkehrssicherheit, Verkehrsqualität, Umweltverträglichkeit und Baulastträgerkosten) geprüft werden, ob eine andere Knotenpunktart zweckmäßiger ist.

Die Ausbildung der gewählten Knotenpunktart ist im Planungsprozess für jeden einzelnen Knotenpunkt an die verkehrlichen Erfordernisse und die örtlichen Gegebenheiten anzupassen. Dabei sind zu berücksichtigen:

- Zwangspunkte,
- Flächenverfügbarkeit und Neigung der Fläche,
- Verkehrsströme nach Stärke und Richtung,
- Konstellation benachbarter Knotenpunkte.

Anschlüsse von stark belasteten Grundstückszufahrten werden wie Anschlüsse von Straßen der EKL 4 behandelt.

b) Dreiarmige Knotenpunkte

Der Einsatzbereich und die Ausführung der jeweiligen Knotenpunktart sind grundsätzlich abhängig von den Entwurfsklassen der zu verknüpfenden Straßen. Die jeweiligen Regeleinsatzbereiche sind in Abb. 5.8 dargestellt.

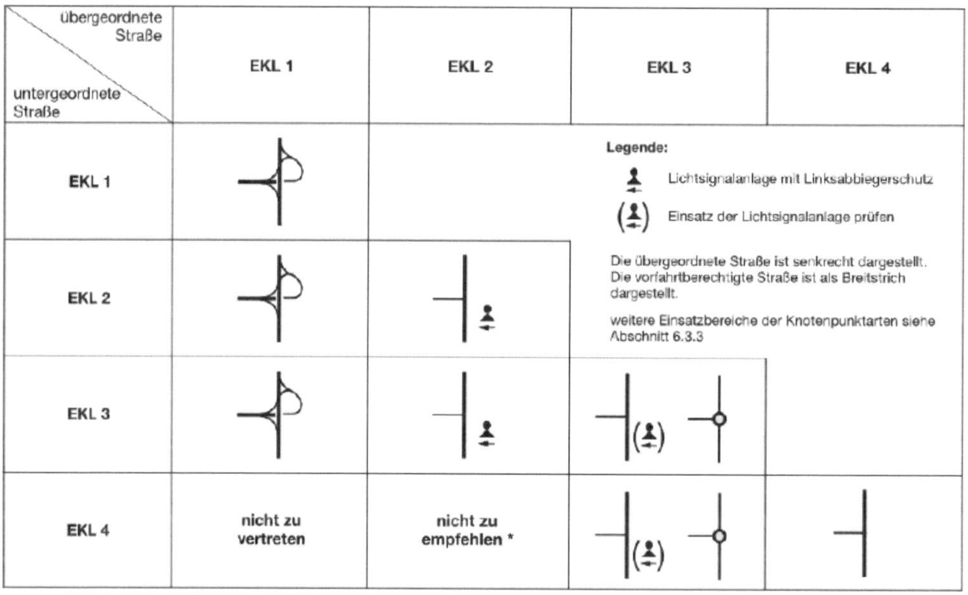

\) Wenn in zu begründenden Ausnahmefällen eine Straße der EKL 4 angeschlossen werden muss, ist der Anschluss wie der einer Straße der EKL 3 auszubilden.

Abb. 5.8: Regeleinsatzbereiche von dreiarmigen Knotenpunktarten

c) Vierarmige Knotenpunkte

Der Einsatzbereich und die Ausführung der jeweiligen Knotenpunktart sind grundsätzlich abhängig von den Entwurfsklassen der sich kreuzenden Straßen. Die jeweiligen Regeleinsatzbereiche sind in Abb. 5.9 dargestellt.

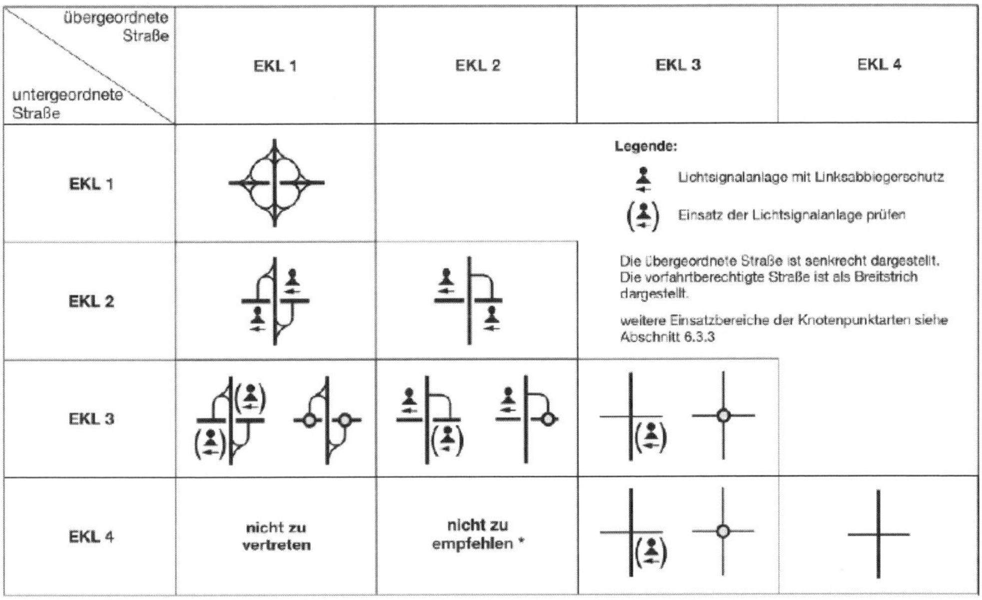

*) *Wenn in zu begründenden Ausnahmefällen eine Straße der EKL 4 angeschlossen werden muss, ist der Anschluss wie der einer Straße der EKL 3 auszubilden.*

Abb. 5.9: Regeleinsatzbereiche von vierarmigen Knotenpunktarten

5.2.4 Ausbildung der Knotenpunktarten

5.2.4.1 Planfreie Knotenpunkte

Planfreie Knotenpunkte verbinden Straßen in zwei Ebenen, wobei die kreuzenden Verkehrsströme mit einem Bauwerk planfrei ausgeführt werden. Für den zu verknüpfenden Verkehr bestehen an beiden Straßen einstreifige Ein- und Ausfahrten mit dazwischenliegenden Verbindungsrampen. Planfreie Knotenpunkte kommen zur Anwendung, wenn eine Straße der EKL 1 mit einer Autobahn verbunden wird oder zwei Straßen der EKL 1 miteinander verbunden werden. Dabei sind Verteilerfahrbahnen nicht notwendig. Dreiarmige planfreie Knotenpunkte entstehen auch, wenn eine Landstraße an eine Autobahn oder an eine Straße der EKL 1 angeschlossen wird.

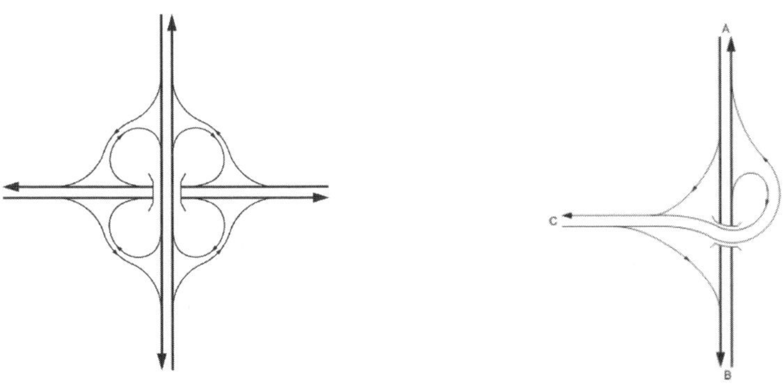

Abb. 5.10: Kleeblatt mit angepassten Rampen und linksliegende Trompete

Die Standardlösung für einen vierarmigen Knotenpunkt ist das Kleeblatt, für einen dreiarmigen Knotenpunkt die linksliegende Trompete. Diese werden in Anlehnung an die RAA geplant. Für Landstraßen sind in der Regel angepasste Lösungen (Abb. 5.10) ausreichend. Die Tangentialrampe für die Rechtsabbieger wird mit einem Gegenbogen versehen an die kreisförmige Schleifenrampe der Linksabbieger angepasst, was letztendlich zu einer Flächenersparnis führt.

5.2.4.2 Teilplanfreie Knotenpunkte

Teilplanfreie Knotenpunkte bestehen aus Ein-/Ausfahrbereichen (Planung nach RAA in Anlehnung an die planfreien Knotenpunkte) an der übergeordneten Straße und plangleichen Teilknotenpunkten (Einmündung mit oder ohne Lichtsignalanlage oder Kreisverkehr) an der untergeordneten Straße sowie zwei dazwischenliegenden Verbindungsrampen, die angepasst (mit Gegenbogen) sowie symmetrisch oder unsymmetrisch angeordnet werden können.

Für teilplanfreie Knotenpunkte ergeben sich folgende Planungsgrundsätze:

- Verbindung einer Straße der EKL 1 oder EKL 2 (in zu begründenden Ausnahmefällen) mit einer Straße der EKL 2 oder 3.
- Bei der Verknüpfung mit Straßen der EKL 2 sind an den plangleichen Einmündungen aus Gründen der Verkehrssicherheit Lichtsignalanlagen vorzusehen.
- Bei Verknüpfungen mit Straßen der EKL 3 sind Kreisverkehre die bevorzugte Lösung.

Im Zuge von ansonsten einbahnigen Straßen (RQ 15,5) sind auch an teilplanfreien Knotenpunkten keine baulichen Maßnahmen zur Richtungstrennung erforderlich. In der Abb. 5.12 sind mögliche Ausbildungsformen von plangleichen Teilknotenpunkten dargestellt. Die Standardlösung für einen vierarmigen Knotenpunkt ist das halbe Kleeblatt.

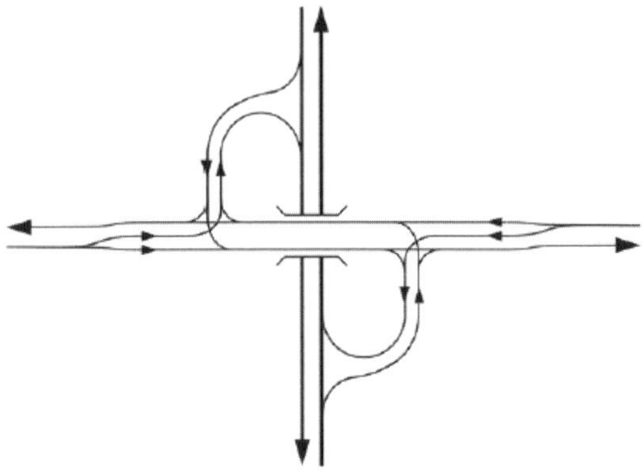

Abb. 5.11 Mögliche Lösung bei einem teilplanfreien Knotenpunkt

Die Verbindungsrampen (unsymmetrisch oder symmetrisch) sind so anzuordnen, dass die stärksten Eckströme nicht links einbiegen müssen. Die Anordnung der Rampen in den verschiedenen Quadranten beeinflusst den Abstand und die Ausbildung der plangleichen Teilknotenpunkte an der untergeordneten Straße.

diagonales, halbes Kleeblatt mit Ausfahrt vor dem Bauwerk (unsymmetrisch)	
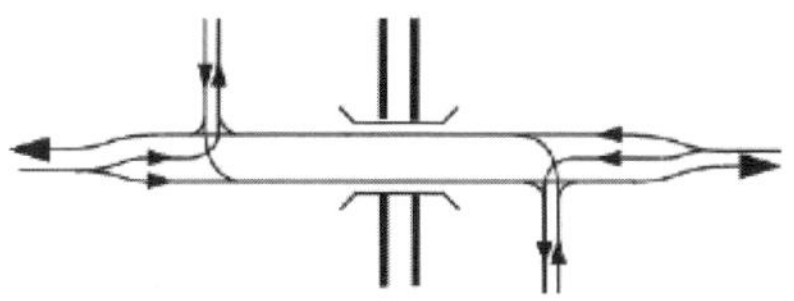	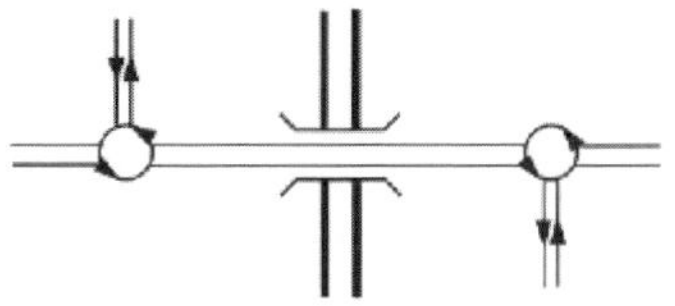
Vorteile: - Verlängerungsmöglichkeit der Linksabbiegestreifen in der untergeordneten Straße - zweckmäßig bei starken Eckbeziehungen - relativ schmale Brücke Nachteil: - große Knotenpunktausdehnung in der untergeordneten Straße	Vorteile: - Vermeidung von Linksabbiegestreifen - geringe Knotenpunktausdehnung in der untergeordneten Straße - minimale Brückenbreite Nachteil: - umständliche Verkehrsführung für durchfahrenden Nebenstrom
diagonales, halbes Kleeblatt mit Ausfahrt nach dem Bauwerk (unsymmetrisch)	
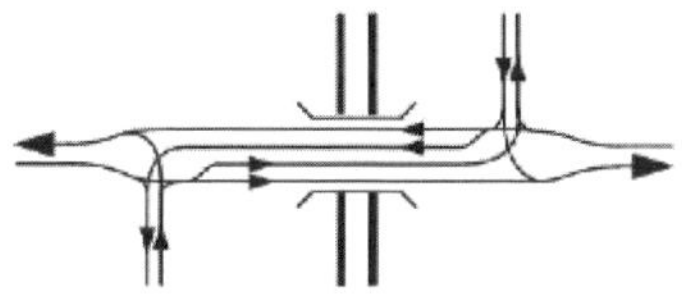	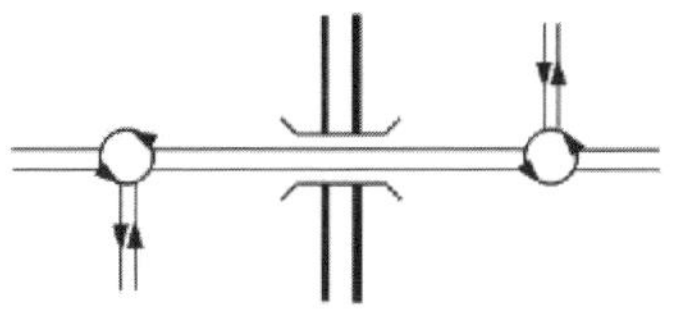
Vorteile: - bei Verzicht auf Rechtsabbiegestreifen geringe Knotenpunktausdehnung in der untergeordneten Straße - zweckmäßig bei starken Eckbeziehungen Nachteile: - fahrdynamisch ungünstig - nur beschränkte Verlängerungsmöglichkeit der Linksabbiegestreifen in der untergeordneten Straße - sehr breite Brücke	Vorteile: - Vermeidung von Linksabbiegestreifen - geringe Knotenpunktausdehnung in der untergeordneten Straße - minimale Brückenbreite Nachteile: - fahrdynamisch ungünstig - Rückstau in Ausfahrtrampe möglich - größerer Flächenbedarf - umständliche Verkehrsführung für durchfahrenden Nebenstrom
symmetrisches, halbes Kleeblatt	
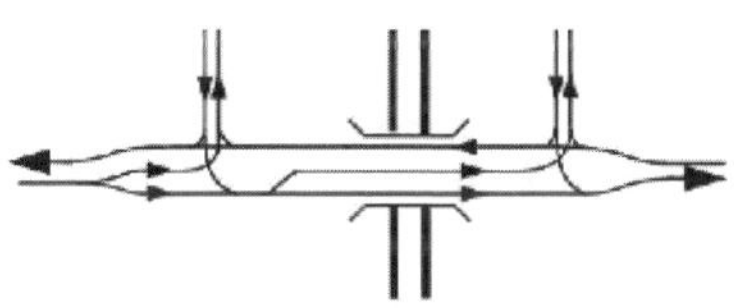	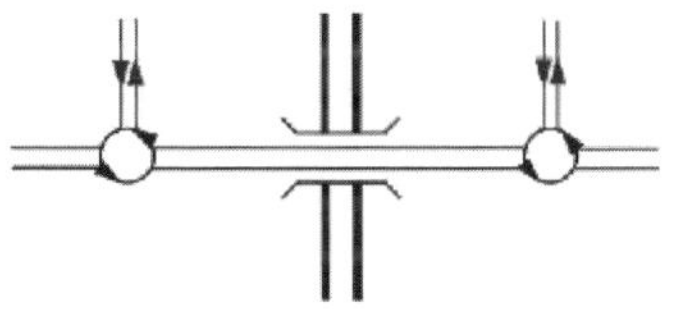
Vorteil: - zweckmäßig bei einseitiger Flächenrestriktion entlang der untergeordneten Straße Nachteile: - in beiden Richtungen keine bevorzugte Eckbeziehung - eine Ausfahrtrampe fahrdynamisch ungünstig - relativ breite Brücke	Vorteile: - Vermeidung von Linksabbiegestreifen - minimale Brückenbreite Nachteile: - eine Ausfahrtrampe fahrdynamisch ungünstig - Rückstau in Ausfahrtrampe möglich - größerer Flächenbedarf - umständliche Verkehrsführung für durchfahrenden Nebenstrom

Abb. 5.12: Führung des Verkehrs an nachgeordneten Straßen bei teilplanfreien Knotenpunkten

Eine weitere Lösung bei teilplanfreien Knotenpunkten ist die Raute (Abb. 5.13), die wegen des geringen Flächenbedarfs und der geringen Ausdehnung des Knotenpunktbereichs in der untergeordneten Straße besonders für stark belastete Anschlussstellen im Vorfeld bebauter Gebiete geeignet ist.

Die Anschlüsse der Rampen an das nachgeordnete Netz sind entsprechend den vorstehenden Ausführungen als plangleiche Kreuzungen mit Lichtsignalanlage oder als Kreisverkehre auszubilden. In plangleichen Teilknotenpunkten sind die einmündenden Rampen wie Straßen der EKL 3 zu behandeln.

<table>
<tr><th colspan="2">Raute</th></tr>
<tr><td>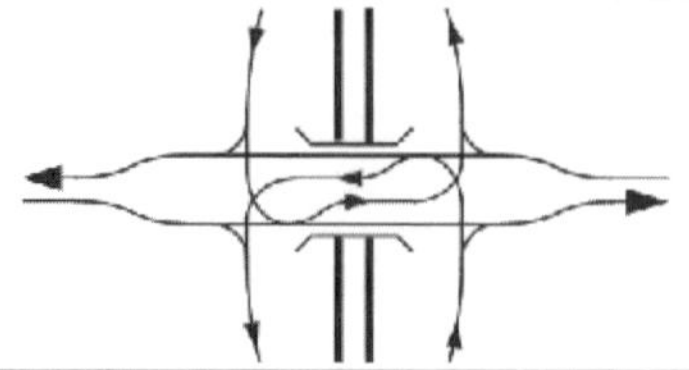</td><td>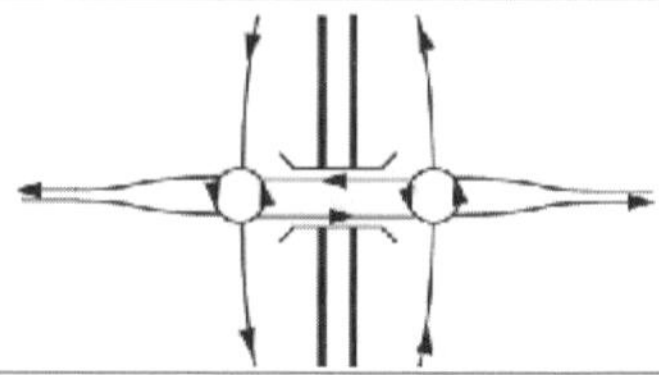</td></tr>
<tr><td>Vorteile:
- fahrdynamisch günstig (zügige, steigende Ausfahrtrampen) bei Hochlage der untergeordneten Straße
- geringerer Flächenbedarf als halbes Kleeblatt
- geringe Knotenpunktausdehnung in der untergeordneten Straße
Nachteile:
- relativ breite Brücke
- hohe Geschwindigkeiten in den Rampen
- schlechte Sichtverhältnisse an den Teilknotenpunkten
- anfällig für Falschfahrten</td><td>Vorteile:
- fahrdynamisch günstig (zügige, steigende Ausfahrtrampen) bei Hochlage der untergeordneten Straße
- Vermeidung von Linksabbiegestreifen
- minimale Brückenbreite
Nachteile:
- größere Knotenpunktausdehnung in der untergeordneten Straße
- gespreizte Parallelrampen erforderlich
- größerer Flächenbedarf
- umständliche Verkehrsführung für durchfahrenden Nebenstrom
- anfällig für Falschfahrten</td></tr>
<tr><td colspan="2">Die übergeordnete Straße ist senkrecht dargestellt.</td></tr>
</table>

Abb. 5.13: Führung des Verkehrs mit Raute bei teilplanfreien Knotenpunkten

5.2.4.3 Teilplangleiche Knotenpunkte

Teilplangleiche Knotenpunkte entstehen, wenn sich zwei einbahnige Straßen in zwei Ebenen kreuzen. Zwischen den sich kreuzenden Straßen wird die Verbindung, im Gegensatz zu den teilplanfreien Knotenpunkten, durch nur eine Verbindungsrampe hergestellt. Sie bestehen aus zwei plangleichen Teilknotenpunkten und einer dazwischenliegenden Verbindungsrampe. Sie kommen zur Anwendung, wenn zwei Straßen der EKL 2 oder eine Straße der EKL 2 mit einer der EKL 3 verbunden wird. Beim Anschluss der Verbindungsrampe an eine Straße der EKL 2 ist aus Sicherheitsgründen eine Lichtsignalanlage vorzusehen, beim Anschluss an eine Straße der EKL 3 können andere Lösungen (z. B. Kreisverkehr) in Betracht kommen (Abb. 5.14).

Die größeren Kosten und der höhere Flächenbedarf für teilplangleiche Knotenpunkte werden durch andere Vorteile aufgewogen. So ist diese Form günstig, wenn die beiden kreuzenden Straßen von Natur aus verschiedene Höhenlagen aufweisen oder wenn eine der beiden Straßen parallel und in gleicher Höhe wie ein anderer Verkehrsweg liegt, der nicht plangleich gekreuzt werden kann. Auch bei Ortsumgehungen bietet sich diese Form an, wenn dadurch andere Einmündungen entfallen können.

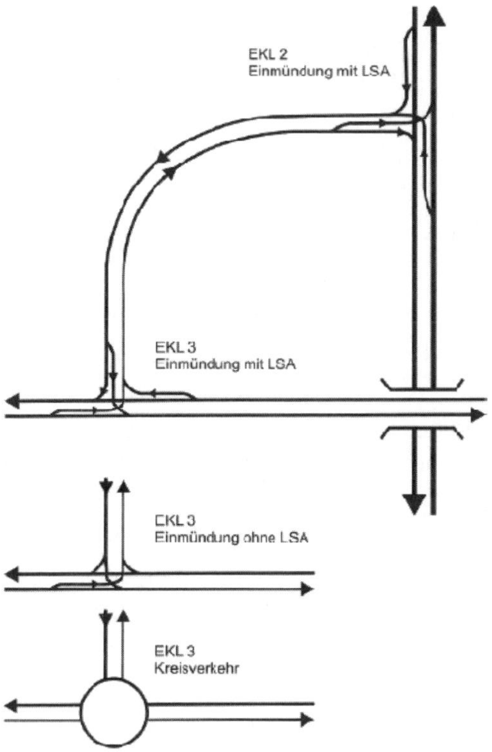

Abb. 5.14 Ausführungsvarianten für einen teilplangleichen Knotenpunkt (EKL 2/EKL 3) beim Anschluss der Verbindungsrampe an eine Straße der EKL 3

Besondere Vorteile ergeben sich im Hinblick auf die Verkehrssicherheit und Leistungsfähigkeit, weil die Konfliktpunkte für die eigentlichen Kreuzungsvorgänge entfallen, sodass ein teilplangleicher Knotenpunkt nur 18 statt 32 Konfliktpunkte einer plangleichen Kreuzung aufweist – vgl. Abschn. 5.1.3. Ein versehentliches Überfahren des Knotenpunktes erfolgt ohne die Gefahr von Kollisionen, die meist mit erheblichen Folgen für die Betroffenen verbunden sind. Außerdem ist die Wartepflicht an den Einmündungen besser zu erkennen als an Kreuzungen; Konflikte zwischen kreuzendem Fahrzeug- und Fußgängerverkehr entfallen weitgehend. Die Vorteile der teilplangleichen Knotenpunkte in Bezug auf die Leistungsfähigkeit sind signifikant, wenn die Verkehrsmengen des kreuzenden Verkehrs im Verhältnis zur Gesamtbelastung überwiegen.

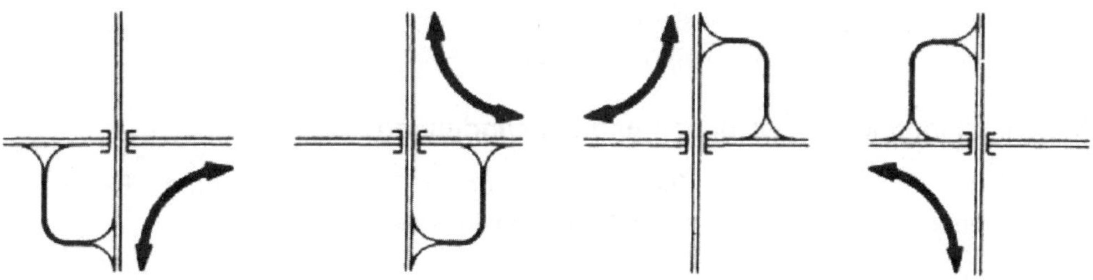

Abb. 5.15: Lage der Verbindungsrampe beim dominierenden Eckstrom

Wenn es die Topographie und die Bebauung zulassen, ist die Verbindungsrampe nach Möglichkeit in den Quadranten zu legen, für den die Eckströme die einfachsten und verkehrssichersten Fahrwege erhalten. Die Rampe sollte nach Möglichkeit so angeordnet werden, dass der stärkste Eckstrom nicht links einbiegen muss (Abb. 5.15). Die Teilknotenpunkte sollen möglichst so weit auseinander gezogen werden, dass Linksabbiegestreifen auf bzw. unter dem Brückenbauwerk vermieden werden.

Für die Wahl eines teilplangleichen Knotenpunktes ergeben sich folgende weitere Einsatzkriterien und Planungsgrundsätze:

- Wenn topographische Gründe mit einer stark unterschiedlichen Höhenlage im Kreuzungsbereich der beiden Straßen bei einem plangleichen Knotenpunkt eine erhebliche Veränderung der Gradienten hervorrufen würde.
- Wenn das Zusammentreffen verschiedenartiger Verkehre wie z. B. schneller Verkehr auf einer Ortsumgehung und gemischter (langsamer) Verkehr auf einer kreuzenden Gemeindeverbindungsstraße die Verkehrssicherheit beeinträchtigen würden. Zudem ist die Wartepflicht an einer Einmündung besser erkennbar als an einer Kreuzung.
- Wenn der kreuzende Verkehr bei starker Gesamtbelastung überwiegt und wenn dann aus Gründen der Leistungsfähigkeit die bei einer Kreuzung erforderliche Lichtsignalanlage entfallen kann.
- Wenn aus Gründen der Leistungsfähigkeit die Verkehrsstärke eine Lichtsignalanlage erfordert, die aber der Streckencharakteristik widersprechen würde.
- Wenn die Leistungsfähigkeit einer Kreuzung auch mit einer Lichtsignalanlage nicht die erforderliche Verkehrsqualität erreichen würde.

Ferner wird beim Entwurf eines teilplangleichen Knotenpunktes auf Folgendes hingewiesen:

- Wenn topographisch machbar, dann sollte die Gradiente der schwächer belasteten Straße verändert werden; ansonsten topographisch bedingte Höhenlage ausnutzen.
- Die Rampenlänge sollte den Sichtverhältnissen (Kuppe, Brückenwiderlager) angepasst werden, evtl. sind Widerlager zurückzusetzen.
- Der längere Schenkel der Verbindungsrampe sollte entlang der geneigten (überführten) Straße verlaufen.
- Die Einmündungen der Verbindungsrampe sind möglichst senkrecht mit einem Kreuzungswinkel α zwischen 80 und 120 gon auszubilden.
- Die maximale Längsneigung der Verbindungsrampe sollte 6 % (5 %) nicht überschreiten und der Radius 35 m nicht unterschreiten.

5.2.4.4 Plangleiche Kreuzungen und Einmündungen

Plangleiche Einmündungen und Kreuzungen werden in Abhängigkeit von der EKL der zu verknüpfenden Straßen ohne oder mit Lichtsignalanlagen ausgeführt.

Verknüpfungen ohne LSA:

- Straße der EKL 4 mit einer Straße der EKL 4.
- Straße der EKL 3 mit einer Straße der EKL 3 oder EKL 4.
- Straße der EKL 3 mit einer Straße der EKL 2 (begründeter Ausnahmefall).
- Straße der EKL 3 mit einem teilplanfreien oder teilplangleichen Knotenpunkt an höherrangige Straßen.

Regelmäßige Verknüpfungen mit LSA:

- Straße der EKL 2, die an eine gleich- oder höherrangige Straße angebunden wird.
- Straße der EKL 3 oder EKL 2, die in eine Straße der EKL 2 einmündet.
- Straße der EKL 2 oder EKL 3, die eine Straße der EKL 2 kreuzt (nur möglich in begründetem Ausnahmefall wie z. B. Beseitigung einer Unfallhäufungsstelle).
- Straßen der EKL 3 oder EKL 4 mit Straßen der EKL 3 (nur möglich nach Prüfung der Verkehrsqualität und der Verkehrssicherheit mit begründeter Verbesserung derselben).

Werden Lichtsignalanlagen eingesetzt, so sind diese nach Möglichkeit verkehrsabhängig zu steuern. Dabei ist der Fußgänger- und Radverkehr einzubeziehen. Linksabbieger sollen durch eine eigene Phase geschützt werden (Linksabbiegerschutz). Der signaltechnische Entwurf erfolgt nach den Kriterien der RiLSA. Die zulässige Höchstgeschwindigkeit ist im Knotenpunktbereich auf V = 70 km/h zu beschränken.

Einmündungen und Kreuzungen ohne Lichtsignalanlage in engen Kurven sind zu vermeiden. Für die auf der Innenseite Wartepflichtigen ist dann die Sicht erschwert, und für die auf der Außenseite Zufahrenden die Erkennbarkeit des Knotenpunktes sowie die Einschätzung der Geschwindigkeiten im übergeordneten Verkehrsstrom problematisch. Ist eine solche Lage in zu begründenden Ausnahmefällen nicht zu vermeiden, sind ggf. besondere Maßnahmen zur Sichtverbesserung und/oder eine Geschwindigkeitsbeschränkung zweckmäßig.

Bei Einmündungen/Kreuzungen ohne Lichtsignalanlage sind wartepflichtige Zufahrten einstreifig auszubilden. Bei Anlage von Mittelinseln als Querungshilfen für Fußgänger und Radfahrer ist generell eine Beschränkung der zulässigen Höchstgeschwindigkeit auf 70 km/h zweckmäßig.

Insbesondere bei schwierigen Sichtverhältnissen für den einfahrenden Verkehr oder eingeschränkter Erkennbarkeit für den bevorrechtigten Verkehr kann die Beschränkung der zulässigen Höchstgeschwindigkeit auf 70 km/h zweckmäßig sein.

5.2.5 Kreisverkehre

Ein Kreisverkehr entsteht, wenn drei oder mehr Knotenpunktarme über einen im Richtungsverkehr befahrenen Kreisverkehr gleichrangig und i. d. R. ohne Lichtsignale miteinander verknüpft werden. Wenn über Kreisverkehre auch Stadt- oder Straßenbahnen geführt werden sollen, ist ihre Anordnung allerdings problematisch. In diesem Fall kann auf eine bedarfsgesteuerte signaltechnische Sicherung der Anlage nicht verzichtet werden.

Kleine Kreisverkehre bestehen aus einer ringförmigen Einbahnstraße, in die die vorfahrtsrechtlich nachgeordneten Knotenpunktarme einmünden. Nach dem für Deutschland aufgestellten technischen Regelwerk sollen die Außendurchmesser innerorts 26 m bis 40 m und außerorts 30 m bis 50 m betragen. Bei einer zweistreifig befahrbaren Kreisfahrbahn muss der Außendurchmesser mindestens 40 m betragen. Die Obergrenze liegt bei 60 m. Die senkrecht auf die Mittelinsel hinführenden Knotenpunktzufahrten gewährleisten wegen der Beschränkung auf Rechtseinbieger und Rechtsabbieger einen verhältnismäßig sicheren Verkehrsablauf.

Kleine Kreisverkehre eignen sich ebenso zur Verdeutlichung beim Wechsel der Straßencharakteristik und damit zur notwendigen Geschwindigkeitsminderung. Im bebauten Bereich bilden sie eine willkommene städtebauliche Dominante. Kreisverkehre stellen zudem eine vorteilhafte Knotenpunktform bei abknickender Vorfahrt (Verkehrssicherheit) dar und bewirken eine ausgewogene Verkehrsabwicklung bei Knotenpunkten mit mehr als vier Ästen.

Kleine Kreisverkehre sind im westeuropäischen Ausland sehr häufig anzutreffen und erfreuen sich in den letzten Jahren auch in Deutschland steigender Beliebtheit. Dennoch sollte ein Kreisverkehr keinen generellen Ersatz für Kreuzungen oder Einmündungen darstellen. Grundsätzlich sollte zur Beibehaltung einer einheitlichen Streckencharakteristik kein Kreisverkehr vorgesehen werden, wenn benachbarte Knotenpunkte überwiegend planfrei sind.

Die Grundidee für große Kreisverkehre besteht darin, dass zur Gewährleistung einer zügigen Einfahrt Verflechtungsstrecken zwischen den Zu- und Ausfahrten vorhanden sein müssen. Geht man von einer Mindestlänge für Verflechtungsstrecken von etwa 50 m aus, dann ergibt sich zusammen mit den Einmündungsbereichen für einen vierarmigen Kreisverkehr ein erforderlicher Durchmesser von mindestens 100 m. Wegen des großen Flächenbedarfs werden solche Anlagen heute kaum mehr angelegt. Große Kreisverkehre sollen nur mit Lichtsignalanlage betrieben werden.

Eine neue Entwicklung ist der Turbokreisverkehr. In den Niederlanden gibt es diese Form seit etwa der Jahrtausendwende, in Deutschland sind nur sehr wenige dieser Turbokreisverkehre realisiert. Eine Steigerung der Kapazität eines Kreisverkehrs ist durch die Anlage zusätzlicher Fahrstreifen möglich. Dabei zeigt sich, dass bei mehrstreifigen Kreisverkehren zweistreifige Kreisausfahrten, bei denen in der vorausgehenden zweistreifigen Kreisfahrbahn in beiden Fahrstreifen weiter im Kreis gefahren werden kann, hinsichtlich der Verkehrssicherheit Nachteile haben. Dies war der Ansatz für die Entwickung von Turbokreisverkehren. Der Turbokreisverkehr ist ein abschnittsweise mehrstreifiger Kreisverkehr, bei dem durch Vorsortierung in den Kreiszufahrten und Ansetzen neuer Fahrstreifen an der Innenseite der Kreisfahrbahn Fahrstreifenwechsel vermieden werden und Fahrwegüberschneidungen in den Kreisausfahrten verhindert werden sollen. Fahrstreifenwechsel auf der Kreisfahrbahn können durch eine entsprechende Fahrbahnmarkierung verkehrsrechtlich unterbunden werden. Besonders für starke Abbiegeströme kann ein Turbokreisverkehr Vorteile gegenüber einem kleinen Kreisverkehr haben. Die Mittelinsel ist durch die Spuradditionen nicht kreisrund. Sowohl die Kreiszufahrten wie auch die Kreisausfahrten können ein- oder zweistreifig ausgebildet werden. Damit ergeben sich hinsichtlich der Anzahl der

Fahrstreifen viele Variationen. Die Außendurchmesser sollten zwischen 45 m und 70 m liegen. Die Breite der Fahrstreifen im Kreisring muss wegen der Überholmöglichkeit zwischen 5 m und 6 m liegen. In Abbildung 5.16 ist beispielhaft ein Turbokreisverkehr mit Fahrlinien einzelner Verkehrsströme dargestellt. Turbokreisverkehre sind für drei oder vier Anschlussarme geeignet. Ihre Kapazität ist höher als die von kleinen Kreisverkehren, ist aber stark von der Zuordnung der Kreiszu- und -ausfahrtstypen und den jeweiligen Verkehrsströmen abhängig. Zu bedenken ist, dass in Turbokreisverkehren Kraftfahrer eine deutlich komplexere Fahraufgabe zu bewältigen haben. Die richtige Fahrstreifenwahl in der Kreiszufahrt und die im Regelfall größeren Verkehrsstärken erfordern mehr Aufmerksamkeit. Radverkehr muss aus Sicherheitsgründen auf separaten Wegen in möglichst großer Entfernung geführt und vorfahrtsrechtlich untergeordnet werden. Turbokreisverkehre befinden sich in Deutschland bisher noch im Versuchstadium. Eine Anwendung scheint nach bisherigen Erkenntnissen außerhalb bebauter Gebiete und im Vorfeld bebauter Gebiete möglich.

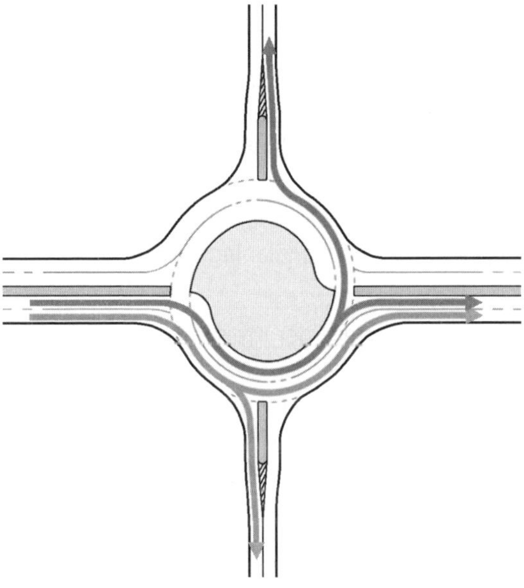

Abb. 5.16 Turbokreisverkehr mit Fahrlinien einzelner Verkehrsströme

Eine weitere Form innerhalb bebauter Gebiete sind Minikreisverkehre mit Kapazitäten bis 1.200 Kfz/h (ohne Leistungsnachweis) und Außendurchmessern von 13 m bis 22 m. Weil die Breite des Kreisrings nicht beliebig vergrößert werden kann, andererseits aber auch mit Last- und Sattelzügen zu rechnen ist, muss die Mittelinsel im Kreis dann überfahrbar ausgebildet werden. Beim Minikreisverkehr liegen die Konfliktpunkte sehr eng beieinander, sodass sie hinsichtlich ihrer Leistungsfähigkeit und Sicherheit den einfachen Kreuzungen ähneln. Er sollte nicht im Ortseinfahrbereich angelegt werden.

5.2.5.1 Einsatzkriterien

Bei mäßigem bis mittlerem Verkehrsaufkommen (Summe aller Knotenpunktzufahrten weniger als 15.000 Kfz/24 h bis höchstens 25.000 Kfz/24 h) bieten kleine Kreisverkehre eine Reihe von Vorteilen im Vergleich mit den anderen Grundformen von Knotenpunkten.

Minikreisverkehre funktionieren, wenn in jeder Knotenpunktzufahrt der einfahrende Verkehrsstrom und der auf der Kreisfahrbahn bevorrechtigte Strom in der Summe 1.200 Kfz/h nicht überschreiten.

Kreisverkehre sind oft leistungsfähiger als plangleiche Knotenpunkte ohne und mit Lichtsignalanlage, weil keine Abhängigkeit zwischen Verkehrsströmen höherer Rangordnung besteht. Dabei ergibt sich eine Verringerung der Gesamtwartezeiten an Kreuzungen und Einmündungen. Jedoch können die Vorteile in Bezug auf die Leistungsfähigkeit gegenüber Knotenpunkten mit Lichtsignalanlage nicht von vornherein festgestellt werden. Hier muss der Nachweis der Leistungsfähigkeit bzw. der Verkehrsqualität entsprechend dem HBS von Fall zu Fall geführt werden.

Sie gewährleisten eine relativ hohe Verkehrssicherheit, da nur Rechtseinbieger und Rechtsabbieger unterwegs sind und das bei relativ niedriger Geschwindigkeit. Damit wird die Anzahl der möglichen Konflikte mit anderen Verkehrsteilnehmern im Verhältnis zu den Kreuzungen und Einmündungen stark reduziert. So ergeben sich für einen vierarmigen Knotenpunkt bei einem Kreisverkehr nur acht Konfliktpunkte (Abschn. 5.1.3). Wenn die in Abschn. 5.2.5.2 beschriebenen Maßnahmen zur Geschwindigkeitsdämpfung des motorisierten Verkehrs beachtet werden, beträgt das Geschwindigkeitsniveau für die Geradeausbeziehung lediglich zwischen 20 km/h und 40 km/h, weshalb die durchschnittliche Unfallschwere relativ gering ist. Von den niedrigen Fahrtgeschwindigkeiten profitieren nicht zuletzt die Fußgänger und Radfahrer. Trotzdem ist der Einfluss auf die mittlere Reisegeschwindigkeit im Stadtbereich und im Vergleich mit Lichtsignalanlagen gering, solange sich kein Stau einstellt.

Auch was die Umweltverträglichkeit betrifft, sind oft Vorteile der Kreisverkehre festzustellen. Sie beanspruchen eher weniger Fläche als vergleichbare leistungsfähige plangleiche Knotenpunkte, nicht zuletzt aber weniger befestigte Flächen. Infolge des verstetigten Verkehrsflusses ergeben sich besonders bei Nacht geringere Emissionen von Lärm und Abgasen, dies allerdings nur, solange keine Überlastung eintritt. Kreisverkehrsplätze werden von den Anwohnern deswegen meistens positiv beurteilt. Durch die Bepflanzung und die Gestaltung der Mittelinsel können sie einen städtebaulichen Akzent bilden.

Desgleichen ist die Wirtschaftlichkeit von Kreisverkehrsplätzen i. d. R. günstig zu beurteilen, wenn man sie mit den ihnen entsprechenden aufgeweiteten plangleichen Knotenpunkten vergleicht. Gerade Lichtsignalanlagen verursachen einen erheblichen investiven Kostenaufwand, besonders aber beträchtliche Wartungs- und Betriebskosten.

Kreisverkehre kommen in der Regel zur Anwendung

- bei Verknüpfungen einer Straße der EKL 3 mit einer Straße der EKL 3 oder EKL 4,
- bei Verknüpfungen einer Straße der EKL 2 mit einer Straße der EKL 2 oder EKL 3 (nur möglich in zu begründenden Ausnahmefällen, wenn z. B. ein benachbarter Knotenpunkt als Kreisverkehr ausgeführt ist),
- bei Verknüpfungen einer Straße der EKL 3 mit einem teilplanfreien oder teilplangleichen Knotenpunkt an höherrangige Straßen,
- bei vierarmigen Knotenpunkten, wenn die Summe der Zufahrten der beiden schwächer belasteten Äste mindestens 20 % beträgt,

- bei Einmündungen, wenn die zufahrende Verkehrsmenge am schwach belasteter Ast mindestens 15 % beträgt,
- bei einem Wechsel der Streckencharakteristik,
- zur Geschwindigkeitsverminderung am Beginn einer Ortsdurchfahrt.

5.2.5.2 Entwurfsgrundsätze

Das für Deutschland eingeführte Regelwerk [17] propagiert neben einstreifig befahrenen Kreisverkehren auch kleine zweistreifige Kreisverkehre. Ebenso behandelt das HBS die sinnvollen Kombinationen der Ein- und Zweistreifigkeit von Zufahrten und Kreisringfahrbahnen im Hinblick auf die erreichbare Verkehrsqualität.

Die Ringfahrbahn soll i. d. R. exakt kreisförmig sein; die einmündenden Knotenpunktarme sollen radial auf den Kreismittelpunkt hinführen. Als kennzeichnendes Maß für die Größe des Kreisverkehrsplatzes gilt der Außendurchmesser. Er soll nach [17] innerhalb bebauter Gebiete zwischen 26 m und 40 m betragen. Für Außerortskreisverkehre werden 30 m bis 50 m Außendurchmesser, für zweistreifige Kreisverkehre 40 m bis 60 m angegeben. Im Ausland sind demgegenüber erheblich größere Kreisdurchmesser anzutreffen. Für die Begrenzung der Kreisdurchmesser in Deutschland werden im Wesentlichen Gründe der Geschwindigkeitsreduzierung angeführt. Falls man diesem Gesichtspunkt kein ausschlaggebendes Gewicht beimessen will, kann eine Vergrößerung des Kreisdurchmessers besonders dann in Erwägung gezogen werden, wenn mehr als vier Knotenpunktarme angeschlossen werden sollen. Auf diese Weise kann der für die Verkehrssicherheit erforderliche Mindestabstand zwischen den Konfliktpunkten eingehalten werden.

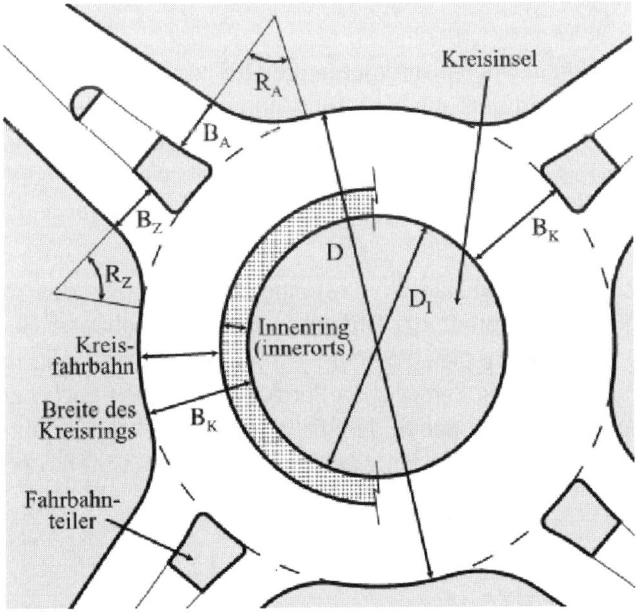

Abb. 5.17 Darstellung und Definition der Gestaltungselemente eines Kreisverkehrs

Typ	Minikreisverkehr	Kleiner Kreisverkehr				Kleiner Kreisverkehr mit zweistreifig befahrbarer Kreisfahrbahn
Außendurchmesser D [m]	13–22	26	30	35	≥ 40	40–60
Breite des Kreisrings B_K [m]	4,00–5,00	9,00	8,00	7,00	6,50	8,00–10,00*)

*) Bei hohem Schwerverkehrsanteil ergibt sich die größere Breite des Kreisrings

Abb. 5.18: Breite des Kreisrings B_K in Abhängigkeit vom Außendurchmesser D

Für Kreisverkehre innerhalb bebauter Gebiete wird empfohlen, einen Teil der Breite B_K als gepflasterten inneren Ring auszubilden (Verhältnis der Kreisfahrbahn zum Innenring etwa 3:1), um das Überholen, das Abdrängen der Radfahrer und das „Schneiden" der Kurve zu unterbinden. Der gepflasterte Innenring darf etwa 25 % der Breite B einnehmen und soll rau ausgeführt werden, z. B. in Natursteinpflaster. Scharfkantige erhöhte Begrenzungssteine des Pflasters neben dem äußeren asphaltierten Ring haben sich nicht bewährt, weil sie die Fahrzeugreifen beschädigen können. So soll die Ringfahrbahn einschließlich etwaiger gepflasterter Flächen einheitlich mit der Querneigung q = 2,5 % nach außen ausgestattet werden. Die Kreisinsel selbst soll einerseits keine direkte Sicht auf die gegenüberliegende Knotenpunktausfahrt erlauben, andererseits jedoch die für die Kreisfahrt erforderliche Übersicht zulassen.

Einfahrten in den Knotenpunkt werden in Übereinstimmung mit der Theorie der Konfliktpunkte möglichst rechtwinklig auf die Ringfahrbahn hingeführt und mit dem Verkehrszeichen „Vorfahrt achten" versehen. Da Verflechtungsvorgänge nicht erwünscht sind, sind tangentiale Einfahrten zu vermeiden. Analoges gilt für die Kreisausfahrten, damit den ausbiegenden Fahrern das Vorrecht eventuell kreuzender Fußgänger und Radfahrer deutlich gemacht wird.

Nach [17] sollen sowohl die Zu- als auch die Ausfahrten einstreifig ausgebildet werden. In diesem Zusammenhang soll die Fahrstreifenbreite der Einfahrten innerhalb bebauter Gebiete zwischen 3,25 m und 3,75 m betragen, diejenige der Ausfahrten zwischen 3,50 m und 3,75 m. Die entsprechenden Maße im außerörtlichen Bereich richten sich nach der Fahrstreifenbreite der freien Strecke und sollen neben dem Fahrbahnteiler in den Zufahrten zwischen 3,50 m und 4,00 m messen und in den Ausfahrten zwischen 3,50 m und 4,25 m.

Kleine Kreisverkehre		innerhalb bebauter Gebiete	außerhalb bebauter Gebiete
Außendurchmesser	*D*	26 m – 40 m	30 m – 50 m
Außendurchmesser (zweistreifig befahrbar)	*D*	40 m – 60 m	45 m – 60 m
Breite des Kreisrings	*B*	9,00 m – 6,50 m	8,00 m – 6,50 m
anteilige Breite des gepflasterten Innenrings		≈25 %*	–
Breite des Kreisrings (zweistreifig befahrbar)	*B*	8,00 m – 10,00 m	8,00 m – 10,00 m
Fahrstreifenbreite			
der Knotenpunktzufahrten	B_Z	3,25 m – 3,75 m	3,50 m – 4,00 m
der Knotenpunktzufahrten (zweistreifig)	B_Z	6,50 m	6,50 m – 7,00 m
der Knotenpunktausfahrten	B_A	3,50 m – 4,00 m	3,75 m – 4,50 m
der Knotenpunktausfahrten (zweistreifig)	B_A	3,50 m – 4,00 m	3,75 m – 4,50 m.
Ausrundungsradius			
der Knotenpunktzufahrten	R_Z	10 m – 14 m	14 m – 16 m
der Knotenpunktzufahrten (zweistreifig)	R_Z	12 m – 16 m	14 m – 16 m
der Knotenpunktausfahrten	R_A	12 m – 16 m	16 m – 18 m
der Knotenpunktausfahrten (zweistreifig)	R_A	12 m – 16 m	16 m – 18 m
Querneigung der Kreisfahrbahn	*q*	– 2,5 %	– 2,5 %
maximal zulässige Schrägneigung	*p*	6,0 %	6,0 %
Breite der Fahrbahnteiler			
ohne Überquerungsmöglichkeiten	B_F	–	≥ 1,60 m
mit Überquerungsmöglichkeiten für Fußgänger		≥ 2,00 m	≥ 2,00 m
mit Überquerungsmöglichkeiten für Radfahrer		2,50 m	2,50 m

* auch bei zweistreifigen Kreisverkehren

Abb. 5.19: Zusammenfassung der Entwurfsgrundsätze für Kleine Kreisverkehre

Die Fahrbahnteiler haben u. a. die Aufgaben, den Fahrern die Situation des Knotenpunktes zu verdeutlichen, dementsprechend eine Geschwindigkeitsreduzierung zu bewirken und den Fußgängern und u. U. den Radfahrern das Überqueren der Fahrbahn zu erleichtern. Ebenso wie die Knotenpunktarme sollen sie strahlenförmig zum Kreismittelpunkt hin orientiert sein. Ihre Mindestbreite beträgt 1,60 m. Als Überquerungshilfe für Fußgänger ist eine Breite von 2,00 m erforderlich, für Radfahrer eine solche von 2,50 m. Die Fahrbahnteiler werden i. d. R. durch Borde oder abgeschrägte Einfassungen abgegrenzt. An den Überquerungsstellen der Fußgänger und Radfahrer sind die Borde entsprechend abzusenken.

Die Eckausrundungen können nach den Ausführungen zu Abschn. 5.2.9 entweder als einfache Kreisbogen oder als dreiteilige Bogenfolgen ausgebildet werden; im Interesse der gewünschten Geschwindigkeitsreduzierung sollen sie klein gehalten werden.

Wenn die Verkehrsqualität eines vorhandenen einstreifigen Kreisverkehrs nicht ausreicht, kann diese mit einer zweistreifigen Zufahrt und/oder einer zweistreifigen Kreisfahrbahn verbessert werden. Die Bemessung der Kapazität von Kreisverkehren erfolgt nach dem HBS.

5.2.5.3 Kreisverkehr mit Bypass

Ist die Verkehrsqualität eines Kreisverkehrs mit einstreifiger Kreisfahrbahn nicht ausreichend und besteht ein starker Rechtsabbiegeverkehr, kann diese durch eine getrennte Rechtsabbiegefahrbahn (Bypass)erhöht werden.

Wenn die Verkehrsqualität eines vorhandenen einstreifigen Kreisverkehrs nicht ausreicht, kann diese mit einer zweistreifigen Zufahrt und/oder einer zweistreifigen Kreisfahrbahn verbessert werden. Mit einem Bypass werden Rechtsabbieger in einem Kreisverkehr direkt und außerhalb der Kreisfahrbahn geführt.

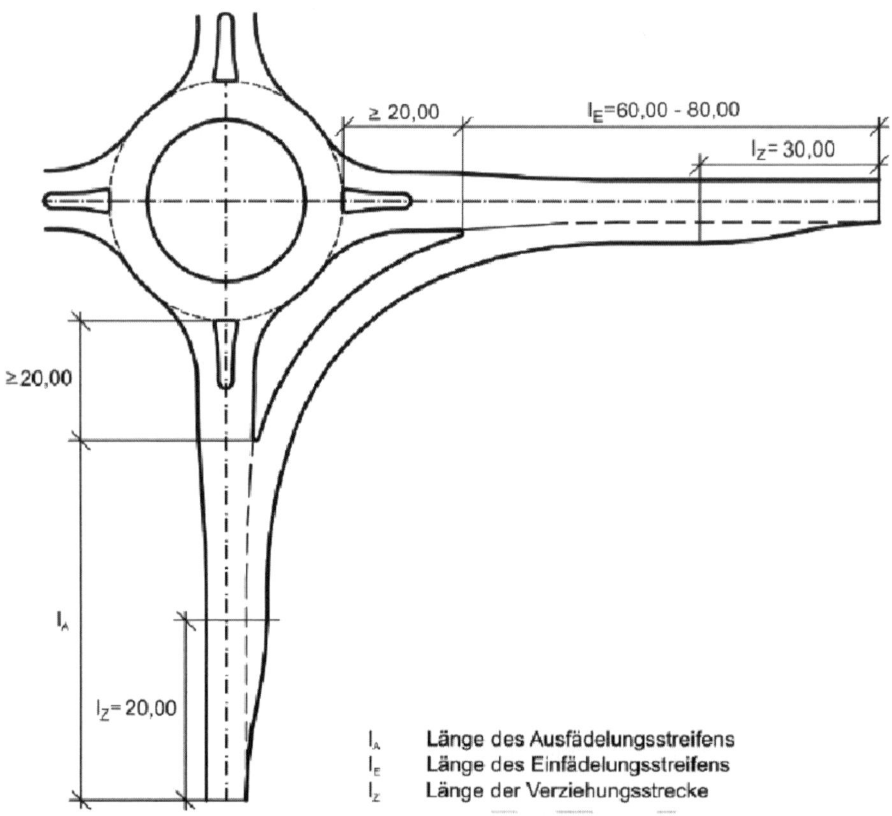

Abb. 5.20: Bypass an einem Kreisverkehr mit den Längen der Aus- und Einfahrstreifen sowie der Verziehungslängen

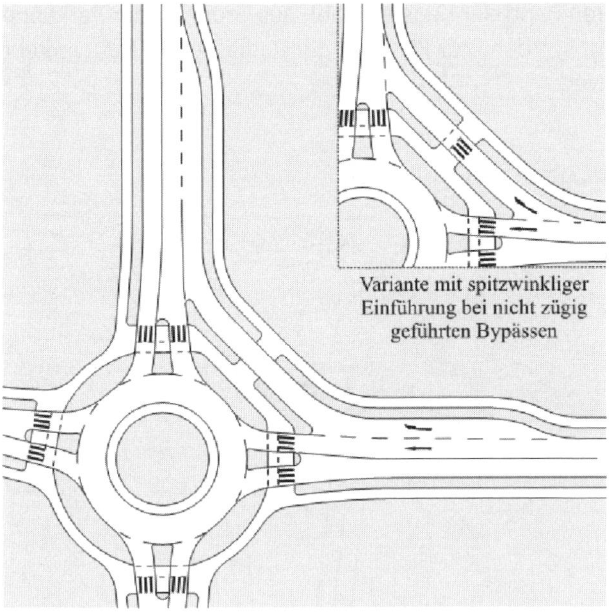

Abb. 5.21: Bypass an einem Kreisverkehr innerorts

Die Rechtsabbieger werden dabei aus der Kreiseinfahrt mit einem mindestens 20 m langen Ausfädelungsstreifen auf den Bypass geleitet und mit der benachbarten Kreisausfahrt über einen 60 m bis 80 m langen Einfädelungsstreifen (einschließlich Verziehungsstrecke l_z) mit der benachbarten Kreisausfahrt zusammengeführt. Dabei ist nach HBS nachzuweisen, dass die Ausfahröffnung nicht durch den in die Kreisfahrbahn einfahrenden Verkehr überstaut wird.

Der Bypass ist baulich von der Kreisfahrbahn zu trennen und einseitig gekrümmt auszubilden. Die Fahrbahnbreite des Bypass beträgt 5,50 m. Dem gesondert geführten Fußgänger- und Radverkehr, der den Bypass quert, ist dessen Wartepflicht gegenüber den Kraftfahrzeugen verkehrsrechtlich zu verdeutlichen. Werden Fußgänger und Radfahrer über Inseln geführt, sind die Warteflächen mindestens 2,50 m breit auszuführen.

Wird beim Neubau von Kreisverkehren mehr als ein Bypass erforderlich, ist zu prüfen, ob eine andere Knotenpunktart zweckmäßiger ist.

5.2.5.4 Fußgänger und Radfahrer im Kreisverkehr

Im innerörtlichen Bereich muss dem Fußgängerverkehr an Kreisverkehrsplätzen stets eine Überquerungsmöglichkeit geboten werden. Zu diesem Zweck werden die Bordsteine der Fahrbahnteiler in 4,00 m Abstand vom äußeren Rand der Kreisfahrbahn abgesenkt und die Inselfläche dort befestigt. Die Überquerungsstellen der Fußgänger sind i. d. R. 2,50 m bis 4,00 m breit und können ohne Markierung bleiben. Aber auch die förmliche Ausweisung als Fußgängerüberweg (FGÜ) ist denkbar. In den meisten Fällen reicht der 4-m-Abstand zur Kreisfahrbahn aus, um einen Rückstau von Fahrzeugen in den Kreis zu verhindern. Größere Abstände bringen keine Verbesserung, weil die Fahrzeuge dann bereits wieder beschleunigen und auf die Fußgänger weniger Rücksicht genommen wird.

Für den Radverkehr sollen am äußeren Rand der Kreisfahrbahn aus Gründen der Verkehrssicherheit keine Radstreifen angelegt werden. Zur Führung der Radfahrer im Kreisverkehr gibt es im Grundsatz zwei Alternativen:

a) Führung auf der Fahrbahn

b) Führung auf vom Kreisverkehr abgesetzten Radwegen

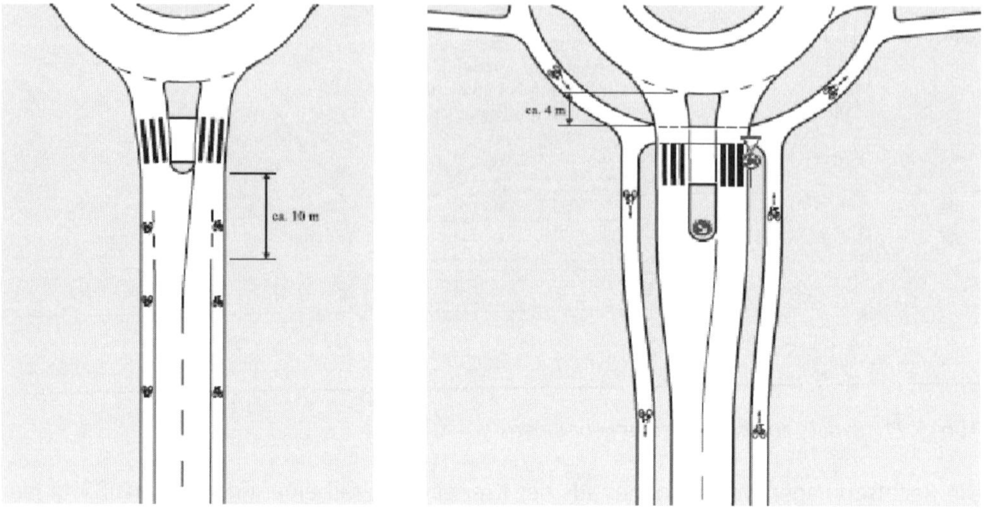

Abb. 5.22: Beispiele für Radverkehrsführungen im Kreisverkehr

Wenn in den anschließenden Knotenpunktarmen keine Radwege oder -streifen vorhanden sind, bietet sich die Führung auf der Fahrbahn von Natur aus an. Aber auch mit anschließenden Radwegen bzw. -streifen bildet, wie in Abb. 5.22 dargestellt, die Unterbrechung derselben und die Führung über die Kreisfahrbahn gemeinsam mit den Kraftfahrzeugen eine durchaus akzeptable Lösung. Die Radfahrer „schwimmen" dann aufgrund der geringen Geschwindigkeit im Kreisverkehr mit, da die Kraftfahrzeuge durch die raue Ausbildung des Innenrings zudem am Überholen gehindert werden.

Besonders bei stärkerem Verkehrsaufkommen sowohl der Radfahrer als auch der Kraftfahrzeuge bietet sich der Bau eines von der Ringfahrbahn abgesetzten ringförmigen Radweges an (Abb. 5.22). Die Kreuzungsstellen der Radwege mit den Knotenpunktzu- und -ausfahrten sollen ebenfalls 4,00 m von der Kreisringfahrbahn abgesetzt werden. Die Überquerungsstellen für die Fußgänger werden in diesem Fall unmittelbar neben der Radwegkreuzung weg vom Kreisverkehr angeordnet. Bei dieser Lösung können sich allerdings insofern Probleme ergeben, als die Radfahrer beim Abbiegen nach links ungern den Weg über den Dreiviertelkreis nehmen und dann den Radwegring linksherum benutzen.

5.2.5.5 Bemessung von Kreisverkehren

Kreisverkehre bieten, wie bereits unter Abschn. 5.2.5.1 erwähnt, bei einem mäßigen bis mittleren Verkehrsaufkommen eine Reihe von Vorteilen im Vergleich mit den anderen Grundformen von Knotenpunkten.

Die Qualität des Verkehrsablaufs eines Kreisverkehrs wird über die mittleren Wartezeiten der einzelnen Zufahrten gemäß Abb. 5.23 bestimmt. Für den gesamten Kreisverkehr ist die Qualität des schlechtesten Verkehrsstromes maßgebend.

Qualitätsstufe QSV	Mittlere Wartezeit [s]	Bemerkung
A	≤ 10	sehr geringe Wartezeit
B	≤ 20	geringe Wartezeit
C	≤ 30	spürbare Wartezeiten
D	≤ 45	Stau bildet sich wieder zurück
E	> 45	Kapazität ist erreicht
F	– (Sättigungsgrad > 1)	Knotenpunkt überlastet

Abb. 5.23: Qualitätsstufen des Verkehrsablaufs bei Kreisverkehren

Der Nachweis der Qualität des Verkehrsablaufs erfolgt über den Zusammenhang der Bemessungsverkehrsstärke der im Kreis befindlichen und der zufahrenden Fahrzeuge. Dazu werden für jede Zufahrt die Verkehrsströme gemäß Abb. 5.24 zusammengestellt und daraus die Verkehrsmengen in der Kreisfahrbahn ermittelt. Bei mehr oder weniger Zufahrten zum Kreisverkehr werden die Verkehrsströme sinngemäß ergänzt.

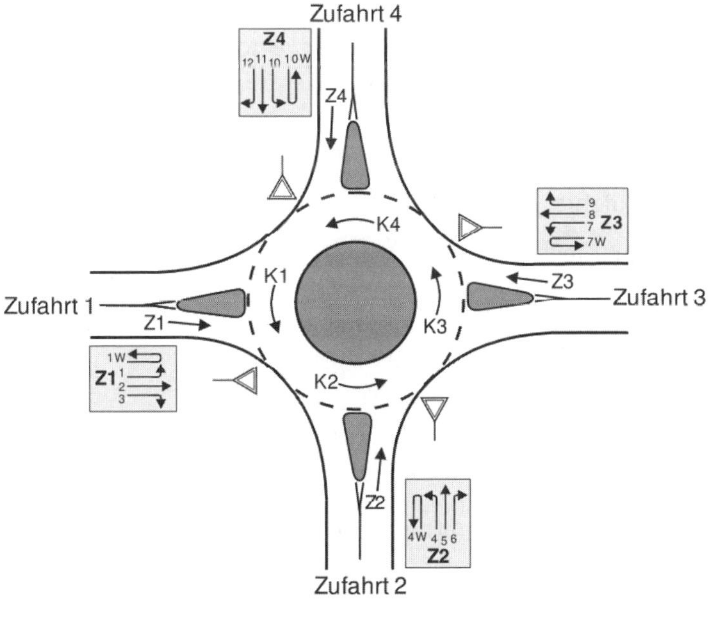

Abb. 5.24: Verkehrsströme im Kreisverkehr

Ein Kreisverkehr wird entgegen dem Uhrzeigersinn befahren. Maßgebend für eine Zufahrt ist der Verkehrsstrom $q_{PE,Ki}$ auf der Kreisfahrbahn an dieser Zufahrt. Der jeweilige Verkehrsstrom im Kreis kann für einen Kreisverkehr mit vier Zufahrten mit Hilfe der Abb. 5.25 bestimmt werden.

Neben-strom	zugehöriger Hauptstrom	Verkehrsstärke des Hauptstroms in der Kreisfahrbahn $q_{PE,Ki}$ [Pkw-E/h]
Z1	K1	$q_{PE,7} + q_{PE,10} + q_{PE,11} + q_{PE,4W} + q_{PE,7W} + q_{PE,10W}$
Z2	K2	$q_{PE,1} + q_{PE,2} + q_{PE,10} + q_{PE,1W} + q_{PE,7W} + q_{PE,10W}$
Z3	K3	$q_{PE,1} + q_{PE,4} + q_{PE,5} + q_{PE,1W} + q_{PE,4W} + q_{PE,10W}$
Z4	K4	$q_{PE,4} + q_{PE,7} + q_{PE,8} + q_{PE,1W} + q_{PE,4W} + q_{PE,7W}$

Abb. 5.25: Verkehrsstärke in der Kreisfahrbahn

Die Bestimmung der Qualität des Verkehrsablaufs von Kreisverkehren kann an Hand des HBS über die Kapazität erfolgen. Hierbei ist die Kapazität einer Kreisverkehrszufahrt die maximal mögliche Verkehrsstärke der zufahrenden Fahrzeuge. Diese ergibt sich unter Ausnutzung der im Hauptstrom auf der Kreisfahrbahn auftretenden Zeitlücken. Die Größe der Kapazität $C_{PE,i}$ einer Zufahrt i ergibt sich in Abhängigkeit von den Fahrstreifen auf der Kreisfahrbahn, der Anzahl der Fahrstreifen in der Zufahrt und der Verkehrsstärke der Fahrzeuge in der Kreisfahrbahn $q_{PE,K,i}$ unmittelbar vor der Zufahrt *i*.

Die Kapazität C_{PE} für die Zufahrten von Kreisverkehren kann sowohl aus der Abb. 5.26 entnommen oder mit nachfolgender Gleichung aus dem HBS berechnet werden. In beiden Fällen sind zunächst die Verkehrsstärken von Kfz/h in Pkw-Einheiten pro Stunde (Pkw-E/h) umzurechnen. Hierbei gilt in erster Näherung ein Umrechnungsfaktor $f_{PE,i}$ = 1,1 (1 Fz/h ≅ 1,1 Pkw-E/h). Wurde bei der Zählung des Verkehrsaufkommens nach verschiedenen Verkehrsarten differenziert, so kann gemäß HBS ein individueller Faktor $f_{PE,i}$ zur Umrechnung von Kfz/h in Pkw-E/h ermittelt werden.

$$C_{PE} = \left(1 - \frac{t_{min} \cdot q_{PE,k}}{3600}\right) \cdot \frac{36000}{t_f} \cdot e^{-\frac{q_{PE,k}}{3600} \cdot \left(t_g - \frac{t_f}{2} - t_{min}\right)}$$

mit

C_{PE}	Kapazität der Zufahrt	[Pkw-E/h]
$q_{PE,k}$	Verkehrstärke im Kreis	[Pkw-E/h]
t_g	Grenzzeitlücke	[s]
	$= 3{,}86 + \frac{8{,}27}{D}$	
t_f	Folgezeitlücke	[s]
	$= 2{,}84 + \frac{2{,}97}{D}$	
t_{min}	Mindestzeitlücke zwischen den Fahrzeugen im Kreis	[s]
	$= 1{,}57 + \frac{18{,}61}{D}$	
D	($D \leq$ m, für $D > 40$ m wird $D = 40$ m eingesetzt)	[m]

Die Kapazität ausfahrender Verkehrsströme ist noch nicht ausreichend untersucht. Nach bisherigen Erkenntnissen können nicht mehr 1.200 bis unter sehr günstigen Bedingungen 1.400 Pkw-E/h ausfahren.

Einstreifige Kreisfahrbahn

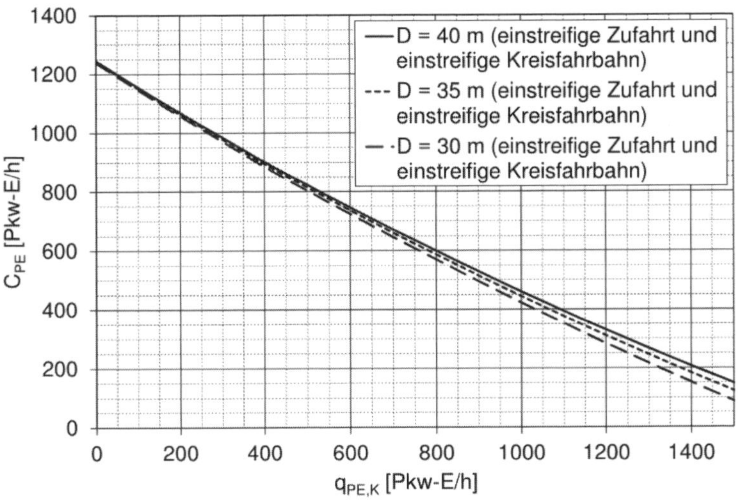

Zweistreifige Kreisfahrbahn

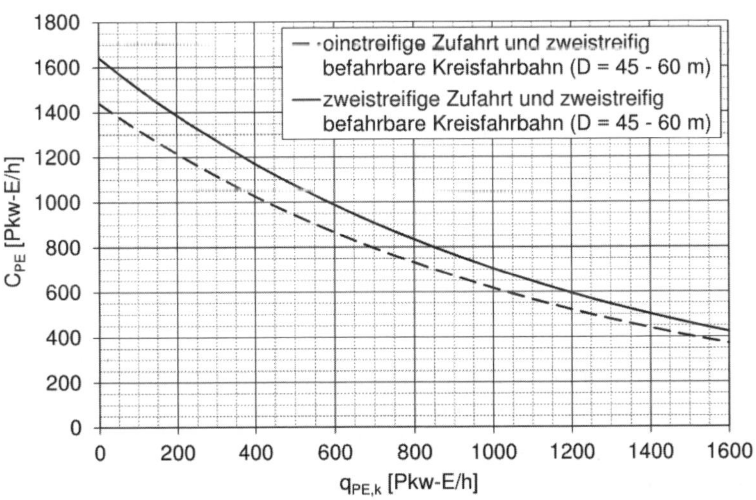

Abb. 5.26: Kapazität von Kreisverkehrszufahrten

Die Verkehrsqualität eines Kreisverkehrs wird nach dem HBS an Hand der Kapazitätsreserve und der Wartezeiten ermittelt. Zur Bestimmung der Wartezeiten werden zunächst die Kapazitätswerte von Pkw-E/h in Fz/h zurückgerechnet. Die Zufahrten werden dabei als Mischströme behandelt.

Dabei wird die Kapazitätsreserve R_i bestimmt nach

$$R_i = C_i - q_{Z,i}$$

mit R_i Kapazitätsreserve des Verkehrsstroms i (Fz/h)

C_i Kapazität des Verkehrsstroms i (Fz/h)

$q_{Z,i}$ Kapazität des Verkehrsstroms in der Zufahrt (Fz/h)

Je größer R_i ist, desto besser ist die Qualität des Verkehrsablaufs (vgl. Abb. 5.27).

Aus der berechneten Kapazitätsreserve R_i und der damit verbundenen Qualität des Verkehrsablaufes kann nun die mittlere Wartezeit w_i für den Verkehr der Zufahrten des Kreisverkehrs mit Hilfe der Abb. 5.27 ermittelt werden. Die Anlage eines Kreisverkehrs ist möglich, wenn die mittleren Wartezeiten 45 s nicht übersteigen.

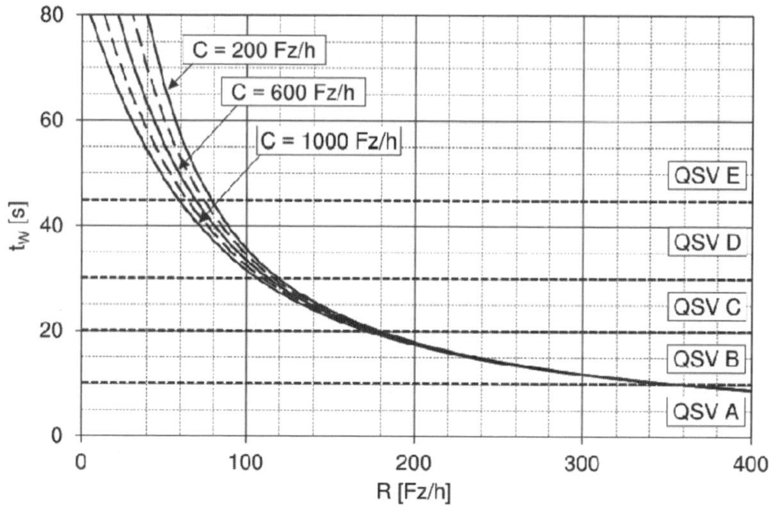

Abb. 5.27: Mittlere Wartezeit in Abhängigkeit von der Kapazitätsreserve R und der Kapazität C an Kreisverkehrsplätzen

Das beschriebene Verfahren gilt für Kreisverkehre außerorts und in Ortsrandlage. Es wird davon ausgegangen, dass der Radverkehr auf einem eigenen Wegenetz abgewickelt wird. Soll Fußgängerverkehr zusätzlich Berücksichtigung finden, so gibt es dafür zusätzliche Angaben im HBS im Abschnitt für Stadtstraßen.

Berechnungsbeispiel:

Für einen geplanten vierarmigen Kreisverkehr (siehe nachfolgendes Schema) ist für die Verkehrsqualität die Stufe D angestrebt. Dementsprechend soll die mittlere Wartezeit für Kraftfahrzeuge an jeder der vier Zufahrten kleiner als 45 s sein.

Der Kreisverkehr liegt außerorts und besitzt einen Außendurchmesser von 35 m. Die Zufahrten und die Kreisfahrbahn sind jeweils einstreifig. Fußgänger- und Radverkehr sind gering und können vernachlässigt werden. Die Prognoseverkehrsbelastungen liegen als Kfz-Belastungen für die Spitzenstunde vor.

Es ist der Nachweis der Verkehrsqualität zu führen.

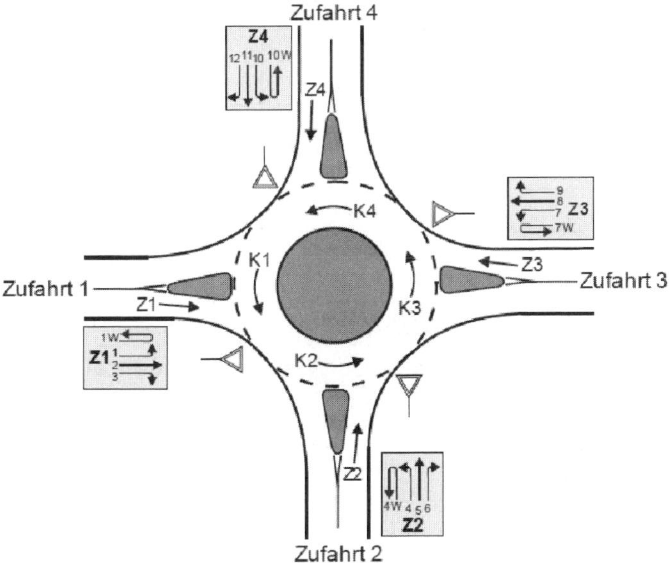

Bemessungsverkehrsstärken					
Zufahrt	**Verkehrs-strom**	**Fahrzeuge $q_{Fz,i}$**	**Fahrzeuge Zufahrt $q_{Z,i}$**	**Pkw-E/Fz $f_{PE,i}$**	**Pkw-E Zufahrt $q_{PE,Zi}$**
		(Fz/h)	**(Fz/h)**	**(–)**	**(Pkw-E/h)**
Z1	1	100	650	1,1	715
	2	400			
	3	150			
	1W	0			
Z2	4	100	400	1,1	440
	5	200			
	6	100			
	4W	0			
Z3	7	150	600	1,1	660
	8	350			
	9	100			
	7W	0			
Z4	10	50	350	1,1	385
	11	200			
	12	100			
	10W	0			

Bestimmung der Kapazität			
Zufahrt	**Verkehrsstärke in der Zufahrt $q_{PE,Zi}$**	**Verkehrsstärke im Kreis $q_{PE,Ki}$**	**Kapazität $C_{PE,Zi}$**
	(Pkw-E/h)	**(Pkw-E/h)**	**(Pkw-E/h)**
Z1	715	440	860
Z2	440	605	730
Z3	660	440	860
Z4	385	660	690

Beurteilung der Verkehrsqualität				
Zufahrt	**Kapazität C_{Zi}**	**Kapazitätsreserve R_{Zi}**	**mittlere Wartezeit $t_{W,Zi}$**	**Qualitätsstufe QSV**
	(Fz/h)	**(Fz/h)**	**(s)**	**(–)**
Z1	782	132	25	C
Z2	664	263	13	B
Z3	782	182	19	B
Z4	627	277	13	B
			erreichbare Qualitätsstufe	C

Abb. 5.28: Beurteilung der Verkehrsqualität bei einem Kreisverkehr

Zunächst sind die Summen der Verkehrsstärken von jeder Zufahrt zu ermitteln und danach diese von Kfz/h in Pkw-E/h umzurechnen. Anschließend wird mit Hilfe der Abb. 5.25 die Verkehrsstärke im Kreis berechnet und über die Diagramme in Abb. 5.26 die Kapazität C_{Zi} ermittelt. Nach Berechnung der Kapazitätsreserve R_{Zi} kann mit der Abb. 5.27 die mittlere Wartezeit $t_{W,Zi}$ und somit die Qualitätsstufe für den Verkehrsablauf an jedem Zufahrtsast beurteilt werden. Bei dem im Berechnungsbeispiel überprüften Kreisverkehr wird insgesamt die Qualitätsstufe C erreicht.

5.2.6 Sichtverhältnisse im Knotenpunkt

Knotenpunkte müssen aus einer ausreichenden Entfernung erkennbar sein, damit Kraftfahrer, wenn nötig, vor kreuzenden bzw. ein- und abbiegenden Kraftfahrzeugen sowie Radfahrern und Fußgängern rechtzeitig anhalten können. Zusätzlich müssen für wartepflichtige Kraftfahrer, Radfahrer und Fußgänger aus Sicherheitsgründen bestimmte Sichtfelder von ständigen Sichthindernissen (auch Wegweisern) und sichtbehinderndem Bewuchs in Höhe von 0,80 m bis 2,50 m ständig freigehalten werden.

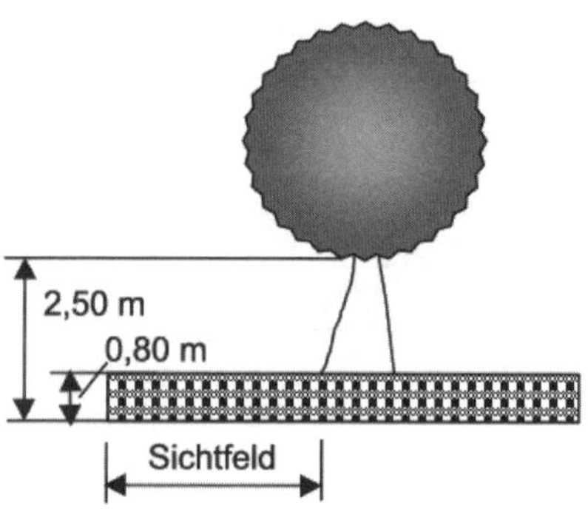

Abb. 5.29: Freizuhaltendes Sichtfeld im Aufriss

In solchen Sichtfeldern sind nur notwendige verkehrstechnische Einrichtungen wie Lichtmaste, Lichtsignalgeber oder Pfosten von Signalgebern zulässig.

Die Größe der freizuhaltenden Sichtfelder richtet sich nach der Entwurfsklasse bzw. nach der zulässigen Höchstgeschwindigkeit im Knotenpunkt. Im Einzelnen sind die Sichtfelder für die Haltesicht, die Anfahrsicht und die Annäherungssicht nachzuweisen.

Details zu den notwendigen Sichtfeldern an Knotenpunkten aus Sicht der übergeordneten und der untergeordneten Straße sowie bei Einfahrrampen von planfreien Knotenpunkten sind im Abschn. 3.5.6 enthalten.

5.2.7 Zusatzstreifen im Knotenpunkt

Bei größeren Verkehrsbelastungen oder zur Gewährleistung ausreichender Verkehrssicherheit werden in den Knotenpunkten zusätzlich zu den durchgehenden Fahrstreifen der freien Strecke noch weitere Fahrstreifen, an Autobahnkreuzungen auch Parallelfahrbahnen angeordnet. Diese Fahrstreifen bzw. Fahrbahnen dienen dazu, die gegenseitigen Behinderungen des Geradeausverkehrs einerseits und der Ab- und Einbieger andererseits so gering wie möglich zu halten.

Bei den Abbiegestreifen unterscheidet man Links- und Rechtsabbiegestreifen, die dementsprechend links oder rechts der durchgehenden Fahrstreifen angeordnet werden. Sind an einer Kreuzung die Platzverhältnisse in einer Knotenpunktzufahrt so beengt, dass nur ein Abbiegestreifen untergebracht werden kann, dann ist im Allgemeinen dem Linksabbiegestreifen vor dem Rechtsabbiegestreifen der Vorzug zu geben.

Wenn nur ein Fahrstreifen in der Knotenpunktzufahrt zur Verfügung steht und kein Abbiegestreifen vorhanden ist, so kann bereits ein einziger Linksabbieger, der nach der StVO dem Gegenverkehr Vorfahrt gewähren muss, einen Verkehrsstau verursachen. Deshalb sind Linksabbiegestreifen im Zuge höher klassifizierter Straßen außerhalb bebauter Gebiete regelmäßig an allen teilplanfreien, teilplangleichen und plangleichen Knotenpunkten anzulegen.

5.2.7.1 Linksabbiegen

Linksabbiegestreifen tragen außerhalb wie innerhalb geschlossener Ortschaften maßgeblich zur Verkehrssicherheit und Leistungsfähigkeit bei. Dabei steigt die Qualität des Verkehrsablaufs, da Linksabbieger außerhalb der durchgehenden Fahrstreifen auf einem separaten Streifen warten und der Geradeausverkehr an den wartenden Fahrzeugen ungehindert vorbeifahren kann.

Ausführungsformen

Innerorts gibt es drei Formen zur Führung der Linksabbieger an Hauptverkehrsstraßen. Sie sind abhängig von der Verkehrsstärke der Linksabbieger und der Verkehrsstärke der Straße in der Richtung, aus der abgebogen wird. Danach wird unterschieden zwischen einem Linksabbiegestreifen ohne Verzögerungsstrecke mit in der Regel offener Einleitung, einem Aufstellbereich mit einer Breite < 5,50 m und dem Fall keine bauliche Maßnahme.

Linksabbiegetyp	Skizze
LA1	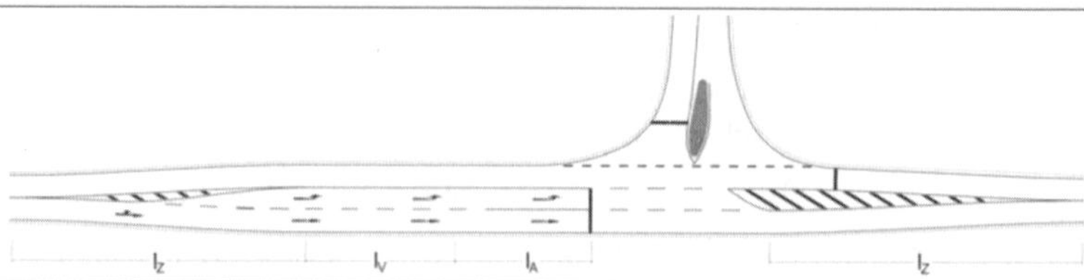
LA2	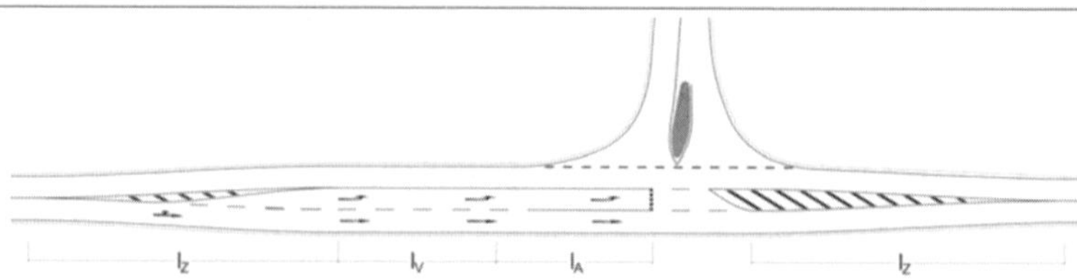
LA3	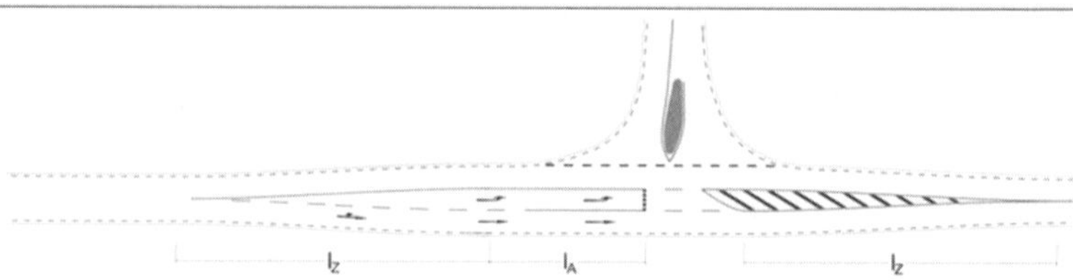
LA4	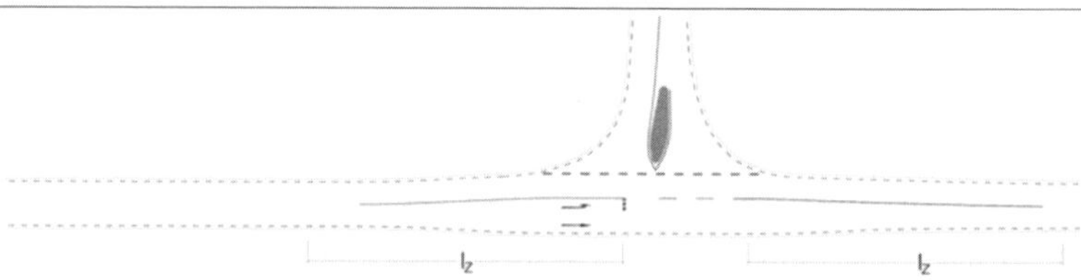
Systemskizze	

l_Z = Verziehungsstrecke; l_V = Verzögerungsstrecke; l_A = Aufstellstrecke

Abb. 5.30: Linksabbiegetypen für die Kategoriengruppe LS (Außerortsstraßen)

Außerorts gibt es für plangleiche Kreuzungen und Einmündungen vier verschiedene Linksabbiegetypen. Sie sind abhängig von der Entwurfsklasse der Straße, aus der abgebogen wird, und der Betriebsform des Knotenpunkts. Die Linksabbiegestreifen und Aufstellbereiche setzen sich aus der Verziehungsstrecke l_Z sowie gegebenenfalls der Verzögerungsstrecke l_V und der Aufstellstrecke l_A zusammen. Die erforderlichen Längen sind aus Abb. 5.31 ersichtlich. Die jeweiligen Ausführungsarten der Linksabbiegetypen enthält die Abb. 5.30. Bei den Typen LA1 und LA2 handelt es sich um geschlossene Einleitungen (markierte Sperrflächen).

Beim **Linksabbiegetyp LA1** (siehe Abb. 5.30) ist der Linksabbiegestreifen 3,25 m breit. Er besteht aus einer Aufstellstrecke l_A, einer Verzögerungsstrecke l_V und einer Verziehungsstrecke l_Z. Zur Anwendung kommt er in der Regel bei Knotenpunkten mit Lichtsignalanlage an Straßen der EKL 2 und EKL 3. Die Einleitung des Linksabbiegestreifens erfolgt mit einer Sperrfläche.

Beim **Linksabbiegetyp LA2** (siehe Abb. 5.30) ist der Linksabbiegestreifen 3,25 m breit. Er besteht aus einer Aufstellstrecke l_A, einer Verzögerungsstrecke l_V und einer Verziehungsstrecke l_Z. Zur Anwendung kommt er in der Regel bei Knotenpunkten ohne Lichtsignalanlage an Straßen der EKL 3. Die Einleitung des Linksabbiegestreifens erfolgt mit einer Sperrfläche.

Beim **Linksabbiegetyp LA3** (siehe Abb. 5.30) ist der Linksabbiegestreifen 2,75 m breit. Er besteht aus einer Aufstellstrecke l_A und einer Verziehungsstrecke l_Z. Zur Anwendung kommt er in der Regel bei Knotenpunkten an Straßen der EKL 4, wenn Straßen der EKL 4 angeschlossen werden. Der durchgehende Fahrstreifen wird in der Verziehungsstrecke auf 2,75 m verbreitert. Der Randstreifen beträgt unverändert 0,50 m.

Beim **Linksabbiegetyp LA4** (siehe Abb. 5.30) wird die Fahrbahn für die Fahrtrichtung, aus der abgebogen wird, mit Verziehungslängen nach Abb. 5.31 so aufgeweitet, dass ein Fahrstreifen mit einer Breite von 4,75 m markiert werden kann. Er besteht aus einer Aufstellstrecke l_A und einer Verziehungsstrecke l_Z. Zur Anwendung kommt er an Straßen der EKL 4, wenn Straßen der EKL 4, Straßen der LS V, Hauptwirtschaftswege oder Werkszufahrten angeschlossen werden und es dabei nach dem HBS keinen nennenswerten Rückstau der Linksabbieger gibt.

Sofern gering belastete Wirtschaftswege und Grundstückszufahrten an Straßen der EKL 4 angeschlossen werden, erfolgt das **Linksabbiegen ohne bauliche Veränderung**. Dies kann in begründeten Ausnahmefällen auch an Straßen der EKL 3 erfolgen, wenn derartige Zufahrten unvermeidbar sind.

Sind an Kreuzungen die Bedingungen für gleichzeitiges Linksab- bzw. Linkseinbiegen einzuhalten, so ist dies mit Schleppkurven [18] nachzuweisen. Dabei ist der Lastzug das maßgebende Bemessungsfahrzeug. Weitere Details zu den Linksabbiegetypen enthalten die RAL.

Einsatzkriterien

Linksabbiegestreifen sind bei vier- und mehrstreifigen Straßen immer erforderlich. Für zweistreifige Straßen sind die Einsatzbereiche in Abb. 5.31 an Hand der EKL angegeben.

EKL der Straße, aus der abgebogen wird	Betriebsform des Knotenpunktes	Länge der Verziehungsstrecke l_Z (m)		Länge der Verzögerungsstrecke l_V (m)	Länge der Aufstellstrecke l_A (m)	Linksabbiegetyp
		einseitig	zweiseitig			
EKL 2	mit LSA	70	50	40	nach HBS mind. 20	LA1
EKL 3	mit LSA	70	50	20	nach HBS mind. 20	LA1
	ohne LSA	70	50	20	nach HBS mind. 10	LA2
EKL 4	ohne LSA	70	50	–	nach HBS mind. 10	LA3
EKL 4	ohne LSA	70	50	–	mind. 10 (Aufstellbereich)	LA4

Abb. 5.31: Einsatzbereiche für Linksabbiegetypen der Kategoriengruppe LS

5.2.7.2 Rechtsabbiegen

Rechts-abbiegetyp	Skizze	zugeordneter Zufahrttyp
RA1	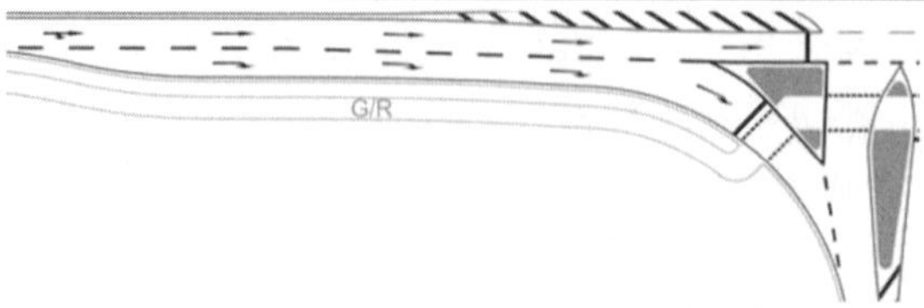	KE1/KE2
RA2	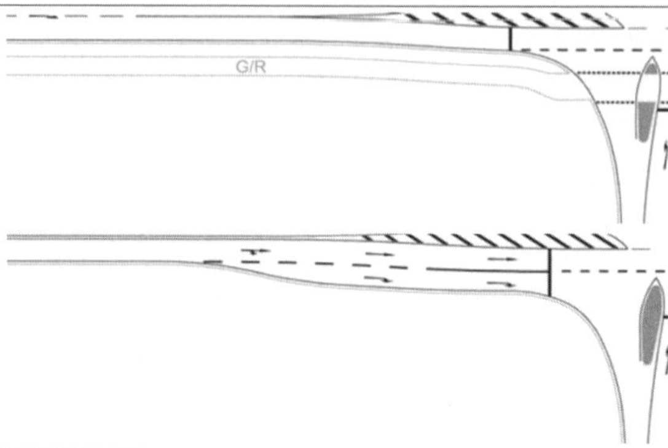	KE1/KE2
RA3	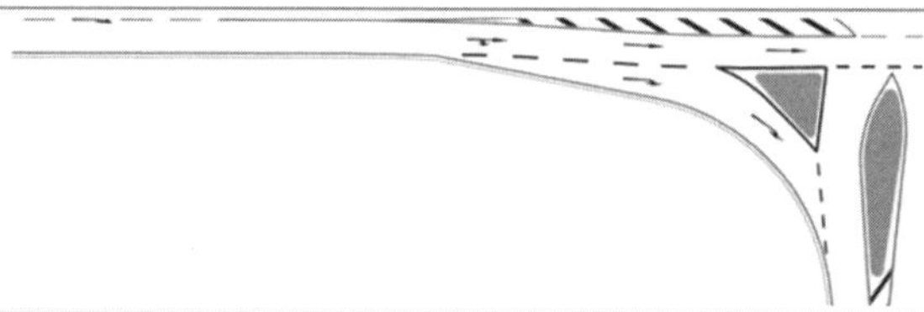	KE3
RA4		KE4
RA5*		KE5*
RA6*	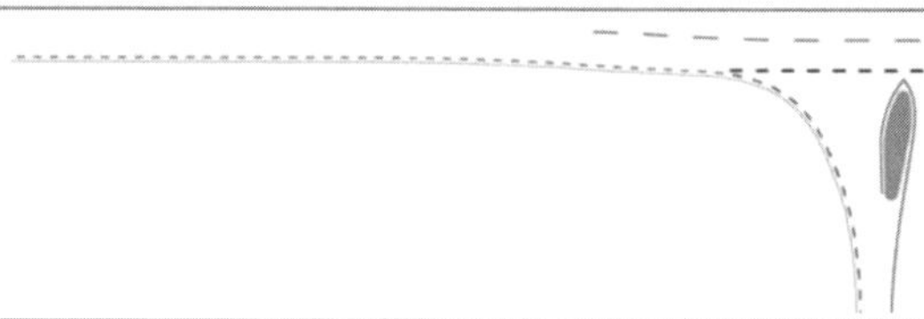	KE6*

**) Wenn das Linksabbiegen ohne bauliche Veränderung möglich ist, kann der kleine Tropfen entfallen, falls die Erkennbarkeit der Wartepflicht durch Verkehrszeichen und/oder Bepflanzung sichergestellt ist.*

Abb. 5.32: Rechtsabbiegetypen der Kategoriengruppe LS (Außerortsstraßen)

Die Notwendigkeit, Rechtsabbiegestreifen anzulegen, ist weniger oft gegeben. Sie sind erforderlich, wenn auf der übergeordneten Straße hohe Geschwindigkeiten gefahren werden. Außerdem sind Rechtsabbiegestreifen anzulegen, wenn es die Erkennbarkeit des Knotenpunktes oder die Sicht auf die bevorrechtigten Fahrzeuge erfordern.

Für Landstraßen (Kategoriengruppe LS) gibt es sechs Rechtsabbiegetypen (Abb. 5.32), denen Zufahrtstypen für das Kreuzen und Einbiegen zugeordnet sind. Die Einsatzbereiche für die einzelnen Rechtsabbiegetypen ergeben sich aus den EKL (siehe Abb. 5.34).

Ebenso wie bei den Linksabbiegestreifen erfordern Knotenpunkte im Zuge von Straßen mit vier und mehr Fahrstreifen und mit Signalregelung die Anlage von Rechtsabbiegestreifen. Werden die Rechtsabbieger infolge der die Nebenstraße überquerenden Fußgänger am zügigen Abbiegen gehindert, dann sollte zur Vermeidung eines Rückstaus auf den durchgehenden Streifen ein Rechtsabbiegestreifen eingeplant werden. Wenn die Knotenpunkte eines Straßenzuges überwiegend mit Rechtsabbiegestreifen ausgestattet sind, gebietet es die Einheitlichkeit, auch die anderen Knotenpunkte so auszubauen.

Der Rechtsabbiegestreifen bei den Rechtsabbiegetypen RA1 und RA2 setzt sich aus der Verziehungsstrecke l_Z, der Verzögerungsstecke l_V und der Aufstellstrecke l_A gemäß Abb. 5.33 zusammen. Die Längen der einzelnen Strecken sind in Abb. 5.35 enthalten. Die Breite des Rechtsabbiegestreifens beträgt 3,25 m.

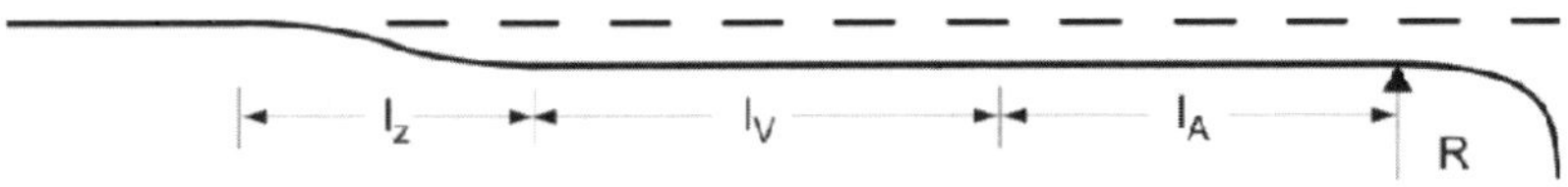

Abb. 5.33: Rechtsabbiegestreifen

Bei Einmündungen von Straßen mit geringer Verkehrsbelastung an Straßen der EKL 3 kann abweichend von Abb. 5.34 auch der Rechtsabbiegetyp RA6 zum Einsatz kommen.

EKL der Straße, aus der abgebogen wird	**Betriebsform des Knotenpunkts**	**EKL der Straße, in die abgebogen wird**	**gesonderte Führung von Radfahrern/Fußgängern**		**Rechtsabbiegetyp**	**Zugehöriger Zufahrtstyp für Kreuzen/Einbiegen**
			parallel zur übergeordneten Straße über die untergeordnete Zufahrt	**quer zur übergeordneten Straße**		
EKL 2	mit LSA	**EKL 2/ EKL 3**	ja	ja	RA1	KE1/KE2
(EKL 2)/ EKL 3		**EKL 3/ EKL 4**	ja	ja	RA2	KE1/KE2
EKL 3	ohne LSA	**EKL 3**	nein	nein	RA3	KE3
		EKL 3	ja	ja*	RA4	KE4
		EKL 4	ja	ja*	RA5	KE5
EKL 4		**EKL 4**	–	–	RA6	KE6

*) Nur bei Einmündungen anwendbar. Die Querung erfolgt über eine Querungshilfe im Bereich der Sperrfläche, die dem Linksabbiegestreifen gegenüberliegt.

( ) Ausnahme

Abb. 5.34: Einsatzbereiche von Rechtsabbiegetypen

Bei der Anordnung von Dreiecksinseln beträgt die Breite zwischen dem Fahrbahnrand und der Dreiecksinsel mindestens 5,50 m. Die Ausrundung erfolgt hier mit einem einfachen Kreisbogen. Grundsätzlich ist die Befahrbarkeit mit Schleppkurven zu überprüfen. Rechtsabbieger sollen in die Signalsteuerung einbezogen werden. Soweit parallel geführte Fußgänger und Radfahrer vorhanden sind, sollen Rechtsabbieger eine separate Phase erhalten.

Rechts-abbiege-typ	Inseln	Eckaus-rundung	Länge der Verzie-hungs-strecke l_z (m)	Länge der Verzöge-rungs-strecke l_V (m)	Länge der Aufstell-strecke l_A (m)	Fahr-strei-fen-breite (m)
RA1	Dreiecks-insel Großer Tropfen	Einfacher Kreisbo-gen	30	40 (EKL 2) 20 (EKL 3)	nach HBS mind. 20	3,25[1)]
RA2	Kleiner Tropfen	Dreiteili-ger Kreis-bogen	30	40 (EKL 2) 20 (EKL 3)	nach HBS mind. 20	3,25[1)]
RA3[2)]	Dreiecks-insel Großer Tropfen	Einfacher Kreisbo-gen	–	–	–	–
RA4	Kleiner Tropfen[3)]	Dreiteili-ger Kreis-bogen	–	–	–	–
RA5	Kleiner Tropfen[4)]	Dreiteili-ger Kreis-bogen	–	–	–	–
RA6	Kleiner Tropfen	Dreiteili-ger Kreis-bogen	–	–	–	–

1) Die Randstreifenbreite beträgt 0,50 m.

2) Der Typ RA3 ist nicht geeignet, wenn Radfahrer und Fußgänger den Rechtsabbiegestrom queren müssen.

3) Wartepflichtige Führung der Fußgänger und Radfahrer über den kleinen Tropfen ca. 6 m von der übergeordneten Fahrbahn abgesetzt.

4) Bevorrechtigte Führung der Fußgänger und Radfahrer fahrbahnnah über den kleinen Tropfen in der untergeordneten Zufahrt ca. 4 m Abstand von der übergeordneten Straße auf einer (rot eingefärbten) Furt.

Abb. 5.35: Gestaltung der Rechtsabbiegetypen

Falls Rechts- und Linksabbiegestreifen nebeneinanderliegen, so sollen beide gleich lang ausgebildet werden. Die Verziehung beginnt aus optischen Gründen an derselben Stelle. Dabei ist der längere Streifen maßgebend.

5.2.7.3 Kreuzen und Einbiegen

Der Verkehrsteilnehmer aus der untergeordneten Straße kreuzt die übergeordnete Straße oder biegt in diese ein und ist daher wartepflichtig. Die Fahrstreifen für einbiegende und kreuzende Verkehrsströme bei plangleichen Einmündungen/Kreuzungen sowie plangleichen Teilknotenpunkten dienen als Stauraum für wartepflichtige Fahrzeuge. Zur Verdeutlichung der Wartepflicht sind in der Regel Fahrbahnteiler auszuführen. Diese werden nach Abschn. 5.2.8 ausgebildet, wobei der Aufstellbereich ein möglichst gerades Teilstück sein soll. Die Fahrlinie kreuzender Fahrzeuge soll nur geringe Richtungsänderungen aufweisen.

An plangleichen Einmündungen und Kreuzungen ohne Lichtsignalanlage ist der Aufstellbereich einstreifig auszubilden. Die Fahrbahnbreite neben dem Fahrbahnteiler beträgt 4,50 m (einschließlich Randstreifen bzw. Randmarkierung), damit für den kreuzenden und rechtseinbiegenden Verkehr keine Sichtbehinderung durch nebenstehenden Linkseinbieger gegeben ist.

Bei außerörtlichen zweistreifigen Aufstellbereichen ohne Lichtsignalanlagen ist die Geschwindigkeit auf der übergeordneten Straße auf ≤ 70 km/h zu begrenzen. Mehr als zweistreifige Aufstellbereiche an plangleichen Knotenpunkten sind immer mit Lichtsignalanlagen auszubilden. Die Länge von zusätzlichen Aufstellstreifen ergibt sich gemäß HBS.

Separate Aufstellstreifen für Linkseinbieger erhalten eine geschlossene Einleitung. Zusätzliche Aufstellstreifen für Rechtseinbieger bekommen eine offene Einleitung. Einfädelungsstreifen an zweistreifigen Straßen sind i. d. R. nicht notwendig. Für plangleiche Knotenpunkte und Teilknotenpunkte werden sieben Zufahrtstypen für Kreuzen und Einbiegen unterschieden.

Zufahrttyp	Skizze	zugeordneter Rechtsabbiegetyp
KE1*	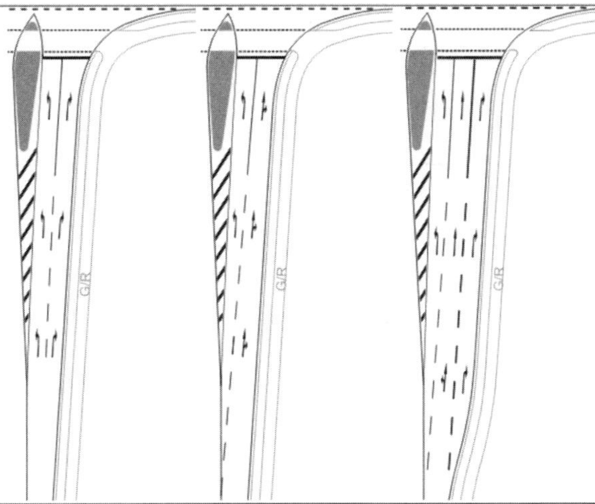	RA1/RA2
KE2*	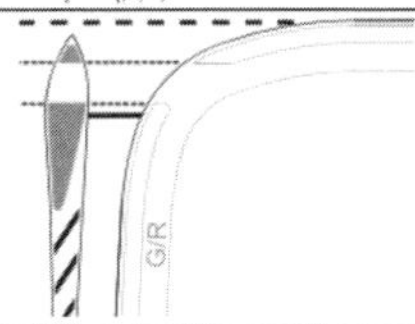	RA1/RA2
KE3	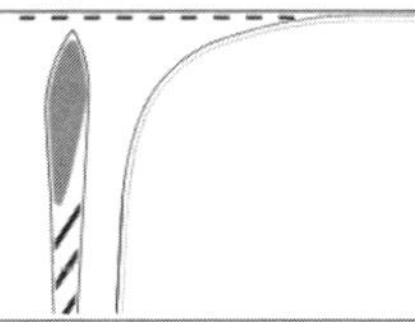	RA3
KE4	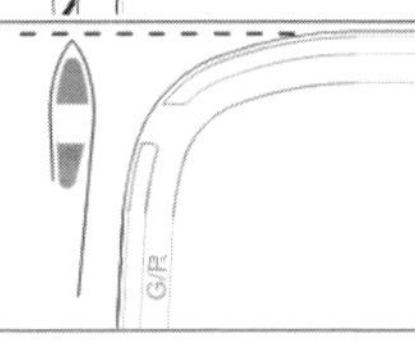	RA4
KE5	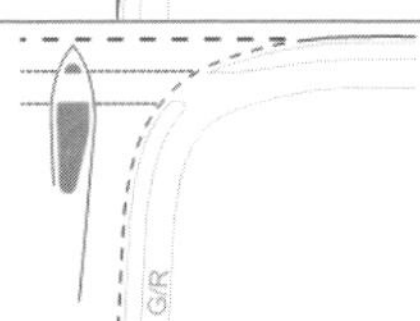	RA5
KE6	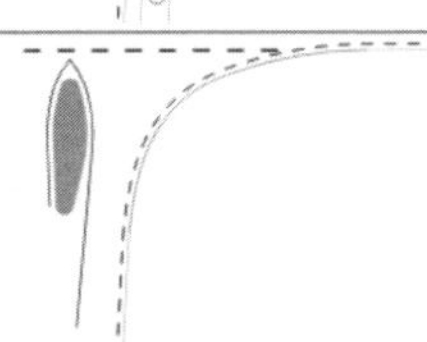	RA6**

**) Ausbildung bei Kombination mit RA2 und kleinem Tropfen*

***) Der kleine Tropfen kann entfallen, wenn das Linksabbiegen ohne bauliche Veränderung möglich ist und die Erkennbarkeit der Wartepflicht durch Verkehrszeichen und/oder Bepflanzung sichergestellt ist.*

Abb. 5.36: Zufahrtstypen für Kreuzen und Einbiegen

Die Gestaltung der Zufahrtstypen mit den Signalisierungsformen ist in den RAL und RASt ausführlich beschrieben. In Abb. 5.37 sind die wesentlichen Merkmale enthalten.

<table>
<tr><th>Zufahrttyp</th><th>Aufstellstreifen</th><th>Inseln</th><th>Eckausrundung</th><th>Kombination mit</th><th>mit/ohne LSA</th><th>Fahrbahnbreite[1]</th></tr>
<tr><td rowspan="2">KE1[2]</td><td rowspan="2">Rechtseinbieger Kreuzen Linkseinbieger</td><td>Großer Tropfen</td><td rowspan="8">Dreiteiliger Kreisbogen[5] für Rechtseinbieger</td><td>RA1</td><td rowspan="4">mit an Straßen der EKL 2 und EKL 3</td><td rowspan="2">Zwei oder drei Fahrstreifen[3]</td></tr>
<tr><td>Kleiner Tropfen</td><td>RA2</td></tr>
<tr><td rowspan="2">KE2[2]</td><td rowspan="2">1 Streifen</td><td>Großer Tropfen</td><td>RA1</td><td>4,50 m</td></tr>
<tr><td>Kleiner Tropfen</td><td>RA2</td><td>4,50 m</td></tr>
<tr><td>KE3[4]</td><td>1 Streifen</td><td>Großer Tropfen</td><td>RA3</td><td>ohne[7]</td><td>4,50 m</td></tr>
<tr><td>KE4[6]</td><td>1 Streifen</td><td>Kleiner Tropfen</td><td>RA4</td><td>ohne[8]</td><td>4,50 m</td></tr>
<tr><td>KE5[6]</td><td>1 Streifen</td><td>Kleiner Tropfen</td><td>RA5</td><td>ohne[9]</td><td>4,50 m</td></tr>
<tr><td>KE6[10]</td><td>1 Streifen</td><td>Kleiner Tropfen</td><td>RA6</td><td>ohne[11]</td><td>4,50 m</td></tr>
</table>

1) Mindestbreite zwischen Tropfen und Eckausrundung der Rechtseinbieger. Randstreifenbreite am rechten Fahrbahnrand 0,50 m; neben dem Tropfen 0,25 m.

2) Parallel auf Sonderwegen zur übergeordneten Straße geführte Fußgänger und Radfahrer werden wie bei den RA-Typen RA1 und RA2 über den Tropfen der untergeordneten Zufahrt geführt.

3) Zusammenfassung von kreuzendem und rechts einbiegendem Verkehrsstrom, wenn nicht für alle Verkehrsströme ein eigener Aufstellstreifen (Breite: 3,25 m, Länge gemäß HBS) notwendig ist.

4) Bei großer Längsneigung der übergeordneten Straße und hohem Schwerverkehrsanteil bei den Rechtseinbiegern ist die Anordnung eines Einfädelungsstreifens mit l_E = 150 m zweckmäßig. Dabei Führung der Rechtseinbieger hinter einer Dreiecksinsel.

5) Mit erforderlichem Hauptbogenradius R_H, der vom Rechtsabbiege- bzw. Zufahrttyp abhängig ist.

6) Parallel auf Sonderwegen zur übergeordneten Straße geführte Fußgänger und Radfahrer werden wie bei den RA-Typen RA4 bzw. RA5 über den Tropfen der untergeordneten Zufahrt geführt.

7) An Straßen der EKL 3 nur in Kombination mit dem Rechtsabbiegetyp RA3.

8) Wenn eine Straße der EKL 3 an eine Straße der EKL 3 angeschlossen wird.

9) Wenn eine Straße der EKL 4 an eine Straße der EKL 3 angeschlossen wird.

10) KE6 ist nicht geeignet, wenn Fußgänger und Radfahrer parallel zur übergeordneten Straße auf einem Sonderweg über die untergeordnete Zufahrt geführt werden müssen.

11) Wenn eine Straße der EKL 4 an eine Straße der EKL 4 angeschlossen wird.

Abb. 5.37: Gestaltung der Zufahrtstypen

5.2.7.4 Verbindungsrampen

Der Rampentyp wird unterschieden nach der Linienführung im Lageplan in direkte, halbdirekte und indirekte Rampen. Die Ausbildung der Rampen erfolgt in der Regel mit einer angepassten Linienführung. Die Größe der Trassierungselemente wird durch den Rampentyp bestimmt. Die dabei zu verwendenden Radienbereiche sind aus Abb. 5.38 zu entnehmen.

Im Bereich der Rampe dürfen keine zusätzlichen Einmündungen oder Kreuzungen liegen. Innerhalb des Knotenpunktes sollen keine erschließungsbedürftigen Flächennutzungen liegen. Ausnahmen davon sind nur Einrichtungen des Betriebsdienstes und der Polizei.

Bei Einmündungen/Kreuzungen und Kreisverkehren werden Rampen als Knotenpunktzufahrten wie Straßen der EKL 3 behandelt.

Verbindungsrampen sind möglichst nach den Grundsätzen der Relationstrassierung zu trassieren. Hierbei sind die Entwurfselemente der Rampen gegenüber der freien Strecke reduziert. Die Trassierungsgrenzwerte, abhangig vom Rampentyp, sind in Abb. 5.39 enthalten. Im Zuge der Trassierung sind ausreichende Sichtweiten (Haltesicht, Sicht auf wegweisende Beschilderung) zu schaffen. Dabei sollen Rampen vor plangleichen Teilknotenpunkten im Lage- und Höhenplan so gestreckt geführt werden, dass vor den Wegweisern ein Leseweg von mindestens 50 m zur Verfügung steht und eine frühzeitige Vorsortierung bei mehreren Aufstellstreifen möglich ist.

Grundsätzlich hat die Erkennbarkeit von kleinen Radien Vorrang vor dem Erscheinungsbild des Fahrbahnrandes. Bei aufeinanderfolgenden Radien mit Zwischengeraden von über 100 m ist beim nachfolgenden Radius möglichst ein Verhältnis von $R_2: R_1 \geq 1{,}5: 1$ anzustreben.

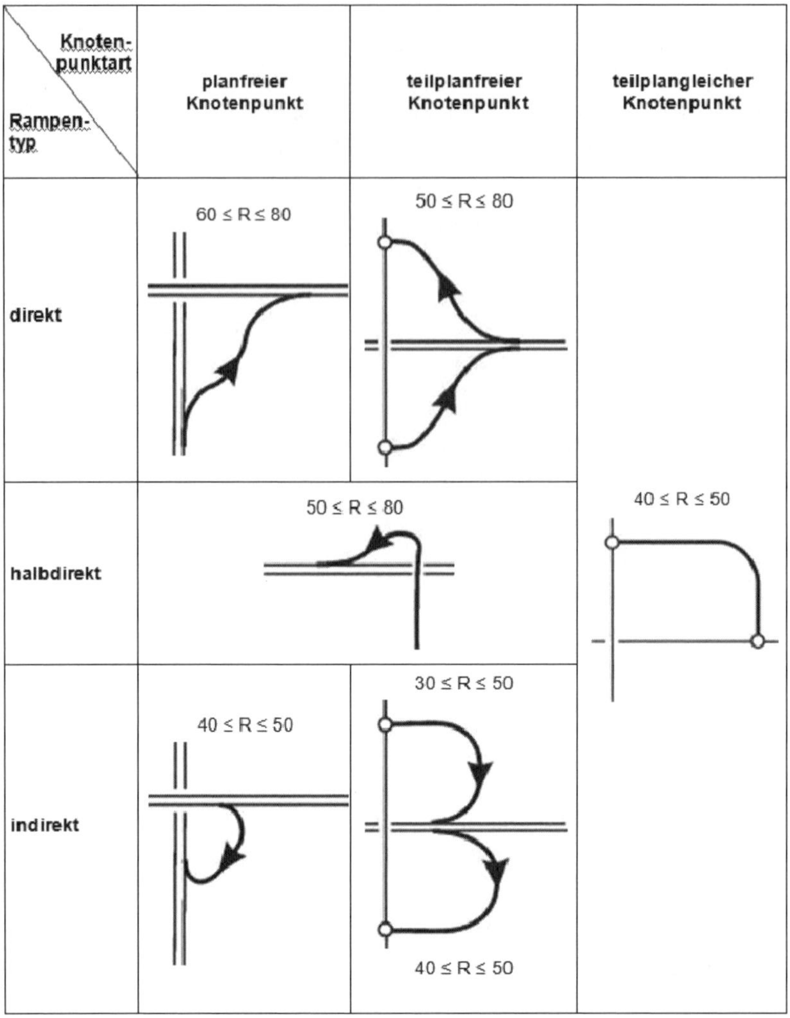

Abmessungen in (m)

Abb. 5.38: Knotenpunktart und Rampentypen mit kleinsten Radien und empfohlenen Radienbereichen

	Rampenquerschnitte	Einsatzbereiche
RRQ 1	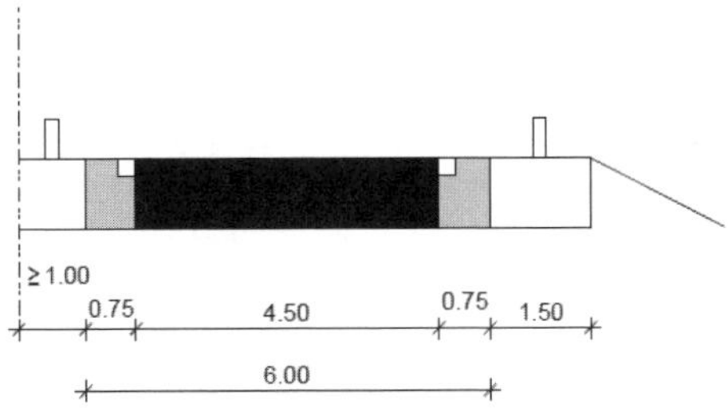	planfreie Knotenpunkte und teilplanfreie Knotenpunkte mit kurzen Abschnitten parallel trassierter Aus- und Einfahrrampen
RRQ 2	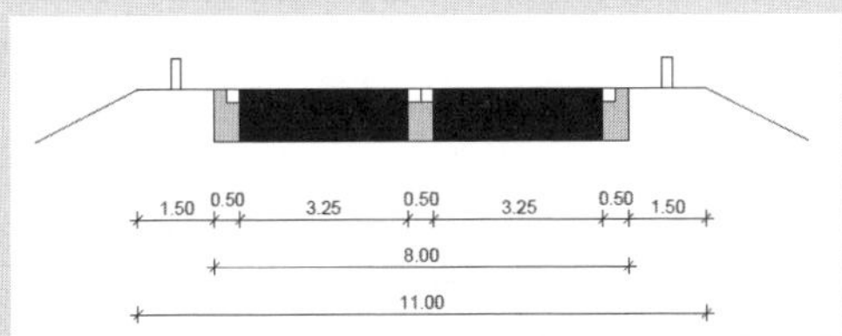	teilplanfreie Knotenpunkte mit gemeinsam trassierten Aus- und Einfahrrampen und teilplangleiche Knotenpunkte

Abb. 5.39: Einsatzbereiche der Rampenquerschnitte

Radius der Rampe (m)			**30**	**40**	**50**	**60**	**≥ 80**
Längsneigung	Steigung	max *s* (%)	+6,0				
	Gefälle	min *s* (%)	–7,0				
Querneigung	Gerade	min *q* (%)	2,5				
	Kreisbogen	max *q* (%)	6,0				
Mindestquerneigung außerhalb von Verwindungsbereichen		min *q* (%)	2,5				
Höchstquerneigung		max *q* (%)	6,0				
Höchstschrägneigung		max *p* (%)	10,0				
minimale Anrampungsneigung		minΔs (%)	0,1 · a*)				
Haltesichtweite		S_h (m)	30	35	40	45	55
Mindestkuppenhalbmesser		min H_K (m)	1.000	1.250	1.500	1.750	2.000
Mindestwannenhalbmesser		min H_W (m)	500	625	750	850	1.000
Kurvenverbreiterung im RRQ 2		*i* (m)	2,0	1,0	0,5	–	–

*) a (m); Abstand Drehachse – Fahrbahnrand

Abb. 5.40: Grenzwerte der Rampenentwurfselemente

Die Grenzwerte der Längsneigung dürfen bei Straßenverknüpfungen überschritten werden, wenn die maximale Schrägneigung von 10 % eingehalten wird. Die Mindestschrägneigung von 0,5 % ist einzuhalten. Alle Verwindungen sollten innerhalb der Übergangsbögen vollzogen werden. Beim Rampenquerschnitt RRQ 1 sind für die Vorbeifahrt an liegengebliebenen Fahrzeugen Ausweichräume von 2,0 m bei R = 30 m und 1,0 m bei R = 50 m zur Verfügung zu stellen. Die Kurvenverbreiterungen sind nach Abschnitt 3.4.6 auszuführen.

5.2.8 Inseln im Knotenpunkt

Auf sehr großen Verkehrsflächen ohne ausreichende Kennzeichnung der Verkehrsführung „schwimmt" der Verkehr, d. h., die Fahrer verlieren die Orientierung für das richtige Fahrverhalten. Um dem entgegenzuwirken, werden solche Flächen durch Verkehrsinseln (Fahrbahnteiler) unterteilt. Diese dienen jedoch nicht nur der Führung von Fahrzeugströmen und der Verdeutlichung der Wartepflicht der Verkehrsteilnehmer in der untergeordneten Straße, sondern sie nehmen auch Verkehrszeichen, Wegweiser und Masten für Lichtsignalgeber und Beleuchtung auf. Innerorts erleichtern sie Fußgängern und Radfahrern das Überqueren der Fahrbahn. Außerorts erfolgt die Ausbildung der Fahrbahnteiler als großer bzw. kleiner Tropfen.

Verkehrsinseln sollen sich deutlich von der Fahrbahn abheben. Die Erkennbarkeit kann durch einleitende Markierungen, helle Inselbegrenzungen, Verkehrszeichen, Beleuchtung, Bepflanzung usw. verbessert werden. Im Wesentlichen unterscheidet man zwischen tropfenförmigen Mittelinseln zur Trennung gegenläufiger Verkehrsströme und dreieckigen Inseln zur Trennung der Geradeausfahrer von den Rechtsabbiegern. Dreiecksinseln neben den rechtseinbiegenden Strömen sind zu vermeiden, weil dadurch eine ungünstige schleifende Einfahrt entsteht. Ausnahme: siehe Abb. 5.37 für Zufahrtstyp KE 3.

In der Regel werden Fahrbahnteiler mit Schrägborden ausgebildet. Notwendige Querungsstellen für Fußgänger und Radfahrer sind, bis auf eine sehr geringe Höhendifferenz zur Wasserführung, auf die Fahrbahnoberfläche abzusenken. Gestaltungsmöglichkeiten enthalten die „Hinweise für barrierefreie Verkehrsanlagen (H BVA)". Die Lage der möglichen Querungsstellen für Radfahrer wie auch Fußgänger entlang der übergeordneten Straße über den Fahrbahnteiler der einmündenden Straße enthält die Abb. 5.41.

Soweit das Linksabbiegen (Abschn. 5.2.7.1) ohne bauliche Veränderung der übergeordneten Straße möglich ist, kann in der Einmündung der Fahrbahnteiler entfallen, wenn die Erkennbarkeit der Wartepflicht durch Verkehrszeichen und/oder Bepflanzung gewährleistet ist.

	großer Tropfen	**kleiner Tropfen**
Fahrbahnteiler außerhalb bebauter Gebiete	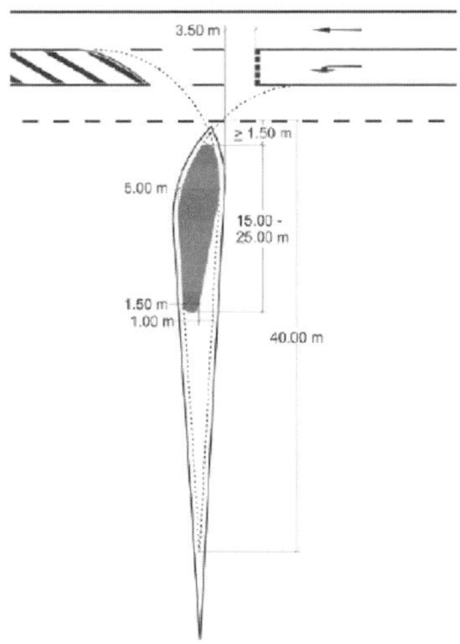	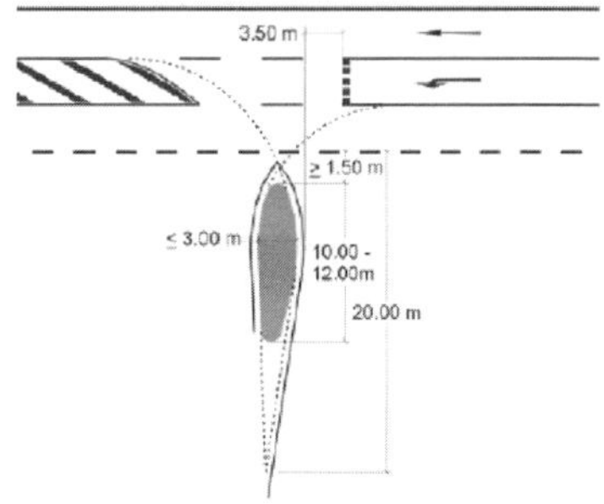
Fahrbahnteiler innerhalb bebauter Gebiete **a)** im unter- oder übergeordneten Knotenpunktarm **b)** im übergeordneten Knotenpunktarm	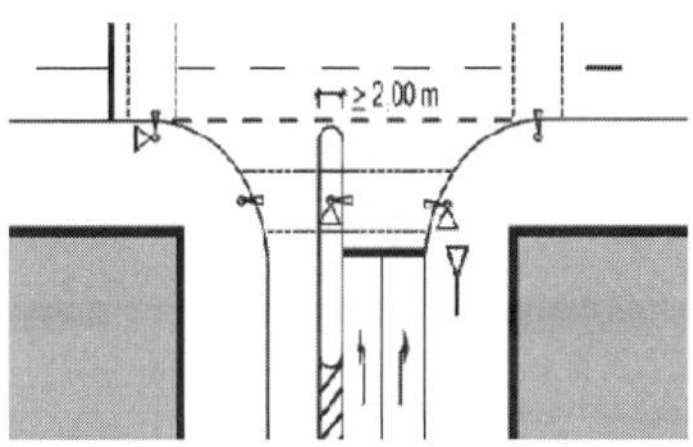 **a)**	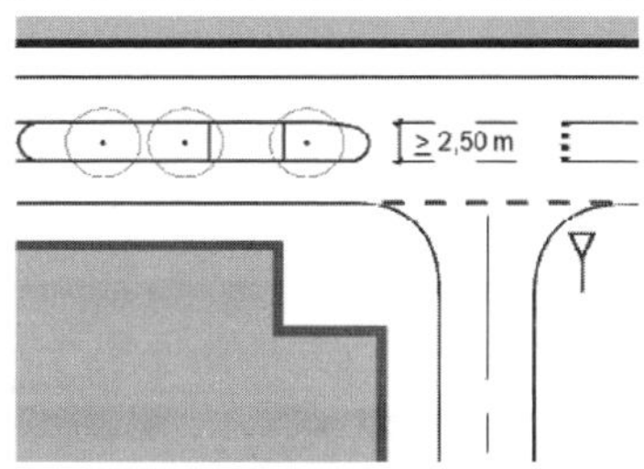 **b)**

Abb. 5.41: Formen von Fahrbahnteilern innerhalb und außerhalb bebauter Gebiete

Entsprechend den unterschiedlichen Aufgaben werden Fahrbahnteiler (Tropfen) innerhalb und außerhalb bebauter Gebiete anders gestaltet. Außerhalb ist die Verkehrsführung maßgebend, während innerhalb die Funktion als Überquerungshilfe hinzukommt (Abb. 5.41). Die Mindestbreite eines Fahrbahnteilers beträgt für Fußgänger 2,00 m. Wird der Fahrbahnteiler als Überquerungshilfe von Rollstuhlfahrern, Fußgängern mit Kinderwagen oder Radfahrern benutzt, dann muss die Wartefläche eine Breite von mindestens 2,50 m aufweisen.

Die Konstruktion von Tropfen geht in der Regel von der Achse der untergeordneten Straße aus. Werden die untergeordneten Knotenpunktzufahrten von Kreuzungen mit Lichtsignalanlage mit jeweils einem Aufstellstreifen für Linkseinbieger ausgestattet, so ist bei der Konstruktion des Tropfens in einem der beiden gegenüberliegenden Knotenpunktarme statt der Achse eine achsparallele Linie zu wählen, die für die Tropfenachse einen Linksversatz von etwa 3,00 m ergibt. Für die Regelfälle ist die Konstruktion ausführlich und schrittweise im Anhang der RAL beschrieben. Sonderkonstruktionen können mit Schleppkurvenschablonen aus den „Richtlinien für Bemessungsfahrzeuge und Schleppkurven zur Überprüfung der Befahrbarkeit von Verkehrsflächen" [18] überprüft werden (Abb. 5.42).

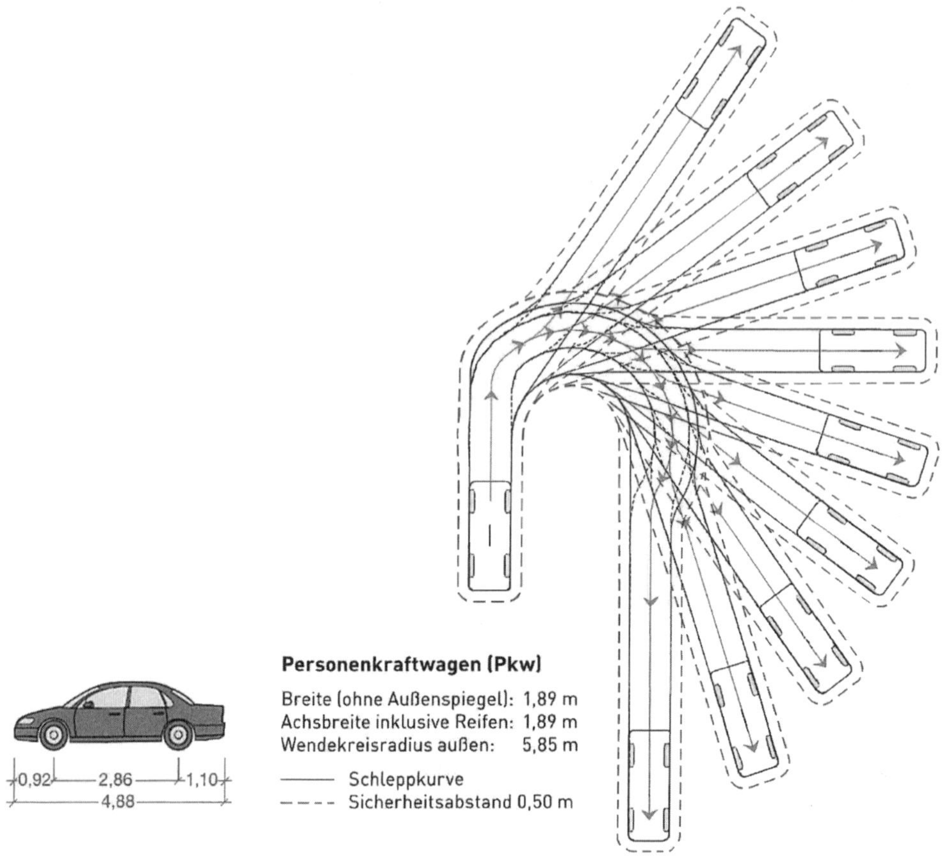

Abb. 5.42 Schleppkurve am Beispiel eines Pkw

Der Abstand der Tropfeninseln vom Rand der übergeordneten Straße ergibt sich aus den Kurvenradien der ab- und einbiegenden Fahrzeuge. An Kreuzungen muss das gleichzeitige Linksabbiegen aus der übergeordneten Straße möglich sein, ebenso auch das gleichzeitige Linkseinbiegen aus der untergeordneten Straße. Die Bewegungsräume der gewählten Bemessungsfahrzeuge dürfen sich deshalb nicht überschneiden (Abb. 5.43). Sind beide Fälle wegen sonstiger Zwangspunkte nicht möglich, so ist das gleichzeitige Linksabbiegen vorrangig.

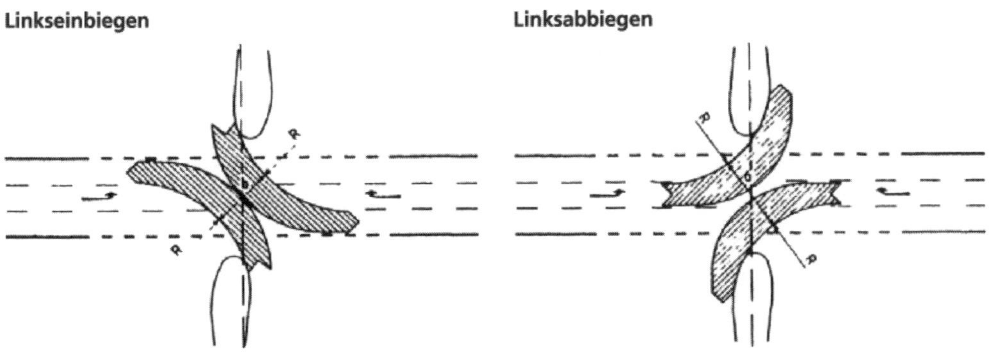

Abb. 5.43: Bewegungsräume für gleichzeitiges Linkseinbiegen bzw. Linksabbiegen

Ist an Knotenpunkten mit Zwangspunkten, insbesondere an innerstädtischen Knotenpunkten, das Linksabbiegen oder Wenden nicht möglich bzw. zugelassen, können als Ersatzweg Wendefahrbahnen vor oder hinter dem Knotenpunkt vorgesehen werden. Ebenso werden eigens ausgebaute Wendemöglichkeiten bei nicht überfahrbarem Mittelstreifen, Bahnkörpern von Straßenbahnen oder Busfahrstreifen notwendig. Über die Wendefahrbahn erreichen diese Verkehrsteilnehmer die andere Fahrbahn und treten dort als Rechtsabbieger auf. Für diesen Fall wird die Wendefahrbahn am zweckmäßigsten hinter dem Knotenpunkt angeordnet. Auf die besondere Führung der Linksabbieger ist rechtzeitig durch entsprechende Beschilderung vor dem Knotenpunkt hinzuweisen.

Wendefahrbahnen sind nach dem regelmäßig vorkommenden größten wendenden Fahrzeug zu bemessen (Abb. 5.44). Für den Wendeverkehr ist eine Lichtsignalanlage erforderlich, wenn im Gegenverkehrsstrom nicht genügend Lücken vorhanden sind, die Sicht auf diesen nicht ausreichend ist oder vor der Wendefahrbahn nicht genügend Stauraum für den Wendeverkehr vorhanden ist.

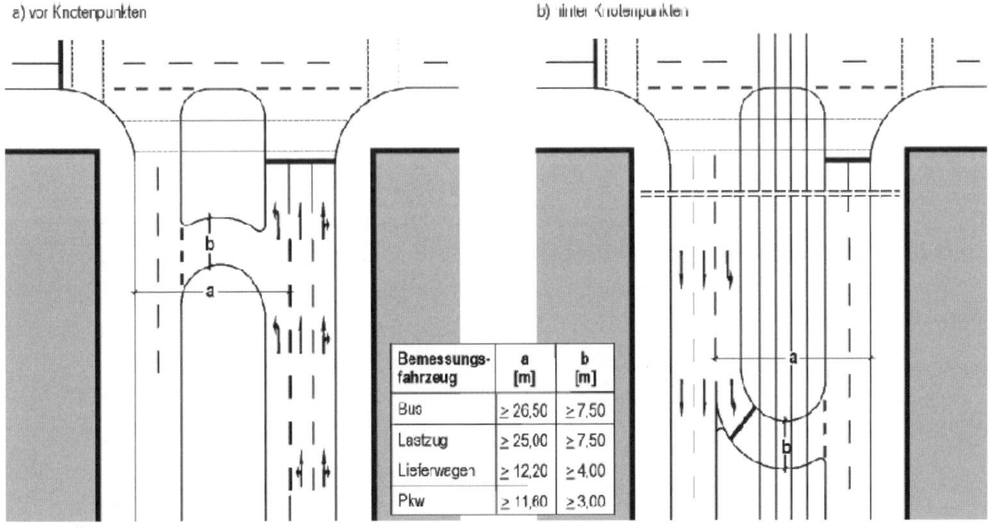

Bemessungsfahrzeug	a [m]	b [m]
Bus	≥ 26,50	≥ 7,50
Lastzug	≥ 25,00	≥ 7,50
Lieferwagen	≥ 12,20	≥ 4,00
Pkw	≥ 11,60	≥ 3,00

Abb. 5.44: Wendefahrbahnen vor und hinter einem Knotenpunkt

Dreiecksinseln dienen in Verbindung mit dem Ausfahrkeil oder Rechtsabbiegestreifen der zügigen und sicheren Führung der Rechtsabbieger aus der übergeordneten Straße. Sie sollen mindestens 5,00 m und höchsten 20,00 m lang sein. Die Erkennbarkeit kann durch einleitende Markierungen, Reflektoren, Wegweiser und Lichtsignalanlagen verbessert werden. Außerhalb bebauter Gebiete wird der Bord 0,50 m von der Außenkante des Randstreifens der durchgehenden Fahrbahn abgerückt (Abb. 5.32, Typ RA 3).

Innerhalb bebauter Gebiete ist das zügige Rechtsabbiegen nicht notwendig, weil die Abbieger gegenüber den daneben befindlichen Fußgängern und Radfahrern wartepflichtig sind. Aus Platzgründen können dort ohnehin häufig keine Dreiecksinseln angeordnet werden. Bei großen Knotenpunkten ergeben sich Dreiecksinseln oft aus der Geometrie des Knotens und sind dann als Fußgängerfurten nützlich. Die neben den Furten verbleibenden Inselkanten sollen noch mindestens 1,50 m lang sein. Wird der Fußgängerverkehr an Knoten mit vier oder mehr Fahrstreifen und mit Lichtsignalanlage ohne Signalschutz über Dreiecksinseln geführt, so ist darauf zu achten, dass die Überquerungsstelle übersichtlich und die Rechtsabbiegefahrbahn nicht allzu zügig ausgebildet ist. Auch für die Dreiecksinseln sind die Konstruktionsdetails den RAL zu entnehmen.

Sind **Querungsstellen** notwendig, so sollen diese aus einer Entfernung erkennbar sein, die es den Kraftfahrern ermöglicht, sich rechtzeitig auf querende Fußgänger und Radfahrer einzustellen. Für die Radfahrer müssen die für eine sichere Querung erforderlichen Sichtfelder von Sichthindernissen (Wegweiser, Bewuchs) freigehalten werden (vgl. Abschn. 3.5.6).

Querungsstellen sollen in der Regel im unmittelbaren Knotenpunktbereich angelegt werden. Der Rad- und Fußgängerverkehr ist beim Queren der übergeordneten Straße stets wartepflichtig. Deshalb darf keine Furt markiert werden. Generell ist zu prüfen, ob im Bereich der Querungsstelle eine Beschränkung der zulässigen Höchstgeschwindigkeit erforderlich ist. Dies gilt insbesondere, wenn als Querungshilfen Mittelinseln angelegt werden.

Falls in besonderen Fällen Querungshilfen außerhalb von Knotenpunkten erforderlich sind, können abhängig von der Kfz-Verkehrsstärke, der Schwerverkehrsstärke sowie der Stärke und Zusammensetzung des Rad- und Fußgängerverkehrs bauliche und/oder technische Sicherungen, z. B. Mittelinsel, Lichtsignalanlage und Beleuchtung, zweckmäßig sein.

5.2.9 Eckausrundungen

Treffen im Knotenpunktbereich zwei Fahrbahnränder im Winkel aufeinander, dann müssen sie über eine Ausrundung miteinander verbunden werden. Selbst wenn entlang der Ränder keine Fahrbeziehung existiert, wie das etwa bei Einbahnstraßen der Fall ist, wird ein minimaler Ausrundungsradius von 0,50 m bis 1,00 m verwendet.

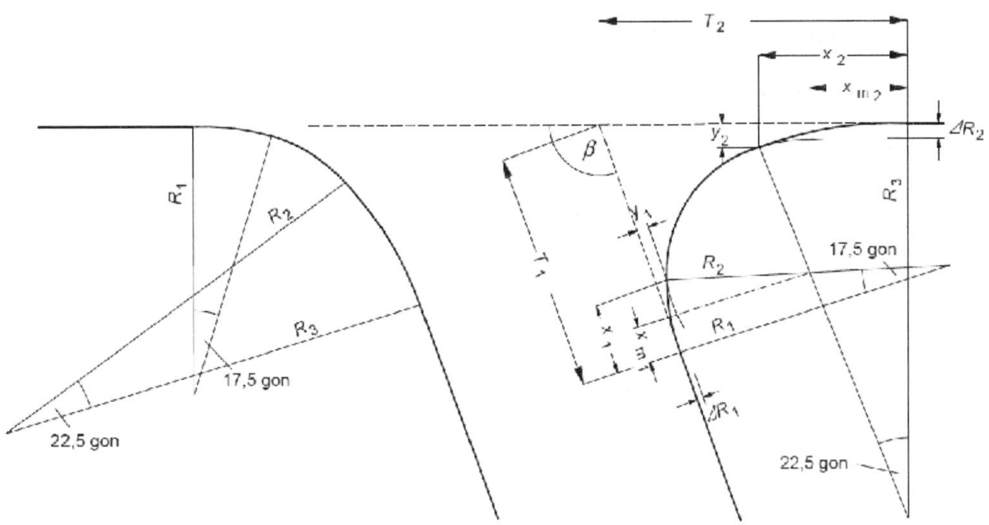

Abb. 5.45: Konstruktionsdetails der dreiteiligen Kreisbogenfolge

$\Delta R_1 = R_2 \cdot 0{,}0375$ $\quad y_1 = R_2 \cdot 0{,}0750$ $\quad x_{m1} = R_2 \cdot 0{,}2714$ $\quad x_1 = R_2 \cdot 0{,}5428$

$\Delta R_2 = R_2 \cdot 0{,}1236$ $\quad y_2 = R_2 \cdot 0{,}1854$ $\quad x_{m2} = R_2 \cdot 0{,}6922$ $\quad x_2 = R_2 \cdot 1{,}0383$

$$T_1 = R_2 \cdot \left(0{,}2714 + 1{,}0375 \cdot \tan\frac{\beta}{2} + \frac{0{,}0861}{\sin\beta}\right) \quad T_2 = R_2 \cdot \left(0{,}6922 + 1{,}1236 \cdot \tan\frac{\beta}{2} - \frac{0{,}0861}{\sin\beta}\right)$$

Der Winkel β ist mit dem Kreuzungswinkel α identisch, wenn der auszurundende Fahrbahnrand parallel zur Achse der einmündenden Straße verläuft. Ist ein Tropfen vorhanden, so ist $\alpha \neq \beta$.

Mit steigenden Anforderungen an die Verkehrsqualität kommt neben der kreisbogenförmigen Ausrundung auch die dreiteilige Kreisbogenfolge (Korbbogen) zum Einsatz. Sie hat besonders bei größeren Eckausrundungen Vorteile, nämlich dass sie der Schleppkurve der Kraftfahrzeuge besser angepasst ist und bei vergleichbarer Qualität der Befahrbarkeit einen geringeren Flächenanspruch ergibt. Benutzt wird das Radienverhältnis

$R_1 : R_2 : R_3 = 2 : 1 : 3.$

Dabei haben der Vorbogen R_1 und der Auslaufbogen R_3 unabhängig vom gesamten Richtungsänderungswinkel immer die konstanten Öffnungswinkel

$\alpha_1 = 17{,}5$ gon und $\alpha_3 = 22{,}5$ gon.

Die geometrischen Zusammenhänge enthält die Abb. 5.45, Angaben für den Hauptbogenradius R_2 bei einem Kreuzungswinkel von 100 gon zeigt die Abb. 5.47.

Der Hauptbogen ist so zu wählen, dass ab- und einbiegende Fahrzeuge in der Regel den Gegenfahrstreifen nicht mitbenutzen müssen. Um die mit einer großen Eckausrundung verbundenen Sichtverschlechterungen für einbiegende Fahrzeuge zu vermeiden, können geringfügige Überstreichungen des Linksabbiegestreifens durch rechts einbiegende Lastzüge in Kauf genommen werden.

Knotenpunkte mit Kreuzungswinkel 100 gon und Fahrbahnteiler			
Ab- bzw. Einbiegetyp	RA 2, RA 4, RA 5	KE 1, KE 2, KE 3, KE 4, KE 5	RA 6, KE 6
Hauptbogenradius R_2	15 m	12 m	12 m (10 m)

Abb. 5.46: Hauptbogenradius R_2 für die Eckausrundung mit dreiteiligem Korbbogen

Beim Rechtsabbiegetyp RA 1 wird neben der Dreiecksinsel die Eckausrundung mit einem einfachen Kreisbogen vorgenommen. Die Größe des Ausrundungsradius ergibt sich bei der Konstruktion aus der Größe der Dreiecksinsel. Im Anschluss an einen Ausfahrkeil (Rechtsabbiegetyp RA 3) wird die Eckausrundung mit einem einfachen Kreisbogen gebildet, der einen Radius von 25 m besitzt (Abb. 5.47). In beiden Fällen beträgt die Breite der Fahrbahn zwischen der Dreiecksinsel und der Eckausrundung mindestens 5,50 m.

Nebenstraßen, Grundstückszufahrten und dgl. werden in der Regel mit einfachen Kreisbogen und ohne Fahrbahnteiler angeschlossen (Abb. 5.47). Häufig findet dabei ein Ausrundungsradius von etwa 6 m bis 8 m Anwendung.

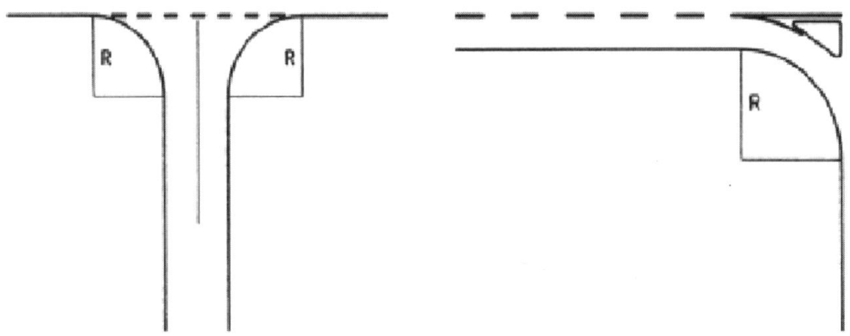

Abb. 5.47: Eckausrundung mit einem Kreisbogen

5.3 Knotenpunkte der Kategoriengruppe AS

5.3.1 Entwurfsgrundsätze

Die Entscheidung, ob ein Knotenpunkt planfrei oder plangleich ausgebaut werden muss, richtet sich nach der Funktion der Straße und damit nach der Einordnung in eine Straßenkategorie (Abb. 2.7). Demzufolge stellen planfreie Knotenpunkte die Regelform der Verknüpfung der Fern- und überregionalen Straßen bzw. Autobahnen der Kategoriengruppen LS und AS dar. In Ballungsgebieten können aus Kapazitätsgründen auch zwischengemeindliche Straßen der Straßenkategorien LS II und LS III mit planfreien Knotenpunkten ausgestattet werden. Dies besonders dann, wenn sie einen zweibahnigen Querschnitt aufweisen. Hier liegt bereits der Übergang zu den Stadtautobahnen der EKA 3 vor, die mit ihren zweibahnigen Querschnitten ebenfalls planfrei mit dem übrigen Straßennetz zu verknüpfen sind. Planfreie und teilplanfreie Knotenpunkte der Kategoriengruppe LS werden in den RAL behandelt (siehe Abschn. 5.2).

Bei den Grundformen von Knotenpunkten der Kategoriengruppe AS ist zwischen den Verknüpfungen der Autobahnen untereinander (Autobahnknotenpunkte) und den Verbindungsstellen mit dem nachgeordneten Netz (Anschlussstellen) zu unterscheiden.

Planfreie Knotenpunkte bestehen aus einzelnen räumlich aufeinander folgenden Teilbereichen wie etwa den durchgehenden Fahrbahnen, den Aus- und den Einfahrbereichen sowie den Verbindungsrampen. Diese erfordern eine einheitliche konstruktive Ausbildung.

Die Charakteristik der freien Strecke kann und soll in den Verbindungsrampen nicht beibehalten werden. Durch die Begrenzung der Entwurfselemente für Verbindungsrampen sollen vielmehr bewusst eine Einschränkung der Freizügigkeit und eine Homogenisierung des Verkehrsablaufs erreicht werden, damit dem Fahrer das mit dem Trennen und Zusammenführen von Verkehrsströmen verbundene größere Sicherheitsrisiko deutlich wird.

Die in den Bereich der Verkehrssicherheit gehörenden Forderungen nach Erkennbarkeit, Übersichtlichkeit, Begreifbarkeit und Befahrbarkeit sind für planfreie Knotenpunkte teilweise zu modifizieren. Die rechtzeitige Erkennbarkeit wird mit einer auffälligen Kenntlichmachung sowie durch vertikale und horizontale Leiteinrichtungen an Trennungs- und Einmündungspunkten erreicht. Eine Übersichtlichkeit über den gesamten Knotenpunkt ist nicht herstellbar und auch nicht erforderlich. Es genügt, wenn in und vor den einzelnen Teilbereichen ausreichende Sicht herrscht und dem Fahrer der jeweils folgende Konfliktpunkt deutlich gemacht wird.

Die Übersichtlichkeit kann wesentlich gesteigert werden, wenn die Ausfahrten nach oben führen und die Einfahrten von oben in die Hauptfahrbahn münden. Bei den Ausfahrten sind dann die einzelnen Fahrtrichtungen besser zu erkennen, während bei einer Einfahrt von oben her der Fahrer einen besseren Überblick über den Verkehr auf der durchgehenden Strecke hat. Für die Begreifbarkeit ist generell die einheitliche Ausbildung der Teilbereiche planfreier Knotenpunkte wichtiger als die Anwendung einheitlicher Knotenpunktsysteme. Zwischen den Entscheidungspunkten sind ausreichende räumliche und zeitliche Abstände zur rechtzeitigen Erkennung der Wegweisung anzustreben. An Autobahnen und stark befahrenen Stadtstraßen wird die Lesbarkeit der Wegweisung durch Schilderbrücken unterstützt. Die Befahrbarkeit der planfreien Knotenpunkte stellt im Allgemeinen kein Problem dar, jedoch müssen zusätzlich die für notwendige Geschwindigkeitsänderungen erforderlichen Verzögerungs- und Beschleunigungsstrecken zur Verfügung stehen.

Die Leistungsfähigkeit der durchgehenden Fahrstreifen wurde in Abschn. 4.3 ausführlich erörtert und beträgt unter idealen Bedingungen, wie etwa dominierendem Pkw-Verkehr, im Maximum 2.000 Kfz/h bis allerhöchstens 2.100 Kfz/h. Bei den auf Autobahnen üblichen Schwerverkehrsanteilen kann ein Fahrstreifen entsprechend weniger abführen. In Rampenfahrbahnen liegt die Einsatzgrenze wegen der ungünstigen Umstände, wie z. B. der Unsicherheit der ortsunkundigen Fahrer, der Trennungs-, Verflechtungs- und Einmündungsvorgänge und der oft engen Kurvenradien, nochmals darunter und wird für einstreifige Querschnitte mit etwa 1.500 Kfz/h, für zweistreifige Querschnitte mit zusammen etwa 3.000 Kfz/h angegeben. Zur Leistungsfähigkeit vgl. auch Abschn. 5.3.9.

Generell sind bei der Planung folgende Gesichtspunkte zu beachten:

- Die durchgehenden Fahrbahnen und Richtungen sollen netzorientiert entsprechend den dominierenden Fahrbeziehungen geplant werden und müssen nicht unbedingt der Straßenklassifizierung bzw. -benennung folgen.
- Die Rampen sind so anzulegen, dass die im Netz bedeutenden und starken Abbiegeströme gestreckt und verkehrsrechtlich bevorzugt geführt werden.
- Ein- und Ausfahrten sollen stets auf der rechten Seite liegen. Innerhalb von Verbindungsrampen sind auch gleichberechtigte Aufspaltungen nach links und rechts möglich. An zweistreifigen Richtungsfahrbahnen der EKA 3 sind bei entsprechender Ausbildung ebenso Ausfahrrampen nach links und Einfahrrampen von links zulässig.
- Wenn neben der Hauptfahrbahn Verflechtungsstreifen mit der erforderlichen Leistungsfähigkeit angeordnet werden, können Einfahrten auch vor Ausfahrten liegen. Für Autobahnen der EKA 1 und 2 stellen indessen Verteilerfahrbahnen die Regellösung dar.
- Dicht aufeinanderfolgende Ausfahrten an durchgehenden Fahrbahnen bereiten Probleme in der Wegweisung. Die beste Lösung stellt die Führung mehrerer Abbiegeströme über eine gemeinsame Ausfahrt und eine daran anschließende Verteilerfahrbahn dar (Abb. 5.51, Mitte). Wenn das nicht zu bewerkstelligen ist, sind an der durchgehenden Fahrbahn aus Gründen der Erkennbarkeit und der Lesbarkeit der Beschilderung zwischen den aufeinanderfolgenden Ausfahrten Mindestabstände einzuhalten. Allgemein bildet die wegweisende Beschilderung ein wesentliches Kriterium für die zwischen den einzelnen Knotenpunkten einzuhaltenden Abstände, u. U. sogar für die Wahl des Knotenpunktsystems.
- Die in einen Knotenpunkt einfahrenden Verkehrsströme sollen innerhalb der Verbindungsrampen vereinigt und gemeinsam in die durchgehende Fahrbahn eingeführt werden. Die Rampen können jedoch auch einzeln in die durchgehende Fahrbahn münden, wenn in einer Verteilerfahrbahn starke Verkehrsströme zusammentreffen oder sich auf diese Weise die Möglichkeit zur Einsparung von Überwerfungsbauwerken ergibt.
- Nach einer Zusammenführung von Richtungsfahrbahnen oder Verbindungsrampen soll die Anzahl der Fahrstreifen des Querschnitts höchstens um eins geringer sein, als die Summe der Fahrstreifen vor der Zusammenführung beträgt. Abweichungen davon sind vertretbar, wenn die Spitzenbelastungen in den durchgehenden Fahrbahnen und in den Rampen zu verschiedenen Zeiten auftreten oder wenn die Einbiegeströme ständig stärker sind als der Verkehrsstrom auf der durchgehenden Fahrbahn.
- Für die durchgehenden Fahrbahnen gelten i. d. R. die gleichen Geschwindigkeiten wie auf der freien Strecke. Die geometrischen Bedingungen der freien Strecke auch innerhalb der Rampen der planfreien Knotenpunkte anzuwenden, ist wirtschaftlich nicht vertretbar.

Bei der Führung der Rampen in planfreien Knotenpunkten unterscheidet man zwischen direkten, halbdirekten und indirekten Verbindungsrampen (Abb. 5.79). Begreifbarkeit, Zügigkeit der Trassierung und Flüssigkeit des Verkehrsablaufs verringern sich in der angegebenen Reihenfolge.

5.3.2 Knotenpunktabstand

Grundsätzlich gibt die Netzplanung unter Berücksichtigung der Siedlungsstruktur und der Netzhierarchie der Straßenkategorien sowie der topografischen Gegebenheiten die Lage der Knotenpunkte an Autobahnen vor. Aus netzplanerischen Gründen sind außerhalb bebauter Gebiete folgende Mindest(achs)abstände benachbarter Knotenpunkte anzustreben:

- 8,0 km für Autobahnen der EKA 1 A,
- 5,0 km für Autobahnen der EKA 1 B und EKA 2.

Dies gilt auch für den Abstand von Rastanlagen zu Knotenpunkten. Für die EKA 3 sind auch kleinere Knotenpunktabstände planerisch sinnvoll, um die Sammel- und Verteilfunktion von Stadtautobahnen und damit die nachhaltige Entlastung von innerstädtischen Straßenzügen zu gewährleisten. Zugleich wird die Höchstgeschwindigkeit meistens auf 80 km/h beschränkt.

Maßgebend ist nicht der Achsabstand zwischen zwei Knotenpunkten, sondern der effektive Knotenpunktabstand *e* zwischen dem Ende der letzten Einfahrtöffnung des Knotenpunktes 1 (KP 1) und dem Anfang der ersten Ausfahrtöffnung des Knotenpunktes 2 (KP 2) (Abb. 5.48). Dieser entspricht näherungsweise dem Bezugsabstand nach den „Richtlinien für die wegweisende Beschilderung auf Autobahnen" (RWBA). Danach betragen die Mindestabstände *e* für die Standardwegweisung 3.000 m bei Autobahnkreuzen bzw. -dreiecken und 2.000 m bei Anschlussstellen (Abb. 5.48). Im Falle einer durch Verflechtungsstreifen verbundenen Fahrstreifenaddition oder -subtraktion entspricht er dem Abstand zwischen den Inselspitzen.

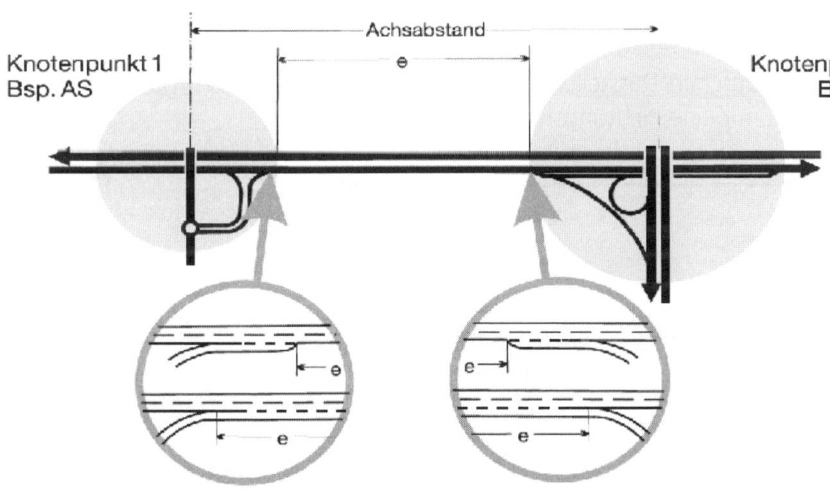

Abb. 5.48: Achsabstand und effektiver Knotenpunktabstand e bei Autobahnen

Die Knotenpunktabstände sollen sicherstellen, dass sich zwischen der Entfernungstafel hinter dem KP 1 und dem ersten Vorwegweiser vor dem danach folgenden KP 2 eine ausreichend lange Beruhigungsstrecke für den Verkehrsfluss ergibt, in der sich ein von den Knotenpunkten unbeeinflusster Verkehrsablauf einstellt.

Art des in Fahrtrichtung folgenden Knotenpunktes	Mindestwert für Standardwegweisung	Mindestwert für Einzelwegweisung im Sonderfall nach den RWBA*)	Mindestwert für isolierte Knotenpunktplanung
Autobahnkreuz/-dreieck	3.000 m	1.600 m	600 m
Anschlussstelle	2.000 m	1.100 m	600 m

*) Nur bei mehr als zwei Knotenpunkten in dichter Folge maßgebend

Abb. 5.49: Mindestwerte für den effektiven Knotenpunktabstand e bei Autobahnen

Kann der effektive Knotenpunktabstand e aus den Abstandsforderungen der wegweisenden Beschilderung innerhalb dicht besiedelter Gebiete oder wegen besonderer Zwangspunkte auch außerhalb nicht eingehalten werden, ist bei nicht veränderbarem Achsabstand durch Verlegung der Verbindungsrampen (Abb. 5.50) der effektive Knotenpunktabstand zu maximieren. Dabei sind im Fall a) alle Fahrbeziehungen von und zur Richtungsfahrbahn bei beiden Knotenpunkten möglich, während bei dem Halbanschluss im Fall b) die fehlenden Fahrbeziehungen über das nachgeordnete Straßennetz abzuwickeln sind. Weitere Möglichkeiten der Rampenanordnung bei zu geringem effektivem Knotenpunktabstand enthält die Abb. 5.51.

Hinweis: Die schematischen Darstellungen der Knotenpunktabstände in den Abb. 5.50 und 5.51 enthalten nur eine Richtungsfahrbahn.

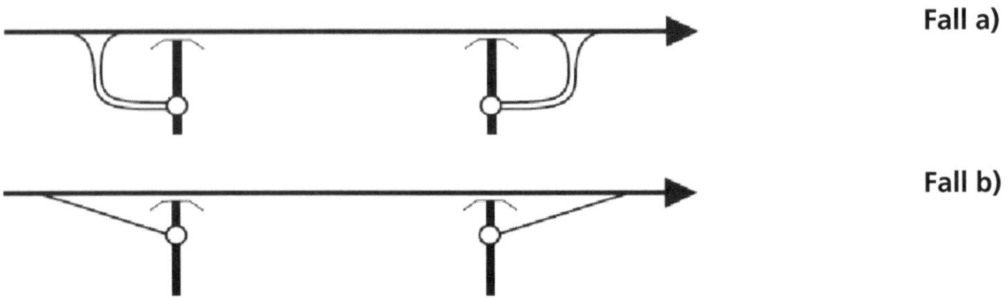

Abb. 5.50: Optimierte Rampenanordnung zur Vergrößerung des Knotenpunktabstandes

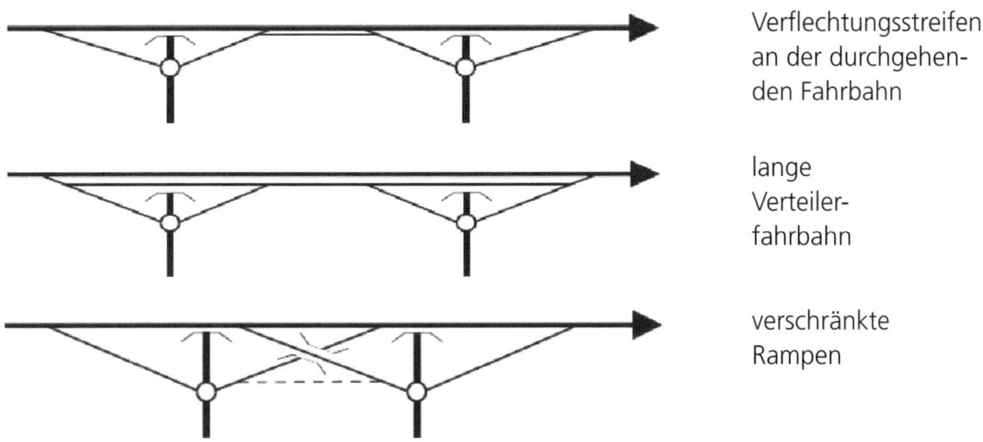

Abb. 5.51: Weitere Möglichkeiten der Rampenanordnung bei zu geringem Knotenpunktabstand

5.3.3 Hauptfahrbahnen im Knotenpunktbereich

Die Trassierung der Hauptfahrbahnen ist auch im Knotenpunktbereich nach Abschn. 3 vorzunehmen. Dabei sollen die Trassierungsparameter deutlich oberhalb der Grenzwerte sowie Ein- und Ausfahrten möglichst im Bereich einer gestreckten Linienführung liegen. D. h., bei EKA 2 $R \geq 800$ m und bei EKA 3 $R \geq 400$ m (Einfädelungssicht bei Einfahrt in einem Rechtsbogen, Erkennbarkeit des Verlaufes der Hauptfahrbahn bei Ausfahrt in einer Linkskurve) und um Sicherheitsreserven für das Bremsen zu haben. Grundsätzlich sind Ein- und Ausfahrten in einem Linksbogen günstiger als in einem Rechtsbogen.

Die Hauptfahrbahn sollte in Autobahnkreuzen der EKA 1 nicht übereck geführt werden. In Autobahndreiecken soll sie der dominierenden Beziehung im Netz folgen. Auch bei Autobahnen der EKA 1 B und der EKA 2 soll die Hauptfahrbahn in Autobahnkreuzen nur dann einem dominierenden Eckstrom folgen, wenn dessen Verkehrsstärke eine derartige Lösung rechtfertigt, die Verkehrsprognose langfristig gesichert ist und bei der Weiterentwicklung des Netzes nur unwesentliche Verkehrsverlagerungen zu erwarten sind. In Autobahnkreuzen/-dreiecken der EKA 3 richtet sich die Lage der Hauptfahrbahn in erster Linie nach den nutzungsstrukturellen Randbedingungen und erforderlichen Kapazitäten. Daher ist eine belastungsorientierte Festlegung der Hauptfahrbahn die Regel.

Die Längsneigung der Hauptfahrbahn sollte im Knotenpunktbereich 3 % nicht überschreiten. Damit wird eine günstige Trassierung der Verbindungsrampen erreicht (Vermeidung überlanger Rampen infolge „nachlaufender Längsneigung").

Als Querschnitte für die Hauptfahrbahnen im Knotenpunktbereich kommen grundsätzlich die Regelquerschnitte für Autobahnen außerhalb von Knotenpunkten zur Anwendung. In begründeten Ausnahmefällen kann an Autobahnen der EKA 2 und 3 sowie beim Um- und Ausbau auch in der EKA 1 der Seitenstreifen im Knotenpunktbereich auf kurze Länge entfallen.

5.3.4 Knotenpunktsysteme

Die RAA enthalten Standardsysteme (Verknüpfung von drei- und vierarmigen Systemen) für häufig vorkommende planfreie und teilplanfreie Knotenpunkte. Ergänzend werden Einsatzempfehlungen für die einzelnen Entwurfsklassen gegeben. Dabei sollte von den Standardlösungen nicht ohne Grund abgewichen werden. Ungünstige topografische Verhältnisse und Zwangspunkte verursachen oft Sonderlösungen mit entsprechendem Kostenmehraufwand.

Die Knotenpunktsysteme bestehen stets aus den Knotenpunktelementen Rampen, Ausfahrten, Einfahrten und Verflechtungsbereiche. Dabei ist die Fahrstreifenanzahl der einzelnen Knotenpunktelemente ein wesentliches Merkmal für die Qualität des Verkehrsablaufs im Knotenpunktbereich. Grundsätzlich ist darauf zu achten, dass an der Hauptfahrbahn die Ausfahrten stets vor den Einfahrten liegen. Ist dies nicht möglich, so sollte eine Verteilerfahrbahn (Abb. 5.51) angeordnet werden, um die Verflechtungsvorgänge von der Hauptfahrbahn fernzuhalten.

5.3.4.1 Vierarmige Knotenpunkte (Autobahnkreuze)

Maßgebend für Auswahl des Knotenpunktsystems ist die Lage und Größe der Eckströme. Als starker Eckstrom gilt eine Verkehrsstärke von 1.200 bis 1.400 Kfz/h. Die einzelnen Systeme lassen sich nach ihrer Eckstromkapazität, die maßgeblich von den enthaltenen Verflechtungsbereichen und deren Kapazität abhängt, in drei Gruppen einteilen (Abb. 5.52):

- Systeme mit vier Verflechtungsbereichen (Grundform des Kleeblatts)
- Systeme mit einem oder zwei Verflechtungsbereichen (abgewandeltes Kleeblatt mit einer halbdirekten Rampe; abgewandelte Windmühle mit zwei oder drei Schleifenrampen)
- Systeme ohne Verflechtungsbereiche (abgewandeltes Kleeblatt mit zwei halbdirekten Rampen, Windmühle und Malteserkreuz jeweils mit und ohne Abwandlung)

Sind in Abb. 5.52 in einer Zeile mehrere Systeme angegeben, so ergibt unter sonst gleichen Randbedingungen jeweils das rechte System die höhere Qualität des Verkehrsablaufs, erfordert aber auch einen höheren Aufwand (Fläche, Bau-, Betriebs- und Erhaltungskosten).

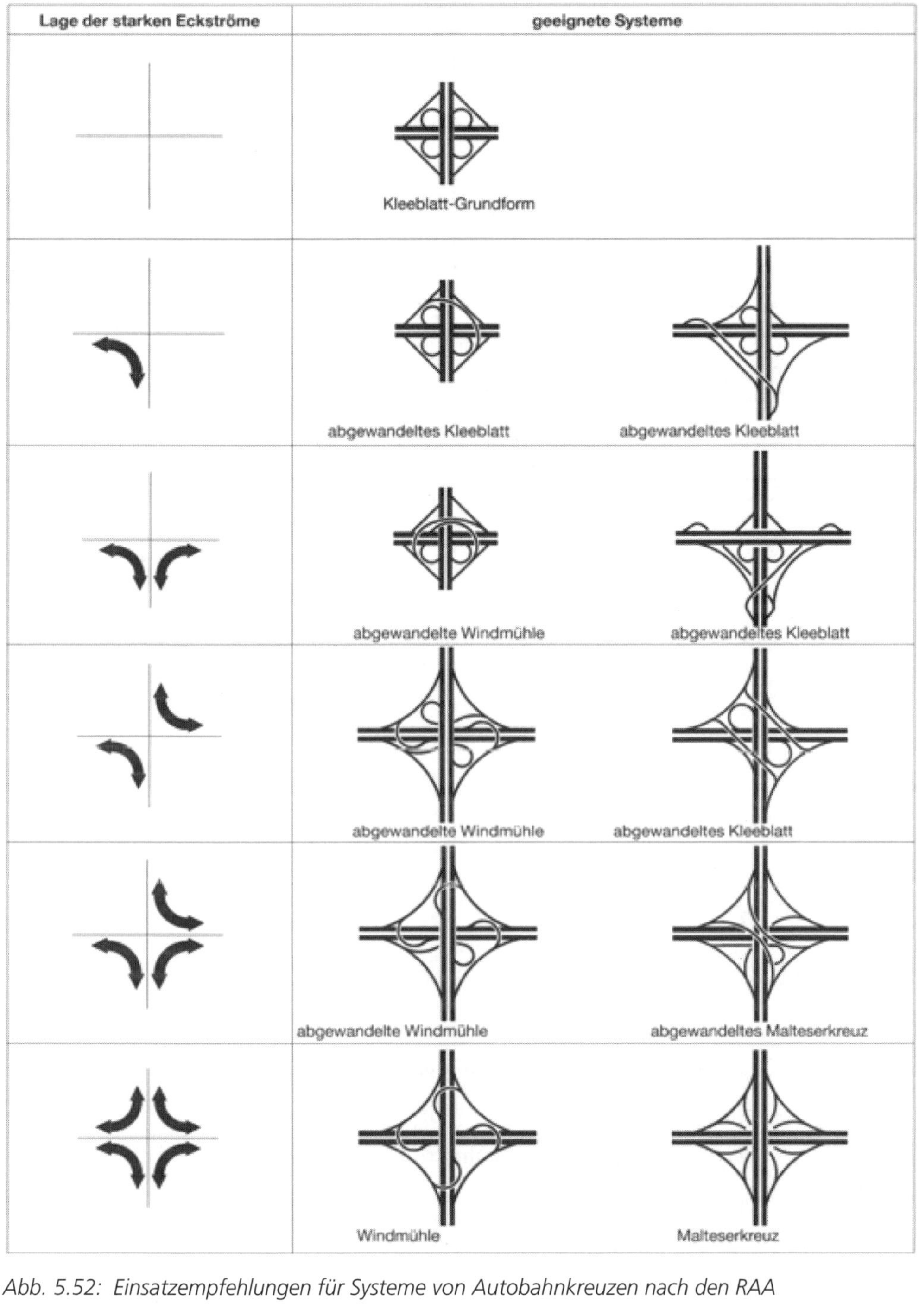

Abb. 5.52: Einsatzempfehlungen für Systeme von Autobahnkreuzen nach den RAA

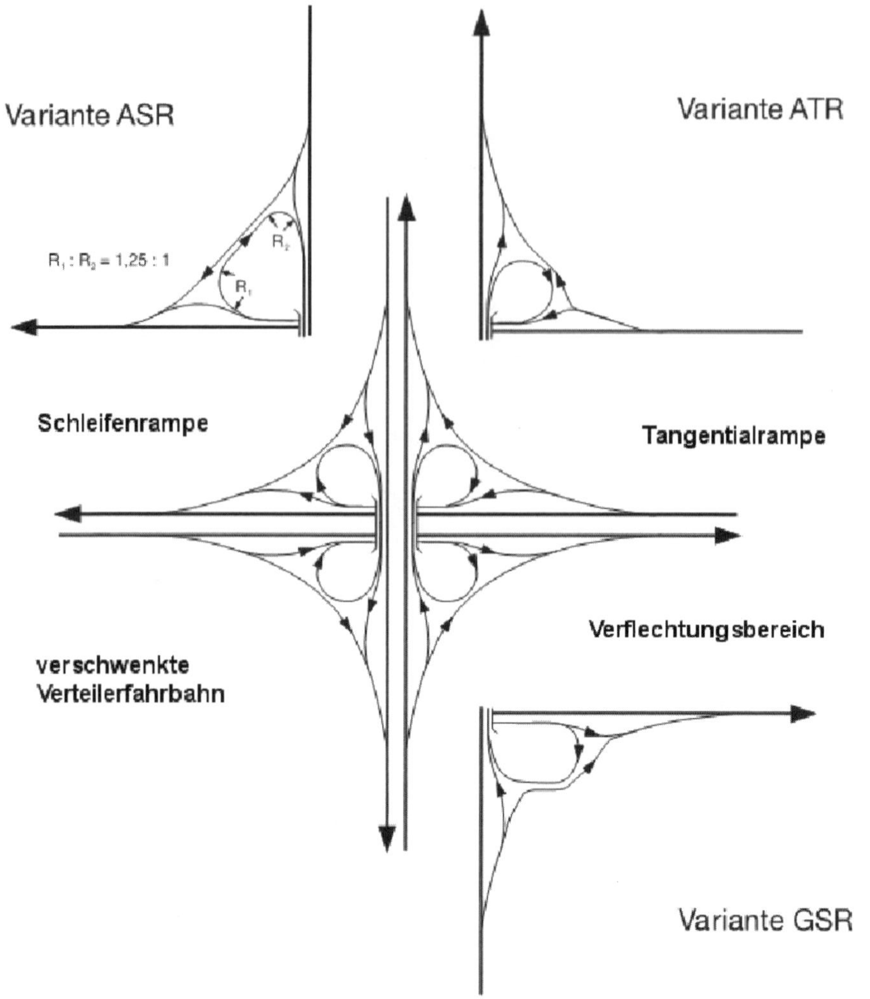

Abb. 5.53: Ausbildungsformen des Autobahnkleeblatts

Vorteile:
- nur ein Bauwerk
- Schleifenrampe mit relativ großen Radien
- relativ gleichmäßiger Fahrtablauf
- Wendemöglichkeiten (günstig für Betriebs- und Winterdienst)

Nachteile:
- vier Verflechtungsstrecken
- Kapazitätsbegrenzung für Übereckverkehre
- großer Flächenbedarf (bei ausreichend langen Verflechtungsstrecken)
- bei begrenzter Flächenverfügbarkeit relativ kurze Verflechtungsstrecken
- sehr großflächiges Bauwerk

Variante GSR:	gestreckte Schleifenrampe (EKA 1) mit längeren Verflechtungsstrecken (in einer Achse) und größerer Rampenentwicklungslänge
Variante ASR:	angepasste (gedrückte) Schleifenrampe (EKA 2 und EKA 3) mit längeren Verflechtungsstrecken (bei kleineren Radien in den Schleifenrampen) und kürzeren Knotenpunktbereichen
Variante ATR:	angepasste Tangentialrampe mit geringerem Flächenbedarf und kürzeren Knotenpunktbereichen

Das Kleeblatt ist die bekannteste Bauform des Autobahnkreuzes. Es sollte eingesetzt werden, wenn die Verkehrsbelastung bei entsprechender Verkehrsqualität dies zulässt. Wegen seiner vielseitigen Anwendbarkeit, des relativ geringen Flächenbedarfs, des minimalen Aufwandes für Kunstbauwerke und Kosten und der vergleichsweise mäßigen Umweltauswirkungen ist es die am häufigsten verwendete Grundform der vierarmigen Autobahnknoten geblieben.

Für das Kleeblatt ist nur ein einziges – allerdings großes – Bauwerk (Abb. 5.53) erforderlich. Die nach links abbiegenden Verkehrsströme, die nach dem Bauwerk rechts in die Schleifenrampe einfahren, und die von links über die Schleifenrampe vor dem Bauwerk kommenden Verkehrsströme durchsetzen sich in vier Verflechtungsstrecken, die somit nichts anderes als vier wenn auch sehr schleifende Kreuzungen sind. Verflechtungsstrecken ersetzen insofern vier Kreuzungsbauwerke. Die Art der Verflechtungsstrecken stellt ein Unterscheidungsmerkmal der Autobahnkleeblätter dar: Es gibt Kleeblätter mit eigenen Verteilerfahrbahnen, auf denen die Verflechtungen stattfinden, und solche mit Verflechtungen am Rande der durchgehenden Hauptfahrbahnen. Das Kleeblatt mit getrennten Verteilerfahrbahnen ist die verkehrstechnisch bessere und sicherere, naturgemäß aber aufwändigere Version, weil hier eine Störung des Durchgangsverkehrs durch die Verflechtungsvorgänge unterbleibt. Kleeblätter lediglich mit Verflechtungsstreifen am Rande der Hauptfahrbahnen sind auf verflechtende Verkehrsströme bis etwa 2.200 Kfz/h zu beschränken. Solche Ausführungen sind bei Stadtautobahnen der EKA 3 unbedenklich. In baulich getrennten Verteilerfahrbahnen beträgt die Verflechtungsleistung bei noch ausreichender Verkehrsqualität (Qualitätsstufe E) etwa 2.300 Kfz/h, weil sich die Ströme gleichzeitig an mehreren Stellen durchsetzen können – Näheres s. Abschn. 5.3.9. Die Anwendbarkeit des Kleeblatts als Knotenpunktform wird durch die eingeschränkte Leistungsfähigkeit der verflechtenden Verkehrsströme und die geringe Zügigkeit der Schleifenrampen begrenzt.

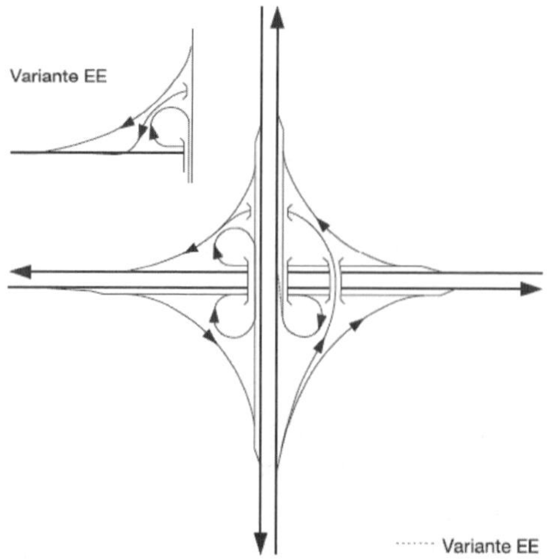

Abb. 5.54: Abgewandeltes Kleeblatt mit halbdirekter Führung eines Linksabbiegestromes

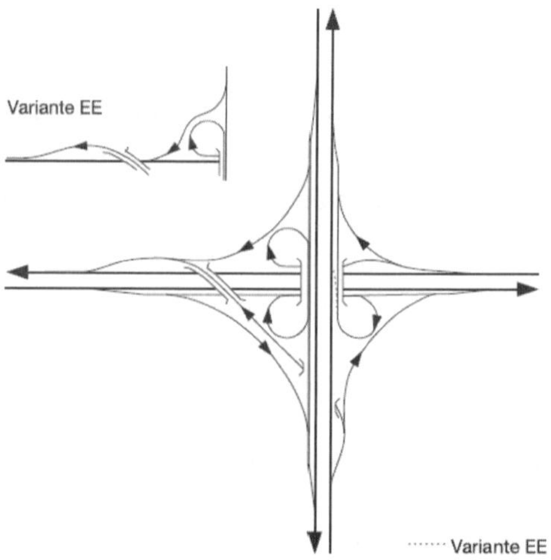

Abb. 5.55: Abgewandeltes Kleeblatt mit zügiger halbdirekter Führung eines Linksabbiegestromes

Für die Führung der Schleifenrampen, Tangentialrampen und Verteilerfahrbahnen eröffnen sich ebenfalls unterschiedliche Möglichkeiten: Bei den Rampen unterscheidet man angepasste und nicht angepasste Ausbildungen. Schleifen mit einem einzigen Radius und Tangentialrampen ohne Gegenbogen gehören zu den nicht angepassten Rampen (Abb. 5.53). Die Radien der angepassten Schleifenrampe sollen das Verhältnis $R_1 : R_2 = 1 : 1{,}25$ nicht unterschreiten. Gestreckte Schleifenrampen (Abb. 5.53) ermöglichen die Überwindung eines größeren Höhenunterschiedes. Die verschwenkte Ausbildung der Verteilerfahrbahn in der Abb. 5.53 ergibt einen größeren Abstand zwischen den aufeinanderfolgenden Trennungspunkten bei der Ausfahrt.

Im Kleeblatt besteht die Möglichkeit, in die entgegengesetzte Richtung zu wenden. Dies ist für Betriebs- und Hilfsdienste bedeutsam, weshalb deren Einsatzgrenzen häufig auf Knotenpunkte mit Wendemöglichkeit gelegt werden.

Abgewandelte Kleeblätter mit halbdirekt geführten Rampen sind zweckmäßig, wenn einzelne Abbiegeströme so stark sind, dass in den Verflechtungsstrecken die o. g. Verkehrsstärken überschritten werden. Bei diesem Typ sind zusätzlich zwei weitere Bauwerke erforderlich. Die Möglichkeiten für Wendefahrten entfallen dann teilweise. Besondere Sorgfalt muss im Hinblick auf die sichere Verkehrsführung dort angewandt werden, wo die Verteilerfahrbahn unmittelbar in die Schleifenrampe übergeht (Abb. 5.54 und 5.55).

Ist in einem bestehenden Kleeblatt der Grundform die Kapazität der Verflechtungsstrecken überschritten, kann eine planfreie Führung der sich überkreuzenden Verflechtungsströme nach Abb. 5.56 nachgerüstet werden (weitere Variante des abgewandelten Kleeblatts mit planfreier Führung der sich kreuzenden Eckströme). Voraussetzung für diese Lösung – die kein Standardsystem für den Neubau darstellt – ist allerdings, dass das bestehende Kleeblatt entweder schon eine sehr große Fläche beansprucht oder dass die entsprechenden Erweiterungsflächen zur Verfügung stehen.

Bei der Knotenpunktform Windmühle (Abb. 5.57) sind die vier Verflechtungsstrecken des Kleeblatts durch halbdirekte Führungen der Linksabbiegeströme ersetzt. In der Konsequenz müssen zum zentralen Kreuzungsbauwerk vier periphere Brücken hinzukommen, sodass diese Typen fünf Bauwerke erfordern. Wendefahrten sind nicht möglich. In den Verbindungsrampen ergeben sich oft große Längsneigungen und ungünstige Sichtverhältnisse in den Kuppenbereichen.

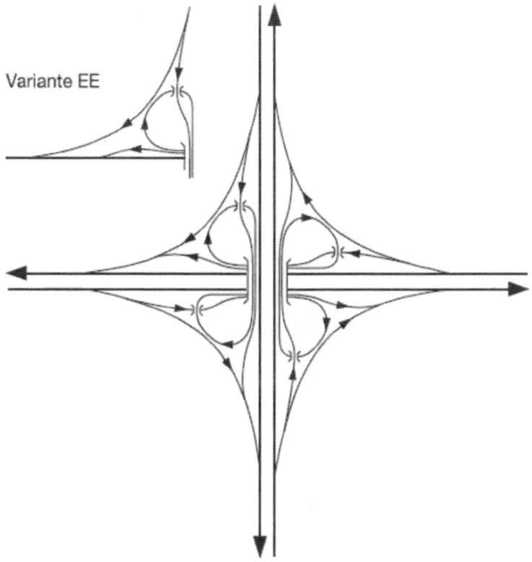

Abb. 5.56: Abgewandeltes Kleeblatt mit planfreier Führung der sich kreuzenden Eckströme

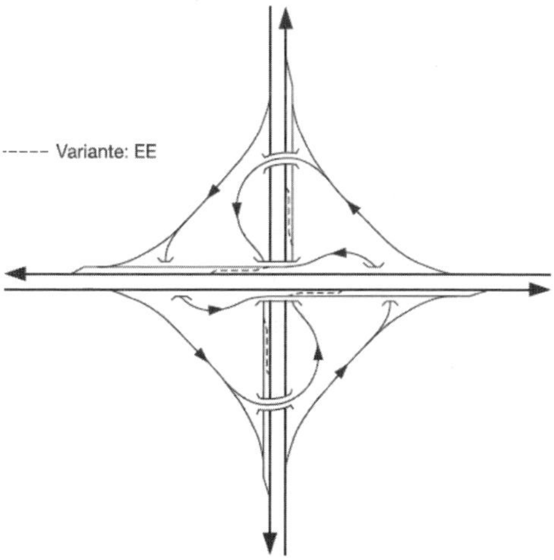

Abb. 5.57: Windmühle

Das Malteserkreuz, auch Los-Angeles-Lösung genannt, weil es erstmals in Los Angeles konzipiert wurde, weist nur direkte und halbdirekte Rampen auf. Es gibt keine Verflechtungen; Wendefahrten sind nicht möglich. In der geometrisch reinen Form ist ein Vieretagenbauwerk erforderlich, das bei genauerer Betrachtung wieder aus fünf Teilbrücken besteht. Der Höhenunterschied zwischen der untersten und der obersten Etage muss etwa 20 m betragen. Durch Verlagerung von Rampen in den äußeren Knotenpunktbereich lassen sich Varianten entwickeln, die nur drei Ebenen erfordern. Ein der Topografie angepasstes Malteserkreuz ist an der Sauerlandlinie (A 45) bei Wetzlar gebaut worden (Abb. 5.58 und 5.59).

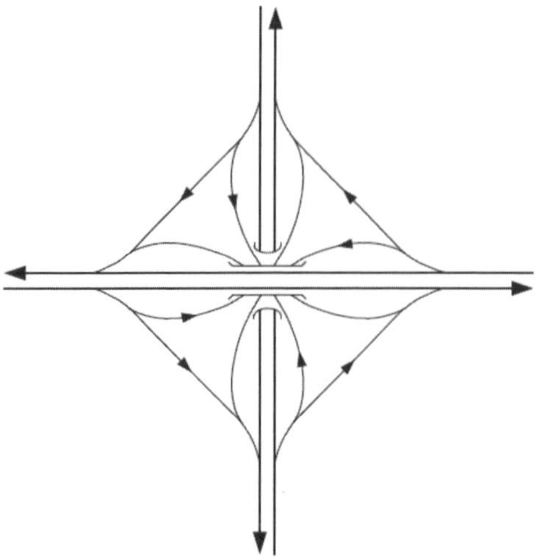

Abb. 5.58: Malteserkreuz

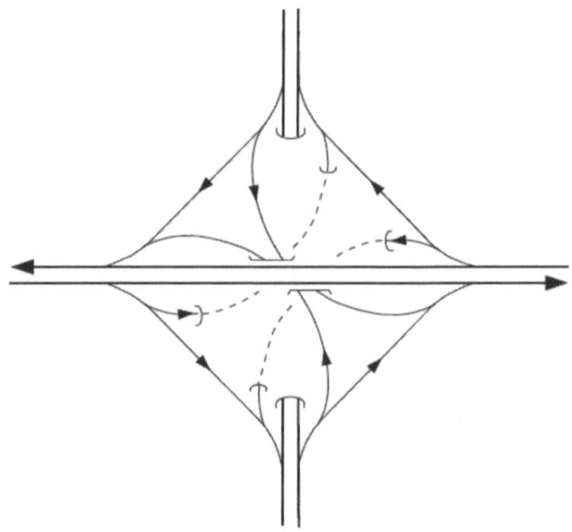

Abb. 5.59: Malteserkreuz (zwei Ebenen in Tunnellage)

Eine Linienlösung kommt in Frage, wenn ein spitzer Kreuzungswinkel zwischen den kreuzenden Autobahnen auftritt (Abb. 5.60). Bei einer der Autobahnen werden die Richtungsfahrbahnen auseinandergezogen. Für alle Verkehrsbeziehungen sind sechs Bauwerke erforderlich. Verflechtungsstrecken treten nicht auf, und Wendefahrten sind nicht möglich. An zwei Stellen entstehen Gabelungen des Typs A 5 nach Abschn. 5.3.7.

Die Linienlösung ohne Eckverbindungen im spitzen Winkel vereinfacht die Konstruktion und erfordert nur zwei Bauwerke. Das Autobahnkreuz Hamburg-Ost zwischen der A 1 und der A 24 ist so ausgebildet (Abb. 5.61).

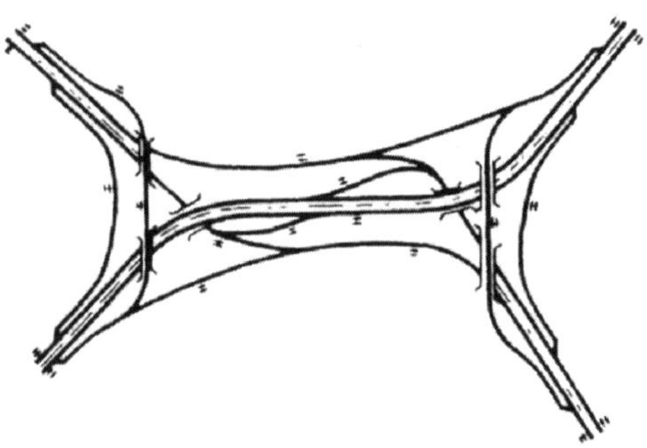

Abb. 5.60: Linienlösung

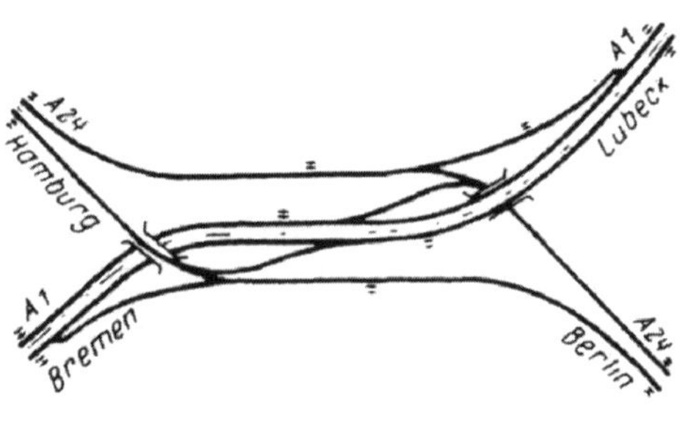

Abb. 5.61: Linienlösung mit zwei fehlenden Eckverbindungen

5.3.4.2 Dreiarmige Knotenpunkte

Bei den dreiarmigen Knotenpunktsystemen wird ein dritter Autobahnast an eine durchgehende Autobahn angeschlossen. Dabei geht eine Hauptfahrbahn unmittelbar in eine Einfahrt über, was als grundsätzlicher Nachteil anzusehen ist. Autobahndreiecke enthalten keine Verflechtungsstrecken, daher gibt es auch keine Wendemöglichkeiten.

Für Autobahndreiecke, aber auch für dreiarmige Verknüpfungen von Autobahnen mit Landstraßen der EKL 1 nach den RAL können geeignete Knotenpunktsysteme in Abhängigkeit von den Entwurfsklassen der durchgehenden und der stumpf angeschlossenen Straße der Abb. 5.62 entnommen werden. Aus Gründen der Netzhierarchie darf die stumpf angeschlossene Straße höchstens die Entwurfsklasse der durchgehenden Straße aufweisen.

Entwurfsklasse der durchgehenden Autobahn		**EKA 1**	**EKA 1**	**EKA 1**	**EKA 2**	**EKA 2**	**EKA 3**
Entwurfsklasse der stumpf angeschlossenen Autobahn („dritter Ast")		**EKA 1**	**EKA 2**	**EKA 3**	**EKA 2**	**EKA 3**	**EKA 3**
linksliegende Trompete	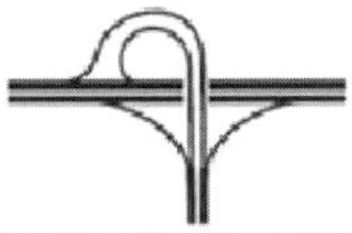	+	+	+	+	+	+
rechtsliegende Trompete	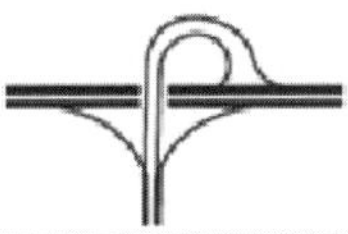	–	–	•	•	•	•
Birne	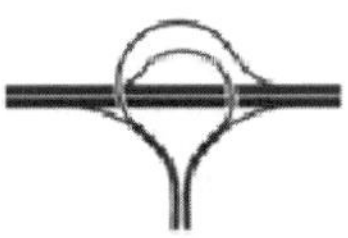	•	•	•	•	+	+
Dreieck mit einem Bauwerk	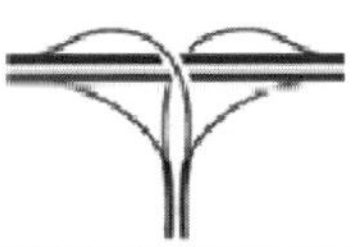	+	+	+	+	+	+
Dreieck mit drei Bauwerken	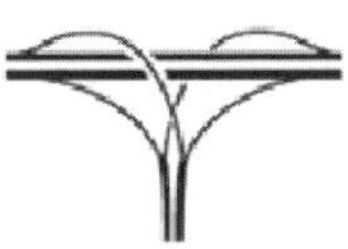	+	+	+	+	+	+
Dreieck ohne einheitliche Definition der Hauptfahrbahnen		–	–	–	–	–	+

Legende: + geeignet • bedingt geeignet – nicht geeignet

Abb. 5.62: Einsatzempfehlungen für Systeme von Autobahndreiecken nach den RAA

In der Vergangenheit war die Trompete als Einmündung einer Autobahn in eine andere die am häufigsten ausgeführte Form eines dreiarmigen Knotenpunktes. Hinsichtlich der Baukosten stellt sie die wirtschaftlichste Lösung dar, weil nur ein Bauwerk erforderlich ist. Die einmündende Autobahn geht von der freien Strecke unmittelbar in die Rampe über und umgekehrt. Deshalb sollte die Anwendung auf die Fälle beschränkt werden, bei denen die Verzögerung auf die niedrige Geschwindigkeit auch auf Hauptfahrbahnen vertretbar ist. Zur Verdeutlichung empfiehlt es sich, den Rampenhauptbogen vor dem Kreuzungsbauwerk beginnen zu lassen, einen Gegenbogen vorzuschalten und die einmündende Autobahn zu überführen. Ein vorgeschalteter Gegenbogen kann die Erkennbarkeit des Fahrbahnverlaufs zusätzlich verbessern und die Verminderung der Fahrtgeschwindigkeit unterstützen.

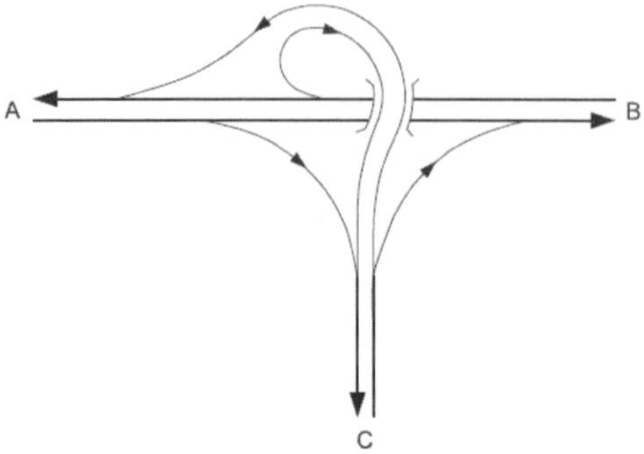

Abb. 5.63: Linksliegende Trompete

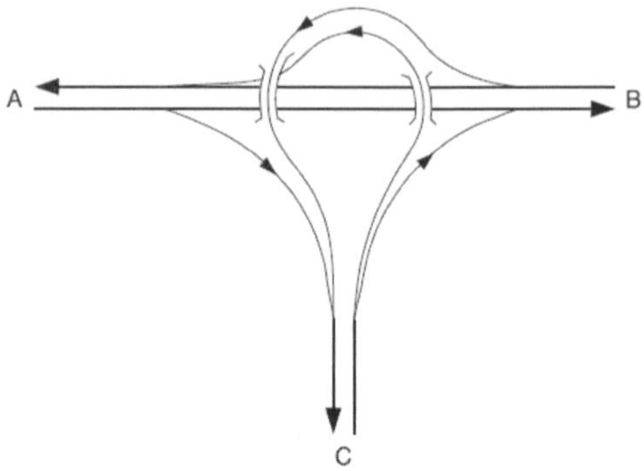

Abb. 5.64: Birne

Aus Gründen der Verkehrssicherheit ist die linksliegende Trompete zu bevorzugen. Der schnelle Linkseinbieger wird hier aus der einmündenden Autobahn in einem Linksbogen mit konstantem Radius geführt, während er bei der rechtsliegenden Trompete eine Eilinie mit immer kleiner werdendem Radius („Hundekurve") vorfindet.

Ist aufgrund örtlicher Gegebenheiten eine Linkstrompete nicht anwendbar, kann ausnahmsweise eine Rechtstrompete (spiegelbildliche Variante der linksliegenden Trompete) gewählt werden. In diesem Fall sollte der Linkseinbieger unbedingt durch den vorgeschalteten Gegenbogen abgebremst werden.

Die Birne (Abb. 5.64) vermeidet den Nachteil der Rechtstrompete, denn bei dieser Lösung befinden sich keine kleiner werdenden Radien in den Rampen. Es sind zwei Bauwerke notwendig. Die Birne eignet sich besonders für die Situation, dass auf der gegenüberliegenden Seite der einmündenden Autobahn wenig Platz vorhanden ist, z. B. infolge eines parallel zur durchgehenden Autobahn verlaufenden Verkehrsweges oder eines Berghanges.

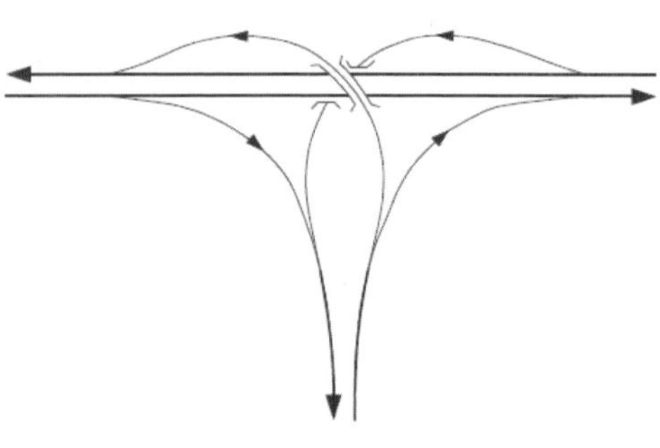

Abb. 5.65: Dreieck mit einem dreigeschossigen Bauwerk

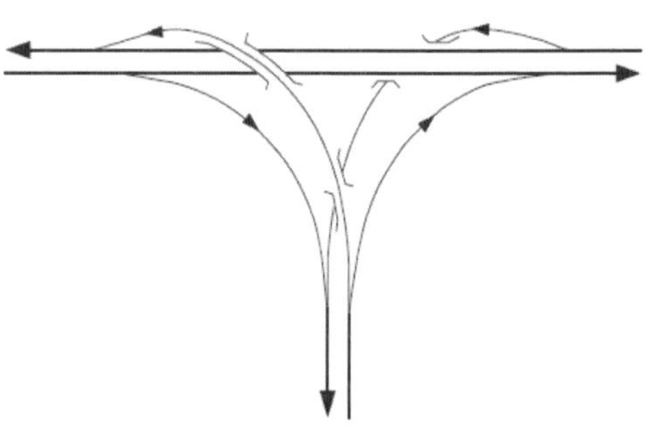

Abb. 5.66: Dreieck mit drei Kreuzungsbauwerken

Beim Dreieck gibt es nur direkte und halbdirekte Rampen, die nicht zu großzügig trassiert werden sollen, da die Streckencharakteristik der freien Strecke an den Einfahrten in die durchgehende Autobahn ohnehin unterbrochen werden muss. Der Flächenbedarf und der Aufwand für die Bauwerke sind größer als bei der Trompete oder der Birne.

Es sind Ausführungen mit drei, zwei oder einem Bauwerk möglich, wobei Letzteres ein Dreietagenbauwerk ist und im Grunde genommen ebenfalls aus zwei Brücken besteht. Bei allen Dreieckslösungen ist ein vollkommener Umbau der verbindenden Rampen erforderlich, wenn der einmündende Knotenpunktast über die durchgehende Autobahn hinaus zu einem Autobahnkreuz verlängert werden soll.

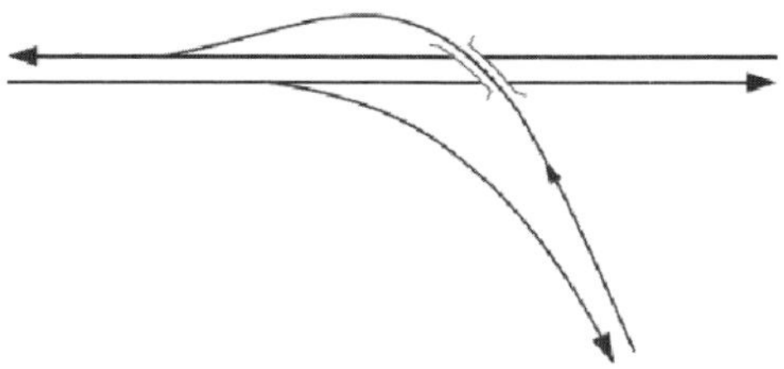

Abb. 5.67: Autobahngabelung

Die Gabelung bzw. der Abzweig (Abb. 5.67) stellt die einfachste Form einer Autobahneinmündung dar, allerdings fehlen bei dieser Knotenpunktform zwei Eckverbindungen. Der Einsatz dieses Typs ist deshalb nur dort möglich, wo wegen einer bereits vorhandenen Querverbindung kein Bedarf nach den betreffenden Eckbeziehungen besteht, sodass unter dieser Bedingung bedenkenlos darauf verzichtet werden kann.

5.3.5 Anschlussstellen

Bei den Anschlussstellen handelt es sich um vier- oder dreiarmige teilplanfreie Knotenpunktsysteme (Abb. 5.68). Anschlussstellen bestehen aus einer Ausfahrt und einer Einfahrt je Richtungsfahrbahn, den zugehörigen Rampen sowie einem Kreuzungsbauwerk. Der Anschluss der Aus- und Einfahrrampen an die nachgeordnete Straße erfolgt über plangleiche Teilknotenpunkte. Diese werden als Einmündung ohne oder mit LSA oder als Kreisverkehr ausgebildet.

Die Wahl der Anschlussstelle sowie die Gestaltung und Bemessung richten sich nach den RAL oder den RASt. Dabei ist der Entwurf der plangleichen Teilknotenpunkte mit dem Gesamtsystem der Anschlussstelle so abzustimmen, dass infolge des Verkehrsablaufs mit der Prognoseverkehrsstärke an einem plangleichen Teilknotenpunkt kein Rückstau über die Ausfahrrampe bis in die Autobahn hinein entsteht. Zugleich sollten künftige Erweiterungsmöglichkeiten des gewählten Systems bei unerwarteten Mehrbelastungen der Anschlussstelle bzw. der nachgeordneten Straße berücksichtigt werden.

Sofern sich die Anschlussstelle im städtischen Umfeld befindet, ist der Anschluss einer weiteren Straße gegenüber der Anschlussstellenrampe bei der Planung zu berücksichtigen. Dabei eignen sich vor allem Lösungen mit LSA oder bei geringer Verkehrsbelastung der kleine Kreisverkehr.

Einsatzempfehlungen für vier- und dreiarmige teilplanfreie Knotenpunkte in Abhängigkeit von der EKA enthält die Abb. 5.68. Maßgebend für den Nachweis der Kapazität und der Verkehrsqualität ist das HBS.

Anschlussstellensystem			EKA 1	EKA 2	EKA 3
vierarmige Systeme	diagonales halbes Kleeblatt mit Ausfahrt vor Bauwerk	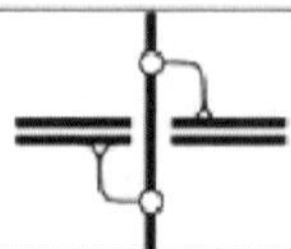	+	+	•
	diagonales halbes Kleeblatt mit Ausfahrt nach Bauwerk	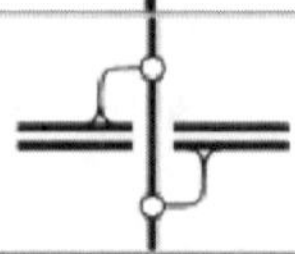	•	+	•
	symmetrisches halbes Kleeblatt	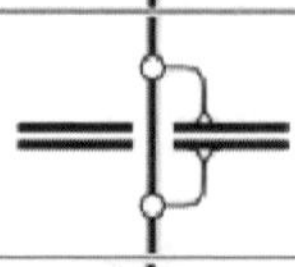	+	+	•
	Raute mit zwei Kreuzungen	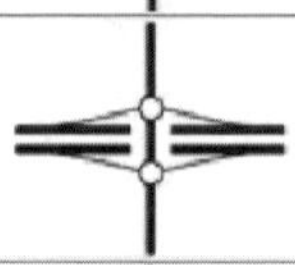	–	•	+
	Raute mit einer Kreuzung	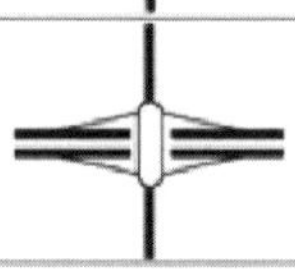	–	–	+
	Raute mit zweiachsig aufgeweite-ter Kreuzung	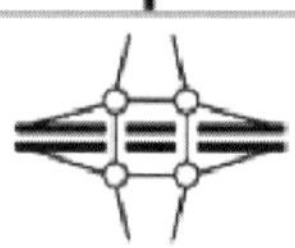	–	•	+
	Raute mit Verteilerkreis	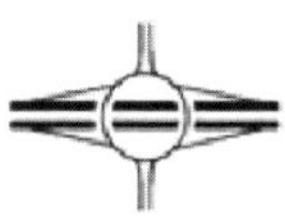	–	•	+
	Sondersysteme (Mischformen)		•	+	+
dreiarmige Systeme	AS in Trompetenform	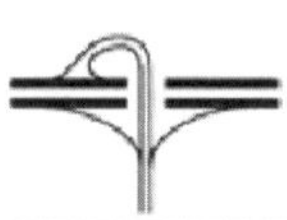	•	+	+
	halbes Kleeblatt (dreiarmig)	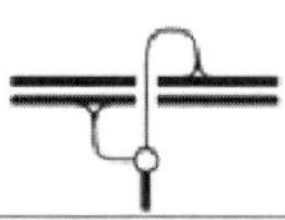	–	–	+ als Provisorium
	Raute (dreiarmig)	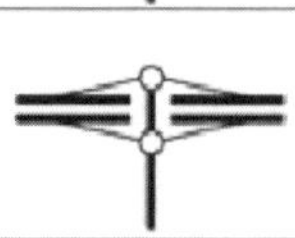	–	–	+ als Provisorium

Legende: o plangleicher Teilknotenpunkt + geeignet • bedingt geeignet – nicht geeignet

Abb. 5.68: Einsatzempfehlungen für teilplanfreie Anschlussstellen nach den RAA

5.3.5.1 Vierarmige Anschlussstellen

Die Regellösungen für vierarmige Anschlussstellen sind das halbe Kleeblatt und die Raute. In der nachgeordneten Straße treten plangleiche Kreuzungsbereiche auf, die nach den Grundsätzen des Abschn. 5.2 zu gestalten sind. Die Gewährleistung der Qualität des Verkehrsablaufs für diese Bereiche ist entscheidend für die Wahl des zweckmäßigsten Knotenpunktsystems. Es darf kein Rückstau in die Autobahn auftreten, und für die Linksabbieger aus der untergeordneten Straße muss genügend Stauraum vorhanden sein.

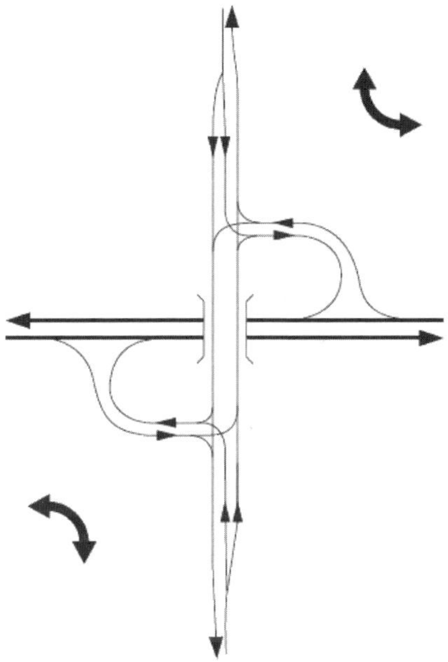

Abb. 5.69: Diagonales halbes Kleeblatt mit außenliegenden Linksabbiegestreifen

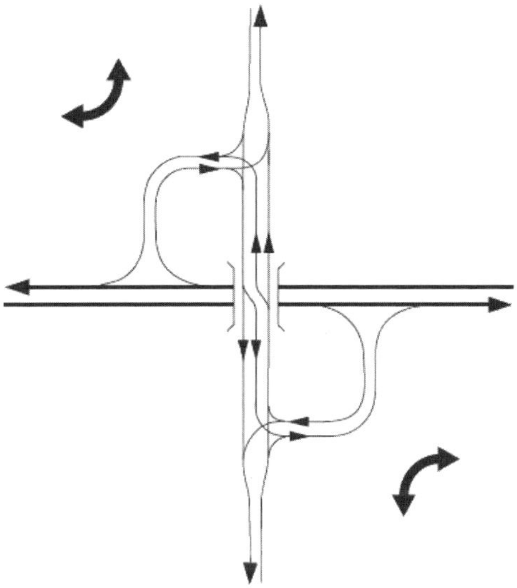

Abb. 5.70: Diagonales halbes Kleeblatt mit innenliegenden Linksabbiegestreifen

Entscheidend für die Wahl der zweckmäßigsten Rampenanordnung, wenn keine Lichtsignalanlage installiert wird, sind örtliche Bindungen und die Forderung, dass die stärksten Abbiegeströme im plangleichen Bereich möglichst als Rechtsabbieger und Rechtseinbieger geführt werden. Auch sind Linksabbieger günstiger abzuwickeln als Linkseinbieger.

Bei den **halben Kleeblättern** richten sich Lage und Form der Rampen nach verkehrstechnischen Gesichtspunkten, den örtlichen Bedingungen und den Gradienten der zu verbindenden Straßen. Bei der Anordnung der Rampen in den entsprechenden Quadranten ist die Verkehrsbelastung der Anschlussstelle zu berücksichtigen.

Wenn sich die Aus- und Einfahrrampen der Autobahn in Fahrtrichtung vor dem Kreuzungsbauwerk befinden, dann entsteht das diagonale halbe Kleeblatt mit außen liegenden Linksabbiegestreifen (Abb. 5.69). Es hat den Vorteil, dass die schnelleren von der Autobahn abbiegenden Fahrzeuge die flüssigere Verkehrsführung erhalten. Nachteilig ist indessen das Entstehen eines Linksversatzes in der nachgeordneten Straße mit einer längeren aufgeweiteten Strecke und einer nicht nutzbaren, in der Mitte abmarkierten „toten" Fläche zwischen den Rampeneinmündungen (vgl. Abschn. 5.2.1).

Bei der entgegengesetzten Anordnung (Ausfahrt nach dem Kreuzungsbauwerk) als diagonales halbes Kleeblatt mit innen liegenden Linksabbiegestreifen unterscheidet man zwischen solchen mit hintereinander- und mit nebeneinanderliegenden Linksabbiegestreifen in der anzuschließenden Straße. Im ersten Fall (Abb. 5.70) müssen u. U. die Rampen gestreckt werden, um die erforderliche Länge für die Linksabbiegestreifen zu erhalten. Im anderen Fall (Abb. 5.71) wird der Aufweitungsbereich kürzer, aber dafür ist die nachgeordnete Straße auf vier Streifen aufzuweiten, und es wird ein größeres Bauwerk notwendig.

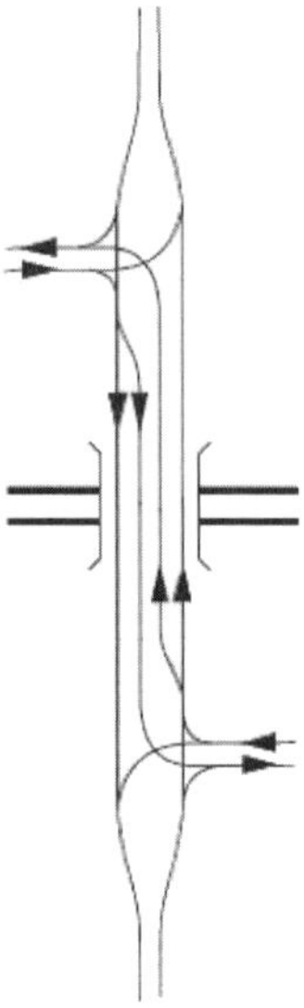

Abb. 5.71: Diagonales Kleeblatt mit innen- und nebeneinanderliegenden Linksabbiegestreifen

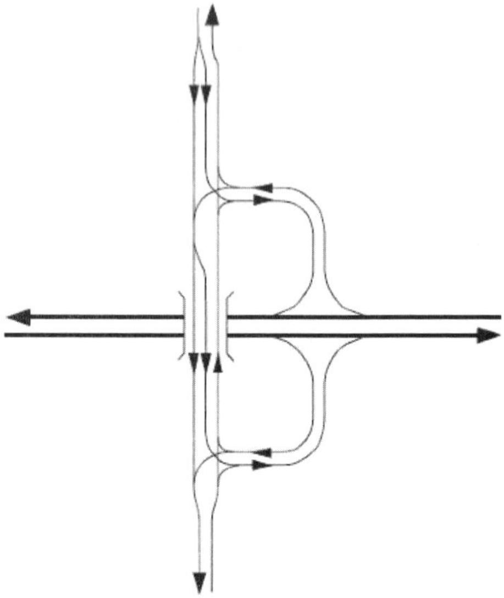

Abb. 5.72: Symmetrisches halbes Kleeblatt

Beim symmetrischen halben Kleeblatt befinden sich die Rampenverbindungen nur auf einer Seite der nachgeordneten Straße. Deswegen wird es angewandt bei einem Hindernis (Fluss, Bahnlinie o. Ä.) parallel zur untergeordneten Straße. Weil in aller Regel Abbiegebeziehungen bevorzugt werden, die in Richtung und Gegenrichtung nicht zueinander passen, eignet es sich nur für schwache bis mittlere Verkehrsbelastungen. Auf eine sorgfältig angeordnete wegweisende Beschilderung ist wegen der beiden hintereinanderliegenden Linksabbiegestreifen aus einer Richtung zu achten (Abb. 5.72).

Bei **Rauten** werden die beiden sich kreuzenden Straßenzüge in jedem Quadranten durch eine im Einrichtungsverkehr befahrene Direktrampe (auch Parallel- oder Holländerrampe genannt) verbunden. Geringer Flächenbedarf, geringe Ausdehnung in der untergeordneten Straße und gute Steuerungsmöglichkeiten mit Lichtsignalanlagen machen die Raute auch für stark belastete Anschlussstellen und innerhalb bebauter Gebiete gut geeignet.

Je nach Anordnung der Linksabbiegestreifen in der nachgeordneten Straße ergeben sich verschiedene Systeme, die wiederum Einfluss auf die erforderliche Form und Größe des Brückenbauwerks haben. Zunächst gibt es auch hier die Möglichkeit der Anordnung von Linksabbiegestreifen zwischen den Einmündungspunkten der Rampen in verschränkter bzw. nebeneinanderliegender Form (Abb. 5.73).

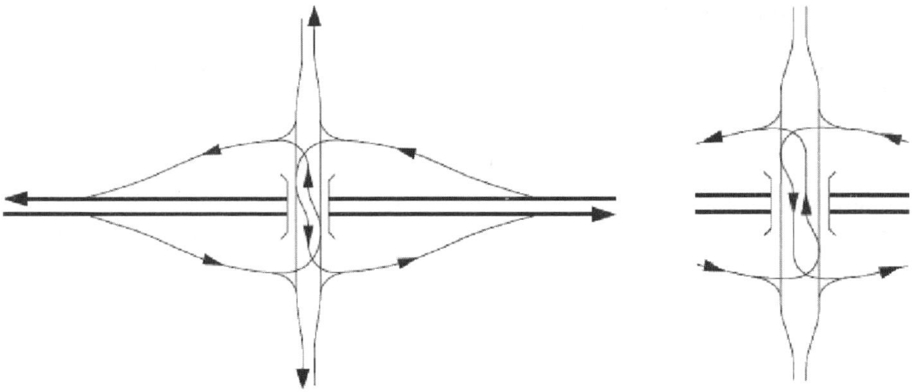

Abb. 5.73: Raute mit innen- und hintereinanderliegenden bzw. nebeneinanderliegenden Linksabbiegestreifen (zwei Kreuzungen)

Bei dem System einer Raute mit zweiachsig aufgeweiteter Kreuzung (Abb. 5.74) sind zwei Bauwerke erforderlich. Hier entsteht in Verbindung mit einer Lichtsignalanlage ein leistungsfähiges Anschlussstellensystem mit relativ geringem Flächenbedarf. Grundsätzlich kann anstelle der aufgeweiteten Kreuzung ein kleiner Kreisverkehr ausgebildet werden. Hier sind die Konformität mit der Streckencharakteristik und die Qualität des Verkehrsablaufs gemäß HBS zu prüfen.

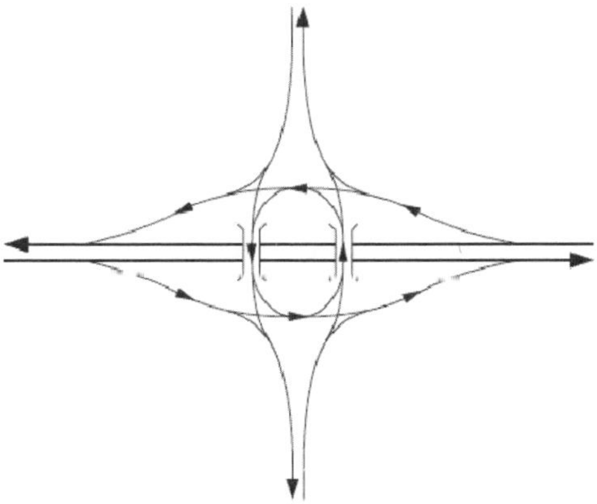

Abb. 5.74: Raute mit zum kleinen Kreisverkehr aufgeweiteter Kreuzung

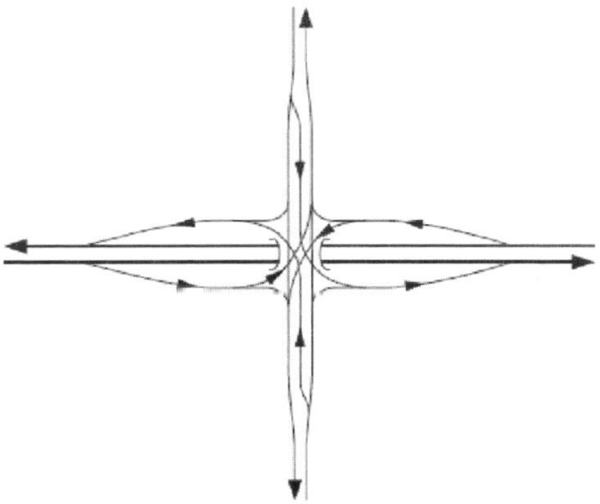

Abb. 5.75: Raute mit außen liegenden Linksabbiegestreifen

In Rauten mit außen liegenden Linksabbiegestreifen (Abb. 5.75) werden die aus den Direktrampen kommenden Linkseinbieger in die nachgeordnete Straße links aneinander vorbeigeführt. Dieses System ist nur mit Lichtsignalregelung einsetzbar und erfordert sehr stark aufgeweitete Knotenpunkte und aufwendige Brückenbauwerke. Der sich ergebende Knotenpunkt weist andererseits aber eine hohe Leistungsfähigkeit auf.

5.3.5.2 Dreiarmige Anschlussstellen

Die Trompete ist die Regellösung für dreiarmige Anschlussstellen. Bei Trompeten im Zuge zweistreifiger Straßen mit Gegenverkehr können Falschfahrten weitgehend dadurch vermieden werden, dass die Ausfahrten vor den Einfahrten der gegenüberliegenden Seite angelegt werden. Allgemein sind die Grundsätze aus Abschn. 5.3.1 zu beachten (Abb. 5.76), weshalb auch bei den Anschlussstellen, wo Straßen der Kategoriengruppe LS mit Autobahnen verknüpf werden, linksliegende Trompeten zu bevorzugen sind. Gegen rechtsliegende Trompeten ist nichts einzuwenden, wenn die Geschwindigkeiten im anzuschließenden Knotenpunktarm niedrig sind. Grundsätzlich gelten hier die im Abschn. 5.3.4.2 gemachten Ausführungen.

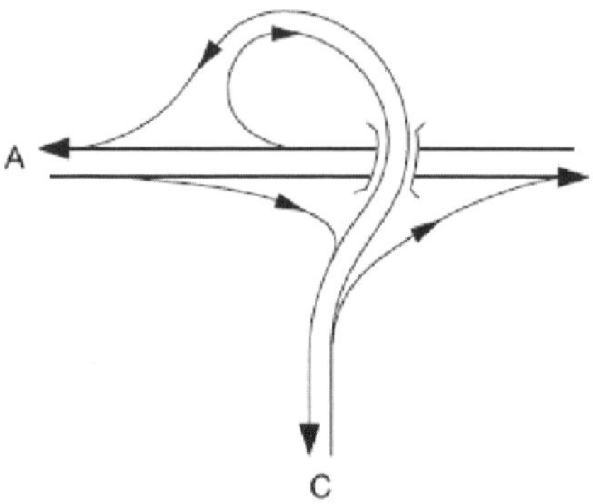

Abb. 5.76: Linksliegende Trompete als Regelanschlussstelle

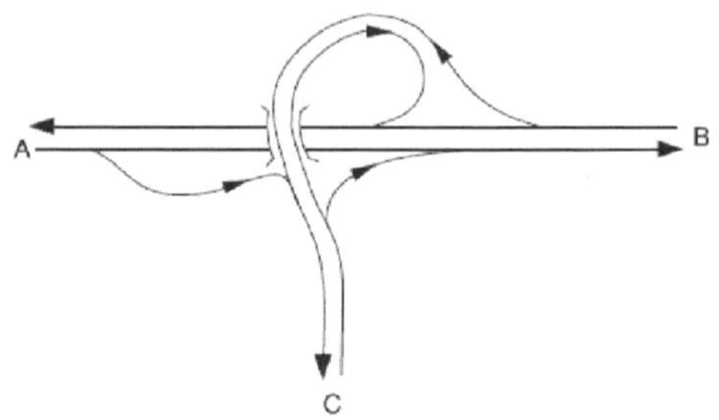

Abb. 5.77: Rechtsliegende Trompete als Anschlussstellenvariante

Aus der Trompete wird ein halbes Kleeblatt, wenn eine der Parallelrampen auf die andere Seite der nachgeordneten Straße gelegt wird (Abb. 5.78). Dadurch entsteht im Zuge der nachgeordneten Straße eine plangleiche T-Einmündung. Diese Ausbildung ist vorteilhaft in Bezug auf die Freihaltung eines Quadranten und auf die entstehende Wendemöglichkeit, ist aber für starkes Verkehrsaufkommen weniger geeignet.

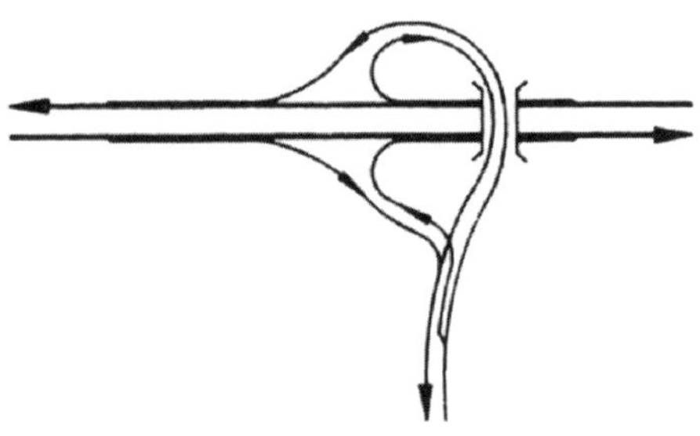

Abb. 5.78: Anschlussstelle in Form eines halben Kleeblatts

5.3.6 Rampen

Abhängig von der Qualität des Knotenpunktes sind Rampen entweder Verteilerfahrbahnen oder Verbindungsrampen.

5.3.6.1 Rampentyp

Verteilerfahrbahnen dienen dazu, Verflechtungsvorgänge von der Hauptfahrbahn fernzuhalten (um z. B. im Kleeblatt die Regel „Ausfahrt vor Einfahrt" sicherzustellen oder zwischen dicht aufeinander folgenden Anschlussstellen, die zu einem komplexen Knotenpunkt zusammengefasst sind). Ferner wird auf ihnen die Geschwindigkeit von der freien Strecke zur Verbindungsrampe reduziert und sie entlasten die Hauptfahrbahn von zu häufiger Wegweisung.

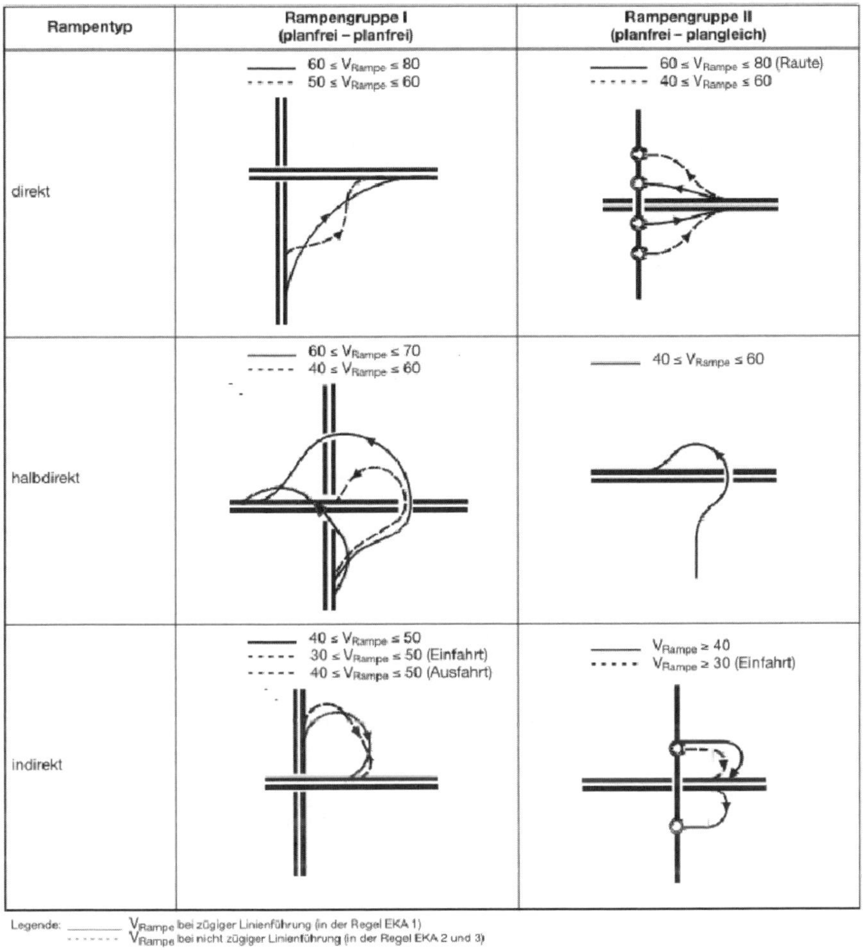

Abb. 5.79: Rampentypen und Rampengruppen mit empfohlenen Rampengeschwindigkeiten

Verbindungsrampen dienen in Autobahnkreuzen und -dreiecken den Eckverkehren zwischen verschiedenen Hauptfahrbahnen oder in Anschlussstellen dem ein- und ausfahrenden Verkehr. Die Unterteilung der Verbindungsrampen erfolgt in zwei Rampengruppen und drei Rampentypen:

- Rampengruppe I: Rampen in Autobahnknoten (Verbindung zwischen Autobahnen)
- Rampengruppe II: Rampen in Anschlussstellen (Verbindung zu nachgeordneten Straßen)

Zusammen mit dem Rampentyp (direkt, halbdirekt oder indirekt) und der Unterscheidung zwischen den angepassten und den nicht angepassten Rampen ergeben sich aus Abb. 5.79 Vorschläge für die empfohlene Rampengeschwindigkeit V_{Rampe} in der Verbindungsrampe. Bei Autobahnen der EKA 1 kommen vorzugsweise nicht angepasste, kreisförmige und bei Autobahnen der EKA 2 und 3 angepasste Schleifenrampen zum Einsatz.

Alle Verbindungsrampen sind anbaufrei und dürfen im Fall der Rampengruppe II bis zum definierten Anschluss an das nachgeordnete Straßennetz keine Einmündungen oder Kreuzungen enthalten. Innerhalb des Knotenpunktes sollen keine erschließungsbedürftigen autobahnfremden Flächennutzungen (von Verbindungsrampen umschlossene Bebauung) liegen. Ausnahmen davon sind nur bei Einrichtungen des Betriebsdienstes und der Autobahnpolizei zulässig.

5.3.6.2 Rampenquerschnitt

Die Fahrstreifenanzahl der Rampen richtet sich nach der Verkehrsstärke auf den Rampen. Einsatzgrenzen können nur für die verflechtungsfreien Rampenabschnitte angegeben werden. Die Kapazität der Verflechtungsbereiche im Rampensystem ist im Einzelfall zu prüfen.

		Einsatzbereiche
Q 1	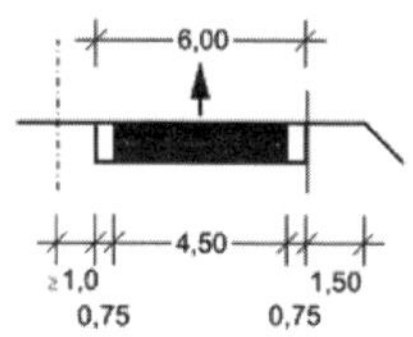	*in Rampengruppe I:* $q_{Rampe} \leq$ 1 350 Kfz/h und $l_{Rampe} \leq$ 500 m *in Rampengruppe II:* getrennt trassierte Aus- und Einfahrrampen mit $l_{Parallelführung} \leq$ 125 m
Q 2	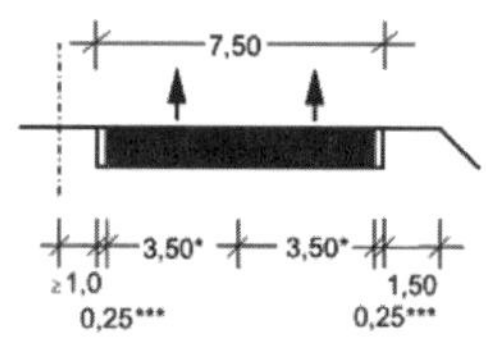	*in Rampengruppe I:* $q_{Rampe} \leq$ 1 350 Kfz/h und $l_{Rampe} >$ 500 m ferner: zweistreifige Verflechtungsbereiche ohne Seitenstreifen *in Rampengruppe II:* $q_{Rampe} >$ 1 350 Kfz/h
Q 3	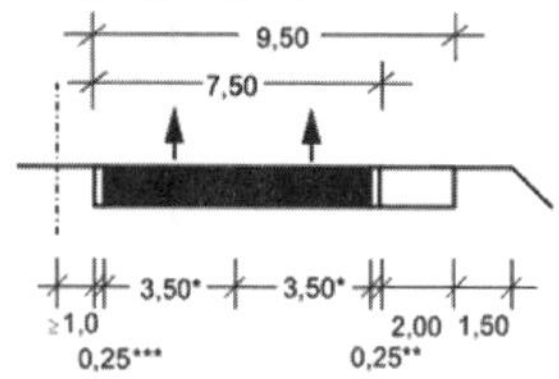	*nur in Rampengruppe I:* $q_{Rampe} >$ 1 350 Kfz/h ferner: zweistreifige Verflechtungsbereiche mit Seitenstreifen
Q 4	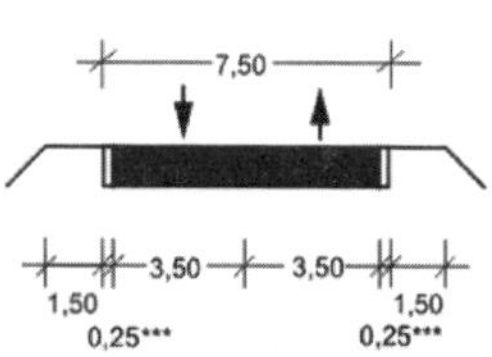	*nur in Rampengruppe II:* gemeinsam trassierte Aus- und Einfahrrampen mit $l_{Parallelführung} >$ 125 m

*) Bei EKA 3 und gestreckter Linienführung Reduzierung der Fahrstreifenbreite auf 3,25 m zulässig.
**) Die Markierung (Breitstrich) geht zu Lasten des Seitenstreifens.
***) Im Zuge von Brückenbauwerken beträgt der Randstreifen 0,50 m.

Abb. 5.80: Querschnitte und Einsatzbereich von Verbindungsrampen

Bei großen Rampenlängen, vor allem bei halbdirekten Rampen und langen Verteilerfahrbahnen, ist die Überholmöglichkeit von langsamen Fahrzeugen ein zusätzliches Kriterium für die Fahrstreifenanzahl. Als Rampenlänge gilt das Maß zwischen der Inselspitze der Ausfahrt und der Inselspitze der Einfahrt, wobei die für den jeweils betrachteten Fahrzeugstrom maßgebenden Aus- und Einfahrten heranzuziehen sind.

Seitenstreifen sind auf die Rampengruppe I beschränkt und nur dann erforderlich, wenn der Rampenquerschnitt das Vorbeifahren an einem liegengebliebenen Fahrzeug ohne Verkehrsbeeinträchtigung nicht schon aus anderen Gründen (Fahrstreifenverbreiterung, Zweistreifigkeit ausschließlich wegen langer Rampe) erlaubt.

In Tunneln halbdirekt oder indirekt geführte Rampen müssen aus Gründen der Verkehrssicherheit immer einen Querschnitt mit Seitenstreifen erhalten.

An Autobahnen der EKA 3 kann bei beengten Verhältnissen in Verflechtungsbereichen der Verteilerfahrbahn der Seitenstreifen entfallen.

5.3.6.3 Entwurfselemente von Rampenfahrbahnen

Die Entwurfselemente der Rampen sind aufgrund der erforderlichen Geschwindigkeitsreduzierung gegenüber der knotenpunktfreien Strecke reduziert. Dennoch müssen sie so ausgelegt sein, dass sie die folgenden wesentlichen Forderungen erfüllen:

- ausreichende Sichtweiten (Haltesicht, wegweisende Beschilderung),
- Vermeidung optischer Täuschungen, welche die Sicherheit mindern,
- Erkennbarkeit von kleineren Trassierungselementen, die eine starke Geschwindigkeitsminderung beim Durchfahren der Rampe erfordern.

Rampengeschwindigkeit	V	(km/h)	30	40	50	60	70	80
Scheitelradius der Rampe	min R	(m)	30	50	80	125	180	250
Mindestkuppenhalbmesser	min H_K	(m)	1.000	1.500	2.000	2.800	3.000	3.500
Mindestwannenhalbmesser	min H_W	(m)	500	750	1.000	1.400	2.000	2.600
Haltesichtweite**)	S_h	(m)	30	40	55	75	100	115
Grenzwerte der Längsneigung	max s (Steigung)	(%)	+6,0					
	min s (Gefälle)	(%)	−7,0					
Mindestquerneigung außerhalb von Verwindungsbereichen	min q	(%)	2,5					
Höchstquerneigung	max q	(%)	6,0					
Anrampungsmindestneigung	min Δs	(%)	$0{,}1 \cdot a$*)					
Höchstschrägneigung	max p	(%)	9,0					

*) a (m); Abstand Drehachse – Fahrbahnrand

**) gerundete Werte

Abb. 5.81: Grenzwerte für Rampenentwurfselemente

Die Mindestlänge einer Verbindungsrampe wird durch den Rampentyp bestimmt. Im Lageplan ist die Gerade ohne Einschränkung anwendbar. Geraden in Parallelrampen sollen nicht länger als 300 m sein, damit sie nicht den Eindruck einer eigenständigen, parallel geführten Straße erwecken.

Ausfahrrampen von Anschlussstellen sollen vor dem Anschluss an die nachgeordnete Straße im Lage- und Höhenplan so gestreckt geführt werden, dass vor den Wegweisern ein Leseweg von mindestens 50 m zur Verfügung steht. Andernfalls sind innerhalb der Ausfahrrampen Vorwegweiser anzuordnen.

Als Übergangsbogen sind Klothoiden mit den Parametern $R/3 \leq A < R$ zu verwenden. Für den im Bereich der Inselspitze liegenden Bogen ist aus Gründen der frühzeitigen Erkennbarkeit des nachfolgenden Kurvenradius ein möglichst kleiner Klothoidenparameter anzustreben. An schleifenförmigen Ausfahrrampen mit Hauptbogenradien von 40 m bis 60 m sind dagegen häufig Klothoidenparameter $A \approx R$ notwendig, um die Fahrbahn im Übergangsbogen verwinden zu können.

Eine tabellarische Übersicht über die Grenzwerte der anderen Trassierungselemente ist in Abb. 5.40 enthalten. Im oberen Tabellenteil sind die Parameter mit einheitlichen Grenzwerten für alle Rampen, im unteren Tabellenteil die Parameter mit geschwindigkeitsabhängig variierenden Grenzwerten angegeben. Der untere Tabellenteil ist für jede Rampe einzeln anzuwenden. Eingangsgröße ist der Scheitelradius (kleinster Radius im Zuge einer Rampe). Bei Radien $R < 150$ m ist zu überprüfen, ob eine Fahrbahnverbreiterung notwendig wird.

Im Höhenplan sollen als Grenzwerte der Längsneigung für Steigungen immer 6 % und im Gefälle 7 % eingehalten werden. Bei starker Längsneigung der zu verknüpfenden Straßen und sog. nachlaufender Längsneigung der Verbindungsrampen sind Überschreitungen dieser Grenzwerte zulässig, sofern die maximale Schrägneigung von 9 % eingehalten wird. Für Rampen in Tunneln gilt eine maximale Längsneigung von 4 %.

Längsneigungswechsel werden nach denselben Grundsätzen wie bei der freien Strecke ausgerundet. Dabei dürfen die minimalen Ausrundungshalbmesser unterschritten werden, wenn die erforderliche Haltesichtweite im dreidimensionalen Entwurf der Rampe nachgewiesen wurde.

Die Fahrbahn ist bei allen Rampentypen stets einseitig geneigt. Die Mindestquerneigung außerhalb von Verwindungsbereichen beträgt 2,5 %, die Höchstquerneigung 6 %. Die Querneigung in Kurven ist zur Innenseite gerichtet. Zur Vermeidung von Verwindungsbereichen mit Querneigungsnulldurchgang im Gegenbogen einer verschwenkten Verteilerfahrbahn kann in Ausnahmefällen eine nach außen gerichtete Querneigung von 2,5 % zugelassen werden, sofern der Gegenbogen mit $R \geq 1.000$ m trassiert wird.

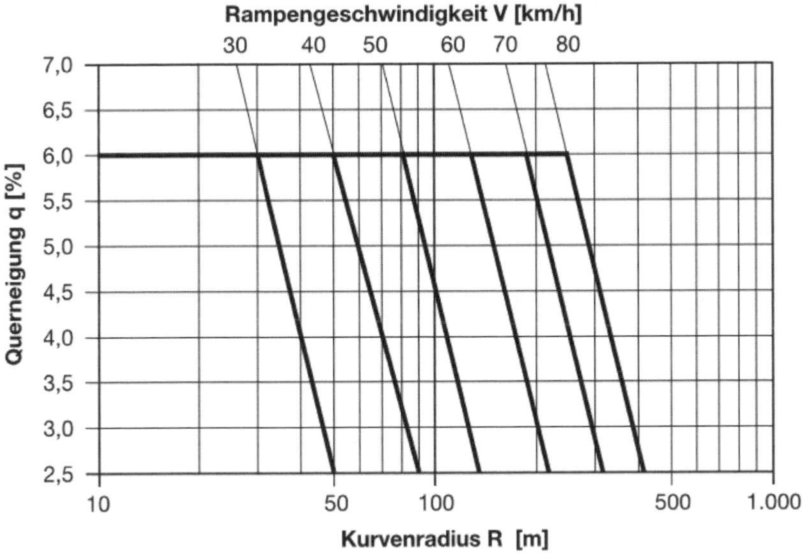

Abb. 5.82: Querneigung der Rampenfahrbahnen in den Kurven

In Einzelfällen können in stark belasteten Einfahr-, Ausfahr- und Verflechtungsbereichen aus Gründen der Sicherheit und der Qualität des Verkehrsablaufs Geschwindigkeitsbeschränkungen erforderlich werden.

5.3.7 Ausfahrten

Erkennbarkeit, Leistungsfähigkeit und Verzögerung spielen bei der Ausbildung des Ausfahrbereichs eine wichtige Rolle. Ausfahrbereiche dienen als Verzögerungsstrecke für ausfahrende Fahrzeuge. In Deutschland werden die Ausfahrten deshalb i. d. R. mit parallelen Verzögerungsfahrstreifen ausgeführt. Die Ausfädelungsstreifen erhalten die gleiche Breite wie der unmittelbar daneben liegende durchgehende Fahrstreifen. Der Randstreifen ist 0,50 m breit.

Die Länge des Ausfädelungsstreifens richtet sich im Regelfall nach der Verkehrsstärke, der Entwurfsklasse und dem Rampentyp. Überlange Ausfädelungsstreifen können in Ausnahmefällen zweckmäßig sein, wenn

- die Hauptfahrbahn mehr als zwei Fahrstreifen hat,
- der Schwerverkehrsanteil sehr hoch ist oder
- es sich um den Zulauf in einen hoch belasteten Knotenpunkt handelt.

Neben der entwurfstechnischen Ausbildung bestimmt die Wegweisung die Funktion und Kapazität einer Ausfahrt maßgeblich. Sie beeinflusst auch die jeweils erforderliche Länge der Ausfahrtöffnung (Abb. 5.83). Für die Festlegung des Mindestabstandes aufeinanderfolgender Ausfahrten an Hauptfahrbahnen und an Rampen gelten die Regelungen der RWBA. Im Bereich von Bauwerken kann die Verziehungsstrecke auf 30 m verkürzt werden, wenn sich dadurch Bauwerkskosten einsparen lassen.

Größe	Ausfahrttyp	EKA 1/EKA 2	EKA 3
l_A	Alle A-Typen	250 m	150 m
	AR 1, AR 3/4 (Q 2)	150 m	100 m
	AR 1*)	–	100 m
	AR 3/4 (Q 3)	200 m	125 m
l_Z	Alle Typen*)	60 m	30 m

*) Ausnahme A 5: ≥ 3·l_Z (aus fahrdynamischen Gründen)

Abb. 5.83: Ausfahrt- und Verziehungslängen bei den verschiedenen Ausfahrttypen

Da eine einheitliche Gestaltung eine bessere Begreifbarkeit und damit auch erhöhte Sicherheit zur Folge hat, sind in den Abb. 5.85 und 5.86 für die Ausfahrten an durchgehenden Fahrbahnen in den RAA acht Standardtypen (A 1 bis A 8) dargestellt, die grundsätzlich für alle Entwurfsklassen von Autobahnen anwendbar sind. Sie sind sinngemäß auch an drei- und vierstreifigen Hauptfahrbahnen zu verwenden.

Abstand zur nächsten Verzweigung	Anzahl der Fahrstreifen der Hauptfahrbahn vor/hinter der Ausfahrt	Verkehrsstärke der Ausfahrt in Kfz/h		
		≤ 1.350	≤ 2.300	> 2.300
≥ 250 m (bzw. keine weitere Trennung vorhanden)	2/2, 3/3, 4/4	A 1, A 2	A 2	A 3
	3/2, 4/3	A 6, A 7	A 5	
	4/2	–	A 8	
< 250 m	2/2, 3/3, 4/4	A 1	A 3	
	3/2, 4/3	A 6	A 4	
	4/2	–	A 8	

Abb. 5.84: Einsatzgrenzen für Ausfahrttypen an Hauptfahrbahnen

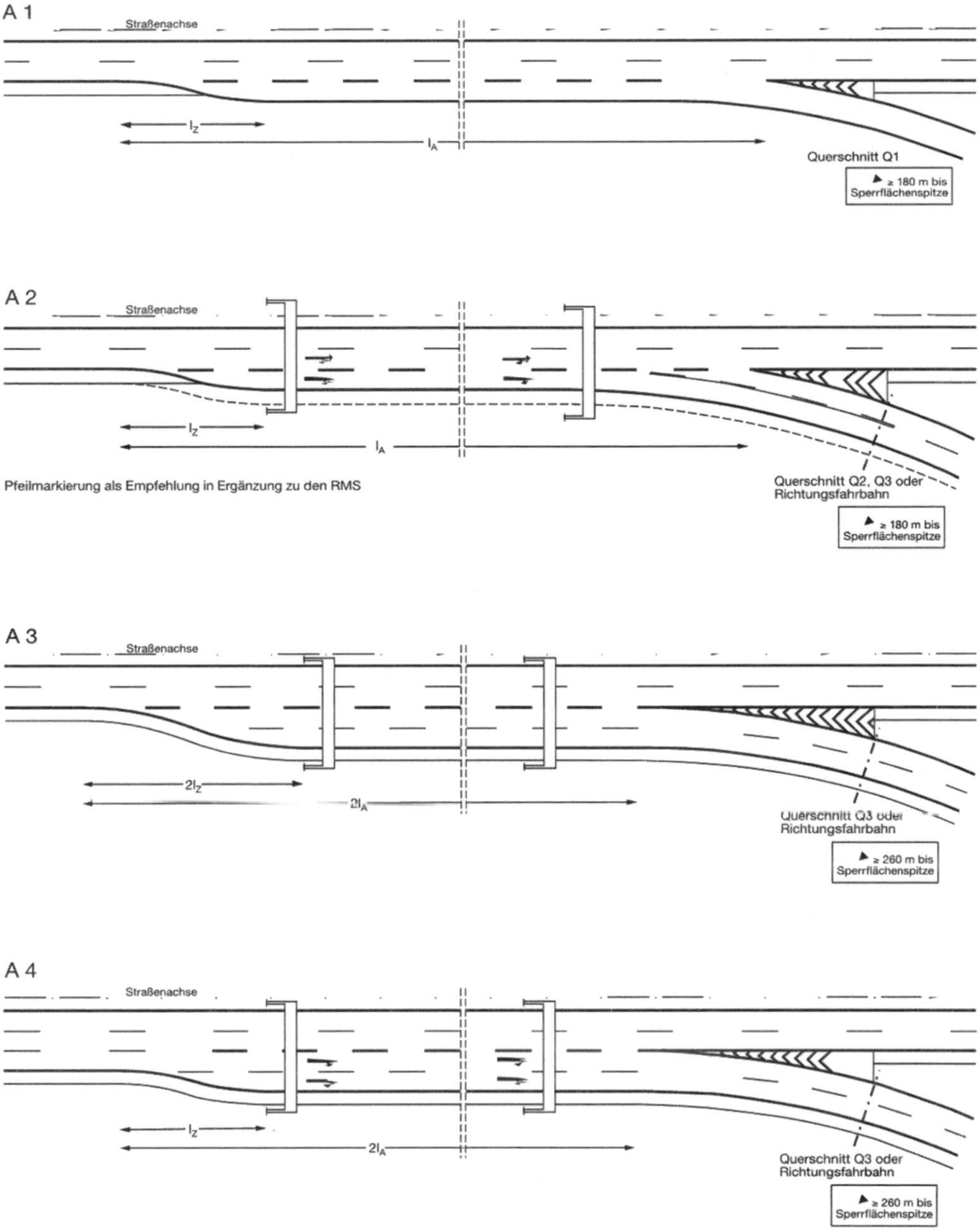

Abb. 5.85: Ausfahrttypen an durchgehenden Fahrbahnen (A-Typen)

Weitere vier Standardtypen (AR 1 bis AR 4) beziehen sich auf die Ausfahrten innerhalb von Verbindungsrampen auf Autobahnen (Abb. 5.87) und Stadtautobahnen (Abb. 5.88).

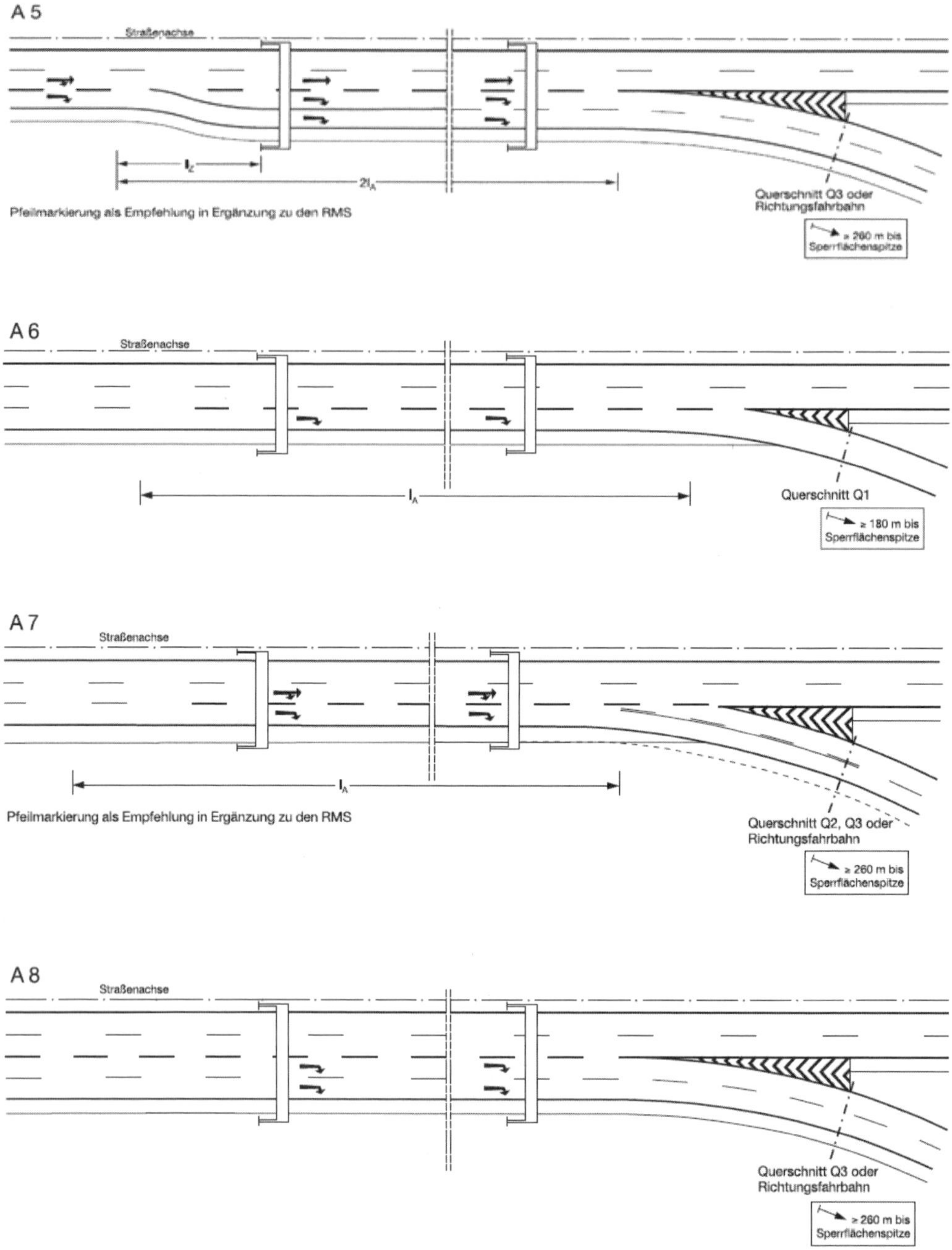

Abb. 5.86: Ausfahrttypen an durchgehenden Fahrbahnen (A-Typen)

Die Einsatzbereiche der Ausfahrttypen werden durch ihre Kapazität gemäß dem HBS, eine gegebenenfalls erforderliche Verringerung der Fahrstreifenanzahl hinter der Ausfahrt, die Anzahl der darüber zu erreichenden Ziele sowie die Entfernung bis zum nächsten Verzweigungspunkt bestimmt. Die sich daraus ergebenden Einsatzgrenzen für den jeweiligen Ausfahrttyp können aus Abb. 5.84 entnommen werden.

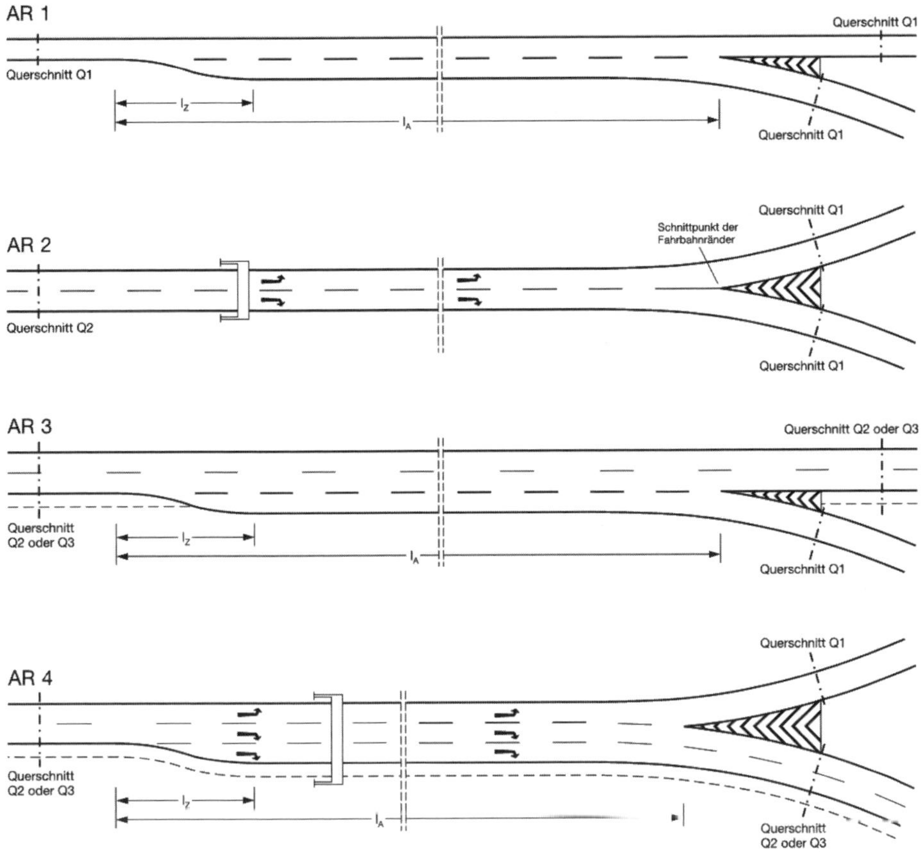

Abb. 5.87: Ausfahrttypen innerhalb von Verbindungsrampen (AR-Typen)

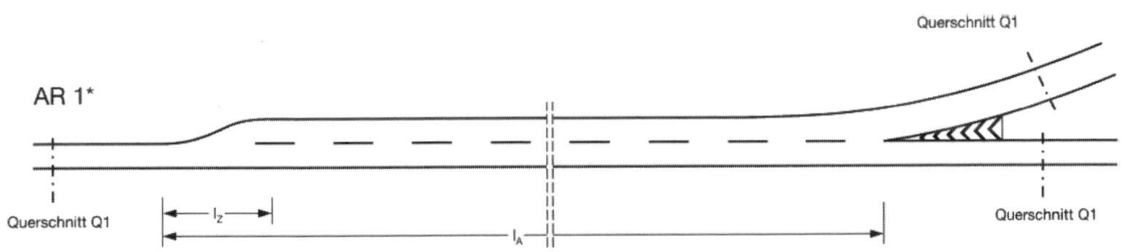

Abb. 5.88: Zusätzlicher Ausfahrttyp innerhalb von Rampen bei Stadtautobahnen

5.3.8 Einfahrten

Die Geschwindigkeitsdifferenz zwischen einfahrenden und durchfahrenden Fahrzeugen soll möglichst gering sein, um eine hohe Leistungsfähigkeit zu gewährleisten. Deshalb sind Einfahrten immer mit parallelen Einfädelungsstreifen (Beschleunigungsfahrstreifen) auszuführen oder Fahrstreifenadditionen vorzusehen. Die Einfädelungsstreifen erhalten die gleiche Breite wie der unmittelbar daneben liegende durchgehende Fahrstreifen der Hauptfahrbahn. Der Randstreifen ist 0,50 m breit.

Die Länge des Einfädelungsstreifens richtet sich im Regelfall nach der Verkehrsstärke, der Entwurfsklasse und dem Rampentyp (Abb. 5.89). Für Einfahrten, bei denen sich die Längsneigung der einmündenden Rampe von der der Hauptfahrbahn unterscheidet („nachlaufende Längsneigung"), können längere Einfädelungsstreifen notwendig werden. Das ist besonders dann der Fall, wenn die Hauptfahrbahn eine größere Steigung als die Rampe aufweist. Die erforderliche Länge der Einfahrt ist mit dem Bemessungsfahrzeug gemäß HBS nachzuweisen. Überlange Einfädelungsstreifen können auch bei sehr hohem Schwerverkehrsanteil auf der Hauptfahrbahn vor allem in Steigungsstrecken zweckmäßig sein.

Größe	Einfahrttyp	EKA 1/EKA 2	EKA 3
l_E (m)	alle E und E*)-Typen alle EE-Typen	250*)	150
	ER 1, ER 3, ER 4	150	100
l_Z (m)	alle Typen	60	30

*) in Steigungsstrecken gegebenenfalls verlängern (bei $s > 4$ %) oder Nachweis der Verkehrsqualität

Abb. 5.89: Einfahrt- und Verziehungslängen bei den verschiedenen Einfahrttypen

Für die Einfahrten enthalten die RAA acht Standardtypen. Die Typen E 1 bis E 5 sind für gemeinsame Einfahrten aller einmündenden Ströme in die durchgehende Fahrbahn bestimmt (Abb. 5.91). Werden in Sonderfällen die Rampenströme einzeln in die durchgehende Fahrbahn eingeführt, so sind die Typen EE 1 bis EE 3 zu benutzen (Abb. 5.92). Ebenso wie bei den Ausfahrten (Abschn. 5.3.7) können an Einfahrten von Stadtautobahnen (EKA 3) zusätzliche Typen eingesetzt werden (Abb. 5.93). Die Einfahrten innerhalb von Verbindungsrampen sind nach den Einfahrttypen ER 1 bis ER 4 auszuführen (Abb. 5.94).

Die Einsatzgrenzen der verschiedenen Einfahrttypen hängen ab von den Verkehrsstärken in der Einfahrtrampe, ausgedrückt durch den Querschnitt, und in der durchgehenden Fahrbahn, ausgedrückt durch die Entwurfsklasse. Sie können der Abb. 5.90 entnommen werden.

Fahrstreifen Hauptfahrbahn	Rampenquerschnitt	Einfahrttyp
unverändert	Q 1	E 1
	Q 1 oder Q 2	EE 1
	Q 2	E 2
	Q 3	E 4
Fahrstreifenaddition	Q 1 oder Q 2	E 3
	Q 3	EE 2, EE 3
	Q3 oder Richtungsfahrbahn	E 5

Abb. 5.90: Einsatzgrenzen für Einfahrttypen an Hauptfahrbahnen

Unabhängig von den dargestellten Einsatzbereichen der Einfahrttypen ist nach dem HBS die Qualität des Verkehrsablaufs für die Einfahrt zu überprüfen.

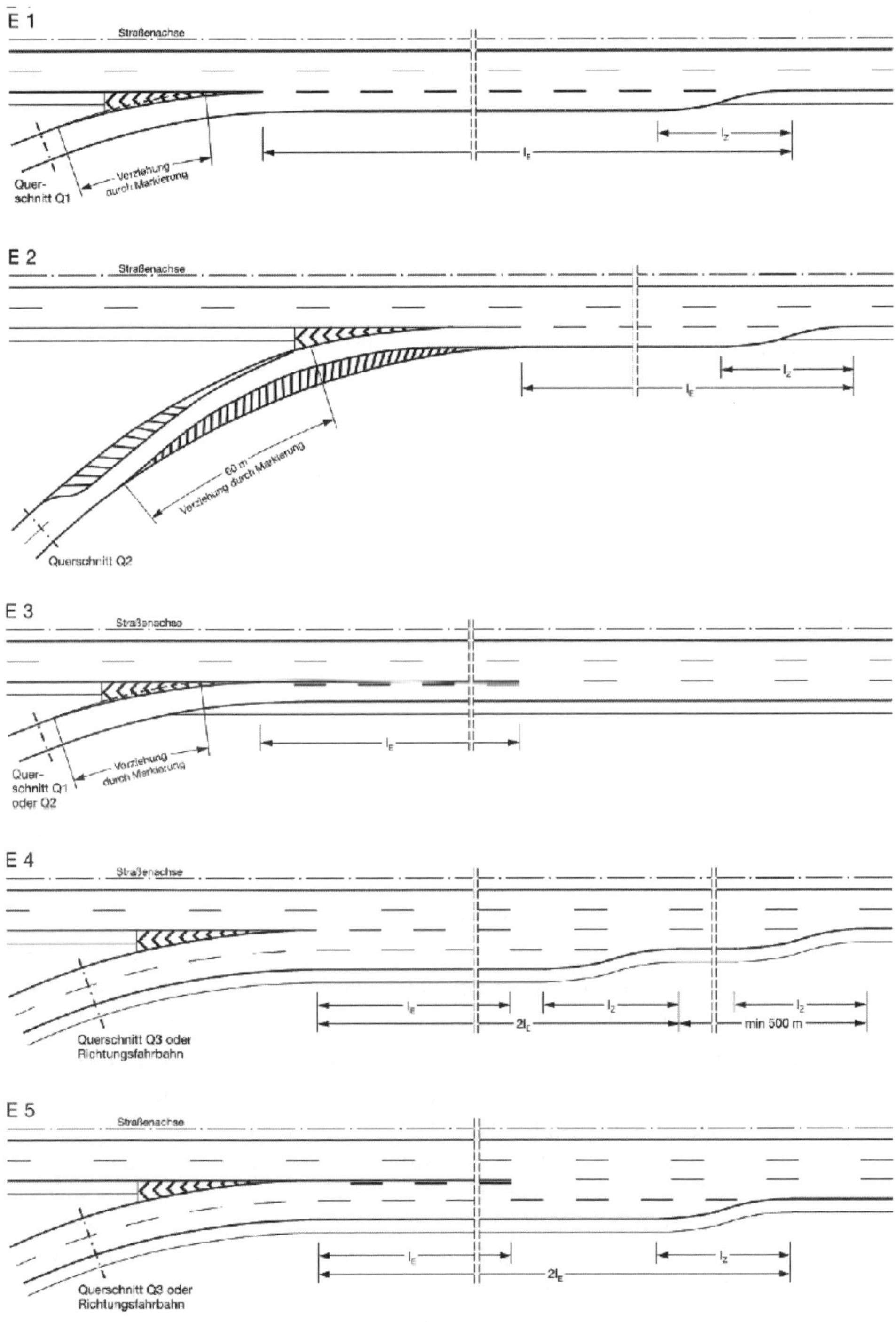

Abb. 5.91: Einfahrttypen an durchgehenden Fahrbahnen (E-Typen)

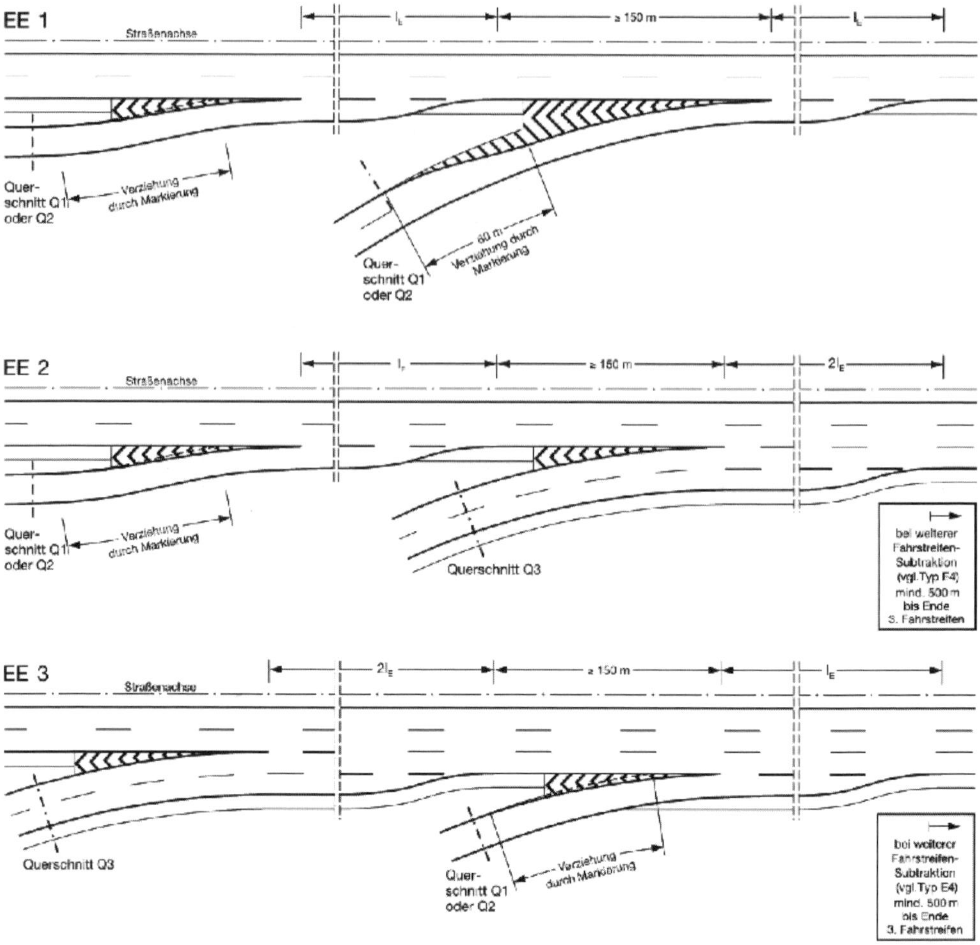

Abb. 5.92: Einfahrttypen von hintereinanderliegenden Einfahrten bei getrennter Führung der Rampenströme in eine durchgehende Fahrbahn (EE-Typen)

Bei allen Einfahrttypen mit zweistreifigen Einfahrrampen ist der Einsatz einer Fahrstreifensignalisierung mit der verkehrsabhängig alternierenden Freigabe eines Fahrstreifens in der Hauptfahrbahn und eines Fahrstreifens in der Einfahrtrampe zu prüfen. Dies gilt auch für das Zusammenführen der beiden Einfahrströme in den Doppeleinfahrten (EE-Typen).

Die Ausbildung der Inselspitze beeinflusst die Übersichtlichkeit der Einfahrt. Die Inselspitze ist aus diesem Grund von sichtbehinderndem Bewuchs und von Einbauten freizuhalten. Auf die Einhaltung des Sichtdreiecks für die Annäherungssicht ist zu achten. Die Inselränder und die Sperrfläche sind geometrisch so auszubilden, dass für einfahrende Fahrzeuge eine möglichst frühzeitige Parallelführung zur Hauptfahrbahn erreicht wird (Rückspiegelsicht). Anzustreben ist ein Blickwinkel von 100 gon. Es ist daher der Nachweis einer ausreichenden Einfahrtsichtweite für alle Einfahrten zu führen. Dabei sind die freizuhaltenden Sichtfelder in den Planunterlagen darzustellen. Die erforderlichen Sichtfelder im Bereich der Einfahrtrampen können Abb. 3.110 entnommen werden.

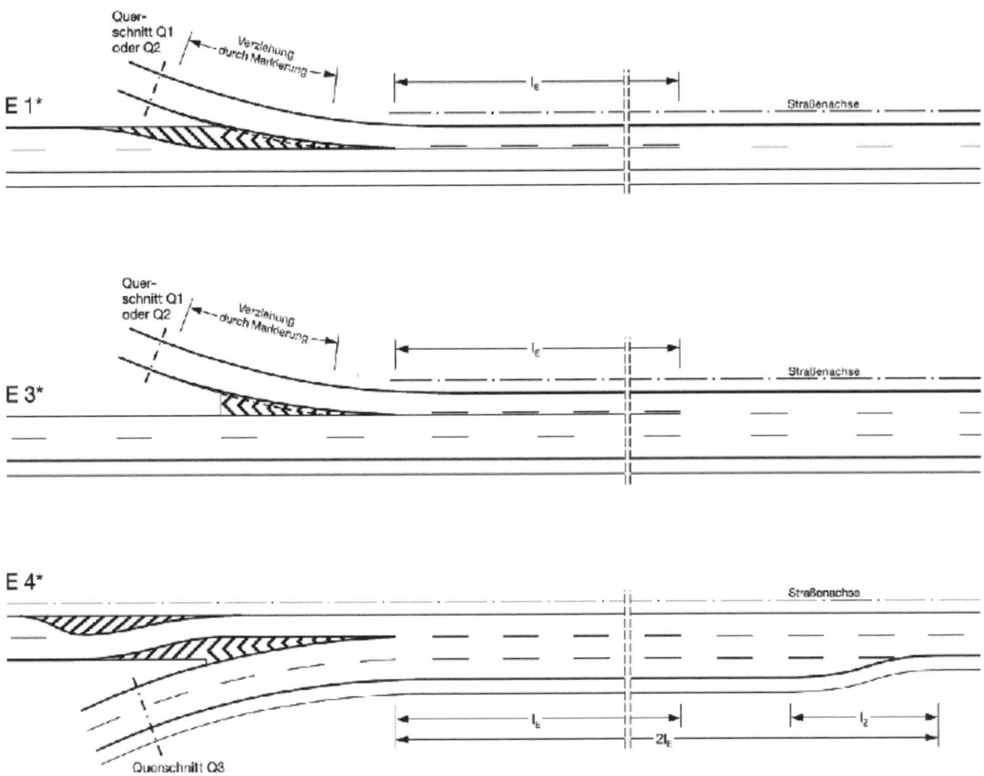

Abb. 5.93: Zusätzliche Einfahrttypen an Hauptfahrbahnen von Stadtautobahnen

5.3.9 Verflechtungsbereiche

Ein Verflechtungsbereich besteht aus einer einleitenden Fahrstreifenaddition, der eigentlichen Verflechtungsstrecke und einer ausleitenden Fahrstreifensubtraktion. Ein symmetrischer Verflechtungsbereich liegt vor, wenn die Anzahl der addierten und subtrahierten Fahrstreifen übereinstimmt (= Anzahl der Verflechtungsstreifen). Hier ist ein wesentliches Merkmal, dass ein Fahrzeug im Verflechtungsstrom mindestens einen Fahrstreifenwechsel vollziehen muss.

Ein Verflechtungsbereich hat vier Verkehrsströme:

- Innerer Randstrom (fährt auf der Richtungsfahrbahn durch)
- Äußerer Randstrom (Einfahrer, der an der nächsten Ausfahrt gleich wieder ausfährt)
- Überkreuzende Verflechtungsströme (auf der Richtungsfahrbahn ankommende Ausfahrer und auf die Richtungsfahrbahn fahrende Einfahrer)

Verflechtungsvorgänge i. S. des Abschn. 5.1.3 treten insbesondere in der Knotenpunktform „Kleeblatt" auf, s. auch Abschn. 5.3.4.1. Im städtischen Bereich kommen an Stadtautobahnen außerdem Verflechtungsvorgänge zwischen dicht aufeinanderfolgenden Ein- und Ausfahrten von benachbarten Knotenpunkten vor. Dabei ist zu unterscheiden zwischen Verflechtungsstreifen an durchgehenden Fahrbahnen (Abb. 5.95) und Verflechtungen innerhalb von Verbindungsrampen, d. h. in Verteilerfahrbahnen (Abb. 5.96). Eine Verflechtung liegt dann vor, wenn eine Ausfahrt an einer mehrstreifigen Richtungsfahrbahn in kurzem Abstand einer Einfahrt folgt, sodass sich dazwischen kein ungestörter Verkehrsfluss einstellen kann.

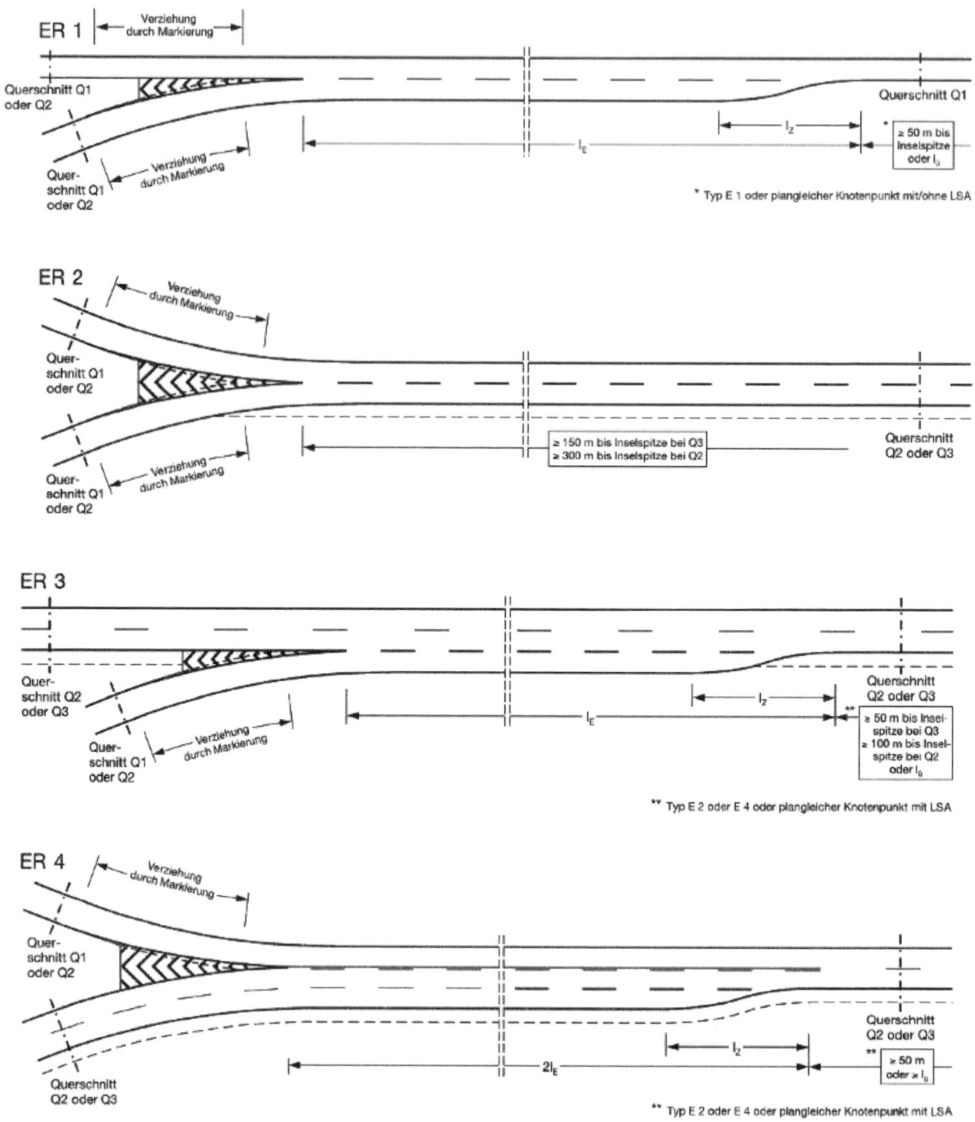

Abb. 5.94: Einfahrttypen innerhalb von Verbindungsrampen

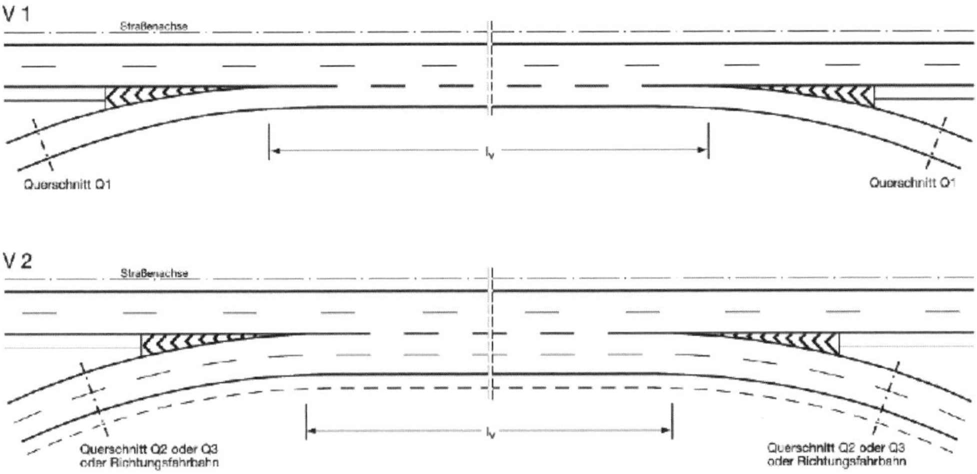

Abb. 5.95: Verflechtungsstreifen neben der durchgehenden Fahrbahn

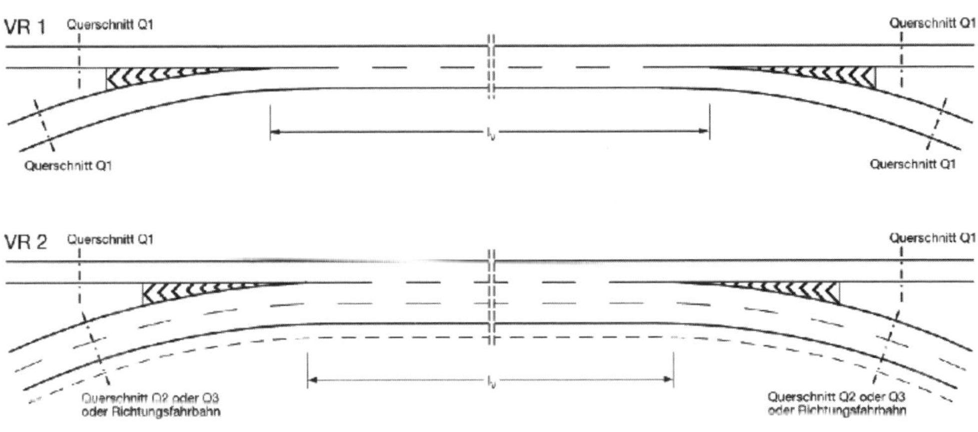

Abb. 5.96: Verflechtungsstreifen im Bereich von Verbindungsrampen

Die in Abb. 5.95 dargestellten Verflechtungsbereichstypen V 1 und V 2 sind an der Hauptfahrbahn und im Bereich von Verbindungsrampen anwendbar. Sie sind sinngemäß auch an drei- oder vierstreifigen Hauptfahrbahnen einsetzbar.

Die in Abb. 5.96 dargestellten Verflechtungsbereichstypen VR 1 und VR 2 entsprechen im Prinzip den V-Typen, sind jedoch nicht für den Einsatz an der Hauptfahrbahn geeignet, da sie nur über einen durchgehenden Fahrstreifen verfügen.

Die Breite des Verflechtungsstreifens ist gleich der Breite des danebenliegenden durchgehenden Fahrstreifens. Die Randstreifenbreite am Außenrand des Verflechtungsstreifens beträgt 0,50 m. Eine unterbrochene Breitstrichmarkierung grenzt den Verflechtungsstreifen zum durchgehenden Fahrstreifen ab.

Die Einsatzgrenzen eines Verflechtungsbereichs orientieren sich an der Verflechtungsverkehrsstärke und an der Querschnittbelastung in der Hauptfahrbahn bzw. in der Verbindungsrampe nach dem Verflechtungsbereich. Verflechtungsbereiche nach den Typen V 1 und V 2 sind in der durchgehenden Fahrbahn bei EKA 1 A nicht zulässig. Das heißt, bei Knotenpunkten sind hier grundsätzlich Parallelfahrbahnen anzuordnen.

Die Verflechtungslängen l_V betragen

- in der durchgehenden Fahrbahn für den Typ V 1 beim Kleeblatt 250 m und beim Typ V 2 zwischen zwei Knotenpunkten 300 m. Kommen nur kürzere Längen zustande, sind Geschwindigkeitsbegrenzungen auf 100 km/h bzw. 80 km/h erforderlich.
- im Bereich von Verbindungsrampen für den Typ VR 1 in einer Kleeblattverteilerfahrbahn 200 m, für die Typen V 1 und VR 2 in einer Verteilerfahrbahn über ≥ 3 Knotenpunkte 250 m sowie beim Typ V 2 i. d. R. 300 m. Kommen nur kürzere Längen zustande, sind Geschwindigkeitsbegrenzungen auf 100 km/h bzw. 80 km/h erforderlich.

Die unterschiedlichen Typen ermöglichen eine Anpassung an das Strombelastungsbild des Verflechtungsbereichs. Ein genauerer Nachweis erfolgt gemäß dem HBS oder gegebenenfalls mit Simulation. Daraus kann sich die Notwendigkeit ergeben, in Abstimmung mit der Verkehrsbehörde eine zulässige Höchstgeschwindigkeit in Höhe der zugrunde gelegten Verflechtungsgeschwindigkeit nach dem HBS anzuordnen.

Die Summe der verflechtenden Ströme darf unter der Bedingung, dass die Ein- und Ausfahrströme ungefähr gleich stark sind, nach HBS bei Qualitätsstufe E 2.200 Pkw-E/h nicht überschreiten. Bei einem angenommenen Umrechnungsfaktor von 1,1 entspricht das einer Verflechtungsverkehrsmenge von rd. 2.000 Kfz/h.

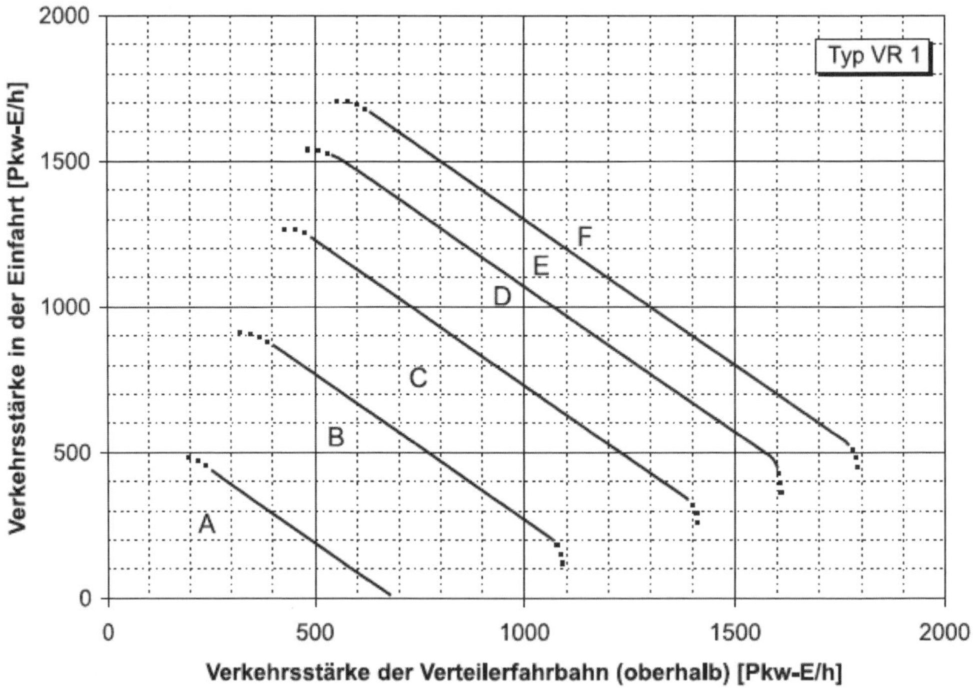

Abb. 5.97: Qualitätsstufen des Verkehrsablaufs an Verteilerfahrbahnen

Beim Kleeblatt werden die Verflechtungsvorgänge zwischen den Schleifenrampen fast immer auf eine Verteilerfahrbahn verlegt, um Störungen des durchgehenden Verkehrs durch die Verflechtungsvorgänge zu vermeiden und die Wegweisung zu verbessern (vgl. Abb. 5.53). Auf die konstruktive Ausbildung des Verflechtungsbereichs ist besondere Sorgfalt zu legen, damit der aus der Schleifenrampe kommende Verkehrsstrom ohne Behinderung in die Verflechtungsstrecke einfahren kann. Um die Verflechtungsvorgänge zu erleichtern, sollten die unterschiedlichen Geschwindigkeiten der verflechtenden Ströme angeglichen werden, etwa durch Geschwindigkeitsbeschränkungen für die bereits in der Verteilerfahrbahn befindlichen Fahrzeuge. Die möglichen Verflechtungsleistungen für die verschiedenen Qualitätsstufen des Verkehrsablaufs zeigt Abb. 5.97. Dabei sind die Verkehrsmengen in Pkw-E/h angegeben. Wie bereits erwähnt, kann als Umrechnungsfaktor von Kfz in Pkw-E überschlägig der Wert 1,1 angenommen werden, wenn keine genauen Angaben vorliegen.

6 Sonstige Anlagen für Straßenfahrzeuge

6.1 Vorbemerkungen

Vor der Planung einer Straße müssen die Überlegungen zum Straßennetz und zur Einpassung der betreffenden Straße in das Netz stehen. Die Netzplanung kann aber bereits über das Aufgabengebiet des reinen Straßenbauingenieurs hinausgehen und andere Teilbereiche des Bauwesens tangieren, wie z. B. den Städtebau als einen Teilbereich der Architektur oder die Verkehrsplanung als eine Sparte des Bauingenieurwesens – vgl. [5] und [6].

Trotzdem sollten dem Straßenbauingenieur die wichtigsten Grundbegriffe und Grundlagen für die Planung von städtischen Straßennetzen bekannt sein, wie sie in den RASt zusammengefasst sind. Dazu gehört u. a. das Ideal von der hierarchischen Gliederung des Netzes, vgl. auch Abschn. 4.4.1. Nach diesem Prinzip werden die weitläufigen und starken Verkehrsströme auf die Hauptsammelstraßen konzentriert, sodass die von diesen Strömen ausgehenden Störungen und Emissionen von den Wohngebieten möglichst ferngehalten werden. Auch die Kernstädte sollten stets durch Ring- und Tangentenstraßen vom Durchgangsverkehr, aber auch vom großräumigen Verkehr zwischen den Stadtteilen abgeschirmt werden. Die Sammelstraßen haben in diesem System die Aufgabe, den in den Anliegerstraßen der Wohn- und Gewerbegebiete beginnenden bzw. endenden Verkehr zu bündeln und in die Hauptsammelstraßen einzuleiten. Diese Gliederung ist auch im Instrumentarium der Bauleitplanung wiederzufinden: Während im Flächennutzungsplan einer Stadt die Hauptverkehrszüge dargestellt werden, die durch die Stadt hindurch bzw. zwischen den Stadtteilen verlaufen, beschreiben die Bebauungspläne das örtliche Verkehrsnetz, das vom weitläufigen Verkehr freizuhalten ist.

Bei Planung und Entwurf von Stadtstraßen sind also vorhandene und geplante regionale und gesamtgemeindliche Entwurfsvorgaben zu berücksichtigen (siehe auch Abschn. 4.4.2). Dazu gehören:

- Flächennutzung und Siedlungsstruktur,
- Lage, Funktion und Belastung einer Stadtstraße in den Netzen des Fußgänger-, Rad- und Kraftfahrzeugverkehrs sowie des öffentlichen Personennahverkehrs,
- städtebaulich-historische Qualitäten und
- Lage in ökologisch bedeutsamen Grün- und Freiraumsystemen.

Das Hauptziel bei Planung und Entwurf von Stadtstraßen ist die Verträglichkeit der Nutzungsansprüche untereinander und mit den Umfeldnutzungen, die auch die Verbesserung der Verkehrssicherheit einschließt. Diese Verträglichkeit muss in der Regel auf vorgegebenen Flächen unter Wahrung der städtebaulichen Zusammenhänge und unter Berücksichtigung gestalterischer und ökologischer Belange angestrebt werden. Voraussetzung für die Verträglichkeit ist, dass Straßenräume in ihrer ganzen Vielfalt erfasst und unter Abwägung aller Nutzungsansprüche und ihrer jeweiligen Bedeutung bewertet und entworfen werden.

6.2 Radwegenetze

Im Bestreben, den Radverkehr zu fördern, haben viele Kommunen in der Vergangenheit Radwegenetze geschaffen, die den technisch unerlässlichen Minimalanforderungen an Radverkehrsanlagen in keiner Weise entsprachen. Der häufigste zu beobachtende Fehler war dabei das unreflektierte Abmarkieren von „Radwegen" auf der Fahrbahn mit einer viel zu geringen Breite. Dadurch musste der nicht unberechtigte Eindruck entstehen, dass die betreffenden Städte und Gemeinden jeweils eigene technische Regeln für das Anlegen von Radwegen entwickelt haben.

Der Gegenstand dieses Buches ist die Planung von Straßen und damit auch von Radwegen, nicht aber das Verkehrsrecht und die damit zusammenhängenden verwaltungsrechtlichen Vorschriften für das nachträgliche Abmarkieren von Radstreifen. Es sei in diesem Zusammenhang jedoch darauf hingewiesen, dass in Deutschland seit dem Jahr 1997 eine Benutzungspflicht für förmlich durch die Verkehrszeichen 237, 240 oder 241 ausgewiesene Radwege bzw. Geh- und Radwege besteht. Damit diese Radwege verkehrsrechtlich einwandfrei als solche ausgewiesen werden können, müssen sie folgende Mindestbreiten aufweisen:

Art der Radverkehrsanlage	angestrebte Breite	Mindestmaß
Radweg (Z. 237)	2,00 m	1,50 m
Radfahrstreifen (Z. 237) einschließlich Markierung	1,85 m	1,50 m
gemeinsamer Geh- und Radweg (Z. 240) innerorts	–	2,50 m
gemeinsamer Geh- und Radweg (Z. 240) außerorts	–	2,00 m
getrennter Geh- und Radweg (Z. 241)	–	1,50 m
Zweirichtungsradweg (Z. 237)	2,40 m	2,00 m

Abb. 6.1: Lichte Breiten für benutzungspflichtige Radwege

Die genannten Breiten entsprechen weitgehend den Empfehlungen für Radverkehrsanlagen – ERA 2010 – bzw. den in Abschn. 4 für die Querschnittsausbildung dargelegten Regeln. Die günstigste Ausbildung eines Radwegenetzes besteht immer aus eigenständigen, baulich und räumlich abgesetzten Radwegen bzw. Geh- und Radwegen. Dabei ist unbedingt zu beachten, dass ein einzelner Radfahrer einen Verkehrsraum von 1,00 m benötigt, einschließlich der beiderseitigen Sicherheitsräume von je 0,25 m also eine lichte Breite von 1,50 m. Dieses Mindestmaß ermöglicht auf dem Radweg noch kein Überholen von Radfahrern.

Radfahrstreifen, die neben einem Hochbord durch einen Breitstrich von 0,25 m von der Fahrbahn abgetrennt sind, sollen als absolutes Minimum bei schwachem Verkehrsaufkommen 1,50 m, besser aber 1,85 m breit sein. Der Breitstrich und die Entwässerungsrinne dürfen, sofern sie niveaugleich überfahrbar sind, in diese Breiten eingerechnet werden. Radfahrstreifen mit einer Breite von lediglich 1,00 m sind somit unzulässig.

Diese strenge Regelung hat zweierlei Konsequenzen:

1. Es dürfen künftig keine Radwege und Radfahrstreifen mehr angelegt und durch die betreffenden Verkehrszeichen gekennzeichnet werden, wenn die o. g. Anforderungen an die Breite nicht erfüllt werden. Die in Abschn. 4.2.2.7 angegebenen Breiten sind bei der Planung von Radwegen deswegen unbedingt einzuhalten.
2. Vorhandene und zu schmale Radfahrstreifen können nicht länger durch das Verkehrszeichen 237 (Radweg) gekennzeichnet sein, weil für die förmlich ausgewiesenen Radverkehrsanlagen Benutzungspflicht besteht. Man sollte aber niemanden zur Benutzung zwingen, wenn die Breite nicht den Mindestanforderungen entspricht und die Benutzung deswegen gefährlich wäre. Schmale Streifen können lediglich durch Leitlinien als „Angebotsstreifen" oder „Suggestivstreifen" abmarkiert werden, für die keine Benutzungspflicht besteht – vgl. auch Abschn. 4.4.

Beim Abbiegen müssen die Radfahrer die angeordneten Radverkehrsführungen befolgen, wie sie etwa in Form von Radfahrerfurten, Radfahrerschleusen, aufgeweiteten Radaufstellstreifen sowie Markierungen zum direkten Linksabbiegen bestehen. Mögliche Anordnungen sind beispielsweise für Kreisverkehre in Abschn. 5.2.5.4 beschrieben.

In den Städten und Gemeinden, aber auch in der Fläche sollen die Radwege ein geschlossenes Netz bilden. Fahrradtaugliche Nebenstraßen mit geringem Kfz-Verkehr können in das Radwegenetz integriert werden. Zu beachten ist jedoch, dass Steilstrecken mit mehr als 6 % Längsneigung für den Durchschnittsradfahrer ein großes Hindernis darstellen. Wichtig erscheint auch, dass das Radwegenetz, wie das häufig an den Knotenpunkten der Fall ist, nicht gerade an den problematischen und verkehrsreichsten Stellen unterbrochen ist. Bei der Konzipierung des Radwegenetzes sollten die einschlägigen Fachverbände in den Planungsprozess eingebunden werden.

Zur Kompensierung eines temporär erhöhten Radverkehrsaufkommens sind in den letzten Jahren sogenannte „Pop-up-Radwege" eingerichtet worden. Besonders im Zuge der globalen COVID-19-Pandemie wurden in zahlreichen Städten Pop-up-Radwege ausgewiesen, um beispielsweise Berufspendlern eine Alternative zum öffentlichen Personennahverkehr anzubieten. Pop-up-Radwege werden provisorisch meist mit gelben Markierungen und Baken ausgestaltet. Später sollen sie oftmals in dauerhafte Infrastruktur überführt werden. Damit bieten sie die Möglichkeit, die geschaffene Verkehrssituation in der Praxis zu testen und ggf. auftretende Probleme nachzubessern. Oft werden sie durch Umwidmung des rechten Fahrstreifens oder eines Parkstreifens zum Radfahrstreifen geschaffen. Grundsätzlich ist in Deutschland eine straßenverkehrsrechtliche Anordnung für die Schaffung eines Radweges oder Radfahrstreifens erforderlich.

6.3 Besondere Anlagen für Kraftfahrzeuge

6.3.1 Einengungen

An den Ortseinfahrten von Dörfern und Kleinstädten entsteht oft das Problem, dass die Kraftfahrer die Veränderung der Streckencharakteristik nicht oder zu spät bemerken, weshalb am Beginn der Ortsdurchfahrt sehr hohe Durchschnittsgeschwindigkeiten zu beobachten sind. Zur Verdeutlichung des Übergangs, zur Bildung von optisch wirksamen Räumen in der Ortsdurchfahrt und auch zur Unterstützung der Überquerungsmöglichkeiten für die Fußgänger können Einengungen der Fahrbahn angelegt werden. Dabei wird die Regelbreite der Fahrbahn in einer Länge zwischen 5,00 m und 10,00 m verschmälert.

Die Einengungen müssen einschließlich der Verziehungsbereiche durch Borde begrenzt werden. Sind Radfahrer vorhanden, so sollten sie aus Gründen der Verkehrssicherheit seitlich und getrennt vom Kfz-Verkehr an den Einengungen vorbeigeführt werden (Abb. 6.2). Die Einengungen müssen am Tag und bei Dunkelheit rechtzeitig und deutlich erkennbar sein, wie z. B. durch Beleuchtung, zusätzliche Verkehrszeichen, Leitmale und Baken.

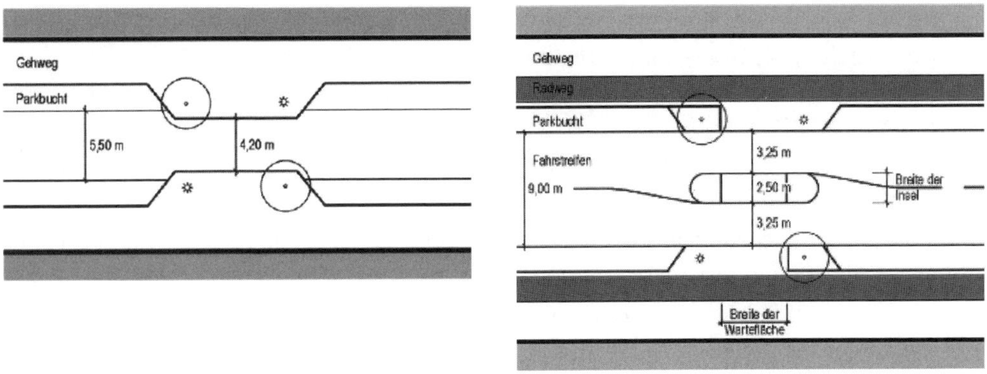

Abb. 6.2: Möglichkeiten zur Einengung von Fahrbahnen

6.3.2 Sperren

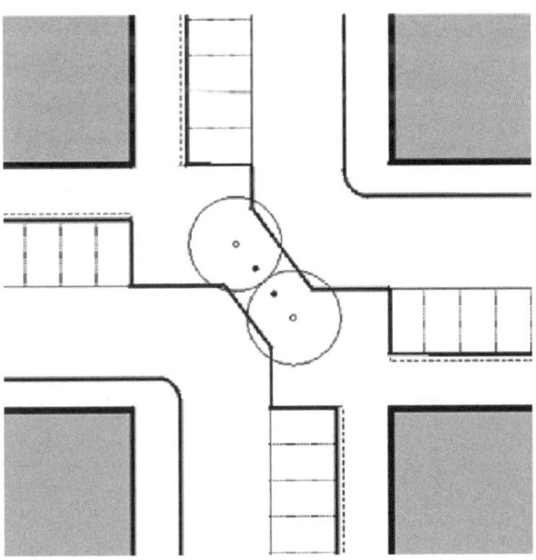

Abb. 6.3: Diagonalsperre mit Überfahrt für Radfahrer, Notdienstfahrzeuge und Versorgungsfahrzeuge

Die typische Anwendungsform einer Sperre ist die Diagonalsperre (Abb. 6.3). Sie wird angeordnet, um z. B. in einem rastermäßig angelegten Verkehrsnetz die sich geradlinig kreuzenden Anliegerstraßen in Schleifenstraßen umzuwandeln und auf diese Weise den gebietsfremden Durchgangsverkehr aus einem Wohngebiet fernzuhalten. Sofern – wie im städtischen Straßenbau üblich – die Fahrbahnen durch Hochborde begrenzt werden, müssen deren Breiten auch in den Kurven für das Bemessungsfahrzeug ausreichen. Es sind deshalb i. d. R. Fahrbahnverbreiterungen vorzunehmen, mindestens aber ist die Befahrbarkeit der verbleibenden Fahrbahnen mit Schleppkurven zu überprüfen. Ob und wie weit dabei die Gegenfahrbahn benutzt werden kann, ist anhand der Bedeutung der Straße festzulegen.

Sperren können mit Teilaufpflasterungen kombiniert werden. Das unerwünschte Überwechseln in die andere Fahrbahn kann durch senkrechte Elemente, wie beispielsweise durch Bäume oder Steckpfosten, verhindert werden. Ver- und Entsorgungsfahrzeuge sowie Notdienste sollen jedoch die Möglichkeit zum Überfahren erhalten, notfalls durch Ziehen der Steckpfosten. Für die nicht motorisierten Verkehrsteilnehmer soll die Durchlässigkeit erhalten bleiben, weil sie in aller Regel sehr umwegempfindlich sind.

6.3.3 Versätze

In den Wohngebieten werden die Anliegerstraßen seitlich versetzt, um die Kraftfahrer zu einer langsameren Fahrweise zu veranlassen und zur städtebaulich erwünschten Bildung von optisch wirksamen Straßenräumen beizutragen. Damit ein Versatz nicht unnatürlich und gekünstelt wirkt, sollten auch die Baufluchten versetzt werden oder es sollte durch das Pflanzen von Bäumen und durch das Anlegen von wechselseitig angeordneten Parkplätzen wenigstens die gestalterische Wirkung des Versatzes unterstützt werden. Fahrdynamisch wirksam ist ein Versatz, wenn seine Tiefe mindestens der Fahrgassenbreite entspricht.

Lange Versätze reduzieren die Geschwindigkeiten nur unwesentlich, weil sie diagonal durchfahren werden können. Aus diesem Grunde sollte die Versatzlänge nicht zu groß sein. Andererseits soll ein Versatz als Ausweichstelle für schwere Fahrzeuge dienen können, wenn die anschließenden Fahrbahnbreiten eine geringere Breite als 5,50 m aufweisen.

Zur Gewährleistung der Befahrbarkeit durch Pkw und Lkw sind die Angaben der Abb. 6.4 zu beachten. Die Versatzlänge l_v sollte um 50 % vergrößert werden, wenn auch mit Lastzügen zu rechnen ist. Die Breite der Versatzfläche $b + t_v$ wird im Allgemeinen 6,00 m und mehr betragen, sodass der Versatz von Natur aus die Funktion einer Ausweichstelle ausübt. Wenn sich jedoch zwei Lkw im Versatz begegnen können, sollte die Versatzlänge 15,00 m nicht unterschreiten.

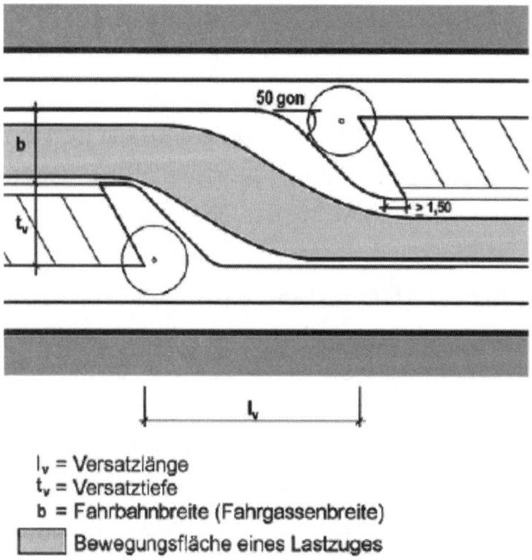

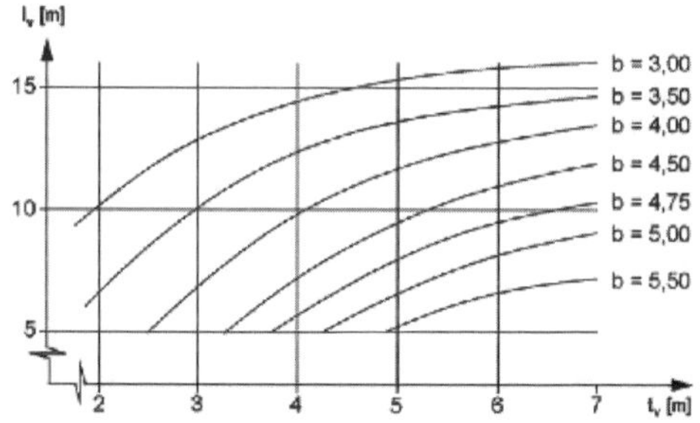

Abb. 6.4: Abmessungen von fahrdynamisch wirksamen Versätzen

6.3.4 Wendeanlagen

Falls am Ende von Stichstraßen keine Flächen von Gehwegen oder Garagenvorplätzen für das Wenden mitbenutzt werden können, sind eigene Wendeanlagen vorzusehen. Die einfachste Möglichkeit für das Wenden stellt eine schleifenförmige Fahrbahn dar, sei es durch das Umfahren einer Mittelinsel, u. U. in Verbindung mit Parkständen, oder eines Häuserblocks. Es entsteht die sog. Schleifenstichstraße als Kombination einer Stichstraße mit einer Schleifenstraße (Abb. 6.5 und 6.6).

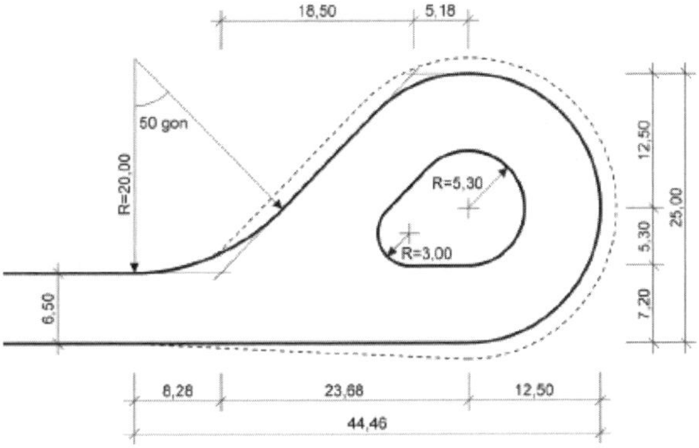

alle Angaben in m

Abb. 6.5: Flächenbedarf für eine Wendeschleife für Lastzüge

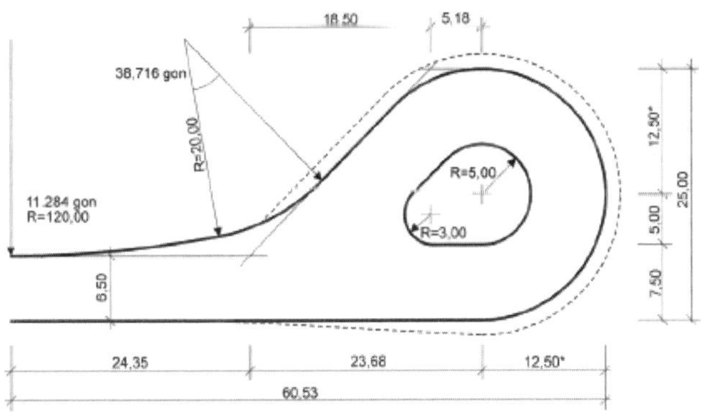

** empfohlen: > 15 m*
die Freihaltezone an der Außenseite beträgt 1,50 m; Gehwege sind nicht dargestellt.

Abb. 6.6: Flächenbedarf für eine Wendeschleife für Gelenkbusse

Häufiger jedoch werden in Neubaugebieten Wendeanlagen in Form sog. Wendehämmer angelegt, bei denen für größere Fahrzeuge die Änderung der Fahrtrichtung durch Zurückstoßen erfolgt. Je nach Typ und Größe des Wendehammers können kleinere Fahrzeuge noch in einer Kreisfahrt wenden. Insofern müssen sich die Art, die Größe und die Gestaltung der Wendeanlage am Typ und an der Größe des erschlossenen Gebiets und am Bemessungsfahrzeug orientieren. Von Fall zu Fall bieten sich verschiedene Arten von Wendeanlagen an (Abb. 6.7 bis 6.11). Entscheidend ist jeweils, ob die Pkw in einem Zug wenden können oder nicht und welche Art von Müllfahrzeug zu erwarten ist.

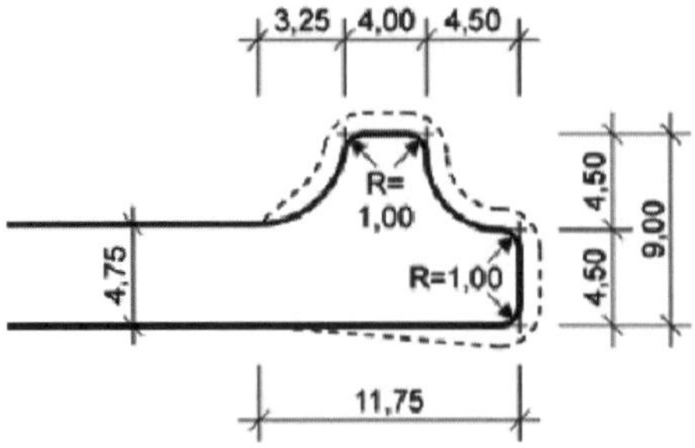

Abb. 6.7: Wendehammer für Pkw

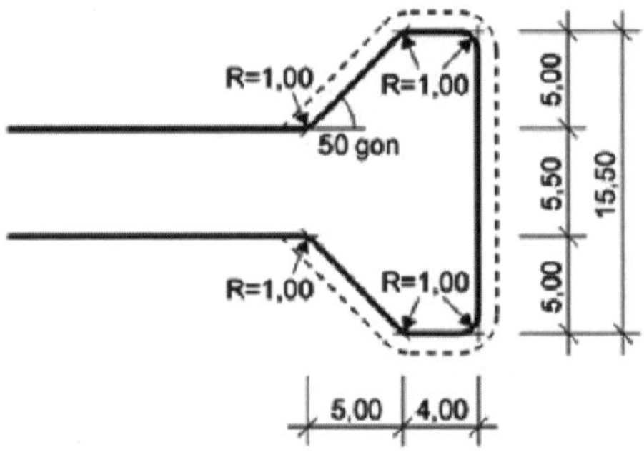

Abb. 6.8: Wendehammer für Fahrzeuge bis 9,00 m Länge (2-achsiges Müllfahrzeug)

Hinweise zu den Abb. 6.7 bis 6.11:

- alle Angaben in m;
- die Freihaltezone an der Außenseite beträgt 1,00 m;
- Gehwege sind nicht dargestellt.

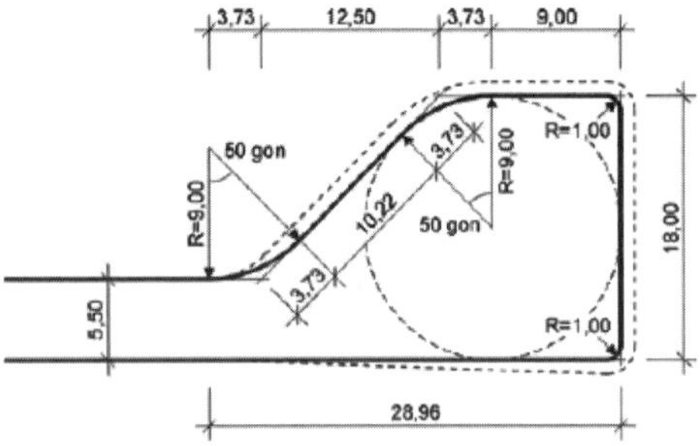

Abb. 6.9: Wendekreis für ein 2-achsiges Müllfahrzeug

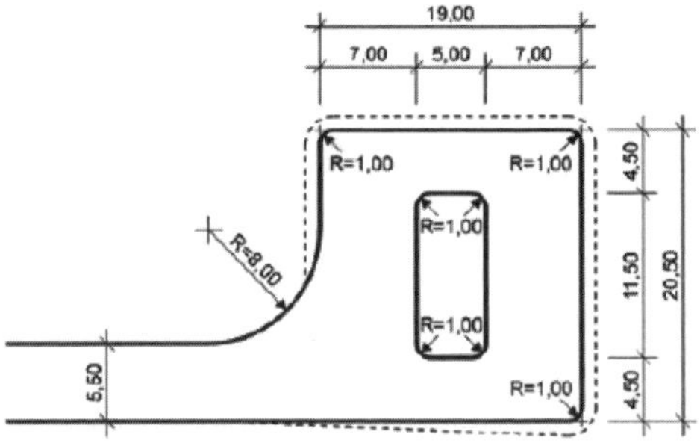

Abb. 6.10: Wendekreis für ein 3-achsiges Müllfahrzeug

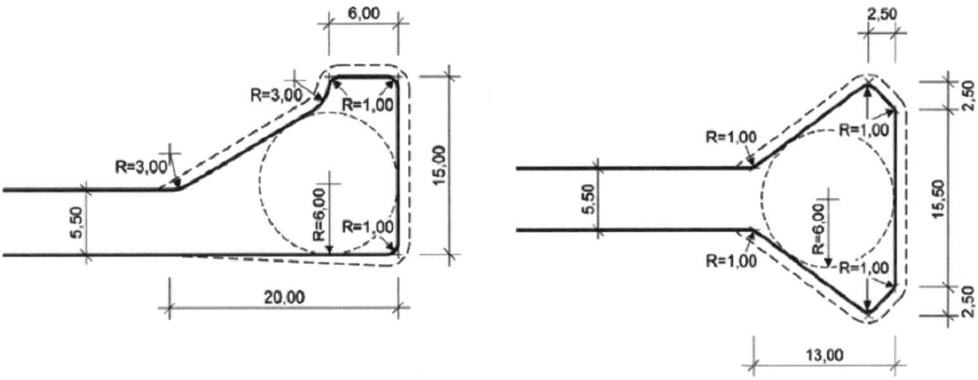

Abb. 6.11: Flächenbedarf für einen ein- und zweiseitigen Wendehammer für Fahrzeuge bis 10,00 m Länge (3-achsiges Müllfahrzeug)

Es gibt symmetrische und unsymmetrische Wendeanlagen. Dabei ist zu beachten, dass beim in Deutschland üblichen Rechtsfahrgebot die unsymmetrischen Wendeanlagen jeweils links liegen sollen. Wendeanlagen, bei denen die Mehrzahl der Fahrzeuge zügig ohne Zurücksetzen wenden kann, sind zu bevorzugen. Sie erfordern aber größere Flächen. Wendeanlagen an Mischflächen und in Verbindung mit Teilaufpflasterungen erhalten keine Begrenzung durch Borde. Der äußere Wendekreisradius ist nach der folgenden Tabelle festzulegen (Abb. 6.12).

Wendeanlagen können die Bildung von Plätzen, städtebaulichen Räumen und von Nachbarschaften unterstützen. Sie werden gern für Kinderspiele genutzt. Andererseits ist das Parken in der Wendeanlage unerwünscht und zu unterbinden, denn eine zugeparkte Wendeanlage verfehlt ihren Zweck. Um die im Bereich der Wendeanlagen üblichen Park- und Halteverbote zu unterstützen, ist beispielsweise die Kombination der Wendeanlage mit Zufahrten zu Garagen und privaten Stellplätzen möglich.

Bemessungsfahrzeug	**Länge**	**Äußerer Wendekreisradius*)**
Pkw	4,74 m	5,85 m
Lieferwagen	6,89 m	7,35 m
Großer Lkw (3-achsig)	10,10 m	10,05 m
Lastzug	18,71 m	10,30 m
Reise-, Linienbus	12,00 m	10,50 m
Müllfahrzeuge 2-achsig 3-achsig	 9,03 m 9,90 m	 9,40 m 10,25 m

*) An den Außenseiten von Wendeanlagen sind Freihaltezonen von 1,00 m Breite für Fahrzeugüberhänge vorzusehen.

Abb. 6.12: Empfehlungen für die Festlegung des Wendekreisradius (Auswahl)

Bei der Planung des Baugebiets und bei der Festlegung der Grundstückszuschnitte ist dringend anzuraten, mindestens im Bereich der Wendeanlagen eine Freihaltezone von 1,00 m bzw. 1,50 m Breite zu berücksichtigen, damit überhängende Fahrzeugteile nicht am Privateigentum anstoßen oder Zäune beschädigen. Können für bestimmte regelmäßig verkehrende Fahrzeuge keine Wendeanlagen geschaffen werden, ist eine Durchfahrtmöglichkeit mit Steck- oder Senkpfosten zu gewährleisten.

6.3.5 Bushaltestellen

Bushaltestellen können am Fahrbahnrand angeordnet werden

- ohne oder mit Markierung auf der Fahrbahn (Abb. 6.14),
- als Haltestellenkaps (Abb. 6.15),
- als Bushaltebuchten (Abb. 6.16 und 6.17).

Form	Einsatzgrenzen
Haltestellen auf der Fahrbahn	geringe bauliche Maßnahmen notwendig. Einsatzgrenzen: bis 750 Kfz/h pro Richtung und Busfolgezeit ≥ 10 Minuten*)
Haltestellenkaps	Bord wird an den Fahrbahnrand geführt. Einsatzgrenzen: bis 750 Kfz/h pro Richtung und Busfolgezeit ≥ 10 Minuten*)
Bushaltebucht	an Hauptverkehrsstraßen bei langen Haltezeiten und Überschreitung der Einsatzgrenzen von Haltestellen auf der Fahrbahn und Haltestellenkaps

*) vgl. Handbuch für die Bemessung von Straßenverkehrsanlagen (HBS)

Abb. 6.13: Einsatzgrenzen für Bushaltestellen in Seitenlage

Nach herkömmlicher Meinung stellen Bushaltebuchten die verkehrstechnisch günstigste Lösung dar, weil der übrige Verkehr während der Haltezeit des Busses weiterhin fließen kann, wenn auch nach den neuen Verkehrsregeln stark verlangsamt. Seitdem jedoch dem Busverkehr in den Städten der Vorrang vor dem Individualverkehr eingeräumt wird, werden Busbuchten oft nicht mehr als die Regellösung angesehen. Allerdings dürfte der Verzicht auf den Bau neuer Busbuchten häufig ideologisch begründet sein, denn nach § 20 (2) StVO genießt der Bus für das Wiedereinfädeln nach dem Halt absoluten Vorrang vor dem übrigen Verkehr.

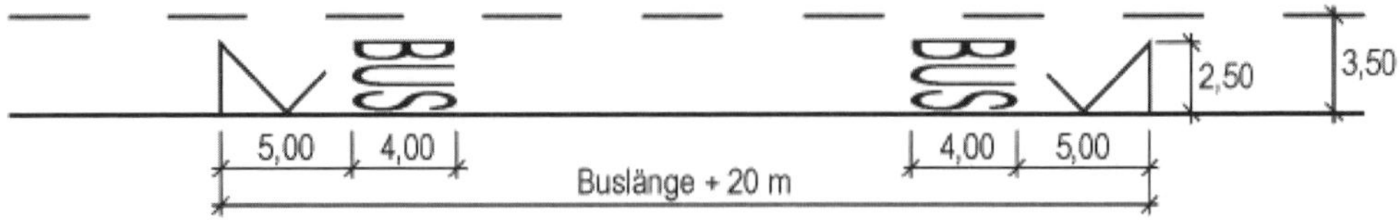

Abb. 6.14: Markierte Bushaltestelle auf der Fahrbahn

Haltestellen auf der Fahrbahn können ohne baulichen Aufwand angelegt und gegebenenfalls auch verlegt werden. Die haltenden Busse stören jedoch den fließenden Individualverkehr. Es besteht verstärkt die Gefahr, dass parkende Fahrzeuge die Busse beim Anfahren der Haltestelle behindern. Von plangleichen Einmündungen soll aus Gründen der Verkehrssicherheit ein Abstand von 30 m nicht unterschritten werden, schon um die erforderliche Knotenpunktsicht zu gewährleisten.

Haltestellenkaps unterbrechen den seitlichen Parkstreifen und springen bis zur Fahrbahn vor, sind also bereits mit baulichen Maßnahmen verbunden. Sie eignen sich besonders bei hohem Parkdruck, da keine Ein- und Ausfahrstrecken freizuhalten sind. Sie erhöhen die Sicherheit der Fahrgäste und vereinfachen die Radverkehrsführung. Zudem haben sie wegen der Parallelität der Fahrbahnränder und des Verzichts auf Fahrbahnerweiterungen Vorteile bei der Stadtgestaltung und beim Winterdienst.

Ebenso wie bei Haltestellen auf der Fahrbahn wird während des Bushaltes der Fluss des übrigen Verkehrs stark gestört. Im Vergleich mit den Haltestellen auf der Fahrbahn ist allerdings als Vorteil zu vermerken, dass keine anderen Fahrzeuge vor der Haltestelle parken. Haltestellenkaps eignen sich bis zu einem *MSV* von 750 Kfz/h und für mehr als 10-Minuten-Abstände zwischen den Bussen (Abb. 6.15).

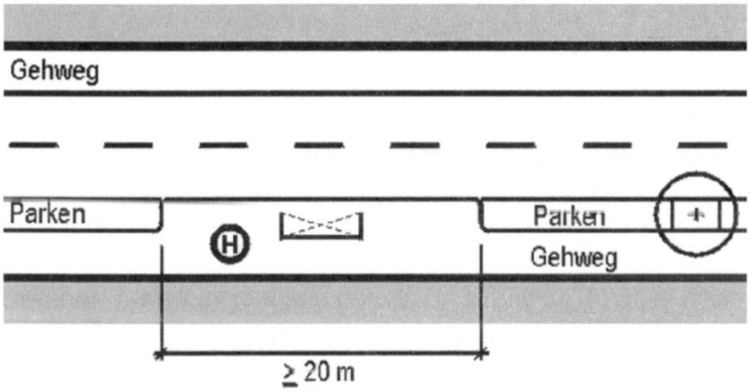

Abb. 6.15: Haltestellenkap

Bushaltebuchten stellen, wie erwähnt, die klassische und aufwendigste Lösung dar. Auf diese sollte an Schulbushaltestellen, an Landstraßen, bei längeren Busverweilzeiten, in unübersichtlichen Situationen und bei stärkerem Verkehr (Abb. 6.16) nicht verzichtet werden.

Die verschiedenen technischen Regelwerke stimmen in ihren Angaben über die Abmessungen von Bushaltebuchten nicht genau überein, die Abweichungen sind jedoch unwesentlich. Die Vorgaben der RASt beziehen sich weitgehend auf städtische Situationen. Die Länge der eigentlichen Haltestellenkante hängt davon ab, ob ein einzelner Bus, ob zwei Busse oder ob ein Gelenkbus der Regelfall für den Bushalt sind. Schwierigkeiten ergeben sich, wenn Radwege durch den Bereich der Bushaltestelle geführt werden müssen, weil die aussteigenden Busfahrgäste durch die oft mit beträchtlicher Geschwindigkeit fahrenden Radfahrer erheblich gefährdet sind. Hier muss ein ausreichender seitlicher Abstand zwischen dem haltenden Bus und dem Radweg eingehalten werden.

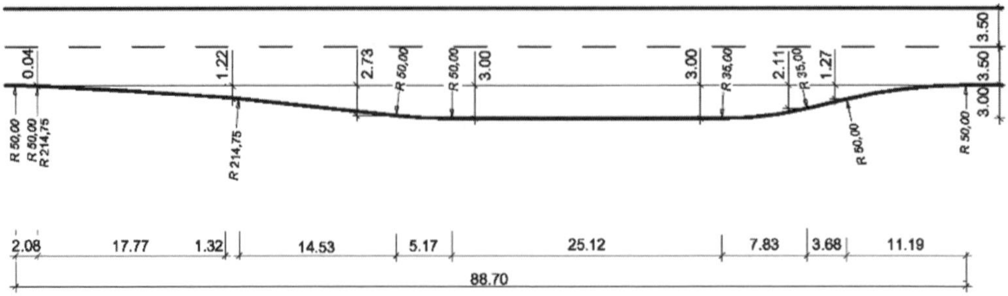

Abb. 6.16: Bemessung von Bushaltebuchten

Bushaltebuchten im Bereich von Knotenpunkten sollten vor dem Knotenpunkt liegen und ein direktes Verlassen des Busses in den Knotenpunktbereich ermöglichen. Im Regelfall geschieht dies durch einen Vorlauf in der Signalsteuerung.

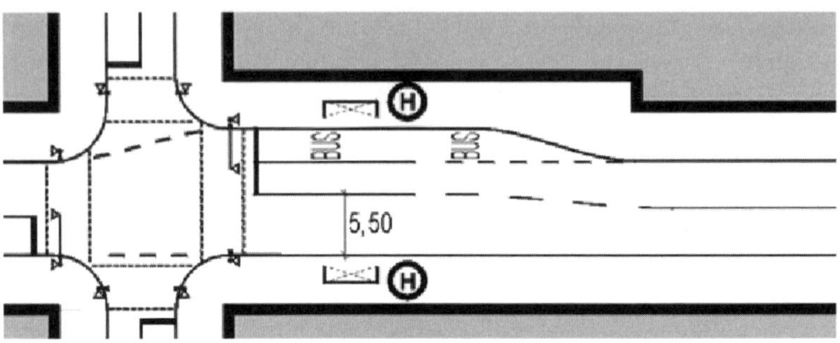

Abb. 6.17: Bushaltebuchten im Knotenpunktbereich

Die Führung der Busse auf eigenen seitlichen Haltefahrbahnen soll hier nur am Rande als aufwendige, verkehrstechnisch aber ideale Lösung erwähnt werden. Sie stellt bereits den Übergang zum Busbahnhof dar – vgl. „Empfehlungen für Planung und Betrieb des öffentlichen Personennahverkehrs".

6.4 Anlagen des ruhenden Verkehrs

6.4.1 Grundsätze für das Kfz-Parken

Bezieht man sämtliche in Deutschland registrierten Kraftfahrzeuge auf das vorhandene Straßennetz, so stehen für ein Fahrzeug im Mittel ca. 12,50 m öffentliche Straßenlänge zur Verfügung. Selbstverständlich besitzt ein Großteil der Eigentümer eine eigene Stellfläche, trotzdem offenbart die genannte Relation das Problem der fehlenden Parkplätze besonders in den Städten. Zudem versuchen viele Städte, über eine Verknappung der Parkmöglichkeiten den Zufluss des motorisierten Individualverkehrs in die Innenstädte zu steuern. Wo jedoch kein attraktiver ÖPNV als Alternative das Bedürfnis nach Mobilität schnell und preiswert befriedigen kann, dort veröden bei fehlenden Abstellmöglichkeiten für Privatfahrzeuge die Innenstädte, mit der Folge einer immer größer werdenden Zahl von leerstehenden Geschäften.

Diese Überlegungen geben einen Hinweis darauf, wie tief die Bereitstellung oder Verknappung des Park- bzw. Stellplatzangebots in die sozioökonomischen Verhältnisse der Städte eingreift. Kenntnisse über die Anlagen des ruhenden Verkehrs gehören deshalb unbedingt zum Standardwissen des Straßenbauingenieurs.

Wenn auch das öffentliche Baurecht zwischen den (öffentlichen) Parkplätzen und den (privaten) Stellplätzen unterscheidet, so besteht bautechnisch kein Unterschied. Im Folgenden wird deswegen nur von Parkplätzen und Parkflächen gesprochen, gleichgültig, ob sie öffentlich oder privat sind.

Bei der Planung von Parkplätzen mit ihren Zu- und Abfahrtswegen sind folgende Größen zu beachten:

- Abmessungen und Bewegungsvorgänge (Lenkeinschläge) der Fahrzeuge,
- Aufstellarten nach Richtung und Winkel,
- Parkstandabmessungen,
- Fahrgassenbreiten zur An- und Abfahrt von den Parkständen,
- sonstiger Flächenbedarf für Begrünung, Fußwege, Lichtmasten und eventuelle Einrichtungen zur Gebührenerhebung.

Bei den Aufstellarten werden drei Winkelbereiche unterschieden:

1. Längsaufstellung ($\alpha = 0$ gon)
2. Schrägaufstellung (50 gon $\leq \alpha <$ 100 gon)
3. Senkrechtaufstellung ($\alpha = 100$ gon)

Außerdem ist sowohl bei der Längs- als auch bei der Senkrechtaufstellung zu unterscheiden, ob vorwärts oder rückwärts eingeparkt wird. Für das Rückwärtseinparken wird weniger Rangierfläche benötigt.

Die Längsaufstellung wird i. d. R. nur am Fahrbahnrand benutzt, für Parkplätze ist sie zu flächenaufwendig. Man geht heute nur noch vom Rückwärtseinparken aus, wobei 17 Pkw auf 100 m Länge untergebracht werden können.

Die Schrägaufstellung erlaubt ein zügiges und bequemes Einparken und unterstützt eine eindeutige Verkehrsführung. Auf Parkplätzen ist damit eine gute Flächenausnutzung zu erzielen. Unter Beachtung der Parkstandabmessungen lassen sich je 100 m Länge in Abhängigkeit vom Aufstellwinkel etwa 36 Pkw unterbringen.

Bei der Senkrechtaufstellung wird eigentlich der geringste Parkraum je Fahrzeug benötigt. Allerdings erfordert das Ein- und Ausparken eines Fahrzeugs eine breite Fahrgasse, weshalb diese Form des Parkens an stärker befahrenen Straßen nicht in Frage kommt. Die Fahrgassenbreiten erlauben wahlweise Ein- und Zweirichtungsverkehr. Auf 100 m Länge lassen sich mindestens 40 Pkw unterbringen.

Als Regelbreite werden für Pkw 1,75 m bis 1,80 m angenommen. Dementsprechend soll ein Pkw-Parkstand bei Längsaufstellung eine Breite von 2,00 m, mindestens aber 1,80 m haben.

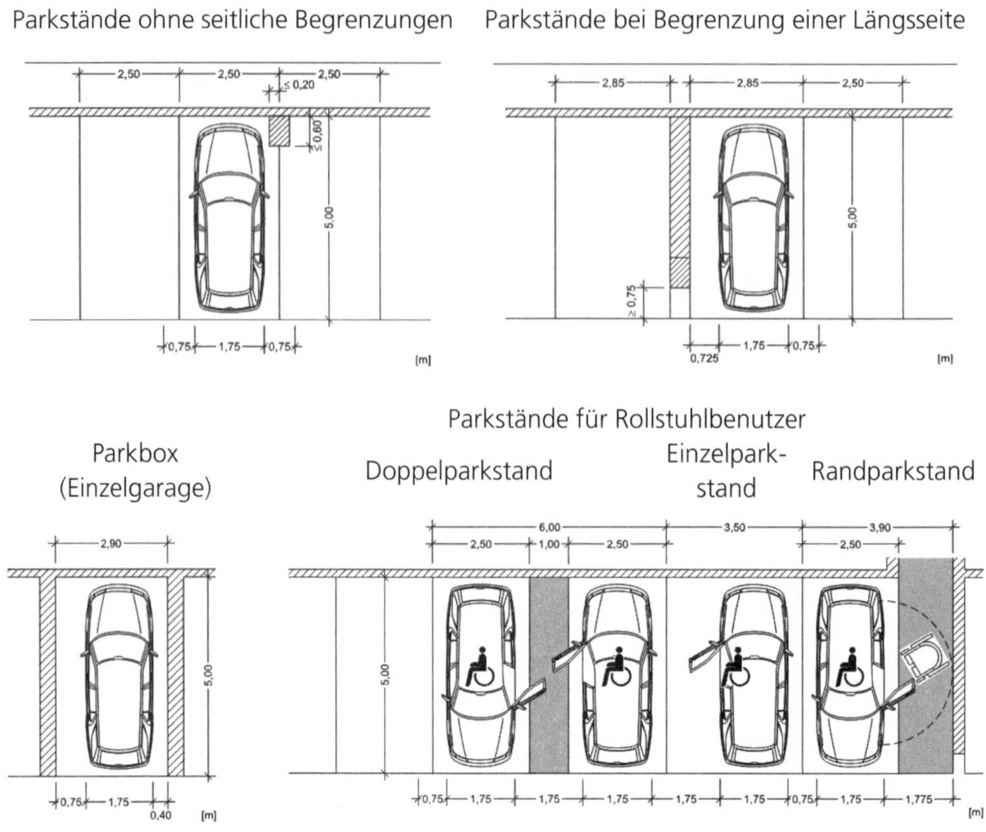

Abb. 6.18: Grundmaße für Pkw-Parkstände

Bei der senkrechten und bei der Schrägaufstellung muss als seitlicher Sicherheits- und Bewegungsspielraum für das Rangieren und als Raum für das Öffnen der Türen ein seitlicher Abstand von 0,75 m, mindestens aber 0,55 m zwischen den Pkw bzw. bis zu eventuell vorhandenen festen Bauwerksteilen wie z. B. Wänden, Stützen, Brüstungen und dgl. vorhanden sein. Die erforderlichen Parkstandbreiten betragen somit (Abb. 6.18):

ohne daneben befindliche feste Bauteile	*b* = 2,50 m, mindestens aber 2,30 m
mit einseitig angrenzenden festen Bauteilen	*b* = 2,85 m, mindestens aber 2,60 m
zwischen beiderseits angrenzenden festen Bauteilen	*b* = 2,90 m, mindestens aber 2,70 m

Nach den EAR kann die Parkstandbreite im vorderen Bereich des Parkstandes, wo die Minderbreite nicht stört, bis auf 2,10 m verringert werden. Verschiedene Länderbauordnungen lassen allerdings zwischen den Parkständen keine Einbauten zu. Dagegen können die am Rand befindlichen Parkstände, die seitlich durch einen Hochbord begrenzt werden, auf 2,25 m Breite reduziert werden. Die Parkstandbreite für Rollstuhlbenutzer beträgt 3,50 m, neben Wänden und dgl. 3,90 m. Für Busse und Lkw ist eine Breite von 3,50 m anzusetzen.

Die Parkstandtiefe *t* wird senkrecht zur Fahrgassenachse gemessen. Sie ist von der Art der Aufstellung und des Dimensionierungsfahrzeugs und vom Aufstellwinkel α abhängig und wird für senkrecht parkende Pkw beispielsweise auf 5,00 m festgelegt. Das Maß *t* wird dem Diagramm Abb. 6.20 entnommen.

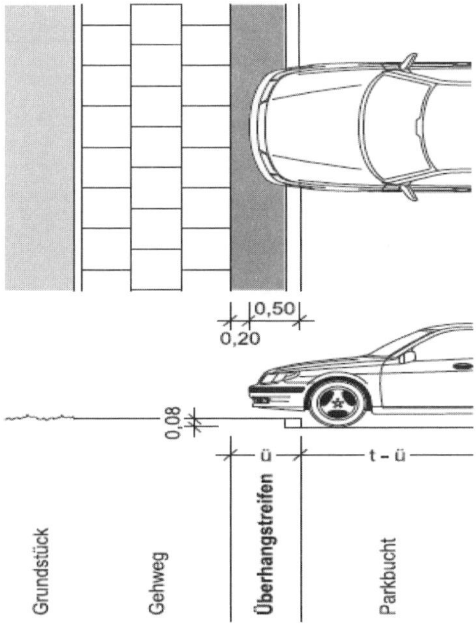

Abb. 6.19: Überhangstreifen am Bordstein

Es ist jedoch zu beachten, dass die Parkstandtiefe mit der Bautiefe der Stellfläche nicht identisch ist, wenn diese durch einen Hochbord gegen einen daran angrenzenden Gehweg oder dgl. abgegrenzt ist (Abb. 6.19). In diesem Fall rollen die einparkenden Fahrzeuge so weit vor, bis sie mit den Vorderrädern an den Bordstein stoßen. Der sog. Überhangstreifen mit der Breite *ü* wird dem Gehweg nicht zugerechnet; er entspricht übrigens dem ohnehin freizuhaltenden seitlichen Sicherheitsraum neben dem fließenden Verkehr, wie er von der Querschnittsausbildung her bekannt ist. Die Breite des Überhangstreifens wird unabhängig vom Aufstellwinkel mit *ü* = 0,70 m, mindestens aber 0,50 m angegeben. Dementsprechend kann die Bautiefe bei der Schräg- und Senkrechtaufstellung in den meisten Fällen auf das Maß *t* – *ü* verringert werden.

Die Geometrie des Einparkvorgangs erfordert Sicherheitsabstände zum Nachbarfahrzeug von mindestens 0,20 m auf der Fahrerseite und 0,40 m auf der Beifahrerseite (Abb. 6.20). Danach bestimmt sich die Fahrgassenbreite *g*. Die Mindestbreite bei Einrichtungsverkehr ist *g* = 2,40 m. Die Fahrgassenbreite darf *g* = 6,00 m nicht überschreiten, weil sonst Fahrzeuge verkehrswidrig in der Fahrgasse abgestellt werden. Die Abhängigkeiten zwischen der Parkstandtiefe *t* und dem Aufstellwinkel α bei Einzel- und Doppelaufstellung sind der Abb. 6.20 zu entnehmen. Sämtliche Maße sind in Abb. 6.22 zusammengestellt.

Begrünte Flächen und Bäume („Straßenbegleitgrün") lockern im Wechsel mit den Abstellflächen für Kraftfahrzeuge das Bild auf und tragen wesentlich zur städtebaulichen Eingliederung der Parkplätze bzw. -flächen bei. Außerdem verbessern sie das Stadtklima, wie überhaupt schattenspendende Bäume in den Sommermonaten sehr geschätzt werden. Es sollte aber darauf geachtet werden, dass bestimmte Baumarten, z. B. Pappeln, bei Wärme Harztröpfchen absondern („tränen"), die zu Lackschäden führen können. Bei Grünstreifen sind genügend Fußgängerüberwege anzuordnen, um ein wildes Überqueren zu vermeiden.

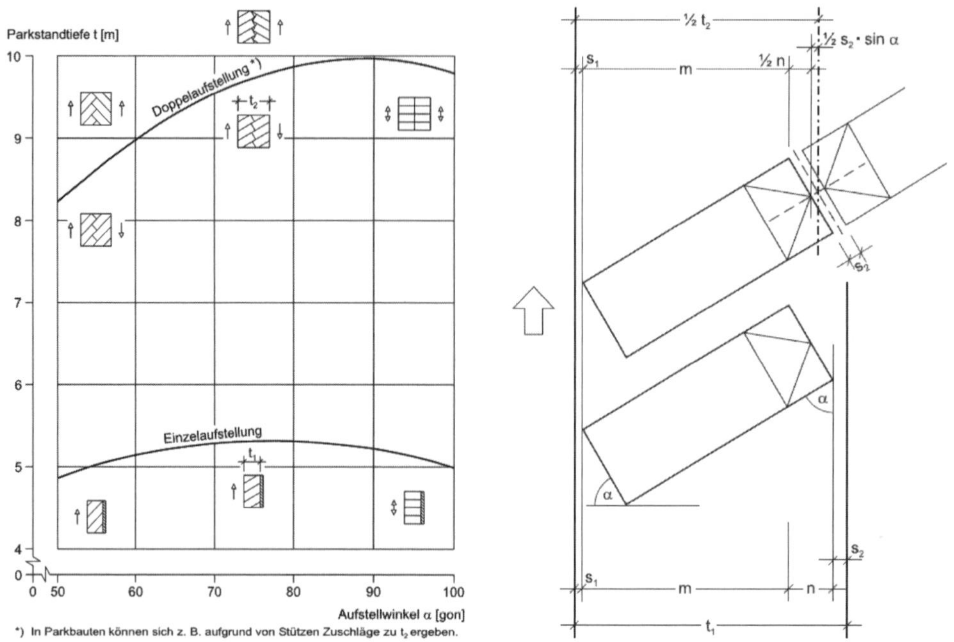

Doppelaufstellung

(Fahrzeug/Fahrzeug)

$t_2 = 2\,(s_1 + m + {}^1/_2\,(n + s_2 \cdot \sin\alpha))$

Einzelaufstellung (Fahrzeug/Wand)

$t_1 = (m + n + s_1 + s_2)$

mit:

m Fahrzeuglänge · sin α

n Fahrzeugbreite · cos α

Abb. 6.20: Tiefe und Geometrie der Parkstände in Abhängigkeit vom Aufstellwinkel

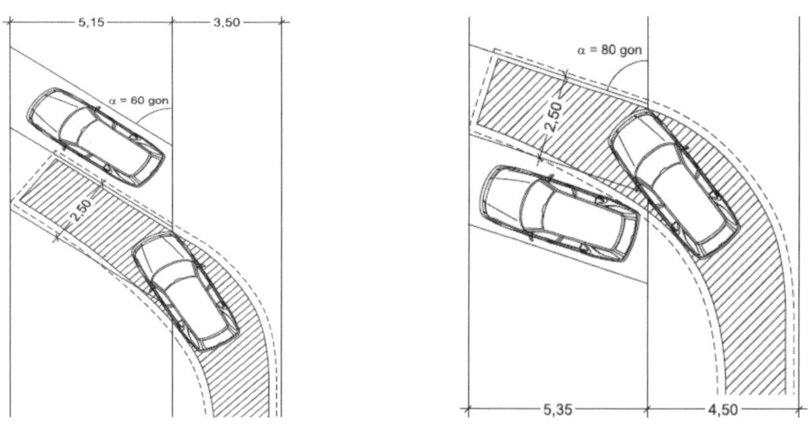

Abb. 6.21: Beispiele zur Fahrgassenbreite in Abhängigkeit vom Aufstellwinkel

	Aufstell-winkel a [gon]	Tiefe ab Fahr-gassen-rand t – ü [m]	Breite des Überhang-streifens ü [m]	Breite des Park-stands b [m]	Straßenfrontlänge l [m] beim Einparken vorwärts	rückwärts	Fahrstreifen bzw. Fahrbahnbreite g [m] beim Einparken vorwärts	rückwärts
Längsaufstellung 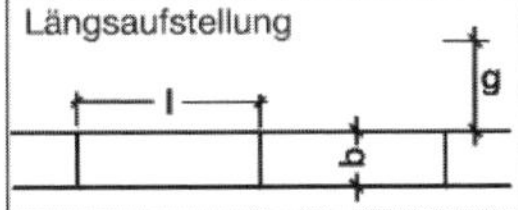	0			2,00	6,70[1]	5,70 5,20[2]	3,25	3,50
Schrägaufstellung 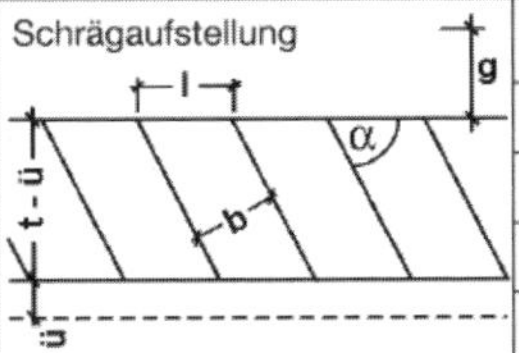	50	4,15	0,70	2,50	3,54		3,00	
	60	4,45	0,70	2,50	3,09		3,50	
	70	4,60	0,70	2,50	2,81		4,00	
	80	4,65	0,70	2,50	2,63		4,50	
	90	4,55	0,70	2,50	2,53		5,25	
Senkrechtaufstellung 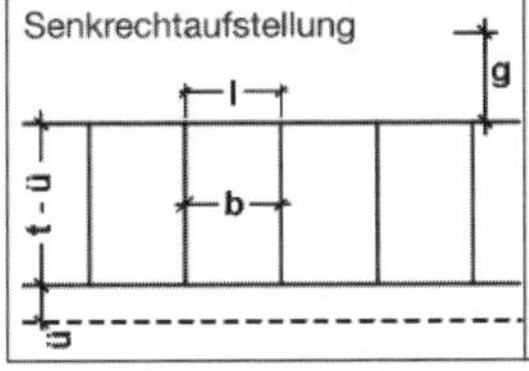	100	4,30	0,70	2,50	2,50	2,50	6,00	4,50

[1] In Sonderfällen, z. B. um Behinderungen im Radverkehr beim Rückwärtseinparken zu vermeiden
[2] Durchschnittswert ohne Markierung

Abb. 6.22: Abmessungen von Parkständen und Fahrgassen für Pkw

6.4.2 Parkflächen für Kraftfahrzeuge im Straßenraum

Wo genügend Breite im Querschnitt einer Stadtstraße zur Verfügung steht, werden – sofern es die städtebauliche Situation erlaubt – Parkmöglichkeiten am Fahrbahnrand geschaffen. Die Wahl der zweckmäßigsten Aufstellart richtet sich nach der zur Verfügung stehenden Breite und der Verkehrsbedeutung der Straße.

Auf den Ortsstraßen stellt die Längsaufstellung die gebräuchlichste Art des Parkens dar. Längsparkstreifen können als Parkbuchten im Schutz vorgezogener Bordsteine oder einfach am Fahrbahnrand ausgewiesen werden. Die Anordnung von Parkbuchten ist vorzuziehen, weil

- an den Knotenpunkten und Überwegen die zu überquerende Breite geringer und dadurch die Situation für die Fußgänger und Radfahrer eindeutiger und sicherer ist und
- die Parkbuchten durch Baumscheiben und andere Grünflächen unterbrochen werden können und dadurch das Stadtbild verschönert wird.

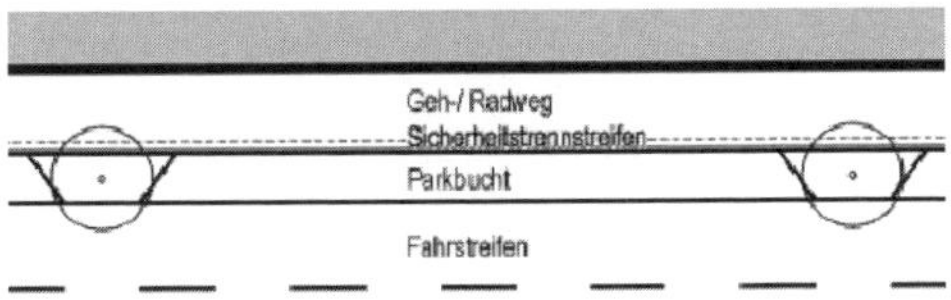

Abb. 6.23: Parkbuchten mit Längsaufstellung

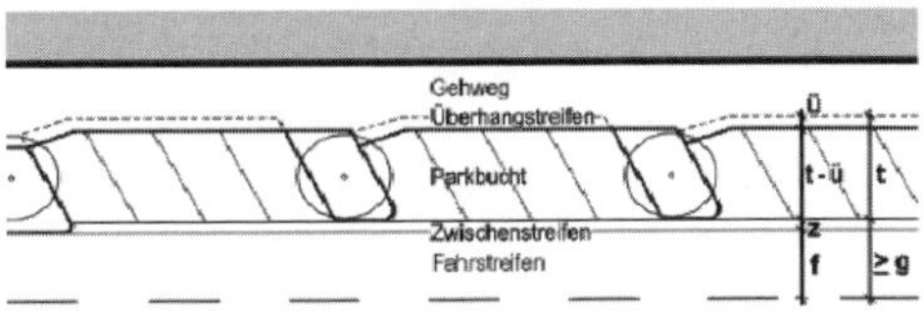

Abb. 6.24: Parkbuchten mit Schrägaufstellung

Bei der Längsaufstellung ist eine Reglementierung in Form einer Markierung der Parkstände nicht unbedingt erforderlich. Eine markierte Einteilung ist nur dann zu empfehlen oder sogar vorgeschrieben, wenn

- Parkuhren angebracht werden,
- das Parken einem bestimmten Kreis von Berechtigten vorbehalten sein soll, z. B. der Polizei, Taxen oder Schwerbehinderten,
- verkehrsberuhigte Bereiche dies erfordern.

Bei breiteren Parkstreifen kann die Schrägaufstellung angeordnet werden, jedoch soll der Aufstellwinkel nicht kleiner als 50 gon sein. Die Schrägaufstellung ermöglicht ein rasches Einparken ohne wesentliche Behinderung des nachfolgenden Verkehrs. Dagegen muss beim Ausparken das Fahrzeug zurückgesetzt werden, was zu Behinderungen des fließenden Verkehrs führen kann. Wenn diese Behinderungen auf den äußersten Fahrstreifen beschränkt bleiben sollen, dann müssen Zwischenstreifen von entsprechender Breite vorgesehen werden (Abb. 6.24). Meistens kommt die Schrägaufstellung nur an Straßen mit geringerer Verkehrsbelastung in Frage. Parkflächen in Mittelstreifen sollten i. d. R. an Hauptverkehrsstraßen als Schrägparkstände in Parkbuchten angelegt werden.

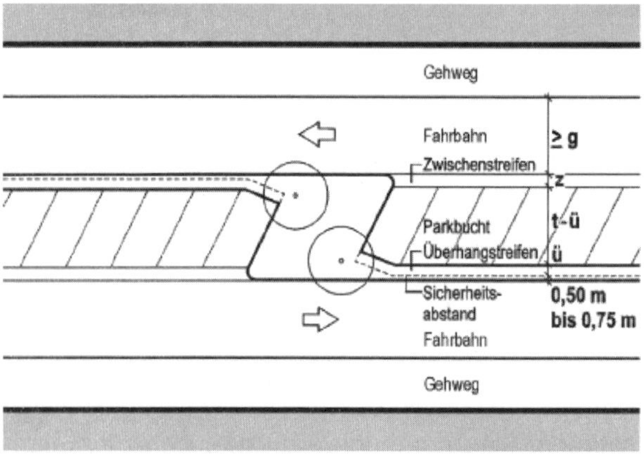

Abb. 6.25: Mögliche Anordnung von Parkbuchten im Mittelstreifen

Die Senkrechtaufstellung kann nur an Straßen mit sehr geringem Verkehr in Frage kommen, weil zum Ein- und Ausparken noch mehr Manövrierfläche benötigt wird als beim Schrägparken. Bei geringerer Fahrbahnbreite müssen die Parkstreifen um das fehlende Maß von der Fahrbahn abgesetzt werden. Diese Flächen werden nicht selten widerrechtlich zum Parken in der zweiten Reihe zweckentfremdet.

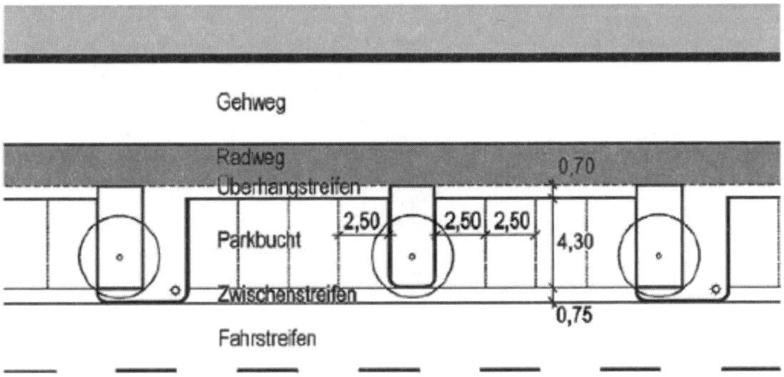

Abb. 6.26: Parkbuchten mit Senkrechtaufstellung

Eine weniger bekannte Anordnung der Parkstände, die sich besonders für die Umgestaltung von Straßenräumen in den Innenstädten im Rahmen der Verkehrsberuhigung eignet, stellt das Blockparken dar. Der Straßenraum wird dabei in der Weise untergliedert, dass neben den längsgeführten Gehwegen und einer Fahrgasse die Parkstände blockweise angelegt werden und die Fahrzeuge parallel zur Straßenachse stehen. Die Parkblöcke können auch wechselseitig angeordnet werden und bilden dann einen Versatz (Abb. 6.27).

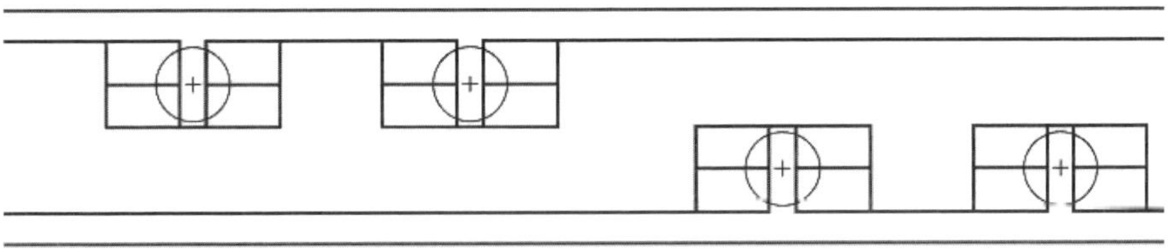

Abb. 6.27: Verkehrsberuhigung durch Blockparken

Für häufig und regelmäßig stattfindende Be- und Entladevorgänge im Straßenraum ist die Anordnung von Ladebuchten zweckmäßig. Ansonsten erfolgt die Anordnung von Ladestreifen vor Schräg- oder Senkrechtparkständen, die durch entsprechende Materialwahl, soweit möglich, den Seitenräumen zugeordnet werden. Der jeweils notwendige Flächenbedarf für die Lieferfahrzeuge ergibt sich aus Abb. 6.28.

Mindestflächenbedarf von Lieferfahrzeugen	**Breite**	**Länge**
Lieferwagen und kleine Lastkraftwagen	2,30 m	10,00 m – 12,00 m
Große Lastkraftwagen	2,50 m	12,00 m – 14,00 m
Sattelzüge	2,50 m	16,50 m
Zusätzlicher Flächenbedarf	**Fläche**	
Abstellflächen für gelieferte Waren	$3{,}00\ m^2 - 5{,}00\ m^2$	

Abb. 6.28: Flächenbedarf für das Liefern und Laden

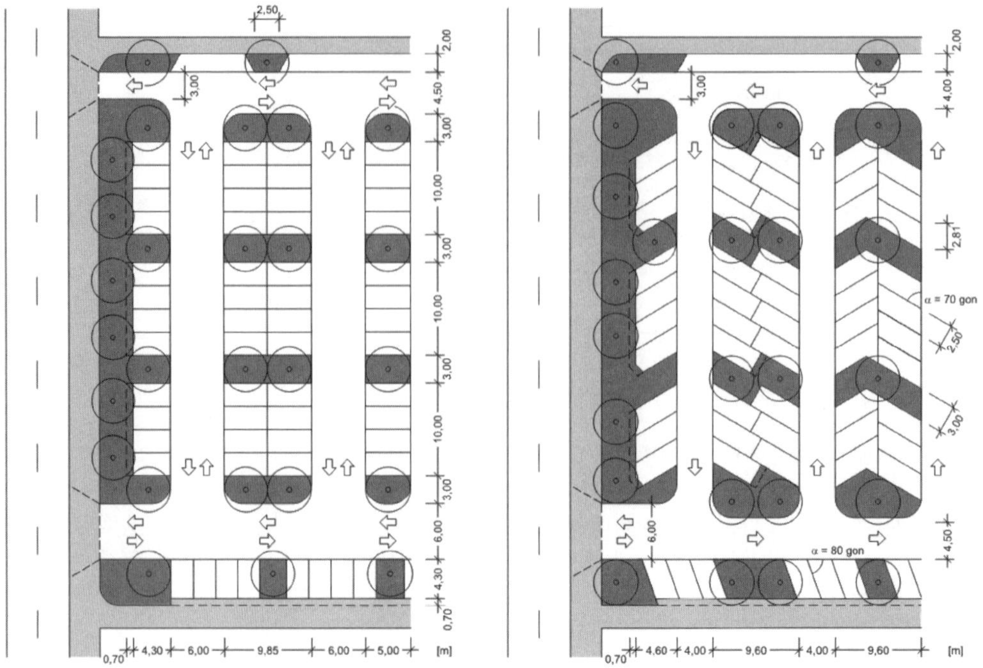

Abb. 6.29: Mögliche Einteilung der Parkbuchten auf einem Pkw-Parkplatz

Für größere Parkflächen bzw. Parkplätze muss mit Hilfe der vorgenannten Angaben (Abb. 6.22) die für die Fläche günstigste Einteilung in Parkgassen und Parkstände gesucht werden (Abb. 6.29).

6.4.3 Kfz-Abstellanlagen außerhalb des Straßenraums

Kfz-Abstellanlagen außerhalb des Straßenraums müssen das Angebot an Parkmöglichkeiten im Straßenraum in den verschiedensten städtebaulichen Situationen ergänzen, so z. B. am Rande der Fußgängerzonen, an den Orten von Großveranstaltungen, in der Nähe der Freizeiteinrichtungen, als Sammelstellplätze in dichtbesiedelten Wohngebieten oder als Abstellanlagen an U- bzw. S-Bahn-Stationen (park and ride, bike and ride). Je nach den örtlichen Gegebenheiten können diese ebenerdig oder mehrgeschossig in Tiefgaragen, Parkhäusern sowie in automatischen Parkanlagen untergebracht werden. Parkhäuser und mechanische Pkw-Förderanlagen sollen hier nicht behandelt werden, weil sie schon in die Bereiche der Architektur bzw. des Maschinenbaus fallen. Die einzuhaltenden Abmessungen der Parkstände wurden oben bereits erläutert. Unter Beachtung der unterschiedlichen Arten der Anordnung und des jeweiligen Grundrisses der zu überplanenden Fläche ergibt sich eine Vielzahl möglicher Alternativen.

Abstellanlagen für Busse, Lkw, Gelenkbusse, Last- und Sattelzüge erfordern eigene Abmessungen, z. B. bei Rastanlagen (hierzu siehe auch die „Empfehlungen für Rastanlagen an Straßen (ERS)“ der FGSV).

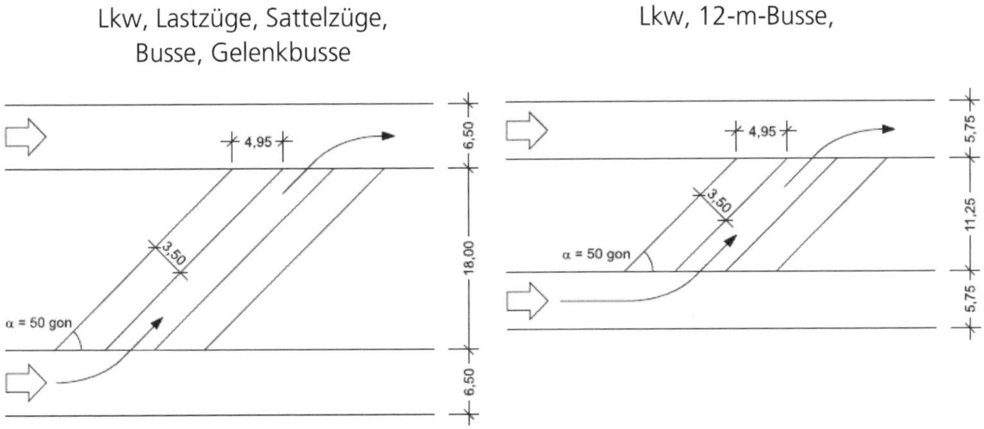

Abb. 6.30: Parkbuchten (Schrägaufstellung) für Lkw und Busse

6.4.4 Abstellanlagen für Fahrräder

Zur Förderung des Fahrradverkehrs darf sich der Planer nicht auf die fahrradgerechte Ausbildung der Wege und der Knotenpunkte beschränken, sondern es sind auch bedarfsgerechte Abstellanlagen für Fahrräder zu schaffen. Sie sind an allen von Radfahrern stärker frequentierten Zielen wie Schulen, Einkaufsbereichen, Bädern, Freizeiteinrichtungen, Sportanlagen, am Rand von Fußgänger- und Wohnbereichen, an Bahnhöfen und wichtigen Haltestellen des ÖPNV einzurichten. Dabei sollen sie so angelegt sein, dass die verbleibenden Fußwege möglichst kurz sind. Fahrradabstellplätze sollten günstig im Radwegenetz liegen und gut einsehbar sein, damit nicht dem Diebstahl und Vandalismus Vorschub geleistet wird.

Ein Fahrrad nimmt am Lenker eine Breite von etwa 0,60 m ein, im Übrigen etwa 0,25 m. Die Länge beträgt 1,90 m bis 2,00 m, die Höhe etwa 1,00 m. Fahrräder mit Kindersitz weisen eine Höhe bis 1,50 m auf. Ein am Fahrrad befestigter Korb ergibt eine Breite von etwa 0,45 m.

Man kennt verschiedene Formen der Aufstellung. Zu unterscheiden ist insbesondere zwischen der Aufstellung in einer Ebene und der höhenversetzten Aufstellung. Bei der Letzteren wird zwar Platz gespart, jedoch auf Kosten von Beschädigungen an den Rädern durch gegenseitiges Verhaken und mit dem Nachteil der schlechteren Zugänglichkeit von der Seite her, etwa zum Abschließen.

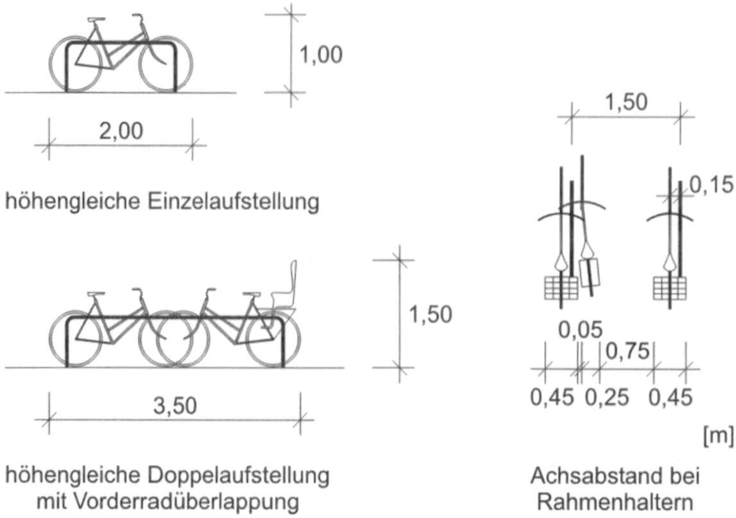

Abb. 6.31 Raumbedarf und Achsabstände beim Abstellen von Fahrrädern

Bei freier Aufstellung an Lenker- oder Vorderradhaltern sind Systeme zu wählen, bei denen sich durch ein mögliches Kippen unter dem Eigengewicht keine Beschädigungen ergeben können. Der Abstand zwischen den Längsachsen der Fahrräder muss bei bequemer Zugänglichkeit 1,20 m, für den Fall der beengten Zugänglichkeit mindestens 0,80 m betragen. Rahmenhalter sind stabiler und eröffnen bessere Möglichkeiten zum Anketten; sie können ein- oder beidseitig benutzt werden. Für die einseitige Nutzung sollte der Achsabstand 1,20 m und für die beidseitige Nutzung 1,50 m groß sein.

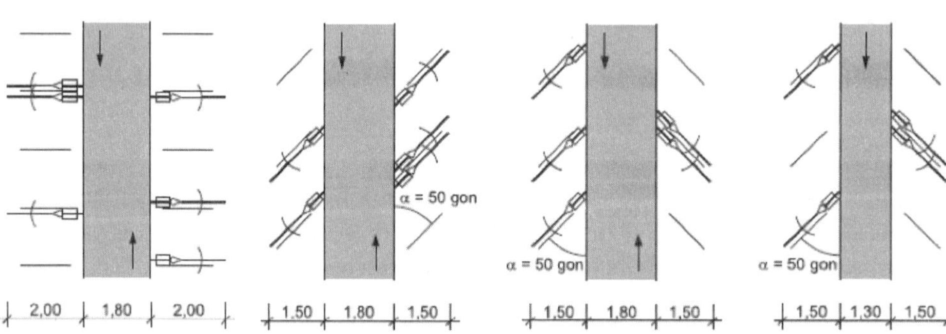

Abb. 6.32: Abmessungen für Senkrecht- und Schrägaufstellung sowie der Fahrgassen

Auch bei Fahrradabstellanlagen kennt man die Schrägaufstellung. In diesem Fall verringern sich die Standtiefen gemäß Abb. 6.32. Der Abstand zwischen den Fahrrädern beträgt dann 0,80 m. In der Abbildung sind die notwendigen Gassen zwischen den Fahrradreihen ersichtlich, die je nach Aufstellwinkel 1,30 m bis 1,80 m breit sein sollen.

6.5 Borde und Aufpflasterungen

6.5.1 Hochborde und ihre Absenkungen

Hochborde sind nicht erst eine Erfindung der Neuzeit. Bereits im antiken Pompeji wurden die straßenbegleitenden Gehwege von den Fahrbahnen durch Hochborde abgetrennt. An den Kreuzungen erleichterten Schrittsteine, deren Höhe denen der Gehwege angepasst war, das Überqueren der Fahrbahn. Sie sorgten zugleich für ein Überqueren trockenen Fußes bei Regen sowie für eine Geschwindigkeitsdämpfung der Pferde und Fuhrwerke.

Heute haben Hochborde die Aufgabe, die Fußgänger- und auch Radverkehrsflächen deutlich erkennbar vom Verkehrsraum der Kraftfahrzeuge zu trennen, den Kfz-Verkehr optisch zu führen und den Fußgängern eine gewisse Sicherheit vor dem fließenden Verkehr zu bieten. Nebenbei können sie in Verbindung mit den anschließenden Bordrinnen (vgl. Abb. 4.4) zudem die maschinelle Straßenreinigung erleichtern.

Die Bordhöhen sind nicht genormt, schon weil sie zur Gewährleistung der Entwässerung beispielsweise im Bereich von Pendelrinnen variabel bleiben müssen. Üblicherweise haben Borde eine Höhe von etwa 12 cm, auf Brücken im Bereich von Ortsdurchfahrten mit V_{zul} = 50 km/h auch bis zu 20 cm. Teilweise werden halbhohe Borde ausgeführt, besonders wenn wegen der Ein- und Ausparkvorgänge mit dem Überfahren gerechnet werden muss.

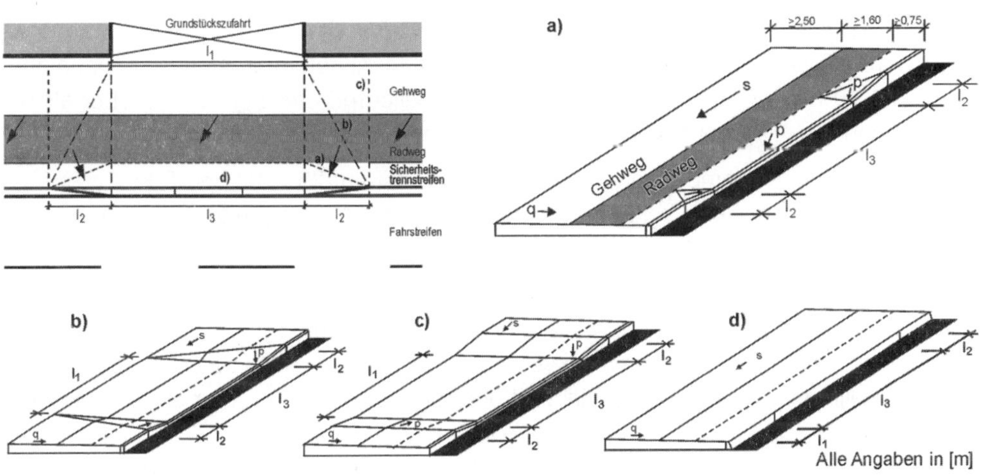

Abb. 6.33: Bordsteinabsenkungen an Rad-/Gehwegüberfahrten

An den dafür vorgesehenen Überquerungsstellen für Fußgänger müssen die Borde auf eine Höhe von 2 cm bis 3 cm abgesenkt werden, um Personen mit Kinderwagen das Überqueren zu erleichtern und den Rollstuhlfahrern überhaupt erst zu ermöglichen. An den Überquerungsstellen der Radfahrer sollte überhaupt kein Bord ausgebildet werden (Bordhöhe 0 cm).

Bordabsenkungen sind somit vorzusehen:

a) an Überwegen und Grundstückszufahrten

   Es bieten sich vier verschiedene Formen der Bordabsenkung an (Abb. 6.33). Dabei ist zu beachten, dass zur Gefahrenverminderung bei Glatteis die Schrägneigung $p = 6$ % an keiner Stelle überschritten werden darf. In Deutschland ist die Variante a) der vier abgebildeten Alternativen mit einer Abschrägung nur im Bereich des Sicherheitstrennstreifens mit $p > 6$ % die gebräuchlichste. Rad- und Gehweg erhalten dabei keine Schrägneigung. Die Variante d) sollte, wenn überhaupt, wegen der fahrdynamisch harten Form nur bei sehr schwach belasteten Grundstückszufahrten vorkommen.

b) an den Überquerungsstellen bei den Eckausrundungen der Knotenpunkte

   Befinden sich zwei benachbarte Bordabsenkungen ohne Anrechnung der dazugehörigen Verziehungen („Hänger") in einem geringeren (gekrümmt gemessenen) Abstand als 7,00 m, dann ist es zweckmäßig, die Absenkungen miteinander zu verbinden.

6.5.2 Aufpflasterungen

Zur Vermeidung unangemessener Geschwindigkeiten können im Ortsbereich bauliche Maßnahmen ergriffen werden.

Mit Teilaufpflasterungen können Geschwindigkeiten zwischen 25 km/h und 35 km/h erreicht werden. Die Fahrbahn wird um 8 cm bis 10 cm angehoben und mit Rampenneigungen von 1:10 bis 1:7 ausgebildet. Die Länge der Teilaufpflasterung sollte größer als der Achsabstand der regelmäßig vorkommenden Fahrzeuge sein.

Plateaubefestigungen dämpfen die Pkw-Geschwindigkeit auf 25 km/h bis 30 km/h. Sie werden so breit ausgebildet, dass beidseits eine befahrbare Breite von 0,8 m bis 1,0 m für den Radverkehr verbleibt. Bei Linienbusverkehr darf die Breite des Plateaus 1,70 m nicht überschreiten und die Rampen müssen deutlich flacher mit Neigungen < 1:25 ausgebildet werden.

Beim Einbau von Teilaufpflasterungen ist die Verkehrssicherheit aller Verkehrsteilnehmer zu gewährleisten. Raue Pflasterdecken verändern den Geräuschcharakter und werden oft als Lärmquelle empfunden. Weiterhin sind derartige Maßnahmen mit dem Winterdienst abzustimmen.

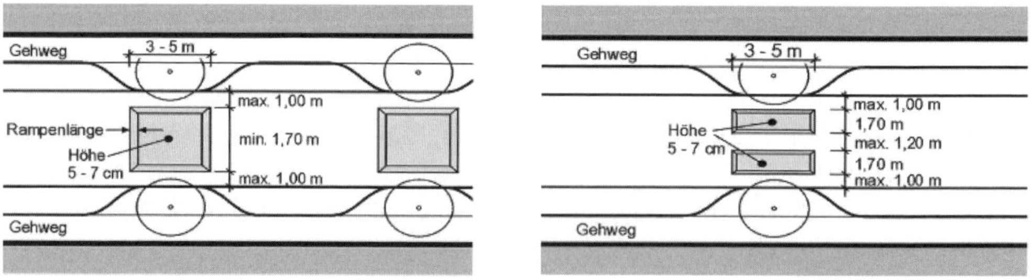

Einfache Plateaupflasterung — Geteilte Plateaupflasterung

Abb. 6.34: Abmessungen von Plateaupflasterungen

7 Der Umweltschutz in der Straßenplanung

7.1 Bedeutung des Umweltschutzes für die Planung

Straßenplanung und Umweltschutz erscheinen zunächst als unvereinbare Ziele. Jedoch ist es aktuell dringender denn je, dass die Planung von Verkehrswegen einhergeht mit einer intensiven und integrierten Planung zur Reduzierung der Umweltauswirkungen. Gerade in Deutschland haben die Bestrebungen zu einer landschaftsgerechten Planung von Straßen, zu standortgerechten Rekultivierungsmaßnahmen etwa mit dem sog. Lebendverbau eine lange Tradition. So wurden bereits die Reichsautobahnen aus Gründen der besseren Einfügung in die Landschaft mit einem begrünten Mittelstreifen angelegt. Den Höhepunkt der Anstrengungen, zu einer Synthese von Straße und Landschaft zu gelangen, stellt der Bau der Autobahn A 3 zwischen Nürnberg und Frankfurt am Main in den 50er und 60er Jahren dar. Man denke hier nur an die in jeder Hinsicht gelungene Durchquerung des Spessart-Gebirges!

Bei aller Begeisterung für ein landschaftsgerechtes Bauen wurden die Planungen aber immer wieder und zunehmend von den unvermeidlichen Konflikten zwischen den Befürwortern und Gegnern des Straßenbaus begleitet. Das liegt nicht zuletzt am unauflöslichen Konflikt zwischen dem Wunsch des Menschen nach Mobilität und den Belangen des Naturschutzes. Andererseits aber musste die „landschaftsgerechte Straßenplanung" so lange Stückwerk bleiben, wie sie von Ingenieuren betrieben wurde, deren Ausbildungsschwerpunkt im Straßenwesen und damit in der Technik gelegen hatte. Erst als sich die Erkenntnis durchzusetzen begann, dass Tiere und Pflanzen auf der Grundlage der klimatischen und geographischen Gegebenheiten ein komplexes Wirkungsgeflecht bilden und als sich der Begriff „Ökologie" ausformte, standen den Straßenbauern Fachleute in Gestalt der Landschaftsplaner und Ökologen gegenüber, die Straßenplanungen unter einem völlig anderen Blickwinkel sahen. Beide Wissensgebiete sind indessen so umfangreich, dass sie wohl kaum ein Einzelner in seiner Person vereinigen kann. Bei umweltrelevanten Straßenplanungen wird deswegen in Zukunft immer das Mitwirken eines in Ökologie und Landschaftsplanung erfahrenen Fachmannes bzw. Planungsbüros erforderlich sein. So macht es keinen Sinn, im Rahmen der Straßenplanung umfassend Ökologie zu lehren, ebenso wie es überzogen sein dürfte, Landschaftsplaner im Straßenbau zu unterweisen. Im Folgenden soll deshalb lediglich versucht werden, Verständnis für die ökologischen und landschaftspflegerischen Probleme zu wecken und einen ersten Einblick in die Thematik zu geben. Abseits dieser Fragen bestehen auf dem Gebiet des Immissionsschutzes aber auch Felder, die der Straßenbauingenieur sehr wohl beherrschen sollte.

Die rechtliche Grundlage für die Berücksichtigung des Umweltschutzes im Straßenbau kommt interessanterweise von der Europäischen Union. Es handelt sich um die Richtlinie über die Umweltverträglichkeitsprüfung bei bestimmten öffentlichen und privaten Projekten vom 27.6.1985, die eingeführt wurde, damit innerhalb der Gemeinschaft nicht einzelne Länder durch Verzicht auf den Umweltschutz billige Vorteile erlangen können. Diese Richtlinie wurde mit dem Gesetz vom 12.2.1990 als deutsches Recht übernommen. Demnach ist sicherzustellen, dass die Auswirkungen eines Vorhabens auf die Umwelt frühzeitig und umfassend ermittelt, beschrieben, bewertet und bei Entscheidungen über die

Zulässigkeit des Vorhabens berücksichtigt werden. Das bedeutet, dass für alle Straßenplanungen, die mit einem wesentlichen Eingriff in die Umwelt verbunden sind, eine Umweltverträglichkeitsprüfung (UVP) durchzuführen ist. Die Vorgehensweise ist im Gesetz über die Umweltverträglichkeitsprüfung (UVPG) geregelt, wonach es für die UVP keines eigenen Verfahrens bedarf, wenn sie als Bestandteil in die üblichen verwaltungsinternen Abläufe (u. a. Planfeststellungsverfahren) integriert wird. Hilfestellung für die Einfügung einer Straße in einen Landschaftsraum geben die „Empfehlungen für die Einbindung von Straßen in die Landschaft (ESLa)".

Für die Begrenzung der Einwirkungen von Verkehrslärm und Abgasen gilt das Immissionsschutzgesetz (BImSchG) in der Fassung vom 14.5.1990. Aufgrund des § 20 UVPG und des § 48 BImSchG hat die Bundesrepublik Deutschland weiterhin die „Allgemeine Verwaltungsvorschrift zur Ausführung des Gesetzes über die Umweltverträglichkeitsprüfung (UVPVwV)" von 1995 herausgegeben.

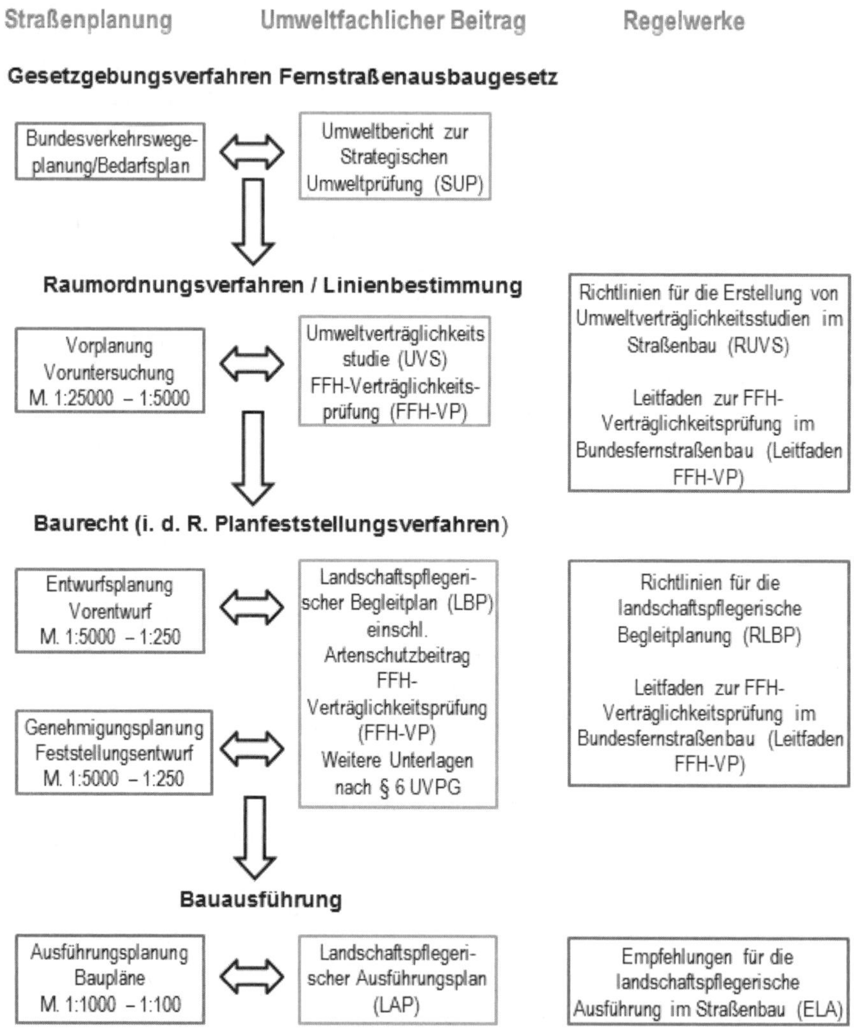

Abb. 7.1: Berücksichtigung des Umweltschutzes in der Straßenplanung [19]

Nach den genannten Bestimmungen stellt die UVP einen durchgängigen und integrierten Bestandteil in den verschiedenen Planungsstufen von der Linienfindung bis zur Planfeststellung dar. Da spätestens im Planfeststellungsverfahren von jedermann Einsprüche gegen die Planung vorgebracht werden können, ist die Einbeziehung der Öffentlichkeit gewährleistet. In der UVP sind einzelfallbezogen die mittelbaren und die unmittelbaren Auswirkungen des Vorhabens auf die Schutzgüter

- Menschen, Tiere, Pflanzen und die biologische Vielfalt,
- Fläche, Boden, Wasser und Luft,
- Klima und Landschaft, einschließlich der jeweiligen Wechselwirkungen,
- kulturelles Erbe- und sonstige Sachgüter

in geeigneter Weise zu ermitteln, zu beschreiben und zu bewerten. Dabei sind die Belastungswirkungen, aber auch die Entlastungswirkungen zu benennen. Wenn beispielsweise bei ungünstigen Witterungslagen in einer Geländemulde oberhalb eines Straßendammes ein Kaltluftsee entsteht, dann verbessert sich das Kleinklima auf der anderen Seite.

Zur sachgerechten Durchführung einer UVP sollen die Unterlagen enthalten:

- Beschreibung des Vorhabens nach Standort, Art und Umfang
- Beschreibung der Umwelt und ihrer Bestandteile im Untersuchungsraum
- Beschreibung der geprüften Varianten (u. a. Bedarf an Grund und Boden)
- Beschreibung zu erwartender erheblicher Auswirkungen des Vorhabens auf die Umwelt
- Beschreibung der Vermeidungs-, Minderungs-, Ausgleichs- und Ersatzmaßnahmen
- allgemeinverständliche Zusammenfassung

Je nach Art und Umfang einer Maßnahme umfasst eine Straßenplanung unterschiedliche Stufen. Bei Bundesfernstraßen unterscheidet man etwa die Bedarfsplanung, die Linienbestimmung, den Vorentwurf und das Planfeststellungsverfahren. Bei weniger bedeutenden Straßen können die ersten Schritte u. U. auch entfallen. In jeder der durchgeführten Planungsstufen ist die Umweltverträglichkeit zu berücksichtigen und gegen die anderen öffentlichen und privaten Belange abzuwägen, wobei die Tiefe des Informationsgehalts zunehmen soll (Abb. 7.1).

Schon auf der vorbereitenden Stufe der Bedarfs- bzw. der Ausbauplanung muss somit eine ökologische Risikoeinschätzung den Planungsprozess begleiten. Sofern neue Trassenführungen als Ergebnis der Bedarfsplanung für notwendig gehalten werden, sind ihre Auswirkungen auf die oben erwähnten Schutzgüter vorher abzuschätzen und die voraussichtlichen Konfliktbereiche herauszuarbeiten.

7.2 Umweltverträglichkeitsstudien

Auf der Ebene der Linienbestimmung, d. h. der noch groben Festlegung der Straßentrasse, wird die UVP als Umweltverträglichkeitsstudie (UVS) nach dem „Merkblatt zur Umweltverträglichkeitsstudie in der Straßenplanung (M UVS)" durchgeführt. Die Linienbestimmung stellt bei Bundesfernstraßen ein gesetzlich vorgeschriebenes Verwaltungsverfahren dar; bei anderen Neubautrassen von erheblicher Bedeutung kann analog vorgegangen werden.

Eine UVS sollte enthalten:

1. Raumbezogene Empfindlichkeitsuntersuchung, bestehend aus
   - der zielorientierten Analyse und Bewertung des Untersuchungsraumes und
   - dem Aufsuchen möglichst konfliktarmer Trassenkorridore bzw. der Ermittlung von betroffenen Konfliktbereichen
2. Vergleich eventueller Planungsalternativen, wobei auch das Belassen des derzeitigen Zustands („Nullvariante") oder lediglich ein Ausbau in die Überlegungen einzubeziehen sind.

Insgesamt bezweckt die UVS einerseits eine weitgehend umweltschonende Straßenplanung und andererseits – wenn die Entscheidung für die Maßnahme getroffen worden ist – die frühzeitige Darlegung und Beurteilung der Wirkungen des Vorhabens auf die Umwelt sowie der Vermeidung bzw. des Ausgleichs von Beeinträchtigungen.

Im Rahmen der UVS sind dementsprechend die nachfolgend beschriebenen Punkte zu unterscheiden (vgl. Abb. 7.2):

- Abgrenzung des Planungsraumes und Erfassung der umweltrelevanten Belange

  Es versteht sich von selbst, dass der Untersuchungsraum alle von der Maßnahme direkt oder indirekt betroffenen Flächen einschließen muss, und zwar für alle denkbaren Netzfälle und auch bei einer eventuellen Verlängerung des Vorhabens. Dabei sind alle möglicherweise betroffenen Schutzgüter in die Untersuchung aufzunehmen.

- Beschreibung und Bewertung der angetroffenen Flächenfunktionen

  Innerhalb des Planungsraumes sollen in diesem Arbeitsschritt die ausgeübte, aber auch die für einen überschaubaren Zeitraum vorgesehene Flächennutzung erhoben, die schützenswerten Objekte auf den bebauten wie auf den unbebauten Flächen aufgelistet und die im Hinblick auf den Umweltschutz besonders empfindlichen Landschaftsbestandteile benannt werden. Vorbehaltsflächen für bestimmte nur an diesem Ort mögliche Nutzungen, z. B. für die Energiegewinnung oder für den Bergbau, müssen angegeben werden.

- Bestimmung konfliktarmer Korridore

  Beispiele für Funktionen von Flächen, die der Planung bzw. dem Bau von Straßen entgegenstehen, sind u. a.:

  - Funktionen des Wohnens, des Gewerbes und der Industrie
  - Erholungsfunktion

- Biotop- und Artenschutzfunktionen
- Regulations- und Regenerationsfunktionen von Boden, Wasser und Luft
- klimatische Funktionen
- Funktionen für die Nutzung von Naturgütern
- Sachgüter, Bauwerke
- kulturelle Funktionen

Vorbereitender Arbeitsschritt	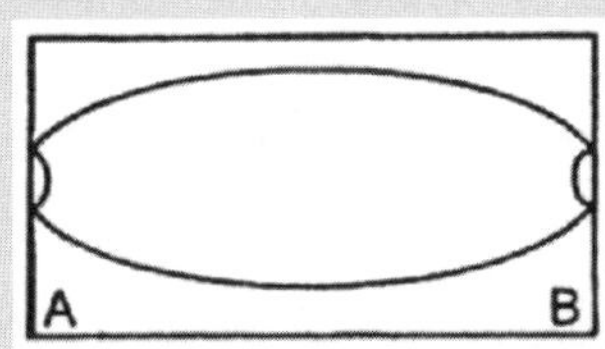	Festlegung des Untersuchungsrahmens mit projekt- und landschaftsraumbezogener Abgrenzung des Untersuchungsraumes
Raumanalyse	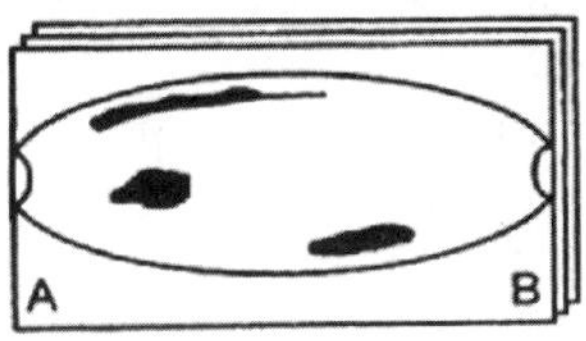 	Ermitteln, Beschreiben und fachliches Bewerten der Schutzgüter nach § 2 Abs. 1 UVPG und der jeweiligen Wechselwirkungen Ermitteln und Darstellen von Bereichen unterschiedlicher Konfliktdichte und von Konfliktschwerpunkten
Bereichsübergreifender Arbeitsschritt	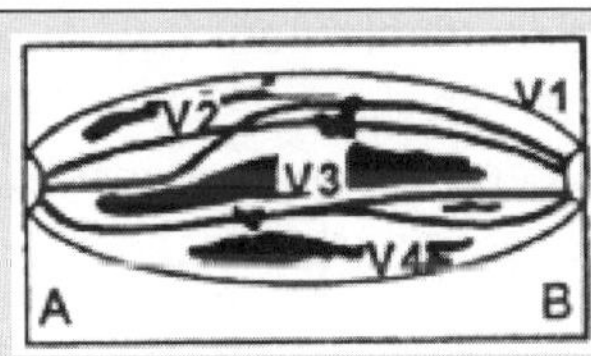	Mitwirken bei der Entwicklung von Trassenvarianten (V1 – V4)
Auswirkungsprognose und Variantenvergleich	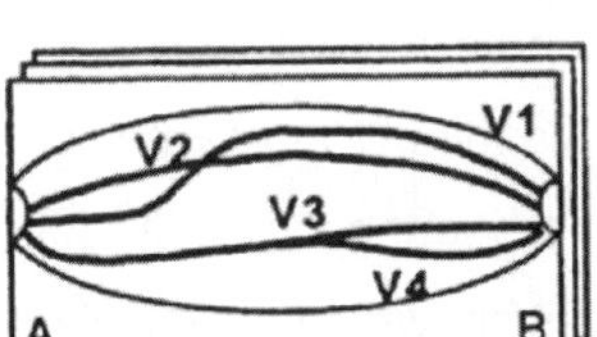	Ermitteln, Beschreiben und Bewerten der Auswirkungen und schutzgutspezifischer Variantenvergleich schutzgutübergreifende Betrachtung der Varianten, Zusammenfassen der Ergebnisse

Abb. 7.2: Ablauf der Umweltverträglichkeitsstudie für eine neue Straßentrasse

Die mit den Widerstandsfunktionen belegten Flächen sind möglichst vollständig zu erfassen. Da die verschiedenen Funktionen nicht alle die gleiche Bedeutung besitzen, müssen sie zunächst bewertet und eingestuft werden. Am Ende werden die mit den Widerstandsfunktionen belasteten Flächen, wie in Abb. 7.2 anschaulich dargestellt, überlagert. Im Ergebnis sind dann verschiedene Fälle denkbar: Wenn im Planungsraum sowohl

Flächen mit hoher als auch solche mit geringer Schutzwürdigkeit liegen, dann können zwischen den schützenswerten Flächen Korridore mit geringerer Konfliktdichte verbleiben, in denen die Trassierung denkbar ist. Wenn dagegen die schutzwürdigen Flächen den Planungsraum so stark überdecken, dass eine zusammenhängende Trassierung nicht mehr zu erstellen ist, dann sollte das Vorhaben aus der Sicht des Umweltschutzes an dieser Stelle aufgegeben werden. Häufig ergibt sich aber dennoch aus dringenden Gründen der Infrastruktur der Wunsch bzw. das Erfordernis, den Straßenbau auch im Hinblick auf die abzusehenden Widerstände durchzuführen. In diesem typischen Fall entstehen bei der Durchsetzung der Maßnahme mehr oder minder große Konflikte mit dem Umweltschutz, die entsprechende Ausgleichs- und Ersatzmaßnahmen nach sich ziehen müssen.

- Ausarbeitung von Trassenalternativen

  Kennt man die konfliktarmen Korridore, so wird man versuchen, innerhalb dieser Zonen Straßentrassen zu entwickeln, die sowohl die Belange der Umwelt als auch die Erfordernisse des Straßenbaus berücksichtigen. Diese Arbeit macht möglicherweise eine Rückkopplung mit dem Sachverständigen für den Umweltschutz notwendig, wenn aus Gründen der Stetigkeit und der Durchführbarkeit der Straßentrasse Flächenfunktionen der oben genannten Art beeinträchtigt werden müssen. In aller Regel wird man den Neubauvarianten zum Vergleich die Beibehaltung des bestehenden Zustands gegenüberstellen, u. U. verbunden mit einem sinnvollen Ausbau („Nullvariante"). Dabei sind auch Fälle denkbar, dass die Nullvariante mit größeren Umweltbeeinträchtigungen, z. B. durch Lärm- und Abgasemissionen in einer Ortsdurchfahrt, verbunden ist als die Neubauvariante.

- Vergleich der Trassenalternativen

  Die erarbeiteten Trassenalternativen sind in Hinblick auf ihre Auswirkungen auf die Umwelt – d. h. Menschen, Tiere und Pflanzen, Boden, Wasser und Luft, Klima und Landschaft, Kultur- und Sachgüter – zu überprüfen und zu vergleichen. Jede der Planungsvarianten wird in diesem Zusammenhang nach folgenden Gesichtspunkten bewertet:

  - Auflistung der betroffenen Umweltbestandteile
  - Auswirkungen auf diese Umweltbestandteile (Be- und Entlastungseffekte)
  - Entwicklung von Vermeidungs- oder Verminderungsstrategien
  - Benennung der verbleibenden Beeinträchtigungen und der Ausgleichsmaßnahmen

  Als Ergebnis der UVS werden die einzelnen Varianten mit ihren unterschiedlichen Auswirkungen auf die Umwelt in Tabellenform miteinander verglichen. In die abschließende textliche Wertung und den Lösungsvorschlag kann und sollte auch die Übereinstimmung mit bzw. Abweichung von den landes- und regionalplanerischen Zielvorstellungen, die für den Planungsraum gelten, einfließen.

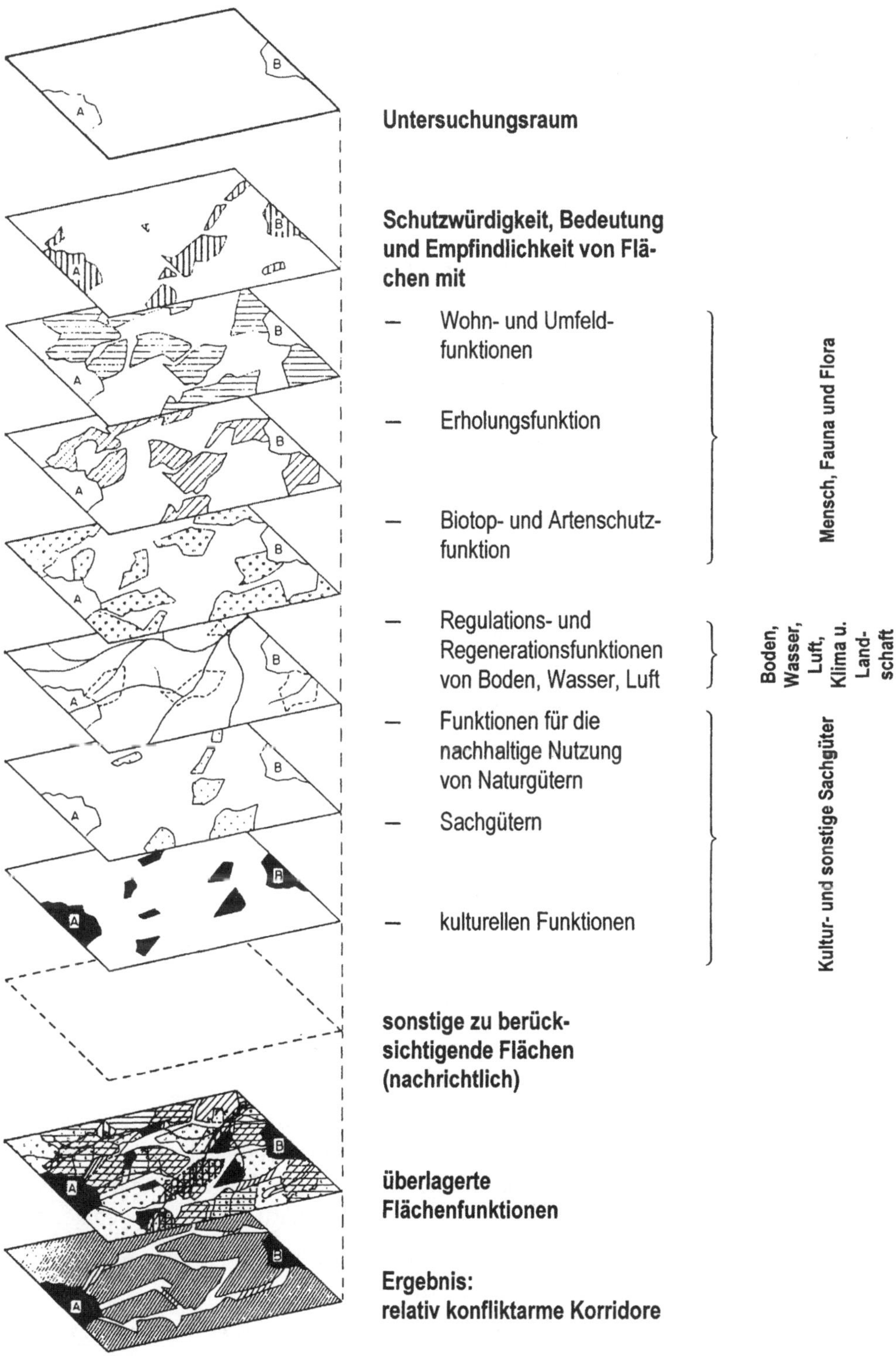

Abb. 7.3: Ermittlung konfliktarmer Korridore

Die Zusammenfassung der Trassenalternativen unter den verschiedenen Umweltgesichtspunkten zu einem einzigen Lösungsvorschlag kann aus verschiedenen Gründen Probleme bereiten. Es gibt quantifizierbare Umweltbelange, z. B. Lärm- und Schadstoffemissionen, Landverbrauch oder der notwendige Abbruch von Gebäuden, im Gegensatz zu den nicht quantifizierbaren Eingriffen in die Umwelt, wie etwa die ökologische Zerstückelung, der Verlust von Lebensraum bestimmter Pflanzen- und Tierarten oder die Veränderung des Kleinklimas. Es kann nicht angehen, alle Umweltbelange zu monetarisieren und die Trassenvarianten in einer Kosten-Nutzen-Analyse zu vergleichen (was kostet das Leben eines Frosches?). Im Gegensatz zur Ökonomie ist es bei der Ökologie eben nicht möglich, alles im Gegenwert von Geld auszudrücken.

Während zur Feststellung der widerstandsarmen Zonen eine Überlagerung der verschiedenen Flächenfunktionen zweckmäßig und richtig ist, dürfen bei der abschließenden Bewertung unterschiedliche Funktionsbereiche aus den genannten Gründen nicht zusammengefasst werden. Jede Aggregation bedeutet einen Verlust an Informationsgehalt. Außerdem sind Zusammenfassungen etwa von Zielerreichungsgraden stets mit willkürlichen Gewichtungen verbunden, die von Sachbearbeiter zu Sachbearbeiter wechseln und damit zu mehr oder minder subjektiven Ergebnissen führen können.

Eine weitere Schwierigkeit ergibt sich daraus, dass sich auf dem Gebiet der Ökologie durch Eingriffe und sonstige Veränderungen nicht selten Sekundärfolgen und Wirkungsketten herausbilden, die auch beim besten Willen nur abgeschätzt werden können. Rückkopplungen können diese Effekte noch verstärken.

Ausführliche Beispiele für die zeichnerische Darstellung der verschiedenen Umweltfaktoren in Plänen und der Auswirkungen eines Eingriffs durch den Straßenbau, bezogen auf die betreffenden Schutzgüter, sind in den „Musterkarten für Umweltverträglichkeitsstudien im Straßenbau", Ausgabe 1995, des Bundesministers für Verkehr [20] enthalten.

7.3 Naturschutz und Landschaftspflege

Eine wichtige Grundlage für die Berücksichtigung des Natur- und Landschaftsschutzes als eines wesentlichen Teils des Umweltschutzes stellt das Bundesnaturschutzgesetz – BNatSchG – dar. Dabei wird zwischen Eingriff und sich ergebenden Verursacherpflichten unterschieden.

Im Folgenden werden der Absatz (1) des § 14 BNatSchG

(1) Eingriffe in Natur und Landschaft im Sinne dieses Gesetzes sind Veränderungen der Gestalt oder Nutzung von Grundflächen oder Veränderungen des mit der belebten Bodenschicht in Verbindung stehenden Grundwasserspiegels, die die Leistungs- und Funktionsfähigkeit des Naturhaushalts oder das Landschaftsbild erheblich beeinträchtigen können.

sowie die Absätze (1) bis (5) des § 15 BNatSchG hinsichtlich der Regelungen zu den Verurschacherpflichten in Auszügen wiedergegeben.

(1) Der Verursacher eines Eingriffs ist verpflichtet, vermeidbare Beeinträchtigungen von Natur und Landschaft zu unterlassen. Beeinträchtigungen sind vermeidbar, wenn zumutbare Alternativen, den mit dem Eingriff verfolgten Zweck am gleichen Ort ohne oder mit

geringeren Beeinträchtigungen von Natur und Landschaft zu erreichen, gegeben sind. Soweit Beeinträchtigungen nicht vermieden werden können, ist dies zu begründen.

(2) Der Verursacher ist verpflichtet, unvermeidbare Beeinträchtigungen durch Maßnahmen des Naturschutzes und der Landschaftspflege auszugleichen (Ausgleichsmaßnahmen) oder zu ersetzen (Ersatzmaßnahmen). Ausgeglichen ist eine Beeinträchtigung, wenn und sobald die beeinträchtigten Funktionen des Naturhaushalts in gleichartiger Weise wiederhergestellt sind und das Landschaftsbild landschaftsgerecht wiederhergestellt oder neu gestaltet ist. Ersetzt ist eine Beeinträchtigung, wenn und sobald die beeinträchtigten Funktionen des Naturhaushalts in dem betroffenen Naturraum in gleichwertiger Weise hergestellt sind und das Landschaftsbild landschaftsgerecht neu gestaltet ist ...

(3) Bei der Inanspruchnahme von land- oder forstwirtschaftlich genutzten Flächen für Ausgleichs- und Ersatzmaßnahmen ist auf agrarstrukturelle Belange Rücksicht zu nehmen, insbesondere sind für die landwirtschaftliche Nutzung besonders geeignete Böden nur im notwendigen Umfang in Anspruch zu nehmen. Es ist vorrangig zu prüfen, ob der Ausgleich oder Ersatz auch durch Maßnahmen zur Entsiegelung, durch Maßnahmen zur Wiedervernetzung von Lebensräumen oder durch Bewirtschaftungs- oder Pflegemaßnahmen, die der dauerhaften Aufwertung des Naturhaushalts oder des Landschaftsbildes dienen, erbracht werden kann, um möglichst zu vermeiden, dass Flächen aus der Nutzung genommen werden.

(4) Ausgleichs- und Ersatzmaßnahmen sind in dem jeweils erforderlichen Zeitraum zu unterhalten und rechtlich zu sichern. Der Unterhaltungszeitraum ist durch die zuständige Behörde im Zulassungsbescheid festzusetzen. Verantwortlich für Ausführung, Unterhaltung und Sicherung der Ausgleichs- und Ersatzmaßnahmen ist der Verursacher oder dessen Rechtsnachfolger.

(5) Ein Eingriff darf nicht zugelassen oder durchgeführt werden, wenn die Beeinträchtigungen nicht zu vermeiden oder nicht in angemessener Frist auszugleichen oder zu ersetzen sind und die Belange des Naturschutzes und der Landschaftspflege bei der Abwägung aller Anforderungen an Natur und Landschaft anderen Belangen im Range vorgehen.

Soweit die jeweiligen Landesnaturschutzgesetze die vorgenannten Bestimmungen konkretisieren oder ergänzen, sind diese zu beachten. Weitere Konkretisierungen zur Eingriffsregelung und zum Schutz von Gebieten mit Bedeutung für den Natur- und Landschaftsschutz sowie zu den Verursacherpflichten enthält die „Richtlinie für die landschaftspflegerische Begleitplanung im Straßenbau-RLBP" der FGSV [19]. Die wesentlichen Begriffe und Regelungen des BNatSchG werden dort wie folgt präzisiert:

- **Ausgleichsmaßnahmen**

  Maßnahme des Naturschutzes und der Landschaftspflege, die geeignet ist, die vom Vorhaben beeinträchtigten Funktionen und Strukturen des Naturhaushaltes funktional gleichartig wiederherzustellen bzw. die Wiederherstellung oder landschaftsgerechte Neugestaltung des Landschaftsbildes herbeizuführen. Der Ausgleich im Sinne einer gleichartigen Wiederherstellung von Funktionen und Strukturen ist daran festzumachen, ob bestimmte räumliche und funktionale Voraussetzungen (Ausgleich im beeinträchtigten Bezugsraum oder in einem vergleichbaren Bezugsraum, der möglichst in Wechselbeziehungen zu dem vom Eingriff Betroffenen steht), Anforderungen an den Standort (geeigneter Ausgangsbiotop) und die zeitliche Wiederherstellbarkeit (in einem angemessenen Entwicklungszeitraum) erfüllt werden können.

- **Ersatzmaßnahme**

  Kann eine Beeinträchtigung von Funktionen oder Strukturen nicht ausgeglichen werden, ist diese zu ersetzen. Der Ersatz erfolgt in gleichwertiger Weise unter Berücksichtigung der Vorgaben der Landschaftsplanung bzw. dem naturschutzfachlichen Leitbild für den beeinträchtigten Bezugsraum. Es sollten ähnliche Funktionen oder Strukturen wiederhergestellt werden, die hinsichtlich ihrer zeitlichen Wiederherstellbarkeit und räumlichen Bindung weniger engen Vorgaben unterliegen. Maßnahme des Naturschutzes und der Landschaftspflege, die geeignet ist, die von dem Vorhaben zerstörten Funktionen und Strukturen des Naturhaushaltes gleichwertig wiederherzustellen bzw. die Wiederherstellung oder land- schaftsgerechte Neugestaltung des Landschaftsbildes herbeizuführen.

- **Vermeidungsmaßnahme**

  Maßnahme, durch die mögliche Beeinträchtigungen von Natur und Landschaft dauerhaft ganz oder teilweise (Minderung) vermieden werden können. Hierzu zählen insbesondere Veränderungen des Bauentwurfs (z. B. hinsichtlich der Linienführung oder Gradiente), bautechnische Vermeidungsmaßnahmen (z. B. Querungshilfen für Tiere) und Schutzmaßnahmen (temporär / dauerhaft) für die einzelnen Schutzgüter (z. B. Einzäunungen, Schutzpflanzungen, Lärmschutz).

Berücksichtigung besonders schutzwürdiger Gebiete

Die Europäische Union hat Richtlinien für besonders schutzwürdige Gebiete erlassen. Es handelt sich dabei um sog. Fauna-, Flora-, Habitat-Gebiete und um Europäische Vogelschutzgebiete. Da auch diese Richtlinien in nationales Recht umgesetzt worden sind, ist bei Straßenplanungen jeweils zu prüfen, ob solche Gebiete in ihren für die Erhaltungsziele oder den Schutzzweck maßgeblichen Bestandteilen beeinträchtigt werden können. Selbstverständlich sind auch die Schutzanordnungen für Natur- und Landschaftsschutzgebiete, Naturparks und -denkmale zu beachten. Ergibt die Prüfung eine erhebliche Beeinträchtigung, dann darf das Vorhaben nur zugelassen werden, wenn zwingende Gründe von öffentlichem Interesse überwiegen und zumutbare Alternativen nicht in Frage kommen. Wenn zumutbare Alternativen erkennbar sind, müssen diese gewählt werden.

Besonders geschützte Arten sind in § 7 BNtSchG definiert. Die Berücksichtigung in der landschaftspflegerischen Begleitplanung und die sich daraus ergebenden Pflichten bzw. Maßnahmen sind ebenfalls in den RLBP aufgeführt. Wesentliche Anforderungen aus dem Artenschutz können sein:

- **CEF-Maßnahmen**

  Aus artenschutzrechtlichen Gründen erforderliche funktionserhaltende Maßnahme. Es handelt sich dabei um vorgezogene Ausgleichsmaßnahme nach § 44 Abs. 5 Satz 3 BNatSchG, die vor Baubeginn wirksam sein müssen.

- **Vorgezogene Ausgleichsmaßnahme**

  Artenschutzrechtlich veranlasste Ausgleichsmaßnahme nach § 44 Abs. 5 Satz 3 BNatSchG. In der Regel Maßnahme zur Habitatentwicklung. Die Maßnahmenwirksamkeit muss zum Zeitpunkt des Eingriffes gegeben sein („vorgezogen").

Sowohl im Vorentwurf als auch in den Planfeststellungsunterlagen besteht der landespflegerische Fachbeitrag aus dem **Landschaftspflegerischen Begleitplan** (LBP, vgl. Abb. 7.1). Hilfestellungen für die Planung geben die „Richtlinien für die landschaftspflegerische Begleitplanung im Straßenbau (RLBP)", Ausgabe 2012 [25] und die „Musterkarten für die einheitliche Gestaltung landschaftspflegerischer Begleitpläne im Straßenbau (Musterkarten LBP)", Ausgabe 2011 [21].

Der LBP wird parallel zum technischen Straßenentwurf aufgestellt. Er baut auf den bei der Linienbestimmung gewonnenen Erkenntnissen auf, besonders auf der UVS. Die entstehenden Konflikte und Beeinträchtigungen werden noch stärker herausgearbeitet, sodass die erforderlichen Maßnahmen etwa der Vermeidung, des Ausgleichs oder des Ersatzes nun im Detail entwickelt werden können. Neben den straßenbaulichen und den verkehrstechnischen Planungsdaten gehen in den LBP die allgemeinen und besonderen Ziele des Natur- und Landschaftsschutzes für das betreffende Gebiet ein, wie z. B. Landschaftsrahmenpläne, Landschaftspläne und die Angaben der Landes-, der Regional- oder auch der Bauleitplanung. Außerdem sind die Stellungnahmen der Naturschutzbehörden, des Forstes oder der Landwirtschaft zu berücksichtigen, nach Relevanz auch der anerkannten Verbände. Der LBP bildet einen Teil des RE-Entwurfs oder der Planfeststellungsunterlagen; er darf von den Aussagen dieser Pläne deswegen nicht abweichen. Er weist i. d. R. beim RE-Entwurf den Maßstab 1:5.000 auf, bei den Planfeststellungsunterlagen den Maßstab 1:1.000. Für kleinere Maßnahmen, die keine erheblichen Eingriffe bedeuten, können die Ergebnisse der landschaftspflegerischen Begleitplanung auch in den straßenbautechnischen Entwurfsunterlagen selbst dargestellt werden. Meistens genügt dies allerdings nicht den Anforderungen an die Lesbarkeit, sodass der LBP im Regelfall aus dem Bestands- und Konfliktplan sowie dem Lageplan der landschaftspflegerischen Maßnahmen besteht. Dieser wird ergänzt durch das Maßnahmenverzeichnis sowie eine Gegenüberstellung der Beeinträchtigungen von Natur und Landschaft und der Ausgleichs- und Ersatzmaßnahmen. Von Fall zu Fall können spezielle Pläne für bestimmte Sachverhalte beigefügt werden.

Hinsichtlich der **Abgrenzung** des Untersuchungsraumes kann auf die Ausführungen zur UVS (s. Abschn. 7.2) und auf die Ergebnisse der UVS zurückgegriffen werden. Mit zunehmender Konkretisierung der Planung kann die Abgrenzung i. d. R. immer genauer erfolgen. Die Abgrenzung ergibt sich einmal aus den Wirkungen der Straße auf die Umwelt wie etwa

- Baufeld, benötigte Grundflächen für Straße und Knotenpunkte und ggf. Vorflut für das Straßenwasser,
- Immissionen als Funktion der Verkehrsbelastung und sonstigen straßenbautechnischen Eingangsgrößen und
- eventuelle Deponien oder Seitenentnahmen für den Erdbau.

Zum anderen gehen in die Abgrenzung die Eigenschaften bzw. Eigenheiten des Landschaftsraumes ein, wie sie etwa zu entnehmen sind aus

- Landschaftsplänen und topographischen Karten,
- Biotopkartierungen und
- geologischen und Klimakarten.

Falls und sofern außerhalb des eigentlichen Einwirkungsbereichs der Straße Ausgleichs- und Ersatzmaßnahmen durchgeführt werden sollen, muss der Untersuchungsraum auf den in Frage kommenden Umgriff ausgedehnt werden.

Nach der Absteckung des Untersuchungsraumes folgt analog zur UVS die **Bewertung** des vorhandenen Landschaftsbildes und des Naturhaushalts. Dabei ist festzustellen, in welcher Häufigkeit und qualitativen Ausprägung der jeweilige Bestandteil vorkommt und welche Bedeutung er hat. Daraus kann abgeschätzt werden, wie empfindlich der Landschaftsraum gegenüber der geplanten Straße ist und ob sich der eventuelle Verlust des Landschaftsbestandteils gleichartig oder innerhalb des Planungsraums kompensieren lässt.

Im Stadium der **Konfliktanalyse und Entwurfsoptimierung** ist zu prüfen, ob und wie das Landschaftsbild und die Wirkungsketten des Naturhaushalts durch das geplante Vorhaben beeinträchtigt werden. Im Hinblick auf die Minimierung der Auswirkungen sollte versucht werden, die zu erwartenden Beeinträchtigungen durch Optimierung des Entwurfs zu vermeiden oder wenigstens zu vermindern. Solche Entwurfsänderungen können aus Änderungen des Ausbaustandards (z. B. Entwurfsgeschwindigkeit, Querschnittsausbildung, Knotenpunkttyp), der Linienführung nach Lage und Höhe oder der geplanten Ausführung der Kunstbauwerke bestehen. Ergänzungen des Entwurfs bezwecken eine Verminderung der von der Straße ausgehenden Beeinträchtigungen, etwa den Immissionsschutz durch Schutzwälle und -wände, den Gewässerschutz durch Rückhalte- und Sickerbecken oder den Schutz der Tierwelt durch Zäune. Eine dritte Kategorie von Maßnahmen kann unter dem Oberbegriff der landschaftsgerechten Ausgestaltung und Begrünung der Straße zusammengefasst werden, z. B. in Form einer Modellierung der Erdkörper oder einer architektonischen auf Landschaftselemente bezogenen Gestaltung der Brücken und Stützmauern, wie etwa durch Verblendungen mit Naturstein.

Letztlich soll untersucht werden, welche Bedeutung die unvermeidbaren Beeinträchtigungen im Hinblick auf ihre Erheblichkeit, Nachhaltigkeit und Dauerhaftigkeit haben.

Aus der Sicht des Straßenbaus kann die Darstellung des vorhandenen Naturhaushalts und Landschaftsbildes nicht Selbstzweck sein, sondern die Auflistung der Landschaftselemente und die Analyse der Wirkungsketten im Naturhaushalt muss in konkrete planerische Vorgaben münden, die als der eigentliche **Lageplan der landschaftspflegerischen Maßnahmen** den Straßenbau als Handlungsanweisung begleiten und im Hinblick auf die naturschutzrechtlichen Bestimmungen erst möglich machen. Dabei wird unterschieden zwischen

- Ausgleichsmaßnahmen, die weitgehend gleichartig und im räumlich-funktionalen Zusammenhang mit dem durch den Straßenbau getroffenen Gebiet stehen sollen, und
- Ersatzmaßnahmen wie z. B. die Anlage neuer oder die Aufwertung vorhandener Biotope, die jedoch auch andersartig sein können als die verlorengehenden.

Für die Planung sind folgende Leitbilder zu nennen:

- Gleichartigkeit der Funktion

  Ausgleichsmaßnahmen sind dem Ersatz vorzuziehen. Beispielsweise ist die Schaffung eines Feuchtwiesengebiets an anderer Stelle für eine entfallende Feuchtwiese als Ausgleichsmaßnahme zu bezeichnen, die Schaffung einer Trockenrasengesellschaft in diesem Fall dagegen als Ersatzmaßnahme.

- Inneres Biotopgefüge und Lebensraumbeziehungen

  Bei der Neuanlage eines Biotops ist zu berücksichtigen, dass dieses ebenso wie das entfallende Biotop ein Wirkungsgeflecht seiner Bestandteile und des Umfeldes bildet.

- Biotopverbund

  Es ist Wert darauf zu legen, dass die nach der Maßnahme existierenden Biotope – alte und neu geschaffene – zusammenwirken können und ein räumlich-funktionaler Verbund von Biotopen entsteht.

- Zeitlicher Bezug

  Bei geplanten Maßnahmen ist zu berücksichtigen, dass Bäume und Sträucher Zeit zum Wachsen benötigen, so wie sich auch die Fauna erst langsam auf die neuen Lebensbedingungen einstellen kann. Im Straßenbau ist etwa seit Langem bekannt, dass beim An- oder Durchschneiden eines geschlossenen Waldbestandes möglichst frühzeitig ein neuer Waldrand hochgezogen werden muss.

- Anforderungen an den Standort von Ausgleichs- und Ersatzmaßnahmen

  Es versteht sich eigentlich von selbst, dass nur den Erfordernissen für den jeweiligen Zweck gerecht werdende Flächen für Ausgleichs- oder Ersatzmaßnahmen vorgesehen werden können. Die Sicherung vorhandener Biotopstrukturen kann nicht als Ausgleich dienen.

- Umfang der Maßnahmen

  Der Umfang der zu treffenden Maßnahmen soll sich an den durch den Straßenbau verursachten Eingriffen orientieren. Günstig ist es, wenn die Ausgleichs- bzw. Ersatzflächen mehrere und nicht nur eine Funktion erfüllen.

- Natürliche Sukzession

  Wenn die beim Straßenbau entstehenden Rohbodenflächen nicht mit Oberboden angedeckt werden, sondern sich selbst überlassen bleiben, bilden sich Übergangspflanzengesellschaften heraus, die häufig den Anlass zum Ansiedeln spezifischer auf dem Rückzug befindlicher Arten darstellen.

Von der Zielsetzung her, aber auch aus Gründen der Drucktechnik und des Umfangs dieses Buches ist es nicht möglich, Beispiele für Landschaftspflegerische Begleitpläne in der erforderlichen Ausführlichkeit wiederzugeben. Der BMVI hat diesbezüglich entsprechende Musterkarten für die einheitliche Gestaltung Landschaftspflegerischer Begleitpläne im Straßenbau als Ergänzung und Aktualisierung der „Richtlinien zum Planungsprozess und für die einheitliche Gestaltung von Entwurfsunterlagen im Straßenbau", Ausgabe 2012 (RE 2012) [7], herausgegeben. Diese Musterkarten zur LBP haben die Maßstäbe 1:5.000

und 1:1.000 und eignen sich sowohl für die landschaftspflegerische Begleitplanung in den RE-Entwürfen als auch in den Planfeststellungsunterlagen. Für die landschaftspflegerische Ausführungsplanung (LAP), die indessen den entsprechend ausgebildeten Fachleuten vorbehalten bleiben dürfte, sind die „Richtlinien für die landschaftspflegerische Begleitplanung im Straßenbau (RLBP)", Ausgabe 2012 [25], und die „Musterkarten für die einheitliche Gestaltung landschaftspflegerischer Begleitpläne im Straßenbau (Musterkarten LBP)", Ausgabe 2011 [21], einschlägig.

7.4 Lärmschutz im Straßenverkehr

7.4.1 Physikalische Grundlagen

Wenn auch die Straße als Bauwerk selbst keinen Lärm erzeugt, sondern nur die sich darauf bewegenden Kraftfahrzeuge, so kann der Straßenbau durch eine entsprechende Straßenplanung und bautechnische Vorkehrungen doch einen entscheidenden Beitrag zur Verminderung der Verkehrsgeräusche, die vom System Straße/Kraftfahrzeug ausstrahlen, leisten. Um die Emissionen (vom Ort „Straße" ausgehender Lärm) bzw. Immissionen (auf den Betrachter einwirkender Lärm) beurteilen und die Planung darauf einrichten zu können, bedarf es einiger physikalischer Grundkenntnisse über den Verkehrslärm und seine Ausbreitung. Es ist zunächst unverständlich, dass beispielsweise zwei gleich „laute" Lärmquellen, die sich im selben Abstand zum Immissionsort befinden, nur einen um 3 dB(A) höheren Schallpegel ergeben als eine einzige Lärmquelle. So bringt die Überlagerung zweier Lärmpegel von je 50 dB(A) eben nicht 100 dB(A), sondern nur 53 dB(A). Umgekehrt reduziert sich beispielsweise der Schallpegel einer Straße bei einer Halbierung der Verkehrsmenge lediglich um 3 dB(A).

Eine sinusförmige Schwankung des Luftdrucks ergibt einen Ton; unregelmäßige Schwankungen ergeben ein Geräusch oder Lärm. Der Schall als wellenartig verlaufende Veränderung des Luftdrucks ist durch zwei Größen gekennzeichnet, nämlich die Frequenz und die Amplitude. Die Frequenz ist im Wesentlichen verantwortlich für die Tonhöhe, die Amplitude für die Lautstärke. Schallwellen können wie alle Erscheinungen der Wellenlehre

- reflektiert (z. B. als Echo zurückgeworfen)
- gebeugt (z. B. um eine Mauerkrone herum abgelenkt) und
- gebrochen (z. B. bei Eintreten in eine kältere Luftschicht in der Richtung verändert)

werden. Besonders die Reflexion und die Beugung sind für die Beurteilung von Verkehrslärm wichtig. Wenn die geradlinige Ausbreitung der Schallwellen durch Hindernisse unterbrochen ist, dann wird der Pegel sehr stark reduziert. Es wird dahinter allerdings noch Lärm zu hören sein, wenn Reflexion oder Beugung möglich sind.

Um den Lärmpegel zu messen, würde sich die Bestimmung der Amplitude der Luftdruckveränderungen anbieten. Leider ist das praktisch unmöglich, weil jede Umsetzung der Luftschwingungen in die Beschleunigung von Messfühlern mit der Veränderung der Wellen selbst verbunden sein müsste. Stattdessen kann jedoch die Schallintensität I gemessen werden, die als diejenige Schallenergie definiert ist, die in einer Sekunde senkrecht durch eine Fläche von 1 m^2 strömt. Die Schallintensität I stellt somit die flächenbezogene Schallleistung dar und wird in W/m^2 angegeben.

Das menschliche Ohr ist imstande, ein außerordentlich weites Spektrum von verschiedenen Schallintensitäten wahrzunehmen, das von $I_0 = 10^{-12}$ W/m² (Hörschwelle) bis etwa $I = 10$ W/m² (Schmerzschwelle) reicht. Die Schallintensität ist insofern wegen der unhandlichen Exponentialzahlen selbst nicht für Maßangaben geeignet. Aus diesem Grunde verwendet man die Hörschwelle I_0 als Bezugseinheit, bildet den jeweiligen Quotienten I/I_0 und gibt nur den dekadischen Logarithmus dieses Quotienten als Pegel L an. (Wenn beispielsweise I genau zehn, hundert oder tausend usw. Mal größer ist als I_0, dann bedeutet L nichts anderes als die Anzahl der Nullen des Quotienten I/I_0). Die Größe L ist eigentlich dimensionslos; sie wird in Lärmberechnungen jedoch in B (Bel) angegeben. Das Empfindlichkeitsspektrum des menschlichen Ohrs umfasst den Bereich von $L = 0$ B bis maximal $L = 13$ B, in Pegelberechnungen aber stets weniger als 10 B. Um zu einer feineren Skala, etwa zwischen Null und Hundert zu kommen, multipliziert man die in B angegebene Maßzahl mit dem Faktor 10 und erhält den Schallpegel L in dB (Dezibel). Somit gilt:

$$L = 10 \cdot \lg \frac{I}{I_0}$$

mit L Schallpegel in dB (auch in dB(A), s. unten)

I aktuelle Schallintensität in W/m²

I_0 Schallintensität der Hörschwelle = 10^{-12} W/m²

Das physiologische Hörvermögen des menschlichen Ohrs deckt ein Frequenzspektrum von etwa 16 Hz bis 16.000 Hz ab, mit abnehmender Tendenz besonders in den hohen Frequenzen im Alter. Hieraus folgt, dass der Mensch sowohl in den tiefen als auch in den hohen Tonlagen weniger gut hört als in den mittleren Frequenzen. Aus Tests an einer Vielzahl von Probanden wurde die A-Bewertungskurve entwickelt, die die geringere Empfindlichkeit des Ohrs bei tiefen und hohen Tönen berücksichtigt (Abb. 7.4). Der frequenzabhängig nach der A-Kurve bewertete Schallpegel stellt mit der Dimension dB(A) somit die endgültige Grundlage für Immissionsberechnungen im Zusammenhang mit Verkehrslärm dar. An der Anwendbarkeit der physikalischen Formeln ändert sich durch die A-Bewertung nichts.

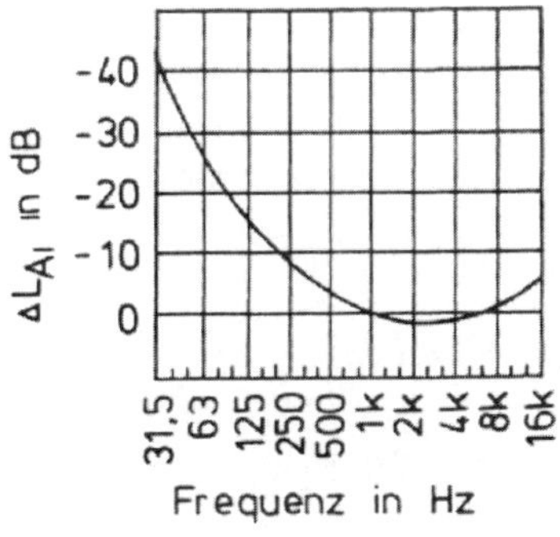

Abb. 7.4: A-Bewertungskurve

Aus der Definition des Schallpegels L als dekadischer Logarithmus folgt, dass der aus zwei oder mehreren Schallquellen resultierende Gesamtpegel auf keinen Fall durch einfache Addition der Einzelpegel ermittelt werden darf. Vielmehr muss man zunächst die Intensitäten der Teil-Schallquellen als flächenbezogene Schallleistungen berechnen, die dann problemlos aufsummiert werden können. Von dieser Summe wird anschließend, wie bereits bekannt, wieder der dekadische Logarithmus gebildet. Das Dividieren und Multiplizieren mit der Bezugseinheit I_0 kann jeweils entfallen, weil sich diese Größe herauskürzt. Es gilt somit:

$$L_1 = 10 \cdot \lg\frac{I_1}{I_0}\text{, d. h. } I_1 = I_0 \cdot 10^{0,1\cdot L_1} \text{ und allgemein } I_i = I_0 \cdot 10^{0,1\cdot L_i}$$

$$I_{ges} = I_1 + I_2 + I_i + \ldots + I_n = I_0 \cdot (10^{0,1\cdot L_1} + 10^{0,1\cdot L_2} + 10^{0,1\cdot L_i} \ldots + 10^{0,1\cdot L_n})$$

$$\frac{I_{ges}}{I_0} = 10^{0,1\cdot L_1} + 10^{0,1\cdot L_2} + 10^{0,1\cdot L_i} \ldots + 10^{0,1\cdot L_n}$$

$$L_{ges} = 10 \cdot \lg\frac{I_{ges}}{I_0}$$

$$L_{ges} = 10 \cdot \lg(10^{0,1\cdot L_1} + 10^{0,1\cdot L_2} + 10^{0,1\cdot L_i} \ldots + 10^{0,1\cdot L_n}) = 10 \cdot \lg\sum_{(n)} 10^{0,1\cdot L_i}$$

mit L_{ges} resultierender Gesamtpegel in dB (A)

$L_i = L_1$ bis L_n Teilpegel in dB (A)

Der Straßenverkehrslärm setzt sich aus sich ständig verändernden Teilgeräuschen unterschiedlicher Lautstärke zusammen. Beim Messen von Verkehrslärm muss deshalb ähnlich wie bei der obigen Formel das Mittel des Pegels („Mittelungspegel") für den Beurteilungszeitraum gebildet werden:

$$L_m = 10 \cdot \lg\left(\frac{1}{T_r} \cdot \int_{(T_r)} 10^{0,1\cdot L(t)} \partial t\right)$$

mit L_m Mittelungspegel in dB(A)

T_r Beurteilungszeitraum; Tag: 16 Stunden von 6.00 bis 22.00 Uhr
Nacht: 8 Stunden von 22.00 bis 6.00 Uhr

$L(t)$ Schallpegel in dB(A) zur Zeit t

In der Praxis wird der Mittelungspegel aus verschiedenen Gründen nicht gemessen, sondern aus den Verkehrs- und sonstigen Daten der Straße errechnet. Zum einen unterliegt der Lärmpegel durch die ständig wechselnden Bedingungen besonders der Witterung (Wind, nasse Fahrbahn, Schnee) und durch die Überlagerung mit sonstigen Umweltgeräuschen erheblichen Schwankungen, zum anderen kann der Mittelungspegel von geplanten Straßen nicht gemessen werden.

Beispiele für das Rechnen mit Schallpegeln:

1. Wie erhöht sich der Schallpegel bei einer Verdoppelung der Schallleistung?

   Ursprüngliche Schallleistung I_1; verdoppelte Schallleistung $I_2 = 2 \cdot I_1$

   $$L_1 = 10 \cdot \lg\frac{I_1}{I_0}$$

   $$L_2 = 10 \cdot \lg\frac{I_2}{I_0} = 10 \cdot \lg\left(\frac{I_1}{I_0} \cdot 2\right) = 10 \cdot \lg\frac{I_1}{I_0} + 10 \cdot \lg 2 = L_1 + 3{,}0\,\text{dB(A)}$$

   Die Genauigkeit der Berechnung liegt i. d. R. bei einer Nachkommastelle. Die Verdoppelung der Leistung (z. B. des Verkehrsaufkommens) bewirkt somit „nur" eine Pegelerhöhung um 3 dB(A). Umgekehrt lässt sich leicht nachweisen, dass eine Halbierung der Verkehrsmenge lediglich eine Verminderung des Lärmpegels um 3 dB(A) zur Folge hat. Eine Pegeländerung um weniger als 3 dB(A) kann das menschliche Ohr kaum mehr wahrnehmen!

2. Wie erhöht sich der Schallpegel bei einer Verzehnfachung der Schallleistung?

   Ursprüngliche Schallleistung I_1; neue Schallleistung $I_2 = 10 \cdot I_1$

   $$L_2 = 10 \cdot \lg\frac{I_2}{I_0} = 10 \cdot \lg\left(\frac{I_1}{I_0} \cdot 10\right) = 10 \cdot \lg\frac{I_1}{I_0} + 10 \cdot \lg 10 = L_1 + 10{,}0\,\text{dB(A)}$$

   Eine Erhöhung des Schallpegels um 10 dB(A) – z. B. von 55 dB(A) auf 65 dB(A) – tritt dann ein, wenn das Verkehrsaufkommen sich um das Zehnfache erhöht.

3. Wie wirkt sich die Verdoppelung des Abstands des Immissionsortes von einer Straße aus?

   Es gibt zwei unterschiedliche Ansätze zur Lösung dieser Frage:

   a) Die Straße wird als ein bandartiger Emittent aufgefasst, wie das bei stark befahrenen Straßen näherungsweise der Fall ist. Im Querschnitt beträgt der Umfang des Halbkreises, durch den die Schallenergie geht, ursprünglich $U_1 = s_1 \cdot \pi$. Durch die Verdoppelung des Radius auf $s_2 = 2 \cdot s_1$ verdoppelt sich auch der Umfang auf $U_2 = 2 \cdot U_1$ und die (flächenbezogene) Schallleistung ist nur noch halb so groß:

   $I_2 = \frac{I_1}{2}$. Damit wird $L_2 = 10 \cdot \lg\left(\frac{I_1}{I_0} \cdot \frac{1}{2}\right) = 10 \cdot \lg\frac{I_1}{I_0} - 10 \cdot \lg 2 = L_1 - 3{,}0\ \text{dB(A)}$

   b) Wenn sich nur einzelne wenige Fahrzeuge auf der Straße befinden, z. B. in der Nacht, geht die Emission halbkugelförmig von diesen aus. Die Oberfläche der Halbkugel nimmt durch die Verdoppelung des Abstands $s_2 = 2 \cdot s_1$ zu von $O_1 = 4 \cdot s_1^2 \cdot \pi$ auf $O_2 = 4 \cdot s_2^2 \cdot \pi = 4 \cdot 4 \cdot s_1^2 \cdot \pi = 4 \cdot O_1$. Mithin ist

   $I_2 = \frac{I_1}{4}$.

   Daraus folgt $L_2 = 10 \cdot \lg\left(\frac{I_1}{I_0} \cdot \frac{1}{4}\right) = 10 \cdot \lg\frac{I_1}{I_0} - 10 \cdot \lg 4 = L_1 - 6{,}0\ \text{dB(A)}$

   Aus den Überlegungen ergibt sich, dass je nach den Umständen bei einer Abstandsverdoppelung zwischen der Straße und dem Immissionsort eine Verminderung des Schallpegels in einer Größenordnung von 3 dB(A) bis 6 dB(A) eintreten muss. In diesem Zusammenhang kommen allerdings auch Einflüsse der Luftabsorption und der Dämpfung durch Bewuchs u. dgl. in den bodennahen Schichten zum Tragen.

Um dem Leser ein Gefühl für die Größenordnungen von Schallpegeln zu vermitteln, werden die nachfolgenden Werte für einige Geräusche angegeben:

- Ticken einer Taschenuhr ca. 10 dB (A)
- leise Wohngeräusche ca. 30 dB (A)
- schwacher Verkehrslärm ca. 40 dB (A)
- starker Verkehrslärm ca. 80 dB (A)

- starker Industrielärm, Presslufthammer ca. 100 dB (A)
- Düsenjäger in niedriger Höhe ca. 120 dB (A)

7.4.2 Schallpegelberechnungen nach RLS-19

7.4.2.1 Beurteilungspegel und Modellierung von Schallquellen

Als 16. Verordnung zur Durchführung des Bundesimmissionsschutzgesetzes wurde im Jahr 1990 die Verkehrslärmschutzverordnung erlassen und letztmalig im Jahr 2021 geändert. Auf die Inhalte wird in Abschn. 7.4.3 näher eingegangen. Die Verkehrslärmschutzverordnung verweist in § 3 Abs. 1 Satz 1 konkret zur Berechnung der Beurteilungspegel an Straßen auf die „Richtlinien für den Lärmschutz an Straßen, Ausgabe 2019 (RLS-19). Die Berechnung hat getrennt für die Beurteilungszeiträume Tag (6-22 Uhr) und Nacht (22-6 Uhr) zu erfolgen.

Mit Einführung der RLS-19 als Berechnungsgrundlage des Beurteilungspegels wurde das Teilstückverfahren als Standardberechnungsverfahren eingeführt.

Der Beurteilungspegel L_r ist definiert als der maßgebende Pegel zur Beurteilung der Stärke von Verkehrsgeräuschen. Er berechnet sich aus der Stärke der Schallquellen des Straßenverkehrs im Einzugsbereich des Immissionsortes und der Minderung des Schalls auf dem Ausbreitungsweg. Als Schallquellen kommen im Wesentlichen Fahrbahnen und Parkplätze im Betracht.

Die Schallemission ist abhängig von:

- Verkehrsstärke M
- Anteil an Fahrzeugen der Fahrzeuggruppen Lkw1 (p_1) und Lkw2 (p_2) (siehe 7.4.2.2)
- Typ der Straßendeckschicht

Zuschläge ergeben sich infolge der Längsneigung der Straße sowie für Mehrfachreflexionen und die Störwirkung von lichtsignalgesteuerten Knotenpunkten oder Kreisverkehrsplätzen.

Die Minderung des Schallpegels auf dem Ausbreitungsweg ist abhängig von:

- Abstand zwischen Schallquelle und Immissionsort
- Mittlerer Höhe des Schallstrahls von der Quelle zum Immissionsort über Boden

Durch Abschirmungen wie beispielsweise Lärmschutzwälle oder Lärmschutzwände kann der Schallpegel am Immissionsort verringert werden. Durch Reflexionen, die sich beispielsweise an Lärmschutzwänden mit reflektierenden Oberflächen ergeben, können zusätzliche Spiegelschallquellen entstehen, die den Schallpegel am Immissionsort erhöhen. In der RLS-19 wird nur mit A-bewerteten Schallpegeln gerechnet und zur Vereinfachung am Symbol „L“ der Index „A“ weggelassen. Diese Systematik wird im Folgenden ebenfalls umgesetzt.

Die Lage der Quelllinie zur Modellierung einer Straße ist beispielhaft aus Abb. 7.5 ersichtlich.

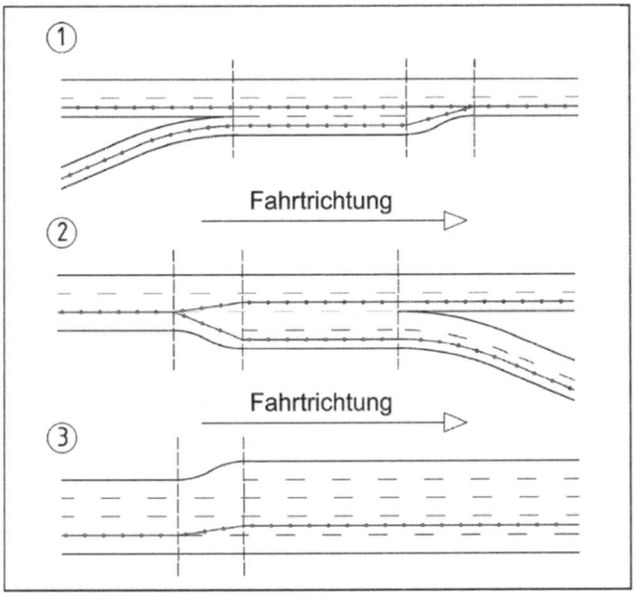

Abb. 7.5: Quelllinien zur Modellierung einer Straße

Öffentliche Parkplätze sind entsprechend der Abb. 7.6 in geeignete Teilflächen zu unterteilen.

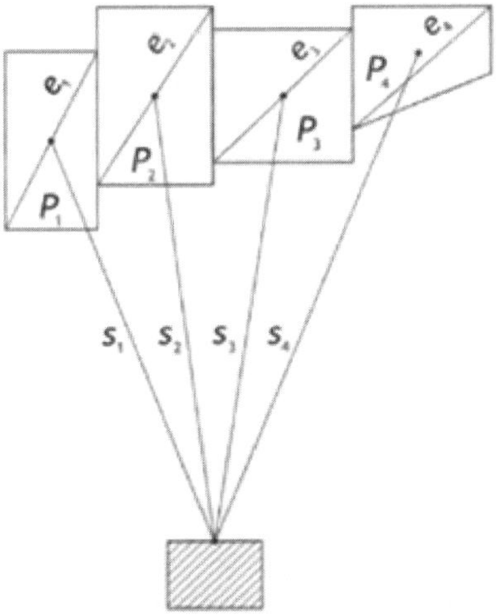

Abb. 7.6: Unterteilung eines Parkplatzes in Teilflächen

Die Teilstücke bei Fahrbahnen und Parkflächen sind so zu wählen, dass über die Länge jedes einzelnen Teilstücks bzw. über die Fläche jeder einzelnen Teilfläche die Emission und die Ausbreitungsbedingung annähernd konstant sind.

In der Mitte jedes Teilstücks bzw. im Flächenschwerpunkt jeder Teilfläche wird eine Punktschallquelle in einer Höhe von 0,5 m über dem Boden angesetzt.

Der Beurteilungspegel L_r berechnet sich als energetische Summe über die Schalleinträge aller Fahrstreifenstücke i und aller Parkplatzteilflächen j einschließlich vorhandener Spiegelschallquellen.

$L_r = 10 \cdot lg[10^{0,1 \cdot L_r'} + 10^{0,1 \cdot L_r''}]$ in dB	L_r' = Beurteilungspegel für die Schalleinträge aller Fahrstreifen in dB
	L_r'' = Beurteilungspegel für die Schalleinträge aller Parkplatzflächen in dB

Der **Beurteilungspegel L_r' für die Schalleinträge aller Fahrstreifen** berechnet sich nach der Gleichung:

$$L_r' = 10 \cdot lg \sum_i 10^{0,1 \cdot \{L_{w',i} + 10 \cdot lg[li] - D_{A,i} - D_{RV1,i} - D_{RV2,i}\}} \text{ in dB}$$

mit

$L_{w',i}$ Längenbezogener Schallleistungspegel des Fahrstreifenteilstücks i nach dem Abschnitt 7.4.2.2 in dB

l_i Länge des Fahrstreifenteilstücks in m

$D_{A,i}$ Dämpfung bei der Schallausbreitung vom Fahrstreifenteilstück i zum Immissionsort nach dem Abschnitt 7.4.2.2 in dB

$D_{RV1,i}$ Reflexionsverlust bei der ersten Reflexion für das Fahrstreifenteilstück i nach dem Abschnitt 7.4.2.2 in dB (nur bei Spiegelschallquellen) in dB

$D_{RV2,i}$ Reflexionsverlust bei der zweiten Reflexion für das Fahrstreifenteilstück i nach dem Abschnitt 7.4.2.2 (nur bei Spiegelschallquellen) in dB

Der **Beurteilungspegel L_r'' für die Schalleinträge aller Parkplatzflächen** mit Einfluss auf einen Immissionsort berechnet sich nach der Gleichung:

$$L_r'' = 10 \cdot lg \sum_i 10^{0,1 \cdot \{L_{w'',j} + 10 \cdot lg[P_j] - D_{A,j} - D_{RV1,j} - D_{RV2,j}\}} \text{ in dB}$$

mit

$L_{w'',j}$ Flächenbezogener Schallleistungspegel der Parkplatzteilfläche j nach dem Abschnitt 7.4.2.2 in dB

P_j Größe der Parkplatzteilfläche j in m²

$D_{A,j}$ Dämpfung bei der Schallausbreitung von der Parkplatzteilfläche j zum Immissionsort nach dem Abschnitt 7.4.2.2 in dB

$D_{RV1,j}$ anzusetzender Reflexionsverlust bei der ersten Reflexion für die Parkplatzteilfläche j nach dem Abschnitt 7.4.2.2 (nur bei Spiegelschallquellen)

$D_{RV2,j}$ anzusetzender Reflexionsverlust bei der zweiten Reflexion für die Parkplatzteilfläche j nach dem Abschnitt 7.4.2.2 in dB (nur bei Spiegelschallquellen)

7.4.2.2 Modellierung von Straßen

Eine Straße besteht in der Regel aus mehreren Quelllinien, die – abhängig vom Immissionsort – nach den Vorgaben aus Abschnitt 7.4.2.1 in geeignete Teilstücke zu unterteilen sind.

Bei Straßen wird für jede **Fahrtrichtung** eine eigene Quelllinie angesetzt. Im Regelfall wird eine Straße durch zwei Quelllinien modelliert, auf die die stündliche Verkehrsstärke **M** der Straße je zur Hälfte verteilt wird. Die Position der Quelllinien hängt von der Anzahl der Fahrstreifen pro Fahrtrichtung ab. Steht für eine Fahrtrichtung nur ein Fahrstreifen zur Verfügung, so liegt die Quelllinie über der Mitte dieses Fahrstreifens. Stehen zwei Fahrstreifen für eine Fahrtrichtung zur Verfügung, liegt die Quelllinie über der Mitte des äußeren Fahrstreifens, bei drei oder vier Fahrstreifen über der Trennlinie zwischen den beiden äußersten Fahrstreifen und bei fünf oder mehr Fahrstreifen über der Mitte des zweitäußersten Fahrstreifens siehe Abb. 7.5.

Bei mehrstreifigen Straßen mit unterschiedlichen Straßendeckschichttypen je Fahrtrichtung (z. B.: rechter Fahrstreifen Beton, linker Fahrstreifen Asphalt) ist für Pkw und Lkw getrennt der größte Korrekturwert aller verbauten Straßendeckschichttypen zu verwenden.

Längenbezogener Schallleistungspegel einer Quelllinie

Der längenbezogene Schallleistungspegel L_W' einer Quelllinie berechnet sich nach folgender Gleichung:

$$L_W' = 10 \cdot lg[M] + 10 \cdot lg\left[\frac{100 - p_1 - p_2}{100} \cdot \frac{10^{0,1 \cdot L_{W,Pkw}(v_{Pkw})}}{v_{Pkw}} + \frac{p_1}{100} \cdot \frac{10^{0,1 \cdot L_{W,Lkw1}(v_{Lkw1})}}{v_{Lkw1}} + \frac{p_2}{100} \cdot \frac{10^{0,1 \cdot L_{W,Lkw2}(v_{Lkw2})}}{v_{Lkw2}}\right] - 30$$

mit

M	stündliche Verkehrsstärke der Quelllinie in Kfz/h
$L_{W,FzG(vFzG)}$	Schallleistungspegel für die Fahrzeuge der Fahrzeuggruppe FzG (Pkw, Lkw1 und Lkw2) bei der Geschwindigkeit v_{FzG}
v_{FzG}	Geschwindigkeit für die Fahrzeuge der Fahrzeuggruppe FzG (Pkw, Lkw1 und Lkw2) in km/h
p_1	Anteil an Fahrzeugen der Fahrzeuggruppe Lkw1 in %
p_2	Anteil an Fahrzeugen der Fahrzeuggruppe Lkw2 in %

Liegt kein projektbezogenes Verkehrsgutachten vor, das detaillierte Angaben über die Fahrzeuggruppen sowie die maßgebenden Spitzenstunden enthält, können die Standardwerte der Abb. 7.7 angewendet werden.

Straßenart	tags (06.00–22.00 Uhr)			nachts (22.00–6.00 Uhr)		
	M [Kfz/h]	p_1 [%]	p_2 [%]	M [Kfz/h]	p_1 [%]	p_2 [%]
Bundesautobahnen und Kraftfahrstraßen	0,0555 · *DTV*	3	11	0,0140 · *DTV*	10	25
Bundesstraßen	0,0575 · *DTV*	3	7	0,0100 · *DTV*	7	13
Landes-, Kreis- und Gemeinde- verbindungs-straßen	0,0575 · *DTV*	3	5	0,0100 · *DTV*	5	6
Gemeindestraßen	0,0575 · *DTV*	3	4	0,0100 · *DTV*	3	4

Abb. 7.7: Standardwerte für die stündliche Verkehrsstärke M in Kfz/h und den Anteil von Fahrzeugen der Fahrzeuggruppe Lkw1, p1 und Lkw2, p_2 *in %*

Schallleistungspegel eines Fahrzeuges

Dem Berechnungsverfahren der RLS-19 liegen aktualisierte Emissionsansätze für Pkw und Lkw zugrunde, die die heutige Fahrzeugflotte (Stand 2019) abbilden.

Die Lkw werden dabei in leichte (Lkw1) und schwere Lkw (Lkw2) aufgeteilt. Grundlage für die Gruppierung der Fahrzeuge bildet die Grundklassifizierung für Fahrzeuge nach den „Technischen Lieferbedingungen für Streckenstationen" – Ausgabe 2012 (TLS).

Die Zuordnungen in Fahrzeuggruppen stellen sich wie folgt dar:

- PKW: Pkw + PkwA (Pkw mit Anhänger) + Lfw (Lieferwagen)
- Lkw1: Lkw + Bus
- Lkw2: LkwA (Lkw mit Anhänger) + Sattel Kfz

Zugunsten von Lärmbetroffenen werden die folgenden von der StVO und der TLS abweichenden Annahmen angesetzt:

Motorräder werden bei den Emissionen wie Lkw2 und bei den Geschwindigkeiten wie Pkw eingestuft. Für Lkw1 und Lkw2 wird außerorts ohne Begrenzung der Geschwindigkeit abweichend von den zulässigen Geschwindigkeiten nach StVO von 80 km/h bzw. auf Kraftfahrstraßen und Autobahnen 90 km/h angesetzt.

Für die Berechnung sind die zulässigen Höchstgeschwindigkeiten der Streckenabschnitte anzusetzen, mindestens jedoch 30 km/h und höchstens 130 km/h.

Der längenbezogene Schallleistungspegel Lw' eines Fahrzeuges in dB abhängig von der Geschwindigkeit für Geschwindigkeiten bis zu 130 km/h ist aus der folgenden Abbildung 7.8 ersichtlich.

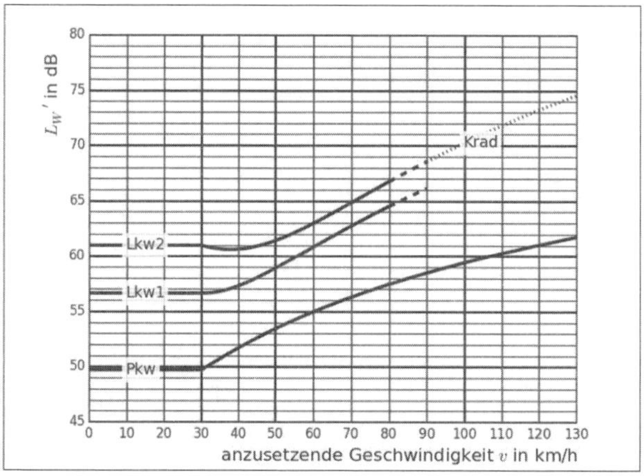

Abb. 7.8: Längenbezogener Schallleistungspegel L_W' eines Fahrzeuges in dB

Berechnung des Schallleistungspegels nach Fahrzeuggruppe

Der Schallleistungspegel für Fahrzeuge der Fahrzeuggruppe FzG (Pkw, Lkw1 oder Lkw2) berechnet sich nach der Gleichung:

$$L_{W,FzG}\left(v_{FzG}\right) = L_{W0,FzG}\left(v_{FzG}\right) + D_{SD,SDT,FzG}\left(v_{FzG}\right) + D_{LN,FzG}\left(g, v_{FzG}\right) + D_{K,KT}\left(x\right) + wD_{refl}\left(h_{Beb,} w\right)$$

mit $L_{W0,FzG}(v_{FzG})$ Grundwert für den Schallleistungspegel eines Fahrzeuges der Fahrzeuggruppe FzG bei der Geschwindigkeit v_{FzG} in dB

$D_{SD,SDT,FzG}(v_{FzG})$ Korrektur für den Straßendeckschichttyp SDT, die Fahrzeuggruppe FzG und die Geschwindigkeit v_{FzG} nach Abb. 7.10 bzw. 7.11 in dB

$D_{LN,FzG}(g, v_{FzG})$ Korrektur für die Längsneigung g der Fahrzeuggruppe FzG bei der Geschwindigkeit v_{FzG} nach Abb. 7.13 in dB

$D_{K,KT}(x)$ Korrektur für den Knotenpunkttyp KT in Abhängigkeit von der Entfernung zum Knotenpunkt x nach Abb. 7.14 und 7.15 in dB

$D_{refl}\,(h_{Beb}, w)$ Zuschlag für die Mehrfachreflexion bei einer Bebauungshöhe h_{Beb} und dem Abstand der reflektierenden Flächen *w* nach Abb. 7.16

Grundwert des Schalleistungspegels eines Fahrzeugs

Der Grundwert des Schallleistungspegels eines Fahrzeugs beschreibt die Schallemission des Fahrzeuges bei konstanter Geschwindigkeit v_{FzG} auf ebener, trockener Fahrbahn. Für die drei Fahrzeuggruppen FzG (Pkw, Lkw1 oder Lkw2) ist er definiert als:

$$L_{W0,FzG}\left(v_{FzG}\right) = A_{W,FzG} + 10 \cdot lg\left[1 + \left(\frac{v_{FzG}}{B_{w,FzG}}\right)^{C_{w,FzG}}\right]$$

mit $A_{W,FzG}$, $B_{W,FzG}$, $C_{W,FzG}$ Emissionsparameter der Fahrzeuggruppe FzG nach der Abb. 7.9

v_{FzG} Geschwindigkeit der Fahrzeuggruppe FzG in km/h

FzG	$A_{W,FzG}$ [dB]	$B_{W,FzG}$ [km/h]	$C_{W,FzG}$
Pkw	88,0	20	3,06
Lkw1	100,3	40	4,33
Lkw2	105,4	50	4,88

Abb. 7.9: Emissionsparameter $A_{W,FzG}$, $B_{W,FzG}$, $C_{W,FzG}$ je Fahrzeuggruppe FzG

Straßendeckschichttyp SDT *	**Straßendeckschichtkorrektur $D_{SD,SDT,FzG(v)}$ [dB] bei einer Geschwindigkeit v_{FzG} [km/h] für**			
	Pkw		**Lkw**	
	≤ 60	**> 60**	**≤ 60**	**>60**
Nicht geriffelter Gussasphalt	0,0	0,0	0,0	0,0
Splittmastixasphalte SMA 5 und SMA 8 nach ZTV Asphalt-StB 07/13 und Abstumpfung mit Abstreumaterial der Lieferkörnung 1/3	-2,6		-1,8	
Splittmastixasphalte SMA 8 und SMA 11 nach ZTV Asphalt-StB 07/13 und Abstumpfung mit Abstreumaterial der Lieferkörnung 1/3		-1,8		-2,0
Asphaltbetone s AC 11 nach ZTV Asphalt-StB 07/13 und Abstumpfung mit Abstreumaterial der Lieferkörnung 1/3	-2,7	-1,9	-1,9	-2,1
Offenporiger Asphalt aus PA 11 nach ZTV Asphalt-StB 07/13		-4,5		-4,4
Offenporiger Asphalt aus PA 8 nach ZTV Asphalt-StB 07/13		-5,5		-5,4
Betone nach ZTV Beton-StB 07 mit Waschbetonoberfläche		-1,4		-2,3
Lärmarmer Gussasphalt nach ZTV Asphalt-StB 07/13, Verfahren B		-2,0		-1,5
Lärmtechnisch optimierter Asphalt aus AC D LOA nach E LA D	-3,2		-1,0	
Lärmtechnisch optimierter Asphalt aus SMA LA 8 nach E LA D		-2,8		-4,6
Dünne Asphaltdeckschichten in Heißbauweise auf Versiegelung aus DSH-V 5 nach ZTV BEA-StB 07/13	-3,9	-2,8	-0,9	-2,3
* Für Bauweise, die keinem der o. g. Straßendeckschichttypen entspricht, Ermittlung auf Grundlage TP KoSD-19 durch BASt und Festlegung durch BMDV.				

Abb. 7.10: Korrekturwerte $D_{SD,SDT,FzG(v)}$ für unterschiedliche Straßendeckschichttypen SDT getrennt nach Pkw und Lkw und Geschwindigkeiten v_{FzG} in dB, außer für Pflasterbeläge

Die Korrekturwerte $D_{SD,SDT,FzG}(v)$ für unterschiedliche Straßendeckschichttypen SDT werden getrennt für Pkw und Lkw und Geschwindigkeit v_{FzG} festgelegt. Die Werte für den Lkw gelten für die Fahrzeuggruppen Lkw1 und Lkw2. Abb. 7.10 enthält die Korrekturwerte für alle Straßenbeläge außer Pflasterbelägen.

Straßendeckschichttyp SDT	**Straßendeckschichtkorrektur $D_{SD,SDT(v)}$ [dB] bei einer Geschwindigkeit v [km/h]**		
	30	**40**	**ab 50**
Pflaster mit ebener Oberfläche (Abb. 7.12) mit b ≤ 5,0 mm und b+2f ≤ 9,0 mm	1,0	2,0	3,0
Sonstiges Pflaster (Abb. 7.12) mit b > 5,0 mm oder f > 2,0 mm oder Kopfsteinpflaster	5,0	6,0	7,0

Abb. 7.11: Korrekturwerte $D_{SD,SDT,FzG\,(v)}$ für Pflasterbeläge

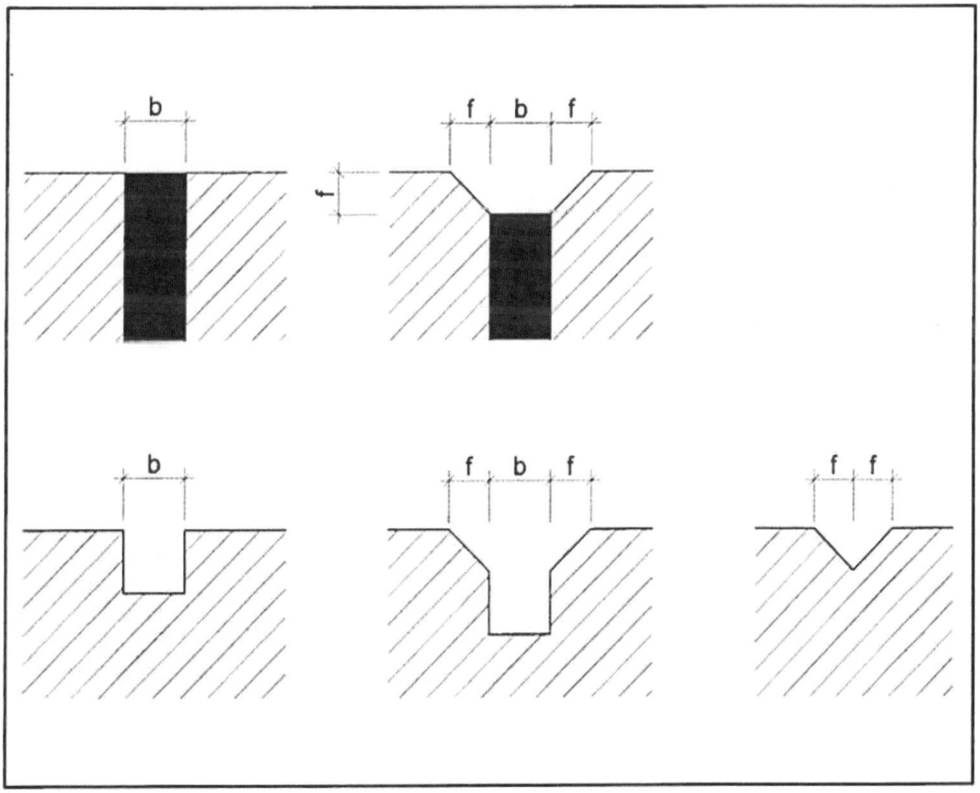

Abb. 7.12: Unterscheidung der Pflasterdecken und Plattenbeläge

Längsneigungskorrektur

Auf Steigungs- und Gefällestrecken treten erhöhte Schallemissionen auf. Dieser Effekt wird durch folgende Korrektur der Längsneigungen differenziert nach Pkw, Lkw 1 und Lkw 2 berücksichtigt, da die Fahrzeuggruppen ein unterschiedliches Geräuschverhalten an Steigungsstrecken aufweisen:

$D_{LN,Pkw}(g, v_{Pkw}) = \begin{cases} \frac{g+6}{-6} \cdot \frac{90 - min\{v_{Pkw}; 70\}}{20} \mathit{für}\ g < -6 \\ \frac{g-2}{10} \cdot \frac{v_{Pkw} + 70}{100} \mathit{für}\ g > +2 \\ 0\ \mathit{sonst} \end{cases}$	g = Längsneigung der Fahrbahn in %. Für Steigungen unterhalb von -12 % und oberhalb von 12 % ist $D_{LN,FzG}(g, v_{FzG})$ für -12 % bzw. 12 % zu verwenden.
$D_{LN,Lkw1}(g, v_{Lkw1}) = \begin{cases} \frac{g+4}{-8} \cdot \frac{v_{Lkw1} - 20}{10} \mathit{für}\ g < -4 \\ \frac{g-2}{10} \cdot \frac{v_{Lkw1}}{10} \mathit{für}\ g > +2 \\ 0\ \mathit{sonst} \end{cases}$	v_{FzG} = Geschwindigkeit der Fahrzeuggruppe FzG (Pkw, Lkw1 und Lkw2) in km/h
$D_{LN,Lkw2}(g, v_{Lkw2}) = \begin{cases} \frac{g+4}{-8} \cdot \frac{v_{Lkw2}}{10} \mathit{für}\ g < -4 \\ \frac{g-2}{10} \cdot \frac{v_{Lkw2} + 10}{10} \mathit{für}\ g > +2 \\ 0\ \mathit{sonst} \end{cases}$	

Abb. 7.13: Korrektur der Längsneigungen

Knotenpunktkorrektur

Die Störwirkung durch das Anfahren und Bremsen der Fahrzeuge an Knotenpunkten wird in Abhängigkeit vom Knotenpunkttyp KT und von der Entfernung zum Schnittpunkt von sich kreuzenden oder zusammentreffenden Quelllinien bestimmt. Bei der Berechnung des längenbezogenen Schallleistungspegels eines Fahrstreifens ist die Entfernung x der Abstand des Mittelpunktes des Fahrstreifenteilstücks i vom nächsten Schnittpunkt von sich kreuzenden oder einmündenden Quelllinien. Die Maximalwerte nach Abb. 7.15 sind zu beachten.

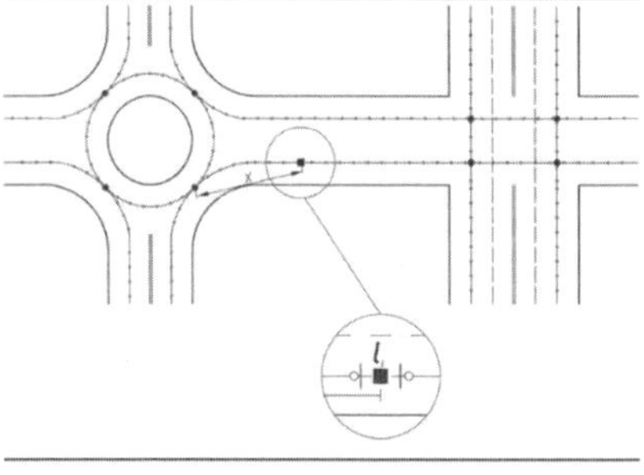

Abb. 7.14: Fahrstreifen und Schnittpunkte für die Berechnung der Knotenpunktkorrektur

$D_{K,KT}(x) = K_{KT} \cdot max\{1 - \frac{x}{120}; 0\}$	
K_{KT}	Maximalwert der Korrektur für Knotenpunkttyp KT nach Abb. 7.15 in dB
x	Entfernung der Punktschallquelle von dem nächsten Knotenpunkt in m.

Knotenpunkttyp KT	K_{KT} [dB]
Lichtzeichengeregelte Knotenpunkte	3
Kreisverkehre	2
Sonstige Knotenpunkte	0

Abb. 7.15: Maximalwerte der Knotenpunktkorrektur KKT

Mehrfachreflexionszuschlag

Verläuft ein Fahrstreifenteilstück zwischen parallelen, reflektierenden Stützmauern, Lärmschutzwänden oder geschlossenen Hausfassaden, die nicht weiter als 100 m voneinander entfernt sind, so wird je Teilstück ein Zuschlag zur Berücksichtigung von Mehrfachreflexionen gegeben:

$$D_{refl}\left(h_{Beb}, w\right) = min\left\{2 \cdot \frac{h_{Beb}}{w}; 1{,}6\right\}$$

h_{Beb}	Höhe der Stützmauern, Lärmschutzwände oder Hausfassaden in m. Sind diese nicht auf beiden Straßenseiten gleich hoch, ist die geringere Höhe anzusetzen
w	Abstand der reflektierenden Flächen voneinander in m

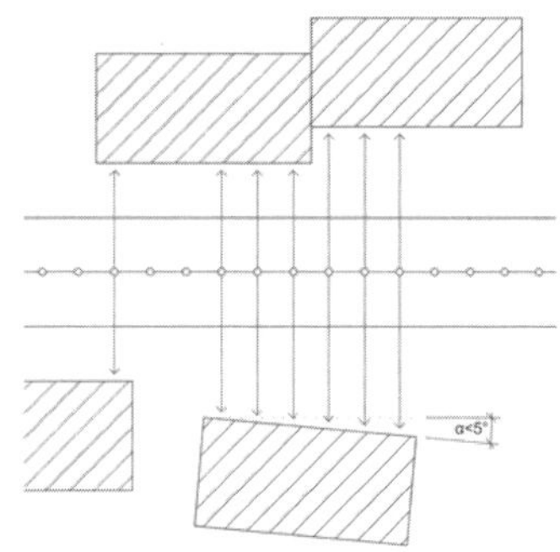

Abb. 7.16: Erläuterung zur Pegelerhöhung durch Mehrfachreflexion

7.4.2.3 Modellierung von Parkplätzen

Die Berechnung des Beurteilungspegels von Parkplätzen auf Grundlage der RLS-19 bezieht sich auf öffentliche Parkplätze. Ein öffentlicher Parkplatz ist abhängig vom Immissionsort entsprechend Abschnitt 7.4.2.1 in geeignete Teilflächen gemäß Abb. 7.6 zu unterteilen.

Parkplatz

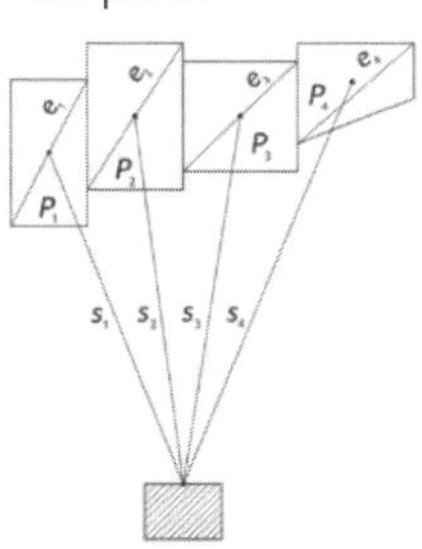

Immissionsort

Parkplatztyp PT	$D_{P,PT}$ in dB
Pkw-Parkplätze	0
Motorrad-Parkplätze	5
Lkw- und Omnibus-Parkplätze	10

Abb 7.17: Unterteilung eines Parkplatzes in Teilflächen und Zuschlag $D_{P,PT}$ für unterschiedliche Parkplatztypen PT

Der flächenbezogene Schallleistungspegel einer Teilfläche eines Parkplatzes ist:

$$L_W'' = 63 + 10 \cdot \lg\left[N \cdot n\right] + D_{P,PT} - 10 \cdot \left[\frac{P}{(1\,m^2)}\right]$$

mit N Anzahl der Fahrzeugbewegungen je Parkstand und Stunde (An- und Abfahrt zählen als je eine Bewegung)

n Anzahl der Parkstände auf der Parkplatzfläche bzw. -teilfläche

$D_{P,PT}$ Zuschlag nach Tabelle 6 für unterschiedliche Parkplatztypen PT in dB

P Größe der Parkplatzfläche bzw. -teilfläche in m²

Parkplatztyp PT	***N***	
	tags	**nachts**
	(6:00–22:00 Uhr)	**(22:00–6:00 Uhr)**
P + R -Parkplätze	0,3	0,06
Tank- und Rastanlagen	1,5	0,8

Die Standardwerte der Abb. 7.18 sind nur anzuwenden, wenn keine geeigneten projektbezogenen Untersuchungsergebnisse vorliegen.

Abb. 7.18: Standardwerte für die Anzahl der Fahrzeugbewegungen N je Parkstand und Stunde für verschiedene Parkplatztypen PT

7.4.2.4 Schallausbreitung

Die Schallausbreitung wird jeweils zwischen zwei Punkten, der Quelle und dem Immissionsort, berechnet. Dafür sind die Quelllinien der Straße und die Quellflächen der Parkplätze, wie in Abschnitt 7.4.2.1 beschrieben, in Punktschallquellen zu zerlegen.

Die Berechnung der Schallausbreitung erfolgt in der vertikalen Ebene, die Quelle und Immissionsort enthält. Dabei kann es sich bei der Schallquelle auch um eine Spiegelschallquelle handeln.

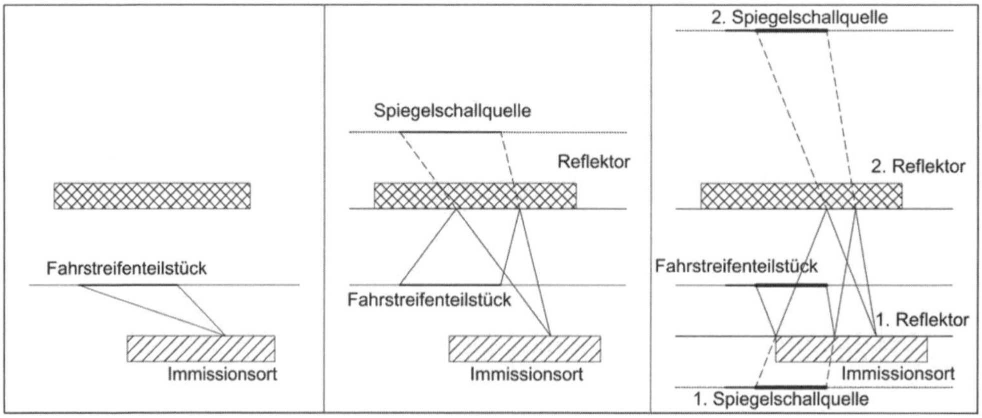

Abb. 7.19: Direktschall, erste und zweite Spiegelschallquelle eines Straßenstücks

Dämpfung bei der Schallausbreitung

Um am betrachteten Immissionsort den Beurteilungspegel berechnen zu können, ist auch die Dämpfung bei der Schallausbreitung des Fahrstreifenteilstückes bzw. der Parkplatzteilfläche zwischen Quelle und Immissionsort zu berücksichtigen.

Der Pegel verringert sich durch geometrische Divergenz, Luft- und Bodendämpfung. Die Anteile sind dabei wie folgt zu berechnen.

$$D_A = D_{div} + D_{atm} + max\{D_{gr}; D_z\}$$

mit D_{div} Pegelminderung durch geometrische Divergenz in dB

D_{atm} Pegelminderung durch Luftdämpfung in dB

D_{gr} Pegelminderung durch Bodendämpfung in dB

D_Z Pegelminderung durch Abschirmung in dB

Pegelminderung durch geometrische Divergenz:

$$D_{div} = 20 \cdot lg[s] + 10 \cdot lg[2\pi]$$

mit s Abstand zwischen Quelle und Immissionsort in m

Pegelminderung durch Luftdämpfung:

$$D_{atm} = \frac{s}{200}$$

mit s Abstand zwischen Quelle und Immissionsort in m

Pegelminderung durch Bodendämpfung bei freier Schallausbreitung:

$$D_{gr} = max\left\{4{,}8 - \frac{h_m}{s} \cdot \left(34 + \frac{600}{s}\right); 0\right\}$$

mit s Abstand zwischen Quelle und Immissionsort in m

h_m mittlere Höhe des Strahls von der Quelle zum Immissionsort über Grund in m

Die mittlere Höhe $\boldsymbol{h_m}$ wird aus dem Quotienten des Flächeninhalts F und der Entfernung s_{gr} nach Abb. 7.20 berechnet ($h_m = F/s_{gr}$). Dabei ist F der Flächeninhalt zwischen der direkten Sichtverbindung von Quelle und Immissionsort und dem Boden; die Entfernung s_{gr} ist der Abstand der Fußpunkte zwischen Quelle und Immissionsort.

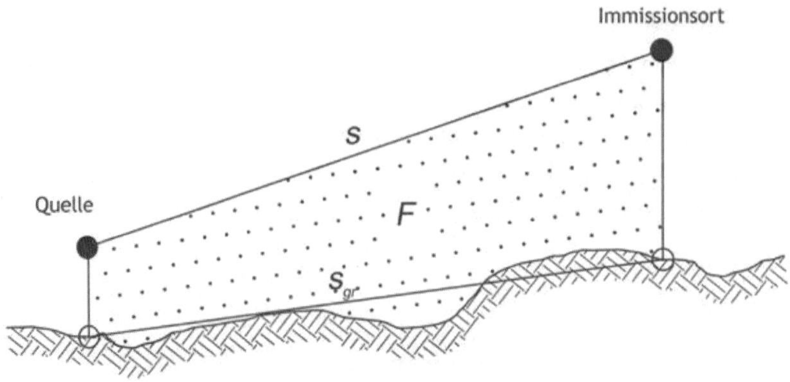

Abb. 7.20: Berechnung der mittleren Höhe h_m

Pegelminderung durch Abschirmung

Eine Pegelminderung durch Abschirmung tritt ein, wenn ein Hindernis die Verbindungslinie zwischen Quelle und Immissionsort überschreitet. Das Abschirmmaß ist:

$$D_Z = 10 \cdot lg[3 + 80 \cdot z \cdot K_W]$$

mit z Schirmwert, Differenz zwischen der Länge des Weges von der Quelle über die Beugungskante(n) zum Immissionsort und dem Abstand zwischen Quelle und Immissionsort in m (Abb. 7.21 und 7.22).

K_W Witterungskorrektur zur Berücksichtigung der Strahlenkrümmung durch vertikale Gradienten von Temperatur und/oder Windgeschwindigkeit in dB

Witterungskorrektur K_w: $$K_w = exp\left(-\frac{1}{2000} \cdot \sqrt{\frac{A \cdot B \cdot s}{2 \cdot z}}\right)$$

mit A Abstand der Quelle von der (ersten) Beugungskante in m

B Abstand der (letzten) Beugungskante vom Immissionsort in m

C Länge des Schallwegs zwischen erster und letzter Beugungskante in m

z Schirmwert

Schirmwert z: $z = A + B + C - s$

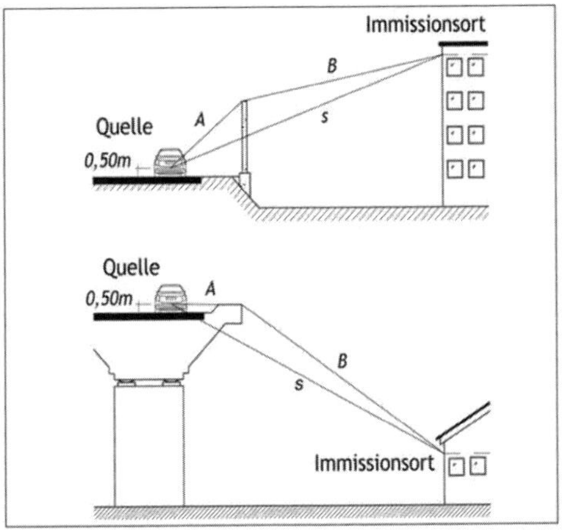

Abb. 7.21: Schirmwert z bei einer Beugungskante

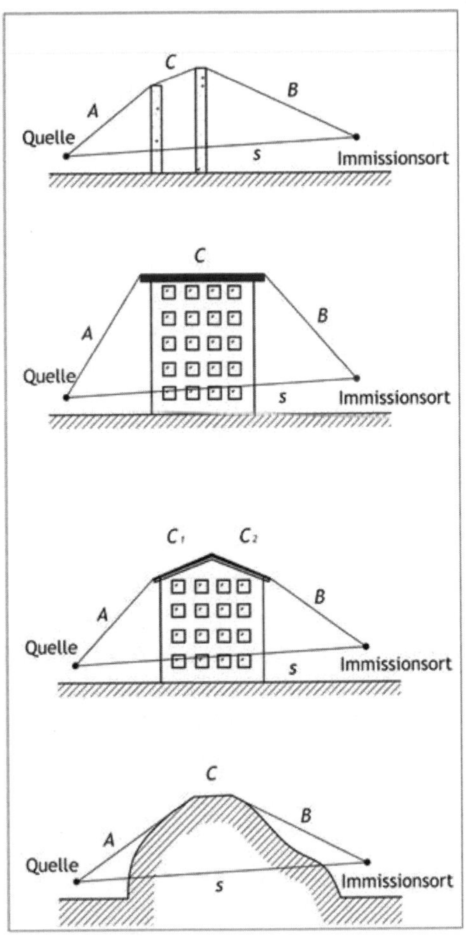

Abb. 7.22: Schirmwert z bei mehreren Beugungskanten

7.4.2.5 Berücksichtigung von Reflexionen

Trifft Schall auf Stützmauern, Hausfassaden oder anderen Flächen (z. B. Betonschutzwände), kann sich der Schallpegel an einem Immissionsort durch Reflexion erhöhen. Reflexionen sind zu berücksichtigen, wenn die Höhe $\boldsymbol{h}_{\mathbf{R}}$ der reflektierenden Fläche mindestens 1,0 m beträgt und der Bedingung genügt:

$$h_R \geq 0{,}3 \cdot \sqrt{a_R}$$

a_R ist der kleinere der Abstände von Quelle und Reflektor bzw. Reflektor und Immissionsort.

Art des Reflektors	D_{RV1} bzw. D_{RV2} [dB]
Gebäudefassaden und reflektierende Lärmschutzwände	0,5
reflexionsmindernde Lärmschutzwände	3,0
stark reflexionsmindernde Lärmschutzwände	5,0

Abb. 7.23: Anzusetzende Reflexionsverluste von reflektierenden Flächen D_{RV1} bzw. D_{RV2} (nur bei Spiegelschallquellen)

Zur Berücksichtigung der Reflexion wird die ursprüngliche Quelle an der reflektierenden Fläche gespiegelt. Von der Spiegelschallquelle ist nur das Fahrstreifenteilstück wirksam, von dem aus die „Schallstrahlen" zum Immissionsort durch die reflektierende Fläche hindurch verlaufen, siehe Abb. 7.19. Diffus reflektierter Schall wird vernachlässigt.

Bei der Berechnung des Beurteilungspegels sind Spiegelschallquellen wie **Originalschallquellen** zu behandeln. Wegen auftretender Energieverluste wird bei den Spiegelschallquellen mit einem um den anzusetzenden Reflexionsverlust D_{Rv1} für die erste Reflexion bzw. D_{Rv2} für die zweite Reflexion reduzierten Schallleistungspegel gerechnet.

7.4.2.6 Abschluss der Lärmberechnung und Ergebnisdarstellung

Am Ende der Berechnung, nach Bildung der energetischen Summe über die Schalleinträge aller Fahrstreifenteilstücke i und aller Parkplatzteilflächen j unter Berücksichtigung gegebenenfalls vorhandener Spiegelschallquellen erhält man am jeweiligen Immissionsort im Bereich einer Straße oder eines öffentlichen Parkplatzes den **Beurteilungspegel $\boldsymbol{L}_{\mathbf{r}}$**. Die Beurteilungspegel sind dabei, wie bereits ausgeführt, für den Tag und die Nacht zu berechnen. Bei der Berechnung ist auf die Rundung von Zwischenergebnissen zu verzichten. Am Ende der Berechnung sind die Beurteilungspegel mit den im jeweiligen Fall zugrunde zu legenden Immissionsgrenzwerten (Lärmvorsorge, Lärmsanierung) zu vergleichen. Hierzu sind die berechneten Beurteilungspegel $\boldsymbol{L}_{\mathbf{r,T}}$ und $\boldsymbol{L}_{\mathbf{r,N}}$ auf ganze Dezibel aufzurunden.

Die Darstellung für die jeweiligen Immissionsorte erfolgt im Regelfall in Isophonenplänen getrennt für die Tag- und die Nachtwerte.

Im Folgenden ist ein Beispiel einer händischen Berechnung bei einer stark vereinfachten Situation dargestellt.

Die händische Berechnung eignet sich lediglich für Lehrzwecke und für den Fall, dass ein sehr eng begrenztes Problem zu beurteilen ist. Mit Einführung des Teilstückverfahrens als

Standardberechnungsverfahren ist die Nutzung von kommerziellen Computerprogrammen zur Ermittlung von Verkehrslärm dringend zu empfehlen. Um derartige Programme auf ihre Tauglichkeit hin beurteilen zu können, hat das Bundesministerium für Verkehr und digitale Infrastruktur eigene Testaufgaben („TEST-20") herausgegeben.

Berechnungsbeispiel für die Ermittlung des Beurteilungspegels

Ein Rechenschema zur Ermittlung des resultierenden Gesamtpegels von Fahrbahnteilstücken von zwei Quelllinien sowie Parkplatzteilflächen ist in Abb. 7.24 angegeben. Hierbei ist zu beachten, dass darin wegen der Verschiedenartigkeit der möglichen Emissionspegel – Fahrstreifen unterschiedlicher Straßen, Spiegelschallquellen oder Parkplätze – kein einheitliches Schema für die Ermittlung in einem allgemeingültigen Formular möglich ist. Das Beispiel dient vielmehr der Nachvollziehbarkeit der grundlegenden Systematik des zuvor beschriebenen Berechnungsverfahrens. Für die konkrete Anwendung wird der Einsatz von Fachsoftware empfohlen.

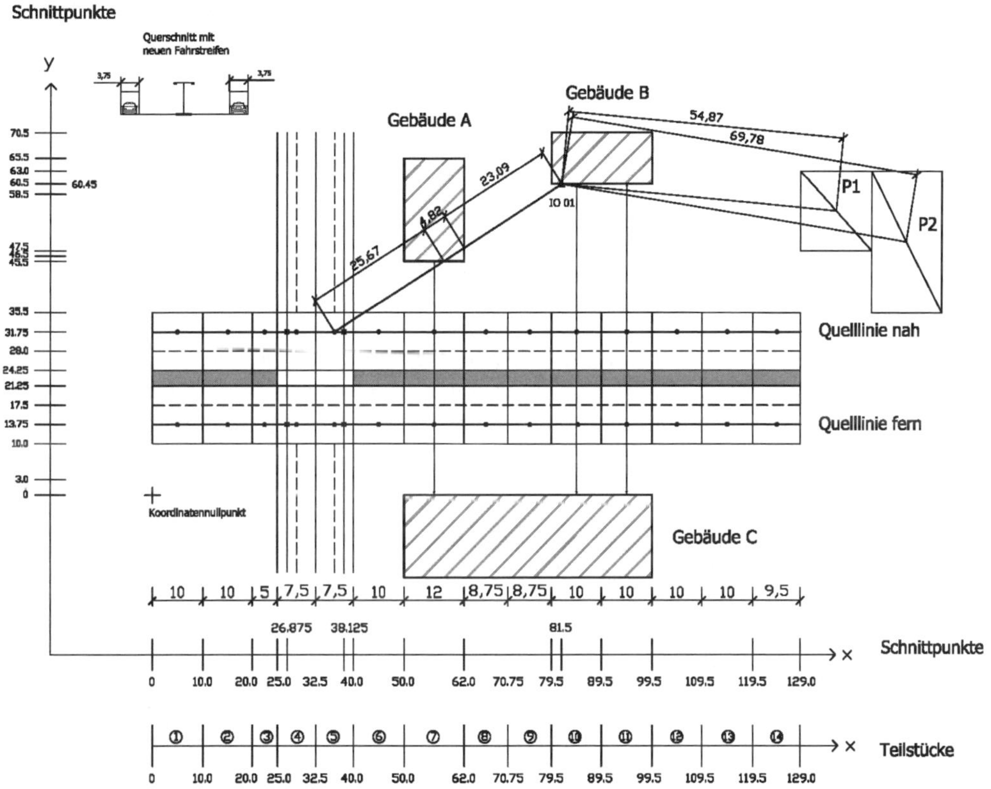

Abb. 7.24: Geometrie des Berechnungsbeispiels

Bei der in Abb. 7.24 dargestellten Situation handelt es sich um eine bestehende innerörtliche zweibahnige vierstreifige Straße, die um einen weiteren durchgehenden Fahrstreifen für den ÖPNV erweitert werden soll. Außerdem ist die Anlage eines Parkplatzes in unmittelbarer Nähe des Gebäudes B geplant. Es handelt sich um eine wesentliche bauliche Änderung, in deren Zuge die Einhaltung der Grenzwerte der Lärmvorsorge überprüft werden soll. Im Kreuzungsbereich mit einer weiteren innerörtlichen Straße, der durch eine

Lichtsignalanlage geregelt wird, liegen drei Wohnblocks. Das in der Lärmberechnung betrachtete vierstöckige Gebäude B liegt etwas zurückversetzt und wird durch das Gebäude A teilweise abgeschirmt. Die Breite der Straße im Bestand beträgt einschließlich Mittelstreifen 18 m. Beidseitig wird ein Fahrstreifen mit jeweils 3,75 m angebaut. Es wird deshalb je Fahrtrichtung je eine Quelllinie über der Trennlinie der beiden äußeren Fahrstreifen modelliert. Entsprechend den geometrischen Randbedingungen werden 14 Teilstücke mit einer mittig liegenden Punktschallquelle modelliert. Die Berechnung ist somit getrennt für jede Fahrtrichtung nach naher und ferner Quelllinie durchzuführen. Für den in der Zeichnung gekennzeichneten **Immissionsort IO 01** soll geprüft werden, ob durch die Anlage der zusätzlichen Fahrstreifen die für Wohngebiete zulässigen Immissionsgrenzwerte überschritten werden. Der Koordinatennullpunkt sowie die der Berechnung zugrunde liegenden wesentlichen Abmessungen sind aus der Zeichnung ersichtlich.

Weitere Angaben: Die maßgebende Verkehrsmenge verändert sich infolge der Kreuzung durch einbiegende Verkehre in den betrachteten Straßenabschnitt. Es werden deshalb zwei unterschiedliche Verkehrsmengen zugeordnet zu den Teilstücken angenommen.

Maßgebende Verkehrsmenge Teilstücke 1–5: 12.600 Kfz/24 h

Maßgebende Verkehrsmenge Teilstücke 6–14: 14.900 Kfz/24 h

Verkehrsgeschwindigkeit für v_{PKW}, v_{LKW1} und v_{Lkw2}: $V_{zul} = 50$ km/h

Längsneigung der Ortsstraße: $g = 0{,}8$ %

Fahrbahnbelag: Dünne Asphaltdeckschichten in Heißbauweise auf Versiegelung aus DSH-V 5 nach ZTV BEA-StB 07/13

Immissionsort in 12,20 m Höhe, d. h., auf Grundlage der Koordinaten des Immissionsortes (x = 81,5 m; y = 60,45 m; z = 12,2 m) ergibt sich mit $h_m = F/s_{gr}$ beispielsweise für das erste Teilstück für den nahen und den fernen Fahrstreifen: $h_m = 518{,}84$ m²/81,71 m bzw. 569,14 m²/89,63 m = 6,35 m.

Die jeweiligen Entfernungen s_i werden nach dem pythagoreischen Lehrsatz ermittelt. Als Grundlage der Berechnung liegt ein Verkehrsgutachten vor, aus dem die durchschnittliche tägliche Verkehrsstärke DTV und die Anteile in den Fahrzeuggruppen Lkw1, p_1 und Lkw2, p_2 getrennt nach Tag und Nacht entnommen werden können. Die maßgebenden stündlichen Verkehrsstärken werden auf Grundlage der Standardwerte der RLS-19 berechnet. Die allgemeinen der Berechnung zugrunde liegenden Werte werden folgendermaßen ermittelt:

	Tag	Nacht
DTV (Teilstücke 1–5)	12.600 Kfz/24 h	
DTV (Teilstücke 6–14)	14.900 Kfz/24 h	
M (Teilstücke 1–5)	0,0575 · DTV = 725 Kfz/h	0,01 · DTV = 126 Kfz/h
M (Teilstücke 6–14)	0,0575 · DTV = 857 Kfz/h	0,01 · DTV = 149 Kfz/h
p_1	3 %	7 %
p_2	7 %	13 %

Abb. 7.25: Beispiel - allgemeine Angaben

Im Folgenden werden für das **Teilstück 5** der dem Immissionsort **nahegelegenen Quelllinie** die Berechnungsschritte beispielhaft für den Tagwert aufgezeigt. In diesem Bereich liegt eine Abschirmung durch das Gebäude A vor. Das Gebäude in kubischer Form hat eine Höhe von 13 m. Die in der Berechnung berüc ksichtigen Längen zwischen Emissionsort und Immissionsort in der x-y Ebene sind in der Darstellung angegeben.

Teilwerte	**Berechnungsansatz**	**Ausgewählte Berechnungsfaktoren**	**Ergebnis Tag**
	Grundwerte der Schalleistungspegel eines Fahrzeugs		
$L_{WO\text{-}Pkw}$	$L_{W0,FzG}(v_{FzG}) = A_{W,FzG} + 10 \cdot lg\left[1 + \left(\frac{v_{FzG}}{B_{w,FzG}}\right)^{C_{W,FzG}}\right]$	$A_{w\,Pkw} = 88$ dB	100,43 dB
$L_{WO\text{-}Lkw1}$		$B_{w\,Pkw} = 20$ km/h	105,90 dB
$L_{WO\text{-}Lkw2}$		$C_{wPkw} = 3{,}06$	108,41 dB
	Schallleistungspegel der Fahrzeuge		
$L_{WPkw,(vPkw)}$	$L_{W,FzG}(v_{FzG}) = L_{W0,FzG}(v_{FzG}) + D_{SD,SDT,FzG}(v_{FzG}) + D_{LN,FzG}(g, v_{FzG}) + D_{K,KT}(x) + D_{refl}(h_{Beb}, w)$	$D_{SD,SDT,\,Pkw(50)} = -3{,}9$ dB $D_{LN,Pkw(0,8,50)} = 0$ $D_{K,Kt(x)} = 2{,}95$ $D_{refl\,(hbeb,w)} = 0$	99,49 dB
$L_{WLkw1,(vLkw1)}$			107,95 dB
$L_{WLkw2,(vLkw2)}$			110,46 dB
	Längenbezogener Schallleistungspegel		
$L_{W'}$	$L_w' = 10 \cdot lg[M] + 10 \cdot lg \left[\frac{100 - p_1 - p_2}{100} \cdot \frac{10^{0,1 \cdot L_{W,Pkw(v_{Pkw})}}}{v_{Pkw}} + \frac{p_1}{100} \cdot \frac{10^{0,1 \cdot L_{W,Lkw(v_{Lkw1})}}}{v_{Lkw1}} + \frac{p_2}{100} \cdot \frac{10^{0,1 \cdot L_{W,Lkw(v_{Lkw2})}}}{v_{Lkw2}}\right] - 30$		84,08 dB

Für die Teilstücke 7, 10 und 11 ergibt sich zwischen den Häuserfronten eine Reflexion, die über einen Mehrfachreflexionszuschlag berücksichtigt wird. Als Gebäudehöhen werden für das Gebäude A eine Höhe von 13 m und für die Gebäude B und C von 13,5 m angesetzt.

Im Zuge der Schallausbreitung kommt es im Bereich des Teilstückes 5 zu einer Abschirmung durch das Gebäude A. Die Längen zwischen Emissionsort und Immissionsort werden auf Grundlage der angegebenen Höhen und Längen in der x-y-Ebene ermittelt.

Die Schritte zur Berücksichtigung der Pegelminderungen infolge der Schallausbreitung sind aus der folgenden Tabelle ersichtlich.

Teilwerte	Berechnungsansatz	Ausgewählte Berechnungs-faktoren	Ergebnis Tag
	Dämpfung bei der Schallausbreitung		
D_A	$D_A = D_{div} + D_{atm} + max\{D_{gr}; D_z\}$		64,05 dB
	Pegelminderung durch geometrische Divergenz		
D_{div}	$D_{div} = 20 \cdot lg[s] + 10 \cdot lg[2\pi]$	s (x;y) = 53,58 m z (IO) = 12,2 m z (EO) = 0,5 m s = 54,84 m	42,76 dB
	Pegelminderung durch Luftdämpfung		
D_{atm}	$D_{atm} = \frac{s}{200}$		0,27 dB
	Pegelminderung durch Bodendämpfung		
D_{gr}	$D_{gr} = max\left\{4{,}8 - \frac{h_m}{s} \times \left(34 + \frac{600}{s}\right); 0\right\}$	h_m = 6, 35m F = 340,259 m² s_{gr} = 53,58 m	0,00 dB
	Pegelminderung durch Abschirmung		
D_z	$D_z = 10 \cdot lg[3 + 80 \cdot z \cdot K_W]$ mit $K_w = exp\left(-\frac{1}{2000} \cdot \sqrt{\frac{A \cdot B \cdot s}{2 \cdot z}}\right)$ z = A + B + C - s	A = 25,552 m B = 23,104 m C = 4,820 m z = 1,633 m	21,01 dB
	Berücksichtigung von Reflexionen		
D_{RV1}	entfällt		0,00 dB
D_{RV2}	entfällt		0,00 dB

Der geplante Parkplatz wird in zwei Teilflächen P1 und P2 unterteilt. Der Berechnung liegen die folgenden Angaben zugrunde:

	Teilfläche P1	Teilfläche P2
n Anzahl der Parkstände je Teilfläche	10	20
N Anzahl Fahrzeugbewegung je Parkstand und Stunde	0,3	0,3
P_J [m²] Größe der Parkplatzteilfläche	220,875	391,875

Die Berechnung des flächenbezogenen Schallleistungspegels der Teilflächen des Parkplatzes für den Tag und die Dämpfung bei der Schallausbreitung sind aus der folgenden Tabelle ersichtlich.

Teilwerte	Berechnungsansatz	Ausgewählte Berechnungsfaktoren	Ergebnis Tag
	Flächenbezogener Schallleistungspegel		
$L_{W''(P1)}$	$L_{W''} = 63 + 10 \cdot \lg[N \cdot n] + D_{P,PT}$	$D_{P,PT} = 0$	67,77 dB
$L_{W''(P2)}$		$D_{P,PT} = 0$	70,78 dB
	Dämpfung bei der Schallausbreitung		
D_{A1}	$D_A = D_{div} + D_{atm} + max\{D_{gr}; D_z\}$		43,24 dB
D_{A2}			46,24 dB
	Pegelminderung durch geometrische Divergenz		
$D_{div(P1)}$	$D_{div} = 20 \cdot lg[s] + 10 \cdot lg[2\pi]$	$s\,(x\,;\,y) = 54,87$ m $z\,(IO) = 12,2$ m $z\,(EO) = 0,5$ m $s = 56,10$ m	42,96 dB
$D_{div(P2)}$		$s\,(x\,;\,y) = 69,78$ m $z\,(IO) = 12,2$ m $z\,(EO) = 0,5$ m $s = 70,75$ m	44,98 dB
	Pegelminderung durch Luftdämpfung		
$D_{atm(P1)}$	$D_{atm} = \frac{s}{200}$		0,28 dB
$D_{atm(P2)}$			0,35 dB
	Pegelminderung durch Bodendämpfung		
$D_{gr(P1)}$	$D_{gr} = ma \cdot x\left\{4,8 - \frac{h_m}{s} \cdot \left(34 + \frac{600}{s}\right); 0\right\}$	$h_m = 6,10$ m $F = 334,706$ m² $s_{gr} = 54,871$ m	0,00 dB
$D_{gr(P1)}$		$h_m = 6,49$ m $F = 452,658$ m² $s_{gr} = 69,782$ m	0,91 dB
	Pegelminderung durch Abschirmung		
D_z	entfällt		
	Berücksichtigung von Reflexionen		
D_{RV1}	entfällt		
D_{RV2}	entfällt		

Der Beurteilungspegel L_r'' für die Schalleinträge beider Parkplatzflächen berechnet sich aus dem Ansatz

$$L_r'' = 10 \cdot lg \sum_i 10^{0,1 \cdot \{L_{w'',i} + 10 \cdot lg[P_j] - D_{A,j} - D_{RV1,j} - D_{RV2,j}\}} \text{ in dB}$$

für den Wert am Tag zu 52,41 dB

Ausgewählte Ergebnisse und der Beurteilungspegel als energetische Summe der Schalleinträge aller 14 Fahrstreifenteilstücke der nahen Quelllinie und der beiden Parkplatzteilflächen P1 und P2 für den Tagwert sind in der folgenden Ergebnistabelle zusammengestellt.

Berechnung für den Tag (6.00 Uhr–22.00 Uhr)

Beispiel innerstädtische Straße - Nahe Quelllinie

Schallquelle		1	2	3	4	5	6	7	8	9	10	11	12	13	14
		Längenbezogener Schallleistungspegel einer Quelllinie													
		Grundwerte der Schallleistungspegel eines Fahrzeugs													
$L_{W0,Pkw}$	in dB	100,43	100,43	100,43	100,43	100,43	100,43	100,43	100,43	100,43	100,43	100,43	100,43	100,43	100,43
$L_{W0\text{-}Lkw1}$	in dB	105,90	105,90	105,90	105,90	105,90	105,90	105,90	105,90	105,90	105,90	105,90	105,90	105,90	105,90
$L_{W0\text{-}Lkw2}$	In dB	108,41	108,41	108,41	108,41	108,41	108,41	108,41	108,41	108,41	108,41	108,41	108,41	108,41	108,41
		Schallleistungspegel der Fahrzeuge													
$L_{WPkw,(vPkw)}$	in dB	98,99	99,24	99,42	99,49	99,49	99,36	99,64	98,83	98,61	98,94	98,69	97,87	97,62	97,38
$L_{WLkw1,(vLkw1)}$	in dB	107,45	107,70	107,89	107,95	107,95	107,82	108,10	107,29	107,07	107,41	107,16	106,34	106,09	105,84
$L_{WLkw2,(vLkw2)}$	in dB	109,96	110,21	110,40	110,46	110,46	110,34	110,62	109,80	109,59	109,92	109,67	108,85	108,60	108,36
		Korrekturwerte und Zuschlag zur Ermittlung der Schallleistungspegel													
$D_{SD,SDT,Pkw(v)}$	in dB	-3,9	-3,9	-3,9	-3,9	-3,9	-3,9	-3,9	-3,9	-3,9	-3,9	-3,9	-3,9	-3,9	-3,9
$D_{SD,SDT,Lkw1(v)}$	in dB	-0,9	-0,9	-0,9	-0,9	-0,9	-0,9	-0,9	-0,9	-0,9	-0,9	-0,9	-0,9	-0,9	-0,9
$D_{SD,SDT,Lkw2(v)}$	in dB	-0,9	-0,9	-0,9	-0,9	-0,9	-0,9	-0,9	-0,9	-0,9	-0,9	-0,9	-0,9	-0,9	-0,9
$D_{LN,\,PKW(g,vPKW)}$	0 (alle Teilstücke)														
$D_{LN,\,LKW1(g,vLKW1)}$	0 (alle Teilstücke)														
$D_{LN,\,LKW2(g,vLKW2)}$	0 (alle Teilstücke)														
$D_{K,KT(x)}$	in dB	2,45	2,70	2,89	2,95	2,95	2,83	2,55	2,29	2,08	1,84	1,59	1,34	1,09	0,85
$D_{refl(hBeb,w)}$	in dB	0,00	0,00	0,00	0,00	0,00	0,00	0,55	0,00	0,00	0,57	0,57	0,00	0,00	0,00
	Längenbezogener Schallleistungspegel														
$L_{W'}$	in dB	83,58	83,83	84,02	84,08	84,08	84,68	84,96	84,15	83,93	84,27	84,02	83,19	82,94	82,70
	Schallausbreitung														
	Dämpfung bei der Schallausbreitung														
D_A	in dB	64,40	64,79	65,04	64,62	64,08	41,82	40,25	38,91	38,15	38,00	38,68	39,91	41,32	42,70
		Pegelminderung durch geometrische Divergenz, Luftdämpfung, Bodendämpfung und Abschirmung													
D_{div}	in dB	46,32	45,29	44,46	43,71	42,76	41,59	40,05	38,73	37,99	37,85	38,51	39,71	41,10	42,43
D_{atm}	in dB	0,41	0,37	0,33	0,31	0,27	0,24	0,20	0,17	0,16	0,16	0,17	0,19	0,23	0,26
Dg_r	in dB	1,63	1,15	0,70	0,25	0,00	0,00	0,00	0,00	0,00	0,00	0,00	0,00	0,00	0,00
D_z	in dB	17,68	19,13	20,25	20,60	21,04	0,00	0,00	0,00	0,00	0,00	0,00	0,00	0,00	0,00
		Berücksichtigung von Reflexionen													
D_{VR1}	in dB	entfällt													

D_{VR2}	in dB	entfällt	
		Beurteilungspegel – nahe Quelllinie (Tag)	
L_r	in dB	63,79	
		Berechnung für den Tag (6.00 Uhr–22.00 Uhr) Beispiel innerstädtische Straße - Parkplätze	
		Allgemeine Angaben	
Typ		Pkw-Parkplatz	
		Teilfläche	
		P1	P2
N		0,3	0,3
n		10	20
A	in m²	220,875	391,875
		Flächenbezogener Schallleistungspegel der Teilflächen	
$D_{P,PT}$	in dB	0	0
$L_{W''}$	in dB	67,77	70,78
		Schallausbreitung	
		Dämpfung bei der Schallausbreitung	
D_A	in dB	43,24	46,24
		Pegelminderung durch Luftdämpfung	
D_{atm}	in dB	0,28	0,35
		Pegelminderung durch geometrische Divergenz, Luftdämpfung, Bodendämpfung und Abschirmung	
D_{div}	in dB	42,96	44,98
D_{atm}	in dB	0,28	0,35
Dg_r	in dB	0,00	0,91
D_z		entfällt	entfällt
		Berücksichtigung von Reflexionen	
D_{VR1}	in dB	entfällt	
D_{VR2}	in dB	entfällt	
		Beurteilungspegel – alle Parkplatzflächen (Tag)	
L_r	in dB	52,41	
		Beurteilungspegel (alle Fahrstreifenteilstücke nahe Quelllinie und alle Parkplatzteilflächen)	
L_r	in dB	64,1 (65 aufgerundet)	
IGW	in dB	59	
Ergebnis: Die Immissionsgrenzwerte der Lärmvorsorge für allgemeine Wohngebiete werden nicht eingehalten.			

Abb. 7.26: Ergebnistabelle Beispiel-Tagwerte

Unter Berücksichtigung aller Teilstücke der **nahen und fernen** Quelllinie und aller Parkplatzteilflächen ergeben sich die folgenden aufgerundeten Beurteilungspegel für den Tag und die Nacht.

Tag: $L_{r,T}$ = 66 dB(A) > IGW_T = 59 dB (A)

Nacht: $L_{r,N}$ = 61 dB(A) > IGW_N = 49 dB (A)

Die Grenzwerte werden deutlich überschritten. Es sind somit weitergehende aktive Lärmschutzmaßnahmen erforderlich. Nachdem bereits eine lärmarme Bauweise für die Asphaltdeckschicht berücksichtigt wurde, kann die Einhaltung der Grenzwerte nur durch weitergehende aktive Lärmschutzmaßnahmen erfolgen. Dies könnte z. B. die Anordnung von Lärmschutzwänden im Mittelstreifen oder am Fahrbahnrand sein.

7.4.3 Immissionsgrenzwerte

Als maximal zulässige Lärmbelastungen für den Bau oder die wesentliche Änderung von Straßen und von Schienenwegen gelten die Immissionsgrenzwerte (*IGW*) der Verkehrslärmschutzverordnung – 16. BImSchV – vom 12.6.1990, zuletzt geändert am 4.11.2020. Die Verkehrslärmschutzverordnung und die RLS-19 greifen nahtlos ineinander und verwenden die gleichen Begriffe und Formeln mit dem Unterschied, dass der Schwerpunkt der RLS-19 auf der Ermittlung des Beurteilungspegels liegt und derjenige der Verkehrslärmschutzverordnung auf der Festlegung der Immissionsgrenzwerte.

Wie erwähnt, behandelt die Verkehrslärmschutzverordnung sowohl Straßen als auch Eisenbahnen. Nichtsdestoweniger ist es nicht zulässig, den Verkehrslärm von Straßen und Schienenwegen energetisch zu einem Gesamtpegel zusammenzufügen.

Wichtig ist auch die Einschränkung der Gültigkeit der Verkehrslärmschutzverordnung auf den Bau und die wesentliche Änderung von Verkehrswegen, also typischerweise auf die Straßenplanung. Für bestehende Straßen und für unwesentliche Änderungen gilt die Verkehrslärmschutzverordnung nicht.

Eine Änderung ist in diesem Sinne dann wesentlich, wenn

1. eine Straße um einen oder mehrere durchgehende Fahrstreifen für den Kfz-Verkehr baulich erweitert wird oder
2. der Beurteilungspegel der Straße durch einen erheblichen baulichen Eingriff um 3 dB(A) oder mehr erhöht wird oder
3. der Beurteilungspegel der Straße durch einen erheblichen baulichen Eingriff für den Tag auf 70 dB(A) oder mehr bzw. für die Nacht auf 60 dB(A) oder mehr erhöht wird oder
4. der Beurteilungspegel der Straße, sofern er am Tage bereits 70 dB(A) oder mehr bzw. in der Nacht 60 dB(A) oder mehr beträgt, durch einen erheblichen baulichen Eingriff weiter erhöht wird.

Eine Verlagerung der Verkehrsströme, z. B. durch eine Umstufung oder der Anbau von Standstreifen oder der Einbau von Fahrbahnteilern in einen Knotenpunkt, stellt somit keine wesentliche Änderung dar. Nur dann, wenn eine Straße neu gebaut oder wesentlich geändert wird, muss geprüft werden, ob die jeweiligen Immissionsgrenzwerte überschritten werden. Erst wenn ein Neubau bzw. eine wesentliche Änderung vorliegen und dadurch die *IGW* übertroffen werden, sind Maßnahmen zur **Lärmvorsorge** zwingend geboten.

Anders verhält es sich, wenn an einer vorhandenen Straße der Verkehrslärm etwa durch die allgemeine Verkehrszunahme sehr stark ist. In diesem Fall gehören eventuelle Abhilfemaßnahmen in den Bereich der **Lärmsanierung**. Zur Lärmsanierung besteht aber im Gegensatz zur Lärmvorsorge keine Verpflichtung des Straßenbaulastträgers. Allerdings sind die Straßenbaulastträger gehalten, im Rahmen der ihnen zur Verfügung stehenden Mittel Lärmsanierung zu betreiben. Der Grund für den unterschiedlichen Umgang mit dem Verkehrslärm ist der, dass in einem Fall der Missstand bereits besteht und i. d. R. ohne Zutun des Straßenbaulastträgers durch die allgemeine Verkehrszunahme erwachsen ist, während im anderen Fall der Baulastträger den Lärm durch seine Maßnahme ins Unerträgliche erhöht oder erstmalig an den Betroffenen heranbringt. Als Bewertungshintergrund für die Lärmsanierung dient die derzeitige Verkehrsbelastung, für die Lärmvorsorge dagegen die Prognoseverkehrsmenge in einem Zeitraum von 15 bis 20 Jahren.

Die Immissionsgrenzwerte wurden abhängig von der Nutzungsart des betreffenden Gebiets unterschiedlich festgelegt. Außer für Krankenhäuser, Schulen, Kur- und Altenheime gelten als Art der baulichen Nutzung die Begriffe der Baunutzungsverordnung (BauNVO) und die Festsetzungen in den Bauleitplänen der zuständigen Gemeinde (Tabelle Abb. 7.27). Wenn die zu schützende Nutzung nur am Tage oder nur in der Nacht ausgeübt wird, dann ist nur der Immissionsgrenzwert für diesen Zeitraum anzuwenden (beispielsweise muss bei Schulen nachts i. d. R. nicht der strenge Wert IGW = 47 dB(A) eingehalten werden).

Nutzungsart	Lärmvorsorge		Lärmsanierung	
	bei Tag	bei Nacht	bei Tag	bei Nacht
Krankenhäuser, Schulen, Kur- und Altenheime	57 dB(A)	47 dB(A)	64 dB(A)	54 dB(A)
reine und allgemeine Wohngebiete (WR, WA)	59 dB(A)	49 dB(A)	64 dB(A)	54 dB(A)
Kern-, Dorf- und Misch gebiete (MK, MD, MI)	64 dB(A)	54 dB(A)	66 dB(A)	56 dB(A)
Gewerbegebiete (GE)	69 dB(A)	59 dB(A)	72 dB(A)	62 dB(A)

Beim Planungsprozess von Straßen ist die Lärmvorsorge als ein integraler Bestandteil der verschiedenen Planungsstufen zu beachten. Dies kann durch planerische, bauliche und/oder verkehrsrechtliche Maßnahmen geschehen. Dabei gilt folgende Rangordnung der Schutzmaßnahmen:

1. Mit Vorrang soll der Lärmschutz vorausschauend durch eine sinnvolle Flächenzuordnung gewährleistet werden, vgl. auch die Ausführungen über die konfliktarmen Korridore in Abschn. 7.2. Bei der Straßenplanung sollte die Linienführung nach Möglichkeit so festgelegt werden, dass zu den zu schützenden Bereichen der erforderliche Abstand eingehalten wird. In der Bauleitplanung sollten die lärmempfindlichen Gebietsausweisungen umgekehrt abseits der verkehrsreichen Straßen erfolgen. Entlang den Hauptverkehrsadern bietet sich die Anordnung der Industrie- und Gewerbenutzungen an, dahinter die der Wohngebiete.

Wegen der physiologischen Lautstärkeempfindung des Menschen ist es besser, den Verkehr auf eine oder einige wenige Achsen zu konzentrieren als auf viele zu verteilen. Wenn eine Hauptstraße beispielsweise einen bestimmten Emissionspegel aufweist, dann ergäbe die Aufspaltung des betreffenden Verkehrs auf zwei im Abstand zueinander befindliche Einbahnstraßen lediglich um 3 dB(A) geringere Teilpegel und somit eine allgemeine Verlärmung des Gebiets zwischen den Einbahnstraßen. Ebenso sollten Straßen und Schienenverkehrswege nebeneinandergelegt werden, wenngleich die rechnerische Ermittlung eines Gesamtpegels in diesem Fall nicht zulässig ist.

2. Wenn durch die Flächenzuordnung der Lärmschutz nicht erreicht werden kann und wenn beim Bau oder bei der wesentlichen Änderung von Straßen die Immissionsgrenzwerte für die Lärmvorsorge der Abb. 7.27 überschritten würden, sollten als nächste Maßnahmenstufe bauliche Schutzanlagen an der Straße errichtet werden (**aktiver Schallschutz**). Es kommen dafür Lärmschutzwälle, Steilwälle, Lärmschutzwände oder Wälle mit aufgesetzten Wänden in Frage (Abschn. 7.4.4). Schalltechnisch ist es günstiger, die Krone bzw. Kante der Lärmschutzanlage möglichst nahe an die Straße zu legen.

   Die Konzipierung der zweckmäßigsten Lärmschutzanlage erfordert Erfahrung in Planung und Ausführung. So kann man etwa bei mittlerem Verkehrsaufkommen auf einem hohen Damm mit einer geringen Wandhöhe auskommen, um den Schallschutz am Dammfuß herzustellen. Andere Möglichkeiten des aktiven Lärmschutzes sind die Troglage der Straße zwischen absorbierenden Stützmauern oder im Extremfall die totale Einhausung bzw. die Verlegung in den Tunnel.

   Die Straßeneingrünung mit Bäumen und Sträuchern, bepflanzte Streifen wie beispielsweise schnellwachsende Energiewälder entlang hochbelasteter Straßen leisten in Bezug auf die Dämpfung des Lärms mehr psychologische Effekte als tatsächliche. Laubbäume und -sträucher verlieren im Winter das Laub, und der Bewuchs könnte durch Ausholzungen unwirksam werden. Pflanzstreifen werden nach den RLS-19 deshalb nicht als lärmmindernd eingestuft.

   Für den Lärmschutz stellt die Verwendung von lärmmindernden Straßenbelägen eine weitere Alternative dar. Die Lärmminderung kann dabei sowohl durch ebene feinrauhe als auch sehr offenporige Konstruktionen erreicht werden. In den letzten Jahren wurden hier verschiedene neue Bauweisen entwickelt, die angepasst an die Verkehrszusammensetzung eingesetzt werden können. Gute Erfahrungen liegen mit Dünnschichtbelägen, aber auch lärmoptimierten Splittmastixasphalten und Asphaltbetonen vor. Im Bereich der Betonfahrbahnen hat sich die Waschbetonbauweise zur lärmreduzierten Regelbauweise entwickelt. Derzeit werden Erfahrungen mit unterschiedlichen Texturen mit unterschiedlichen Schleifverfahren gesammelt.

3. Die größte Pegelreduzierung lässt sich derzeit mit offenporigen Asphalten erzielen. Allerdings setzen sich diese Beläge im Laufe der Zeit mit Schmutz zu und die lärmmindernde Wirkung lässt nach. Das Hauptproblem liegt derzeit jedoch in der noch deutlich reduzierten Dauerhaftigkeit gegenüber dichten Deckschichten infolge auftretender Kornausbrüche.

Oft werden Geschwindigkeitsbeschränkungen zur Bekämpfung des Verkehrslärms gefordert. Die Möglichkeiten hierbei sind jedoch nur sehr begrenzt. Bei einer Verringerung von V_{zul} = 50 km/h auf V_{zul} = 30 km/h kann eine Abnahme des Schallleistungspegels um etwa 2 bis 3 dB(A) erzielt werden, was im Bereich der Wahrnehmbarkeit liegt.

4. Wenn entlang der Straße kein aktiver Schallschutz angebracht werden kann und auch die sonstigen Vorkehrungen bezüglich Straßenbelag oder Geschwindigkeitsbeschränkungen nicht ausreichen bzw. wenn die erforderlichen Aufwendungen in keinem Verhältnis zum erreichbaren Schutzzweck stünden, dann bleibt als letzte Maßnahme die Verbesserung der Schalldämmung am Immissionsort selbst durch den **passiven Schallschutz**. Hauptsächlich kommen dafür Schallschutzfenster und -türen zum Einsatz, aber auch geeignete Bauteile für Wände und Dächer. Problematisch hierbei ist jedoch, dass beispielsweise Vorgärten und Außenwohnbereiche so nicht geschützt werden können. Außerdem bereitet die Lüftung etwa von Schlafzimmern mit Schallschutzfenstern Probleme.

   Das „bewertete Schalldämm-Maß" entspricht der Differenz zwischen dem Beurteilungs- bzw. Immissionspegel außen und dem Innenpegel. Aufgabe der Bauphysik ist es, durch die Wahl der richtigen Bauteile im Hochbau das erforderliche bewertete Schalldämm-Maß einzuhalten. Leider weisen leichte Baustoffe mit guter Wärmedämmung meistens nur eine mäßige Schalldämmung auf, während schwere Baustoffe den Lärm besser abhalten, dafür aber einen höheren Wärmedurchgang haben.

7.4.4 Bauliche Gestaltung von aktiven Lärmschutzanlagen

7.4.4.1 Erdwälle

Die Wirksamkeit von aktiven Lärmschirmen hängt in erster Linie von ihrer Höhe ab und weniger von ihrer Gestalt und den verwendeten Baumaterialien. Deswegen bieten sich, wo immer es möglich ist, zunächst Erdwälle dafür an. Gegenüber Lärmschutzwänden bieten Erdwälle eine Reihe von Vorteilen, aber auch Nachteile. Die wichtigsten Vorteile sind:

- Zur Schüttung des Walles können alle anfallenden Bodenmassen verwendet werden, die sonst auf eine Deponie abgefahren werden müssten. Auch der Abbau vorhandener Halden in Steinbrüchen oder des Bergbaus bzw. von früheren Seitenablagerungen ist möglich.
- Durch Andecken von Oberboden und standortgerechte Bepflanzung lassen sich Lärmschutzwälle gut in die Landschaft einpassen. Anfang und Ende sind beim Übergang ins Gelände besser zu verziehen, als das bei Wänden möglich ist.
- Die Bepflanzung mit Strauch- und Buschwerk wirkt sich günstig auf die Schadstoffausbreitung aus – vgl. Abschn. 7.5.
- Beim Baustoff Erde gibt es im Gegensatz zu manchen Schallschutzwänden keinen Schalldurchgang. Infolge der Böschungsneigungen wird kein Schall zur Gegenseite reflektiert.
- Für Fahrzeuge, die von der Straße abkommen, ist die Böschungsneigung weniger gefährlich, und der Bewuchs stellt einen zusätzlichen Auffangschutz dar. Schutzplanken oder dgl. sind nicht erforderlich.

- Es bieten sich kaum Möglichkeiten für Graffiti und Vandalismus.
- Die Schattenwirkung auf die Fahrbahn ist gering, sodass weniger Gefahren durch Wasser- und Eisglätte als bei Wänden entstehen.
- Bei mittleren und größeren Höhen kommt es im Winter nicht so leicht zu Schneeverwehungen. Die Böschungen eignen sich bei der maschinellen Räumung allgemein gut zur Schneeablagerung.

Dem stehen folgende Nachteile gegenüber:

- Erdwälle haben einen hohen Flächenbedarf, und in Siedlungsgebieten sind diese Flächen oft nicht vorhanden. Auf dem flachen Lande, wo der Grunderwerb noch einfacher ist, werden wegen der dünneren Besiedlung weniger Lärmschirme benötigt.
- Die Beugungskante eines Walles hat einen größeren Abstand von der Straße als diejenige einer Wand, sodass ein Wall etwas höher sein muss als eine gleich wirksame Wand.

Erdwälle sollen trapezförmige Querschnitte mit mindestens 1,0 m Kronenbreite erhalten. Bei der üblichen Böschungsneigung 1:1,5 ergibt sich die Fußbreite $b = 3 \cdot h + 1{,}0$ m ohne Entwässerungsmulde.

Bautechnisch sind die Vorgaben der ZTV E einzuhalten. Insbesondere dürfen keine Setzungen bei der Dammschüttung auftreten, damit die rechnerisch angesetzte Kronenhöhe auch dauerhaft gewährleistet werden kann.

Zur Begrünung gelten die allgemeinen Regeln für die Bepflanzung von Böschungen. Im Bereich bis etwa 1,50 m Höhe sollte nur Rasen und kein sichtbehindernder Bewuchs vorgesehen werden. Abb. 7.28 zeigt einen Musterquerschnitt mit Rasenmulde. Weitere Gestaltungshinweise sind in [23] enthalten.

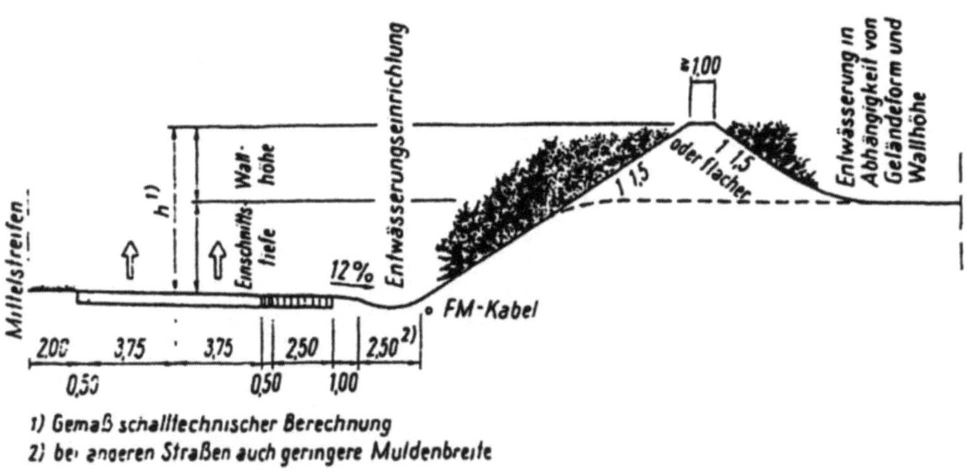

Abb. 7.28: Lärmschutzwall an einer Straße im Einschnitt mit Entwässerungsmulde

7.4.4.2 Steilwälle

Oft stehen für einen normal abgeböschten Erdwall die benötigten Flächen nicht zur Verfügung. Um trotzdem den Lärm durch einen begrünten Wall abschirmen zu können und dabei nicht auf eine Lärmschutzwand als Kunstbauwerk zurückgreifen zu müssen, wurden die begrünten Steilwälle konzipiert. Von Vorteil ist neben dem geringeren Platzbedarf auch, dass die Krone eines Steilwalles in lärmtechnisch günstiger Weise näher an der Straße liegt.

Die Baustoffindustrie hat eine Reihe verschiedenartiger Steilwall-Systeme entwickelt (Abb. 7.29). Bekannt sind Betonbausteine in Regal-, Waben-, Kübel-, Kassetten- oder auch Rohrform, die mit speziell für den Lärmschutz geeigneten Bodensubstraten verfüllt werden. Mit Hilfe von Containerpflanzen lassen sich diese Steilwälle in kurzer Zeit wirksam begrünen. Beton-Erde-Systeme erfordern bis zu 50 % weniger Grundfläche als Erdwälle.

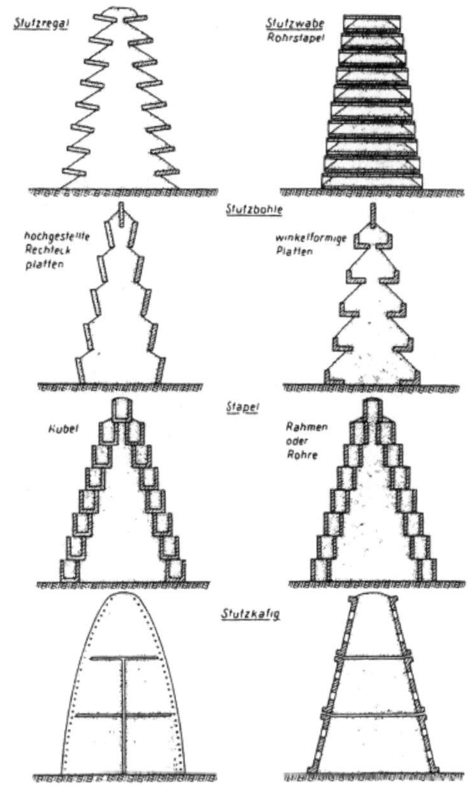

Abb. 7.29: Stützsysteme für Steilwände

Es gibt aber auch feuerverzinkte, beschichtete Stahl-Rohr/Gitter-Stützkonstruktionen, die ebenso als Korbgeflecht ausgebildet werden können, und Steilwälle aus speziell aufbereitetem Kunststoff-Recyclingmaterial. Die Oberfläche des Walles wird durch Samenmatten hinter dem Gitter oder durch Stecklinge, die in setzungsarmes Substrat im Gitter gepflanzt werden, begrünt.

Infolge der statischen Probleme, die bei Wind durch hoch wachsende Bäume entstehen würden, dürfen nur Schling- und Kletterpflanzen, niedrig bleibende Sträucher und im Einzelfall Halbstämme verwendet werden. Gärtnerische und geometrische Zuchtformen von Pflanzen sollten vermieden werden. Die Folgekosten begrünter Steilwälle sind nicht unerheblich, denn der Bewuchs muss regelmäßig gepflegt und zurückgeschnitten werden. Je nach Lage, Sonneneinstrahlung und Konstruktion kann es notwendig werden, dass Steilwälle gewässert werden, weil sie wegen des geringen Erdvolumens nur ein geringes Wasserspeichervermögen aufweisen. Deswegen können die Folgekosten eines Steilwalles sehr hoch sein. Ebenso sind die Kosten eines möglichen Anpralls von Fahrzeugen zu bedenken. Abgesehen davon, dass die Unfallfolgen am Fahrzeug meistens größer sein dürften als bei Unfällen an Erdwällen, ist der Reparaturumfang für deformierte Stahl- und Kunststoffkonstruktionen i. d. R. beträchtlich. Als Abhilfe kann der untere Teil der Steilwand als Betongleitwand ausgebildet werden.

Infolge der strukturierten Oberflächen der Steilwälle und des Bewuchses kann man im Allgemeinen von schallabsorbierenden Eigenschaften ausgehen. Im Einzelfall wird der Hersteller angeben, ob das Produkt als reflektierend, absorbierend oder hochabsorbierend einzustufen ist.

7.4.4.3 Lärmschutzwände

Wenn für Erd- oder Steilwälle zu wenig Platz zur Verfügung steht, dann kommen Lärmschutzwände zum Einsatz. Das ist in aller Regel auf Brücken der Fall, aber auch innerhalb der Bebauung werden überwiegend Lärmschutzwände als aktiver Lärmschutz angebracht. Sie bereiten als technische Bauwerke zwar oft gestalterische Probleme, wurden an den Bundesfernstraßen bisher aber doppelt so oft verwendet wie die Erd- und Steilwälle zusammen. Sicherlich liegt das nicht zuletzt an der Möglichkeit der Vorfertigung im Werk und der schnellen Montage danach. Ein weiterer Vorteil ist, wie schon mehrfach erwähnt, dass die Beugungskante nahe am Verkehrsraum liegt und der Verkehrslärm somit besser abgeschirmt wird. Durch gewölbte Konstruktionen kann die Beugungskante teilweise auch unmittelbar an den Lichtraum herangeführt werden.

Vor den Wänden sind Schutzplanken in mindestens 2,0 m Abstand anzubringen. Der Raum vor der Wand, aber auch derjenige dahinter kann für eine Bepflanzung genutzt werden, wenn dadurch die Haltesichtweiten nicht eingeschränkt werden. Abhängig von der Art und Konstruktion der Lärmschutzwand werden ebenso Schling- und Kletterpflanzen zur Verbesserung des Aussehens der Lärmschutzwände verwendet.

Die gängigen Baumaterialien für die Herstellung von Lärmschutzwänden sind Beton, Holzbeton, Aluminium, Holz, Ziegel und transparente Kunststoffe, wovon die vier Ersteren meistens preiswerter sind. Unter den verwendeten Materialien wird der offenporige Beton mit hochabsorbierender Oberfläche aufgrund seiner Dauerhaftigkeit, seiner Gestaltungsmöglichkeiten durch Oberflächenstruktur und Farbe und seiner geringen Erhaltungskosten am meisten verwendet. Lärmschutzelemente aus Aluminium bestehen je nach Verwendungszweck einseitig oder doppelseitig aus gelochten Blechen, hinter denen sich Dämmmatten aus Steinwolle verbergen. In letzter Zeit wird weiterhin mit zunehmendem Anteil druckimprägniertes Holz als Wandträger und optisches Element eingebaut. Diese Wände bestechen im Zusammenwirken mit der Bepflanzung durch ihre ästhetische Wirkung, leider aber sind sie nicht so dauerhaft wie die anderen Materialien.

Die durchsichtigen Lärmschutzwände gehören naturgemäß zu den teuersten unter den vorgenannten Werkstoffen. Sie werden deswegen nur dann verwendet, wenn besondere Anforderungen an die Optik gestellt werden, wie z. B. auf Brücken oder im dicht besiedelten Gebiet. Sie können nicht mit absorbierenden Eigenschaften ausgerüstet werden und müssen außerdem regelmäßig gereinigt werden. Nachteilig ist zudem, dass sie für Vögel zu tödlichen Hindernissen werden können.

Abb. 7.30 zeigt ein Beispiel für die Ausführung einer Lärmschutzwand auf einer Dammstrecke. Man kann erahnen, dass in Bezug auf die Windkräfte und Anprallasten erhebliche Anforderungen an die Statik und an die Gründung gestellt werden. Die FGSV hat zu diesem Thema eigene „Entwurfs- und Berechnungsgrundlagen für Bohrpfahlgründungen und Stahlpfosten von Lärmschutzwänden an Straßen" in Ergänzung zu den „Zusätzlichen

Technischen Vorschriften und Richtlinien für die Ausführung von Lärmschutzwänden an Straßen (ZTV-Lsw 06)" herausgegeben.

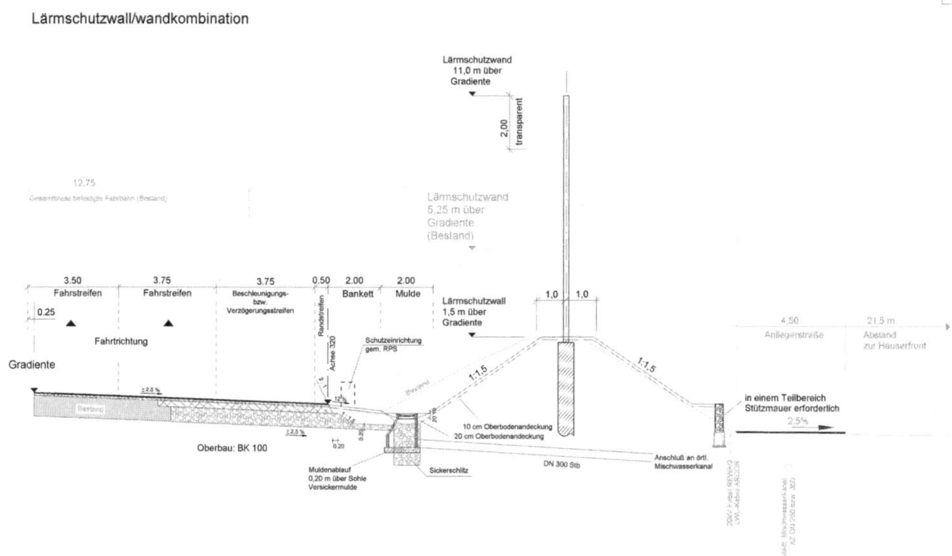

Abb. 7.30: Beispiel für eine Lärmschutzwand auf einer Dammstrecke

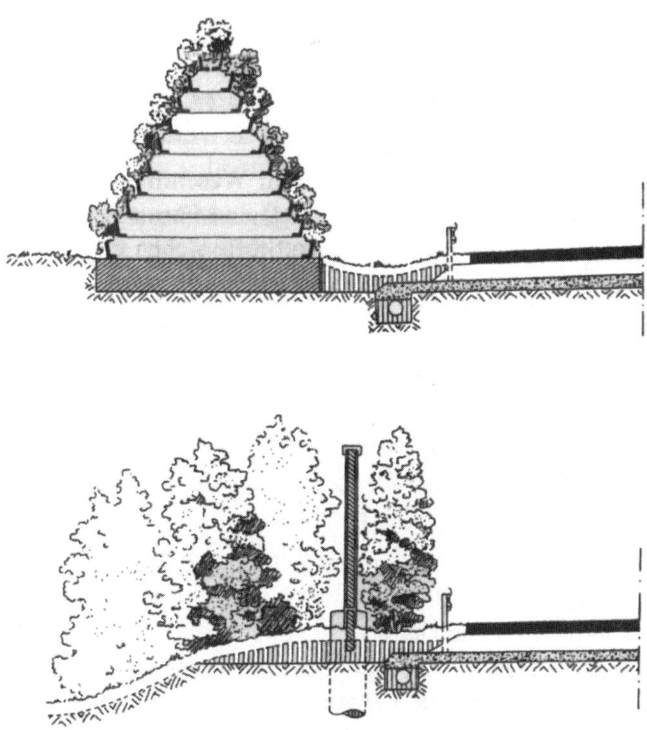

Abb. 7.31: Vergleich des Platzbedarfs von Steilwall und Lärmschutzwand

7.5 Luftverunreinigungen durch den Straßenverkehr

Gegen den Straßenverkehr – und damit auch gegen Straßenplanungen – wird häufig das Argument der Luftverschmutzung durch die gas- und partikelförmigen Verbrennungsreste der Kraftfahrzeugmotoren ins Feld geführt. Auch auf diesem Gebiet gibt es indessen hinreichende und wissenschaftlich fundierte Untersuchungsergebnisse und Verfahren zur Abschätzung der Auswirkungen des Kraftfahrzeugverkehrs.

Eine aufschlussreiche Quelle stellen die Richtlinien zur Ermittlung der Luftqualität an Straßen ohne oder mit lockerer Randbebauung – RLuS 2012 dar, die in der Fassung 2020 vorliegen. Die Emissionsberechnung erfolgt derzeit auf Grundlage des Handbuches für Emissionsfaktoren des Straßenverkehrs (HBEFA, Version 4.1). Allerdings beschränkt sich die Gültigkeit des „RLuS 2012" ausdrücklich auf Straßen mit Verkehrsstärken über 5.000 Kfz/24 h, Geschwindigkeiten über 50 km/h, Trogtiefen und Dammhöhen unter 15 m, Längsneigungen bis 6 % sowie einem maximalen Abstand vom Fahrbahnrand von 200 m. Für innerstädtische Straßen und für besondere Umstände muss von Fall zu Fall ein Sachverständiger eingeschaltet werden.

Wegen der zunehmend komplexen Systematik muss sich der Anwender jetzt auf ein spezielles Computerprogramm zum RLuS stützen. Dafür stehen ein Grundmodell, ein Tunnelmodell, ein Kreuzungs- und ein Abschirmmodell zur Verfügung. Im Folgenden soll lediglich auf einige grundlegende Angaben und Zusammenhänge hingewiesen werden.

Wie beim Verkehrslärm muss zwischen den Emissionen und den Immissionen unterschieden werden. Unter den gas- und partikelförmigen **Emissionen** des Kfz-Verkehrs gibt es solche, deren mengenmäßiger Ausstoß im Wesentlichen mit dem Verbrauch zunimmt, und solche, deren Produktion mit den charakteristischen Eigenschaften des Otto- und des Dieselmotors zusammenhängt. Zu starken Veränderungen der anfallenden Mengen haben bestimmte gesetzgeberische Maßnahmen geführt, wie u. a. der Ausschluss von bleihaltigem Kraftstoff und die Förderung der Abgaskatalysatoren. Als Schadstoffe sind zu nennen:

Kohlenmonoxid (CO) entsteht bei der unvollständigen Verbrennung des Kraftstoffs. Der Ausstoß liegt beim Start und bei kaltem Katalysator besonders hoch. Kohlenmonoxid kann in höheren Mengen zu Vergiftungserscheinungen führen, weil es das Hämoglobin des Blutes unwirksam macht.

Kohlenwasserstoffe (HC) stellen den Sammelbegriff im Wesentlichen von Benzol (C_6H_6), polyzyklischen aromatischen Kohlenwasserstoffen (PAH) und Formaldehyd dar. Ihr Ausstoß steigt mit dem Kraftstoffverbrauch an. Die betreffenden Stoffe stehen im Verdacht, Krebs und chronisch-obstruktive Lungenveränderungen hervorzurufen.

Stickoxide (NO_x) sind in der Hauptsache Stickstoffmonoxid (NO) und Stickstoffdioxid (NO_2). Bei den im Motor herrschenden hohen Drücken und Temperaturen werden geringe Mengen des Luftstickstoffs oxidiert und zunächst in NO umgewandelt, an welches dann in der Atmosphäre nochmals Sauerstoff unter Bildung von NO_2 angelagert wird. Die Produktion von Stickoxiden steigt mit zunehmenden Motordrehzahlen und damit auch Geschwindigkeiten überproportional an. Wenngleich die Verwendung von Katalysatoren den Ausstoß verringert hat, würde die Reduzierung der zulässigen Geschwindigkeiten auf

Autobahnen auf ein vernünftiges Maß eine weitere Verbesserung bedeuten. Aus Stickoxiden und reaktiven Kohlenwasserstoffen kann sich unter dem Einfluss der Sonneneinstrahlung durch komplizierte chemische Vorgänge Ozon bilden.

Blei (Pb) hat seit der Verwendung von unverbleitem Benzin stark an Bedeutung verloren und ist nur noch durch die früher in der Umwelt deponierten Bleiimmissionen relevant. Blei stellt ein Gift dar, welches vor allem die Synthese des Hämoglobins im Körper hemmt.

Schwefeldioxid (SO_2) ist auf die Verbrennung von schwefelhaltigen Kraftstoffen zurückzuführen. Der Ausstoß ist verbrauchsabhängig. Durch die Verwendung von schwefelarmen Kraftstoffen und Katalysatoren hat sich der Anteil des Kfz-Verkehrs am Gesamtausstoß stark verringert. Schwefeldioxid ist als Umweltgift bekannt, wenn es durch Regen ausgewaschen und dabei in schweflige Säure umgewandelt wird und die Versauerung der Böden fördert.

Rußpartikel (EC) treten in den Abgasen von Otto-, besonders aber von Dieselmotoren auf. Die Partikel unterscheiden sich in der Masse, Struktur und Zusammensetzung. Ihr Ausstoß ist abhängig von der Konstruktion und von der Belastung des Motors. Rußpartikel besonders von Dieselmotoren stehen im Verdacht, Krebs erregen zu können. Durch die Verwendung von Rußfiltern in Dieselmotoren seit etwa 2005 ist der Rußanteil rückläufig.

Partikel ($PM_{2,5}$ bzw. PM_{10}), d. h., die feine Fraktion des Schwebstaubgehalts bzw. Schwebstaub stammen aus dem Auspuff und vom Reifenabrieb. Sie führen zu einer Irritation der Bronchialschleimhaut und bei ständiger Exposition bis zur chronischen Bronchitis.

Zusammenfassend kann festgestellt werden, dass nicht alle Schadstoffe mit zunehmender Geschwindigkeit vermehrt emittiert werden. Es lässt sich beispielsweise nachweisen, dass ein zähflüssiger Stadtverkehr mit verstopften Straßen und Verkehrsstaus ein Mehrfaches des Ausstoßes von CO, HC und Ruß verursacht wie ein flüssiger Stadtverkehr. Deswegen sollten die Flüssigkeit des Verkehrs und Grüne Wellen gefördert und nicht, wie es in letzter Zeit mitunter vorgekommen ist, behindert bzw. beseitigt werden. Die von der Straße ausgehenden Emissionen können mit Hilfe des erwähnten PC-Programms in Abhängigkeit vom Straßentyp, von der zulässigen Höchstgeschwindigkeit und von der Verkehrssituation abgeschätzt werden.

Was die **Immissionen** von Luftschadstoffen betrifft, so ist die Gesamtbelastung an einem Immissionsort in Straßennähe das Resultat der Überlagerung von der überall vorhandenen Grundlast mit der durch den Straßenverkehr – nicht durch die Straße selbst – bedingten Zusatzbelastung. Die latente Grundlast kommt aus den Hauptverursachern Kraftwerke und Industrie, Haushalte und Kleingewerbe sowie dem Verkehr selbst einschließlich der Bahnen, Schifffahrt und Flugzeuge. Die Grundlast macht mit zunehmendem Abstand von der Straße einen immer größer werdenden Anteil an der Gesamtbelastung durch Luftschadstoffe aus und dominiert in größerer Entfernung vollkommen.

Die verkehrsbedingte Zusatzbelastung in Straßennähe geht natürlich primär auf die Stärke der o. g. Emissionen zurück, die jedoch durch den Abstand des Immissionsortes vom Fahrbahnrand und durch eventuelle bauliche Hindernisse oder eine Bepflanzung noch abgemindert werden. Abb. 7.32 zeigt exemplarisch den qualitativen Verlauf einer Ausbreitungsfunktion.

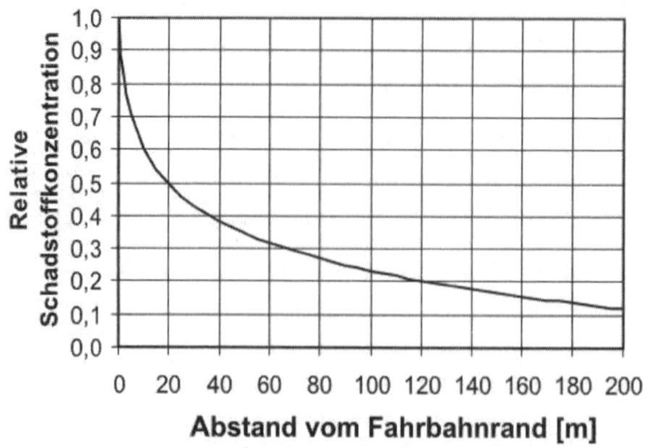

Abb. 7.32: Qualitativer Verlauf der Ausbreitungsfunktion von Luftschadstoffen als Funktion des Abstands vom Fahrbahnrand

In der 39. Bundes-Immissionsschutzverordnung sind folgende Grenzwerte festgelegt worden:

Schadstoff	Schutzobjekt	Mitteilungszeitraum	Grenzwert	erlaubte Überschreitungen/a	gültig ab
SO_2	Gesundheit	1 Stunde	350 µg/m³	24	01–2005
SO_2	Gesundheit	24 Stunden	125 µg/m³	3	01–2005
SO_2	Ökosystem	Kalenderjahr/Winter	20 µg/m³	keine	09–2002
NO_2	Gesundheit	1 Stunde	200 µg/m³	18	01–2010
NO_2	Gesundheit	Kalenderjahr	40 µg/m³	keine	01–2010
NO_x	Vegetation	Kalenderjahr	30 µg/m³	keine	07–2001
PM_{10}	Gesundheit	24 Stunden	50 µg/m³	35	01–2005
PM_{10}	Gesundheit	Kalenderjahr	40 µg/m³	keine	01–2005
$PM_{2,5}$	Gesundheit	Kalenderjahr	25 µg/m³	keine	01-2015
Benzo(a)pyren (BaP)	Gesundheit	Kalenderjahr	0,001 µg/m³ (Zielwert)	keine	01–2013
Benzol	Gesundheit	Kalenderjahr	5 µg/m³	keine	01–2010
CO	Gesundheit	8 Stunden gleitend	10000 µg/m³	keine	01–2005

Abb. 7.33: Immissionsgrenzwerte für Luftverunreinigungen

Für die Schadstoffausbreitung ist die Lage der Straße auf einem Damm wegen der Verwirbelung, u. U. auch in einem Einschnitt, besser zu beurteilen als die so genannte Gleichlage der Straße in Geländehöhe. Lärmschutzwände haben in ähnlicher Weise eine abgeschwächte Ausbreitung zur Folge, wie durch Windkanaluntersuchungen nachgewiesen werden konnte. Ein erkennbarer Einfluss ergibt sich allerdings erst ab einer Wandhöhe von etwa 3 m. Auf der Straßenseite der Wand steigt im Gegenzug die Schadstoffkonzentration an.

In diesem Sinne kann auch die Anpflanzung von Bäumen und Sträuchern die Immissionssituation im Nahbereich der Straße verbessern. Es wird empfohlen, Pflanzstreifen von mindestens 10 m Tiefe anzulegen, um die Schadstoffausbreitung wie gewünscht zu beeinflussen. Gehölzpflanzungen mittlerer Winddurchlässigkeit scheinen i. d. R. den günstigsten Einfluss auf die Reduzierung der Schadstoffausbreitung auszuüben. Um auch im Winter nach dem Laubfall keine erhöhten gasförmigen Immissionen zu erhalten, empfehlen sich kombinierte Pflanzungen aus Laub- und Nadelgehölzen (Abb. 7.34). Damit sind Reduzierungen der Immissionen um etwa 60 % möglich.

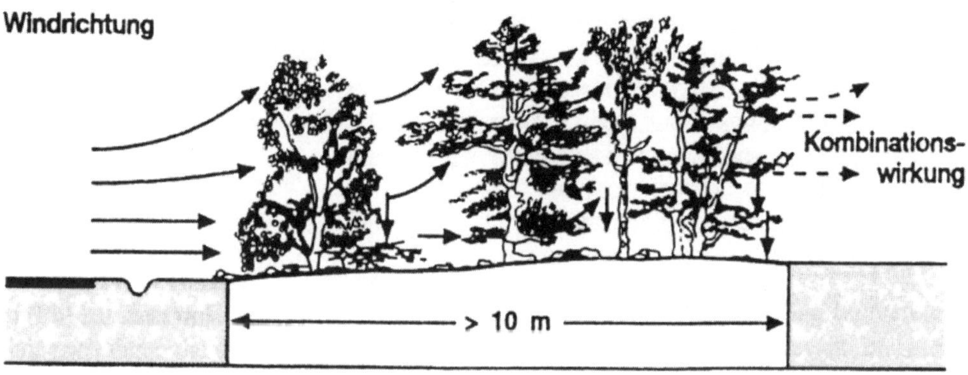

Abb. 7.34: Immissionsminderung durch Pflanzstreifen aus Laub- und Nadelgehölzen

8 Straßenverkehrsunfälle

8.1 Einleitung

Nach der Planung und dem Bau einer Straßenverkehrsanlage ist sein Betrieb ein wesentlicher Aspekt. Der Betrieb umfasst regelmäßig Arbeiten wie Straßenreinigung, Winterdienst oder Grünpflege. Darüber hinaus erfordert die bauliche Erhaltung regelmäßige Investitionen, die mit zunehmendem Alter ansteigen. Neben betriebswirtschaftlichen Aspekten sind auch volkswirtschaftliche Überlegungen anzustellen. Eine Verkehrsanlage ist ein unverzichtbarer Baustein unserer Wirtschaft, ohne den diese nicht funktioniert. Staus und Unfälle erzeugen volkswirtschaftliche Kosten, die monetär nur schwer zu bewerten sind. Nach Berechnungen der BASt betrugen die gesamtwirtschaftlichen Unfallkosten im Jahr 2020 etwa 31,5 Mrd.€.

Anzahl der Getöteten (bis 1990 nur alte Bundesländer)

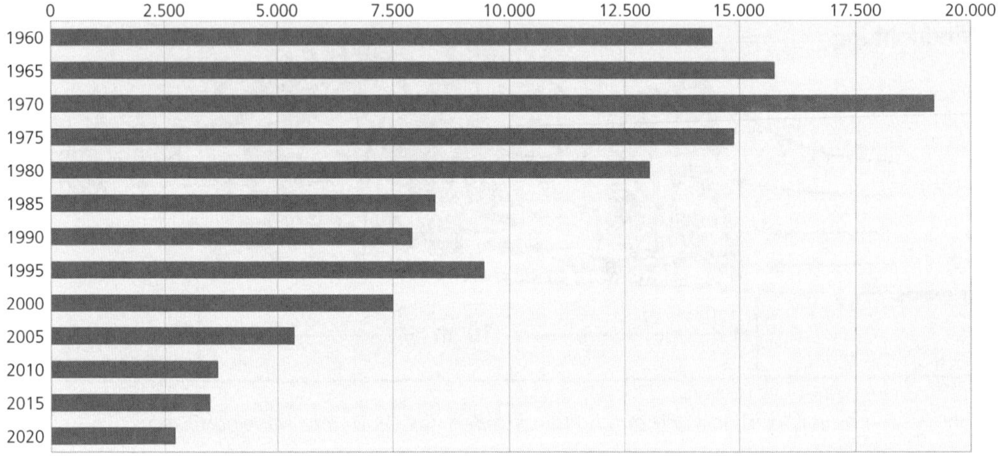

Anzahl der Straßenverkehrsunfälle (bis 1990 nur alte Bundesländer)

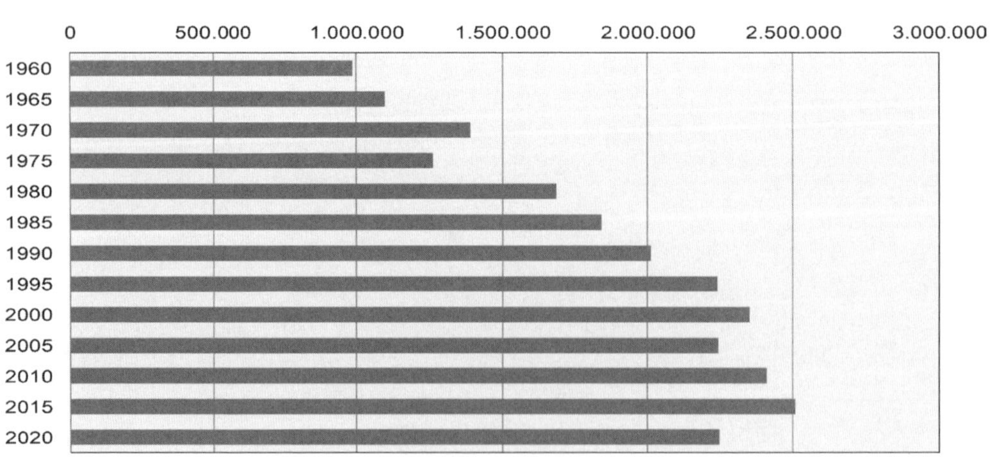

Abb. 8.1: Entwicklung der Straßenverkehrsunfälle und der Getöteten von 1960 bis 2020

Eine Übersicht über die Entwicklung der Straßenverkehrsunfälle in Deutschland insgesamt und über die Anzahl der Getöteten zeigt Abbildung 8.1 [1]. Auffällig ist, dass sich die Anzahl der Verkehrsunfälle seit etwa 1995 kaum verändert hat, während die Anzahl der Getöteten seit den 1970er Jahren kontinuierlich zurückgeht. Dies ist wohl auf die ständige Verbesserung der aktiven und der passiven Sicherheit der Kraftfahrzeuge zurückzuführen. Hinzu kommt eine stetige Verbesserung des Sicherheitsmanagements für die Straßeninfrastruktur. Ausgehend von der EU-Richtlinie 2008/96/EG entwickeln die EU-Mitgliedstaaten ein auf drei Säulen basierendes System zur Verbesserung des Sicherheitsniveaus der Straßeninfrastruktur. Hierzu zählen einerseits ein flächendeckendes Sicherheitsaudit bei der Planung von Verkehrsanlagen, andererseits ein im Aufbau befindliches System zur Bestandsbewertung der vorhandenen Infrastruktur und die Intensivierung der Behandlung von Unfallhäufungen durch die Unfallkommissionen seit der Jahrtausendwende. Somit werden bezüglich der Verkehrssicherheit der Straßeninfrastruktur zwei unterschiedliche Ansätze verfolgt. Einerseits ein proaktiver Ansatz im Bereich der Sicherheits- und Bestandsaudits als auch ein reaktiver Ansatz durch die Arbeit der Unfallkommissionen. Die große Klammer im Bereich der Verkehrssicherheit bei der Straßeninfrastruktur bildet die „Vision Zero". Die Vision, dass im Straßenverkehr alle Verkehrsteilnehmer schadfrei ihr Ziel erreichen und keine Verkehrsteilnehmer tödlich verunglücken. Auch wenn dieses Ziel faktisch vsl. nicht zu erreichen ist, sollten alle in diesem Bereich tätigen Personen diese Vision zur Grundlage ihres Handelns machen.

Der Betrieb einer Verkehrsanlage funktioniert, solange keine Störungen auftreten und alle Regeln beachtet werden. Tritt eine Fehlersituation auf, durch Missachtung von Regeln oder ungünstige äußere Bedingungen, entsteht eine Gefahrensituation, die dann in einem Unfall enden kann. Abgesehen von den psychischen Folgen bei den Beteiligten oder Angehörigen werden auch erhebliche volkswirtschaftliche Kosten verursacht.

Auf die Entstehung eines Verkehrsunfalls haben der Verkehrsteilnehmer, das Fahrzeug, die Verkehrsanlage und die Umwelt ihren Einfluss. Der „normale" Verkehrsteilnehmer bewegt sich im Verkehr mit einem gewissen Sicherheitspotenzial, sodass einzelne ungünstige Randbedingungen nicht unweigerlich zu einem Unfall führen. Treffen aber mehrere ungünstige Faktoren, beispielsweise Müdigkeit nach einem langen Arbeitstag, Reifen mit einem geringen Profil, eine kurvige Straße mit einem wenig griffigen Belag oder Regen zusammen, so wird dieses Sicherheitspotenzial möglicherweise überschritten und es kommt zu einem Unfall. Wer mit dem Betrieb einer Straßenanlage befasst ist, kann zwar keinen Einfluss auf den Verkehrsteilnehmer, auf dessen Fahrzeug oder auf die Umweltbedingungen nehmen, aber er kann versuchen, die Straßenanlage möglichst sicher zu gestalten.

Die Grundlage für die Vermeidung von Unfällen sind die §§ 1 und 3 der Straßenverkehrsordnung (StVO). Danach hat sich jeder Verkehrsteilnehmer so zu verhalten, dass kein anderer geschädigt, gefährdet oder mehr, als nach den Umständen unvermeidbar, behindert oder belästigt wird. Der Fahrzeugführer hat seine Geschwindigkeit insbesondere den Straßen-, Verkehrs-, Sicht- und Wetterverhältnissen sowie seinen persönlichen Fähigkeiten und den Eigenschaften von Fahrzeug und Ladung anzupassen.

Grundlage für örtliche Unfalluntersuchungen ist die Verwaltungsvorschrift (VwV) zu § 44 der StVO. Nur mit einer örtlichen Unfalluntersuchung erhalten die Verwaltungsbehörden Unterlagen für die Beseitigung örtlicher Gefahrenquellen. Diese örtlichen Unfalluntersuchungen haben zum Ziel, festzustellen, wo sich Unfälle häufen, worauf diese zurückzuführen sind und welche Maßnahmen dagegen getroffen werden können. Sie dienen der Polizei als Unterlage für einen zweckmäßigen Einsatz von Personal und Geräten, den Verkehrsbehörden für verkehrsregelnde und den Straßenbaubehörden für straßenbauliche Maßnahmen. Dazu werden Unfalltypenkarten (auch Unfalltypensteckkarten) angelegt und die Unfälle werden in Unfalllisten oder Unfallblattsammlungen zusammengestellt. Für Straßenstellen mit vielen Unfällen können Kollisionsdiagramme (auch Unfalldiagramme) angefertigt werden, um besondere Eigenarten dieser Situation zu erkennen und damit entsprechende Maßnahmen ergreifen zu können.

Die Bekämpfung von Unfallhäufungen wird von **Örtlichen Unfallkommissionen** [19] durchgeführt. Ziel der Unfallkommissionen ist es, Unfallhäufungen zu analysieren und durch geeignete Maßnahmen die Anzahl der Unfälle zu reduzieren. Zuerst werden alle polizeilich aufgenommenen Unfälle den Unfallstellen zugeordnet. Nach verschiedenen Kriterien werden dann Unfallhäufungen definiert. Bei jeder Unfallhäufung werden alle Unfälle analysiert, um Auffälligkeiten im Unfallgeschehen und unfallbegünstigende Faktoren herauszufinden. Mit diesen Erkenntnissen lassen sich gezielt Maßnahmen zur Erhöhung der Verkehrssicherheit festlegen. Zuletzt ist die Wirksamkeit der durchgeführten Maßnahmen durch Gegenüberstellung des Unfallgeschehens vor und nach der Umsetzung der Maßnahmen zu überprüfen. Die Organisation der Unfallkommissionen obliegt den Ländern. Festlegungen bezüglich der Zusammensetzung der Unfallkommissionen und deren Zuständigkeiten werden in Ländererlassen getroffen. In Bayern beispielsweise besteht jede Unfallkommission aus mindestens drei Mitgliedern, jeweils ein Mitglied der Polizei, der Straßenbaubehörde und der Straßenverkehrsbehörde. Unfallkommissionen sind bei der Autobahn GmbH und in jedem Staatlichen Bauamt eingerichtet, in Städten und Gemeinden sollen sie eingerichtet sein. Die Unfallkommissionen arbeiten mit Hilfe von Unfalltypenkarten, Unfalllisten, Verkehrsunfallanzeigen und Unfalldiagrammen. Wichtig ist bei dieser Analyse, Gleichartigkeiten im Unfallgeschehen und Abweichungen zu Durchschnittswerten zu erkennen und daraufhin gezielt Maßnahmen zu treffen.

Neben den Unfallkommissionen, die sich mit Unfallhäufungen beschäftigen, gibt es sogenannte Sicherheitsaudits. In diesen Sicherheitsaudits werden neue Straßen oder Umplanungen vom Straßenentwurf über den Bau bis hin zur fertigen Straße hinsichtlich ihrer Verkehrssicherheit beurteilt. Obwohl die Belange der Verkehrssicherheit im Technischen Regelwerk berücksichtigt sind, werden nicht bei jeder Neuplanung die Möglichkeiten verkehrssicherer Straßengestaltung ausgeschöpft. Sowohl durch die Ausnutzung des Ermessensspielraumes des Planers im Abwägungsprozess verschiedenster Anforderungen als auch durch Unzulänglichkeiten in der Planung können Defizite entstehen. Abgeschlossen wird das Sicherheitsaudit durch Erstellung eines Auditberichts, der die festgestellten Sicherheitsdefizite aufführt und gegebenenfalls Hinweise enthält, wie diese zu beseitigen sind. Die Sicherheitsaudits werden von einzelnen Auditoren oder von Auditorenteams durchgeführt. Auch hier obliegt die Organisation der Sicherheitsaudits den Ländern.

8.2 Begriffe und Kenngrößen

Um die Verkehrssicherheit beschreiben und verschiedene Stellen miteinander vergleichen zu können, ist die Bildung von Kenngrößen notwendig. Dabei wird regelmäßig auf einen Bezugszeitraum von einem Jahr umgerechnet. Die Ausgangs- und Datenbasis kann auf spezielle Bereiche bezogen werden und muss dementsprechend angegeben werden. Wesentliche allgemeine Kenngrößen zur Verkehrssicherheit sind:

Unfallrate	$UR = \frac{U \cdot 10^6}{DTV \cdot L \cdot 365 \cdot t}$	in Unfälle/1 Mio Kfz-km
Unfalldichte	$UD = \frac{U}{L \cdot t}$	in Unfälle/km
Unfallkostenrate	$UKR = \frac{K \cdot 10^3}{DTV \cdot L \cdot 365 \cdot t}$	in Euro/1.000 Kfz-km
Unfallkostendichte	$UKD = \frac{K}{L \cdot t}$	in Euro/km

Dabei bedeuten
- U Anzahl der Unfälle
- L Länge des Straßenabschnitts in km
- t Untersuchter Zeitraum in Jahren
- K Unfallkosten in Euro

Die Unfalldichte ist ein Maß für die Häufigkeit der Unfälle, die sich während eines bestimmten Zeitraumes auf einem bestimmten Straßenabschnitt ereignen. Die Unfallrate ist ein Indikator dafür, mit welcher Wahrscheinlichkeit ein Verkehrsteilnehmer in einen Unfall verwickelt wird.

In Abbildung 8.2 sind beispielhaft Kenngrößen für Unfälle mit Personenschaden in Bayern im Jahr 2015 dargestellt. Im Vergleich zwischen Autobahnen und Bundesstraßen zeigt sich, dass die Unfalldichte auf Autobahnen deutlich höher ist als auf Bundesstraßen. Begründen lässt sich dies mit der wesentlich höheren Verkehrsmenge auf Autobahnen (siehe Abschnitt 2.6.2). Im Gegensatz dazu betrug im Jahr 2015 die Unfallrate auf Autobahnen 0,09 Unfälle pro 1 Million Kfz-km gegenüber 0,24 auf Bundesstraßen. Bezogen auf die Kilometerleistung eines Verkehrsteilnehmers ist damit eine Bundesautobahn deutlich sicherer als eine Bundesstraße.

Straßenklassen (außerorts)	**Unfalldichte (U/km u. Jahr)**	**Unfallkostendichte (Euro/km u. Jahr)**	**Unfallrate (U/Mio. Kfz-km)**	**Unfallkostenrate (Euro/1.000 Kfz-km)**
Autobahnen	1,58	158.000	0,09	8,70
Bundesstraßen	0,91	86.000	0,24	22,98

Abb. 8.2: Kenngrößen für Unfälle mit Personenschaden in Bayern im Jahr 2015

Neben diesen allgemeinen Kenngrößen werden weiterhin unfallspezifische Begriffe wie Unfalltyp und Unfallkategorie verwendet, die in den Abbildungen 8.3 und 8.4 dargestellt und beschrieben sind.

Kategorie	Beschreibung
1	Unfall mit mindestens einem Getöteten
2	Unfall mit mindestens einem Schwerverletzten, aber keinen Getöteten
3	Unfall mit mindestens einem Leichtverletzten, aber keinen Getöteten oder Schwerverletzten
4	Unfall mit Sachschaden und Straftatbestand oder Ordnungswidrigkeitsanzeige, bei dem mindestens ein Kraftfahrzeug nicht mehr fahrbereit ist
5	Unfall mit Sachschaden • und Straftatbestand oder Ordnungswidrigkeitsanzeige, bei dem alle Kraftfahrzeuge fahrbereit sind oder • bei dem nur eine Verwarnung ausgesprochen wurde
6	Übrige Sachschadensunfälle mit Alkohol
7	Ersetzt in manchen Bundesländern die Kategorien 4 bis 6: Unfall mit Sachschaden und Straftatbestand oder Ordnungswidrigkeitsanzeige

Abb. 8.3: Unfallkategorien

Die Unfallkategorie ist die schwerste Unfallfolge, die mindestens ein Beteiligter an diesem Unfall erlitten hat. Unterschieden werden können Unfälle mit Personenschaden U(P), Unfälle mit schwerem Personenschaden U(SP) und Unfälle mit Sachschaden U(S).

Typ	Farbe	Beschreibung
1	grün	Fahrunfall Unfall wurde durch den Verlust der Kontrolle über das Fahrzeug ausgelöst (wegen nicht angepasster Geschwindigkeit oder falscher Einschätzung des Straßenverlaufs, des Straßenzustandes o. Ä.), ohne dass andere Verkehrsteilnehmer dazu beigetragen haben.
2	gelb	Abbiege-Unfall Unfall wurde durch den Konflikt zwischen einem Abbieger und einem aus gleicher oder entgegengesetzter Richtung kommenden Verkehrsteilnehmer ausgelöst, an Kreuzungen, Einmündungen, Grundstücks- oder Parkplatzzufahrten.

Typ	Farbe	Beschreibung
3	rot	Einbiegen/Kreuzen-Unfall Unfall wurde durch einen Konflikt zwischen einem einbiegenden oder kreuzenden Wartepflichtigen und einem vorfahrtberechtigten Fahrzeug ausgelöst, an Kreuzungen, Einmündungen, Grundstücks- oder Parkplatzzufahrten.
4	*) weiß	Überschreiten-Unfall Unfall wurde durch einen Konflikt zwischen einem Fahrzeug und einem Fußgänger auf der Fahrbahn ausgelöst, sofern dieser nicht in Längsrichtung ging und das Fahrzeug nicht abgebogen ist.
5	hellblau	Unfall durch ruhenden Verkehr Unfall wurde ausgelöst durch einen Konflikt zwischen einem Fahrzeug des fließenden Verkehrs und einem Fahrzeug, das parkt/hält bzw. Fahrmanöver im Zusammenhang mit dem Parken/Halten ausführt.
6	orange oder magenta	Unfall im Längsverkehr Unfall wurde durch einen Konflikt zwischen Verkehrsteilnehmern, die sich in gleicher oder entgegengesetzter Richtung bewegten, ausgelöst, sofern dieser Unfall nicht einem anderen Typ entspricht.
7	schwarz	Sonstiger Unfall Unfall, der sich nicht den Typen 1 bis 6 zuordnen lässt. Beispiele: Wenden, Rückwärtsfahren, Parker untereinander, Hindernis oder Tier auf der Fahrbahn, plötzlicher Fahrzeugschaden (Bremsversagen, Reifenschäden o. Ä.).

*) Zu dem Kreissymbol kann ein Unterlegdreieck ergänzt werden, das ein Sondermerkmal durch seine Farbe beschreibt.

Abb. 8.4: Unfalltypen

Der Unfalltyp beschreibt die verkehrstechnische Konstellation (Konfliktsituation), die zu dem Unfall geführt hat. Darunter versteht man z. B. die gleichzeitige Annäherung von Verkehrsteilnehmern (Konfliktpartnern) an eine Stelle der Straße, wo sie u. U. zusammenstoßen können. Für die Bestimmung des jeweiligen Unfalltyps ist sie das alleinentscheidende Merkmal.

Nicht entscheidend oder mitentscheidend sind hierbei die Unfallart (ob oder wie es z. B. zu einer Kollision kam), die Unfallursache (Fehlverhalten eines Verkehrsteilnehmers) oder etwa die Schuldfrage. Neben dem farbigen Kreissymbol für einen der sieben Unfalltypen werden gelegentlich noch Dreiecke in unterschiedlichen Farben unterlegt, die besondere Merkmale, wie beispielsweise beteiligte Radfahrer oder Wildunfälle, darstellen.

8.3 Unfalltypenkarten

Unfalltypenkarten sind Lagepläne des untersuchten Gebietes, in die die Unfälle eingetragen sind, die sich in dem Betrachtungszeitraum ereignet haben. Einjahreskarten (1-JK) beziehen sich auf einen Betrachtungszeitraum von 12 Monaten (häufig ein Kalenderjahr). Dreijahreskarten (3-JK) umfassen einen Zeitraum von 36 Monaten. Aufgrund der geringen Menge von Unfällen mit schwerem Personenschaden ist die Dreijahreskarte das geeignete Instrument, um Unfallhäufungen zu erkennen. Unfalltypenkarten können manuell mit speziellen Stecknadeln gesteckt werden. Inzwischen werden Unfalltypen-Steckkarten im Regelfall elektronisch erzeugt. Entsprechend der vorliegenden Datenmenge können Unfalltypenkarten alle Unfälle des Betrachtungszeitraums oder nur eine ausgewählte Gruppe enthalten, beispielsweise Unfälle mit schwerem Personenschaden.

Ein Unfall wird in der Unfalltypenkarte durch eine Stecknadel oder elektronisch durch ein Kreissymbol dargestellt. Die Farbe des Kreises ergibt sich aus dem Unfalltyp, also der verkehrstechnischen Konstellation, die zu dem Unfall geführt hat. Die Größe des Kreissymbols stellt die Unfallkategorie dar, also die schwerste Unfallfolge infolge dieses Unfalls. In einer Legende sind die Größen zu definieren, da elektronisch erzeugte Karten verkleinert oder vergrößert werden können. Sind an einer Stelle mehrere Unfälle aufgetreten, so werden die Unfallsymbole in einer Reihe, der sogenannten Stabdarstellung, angeordnet in einem Winkel zur Straßenachse, durch den möglichst viel auf der Karte erkennbar bleibt. Damit können durch die Betrachtung der Unfalltypenkarte erste grundlegende Informationen zu dem Unfallgeschehen gewonnen werden.

Neben den Ein- und den Dreijahreskarten können auch Sonderkarten hergestellt werden. Diese dienen als Grundlage für spezielle Verkehrssicherheitsmaßnahmen. Beispiele für Sonderkarten sind Alkoholunfälle, Motorradunfälle oder Unfälle mit Anprall an Bäumen. Auf Sonderkarten wird nur das Teilkollektiv des Unfallgeschehens dargestellt, das dem jeweiligen Kartenkriterium entspricht. Der Untersuchungszeitraum, auf den sich die Sonderkarte bezieht, kann dem Unfallkollektiv angepasst werden.

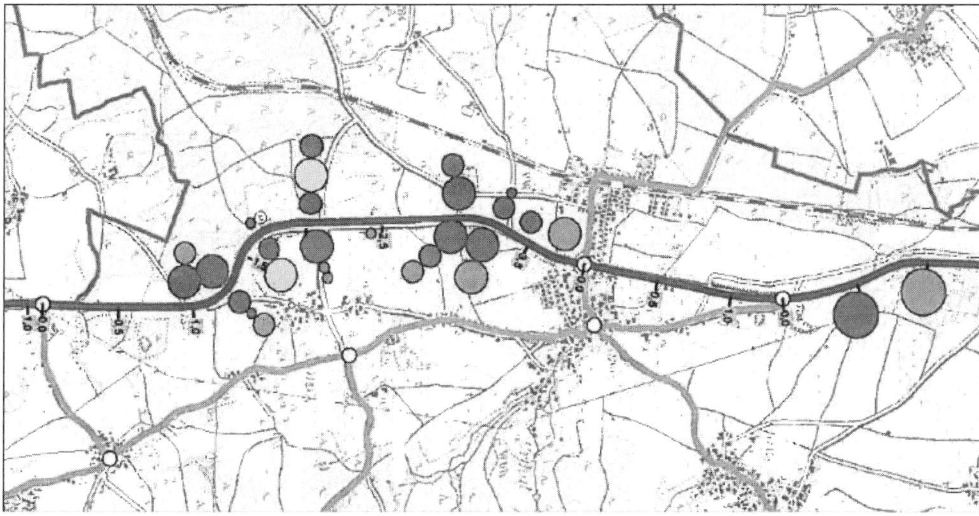

Abb. 8.4: Beispielhafte Darstellung einer Unfalltypenkarte

8.4 Unfallhäufungen

Ein Ziel der Verkehrssicherheitsarbeit ist es, unfallauffällige Bereiche zu erkennen, um dann dort wirksame Maßnahmen ergreifen zu können. Wann eine Stelle unfallauffällig ist, also diese Stelle eine Unfallhäufung ist, muss definiert werden. Hierzu gibt es eine Reihe von Definitionen, die in den Bundesländern nicht einheitlich verwendet werden. Folgende Kriterien werden häufig verwendet:

Unfalltypenkarte	Grenzwert(Anzahl der Unfälle)
Einjahreskarte	5 gleichartige
Dreijahreskarte (P) P = Unfälle mit Personenschäden	5
Dreijahreskarte (SP) SP = Unfälle mit schweren Personenschäden	3

Unfallhäufungen können unterschieden werden in

- Unfallhäufungsstellen, also Unfallhäufungen mit geringer räumlicher Ausdehnung, und
- Unfallhäufungslinien, also entlang längerer Streckenabschnitte.

Diese Unterscheidung wird nicht zwangsweise vorgenommen, oftmals werden nur Unfallhäufungen an sich bestimmt.

Häufig werden unterschiedliche Kriterien bei der Definition, ob eine Unfallhäufung vorliegt, in Ansatz gebracht. Bei Innerortsstraßen werden Kriterien für Ein- und Dreijahreskarten verwendet, bei Landstraßen und Autobahnen meist nur Kriterien, die sich auf die Dreijahreskarten beziehen. Detaillierte Angaben zur Definition von Unfallhäufungen können dem „Merkblatt zur Örtlichen Unfalluntersuchung in Unfallkommissionen" [19] entnommen werden.

Daneben gibt es die Möglichkeit, Sonderkarten für Unfallhäufungen zu bestimmten Kriterien herzustellen. Für diese werden im Regelfall eigene Kriterien für die Definition der Unfallhäufung aufgestellt.

Sind die Unfallhäufungen innerhalb eines Untersuchungsraumes, beispielsweise eines Bundeslandes, festgestellt worden, so können diese in eine Rangfolge gebracht werden. Diese Rangfolge soll vorgeben, in welcher Reihenfolge die Unfallhäufungen abgearbeitet werden sollen. Beispielsweise kann die Rangfolge nach der Anzahl der Unfälle innerhalb der Unfallhäufung festgelegt werden oder auch nach dem monetär bewerteten Schaden, den diese Unfallhäufung verursacht hat.

8.5 Unfallanalyse

Ziel der Unfallanalyse ist es, die unfallbegünstigenden Faktoren der Verkehrsanlage herauszufinden. Ausgangspunkt ist die Unfalltypenkarte, aus der die Konfliktsituationen entnommen werden können, die zu den Unfällen geführt haben. Zu jeder Unfalltypenkarte werden Unfalllisten erstellt, die jeden einzelnen Unfall erfassen und eine Anzahl weiterer Unfallumstände enthalten. Unfallumstände sind beispielsweise die Jahres- und die Tageszeit, zu der sich der Unfall ereignete, ob die Straße trocken, nass oder glatt war oder ob im Bereich der Unfallhäufung eine Geschwindigkeitsbegrenzung vorliegt. Wird der prozentuale Anteil der Unfälle für einen bestimmten Unfallumstand ermittelt, kann dieser einem Durchschnittswert gegenübergestellt und so eine mögliche Unfallauffälligkeit erkannt werden. Beispielsweise ereignen sich auf Landstraßen

- 35 % der Unfälle bei Nacht oder
- 40 % der Unfälle bei Nässe oder Glätte.

Können aus Unfalltypenkarten oder Unfalllisten noch keine eindeutigen Hinweise für eine Maßnahmenfindung abgeleitet werden, kann durch die Darstellung der einzelnen Unfälle in einem Unfalldiagramm die Analyse des Unfallgeschehens erleichtert werden. Die Besonderheiten der Örtlichkeit und des Unfallgeschehens sollen damit leicht erkennbar gemacht werden. Grundlage eines Unfalldiagramms ist eine Lageplanskizze der Örtlichkeit, die nicht maßstäblich sein muss. Darin werden die einzelnen Unfälle stilisiert dargestellt. Die am Unfall beteiligten Fahrzeuge werden durch Pfeile, die die beabsichtigte Fahrtrichtung anzeigen, dargestellt und die Kollisionspunkte werden eingetragen. Verschiedene Merkmale, beispielsweise ob die Straße trocken, nass oder glatt war, können mit bestimmten Signaturen verdeutlicht werden. Die Pfeilkombinationen werden nach Konflikten geordnet und werden daher nicht unbedingt exakt am Unfallort eingetragen. In einem Unfalldiagramm können definierte Betrachtungszeiträume und auch Unfälle unter bestimmen Kriterien, beispielsweise nur Unfälle mit Personenschäden, dargestellt werden. Abb. 8.6 zeigt die wichtigsten Signaturen, die in einem Unfalldiagramm verwendet werden, und ein Beispiel für ein Unfalldiagramm einer Kreuzung.

Signaturen im Unfalldiagramm

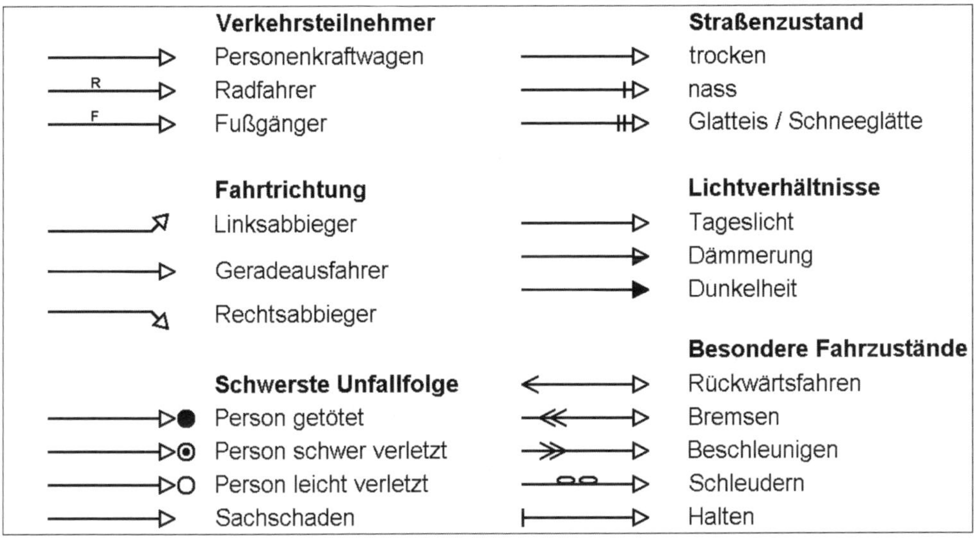

Beispiel eines Unfalldiagramms einer Kreuzung außerorts

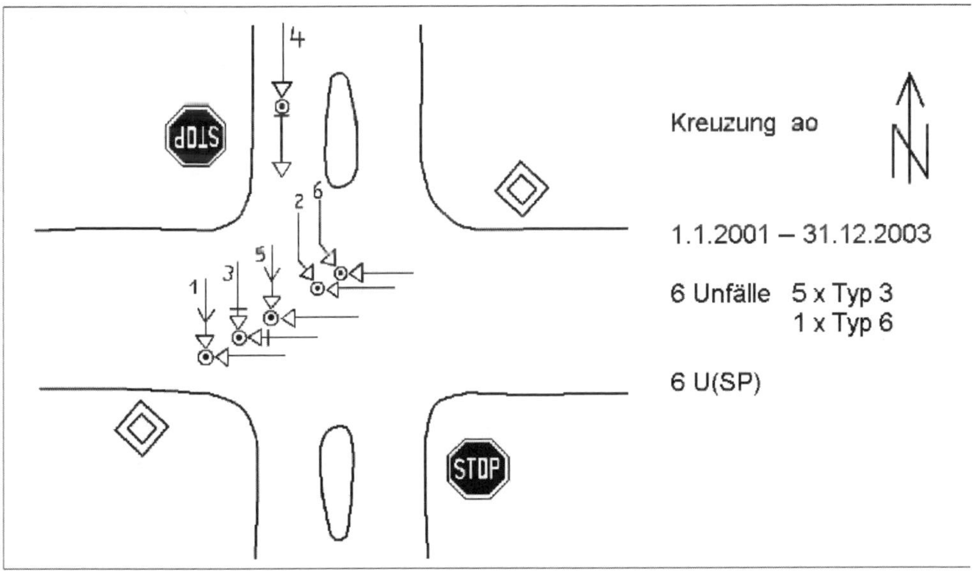

Abb. 8.6: Unfalldiagramm Signaturen und Beispiel

Eine weitere wichtige Grundlage für die Unfallanalyse kann die Durchführung einer Ortsbesichtigung durch die Mitglieder der Unfallkommission sein. Dabei ist es notwendig, zu der Besichtigung Unterlagen wie Unfalllisten oder ein Unfalldiagramm mit sich zu führen. Der Zeitpunkt der Ortsbesichtigung sollte auf das Unfallgeschehen abgestimmt werden.

8.6 Maßnahmen

Unfälle sind nicht ausschließlich auf Fehler der Verkehrsteilnehmer zurückzuführen, sondern können ihre Ursache auch im Straßenraum haben. Durch den Sicherheitsspielraum der Verkehrsteilnehmer bleiben viele Fehler folgenlos. Dieser Spielraum wird durch ungünstige Randbedingungen, beispielsweise schlechte Reifen, eine nasse Fahrbahn oder Nebel, in Anspruch genommen. Ist der Spielraum aufgebraucht, kommt es zu einem Unfall. Für einen Unfall sind daher im Regelfall mehrere Tatbestände ursächlich. Oft genügt es, einen dieser unfallbegünstigenden Umstände durch eine Maßnahme zu beseitigen, um die Anzahl der Unfälle oder zumindest deren Schwere zu reduzieren.

Um geeignete Maßnahmen zu finden, muss die Unfallhäufung untersucht werden. Dazu wird als erstes Hilfsmittel die Unfalltypenkarte verwendet. Die Informationen auf der Unfalltypenkarte sind häufig zu gering, sodass weitere Hilfsmittel notwendig werden. Weitere Informationen können aus Unfalllisten entnommen werden, die weitere Unfallumstände für jeden Unfall enthalten. Sind die gewonnenen Informationen noch nicht ausreichend, kann eine Untersuchung der einzelnen polizeilichen Unfallberichte vorgenommen werden. Zur weiteren Vertiefung können Unfalldiagramme erstellt werden. Eine Ortsbesichtigung ist unerlässlich, am besten zu einem Zeitpunkt, an dem ähnliche Bedingungen herrschen wie zu den Zeitpunkten, an denen sich viele Unfälle ereignet haben.

Die Maßnahmen müssen so gewählt werden, dass sie Verbesserungen hinsichtlich der unfallauffälligen Umstände bewirken. Ereignen sich beispielsweise besonders viele Unfälle bei Nässe, so wären die Griffigkeit des Fahrbahnbelags und die Entwässerungseinrichtungen zu überprüfen und gegebenenfalls zu verbessern. Die Maßnahmen können unterschieden werden in

- polizeiliche Maßnahmen, beispielsweise Geschwindigkeitsüberwachung,
- verkehrsrechtliche Maßnahmen, beispielsweise Anordnung und Aufstellung bestimmter Verkehrsschilder, oder
- straßenbauliche Maßnahmen, beispielsweise das Aufrauen eines Fahrbahnbelags.

Weiterhin können die Maßnahmen nach dem Zeitraum differenziert werden, in dem sie sich verwirklichen lassen. Kurzfristige Maßnahmen können schnell umgesetzt werden und sind daher meist kostengünstig. Beispielsweise stellen die Aufstellung zusätzlicher Wegweiser oder die Verbesserung der Markierung kurzfristige Maßnahmen dar. Mittel- und längerfristige Maßnahmen erfordern einen Zeitraum von oft mehreren Jahren für ihre Realisierung und sind im Regelfall auch kostenintensiv. Beispielsweise benötigt der Umbau eines Knotenpunktes in eine andere Knotenpunktform häufig Grunderwerb, ein entsprechendes Genehmigungsverfahren und die Finanzierung muss sichergestellt werden.

Die Maßnahmen müssen geeignet sein, die als sicherheitsrelevant erkannten Verkehrsvorgänge wirkungsvoll abzusichern. Unfallhäufungen mit vielen schweren Unfällen rechtfertigen auch einen höheren finanziellen Aufwand. Auch ist darauf zu achten, dass gewählte Maßnahmen planerisch und finanziell durchgesetzt werden können. Zu empfehlen ist ein gestuftes Vorgehen mit der Festlegung von kurz- und langfristigen Maßnahmen.

Nach der Realisierung der Maßnahmen ist es wichtig, deren Wirksamkeit durch einen Vergleich der Unfallzahlen im Vorher- und im Nachher-Zeitraum zu überprüfen. Dabei können die Zahl der Unfälle und/oder die Unfallkosten verglichen werden. Erst mit einem positiven Ergebnis bei der Wirksamkeit ist die örtliche Unfalluntersuchung einer Unfallhäufung abgeschlossen.

Literaturverzeichnis

[1] Knoll, E.: (Hrsg.): Der Elsner, Handbuch für Straßen- und Verkehrswesen, Otto Elsner Verlagsgesellschaft, Dieburg (erscheint jährlich)

[2] Statistisches Bundesamt (Destatis): Volkswirtschaftliche Gesamtrechnungen 2019, Artikelnummer 5816101207004. (erscheint jährlich)

[3] Pällmann, W.: Zehn Jahre Bahnreform, Zeitschrift: Internationales Verkehrswesen, Jahrgang 2004, S. 127 ff.

[4] Intraplan Consult GmbH: Verflechtungsprognose 2030, Zusammenfassung der Ergebnisse, Forschungsbericht FE-Nr.: 96.0981/2011, im Auftrag des Bundesministeriums für Verkehr und digitale Infrastruktur, vom 11. Juni 2011

[5] Mensebach, W.: Straßenverkehrsplanung – Straßenverkehrstechnik, Werner Verlag, Köln 2006

[6] Hangarter, E.: Grundlagen der Bauleitplanung: Der Bebauungsplan. Werner Verlag, Düsseldorf 1996

[7] Bundesministerium für Verkehr: Richtlinien zum Planungsprozess und für die einheitliche Gestaltung von Entwurfsunterlagen im Straßenbau, Ausgabe 2012

[8] Kühn, H. (Hrsg.): Straßenbau A-Z, Sammlung der amtlichen Bestimmungen und technischen Richtlinien für Straßenplanung, Straßenbautechnik und Straßenverkehrstechnik, Loseblattsammlung in elf Ordnern, Erich Schmidt Verlag, Berlin

[9] Kasper, H., Schürba, W., Lorenz, H.: Die Klothoide als Trassierungselement, Ferd. Dümmlers Verlag, Bonn 1968

[10] Krenz, A., Osterloh, H.: Klothoidentaschenbuch für Entwurf und Absteckung, Bauverlag, Wiesbaden, Berlin 1978

[11] Osterloh, H.: Straßenplanung mit Klothoiden und Schleppkurven, Bauverlag, Wiesbaden, Berlin 1991

[12] Deutsche Vereinigung für Wasserwirtschaft, Abwasser und Abfall e. V. (DWA): Richtlinien für den ländlichen Wegebau (RLW), Arbeitsblatt DWA-A 904-1, 2016

[13] Forschungsgesellschaft für Straßen- und Verkehrswesen: Handbuch für die Bemessung von Straßenverkehrsanlagen (HBS), FGSV-Verlag, Köln 2012

[14] Forschungsgesellschaft für Straßen- und Verkehrswesen: Empfehlungen für Anlagen des öffentlichen Personennahverkehrs (EAÖ), FGSV-Verlag, Köln 2013

[15] Forschungsgesellschaft für Straßen- und Verkehrswesen: Richtlinien für die Markierung von Straßen, Teil 1: Abmessungen und geometrische Anordnung von Markierungszeichen (RMS-1), FGSV-Verlag, Köln 1993

[16] Friedrich, B., Engelmann, F.: Verkehrsablauf auf Fahrstreifenreduktionen, Heft 869 der Schriftenreihe „Forschung Straßenbau und Straßenverkehrstechnik" des Bundesministeriums für Verkehr, Bau- und Wohnungswesen, Bonn, 2003

[17] Forschungsgesellschaft für Straßen- und Verkehrswesen: Merkblatt für die Anlage von Kreisverkehren, FGSV-Verlag, Köln 2006

[18] Forschungsgesellschaft für Straßen- und Verkehrswesen: Richtlinien für Bemessungsfahrzeuge und Schleppkurven zur Überprüfung der Befahrbarkeit von Verkehrsflächen, FGSV-Verlag, Köln 2020

[19] Forschungsgesellschaft für Straßen- und Verkehrswesen: Merkblatt zur Örtlichen Unfalluntersuchung in Unfallkommissionen (M Uko), FGSV-Verlag, Köln, 2012

[20] Bundesministerium für Verkehr: Musterkarten für Umweltverträglichkeitsstudien im Straßenbau, Verlags-Kartographie, Alsfeld 1998

[21] Bundesministerium für Verkehr, Bau und Stadtentwicklung: Musterkarten für die einheitliche Gestaltung Landschaftspflegerischer Begleitpläne im Straßenbau (Musterkarten LBP), FGSV Verlag, Köln 2011

[22] Forschungsgesellschaft für Straßen- und Verkehrswesen: Empfehlungen für die Gestaltung von Lärmschutzanlagen an Straßen, FGSV-Verlag, Köln 2005

[23] Kuczora, V.: Straßenentwurf mit CARD/1, B.G. Teubner, Wiesbaden 2004

[24] Wachenfeld-Teschner, F.: Ein Blick zur Straße – Der Straßenbau im Wandel der Zeiten, Selbstverlag Wachenfeld, Korbach 2003

[25] Bundesministerium für Verkehr, Bau und Stadtentwicklung: Richtlinie für die landschaftspflegerische Begleitplanung im Straßenbau (RLBP), FGSV-Verlag, Köln 2012

[26] Natzschka, H.: Straßenbau, Entwurf und Bautechnik, 2. Auflage, B. G. Teubner, Stuttgart 2003

[27] Weise, G., Durth, W.: Straßenbau, Planung und Entwurf, 3. Auflage, Verlag für Bauwesen, Berlin 2005

[28] Schnabel, W., Lohse, D.: Grundlagen der Straßenverkehrstechnik und Straßenverkehrsplanung, 3. Auflage, Verlag für Bauwesen, Berlin 2011

[29] Steierwald G., Künne, H.-D., Vogt, W.: Stadtverkehrsplanung, 2. Auflage, Springer-Verlag, Berlin 2005

[30] Deutsches Institut für Wirtschaftsforschung, Verkehr in Zahlen, FGSV-Verlag, Köln (erscheint jährlich)

[31] Oberste Baubehörde im Bayerischen Staatsministerium des Innern: Straßen und Brücken in Bayern, Selbstverlag, München 2004

[32] Lorenz, H.: Trassierung und Gestaltung von Straßen und Autobahnen, Bauverlag Wiesbaden, Berlin 1971

[33] Dollinger, W. et al.: Autobahnen in Deutschland, Kirschbaum Verlag, Bonn 1995

[34] Pfundt, K.: Handbuch der verkehrssicheren Straßengestaltung, Verkehrsblatt Verlag, Dortmund 1991

[35] Lapierre, R. und Steierwald, G.: Verkehrsleittechnik für den Straßenverkehr, Band I und II, Springer-Verlag, Berlin 1988

[36] Engl, H.: Highway Deutschland – Das große Buch der Autobahn, Engl & Lämmel Verlag, Holzkirchen 1997

[37] Maier, J. und Atzkern, H.-D.: Verkehrsgeographie, B. G. Teubner, Stuttgart, Leipzig 1992

[38] Löther, W.: Straßenbau-Praxis, Bauwerk Verlag, Berlin 2001

[39] Mentlein, H., Lorenzl, H. : Straßenbautechnik, 8. Auflage, Reguvis Verlag, Düsseldorf 2021

[40] Kolks, W. und Fiedler, J. (Herausgeber): Verkehrswesen in der kommunalen Praxis, Band I: Planung – Bau – Betrieb, 2. Auflage, Erich Schmid Verlag, Berlin 2003

[41] Füsser, K.: Stadt, Straße, Verkehr, Vieweg Verlag, Braunschweig/Wiesbaden 1997

[42] Forschungsgesellschaft für Straßen- und Verkehrswesen: Empfehlungen für Anlagen des öffentlichen Personennahverkehrs, FGSV-Verlag, Köln 2013

[43] Forschungsgesellschaft für Straßen- und Verkehrswesen: Richtlinien für das Sicherheitsaudit von Straßen (RSAS), FGSV-Verlag, Köln 2019

[44] Forschungsgesellschaft für Straßen- und Verkehrswesen: Hinweise zum Radverkehr außerhalb städtischer Straßen (H RAS 02), FGSV-Verlag, Köln 2002

[45] Forschungsgesellschaft für Straßen- und Verkehrswesen: Empfehlungen für Radverkehrsanlagen (ERA), FGSV-Verlag, Köln 2010

[46] Forschungsgesellschaft für Straßen- und Verkehrswesen: Empfehlungen für Anlagen des ruhenden Verkehrs (EAR), FGSV-Verlag, Köln 2005

[47] Forschungsgesellschaft für Straßen- und Verkehrswesen: Hinweise zur Umsetzung landschaftspflegerischer Kompensationsmaßnahmen beim Bundesfernstraßenbau, FGSV-Verlag, Köln 2003

[48] Forschungsgesellschaft für Straßen- und Verkehrswesen: Merkblatt für die Auswertung von Straßenverkehrsunfällen, Teil 2: Maßnahmen gegen Unfallhäufungen, FGSV-Verlag, Köln 2001

[49] Bundesministerium für Verkehr, Bau- und Wohnungswesen: Leitfaden zur FFH-Verträglichkeitsprüfung im Bundesfernstraßenbau (Leitfaden FFH-VP), 2004

Neben den im Literaturverzeichnis aufgeführten Fundstellen sind die wichtigsten einschlägigen technischen Regelwerke der Forschungsgesellschaft für Straßen- und Verkehrswesen (FGSV) in Abschnitt 2.2 des vorliegenden Buches aufgelistet. Sämtliche Veröffentlichungen der FGSV zum Thema „Straßen und Verkehr" finden sich im Internet unter www.fgsv-verlag.de.

Ein umfassendes und jährlich aktualisiertes Verzeichnis der einschlägigen Fachzeitschriften ist im „Elsner" [1] im Teil P „Fachschrifttum" zu finden.

Stichwortverzeichnis